QIDONG YUANJIAN YU XITONG

气动元件与系统

原理 使用 维护

李新德 编著

中国电力出版社
CHINA ELECTRIC POWER PRESS

内 容 提 要

本书全面、详细地介绍了气动元件与气动系统的基础知识，同时又重点介绍了气动元件与气动系统的使用、维护。内容包括：气动技术的基础、气源及气源处理系统、气缸、气动马达、气动控制阀、真空元件、气动比例、伺服控制元件、气动辅助元件、气动回路、气动控制技术、气动技术应用、气动系统实例分析、基于PLC控制的机械手应用实例、气动系统的使用与维护、制造类气动机械使用与维修、冶金气动设备使用与维修、其他常用气动设备使用与维修。

全书具有较强的系统性、先进性和实用性，有利于读者解决气动技术在实际工作中的各类问题。书中气动元件与回路、气动设备故障诊断与维修的内容，可指导从事气动设备制造、操作和维护的人员的日常工作。

图书在版编目（CIP）数据

气动元件与系统：原理·使用·维护/李新德编著. —北京：中国电力出版社，2015.1

ISBN 978-7-5123-6341-0

Ⅰ.①气… Ⅱ.①李… Ⅲ.①气动元件 Ⅳ.①TH138.5

中国版本图书馆CIP数据核字（2014）第189634号

中国电力出版社出版、发行

（北京市东城区北京站西街19号 100005 http：//www.cepp.sgcc.com.cn）

北京市同江印刷厂印刷

各地新华书店经售

*

2015年1月第一版 2015年1月北京第一次印刷

787毫米×1092毫米 16开本 28.5印张 634千字

印数0001—3000册 定价**72.00**元

前　言

气动技术是生产过程自动化和机械化的最有效手段之一，由于它具有节能、无污染、高效、低成本、安全可靠、结构简单等优点，广泛应用于各种机械和生产线上。目前气动技术已“渗透”到各行各业，并且正在日益扩大。气动技术的发展也日渐趋向于保护环境、提高产品的性能、降低成本，同时性能的提高和成本的降低有助于节省能源，从而利于环境保护。气动技术发展的关键在于提高气动行业的自动化水平，使其产品更加优良。随着气动产品越来越多地应用于生物工程、医药、原子能、微电子、机器人制造等各个行业，相应的这些行业提出了许多新的要求。因此，掌握气动技术的组成及基本原理，掌握气动系统使用维护的基本知识，熟悉气动系统故障的分析方法和排除手段，也就成为保证气动设备正常运行的关键，从而做到符合要求和不断发展。同时，在科研和教学中，作者积累了一些经验和心得，在本书中与读者进行交流和分享。

本书总共 17 章内容。主要内容包括气动技术的基础、气源及气源处理系统、气缸、气动马达、气动控制阀、真空元件、气动比例/伺服控制元件、气动辅助元件、气动回路、气动控制技术、气动技术应用、气动系统实例分析、基于 PLC 控制的机械手应用实例、气动系统的使用与维护、制造类气动机械使用与维修、冶金气动设备使用与维修、其他常用气动设备使用与维修。全书在选材和编写方面力求系统性、先进性和实用性，以利于读者解决气动技术在实际工作中的各类问题。书中全面而又较为详细地介绍了气动元件与气动系统的基础知识与共性问题，同时又重点介绍了气动元件与气动系统的使用、维护。书中气动元件与回路、气动设备故障诊断与维修的内容，可指导从事气动设备制造、操作和维护保养的人员的日常工作。本书选材在突出基本内容的同时，特别关注国内外气动技术在实际应用中的一些最新发展动态和成果。本书较为详细地介绍了气动系统控制部分的有关内容，为工程技术人员在使用和维护气动自动化设备或生产线时给予技术指导。

本书适合的读者对象包括：从事气动设备设计、制造的工程技术人员；从事气动设备维护与维修工作的气动、机械工程师；本科院校、职业院校、中等职业学校等机电一体化工程和自动化专业的师生。

本书由李新德编著。任军、金赛赛、董学勤、张艳玲、韩祥凤、陈爱荣、代战胜、牛晓敏、夏亚涛、吴卫刚、卢慧、苏丹、马红梅、祖彦勇、王丽、郭君霞、郭翠玲等参与了本书的编写、文献资料的搜集、文稿录入和部分插图的绘制等工作。

本书在编写过程中，参考了大量的资料和文献，未能一一注明出处，在此对这些资料和文献的作者深表谢意。

尽管我们在编写过程中作出了很多的努力，但由于编者的水平有限，书中难免有疏忽和不当之处，恳请各位读者批评指正，多提一些宝贵的意见和建议。

编　者

2014 年 7 月于商丘

目 录

第1章 气动技术的基础

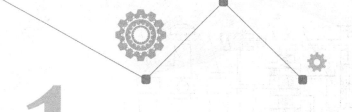

气压传动是以压缩气体为工作介质，靠气体的压力传递动力或信息的流体传动。传递动力的系统是将压缩气体经由管道和控制阀输送给气动执行元件，把压缩气体的压力能转换为机械能而做功；传递信息的系统是利用气动逻辑元件或射流元件以实现逻辑运算等功能，也称气动控制系统。

气压传动像液压传动一样，都是利用流体为工作介质来实现传动的，气压传动与液压传动在基本工作原理、系统组成、元件结构及图形符号等方面有很多相似之处，所以学习气动技术，对于有液压传动知识基础的同行，有很大的参考价值和借鉴作用。

1.1 气压传动的工作原理及组成

1.1.1 气压传动的工作原理

现以剪切机为例，介绍气压传动的工作原理。如图 1－1（a）所示，为气动剪切机的工作原理图，图示位置为剪切机剪切前的情况。空气压缩机 1 产生的压缩空气经空气冷却器 2、分水排水器 3、储气罐 4、空气过滤器 5、减压阀 6、油雾器 7 到达换向阀 9，部分气体经节流通路 a 进入换向阀 9 的下腔，使上腔弹簧压缩，换向阀阀芯位于上端；大部分压缩空气经换向阀 9 后由 b 路进入气缸 10 的上腔，而气缸下腔经 c 路、换向阀与大气相通，故气缸活塞处于最下端位置。当上料装置把工料 11 送入剪切机并到达规定位置时，工料压下行程阀 8，此时换向阀芯下腔压缩空气经 d 路、行程阀排出腔外，在弹簧的推动下，换向阀阀芯向下运动至下端；压缩空气则经换向阀后由 c 路进入气缸下腔，上腔经 b 路、换向阀与大气相通，气缸活塞向上运动，剪刃随之上行剪断工料。工料剪断后，即与行程阀脱开，行程阀阀芯在弹簧作用下复位，d 路堵死，换向阀阀芯上移，气缸活塞向下运动，又恢复到剪切前的状态。

由以上分析可知，剪刃克服阻力剪断工料的机械能来自于压缩空气的压力能，提供压缩空气的是空气压缩机；气路中的换向阀、行程阀起改变气体流动方向、控制气缸活塞运动方向的作用。如图 1－1（b）所示为用图形符号（又称职能符号）绘制的气动剪切机系统原理图。

1.1.2 气压传动系统的组成

根据气动元件和装置的不同功能，可将气压传动系统分成以下 5 个部分。

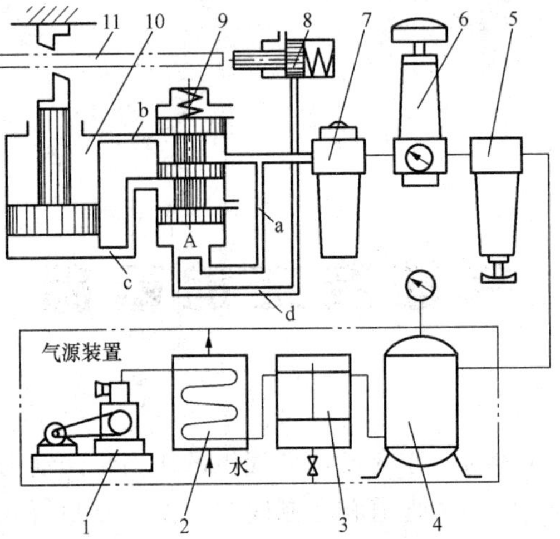

(a)

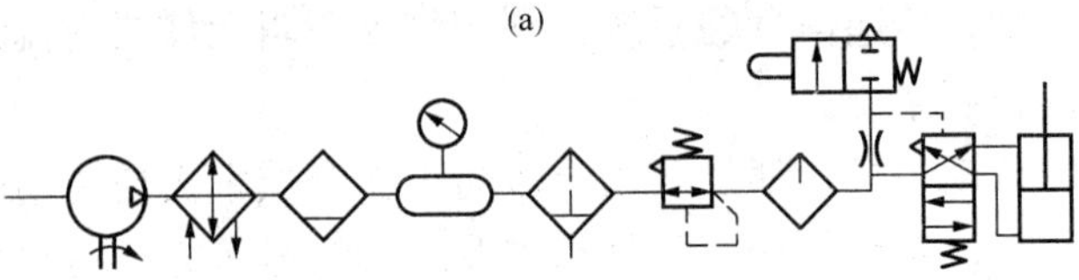

(b)

图 1－1　气动剪切机的工作原理图

(a) 结构原理图；(b) 图形符号图

1—空气压缩机；2—空气冷却器；3—分水排水器；4—储气罐；5—空气过滤器；6—减压阀；

7—油雾器；8—行程阀；9—换向阀；10—气缸；11—工料

1. 气源装置

获得压缩空气的装置和设备，如各种空气压缩机。它将原动机供给的机械能转换成气体的压力能，作为传动与控制的动力源。包括空气压缩机、后冷却器和气罐等。

2. 执行元件

把空气的压力能转化为机械能，以驱动执行机构作往复或旋转运动。包括气缸、摆动气缸、气动马达、气爪和复合气缸等。

3. 控制元件

控制和调节压缩空气的压力、流速和流动方向，以保证气动执行元件按预定的程序正常进行工作。包括压力阀、流量阀、方向阀和比例阀等。

4. 辅助元件

解决元件内部润滑、排气噪声、元件间的连接以及信号转换、显示、放大、检测等所需要的各种气动元件。包括油雾器、消声器、压力开关、管接头及连接管、气液转换器、气动显示器、气动传感器、液压缓冲器等。

5. 工作介质

在气压传动中起传递运动、动力及信号的作用。气压传动的工作介质为压缩空气。

1.2 气压传动的特点

气压传动与其他传动方式的比较，见表1-1。

表1-1 气压传动与其他传动方式的比较

项目	机械传动	电气传动	电子传动	液压传动	气压传动
输出力	中等	中等	小	很大（10t以上）	大（3t以下）
动作速度	低	高	高	低	高
信号响应	中	很快	很快	快	稍快
位置控制	很好	很好	很好	好	不太好
遥控	难	很好	很好	较良好	良好
安装限制	很大	小	小	小	小
速度控制	稍困难	容易	容易	容易	稍困难
无级变速	稍困难	稍困难	良好	良好	稍良好
元件结构	普通	稍复杂	复杂	稍复杂	简单
动力源中断时	不动作	不动作	不动作	有蓄能器，可短时动作	可动作
管线	无非是	较简单	复杂	复杂	稍复杂
维护	简单	有技术要求	技术要求高	简单	简单
危险性	无特别问题	注意漏电	无特别问题	注意防火	几乎没有问题
体积	大	中	小	小	小
温度影响	普通	大	大	普通（70℃以下）	普通（100℃以下）
防潮性	普通	差	差	普通	注意排放冷凝水
防腐蚀性	普通	差	差	普通	普通
防振性	普通	差	特差	不必担心	不必担心
构造	普通	稍复杂	复杂	稍复杂	简单
价格	普通	稍高	高	稍高	普通

1.2.1 气压传动的优点

气压传动与其他传动方式相比，具有如下优点。

(1) 工作介质是空气，来源方便，取之不尽，使用后直接排入大气而无污染，不需设置专门的回气装置。

(2) 空气的黏度很小，只有液压油的万分之一，流动阻力小，所以便于集中供气和中、远距离输送。

(3) 输出力及工作速度的调节非常容易。气缸动作速度一般为50～500mm/s，比液压和电气方式的动作速度快。

(4) 工作环境适应性好。在易燃、易爆、多尘埃、辐射、强磁、振动、冲击等恶劣的环境中，气压传动系统都能工作安全可靠。外泄漏不污染环境，在食品、轻工、纺织、印刷、精密检测等环境中采用最为适宜。

(5) 成本低，过载能自动保护。

(6) 气动装置结构简单、紧凑、易于制造，使用维护简单。压力等级低，故使用安全。

1.2.2 气压传动的缺点

气压传动与其他传动相比，具有如下缺点。

(1) 空气具有可压缩性，不易实现准确的速度控制和很高的定位精度，负载变化时对系统的稳定性影响较大。采用气液联动方式可以克服这一缺陷。

(2) 空气的压力较低，只适用于压力要求不高的场合（一般为0.4～0.8MPa）。

(3) 气压传动系统的噪声大，尤其是排气时，需要加消声器。

(4) 因空气无润滑性能，故在气路中应设置给油润滑装置（如需要可加装油雾器进行润滑）。

1.3 气动技术的应用现状与发展趋势

1.3.1 气动技术的应用现状

人们利用空气的能量完成各种工作的历史可以追溯到远古，但气动技术应用的雏形大约开始于1776年John Wilkinson发明的能产生一个大气压左右压力的空气压缩机。1829年出现了多级空气压缩机，为气压传动的发展创造了条件。1871年风镐开始用于采矿。1868年美国人G. 威斯汀豪斯发明气动制动装置，并在1872年用于铁路车辆的制动。1880年，人们第一次利用气缸做成气动制动装置，将它成功地应用到火车的制动上。后来，随着兵器、机械、化工等工业的发展，气动机具和控制系统得到了广泛的应用。1930年出现了低压气动调节器。50年代研制出用于导弹尾翼控制的高压气动伺服机构。20世纪60年代发明了射流和气动逻辑元件，遂使气压传动得到很大的发展。据相关资料表明，目前气动控制装置在自动化中占有很重要的地位，已广泛应用于各行业，现概括如下。

(1) 绝大多数具有管道生产流程的各生产部门往往采用气压控制。如石油加工、气体加工、化工、肥料、有色金属冶炼和食品工业等。

(2) 在轻工业中，电气控制和气动控制装置的地位大体相等。在我国气动控制装置已广泛用于纺织机械、造纸和制革等轻工业中。

(3) 在交通运输中。列车的制动闸、货物的包装与装卸、仓库管理和车辆门窗的开闭等。

(4) 在航空工业中也得到广泛的应用。因电子装置在没有冷却装置的情况下很难在300～500℃高温条件下工作，故现代飞机上大量采用气动装置。同时，火箭和导弹中也广泛采用气动装置。

(5) 鱼雷的自动装置大多是气动的。因为以压缩空气作为动力能源，体积小、质量轻，甚至比具有相同能量的电池体积还要小、质量还要轻。

(6) 在生物工程、医疗、原子能中也有广泛的应用。

(7) 在机械工业领域也得到广泛的应用。如在组合机床的程序控制、轴承的加工、零件的检测、汽车的制造、各类机械制造的生产线和工业机器人中已广泛地应用。

(8) 在能源与建筑的自动控制系统中应用广泛。如控制阀门、操动系统、工程机械、离合器等。

(9) 在冶金工业中应用也很广泛。如金属冶炼、烧结、冷轧、热轧、线材、板材的打捆、包装、连铸连轧的生产线等都有大量的运用。

气动技术在美国、法国、日本、德国等主要工业国家的发展和研究非常迅速，我国于20世纪70年代初期才开始重视和组织气动技术的研究。无论从产品规格、种类、数量、销售量、应用范围上，还是从研究水平、研究人员的数量上来看，我国气动技术与世界主要工业国家相比都十分落后。为发展我国的气动行业，提高我国的气动技术水平，缩短与发达国家的差距，开展和加强气动技术的研究是很必要的。

1.3.2 气动产品的发展趋势

随着生产自动化程度的不断提高，气动技术应用面迅速扩大、气动产品品种规格持续增多，性能、质量不断提高，市场销售产值稳步增长。气动产品的发展趋势主要体现在下述几个方面。

1. 电气一体化

为了精确达到预先设定的控制目标（如开关、速度、输出力、位置等），应采用闭路反馈控制方式。气-电信号之间的转换，成了实现闭路控制的关键，比例控制阀可成为这种转换的接口。在今后相当长的时期内开发各种形式的比例控制阀和电-气比例/伺服系统，并且使其性能好、工作可靠、价格便宜是气动技术发展的一个重大课题。

现在比例/伺服系统的应用例子已不少，如气缸的精确定位、用于车辆的悬挂系统以实现良好的减振性能、缆车转弯时的自动倾斜装置、服侍病人的机器人等。如何使以上实例中的比例/伺服系统更实用、更经济还有待进一步完善。

2. 小型化和轻量化

为了让气动元件与电子元件一起安装在印制电路板上，构成各种功能的控制回路组件，气动元件必须小型化和轻量化。气动技术应用于半导体工业、工业机械手和机器人等方面，要求气动元件超轻、超薄、超小。如缸径2.5mm的单作用气缸、缸径4mm的双作用气缸、4g重的低功率电磁阀、M3的管接头和内径2mm的连接管，材料采用了铝合金和塑料等，零件进行了等强度设计，使质量大为减轻。电磁阀由直动型向先导型变换，除了降低功耗外，也实现了小型化和轻量化。据调查，小型化元件的需求量，大约每5年增加1倍。

3. 组合化、智能化

最简单的元件组合是带阀、带开关气缸。在物料搬运装置中，已使用了气缸、摆动气缸、气动夹头和真空吸盘的组合体；还有一种移动小件物品的组合体，是将带导向器的两只气缸分别按X和Y轴组合而成，还配有电磁阀、程控器，结构紧凑，占用空间小，行程可调。

4. 复合集成化

为了减少配管、节省空间、简化装拆、提高效率，多功能复合化和集成化的元件相继出现。阀的集成化是将所需数目的配气装置安装在集成板上，一端是电接头，另一端是气管接头。将转向阀、调速阀和气缸组成一体的带阀气缸，从而实现换向、调速及气缸所承担的功能。气动机器人是能连续完成夹紧、举起、旋转、放下、松开等一系列动作的气动集成体。

气阀的集成化不仅仅将几只阀合装，还包含了传感器、可编程序控制器等功能。集成化不单节省了空间，还有利于安装、维修和工作的可靠性。

5. 无油、无味、无菌化

人类对环境保护的要求越来越高，因此无油润滑的气动元件将得到普及。还有些特殊行业，如食品、医药、生物工程、电子、纺织、精密仪器等，对空气的要求更为严格，除无油外，还要求无味、无菌等，预先添加润滑脂的不供油润滑技术已大量问世。目前正在开发构造特殊、用自润滑材料制造的、不用添加润滑脂能正常工作的无油润滑元件。不供油润滑元件组成的系统，不仅节省了大量润滑油、而且不污染环境，同时具有系统简单、维护方便、润滑性能稳定、成本低和寿命长的特点。

6. 高寿命、高可靠性和自诊断功能

气动元件大多用于自动生产线上，元件的故障往往会影响全线的运行，生产线的突然停止，造成的损失严重，为此，对气动元件的工作可靠性提出了高要求。有时为了保证工作可靠，不得不牺牲寿命指标，因此，气动系统的自诊断功能提上了日程，附加预测寿命等自诊断功能的元件和系统正在开发之中。

7. 高精度

位置控制精度已由过去的 mm 级提高到现在的 1/10mm 级。为了提高气动系统的可靠性，对压缩空气的质量提出了更高的要求。过滤器的标准过滤精度从过去的 70μm 提高到 5μm，并装配有 0.01μm 的精密滤芯，除尘率可达 99.9%～99.9999%，除油率可达 0.129mg/m³。为了使气缸的定位更精确，使用了传感器、比例阀等实现反馈控制，定位精度达 0.01mm。在气缸精密方面还开发了 0.3mm/s 低速气缸和 0.01N 微小载荷气缸。

8. 高速度

为了提高生产率，自动化的节拍正在加快，高速化是必然趋势。提高电磁阀的工作频率和气缸的速度，对气动装置生产效率的提高有着重要意义。目前气缸的活塞速度范围为 50～750mm/s。要求气缸的活塞速度达到 5m/s，最高达 10m/s。据调查，5 年后，速度 2～5m/s 的气缸需求量将增加 2.5 倍，5m/s 以上的气缸需求量将增加 3 倍。与此相应，阀的响应速度将加快，要求由现在的 1/100s 级提高到 1/1000s 级。

9. 节能、低功耗

气动元件的低功耗不仅仅是为了节能，更主要的是能与微电子技术相结合。功耗 0.5W 的电磁阀早已商品化，0.4W、0.3W 的气阀也已开发出来，而且可由 PC 直接控制。节能也是企业永久的课题，并且这项规定已建立在 ISO 14000 环保体系标准中。

10. 应用新技术、新工艺、新材料

型材挤压、铸件浸渗和模块拼装等技术 10 多年前在国内已广泛应用；压铸新技术（液压抽芯、真空压铸等）、去毛刺新工艺（爆炸法、电解法等）已在国内逐步推广；压电技术、总线技术，新型软磁材料、透析滤膜等正在被应用；超精加工、纳米技术也将被移植。

气动行业的科技人员特别关注密封件发展的新动向，一旦有新结构和新材料的密封件出现，就会被立即采用。

11. 满足某些行业的特殊要求

在激烈的市场竞争中，为某些行业的特定要求开发专用的气动元件是开拓市场的一个重要手段，因此各厂都十分关注。国内气动行业近期开发了如铝业专用气缸（耐高温、自锁），铁路专用气缸（抗振、高可靠性），铁轨润滑专用气阀（抗低温、自过滤能力），环保型汽车燃气系统（多介质、性能优良）等。

12. 标准化

贯彻标准，尤其是ISO国际标准是企业必须遵守的原则。它有两个方面工作要做：第一是气动产品应贯彻与气动行业有关的现行标准，如术语、技术参数、试验方法、安装尺寸和安全指标等；第二是企业要建立标准规定的保证体系，现有质量（ISO 9000）、环保（ISO 14000）和安全（ISO 18000）3个保证体系。

标准在不断增添和修订，企业及其产品也将随之持续发展和更新，只有这样才能推动气动技术稳步发展。

1.4　气动系统的故障诊断

1.4.1　气动系统的故障种类

由于故障发生的时期不同，故障的内容和原因也不同。因此，可将故障分为初期故障、突发故障和老化故障。

1. 初期故障

在调试阶段和开始运转的3个月内发生的故障称为初期故障。其产生的原因有以下几点。

(1) 元件加工、装配不良。如元件内孔的打磨不符合要求，零件毛刺未清除干净，不清洁安装，零件装错、装反，装配时对中不良，紧固螺钉拧紧力矩不恰当。零件材质不符合要求，外购零件（如密封圈、弹簧）质量差等。

(2) 设计失误。如设计元件时，对零件的材料选用不当、加工工艺要求不合理等；对元件的特点、性能和功能了解不够，造成回路设计时元件选用不当；设计的空气处理系统不能满足气动元件和系统的要求，回路设计出现错误。

(3) 安装不符合要求。安装时，元件及管道内吹洗不干净，使灰尘、密封材料碎片等杂质混入，造成气动系统故障。安装气缸时存在偏载。管道的防松、防振动等方面没有采取有效措施。

(4) 维护管理不善。如未及时排放冷凝水，未及时给油雾器补油等。

2. 突发故障

系统在稳定运行时期内突然发生的故障称为突发故障。例如，油杯和水杯在有机溶剂的汽雾气中工作，有可能突然破裂；空气或管路中，残留的杂质混入元件内部，会使相对运动件突然卡死；弹簧突然折断、软管突然爆裂、电磁线圈突然烧毁；突然停电造成回路误动作等。有些突发故障是有先兆的。如排出的空气中出现杂质和水分，表明过滤器已失效，应及时查明原因，予以排除，不要酿成突发故障。但有些突发故障是无法预测的，只能采取安全保护措施加以防范，或准备一些易损备件，以便及时更换失效的元件。

3. 老化故障

少数元件达到使用寿命后发生的故障称为老化故障。参照系统中各元件的生产日期、开始使用日期、使用的频繁程度以及已经出现的某些征兆，如声音反常、泄漏越来越严重，大致预测老化故障的发生期限是可能的。

1.4.2 故障诊断方法

1. 经验法

依靠实际经验，借助简单的仪表诊断故障发生的部位，找出故障原因的方法称为经验法。经验法简单易行，但由于每个人的感觉、实际经验和判断能力的差异，诊断结果存在一定的局限性。经验法可按“望、闻、问、切”的四字方针进行。

（1）望。如：看执行元件的运动速度有无异常变化；各测压点的压力表显示压力是否符合要求，有无大的波动；润滑油的质量和滴油量是否符要求；冷凝水能否正常排出；换向阀排气口排出的空气是否干净；电磁阀的指示灯是否正常；紧固螺钉及管接头有无松动；管道有无扭曲和压扁；有无明显振动存在；加工产品质量有无变化等。

（2）闻。包括耳闻和鼻闻。如：气缸及换向阀换向时有无异常声音；系统停止工作但尚未泄压时各处有无漏气，漏气声音大小及其每天变化情况；电磁线圈和密封圈有无因过热而发出的特殊气味等。

（3）问。即查阅系统的技术档案，了解系统的工作程序、运行要求及主要技术参数。查阅产品样本，了解每个元件的作用、结构、功能和性能；查阅维护检查记录，了解日常维护工作情况；询问现场操作人员，了解设备运行情况，了解故障发生前的征兆和故障发生时的状况，了解曾经出现过的故障及其排除方法。

（4）切。如触摸相对运动件外部的手感和温度，电磁线圈处的温升等。触摸两秒感到烫手，则应查明原因。气缸、管道等处有无振动感，气缸有无爬行感，各接头处及元件处用手感觉有无漏气等。

2. 推理分析法

推理分析法是利用逻辑推理，步步逼近，找出故障发生的真实原因的方法。

（1）推理步骤。从故障的症状到找出故障发生的真实原因，可按下面三步进行：一是从故障的症状，推理出故障的本质原因；二是从故障的本质原因，推理出可能导致故障的常见原因；三是从各种可能的常见原因中，推理出故障的真实原因。例如，阀控气缸不动作的故障，其本质原因是气缸内气压不足或阻力太大，以至气缸不能推动负载运动。气缸、电磁换向阀、管路系统和控制线路都可能出现故障，造成气压不足，而某一方面的故障又有可能是多个原因引起的。逐级进行故障原因推理，画出故障原因分析方框图，进而推理出众多可能的故障常见原因。

（2）推理方法。推理的原则是：由简到繁、由易到难、由表及里地逐一进行分析，排除掉不可能的和非主要的故障原因；优先检查故障发生前曾调整或更换过的元件及故障概率高的常见原因。①仪表分析法。利用检测仪器仪表，检查系统或元件的技术参数是否合乎要求。②部分停止法。即暂时停止系统某部分的工作，观察对故障征兆的影响。③试探反证法。即试探性地改变系统中部分工作条件，观察对故障征兆的影响。四是比较法。即用标准的或合格的元件代替系统中相同的元件，通过工作状况的对比，来判断被更换的元件是否失效。

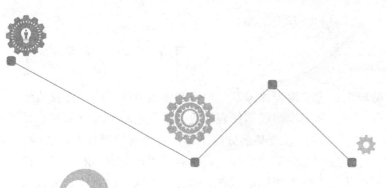

第2章　气源及气源处理系统

2.1　气源系统组成

气源系统就是由气源设备组成的系统，气源设备是产生、处理和储存压缩空气的设备，如图 2-1 所示的是典型的气源系统。

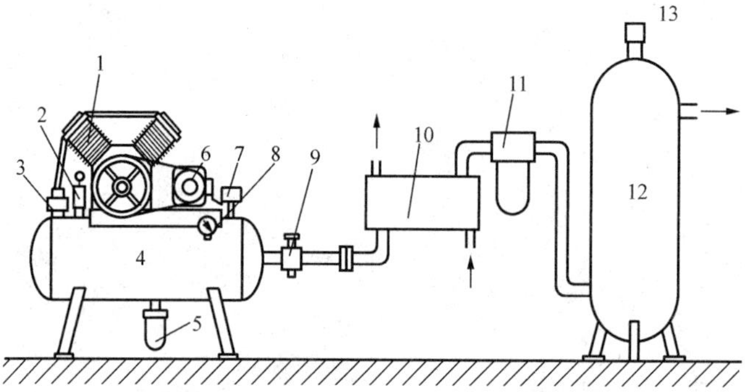

图 2-1　典型的气源系统的组成

1—压缩机；2—安全阀；3—单向阀；4—小气罐；5—自动排水器；6—电动机；7—压力开关；8—压力表；9—截止阀；10—后冷却器；11—油水分离器；12—大气罐；13—安全阀

通过电动机 6 驱动空气压缩机 1，将大气压力状态下的空气压缩到较高的压力状态，输送到气动系统。压力开关 7 是根据压力的大小来控制电动机的启动和停止的。当小气罐 4 内压力上升到调定的最高压力时，压力开关发出信号让电动机停止工作；当气罐内压力降至调定的最低压力时，压力开关又发出信号让电动机重新工作。当小气罐 4 内压力超过允许限度时，安全阀 2 自动打开向外排气，以保证空压机的安全。当大气罐 12 内压力超过允许限度时，安全阀 13 自动打开向外排气，以保证大气罐的安全。单向阀 3 是在空气压缩机不工作时，用于阻止压缩空气反向流动的。后冷却器 10 通过降低压缩空气的温度，将水蒸气及污油雾冷凝成液态水滴和油滴。油水分离器 11 用于进一步将压缩空气中的油、水等污染物分离出来。在后冷却器、油水分离器、空气压缩机和气罐等的最低处，都需设有手动或自动排水器，以便排除各处冷凝的液态油水等污染物。

2.2 空气压缩机

2.2.1 空气压缩机的作用与分类

空气压缩机（以下简称空压机）是气动系统的动力源，它把电动机输出的机械能转换成压缩空气的压力能输送给气动系统。

空压机的种类很多，按压力高低可分为低压型（0.2～1.0MPa）、中压型（1.0～10MPa）和高压型（大于10MPa）；按排气量可分为微型空压机（$V<1m^3/min$）、小型空压机（$V=1\sim10m^3/min$）、中型空压机（$V=10\sim100m^3/min$）和大型空压机（$V>100m^3/min$）；按工作原理可分为容积型和速度型（也称透平型或涡轮型）两类。

在容积型空压机中，气体压力的提高是由压缩机内部的工作容积被缩小，使单位体积内气体分子的密度增加而形成的。而在速度型空压机中，气体压力的提高是通过气体分子在高速流动时突然受阻而停滞下来，使动能转化为压力能而达到的。

容积型空压机按结构不同又可分为活塞式、膜片式和螺杆式等。速度型空压机按结构不同分为离心式和轴流式等。目前，使用最广泛的是活塞式空压机。

2.2.2 空压机的工作原理

1. 活塞式空压机

常用的活塞式空压机有卧式和立式两种结构形式。卧式空压机的工作原理如图2-2所示。曲柄8作回转运动，通过连杆7和活塞杆4，带动气缸活塞3作往复直线运动。当活塞3向右运动时，气缸容积增大而形成局部真空，吸气阀9打开，空气在大气压的作用下由吸气阀9进入气缸腔内，此过程称为吸气过程；当活塞3向左运动时，吸气阀9关闭，随着活塞的左移，缸内空气受到压缩而使压力升高，在压力达到足够高时，排气阀1即被打开，压缩空气进入排气管内，此过程为排气过程。

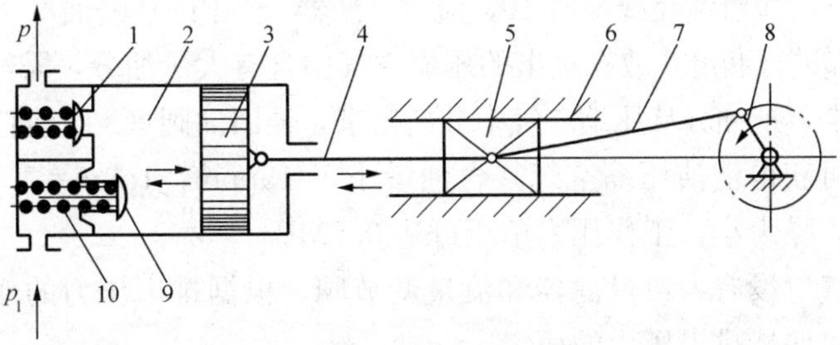

图2-2　活塞式空压机的工作原理图

1—排气阀；2—气缸；3—气缸活塞；4—活塞杆；5、6—十字头和滑道；7—连杆；8—曲柄；9—吸气阀；10—弹簧

图2-2所示的也是单级活塞式空压机，常用于需要0.3～0.7MPa压力范围的系统。单级空压机若压力超过0.6MPa，产生的热量将大大降低空压机的效率，因此，常用两级活塞式空压机。

图 2－3 所示的是两级活塞式空压机。若最终压力为 0.7MPa，则第一级通常压缩 0.3MPa。设置中间冷却器是为了降低第二级活塞的进口空气温度，提高空压机的工作效率。

2. 滑片式空压机

图 2－4 所示为滑片式空压机的工作原理图。

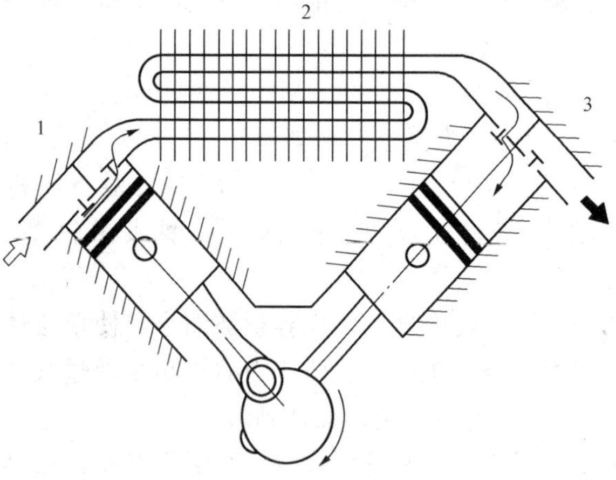

图 2－3　两级活塞式空压机

1—一级活塞；2—中间冷却器；3—二级活塞

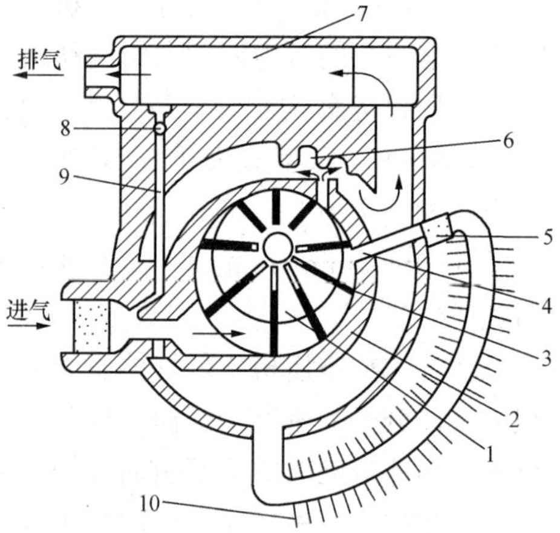

图 2－4　滑片式空压机

1—转子；2—定子；3—滑片；4—喷油口；5—过滤器；6—迷宫环；7—油分离器；8—回油阀；9—回油管；10—冷却器

转子 1 偏心安装在定子 2 内，一组滑片 3 插在转子的放射状槽内。当转子旋转时，各滑片靠离心力作用紧贴定子内壁。转子回转过程中，在排气侧的滑片逐渐被定子内表面压进转子沟槽内，滑片、转子和定子内壁围成的容积逐渐变小，从进气口吸入的空气就逐渐被压缩，最后从排气口排出。在进气侧，由于滑片，转子和定子内壁围成的容积逐渐变大，压力逐渐降为大气压力。

在气压作用下，润滑油经冷却器 10，流过过滤器 5，不断从喷油口 4 喷入气缸压缩室，对滑片及定子内部进行润滑，故在排出的压缩空气中含有大量油分，需经迷宫环 6 离心分离，再经油分离器 7 把油分从压缩空气中分离出来，经回油阀 8、回油管 9 循环再用。同时，从排气口还可获得清洁压缩空气（含油量小于 15ppm，1ppm＝1.29mg/m^3）。这种空压机工作平稳，噪声小，工作压力单级可达 0.7MPa。

另外，在进气口设有入口过滤器和流量调节阀。根据排出压力的变化，流量调节阀自动调节流量，以保持排出压力的稳定。

3. 活塞式和滑片式空压机的特性比较

活塞式和滑片式空压机的特性比较见表 2－1。

表 2－1　活塞式和滑片式空压机特性比较

类型	输出压力	体积	重量	振动	噪声	排气方式	压力脉动	检修量	寿命
活塞式	多级可获得高压	大	重	大	大	断续排气、需设气罐	大	大	短
滑片式	＜1.0MPa	小	轻	小	小	连续排气、不需气罐	小	小	长

4. 膜片式空压机

图 2－5 所示为膜片式空压机的工作原理图。

它与活塞式空压机的工作原理相同，不同之处仅在于活塞由膜片取代。电动机驱动连杆 4 运动，使橡胶膜片 3 向下向上往复运动，先后打开吸气阀 2、排气阀 1，由输出管输出压缩空气。这种空压机由于膜片代替了活塞运动，消除了金属表面的摩擦，所以可得到无油的压缩空气。但工作压力不高，一般小于 0.3MPa。

5. 螺杆式空压机

图 2－6 所示为螺杆式空压机的工作原理图。

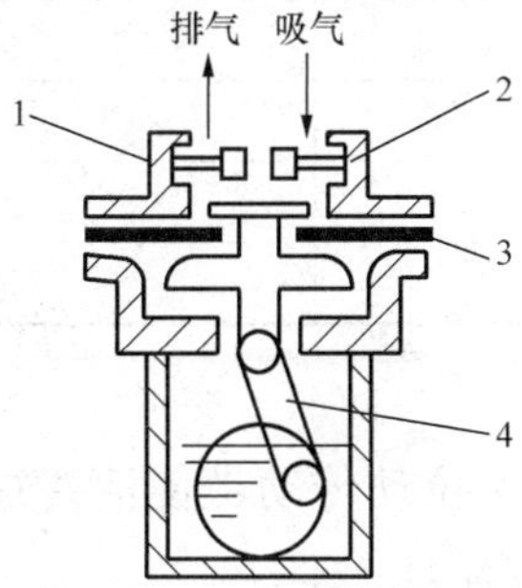

图 2－5　膜片式空压机

1—排气阀；2—吸气阀；

3—橡胶膜片；4—连杆

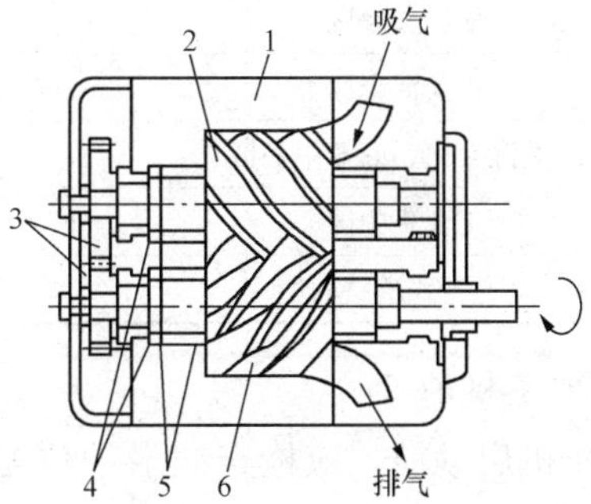

图 2－6　螺杆式空压机

1—壳体；2—螺杆；3—同步齿轮；

4—油封；5—油封；6—螺杆

在壳体 1 内有一对大螺旋齿的螺杆 2 和 6 啮合着，两螺杆装在壳体内，由两端的轴承所支承。其轴端装有同步齿轮 3 以保证两螺杆之间形成封闭的微小间隙。当螺杆由电动机带动运转时，该微小间隙发生变化，完成吸、压气循环。如果轴承和转子（螺杆）腔间用油封 4、油封 5 隔开，可以得到无油的压缩空气。这种空压机工作平稳，效率高。单级可达 0.4MPa，二级可达 0.9MPa，三级可达 3.0MPa，多级压缩会得到更高压力。这种空压机加工工艺要求较高。

2.2.3　空压机的选用

首先按空压机的特性要求来确定空压机类型，再根据气动系统所需要的工作压力和流量两个参数来选取空压机的型号。在选择空压机时，其额定压力应等于或略高于所需要的工作压力。一般气动系统需要的工作压力为 0.5～0.8MPa，因此选用额定压力为 0.7～1MPa 的低压空压机。此外还有中压空压机，额定压力为 1MPa；高压空压机，额定压力为 10MPa；超高压空压机，额定压力为 100MPa。其流量以气动设备最大耗气量为基础，并考虑管路、阀门泄漏以及各种气动设备是否同时连续用气等因素。一般空压机按流量可分为微型（流量小于 $1m^3/min$）、小型（流量在 $1\sim10m^3/min$）、中型（流量在 $10\sim100m^3/min$）、大型（流量大于 $100m^3/min$）。

2.2.4　空压机使用注意事项

1. 空压机用润滑油

空压机冷却良好，压缩空气温度约为 70～180℃，若冷却不好，可达 200℃以上。为了防止高温下空压机油发生氧化、变质而成为油泥，应使用厂家指定的空压机油，并要定期更换。

2. 空压机的安装地点

选择空压机的安装地点时，必须考虑周围空气清洁、粉尘少、湿度小，以保证吸入空气的质量。同时要严格遵守国家限制噪声的规定（见表 2－2）。必要时可采用隔音箱。

表 2－2　　我国规定城市环境噪声标准/dB（A）

适用区域	白　天	晚　间
特殊住宅区	45	35
居民文教区	50	40
一类混合区	55	45
二类混合区、商业中心区	60	50
工业集中区	65	55
交通干线道路两侧	70	55

3. 空压机的维护

空压机启动前，应检查润滑油位是否正常，用手拉动传动带使活塞往复运动 1～2 次，启动前和停车后，都应将小气罐中的冷凝水排放掉。

2.2.5　往复式空压机的保养和检查

1. 日常维护

（1）日常维护。日常维护是操作人员必须履行的工作，也是确保空压机正常运转的条件之一。日常维护主要有以下内容。

1）看。勤看各指示仪表，如各级压力表、油压表、温度计、油温表等，注意润滑情况，如注油器、油箱和各润滑点以及冷却水流动的情况。

2）听。勤听机器运转的声音，如气阀、活塞、十字头、曲轴及轴承等部分的声音是否正常。

3）摸。勤摸各部位，感觉空压机的温度变化和振动情况，如冷却后的排水温度、油温，运转中机件的温度和振动情况等，从而及早发现不正常的温升和零部件的工作情况，但要注意安全。

4）查。勤检查整个机器设备的工作情况是否正常，发现问题及时处理。

5）写。认真负责地填写机器运转记录表。

6）保洁。认真搞好机房安全卫生工作，保持空压机的清洁接班工作。

（2）三级维护。

1）一级维护。一级维护是每天必须进行的工作。一般在班前、班后及当班时间进行。目的是保证设备正常运转和工作现场文明整洁。

a. 每天或每班应向空压机各加油点加油一次，有特殊要求的，如电动机轴承的润滑，应按说明书的规定加油。总之，一切运动的摩擦部位，包括附件在内都要定时加油。

b. 要按操作规程使用机器，勤检查，勤调查，及时处理故障并记入运行日记。

c. 工作时，要保持机器和地面的清洁。交班前应将设备擦干净。

2）二级维护。

a. 每800h清洗气阀1次，清除阀座、阀盖的积炭，清洗润滑油过滤器、过滤网，对运动机构做1次检查。

b. 每1200h清洗滤清器1次，以减少气缸磨损。

c. 运行2000h将机油过滤1次，以除去金属屑及灰尘杂质。如果油不干净，应换油。轴瓦应刮调1次，对整台机器的间隙进行一次全面的检查。

3）三级维护。三级维护的目的，是提高设备中修间隔期内的完好率，工作内容与小修基本相同。

（3）长期闲置设备的保养。如果长期不使用机组，则应做好机组的封存、保养工作。

1）机组封存前，按要求加注规定数量的润滑油，超过6个月的闲置期，应重新加注润滑油，在开车前必须再重新加入润滑油。

2）要在机组重新投运之前，将油封的油脂清除，用煤油或汽油洗净，随后加入新油。

（4）空压机维护完好的标准。

1）运转正常，效果良好。

a. 设备出力能满足正常生产需要或达到铭牌标注的能力的90%以上。

b. 压力润滑和注油系统完整好用，注油部位（轴承、十字头、气缸等处）油路畅通。油压、油位、润滑油选用均符合规定。

c. 运转平稳无杂音，机体振动符合规程的规定。

d. 运转参数（温度、压力）符合规定。各部轴承、十字头等温度正常。

2）内部机件无损，质量符合要求。各零部件的材质选用、磨损极限以及严密性均符合相关规程的规定。

3）主体整洁，零附件齐全好用。

a. 安全阀、压力表、湿度计、自动调压系统应定期校验，保证灵敏准确。安全护罩、对轮螺钉、锁片等要齐全好用。

b. 主体完整，稳钉、安全销等齐全牢固。

c. 基础、机座坚固完整，地脚螺栓、各部螺钉应满扣、齐整、紧固。

d. 进出口阀门及润滑、冷却管线安装合理，横平竖直，不堵不漏。

e. 机体整洁，油漆完整，符合相关规程的规定。

2. 计划检修

往复式空压机的计划检修是在计划规定的日期内对其进行维护和修理。空压机的检修工作，是确保空压机正常运行的科学规则，空压机的完善状态，其能否正常地工作，在很大程度上取决于对空压机能否坚持正常合理的检修。空压机检修工作包括大修、中修、小修和日常修理4个内容。

（1）大修。大修是将空压机件全部解体拆开，更换全部磨损的零件，检查空压机所有部件，排除空压机所有故障。大修周期：一般空压机运行20 000～26 000h进行1次大修，每次大修需7～15天，大型工艺空压机运行14 000h大修1次，每次15天左右。大修的主要内容如下。

1）检查曲轴是否有裂纹，曲轴主轴颈的同锥度、圆度，平衡铁与曲轴的连接情况。

2）检查或更换十字头销和活塞销。

3）检查所有轴承的磨损情况，更换磨损严重的轴瓦。

4）检查连杆与活塞，曲轴的相对位置是否有偏斜的现象。

5）检查连杆螺栓是否有拉伸变形、裂纹、磨损等现象。

6）检查活塞与活塞杆的固定情况，活塞杆在运动中是否有跳动偏差。

7）清洗气缸和活塞，检查其磨损情况，必要时进行修理。

8）更换压缩机所有易损零件，如活塞环、阀片等。

9）检查所有安全阀，调整其开启压力，使其达到规定的要求。

10）检查所有仪器、仪表的检定日期、灵敏度和工作情况。

（2）中修。空压机每运行 4500～6000h 进行 1 次中修，大约 4～5 天。中修的检修范围比大修小，其拆卸程度也较小。中修的主要内容为检修易损零部件，校验压力表、安全阀及其他阀门的密封性。在中修过程中，如发现下列零件磨损应更换：填料的密封元件、刮油器中的密封元件、气阀、减荷阀小活塞、活塞环、连杆轴瓦、十字头衬套及无润滑的各种零部件。

（3）小修、空压机一般运转 2100～3000h 可进行 1 次小修，检修内容根据实际情况而定，可在下列内容中选取一项或几项。

1）清洗储气罐、滤清器、排气管路、阀门、空压机的冷却水套、中间冷却器的冷却水管、油过滤器、油管、压力调节器及减荷阀装置等。

2）检查空压机运动机构的曲轴、连杆、十字头等部分的配合间隙。

3）检查各连接部位的螺栓、垫片的紧固情况，必要时更换。

4）检查试验安全阀、压力调节阀、减荷阀的动作是否灵敏。

5）检查气缸活塞环的磨损情况，磨损严重者予以更换。检查气阀各零件，如阀片、阀座、弹簧等，如有损坏、变形、扭曲等则要更换。

（4）日常修理。为了保证空压机的正常运行，在空压机运行中出现的一些小故障要及时排除和修理。如冷却水系统、润滑油系统出现漏水和漏油现象，螺栓的松动、气阀的故障等以及不正常的振动、响声、过热等。实践证明，只要严格遵守操作规程，增强空压机日常维护意识，适时进行检修管理，就能保证空压机在最佳工况下运行，延长空压机的使用寿命，达到较满意的使用效果。

2.3 后冷却器和储气罐

2.3.1 后冷却器

1. 作用

空压机的排气温度很高，为 70～180℃，且含有大量的水分和油分，此温度时空气中的水分基本呈气态。这些水分和油分在压缩空气冷却时，会变成冷凝水，对气动元件造成不良的影响。

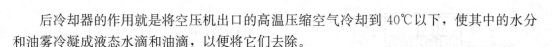

后冷却器的作用就是将空压机出口的高温压缩空气冷却到 40℃以下，使其中的水分和油雾冷凝成液态水滴和油滴，以便将它们去除。

2. 分类

后冷却器有风冷式和水冷式两种。

风冷式后冷却器具有占地面积小、质量轻、运转成本低、易维修等特点。适用于进口压缩空气温度低于 100℃和处理空气量较少的场合。

水冷式后冷却器具有散热面积大（是风冷式的 25 倍）、热交换均匀、分水效率高等特点。适用于进口压缩空气温度较高，且处理空气量较大、湿度大、粉尘多的场合。

3. 工作原理

(1) 水冷式。图 2－7（a）所示为蛇管水冷式后冷却器的结构示意图，压缩空气在管内流动，冷却水在管外水套中流动。冷却水与热空气隔开，冷却水沿热空气的反方向流动，以降低压缩空气的温度。压缩空气的出口温度大约比冷却水的温度高 10℃。图 2－7（b）为带冷却剂管路的冷却器图形符号，图 2－7（c）为一般符号。

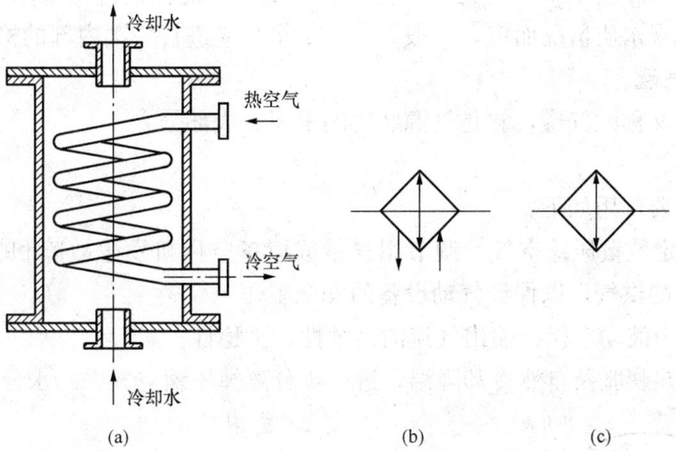

图 2－7　蛇管式水冷式后冷却器结构示意图
(a) 结构示意图；(b) 图形符号；(c) 一般符号

图 2－8 所示为列管式后冷却器的结构示意图。

(2) 风冷式。风冷式后冷却器是靠风扇产生冷空气吹向带散热片的热气管道。后冷却器最低处应设置自动或手动排水器，以排除冷凝水。经风冷后的压缩空气的出口温度大约比室温高 15℃。如图 2－9 所示是风冷式后冷却器，其工作原理是压缩空气通过管道，由风扇产生的冷空气强制吹向管道，冷热空气在管道壁面进行热交换，风冷式后冷却器能将空压机产生的高温压缩空气冷却到 40℃以下，能有效除去空气中的水分。

4. 使用维护注意事项

启动前检查所有附件与登记表，并查看各连接处是否紧密。在使用时，应注意后冷却器有无异常声音和异常发热现象。若后冷却器因故障或不正常停止工作时，应及时检查并排除故障。

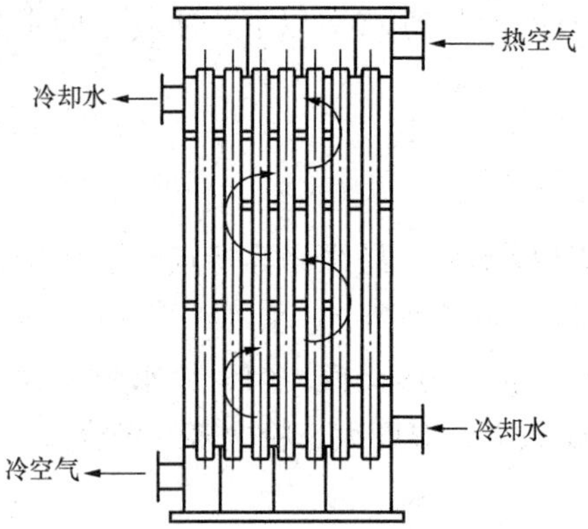

图 2-8 列管式水冷式后冷却器结构示意图

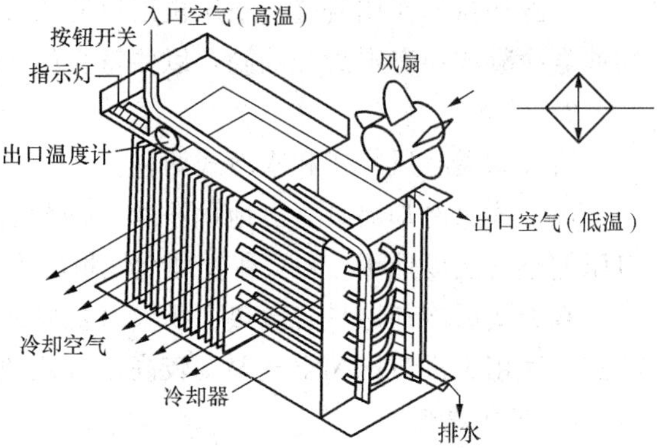

图 2-9 风冷式后冷却器结构示意图

为提高热交换性能，防止水垢形成，冷却水温度尽可能要低些，水流量要大些。在寒冷季节，且后冷却器不工作的情况下，要采取措施以免冻裂后冷却器。后冷却器长期工作时，管壁表面逐渐积垢，热交换性能下降，以致不能保证冷却要求，此时必须停用清洗。清洗周期视水质情况而定，一般每 6～12 个月应进行一次内部的检查和清洗。

2.3.2 储气罐

储气罐通常又称贮气罐，它是气源装置的重要组成部分。

1. 作用

储气罐的主要作用如下。

(1) 储存一定数量压缩空气。调节用气量或以备空压机发生故障和临时需要应急使用，维持短时间的供气，以保证气动设备的安全工作。

(2) 消除压力波动，保证输出气流的连续性、平稳性。

(3) 依靠绝热膨胀及自然冷却降温，进一步分离掉压缩空气中的水分和油分。

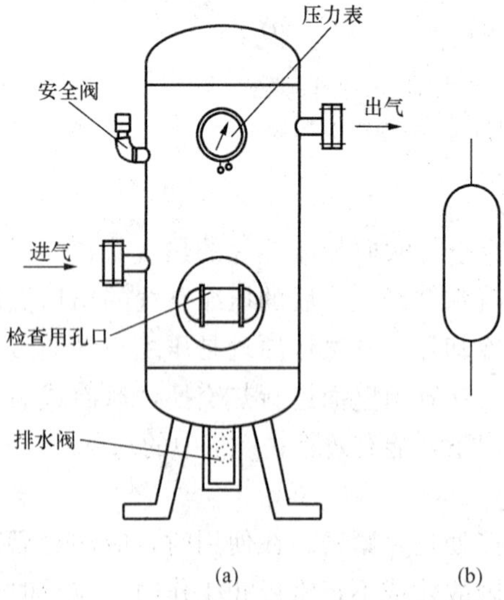

图 2-10 储气罐
(a) 立式储气罐；(b) 图形符号

2. 结构

储气罐一般采用圆筒状焊接结构，有立式和卧式两种，通常以立式居多，如图 2-10 (a) 所示。立式储气罐的高度为其直径的2～3 倍，同时应设置进气管在下，出气管在上，并尽可能加大两气管之间的距离，以利于进一步分离空气中的油和水。同时，气罐上应配置安全阀、压力表、排水阀和清理检查用的孔口等。此外，储气罐还必须符合锅炉和压力容器安全规则的有关规定，如使用前应按标准进行水压试验等。

图 2-10 (b) 为储气罐的图形符号。

3. 容积确定

在选择储气罐的容积 V_c（单位为 m^3）时，一般是以空气压缩机的排气量 q 为依据来确定的，可参考下列经验公式。

当 $q<0.1m^3/s$ 时　　　　$Vc=0.2q$

当 $q=0.1\sim0.5m^3/s$ 时　　$Vc=0.15q$

当 $q>0.5m^3/s$ 时　　　　$Vc=0.1q$

2.4 气源处理系统

2.4.1 概述

1. 气源处理的必要性

从空压机输出的压缩空气中含有大量的水分、油分和粉尘等杂质，必须采用适当的方法来清除这些杂质，以免它们对气动系统的正常工作造成危害。

变质油分会使橡胶、塑料、密封材料等变质，堵塞小孔，造成元件动作失灵和漏气；水分和尘土还会堵塞节流小孔或过滤网；在寒冷地区，水分冻结会造成管道堵塞或冻裂等。

如果空气质量不良，将使气动系统的工作可靠性和使用寿命大大降低，由此造成的损失将会超过气源处理装置的成本和维修费用，故正确选用气源处理系统显得尤为重要。

2. 杂质的来源

(1) 由系统外部通过空压机等吸入的杂质。如大气中的各种灰尘、烟雾等。

(2) 由系统内部产生的杂质。如湿空气被压缩、冷却而出现的冷凝水，高温下空压机油变质而产生的焦油物，管道中产生的铁锈，运动件之间磨损产生的粉末，密封过滤材料的粉末等。

(3) 系统安装和维修时产生的杂质。如安装维修时未清除掉的螺纹牙铁屑、毛刺、纱头、焊接氧化皮、铸砂、密封材料碎片等杂质。

3. 对空气质量的要求

不同的气动设备，对空气质量的要求不同。空气质量低劣，优良的气动设备也会事故频繁，缩短使用寿命。但提出过高的空气质量要求，又会增加压缩空气的成本。表 2-3 列出了不同应用场合下气动设备对空气质量的要求，这里的气态溶胶油分是指 0.01～10μm 的雾状油粒子。

表 2-3　　不同应用场合下气动设备对空气质量的要求

应用场合	清除水分		清除油分			清除粉尘				清除臭气
	液态	气态	液态	气状溶胶	气态	>50 μm	>25 μm	>5 μm	>1 μm	
药品、食品的搅拌、输送、包装；酒、化妆品、胶片的制造	*	*	*	*	*	*	*	*	*	*
电子元件和精密零件的干燥和净化，空气轴承，高级静电喷漆，卷烟制造工程、化学分析	*	*	*	*	*	*	*	*	*	×

续表

应用场合	清除水分		清除油分			清除粉尘				清除臭气
	液态	气态	液态	气状溶胶	气态	$>50\ \mu m$	$>25\ \mu m$	$>5\ \mu m$	$>1\ \mu m$	
利用空气输送粉末、粮食类	*	*	*	*	*	*	*	*	○	×
冷却玻璃、塑料	*	○	*	*	*	*	*	*	×	×
气动逻辑元件组成的回路	*	×	*	*	×	*	*	*	×	×
气动测验量仪用气	*	×	*	*	×	*	*	*	×	×
气动马达、间隙密封换向阀、风动工具	*	×	*	*	×	*	*	○	×	×
气动夹具、气动卡盘、吹扫用气喷枪	*	×	*	○	×	*	*	*	×	×
焊接机械、冷却金属	*	×	*	×	×	*	○	×	×	×
纺织、铸造、玻璃、砖瓦机械，包装、造纸、印刷机械，一般气动回路，建筑机械	*	×	*	×	×	*	×	×	×	×

*——必须清除；○——建议清除；×——不必清除。

4. 净化压缩空气的方法

压缩空气中存在的杂质主要是固态颗粒、气态水分、液态水分、气态油分、气状溶胶油粒子和液态油分等，对不同的杂质应采用不同的净化方法。

（1）固态颗粒。对固态颗粒类杂质，可采用的净化方法有重力沉降、静电作用、弥散作用、惯性分离和拦截过滤等，而惯性分离又可分为撞击分离和离心分离两种，拦截过滤可分为金属网过滤、烧结材料过滤、玻璃纤维或树脂过滤等。

（2）水分。水分有液态水分和气态水分两种形态。对液态水分的净化方法有重力沉降、惯性分离、拦截过滤和凝聚作用等；对气态水分的净化方法有压缩、降温、冷冻和吸附等，而降温又可分为风冷降温、水冷降温和绝热膨胀降温三种，吸附可分为无热再生吸附和加热再生吸附两种。

（3）油分。油分有液态油分、气态油分和气状溶胶油分三种形态。对液态油分的净化方法有惯性分离、水洗法、拦截过滤和凝聚作用等；对气态油分的净化方法是用活性炭吸附；对气状溶胶油分的净化方法有水洗法和纤维层多孔滤芯拦截。

2.4.2 过滤器

1. 油水分离器

（1）作用及分类。油水分离器也称除油器，其作用是将压缩空气中凝聚的水分和油分等杂质分离出来，使压缩空气得到初步净化。油水分离器通常安装在后冷却器后的管道上，其结构形式有环形回转式、撞击折回式、离心旋转式、水浴式及以上形式的组合等。应用较多的是使气流撞击并产生环形回转流动的结构形式。

（2）工作原理。

1）撞击折回式油水分离器。如图 2-11 所示为撞击折回式油水分离器。压缩空气自进气管 4 进入除油器以后，气流受到隔板 2 的阻挡，撞击隔板 2 而折回向下，继而又回升向上，形成回转环流，最后从排气管 3 排出。与此同时，压缩空气中的水滴、油滴和杂质在离心力和惯性力作用下从空气中分离析出，沉降于除油器的底部，经排污阀 6 排出。

为提高油水分离的效果，气流回转后上升的速度不能太快，一般不超过 1m/s。通常油水分离器的高度 H 为其内径 D 的 3.5～5 倍。

2）水浴式油水分离器。水浴式油水分离器的结构如图 2－12（a）所示。压缩空气从管道进入油水分离器底部以后，经水洗和过滤后从出口输出。其优点是可清除压缩空气中大量的油分等杂质；其缺点是当工作时间稍长时，液面会漂浮一层油污，需经常清洗和排除油污。

3）旋转离心式油水分离器。旋转离心式油水分离器的结构如图 2－12（b）所示。压缩空气 45°切向进入油水分离器后，产生强烈旋转，使压缩空气中的水滴、油滴等杂质，在惯性力的作用下被分离出来而沉降到容器底部，再由排污阀定期排出。

在要求净化程度高的气动系统中，可将水浴式与旋转离心式油水分离器串联组合使用，其结构如图 2－12 所示。这样可以显著增强净化效果。

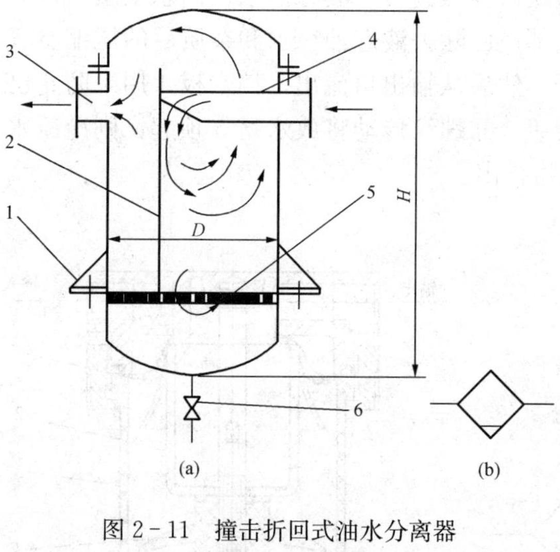

图 2－11　撞击折回式油水分离器

（a）结构；（b）图形符号

1—支架；2—隔板；3—排气管；4—进气管；5—栅板；6—排污阀

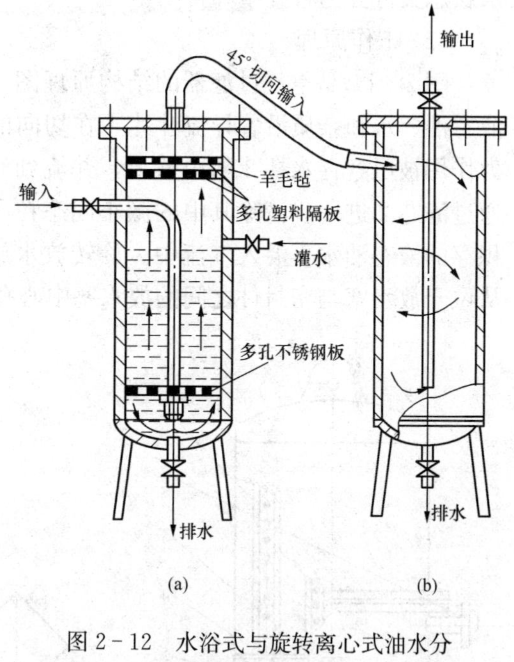

图 2－12　水浴式与旋转离心式油水分离器串联组合结构

（a）水浴式除油器；（b）旋转离心式除油器

2. 主管道过滤器

（1）作用。安装在主管路中，清除压缩空气中的油污、水和灰尘等，以提高下游干燥器的工作效率，延长精密过滤器的使用时间。

（2）工作原理。图 2－13 是主管道过滤器。它采用微孔过滤、碰撞分离和离心分离三种形式来清除压缩空气中的油分、水分和固体颗粒等。从输入口 2 进入的压缩空气中的气态油分和气态水分，在通过圆筒式烧结陶瓷滤管 1 时，凝成小水滴被滤出。固态杂质

（50μm 以上）被拦截在滤管外。

滤出的油、水和固态杂质定期经上排水口 3 排出。过滤后的空气进入滤管内部，向下流向反射板 4 撞击反射，再由导流板 5 迫使气流离心分离，水分从下排水口 8 排出。净化后的空气穿过多孔板从输出口输出。

（3）使用维护。

1）通过主管道过滤器的最大流量不得超过其额定流量。

2）主管道过滤器应安装在后冷却器或储气罐之后，以提高过滤效率。

3）根据地区和季节的不同，应定期进行手动排污或检查自动排污装置工作是否正常。用差压计测定过滤器两端压力降，当压力降大于 0.1MPa 时，应更换过滤元件。

3. 空气过滤器

（1）作用与分类。空气过滤器的作用是除去压缩空气中的固态杂质、水滴和污油滴，但不能除去气态油和气态水。

按过滤器的排水方式可分为手动排水型和自动排水型。自动排水型按无气压时的排水状态又可分为常开型和常闭型。

（2）工作原理。

图 2－14 是空气过滤器的结构原理图。当压缩空气从输入口流入时，气体中所含的液态油、水和杂质沿着导流叶片 1 在切向的缺口强烈旋转，液态油水及固态杂质受离心力作用被甩到存水杯 3 的内壁上，并流到底部。已除去液态油、水和杂质后的压缩空气通过滤芯 2 进一步清除其中的微小固态粒子，然后从输出口流出。挡水板 4 用来防止已积存的液态油水再混入气流中。旋转放水旋钮，靠螺纹传动将放水塞 5 顶起，则冷凝水从位于放水塞与密封件之间的放水塞中心孔道排出。

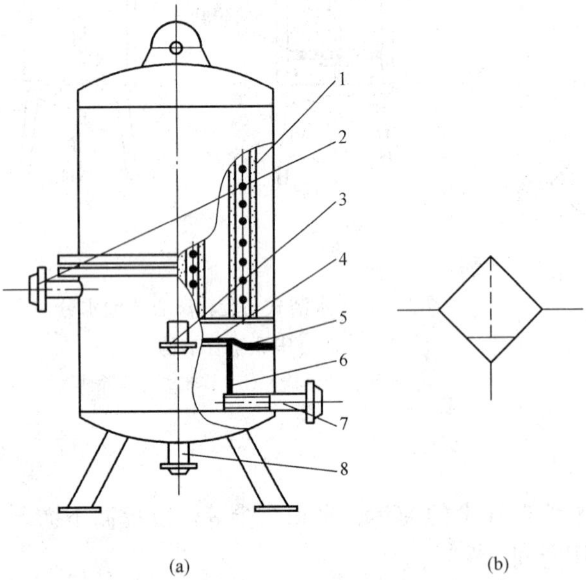

图 2－13 主管道过滤器

1—滤管；2—输入口；3—上排水口；4—反射板；5—导流板；6—多孔板；7—输出口；8—下排水口

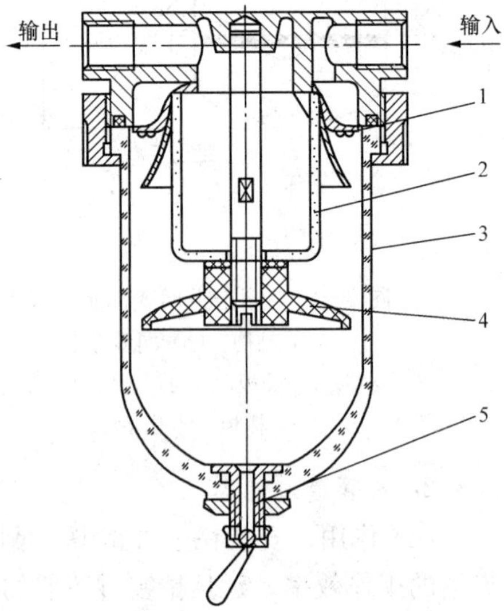

图 2－14 空气过滤器

1—导流叶片；2—滤芯；3—存水杯；4—挡水板；5—放水塞

(3) 性能指标。

1) 流量特性。指在一定进出口压力下，通过元件的空气流量与元件两端压力降之间的关系。输出流量一定时的两端压力降越小越好。它主要取决于滤芯和导流叶片的流动阻力。

2) 分水效率。指分离出来的水分与进口空气中所含水分之比。过滤器进口压力为0.7MPa，进出口压降为0.01MPa条件下，图2-14所示空气过滤器的分水效率在85%以上。

3) 过滤精度。指通过过滤器滤芯的颗粒最大直径。标准过滤精度为5μm，对一般气动元件的使用要求已能满足。其他可供选择的过滤精度有2、10、20、40、70、100μm。可根据对空气的质量要求选定。

(4) 使用维护。

1) 装配前，要充分吹掉配管中的切屑、灰尘等，防止密封材料碎片混入。

2) 过滤器必须垂直安装，并使放水阀向下。壳体上箭头所示方向为气流方向，不得装反。

3) 应将过滤器安装在远离空压机处，以提高分水效率。使用时，必须经常放水。滤芯要定期进行清洗或更换。

4) 应避免日光照射。

4. 油雾过滤器

空气过滤器不能分离悬浮油雾粒子，这是由于处于干燥状态的微小（2～3μm）油很难附着于固体表面。要分离这种油雾，需要使用带凝聚式滤芯的油雾过滤器。

(1) 结构原理

图2-15 (a) 所示为油雾过滤器结构原理图，图2-15 (b) 所示为凝聚式滤芯结构。油雾过滤器除滤芯为凝聚式滤芯外，与普通的空气过滤器基本相同。当含有油雾的压缩空气由内向外通过凝聚式滤芯时，微小粒子因布朗运动受阻发生相互碰撞或粒子与纤维碰撞，粒子便聚集成较大油滴而进入泡沫塑料层，在重力作用下沉降到滤杯底而被清除。

凝聚式滤芯的材料，通常用与油脂有较佳亲和性的玻璃纤维、纤维素和陶瓷等材料。过滤精度有1、0.3、0.01μm等几种。

(2) 应用。由于凝聚式滤芯的过滤度很小，容易堵塞，且不可能除去大量的水分，油雾过滤器的安装位置应紧接在空气过滤器之后。

选用油雾过滤器时除应注意其过滤精度等参数外，还应特别注意实际使用的流量不要超过最大允许流量，以防止油滴再次雾化。

使用时需经常检查滤芯状况，当压降值超过0.07MPa时，表明通过滤芯的气流速度增大，容易产生油滴被雾化的危险，必须及时更换滤芯。

2.4.3　自动排水器

自动排水器用于自动排除管道低处、油水分离器、储气罐及各种过滤器底部等处的冷凝水。可安装于不便通过人工排污水的地方，如高处、低处、狭窄处。并可防止因忘记定期人工排水而造成压缩空气被冷凝水重新污染。

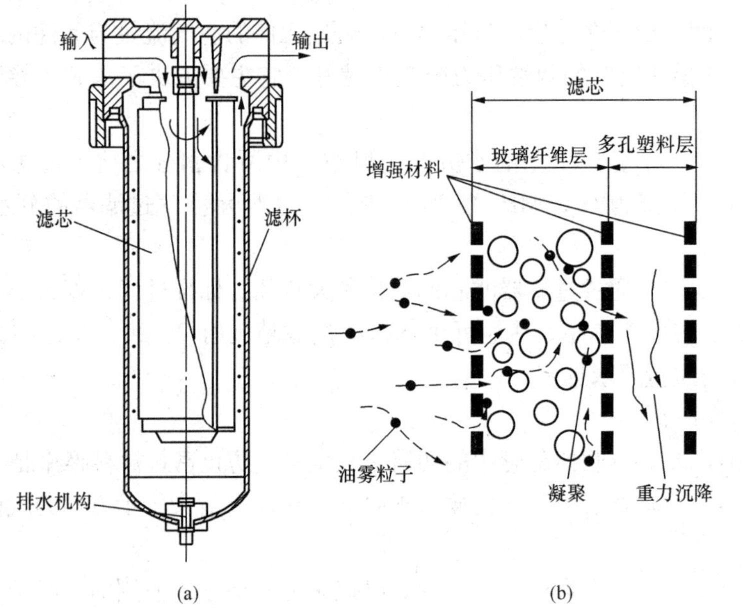

图 2－15　油雾过滤器

（a）油雾过滤器结构原理图；（b）凝聚式滤芯结构

自动排水器有气动式和电动式两大类。

1. 气动自动排水器

（1）分类。按工作原理，气动自动排水器可分为弹簧式、差压式和浮子式，其中使用最多的是浮子式。浮子式又可分为带手动操作排水型和不带手动操作排水型。

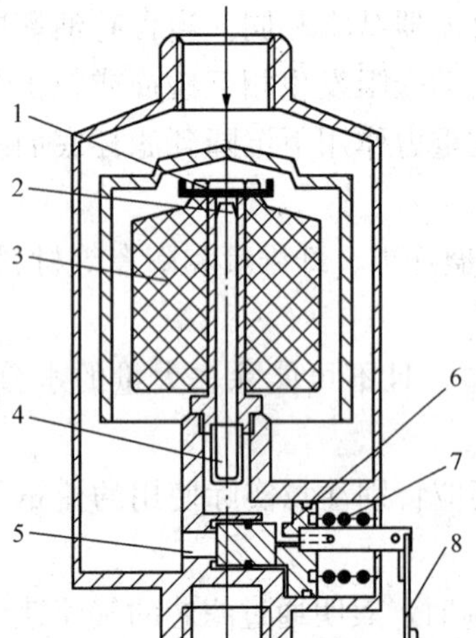

图 2－16　浮筒式自动排水器

1—盖板；2—喷嘴；3—浮筒；4—滤芯；5—排水口；6—溢流孔；7—弹簧；8—操纵杆

（2）工作原理。如图 2－16 所示为自动排水器的一种。被分离出来的水流入自动排水器内，水位不断升高，当水位升至一定高度后，浮筒的浮力大于浮筒的自重及作用在上孔座面上的气压力时，喷嘴开启，气压力克服弹簧力使活塞右移，打开排水阀座放水。排水少许后，浮筒下降，上孔座又被关闭。活塞左腔气压力通过设在活塞及手动操作杆内的溢流孔泄压，迅速关闭排水阀座。在使用过程中，如自动排水阀出现故障，可通过手动操作杆打开阀门放水。

（3）使用维护。

1）自动排水器排水口必须垂直向下安装。

2）阀口及密封件处要保持清洁，弹簧不得断裂，O 形密封圈不能划伤，以防漏气漏水。

3）若不能自动排水，先进行手动操作排除积水，再利用工作间隙停机拆卸，检查喷嘴小孔及溢流孔是否被堵塞，并清洗滤芯。

2. 电动自动排水器

(1) 工作原理。图 2－17 所示为电动自动排水器的结构原理图。电动机 4 驱动凸轮 2 旋转，拨动杠杆，使阀芯 5 每分钟动作 1～4 次，即排水口开启 1～4 次。按下手动按钮同样也可排水。

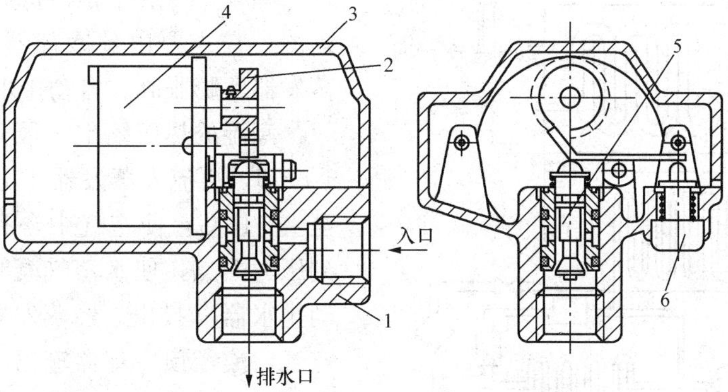

图 2－17　电动自动排水器结构原理图

1—主体；2—凸轮；3—外罩；4—电动机；5—阀芯组件；6—手动按钮

(2) 特点。

1) 可靠性高，高黏度液体也可以排出。

2) 排水能力大。

3) 可将气路末端或最低处的污水排尽，以防止管道锈蚀及污水干后产生的污染物危害下游的元件。

4) 抗振能力比浮子式强。

(3) 使用维护。

1) 安装前，必须清除储气罐内的残余水。

2) 排水口必须垂向下。自动排水器的进口处应装截止阀，以便检查维护。

3) 阀芯组件内积有灰尘时，可按手动按钮进行清洗。

2.4.4　干燥器

1. 作用及分类

压缩空气经后冷却器、油水分离器、储气罐、主管道过滤器和空气过滤器得到初步净化后，仍含有一定量的水分，对于一些精密机械、仪表等装置还不能满足要求，为防止初步净化后的气体中所含的水分对精密机械、仪表等产生锈蚀，需使用干燥器进一步清除水分。

干燥器的作用是为了满足精密气动装置用气的需要，把已初步净化的压缩空气进一步净化，吸收和排出其中的水分、油分及杂质，使湿空气变成干空气。

干燥器的形式有机械式、离心式、高分子隔膜式、吸附式、加热式、冷冻式等几种。目前应用最广泛的是吸附式和冷冻式。冷冻式是利用制冷设备使空气冷却到一定的露点温度，使空气中的多余水分冷凝析出，从而达到所需要的干燥程度。这种方法适用于处理低压、大流量并对干燥程度要求不高的压缩空气。压缩空气的冷却，除用制冷设备外，也可以采用直接蒸发或用冷却液间接冷却的方法。

2. 冷冻式干燥器

(1) 工作原理。冷冻式干燥器是利用冷却介质与压缩空气进行热交换，把压缩空气冷却至 2～10℃的范围，以去除压缩空气中的水分。

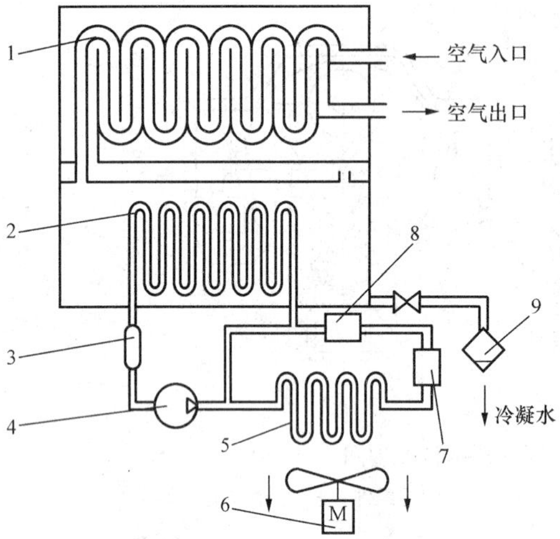

图 2-18 冷冻式干燥器

1—预冷却器；2—蒸发器；3—储气罐；4—空压机；5—冷凝器；6—风机；7—过滤器；8—热力膨胀阀；9—自动排水器

图 2-18 所示是冷冻式干燥器结构原理图，它主要由预冷却器、制冷空压机、蒸发器、膨胀阀、自动排水器等组成。

潮湿的热压缩空气最先进入预冷却器 1 冷却，再流入蒸发器 2 进一步冷却降温至 2～10℃，使空气中含有的水蒸气冷却到压力露点，使水蒸气凝结成水滴，经自动排水器 9 排出。经蒸发器冷却后的压缩空气，流经预冷却器输出。空气在流经预冷却器的过程当中，通过热交换，一方面降低输入空气的温度；另一方面其本身的温度上升，防止输出管道系统被用于温差导致的“发汗”所腐蚀。

在制冷回路中，制冷剂由空压机 4 压缩成高压气态状，经冷凝器 5 冷却后成为高压液态状，通过过滤器 7 过滤后，流经热力膨胀阀 8 输出。在膨胀阀里，由于膨胀成为低压、低温的液态状，通过热交换器转变成气态，进入下一周期循环。

(2) 使用维护。进入干燥器的气体温度高，周围环境温度高，不利于充分进行热交换，也就不利于干燥器性能的发挥。当环境温度低于 2℃，冷凝水就会开始冻结，故进气温度应该控制在 40℃以下，可在前面设置后冷却器等。环境温度宜低于 35℃，可装换气扇降温，环境温度过低，应用暖气加热。

干燥器的进气压力越高越好（在耐压强度允许的条件下）。空气压力高，则水蒸气含量减少，有利于干燥器性能的发挥。

干燥器前应设置过滤器和分离器，以防止大量灰尘、冷凝水和油污等进入干燥器内，黏附在热交换器上，使效率降低。

进气量不能超过干燥器的处理能力，否则干燥器出口的压缩空气达不到应有的干燥程度。

干燥器应安装在通风良好、无尘埃、无振动、无腐蚀性气体的平稳地面或台架上。周围应留足够的空间，以便通风和维护检修。安放在室外的，要防日晒雨淋。分离器使用半年便应清洗一次。

冷冻式干燥器适用于空气处理量较大、露点温度不要太低的场合。它具有结构紧凑、占用空间较小、噪声小、使用维护方便和维护费用低等优点。

目前广泛使用的制冷剂是 R-12、R-22 氟利昂族制冷剂，但它对大气臭氧层有破坏作用，国际上已限制其使用量。

(3) 冷冻式空气干燥器的选择。不管选择多大尺寸、具有何种特征的空气干燥器，都必须研究确定所需露点、处理空气量、入口空气压力，入口空气温度、环境温度。然后根据其使用条件和制造厂的产品目录就可进行机种选择了。各制造厂可提供各种各样的机型。例如，有内装后冷却器可直接连接到空压机上的空气干燥器、有内装过滤器和调节器力求节省空间的空气干燥器，还有考虑节能、可靠性好且采用微处理机控制的空气干燥器等。必须根据使用要求进行选择。

1) 所需的露点。要根据其用途确定所需的露点。如果所需的露点低，要选择很大的机型是不经济的，这一点必须注意。

2) 处理空气量。一般来讲，取空压机的排出量为标准就行了。空气干燥器的处理量要大体与其配合。但是由于处理量还随着所需露点、入口空气压力、入口空气温度和环境温度等条件而变化，因此必须根据各制造厂的选择条件估计处理空气量的变化范围。仅在工厂定点使用空气干燥器，则必须充分掌握其末端要求的空气量。

3) 入口空气压力。入口空气压力也与处理空气量一样，只要以空压机排出压力为标准就行了。但是，当空压机与空气干燥器之间装有过滤器或者空压机与空气干燥器之间距离很长而有压力降时，降低入口空气压力是比较安全的。空气干燥器的入口空气压力越高，效率越好，因此最好将空气干燥器设置在空压机附近。往复式空压机排出压力变化很大，螺杆式空压机也有压力变化，所以当所需露点要求不太高时，压力变化幅度取中间值为宜。当露点要求高的时候，入口空气压力必须取最低时的压力，且应考虑到达空气干燥器的压力降。入口空气力超过 990kPa 时，会划分为高压气体管理的范畴，因此要注意各制造厂所提供的产品的最高使用压力。

4) 入口空气温度。入口空气温度根据后冷却器的种类不同而异，大体上是 30～50℃。还有接近 80℃的情况，因此要充分调查空压机和后冷却器的规格和型号。入口空气温度高，所包含的水蒸气量就多，空气干燥器的处理能力就下降。因此入口空气温度以限制到最低为宜。

5) 环境温度。一般来讲，环境温度范围为 6～40℃，从空气干燥器的原理来看，零度以下使用基本上是不可能的。从空气干燥器的性能来看，环境温度最好在处于使用范围内的最低值。但是如果低到零下几度，则除湿的水滴将会在管内冻结而堵塞管道，使空气不能流通。即使水滴在自动排水管中积留，也会因冻结而排不出去。这种空气干燥器如果在寒冷地区使用，则必须采取冬季防冻措施。对于空气干燥器，将其设置于环境温度 6℃以上的地方；或者工厂内的管路口径尽可能大，即使水蒸气冻结也不致堵塞管道；或者将其埋在地下使其不致温度太低。有些地方将空气净化所产生的水滴白天排出，这样即使夜间温度低也不会堵塞管路。总之，寒冷地区的冬季作业场，预先进行除湿工作，其善后处理也是比较容易的。

3. 吸附式干燥器

吸附式干燥器是利用某些具有吸附水分性能的吸附剂来吸附压缩空气中所含的水分，从而降低压缩空气的露点温度。

(1) 工作原理。

1）吸附式干燥器的结构原理。吸附式是利用硅胶、活性氧化铝、焦炭或分子筛等具有吸附性能的干燥剂来吸附压缩空气中的水分，从而达到干燥的目的，吸附式的除水效果最好。

图 2-19 所示为吸附式干燥器的结构原理图。它的外壳为一个金属圆筒，里面分层设置有栅板、吸附剂、滤网等。其工作原理为：湿空气从进气管道 1 进入干燥器内，通过上吸附层 21、铜丝过滤网 20、上栅板 19、下吸附层 16 之后，湿空气中的水分被吸附剂吸收而干燥，然后再经过铜丝过滤网 15、下栅板 14、毛毡层 13、铜丝过滤网 12 过滤气流中的灰尘和其他固体杂质，最后干燥、洁净的压缩空气从输出管 8 输出。当干燥器使用一段时间后，吸附剂吸水达到饱和状态而失去继续吸湿能力，因此需设法除去吸附剂中的水分，使其恢复干燥状态，以便继续使用，这就是吸附剂的再生。由于水分和干燥剂之间没有化学反应，所以不需要更换干燥剂，但必须定期再生干燥。其过程是：先将干燥器的进、出气管关闭，使之脱离工作状态，然后从再生空气进气管 7 输入干燥的

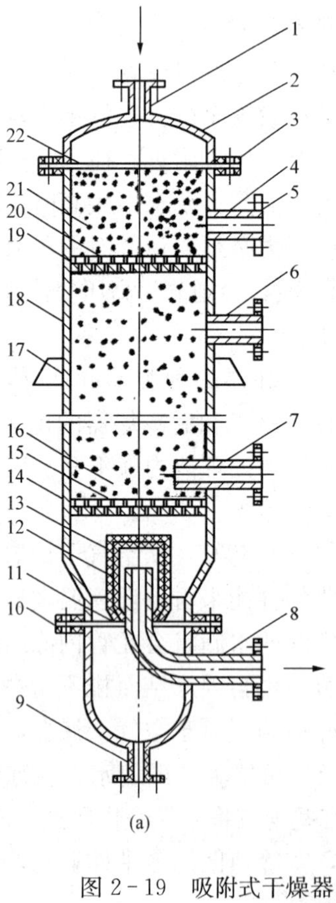

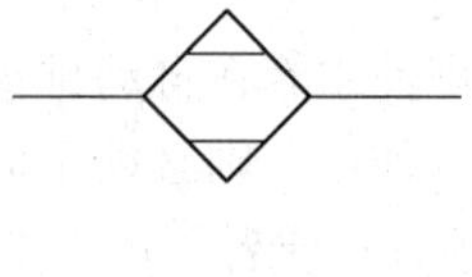

图 2-19　吸附式干燥器的结构原理图及一般符号

(a) 结构原理图；(b) 一般符号

1—湿空气进气管；2—顶盖；3、5、10—法兰；4、6—再生空气排气管；7—再生空气进气管；8—干燥空气排气管；9—排水管；11、22—密封垫；12、15、20—铜丝过滤网；13—毛毡层；14—下栅板；16—下吸附层；17—支撑板；18—外壳；19—上栅板；21—上吸附层

热空气（温度一般为 180～200℃）。热空气通过吸附层时将其所含水分蒸发成水蒸气并一起由再生空气排气管 4、6 排出。经过一定的再生时间后，吸附剂被干燥并恢复吸湿能力。这时，将再生空气的进、排气管关闭，将压缩空气的进、出气管打开，干燥器便继续进入工作状态。因此，为保证供气的连续性，一般气源系统设置两套干燥器，一套用于空气干燥，另一套用于吸附剂再生，两套交替工作。

2）无热再生吸附式干燥器。图 2－20 所示为无热再生吸附式干燥器。其中的吸附剂对水分具有高压吸附低压脱附的特性。为利用吸附剂的这个特性，干燥器有两个填满吸附剂的相同容器甲和乙。

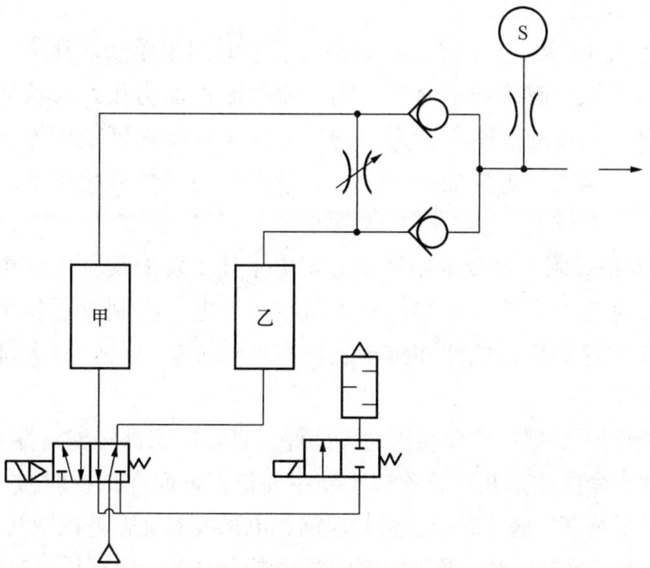

图 2－20　无热再生吸附式干燥器

当二位五通电控阀（通阀）和二位二通电控阀均通电时，湿空气通过二位五通阀先从容器甲的下部流入，通过吸附剂层流到上部，空气中的水分被吸附剂吸收（即在加压条件下吸收）。干燥后的空气通过一个单向阀输出，供气动系统使用。与此同时，容器乙通过下部的二位五通阀及二位二通阀与大气相通，并从甲容器管道和节流阀引入约占全部干燥空气输出量的 10%～15%的干燥空气。因容器乙已与大气相通，使已干燥的压缩空气迅速减压流过容器中原来吸收水分已达饱和状态的吸附剂层，则被吸附在吸附剂上的水分就会脱附，实现了不需外加热而使吸附剂再生的目的。吸附出的水分随空气由容器下部的二位五通阀和二位二通阀排到大气。

由一个定时器周期性地切换二位五通阀（通常约 5～10min 切换一次），使甲、乙两容器定期地交换工作，使吸附剂轮流吸附和再生，这样便可得到连续输出的干燥压缩空气。在干燥压缩空气的出口处，装有湿度显示器 S，可定性地显示压缩空气的露点温度，见表 2－4。

表 2-4　　显示器的颜色与露点温度

显示器的颜色	深蓝	淡蓝	淡粉红	粉红
大气压露点温度	<−30 ℃	−18.5 ℃	−10.5 ℃	−4.5 ℃

（2）使用维护。

1）干燥器入口前应设置空气过滤器及油雾分离器，以防油污和灰尘等黏附在吸附剂表面而降低干燥能力，缩短使用寿命。

2）吸附剂长期使用会粉化，应在粉化之前予以更换，以免粉末混入压缩空气中。

3）吸附干燥器易损部件。传统上认为吸附剂、控制器和阀门是吸附干燥器三大易损件，目前这些易损部件已得到改进。

① 吸附剂作为干燥器工作主体，吸附剂大部分时间里承受着压力、水汽和热量的频繁冲击，容易遭受机械性破碎和水介质污损，使吸附性能劣化。自从活性氧化铝取代硅胶成为主选吸附剂后，各种性能都大为改善，尤其是抗压强度及抗液态水浸泡性方面达到了很高水准，不再出现“再生能耗不足”等缺点，经活性氧化铝处理后，压缩空气露点可以稳定达到−40℃技术，且工作寿命也可达 2～3 年。

② 程序控制器是吸附干燥器的指挥中心，电子技术发展及单片机和 PLC 技术的推广应用，使得控制精度与可靠性方面均比早期机械——电气控制有了长足进步。加热再生干燥器所用的功率器件除抗过载性和抗干扰性方面还需提高外，极大部分程序控制器已经不属于易损部件了。

③ 控制阀是吸附干燥器中比较易损的零部件。尽管厂家都将密封性和使用寿命作为阀门选择的（其空载寿命往往都几十万次以上）主要依据，而在选择时做了充分的考察，但仍免不了应用时过早损坏。阀片破裂、密封泄漏和电磁线圈烧毁是控制阀常见的故障。频繁切换（无热再生）和长期遭受水分及吸附剂脱落物混合侵袭（特别是加热再生）是阀门损坏的重要原因。阀门故障为多发性故障，选型时应将阀门现场快速维修的便捷性考虑进去。

④ 除以上三种易损零部件外，消声器也是一个容易出现故障的部件。其故障的主要表现形式是消声排气通道堵塞。吸附干燥器中，消声器除了用来降低再生排气噪声外，几乎没有其他实质性功能，但一旦消声器故障（特别是“堵塞”），给整机运行带来的损伤却是致命的。因而对这个部件进行日常维修不能忽视。

4）常见故障及排除。吸附干燥器最常见故障可分为器质性、负载性和再生性三类，现简述之。

① 器质性故障由干燥器上某一零部件损坏所引起，如阀门损坏、消声器故障和控制器失灵等。工作寿命终了和遭外力破坏是发生器质性故障的主要原因。这类故障的发生往往无先兆或先兆不明，但较容易判断，也较容易处理。

② 负载性故障的主要原因是设备超负载运行，其主要表现为出口排气露点升高。压缩空气处理量增大、进气温度升高或进气压力降低等是造成吸附干燥器超负载故障的常见原因。多数情况下，负载性故障不大容易被觉察，但后果不太严重，且较容易处理。

③ 再生性故障是由“再生能耗不足”引起的。其显性表现有：再生尾气排放温度过低、尾气带水，消声器或排气阀外表结露、再生塔外表温度低于环境温度或出现“外壁结露”等；

而隐性弊症则是“塔内结露”——即能量载体（干燥气）供给不足，解吸出来的水汽不能在规定时间里全部排出，冷却时剩余水汽就会吸附床内凝聚成液态水——这是极端有害的。实践表明，吸附干燥器运行中所发生的许多“疑难杂症”几乎都与“再生能耗不足”有关。

再生性故障隐蔽性强、潜伏时间长，往往还掺杂有认为因素（如“惜耗”心理）或先发因素（如选型不当），处理起来比较困难。这类故障对吸附干燥器运行及整体性能都有较大危害。增加再生能耗是这类故障最直接有效的办法。

（3）吸附式空气干燥器的选择。吸附式空气干燥器选择的要求与冷冻式空气干燥器基本相同。因此只重点叙述吸附式空气干燥器与冷冻式空气干燥器不同的地方以及必须特别注意之处。

1）所需露点。这种空气干燥器的露点范围很广，其加压露点为10～70℃。其中比较高的露点适用于加热式，比较低的露点适用于不加热式。

2）处理空气量。这种空气干燥器如图2－21所示，为了干燥剂的再生，需将入口空气量的一部分净化后排放大气中。净化空气量根据所需露点而异：对不加热式为10%～20%，加热式为6%～8%。因此，如果不很好了解实际希望使用的空气量和空压机的排出量，就可能产生事故。

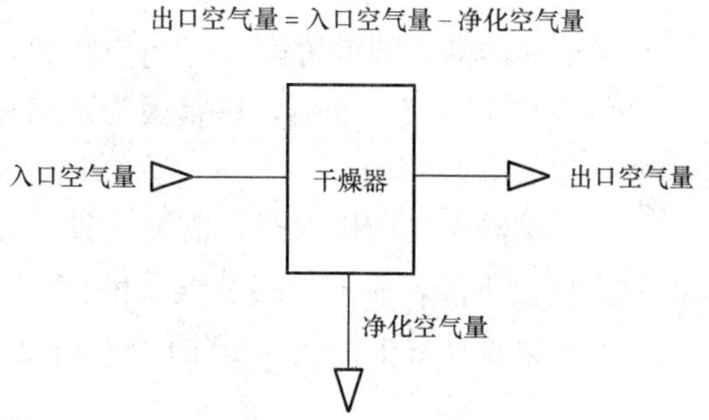

图2－21　吸附式空气干燥器的出口空气量

3）入口空气压力。条件与冷冻式空气干燥器相同。这种空气干燥器被定点使用的情况比较多，因此必须正确掌握实际的入口空气压力。

4）入口空气温度、环境温度。条件与冷冻式空气干燥器相同，温度越低越好。

4．高分子膜干燥器

图2－22所示的是高分子膜干燥器的工作原理图，其工作原理是湿空气从中空的高分子膜纤维内部流过时，空气中的水蒸气透过高分子膜从外侧壁析出。于是，输出的空气是排除了水分的干燥空气。

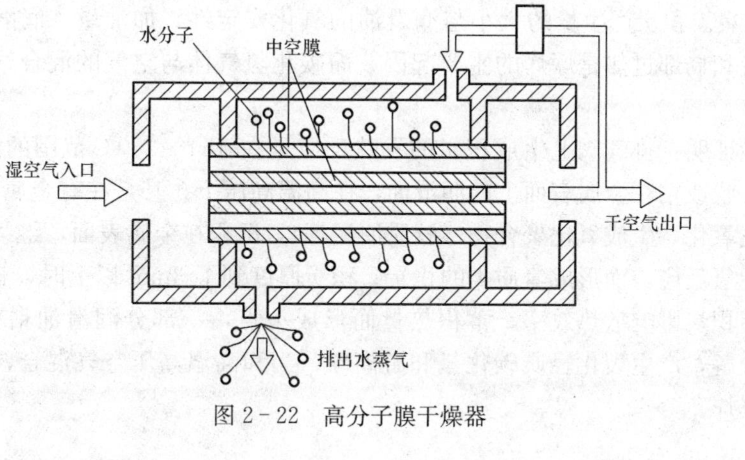

图2－22　高分子膜干燥器

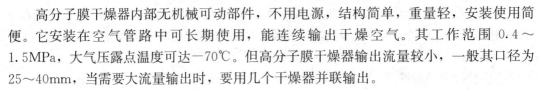

高分子膜干燥器内部无机械可动部件，不用电源，结构简单，重量轻，安装使用简便。它安装在空气管路中可长期使用，能连续输出干燥空气。其工作范围 0.4～1.5MPa，大气压露点温度可达－70℃。但高分子膜干燥器输出流量较小，一般其口径为 25～40mm，当需要大流量输出时，要用几个干燥器并联输出。

5. 干燥器使用维护

(1) 使用干燥器时，必须确定气动系统的露点温度，然后才能选用干燥器的类型和使用的吸附剂等。

(2) 决定干燥器的容量时，应注意整个气动系统流量的大小以及输入压力、输入端的空气温度。

(3) 若用有润滑油的空压机做气压发生装置时，需注意空气中混有油粒子，油能黏附于吸附剂的表面，使吸附剂吸附水蒸气的能力降低，对于这种情况，应在空气入口处设置除油装置。

(4) 干燥器的安装位置最好远离空压机，以稳定进气温度。从空压机引出来的管路应平缓倾斜伸进空气干燥器，这是因为管路垂直沉落可能积聚水分，从而引起冻结问题。干燥器一般安装在室内。

(5) 干燥器无自动排水时，需要定期手动排水，否则一旦混入大量冷凝水后，干燥器的效率就会下降，影响压缩空气质量。

(6) 干燥器日常维护必须按生产厂商提供的产品说明书进行。

2.5 气源及气源处理系统的使用与维护实例

2.5.1 往复式空压机爆炸产生原因及预防措施

通过大量实例应验证明易出现故障和发生爆炸损坏的空压机，主要体现在往复式空压机上。所以，对往复式空压机的防爆应当引起我们的重视。

1. 形成空压机爆炸的三要素

空压机工作时，把空气经过一级或二级以上压缩，制成压缩空气。缸体和活塞需要润滑油润滑，在这个过程中必然会生成积炭，空气压缩会大幅升温，空气中含有氧气，这就形成了空压机爆炸的三要素：积炭、温度、空气。

(1) 积炭。积炭产生量的大小与润滑油的氧化安定性、加油量、润滑油质量及检修有关。积炭和局部过热是爆炸的主要起因，而碳化氢气体与空气的混合气体是爆炸的要素之一。

据实验证明：排气阀上生成积炭的发热反应是在 154～250℃范围的温度下发生的。其过程为雾状或粘在金属表面上的润滑油，在高温高压下尤其是在有金属接触的条件下，迅速被空气氧化，生成氧化聚合物（胶质油泥等），沉积在金属表面，继续受热作用，发生热分解脱氢反应，而形成氢质类的积炭。积炭厚度到了 3mm 以上时，就会有自燃的危险。另外，积炭影响散热效率，蓄积热量而形成火点，一部分润滑油粘在积炭火点上，被蒸发和分解，产生裂化轻质碳化氢和游离碳，当和高温高压空气混合，达到爆炸极限时即发生爆炸。

1）基础油的质量差。空压机活塞润滑所需的润滑油是在精制基础油的基础上添加各种添加剂制成的。其基础油的好坏直接影响残炭量的大小，基础油好抗热氧化安定性好，残炭值就小，润滑油生成积炭的速度就低，不易形成大量积炭，所以选好压缩机油很重要。

2）注油器加油量的过多。操作工的安全意识存在偏差，认为注油量大的设备不至于烧缸，所以在操作上比较保守；再者在设备运行时，由于振动等原因，使注油器的锁母松动，比原来锁定的注油量大。空压机缸体注油器加油量的大小，直接导致积炭、油泥、油气的生成，如 40m^3二级压缩的空压机，标准规定一级缸注油 12～18 滴/min，二级缸注油 12～15 滴/min，超过此规定过量的润滑油就会吸附在凹陷处和管道壁上，生成油泥和积炭，却只有一部分随压缩气体排出。

3）检修不及时、消炭效果不好。检修不及时、消炭效果不好，也是促使积炭累计生成量大的原因。据调查，中间冷却箱、后冷却器及管道是不易清炭的部位，此处一般生成积炭、油泥的生成量也较大。

（2）温度。压缩气体温度升高是促使爆炸的一个重要条件。据统计空压机的温度超过 170℃时，约 50%发生爆炸，因而各国均规定排气温度不得超过 150℃。

1）冷却水量不足或水质差。冷却水量不足、结垢严重会造成压缩空气冷却不好，导致温升偏高。冷却水质差、硬度高且含有杂质，使冷却系统逐渐结垢堵塞，造成通道面积减小，导热差，影响冷却效果。

2）排气阀漏气。排气阀积炭引起阀漏气，也会造成排气升温。如：700kPa 的空压机正常排气温度为 130℃，而阀漏气时会产生 270℃温度，很容易发生爆炸事故。

3）进气量不足。进气量减少 10%，会使排气温度上升 20℃。因而要求有足够的进气量。

2. 防爆措施

鉴于上述针对复式空压机爆炸三要素和起因的说明，可加强以下几方面的工作。

（1）加强润滑油管理。为了控制积炭的生成速度，应选用基础油好、残炭值小、黏度适宜、抗热氧化安定性良好、燃点高的润滑油。气缸供油量不能太大，最大不得超过 50g/m^3，以防止油气量增大和结焦积炭增多。严禁开口储油方式，防止润滑油杂质超标堵塞注油器。另外，空压机油要有产品合格证和油品化验单。

（2）加强设备检修维护管理。空压机各部件的状况，要定期验证，要制订完整的检修计划，项目要具体，并有验收标准作为依据。尤其是定期清炭工作要有专人负责验收。吸气口不应设在室内，并保证规定的吸入量，防止空气滤清器堵塞而减少进气量，造成排气温升高。同时加强水冷却，保证冷却槽进出口水温差不高于 10℃，即使夏季时冷却槽出口水温也不得超过 50℃。定期清除空压机内部积炭，一般每 600h 检查清扫排气阀，每 4000h 换新排气阀。

（3）加强操作管理。空压机可作为危险源点来对待，因此要求操作人员要经培训后方可持证上岗：操作人员在严格按操作规程操作的同时，要能够对一般空压机故障进行判定和处理。要求操作人员对空压机工作原理、爆炸起因、合理注油、定时排污、严格执行开停机制度等有明确的认识。

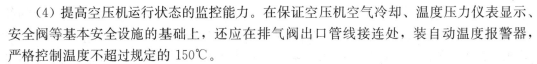

(4) 提高空压机运行状态的监控能力。在保证空压机空气冷却、温度压力仪表显示、安全阀等基本安全设施的基础上，还应在排气阀出口管线接连处，装自动温度报警器，严格控制温度不超过规定的 150℃。

2.5.2 活塞式空压机常见的故障及原因

1. 排气量不足

排气量不足是指空压机的实际排气量不能达到额定数值，主要原因可以从以下几个方面分析。

(1) 气缸、活塞、活塞环过度磨损，使相互配合的间隙过大产生漏气，影响到排气量。属于正常磨损的就需要更换老化部件。活塞和气缸之间的间隙有一定的技术要求，铸铁活塞间隙值为气缸直径的 0.06%～0.09%，对于铝合金活塞间隙值为活塞直径的 0.12%～0.18%。钢活塞可取铝合金活塞的最小值。

(2) 进气道故障。这其中包括滤清器阻塞，使进气量不足和进气管道结垢，增加进气阻力。因此要定期清洁进气道部件，更换滤芯。

(3) 吸排气阀故障。在吸排气阀的阀片间掉有异物或是阀口、阀片磨损，使阀口封闭不严，产生漏气也会影响排气量。应仔细检查，分析具体问题后排除故障。

(4) 填料不严导致漏气。

这其中有填料本身的尺寸问题和活塞杆运行时磨损填料而产生漏气。一般在填料处都加注有润滑油，它起到润滑、密封和冷却的作用。

2. 压力不足

空压机的排气压力不能满足使用需要时，在排除设备本身机械故障的前提下，如果达不到额定压力，则是排气压力不够。当实际排气量大于设计排气量时，实际压力就达不到额定压力，此时就要考虑更换或增加排气设备了。

3. 排气温度不正常

温度不正常指运行温度高于设计温度。从理论上讲，影响排气温度的原因有进气温度、压力比，以及压缩指数。而实际情况比如室温过高、机体散热不好、冷却水压不足，以及冷却水道结垢，都将影响到换热效率。另外机器的长时间运行或超负载运行也能使机体温度和排气温度升高。

4. 声音不正常

当空压机某些部位发生故障时，将会发出异常声音。一般来讲，工作人员可以根据声音的性质和发出部位来判断故障位置。活塞与气缸间隙过小，直接撞击缸盖，活塞连杆与活塞连接螺母松动或脱落，活塞向上串动碰撞气缸盖，气缸中掉入金属物，以及气缸中积水，均可在气缸中发出敲击声。曲轴箱内轴瓦螺栓、螺母、连杆螺栓、十字头螺栓松动、脱扣、折断，曲轴轴瓦磨损严重等均会在曲轴箱发出敲击声。排气阀折断，阀片弹簧损坏可在阀体部位听到异常声音。

5. 其他注意事项

对于水冷式压缩机，在启动前要保证冷却水通畅，否则在运行过程中由于温度过高出现粘缸，就将造成事故了。在北方冬季要做好防冻工作。机器停机在没有保温措施时要放完冷却水，以防止冷却水结冰撑破缸体。

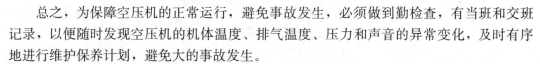

总之，为保障空压机的正常运行，避免事故发生，必须做到勤检查，有当班和交班记录，以便随时发现空压机的机体温度、排气温度、压力和声音的异常变化，及时有序地进行维护保养计划，避免大的事故发生。

2.5.3 空气压缩机排量不足的原因与对策

1. 密封部位泄漏

空压机的工作压力很高，因此对各连接部分的密封性要求也很高，如果各连接部分的密封性差，势必会造成漏泄，降低压缩机的排量，主要是由于以下两个原因。

(1) 装配不当。主要是各级气缸体、气缸盖之间，由于装配中螺母的紧固不均匀、不适度，产生漏气，降低空压机的排量；各密封件在安装时装配不当，也会引起漏气，降低空压机排量。

(2) 零件超差。活塞与气缸的间隙配合要求非常紧密，若两者之间的间隙配合超过公差所规定的范围，将会使气体漏泄增加，降低压缩机的排量。如四级活塞无活塞环，只是在活塞上设有曲颈槽，磨损严重时，造成活塞与气缸间隙过大，四级压缩气体漏入一级，降低空压机的排量。

在管理维修中，要及时测量配合间隙，必要时更换四级活塞；安装时对角拧紧各级气缸体、气缸盖之间的螺帽；严格按照有关技术规定装配各密封件，消除漏泄，保证空压机的排量。

2. 气缸、活塞故障

气缸和活塞是制造压缩空气的主要部件，它们之间的配合要求非常严密，如果气缸和活塞发生故障，造成气体漏泄，也会导致空压机的排量降低。

(1) 余隙增大。随着空压机工作时间的增长，由于机械磨损等原因，余隙容积增大，容积效率就会降低。但由于各级活塞的行程容积和各级间管路及冷却器的容积不变，所以造成每一级吸气量都会减小，空压机的排量就会降低。

(2) 气缸镜面严重磨损。气缸受活塞连杆组件的侧推力作用，造成气缸磨损不均匀，出现椭圆度，增大活塞与气缸之间的间隙，增大了漏泄的可能性。同时，由于每级气缸的排气温度都很高，如果冷却和润滑效果不好，易造成滑油积炭，导致气缸镜面擦伤或拉毛，使气体漏泄，降低空压机的排量。

(3) 活塞环的故障。活塞环在高温高压下工作，润滑条件差，这样就使得活塞环外表面磨损加快，环的宽度减小，弹力减弱，开口间隙及活塞与缸壁的间隙增大，漏气量增加。导致下级吸气量减小，降低空压机的排量。

在管理维修中，要使压缩空气和气缸保持良好的冷却，使气缸与活塞、活塞环保持良好的润滑，及时调整余隙容积在规定的范围内，及时更换受损的活塞环，以保证空压机的排量。

3. 气阀漏泄

气阀是空气压缩机吸排管路上非常重要的部件，如果气阀出现漏泄，可能会引起排量的显著下降，其主要原因有以下几点。

(1) 气阀组件损坏。

1) 由于空压机的转速很高，有的达 22r/s 甚至更高，其吸气阀和排气阀每秒要开启和关闭 22 次甚至更多，并且阀片两侧有一定压差，因此容易造成气阀的弹簧失去弹力和阀片击碎，导致气体倒流，使空压机的实际排量减小。

2）即使气阀是新的，气阀组件也可能有残次品。不合格的气阀安装在空压机上，就会发生漏泄，造成气体倒流，使空压机的实际排量减小。

（2）气阀装配不当。

1）由于各级气阀受压不同，各级气阀的弹簧钢丝直径和阀盘厚度不同，所以各级气阀不能装错，否则就会造成气阀漏泄，使空压机排量不足。

2）阀壳与安装孔的接触平面上的紫铜垫圈，安装时一定要退火，压紧程度要合适，否则就会造成气阀漏泄，使空压机排量不足。

在管理维修中，要严格按照有关技术规定，对气阀仔细检查、精心装配，以保证空压机的排量。

4. 吸气受阻

外界空气被吸入气缸时，经过吸入过滤网、吸入管道及吸气阀，受到阻力，吸气终止时气缸内的空气压力就会低于大气压力，使气缸内实际吸入的空气量减少，空压机的吸气能力下降，造成空压机因吸气压力损失而降低排气量。

在管理维修中，要注意清洁吸入过滤网，防止吸气阀卡住，并要选择适当弹力的气阀弹簧，以保证空气压缩机的排量。

5. 转速降低

因为空压机由电动机带动的，所以电动机的转速也是影响空压机排量的因素之一，其主要原因如下。

（1）电动机故障。由于电动机磁场线圈发生局部短路和电动机轴承磨损严重。因此电动机转速达不到规定要求，降低空压机的排量。

（2）电控系统故障。电控系统各触点接触不良，增大电阻，使压降增大，供电电压过低。因此电动机转速达不到规定要求，降低空压机的排量。

管理维修中，要及时清洗各触点，测量线圈，检查轴承，发现问题应迅速修理或更换部件，使电动机转速恢复到额定值，保证空压机的排量。

6. 空气湿度影响

空压机吸入的空气都含有水蒸气，吸入空气的湿度越大，空气中含有的水蒸气就越多，这些水蒸气经过压缩和空气冷却器冷却后，一部分冷凝成水份排除掉了，那么，空压机排入气瓶的实际空气量就减少了，并且空气湿度越大，对空压机的排量影响就越大。

因此在管理中要经常测量空气湿度，一般地，空气湿度在 80％以上时，尽量不使用空压机充气。

7. 吸气温度影响

由理想气体的状态方程式 $p_1V_1/T_1=p_2V_2/T_2$ 以及热力学第一定律可知，在同等压缩条件下，空压机的吸气温度在很大程度上影响着空压机的排量：吸气温度越低，空压机吸入的空气越多，则排量越大；反之，吸气温度越高，则排量越小。

（1）气体流过吸气阀时的压力损失，转变成热量加给气体，也使吸入气体温度升高。

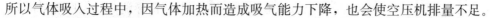

所以气体吸入过程中，因气体加热而造成吸气能力下降，也会使空压机排量不足。

(2) 外界空气被吸入气缸时，由于被高温的活塞、气缸、气阀等零件加热，吸气终止时缸内空气温度比大气温度高，使吸入空气的密度减小，实际吸入的气体的质量减小，从而造成空压机排量降低。

管理维修中，要保证有足够的冷却水和保持冷却水清洁，以使空压机保持良好的冷却；装配吸入阀时不要选用弹力过大的气阀弹簧，以免增大吸气压力损失，升高进气温度，从而影响空压机的排量。

2.5.4 25 000m³/h 空压机效率下降的原因及对策

空压机型号为 RIK90—4 型，额定功率为 12 000kW，额定电流为 1291A，设计排气量为 12 800m³/h。运行时间已过两年，现在发现空压机的效率有所下降，主要运行数据产生明显变化，相同条件下以前相比，进口导叶开度明显增大，空气量达不到设计要求，电流经常处于超额定电流报警状态运行，不仅使能耗显著升高，而且对电动机的使用寿命将产生较大影响。下面就 25 000m³/h 空压机效率下降的原因进行分析，并提出了对策。

1. 原因分析

(1) 中间冷却器的冷却效果下降。查阅一年前的使用日志，发现空压机 6 个中间冷却器（每级 2 个）出口冷却后的空气温度与冷水池给水温度之差，最高 9.3℃、最低 3.5℃。而在运转一年后的现在这个温差扩大为最高 15.7℃、最低 5.9℃，而且各冷却器前后空气温差也缩小了不小。很明显由于中间冷却器的冷却效果下降，使空压机的等温效率下降了。影响中间冷却器的冷却效果的因素有：冷却水量不足，冷却水温过高，冷却水管内水垢多或被泥沙及有机杂质堵塞，冷却器气侧冷凝水未及时排放影响传热面积或传热工况。检查冷却水量及冷却水温都处于正常；冷却器气侧各疏水旁通阀长期稍开，不存在冷凝水积聚现象。所以判断中间冷却器可能结垢或有堵塞，必须找机会对中间冷却器进行检查清洗。

(2) 空压机自洁式空气滤清器阻力过大。

空气滤清器阻力过大，将使吸入压力降低，使空压机排气量及能耗增加。在使用期间空气滤清器阻力曾达到了 1300Pa（正常应小于 900Pa），检查滤筒已经积灰严重，由于雨天及大雾天气使滤筒潮湿，灰尘吸入黏结无法吹掉，阻力增加。后来组织人员对滤清室上下 216 个滤筒全部进行了更换。运行阻力下降至 360Pa。查看当前阻力为 650Pa，属正常范围。更换滤筒后的空压机运行情况有所好转，但与新机相比效率仍然相差较大。

(3) 密封不好，气体产生内漏和外漏。

1) 内漏。内漏是指级间窜气使压缩过的气体倒回，再进行重复压缩。严重的内漏会使空压机能量损失增加，级效率和空压机效率下降，排气量减少，整个空压机偏离设计工况。如果有内漏，从各级的压比和进排气温度可以反映出来，即内漏会使低压级压比增加、高压级压比下降，该级的进排气温度升高。查看各级的压比及温升情况有无明显变化，可以排查内漏的影响。

2) 外漏。外漏是从轴端密封处向机壳外漏气，吸气量虽变，但压缩气体漏掉一部分，自然会使排气量减少。工作时应检查机壳外有没有发现漏气现象。

（4）空压机导流叶片、叶轮叶片磨损或积灰多。如果空压机导流叶片、叶轮叶片磨损或积灰过多，会影响到空压机的排气量。如果查看振动、位移等运行参数都比较平稳，期间也没有出现误操作引起的喘振等现象，则说明工作正常。并且坚持每半月用蒸馏水对叶轮水冲洗一次，则这方面的影响基本可以排除。

（5）中间冷却器泄漏。RIK90—4 型空压机为四级压缩三级中间冷却，运行时三级进气压力 0.36MPa，低于 0.39～0.40MPa 的水泵供水压力。如果一、二、三级冷却器泄漏，冷却水将进入气侧通道，被气流夹带进入叶轮及扩压器。时间一久造成结垢、堵塞，使排气量减少，甚至会损坏叶轮，破坏动态平衡，危及压缩机的安全运行。检查并确定机组振动正常，各级冷却器的疏水口没有大量排水现象。从而基本排除中间冷却器泄漏的可能。

2. 中间冷却器的酸洗

停空压机，留一个给水泵运行；关空压机进回水总阀，排冷却器及管内余水。因进回水总阀都不能完全关死，关闭了中间冷却器 6 个支管回水阀，进冷却器前水管无分支管阀门，需打盲板。拆开冷却器前法兰，发现每个冷却器前都有三四个 ϕ35mm 药水桶内盖及部分冷水池填料碎片冲出。原来，药水盖是因为当时冷水池加药由空分操作人员负责，用药桶定期、定量往冷水池倒。加好药后有些药桶盖子不小心掉进了水池，或丢在水池边被吹入或踢入水池。至于填料碎片，是 1 年前冷水池改造时掉落的。这些东西被水泵吸入后，聚集在泵后总管的过滤器前。最近由于过滤器阻力偏大，先后多次对过滤器进行了抽芯清洗。当时水路切换走了一部分旁通，这样聚集在过滤器前的桶内盖及部分填料碎片被带入设备冷却器中。而由于空压机水路最近且水流量最大，所以这些东西大部分进入了空压机冷却器前，堵塞了部分通道。这应该是影响换热的主要原因之一。

盲板打好后，冷却器与水系统完全断开。在每个冷却器冷却水的进口和出口管处都新焊接 ϕ25mm 管、DN25 截止阀。由专业清洗公司清洗，套好皮管，接好循环液体泵，备好药水、药水槽。使用稀盐酸加除垢剂和适量抑制剂（3%～5%）、氧化剂（3%～5%）进行清洗。清洗时化验分析人员守在现场，严格控制盐酸浓度和温度。6 个冷却器逐个进行酸洗，每个冷却器清洗 3h。为确保酸洗效果，用起重机将回液皮管吊起，使其高于冷却器上端，保证清洗过程中冷却器内始终浸满药水。

3. 冷却器处理后的效果

酸洗结束，接着再用清水冲洗冷却器。用完的药水用适量碱中和后排入地沟。抽盲板、复位法兰连接导通水路。启动水泵，发现空压机水量比之前增加了 460t/h。空压机启动运行正常后，出中间冷却器后空气温度与水池给水温度之差最高 9.4℃，比清洗前降低了 6.3℃；最低 3.2℃，比清洗前降低了 2.7℃；各冷却器的换热效果比清洗前大有好转，同样负载下空压机电流比清洗前减少了 65A。节约电 622kW·h，可年降低电耗 545 万 kW·h。按目前工业用电 0.61 元/kW·h 计算，折合人民币 332.45 万元，经济效益明显。

4. 入口导叶开度校对、导叶叶片及滤清室的检查

空压机起动前的入口导叶开度，一直以来规定启动 DCS 上为 15%，核对后发现实际开度达 25%。这样会造成空压机启动时的负载过大，因而重新设定 DCS 上空压机导叶启

动开度为 5%（即现场 15%）。打开空透滤清室入孔，钻入空压机吸入管内检查内部导叶情况，叶片完好，只是积灰严重。为何有空气滤清室的过滤及每半个月的叶轮水冲洗，还有这么厚积灰呢？经分析检查，发现 1 年前更换滤筒时，有 1/3 滤筒没有安装到位、留有空隙，致使一部分空气未经过滤筒，直接走短路吸入空压机。造成导叶叶片积灰严重，随后进行了调整、重装解决了此问题。

5. 加强日常维护工作

空压机是气源系统最关键、最重要的设备，也是主要能耗所在。在日常运行中，一定要经常查看各运行参数的变化，加强维护工作，确保其安全、高效、经济运行。其中，水系统的安全保供是设备维护的一个关键环节。补充水要确保干净、循环水加药要确保水质既不易结垢又不能起泡、水过滤器要定期清洗确保正常运行，而且还要注意经常检查清理水池内及水池边上的杂物、垃圾，如树叶、塑料袋等。

2.5.5　防止活塞式空压机排气温度过高的措施

活塞式空压机以其效率高、便于维修、价格成本低等优点广泛应用于矿山、机械制造、铁路、医院等各个行业，但是由于活塞式空压机排气温度过高，从而造成后冷却器积炭过多，在夏季引起着火、爆炸，冬季则由于送风管网积水结冰造成生产线停产等故障现象也时有发生。通过分析，问题主要出现在 3 个方面，即设备类型、安装工艺、运行与维护。为了保证空压机运行的安全性和生产效率，不断在设备选型、安装、运行、检修等方面进行探索，最终达到了降低排气温度的目的。

1. 设备选型与安装应注意的问题

（1）中间冷却器的选择。中间冷却器一般在购买主机时已经确定了，为了使主机结构紧凑，一般均为抽屉式的翅片式结构（小型除外），这种结构的冷却器的优点是体积小、换热面积大、质量轻，适合于安装在主机的机身上，但它的缺点是当换热面积满油污和尘土时，换热能力迅速下降。而且，随着通风截面的堵塞，压缩空气便经破损的密封毡通过，形成空气短路，压缩后的气体得不到深度的冷却。另外，翅片上的油污和尘土是很难清洗掉的，造成备件费用增加。为了解决这个问题，可以通过以下两种方法。

1）加强冷却器的检修，定期检查密封毡的破损情况和请专业清洗厂家清洗中间冷却器上的油污、尘土和水垢，这一点至关重要。

2）将中间冷却器改为列管式，水走管程，压缩空气走壳程。

（2）设备平面布组。进行设备平面布置时，应充分考虑设备及附属管道的散热问题。

1）应考虑到主机与后冷却器的相对位置关系，调整好通风扇的位置和角度，应使尽可能多的通风扇能够同时吹到同一台设备的各个部位上，有利于设备的降温。

2）吸气管道与排风管道不应设在同一地沟内，且排风管道越短越好。

（3）空气滤清器选择。在选择空气滤清器时，主要考虑到与主机配套的滤清器的清除效果能否达到用风品质的要求。若不符合，可以考虑从空气滤清器专业生产厂家订购或自行加以改造。在安装吸风管道时，吸风头的高度应尽量高一些，但以不超过厂房顶部为好，这样做既可以使吸入的空气比较干净和减轻气流脉动所造成的震动，又避免了在夏季因阳光直射屋顶而造成吸入空气预热。

（4）后冷却器的选择。后冷却器在主机生产厂一般为选购件，而我们大多使用厂家选用的后冷却器均为立式，它固然有占地面积小、结构紧凑的优点，但它的缺点也是显而易见的。因此，作为使用方，在订购设备时，可以考虑从专业生产冷却器的厂家订购。

在选择后冷却器时，应以列管式、双壳程为好，它的优点如下。

1）强度好，耐振动，清除管内水垢和清除管间的油污和积炭相对较容易。

2）因为是双管程，换热较充分。

3）换热面积大（可以根据场地面积确定），即使有些油污，换热能力降低有限。

但也存在一些不足，其缺点如下。

1）备件困难且费用高。

2）一次投资费用大，占地面积大。

2. 建站时应注意的问题

（1）设备的平面布置。在进行设备平面布置时，应避免阳光直接照射在设备上，吸气管道与储气罐也应避免阳光直射，同时还应考虑到最好在东西两侧开大门及屋顶开天窗，保持设备间距，便于在设备间形成穿堂风，有利于设备散热。

（2）站址的选择。选择站址时，除了要考虑到应尽量靠近用气点外，还应远离尘土大、雾气大、热源等地方。

（3）厂房的立柱要配有通风扇。在厂房的立柱最好配有通风扇，这样做可以使空压机和电气柜的通风效果更好。

（4）冷却水系统的设计。在设计冷却水系统时，冷却塔的能力应为循环水量的两倍。平时冷却塔一开一备，在夏季高温时，冷却塔全部投入使用，使设备得到更好的冷却。另外，冷却塔应放置于风口处，同时远离压缩机的吸气管道，这样做可以使空气流动畅通和避免冷却塔喷出的水雾经吸风管道进入空压机，造成油水负载加重。

3. 运行与维护时应注意的问题

（1）做好除垢工作。中间冷却器芯子、后冷却器芯子应每 2 年做一次除垢，同时清除换热器表面的油污和积炭，气缸水套内的淤泥、水垢的清除，油冷却器的清洗也应每 2 年进行一次清洗，用酸洗法除垢的部位必须进行水压试验。

（2）冷却塔和冷却水池的维护。应加强对冷却塔和冷却水池的清扫工作，同时定期投放水质稳定剂和补充新水。

（3）加强巡回检查。加强巡回检查，对设备运行中出现的压力异常、温度异常、声响异常应及时查找原因，并且有效地排除。

（4）空气滤清器的维护。空气滤清器的性能好坏直接影响到换热器能否正常工作，因此应定期进行清洗。可以根据设备维护使用说明书进行，也可以根据具体情况自行制定。

（5）加强气阀的维护与更换。对于再用设备，每半年必须统一更换新气阀，在设备运行中，坚决杜绝吸气阀漏气的现象，每半年对阀室的积炭进行清扫，这项工作应结合中、后冷却器的检修同时进行。设备进行大、中修时，以上项目应重新进行。

（6）正确地选用润滑油的牌号。正确地选用润滑油的牌号，气缸用润滑油和曲轴箱用润滑油不能混用，油水应定时排放，以免在空气的夹带作用下带到下一级，这样可以有效地降低积炭的生成，是确保设备安全运行的关键。

创造一个最佳的运行效果是从设备选型、工艺平面设计就开始的，也就是说在建站设备安装之前，就应该充分考虑到设备运行时可能出现的问题，通过适当的调整，则可以避免一些在设备投产后难以解决的问题。必须改变“轻运行，重维修”的错误观念，只有做到设备操作者的精心操作和设备维护人员的认真维护的有机结合，才是空压设备安全、高效的根本保证。因此，可以说，从设计、安装，到运行、维护人员的多方共同努力，互相取长补短，才能做到投资小、效益高，安全运行。

2.5.6 NPT5型空压机的故障与检修

NPT5型空压机为三缸、立式、两级压缩活塞式，由直流电机直接驱动。电动机通过联轴器将动力输入，带动空压机曲轴按指定的方向旋转。经过连杆的作用，使装在连杆小端的活塞在气缸内做往复运动。活塞的不停运动使活塞顶部与气缸之间形成进气—压缩—排气的空气压缩过程。

1. 故障现象及原因分析

(1) 空压机工作风压不正常。空压机开始工作，但观察总风缸压力表（正常压力范围为750～900kPa）却发现压力始终达不到正常范围，打风时间远远超过空压机最大允许运行时间（5min），检查空气系统的管路和阀件没有泄漏现象。经分析主要原因有以下几点。

1) 活塞环开口过大或磨损。当活塞环开口过大或磨损时，活塞环起不到压气的作用，空气经过活塞环进入机体内，风压就上不来。

2) 空压机转速低。空压机转速低直接影响着打气效率，正常空压机转速为1000r/min，转速低有可能是轴瓦抱死或者是两端轴承有损坏，这时应立即停止空压机运行。

3) 气阀泄漏或一级进气阀失灵。当气阀泄漏时，气缸盖下部与气缸之间有大量空气流出，并伴有刺耳的响声；当低压缸的气阀阀片和阀体在高温高压的环境下粘连在一起时，一级进气阀失灵，空气就难以进入空压机。

(2) 排气温度过高。有时空压机打出来的压缩气体温度很高，可以通过触摸空压机的出气管来判断。其主要原因有以下几点。

1) 一级排气阀卡死或损坏。当一级排气阀卡死或损坏时，排气受阻，空气在气缸内被高速压缩，能量增加，温度升高。

2) 散热器阻塞或过脏。空压机是高速旋转的机器，在高速高压的状态下，必须要有冷却风扇对其进行冷却，但是机车工作环境恶劣，油污和灰尘都会导致散热器阻塞或过脏，当散热器被阻塞后，散热风扇就起不了散热作用，打出来的压缩空气得不到冷却，温度就很高。

(3) 气缸内有异音。空压机运行时，靠近它仔细听，有时会发现气缸内有异响传出，大多是金属的敲击声。其主要原因有以下几点。

1) 活塞销与连杆小端铜套间隙过大。活塞销和铜套间隙过大就会导致空压机在工作时频繁地摆动从而产生异响。

2) 气缸余隙容积小，活塞冲击阀底。当气缸余隙容积小或者活塞顶部和气阀底部接触时，空压机工作会有金属敲击声，正常情况下都要求在活塞顶部和气阀底部之间垫上铜垫，以调整其内部合适高度。

3）气缸内有异物。气缸内的异物主要是组装时疏忽大意造成，异物遗留在气缸内，工作时活塞压迫异物和气阀撞击，产生声响。

（4）气缸过热。当触摸气缸很烫手时，表示气缸工作异常。其主要原因有以下几点。

1）气阀故障。气阀发生故障就不能正常进排气，这时活塞不停地工作，给内部气体增加能量，就会导致气缸过热。

2）气缸镜面拉伤。气缸镜面拉伤则摩擦系数增加，活塞和镜面频繁接触，产生高温。

3）润滑不良。活塞上有气环和油环，主要作用是压气和润滑，当油脂不良或活塞环损坏时，会导致摩擦系数增加，温度升高。

（5）呼吸孔排气多。主要是因为内部活塞环磨损失效，不起压气密封作用，气体进入气缸后，窜入机体内，从呼吸口排出。

（6）润滑油温度高。正常情况下润滑油油温不超过 80℃，触摸油面观察口，当超过这个温度时就要引起注意了。其主要原因有以下几点。

1）连杆瓦烧损。当连杆瓦因装配、油道堵塞或润滑油原因导致连杆瓦“抱死”时，都会使连杆瓦烧损，温度急剧上升，传递到油中，使其温度升高。

2）气缸镜面拉伤。气缸镜面拉伤，情况同（3）、（4）。

（7）油压表压力低。空压机起动后，通过观察油压表来判断空压机工作是否正常，当压力低于 440×(1±10%) kPa 时，表示空压机工作不正常。其主要原因有以下几点。

1）油泵间隙过大。空压机油泵是齿轮泵，齿轮泵两齿轮间隙过大会导致油泵泵油能力差，压力低。

2）压力表损坏。此种情况较常见，只要更换新表即可。

3）油泵旋转方向不对。装配时发生的故障，这时压力表为零。

4）滤油网堵塞。及时对滤油网进行清洗。

5）吸油管堵塞。当油管有异物堵塞时，会出现低压现象。

（8）机油乳化。机油乳化是空压机经常出现的问题，发现油质不正常时应及时检验，避免乳化机油严重损害空压机。其主要原因有以下几点。

1）呼吸器不畅通。呼吸器起平衡空压机内外部压差的作用，当发生堵塞时，机油就处在一个相对密封的环境下不停地使用，内部压力大、温度高，这样容易破坏机油的性能。

2）冷却器集水太多。冷却器集水多时，水就会进入气缸从而流入到机体内，使机油乳化，所以应经常对冷却器排水。

3）润滑油使用时间过长。润滑油使用时间过长，机油性能变差。

4）活塞环密封失效。当活塞环密封失效时，高温高压气体就会串入机体内，和机油接触，影响机油的性能。

（9）保安阀开启。保安阀是和高压缸连在一起，主要是防止高压缸压力过大而造成损伤，它的开启压力是（450±10）kPa，当压力超过这个范围时，就会自动开启排气。其主要原因有以下几点。

1）二级气阀垫损坏。二级气阀垫损坏时，空压机压缩室容积减少，压力升高，保安阀开启。

2）二级气阀卡死或损坏。气阀卡死或损坏会导致气体排不出去，压力升高，超过其开启压力。

2. 检修要求

检修时空压机须全部解体，清洗、检查曲轴轴颈及气缸，不许有拉伤；气缸、气缸盖、机体及各运动件不许有裂纹；连杆头衬套不许有剥离、碾片、拉伤和脱壳等现象；衬套与轴颈接触面积不少于80%，衬套背与连杆头孔的接触面积不少于70%；曲轴连杆颈允许等级修理，连杆衬套按等级配修，在磨修中发现铸造缺陷时须按原设计铸造技术条件处理；进排气阀须清洗干净，阀片弹簧断裂须更正，阀片与阀座须密贴，组装后进行试验不许泄漏；清洗冷却器各管路的油污，冷却器须进行0.6MPa的压力试验，保持3min不泄漏，或在水槽内进行0.6MPa的风压试验，保持1min不泄漏；压缩室的余隙高度为0.6～1.5mm；机油泵检修后须转动灵活，并作性能试验。

3. 维护保养

为延长空压机的使用寿命，应注重日常维护：每班（或每运行8h）应检查润滑油油位并及时补充；空压机起动后润滑油压力应在440×（1±10%）kPa范围内；每次辅修（或每运转100h）时，打开冷却器排水阀排除积水，并检查呼吸器；空压机初次运转50h后，更新一次润滑油，以后每次小修（或每300h）更新润滑油，同时清洗滤清器、检查和清洗气阀，如果使用环境恶劣，应适当缩短换油周期；中修时检查和清洗油泵；每次拆装空压机后必须更换相应的密封件。

2.5.7 NPT5型空压机渗漏油的原因及措施

1. 渗漏油的部位分析

通过调查统计分析，NPT5型空压机渗漏油的部位主要是缸体渗漏油、散热器渗漏油以及侧盖渗漏油。

2. 渗漏油故障原因分析

（1）散热器渗漏油的原因。在散热器的组装过程中，经常由于上、下两个端盖与散热器连接部分的合口加工平面不密贴，以及在合口加装的石棉垫长时间被油脂侵蚀，在风压的作用下变形、裂损，最终造成散热器的渗漏油。

（2）缸体渗漏油的原因。通过对NPT5型空气压缩机组装过程全面检查后发现，目前在调整压缩室间隙时只是用游标卡尺进行测试，即活塞到缸顶的高度用深度尺直接测量。经过反复测试，发现该方法误差较大，其主要原因是各压缩室间隙不一致，难以同时调整好它们的间隙，由此造成集气器与缸体之间的气密性差。加之工作者在作业过程中检修方法不规范，往往导致集气器受力不均匀而形成偏压，造成检修后的压缩机渗漏油故障率达40%以上。

（3）侧盖渗漏油的原因。由于原侧盖密封垫采用的是橡胶垫，在紧固过程中，橡胶垫受力后容易变形、移位。同时原装侧盖是4mm厚的钢板制品，偏薄，也容易因受力变形造成偏压，影响侧盖的气密性。这两方面是导致侧盖渗漏油的主要原因。

3. 渗漏油故障的预防措施

（1）散热器渗漏油预防措施。针对散热器连接部分的石棉垫耐油性能差、易受腐蚀变形而造成的渗漏油现象，更换了原来的普通石棉垫，向厂家专门定制了铜包石棉垫。这种新型产品具有抗腐蚀、抗油浸，不易变形等特点，并且保持了石棉垫的黏着性能。

同时，为了弥补散热器两个端盖合口加工平面的不足，我们又采用了耐油性能好、低腐蚀性的 598 平面密封胶涂于上下端盖的连接部位，并且组装时要确保涂胶后 3～5min 合口并紧固，从而有效地避免了由于密封胶内部产生气泡，致使胶变硬，影响密封效果现象的发生。

通过采取以上改进措施基本上克服了散热器渗漏油现象。

（2）缸体渗漏油预防措施。针对 NPT5 型空气压缩机三个缸体用一个缸盖的特点，经过多次试验，用 15mm 厚的钢板制作 250mm×620mm 压板一块，如图 2-23 所示，对压缩室间隙进行两项试验检测项目：一是“压铅试验”，用铅条（2～2.5mm）放入活塞上部，然后放上风阀，扣上新制作的压板，经空手转动曲轴两周后，取出铅条，用游标卡尺测量其高度，便是压缩室间隙，这样就达到了同时测量各个压缩室间隙的目的，也可同时调整各个压缩室间隙。此试验经实际验证误差较小，能确保压缩室间隙控制在 0.6～1.5mm。二是空载试验，如图 2-24 所示，用试验压板压住缸体并紧固，在专用试验台上空载试验 30min 后，检查活塞上部积油情况，积油多则表明活塞与气缸间隙偏大，应重新调整气缸间隙。这样既测量了压缩室间隙，又检测了活塞与气缸间隙，从而消除了压缩机缸体渗漏油因素。

图 2-23　新制作的压板

图 2-24　压缩室间隙检测试验

针对工作者检修方法的不规范，我们制定了新的作业标准，即在紧固集气器时，必须首先初步紧固螺钉，然后再以对角紧固的方式彻底紧固，也就克服了集气器受力不均匀偏压而造成的渗漏油，从而使缸体渗漏油问题得到了有效控制。

（3）侧盖渗漏油预防措施。针对侧盖薄、易变形产生偏压的缺点，我们特地定制了 10mm 厚的铸铁侧盖替代原来 4mm 厚的钢板制品。同时密封垫采用了 1.5mm 厚的高强度、耐油石棉材料。在组装侧盖时，又使用了 598 平面密封胶来增强侧盖的密封性能。通过改进，密封性能取得了显著的效果，基本上解决了侧盖渗漏油故障。

2.5.8　JKG—1A 型空气干燥器故障分析及对策

1. 简介

JKG—1A 型空气干燥器是一种无热再生双塔式可连续工作的压缩空气除湿装置，用于清除压缩空气中的油水、水分、尘埃等有害杂质，经过干燥器净化的空气，可避免机车车辆空气管系发生冻结和锈蚀现象，还可防止空气中的杂质引起制动失灵及车上用风设备故障（如主断路器）。本装置在工作中，具有“定时转换”、“时间累计”、和“状态记忆”等多种功能，可适应机车空气压缩机各种工况。同时，两塔在交替工作过程中，具有“柔性转换”的特性，可减少气流对干燥剂的冲击和避免粉末进入管路。空气干燥器的正常使用，能够延长制动机检修周期和使用寿命。

2. 空气干燥器故障统计

某机务段配属装有JKG—1A型双塔式空气干燥器的SS6B机车110台，在刚装配的使用过程中存在着较多问题，特别是在1年内空气干燥器发生故障件数58件，其中机破苗头2件，具体情况见表2-5。

表2-5　　空气干燥器发生故障统计表

故障类别		故障原因	件数
干燥塔再生状态	不排风或排风量小	出气止回阀再生孔堵	7
		电空阀不良	2
	排气阀大排风	进气阀犯卡	2
		出气止回阀犯卡	7
干燥塔吸附状态	排气阀漏风不止	排气阀犯卡	2
		排气阀阀杆螺母松脱	12
电磁排污阀	泵风时排风不止	排污阀阀杆螺母松脱	18
	停泵时不排风	电空阀不良	8

通过对空气干燥器进行统计可以看出，排气阀、排污阀阀杆螺母松脱是空气干燥器的主要故障，其次是电空阀、出气止回阀故障。

3. 空气干燥器主要故障分析及对策

(1) 排气阀、排污阀阀杆螺母松脱。本段配属的SS6B机车在出厂上线运用初期，空气干燥器排气阀、排污阀螺母均为普通螺母，其紧固效果差，使用一段时间后，螺母松脱现象突出，导致排气阀、排污阀排风不止。根据实际情况，逐台将干燥器排气阀、排污阀的阀杆螺母改换为特制防松螺母，收到了一定的效果。随着运行时间的延长，防松螺母松脱现象又逐渐地多起来。后来采用“可赛新1495”瞬间强力胶涂在已装好的防松螺母与阀杆间隙内，增强了螺母的紧固力，至今未再出现螺母松脱现象，极大地降低了空气干燥器的故障发生率。

(2) 电空阀故障。电空阀故障的主要原因是电空阀（TFK1B型）双向柱塞阀垫破损或被异物垫住，SS6B机车装车使用的同型号电空阀厂家达8个之多，质量参差不齐，柱塞阀的密封效果难以保证。根据这一情况，将胶圈式密封面的柱塞阀全部改换为注胶式密封面的柱塞阀，同时在小、辅修范围内对电空阀进行定期（每辅三修）互换，因电空阀原因引起的故障明显下降。

(3) 出气止回阀再生孔堵、止回阀犯卡故障。

1) 出气止回阀再生孔堵的主要原因是机车出厂时使用的止回阀坐垫质量较差，使用不到半年即相继发生变形，止回阀再生孔被变形的胶垫堵塞，由于再生通路受阻，造成干燥塔再生状态时排气阀不排风或排风量小，其直接后果就是干燥塔失去再生作用，干燥筒里吸附大量的水分无法排出。由于此类故障需要较为专业的检修人员才能发现，因此在经过一段时间后，干燥塔里的硅胶颗粒逐渐失效，干燥器不再具有干燥作用。

后来将出气止回阀坐垫改为硅胶材质的坐垫后，因硅胶垫不易变形，确保了再生孔的畅通，干燥塔在再生状态时排气阀不排风或排气量小的故障得到解决。

2）出气止回阀犯卡。机车出厂时部分出气止回阀未装弹簧，而是通过其自重将阀口关闭，起到止回作用。实际运行中，未装弹簧的出气止回阀犯卡故障多，因为干燥器内各阀件的工作环境恶劣，空气质量难以保证。加装弹簧（不锈钢材质）后，出气止回阀犯卡现象明显下降。

4. 日常检查与处理

（1）打开总风缸排水塞门，检查总风缸内是否出现凝结油水。

（2）观察电控器上指示灯的显示规律是否正常。

（3）检查排气阀的再生排气是否正常。

（4）检查电磁排污阀的工作是否正常。

乘务员每次出乘前通过对这 4 个部位的检查，基本可以判断装置是否处在正常工作状态。如出现异常现象，应及时报检修部门处理，应关闭装置，保护干燥剂不致失效。

5. 措施及建议

（1）应加强对机车乘务员的业务培训，了解 JKG—1A 型空气干燥器的工作原理，提高对常见故障的判断能力，防止误判断甩干燥器运行。

（2）中国北车集团大同电力机车有限责任公司和中国南车集团株洲电力机车厂制造的机车，其 170＃塞门、110＃塞门位置不同，前者在主变侧，而后者在高压柜后侧。当空气干燥器故障无法使用时，乘务员应知道对 170＃塞门、110＃塞门处进行处理，关 170＃塞门并开 110＃塞门，缩短处理时间。

（3）空气干燥器使用的好坏直接关系到机车运用安全及空气管路的使用寿命，否则会给安全带来隐患，也缩短了空气管路寿命，给以后的检修工作增加困难，浪费人力和物力。检修部门应指派专人负责对干燥器阀件的修复，以确保备品质量，使空气干燥器工作正常。

（4）空气干燥器故障（出气止回阀、排气阀阀口同时关不严以及出气止回阀坐垫破损漏风）时，旁通通路未彻底将干燥器切除，属设计缺陷，建议机车制造厂在干燥器出风管上加装塞门，如图 2－25 所示，以消除故障隐患（本段曾发生过 2 起此类故障，险些造成机破）。

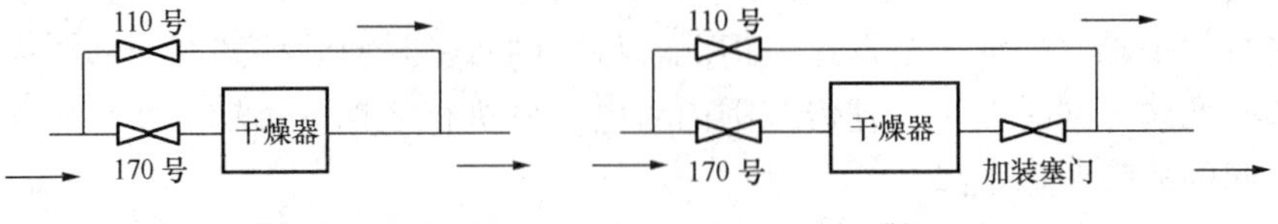

图 2－25　加装塞门

（a）改进前；（b）改进后

2.5.9　DF10D型机车空气干燥器排风不止的原因与检修方法

1. 简介

DF10D型机车在运用中发生空气干燥器排风不止的故障是比较频繁的，故障现象都表现在排气阀上，但是每次发生故障不一定是排气阀的原因造成的。由于风泵间噪声大，检测排气阀排风量的大小及排风时间的长短难度很大，所以检修起来比较麻烦。空气干燥器一旦出现故障，检修人员一般都采取把空气干燥器拆卸的方法，等待机车整备或者小修期间进行处理。这样一来，机车带病作业，压缩空气得不到净化，影响了制动性能。如果在检修中能够准确地判断出故障原因，则可大大提高检修效率，防止机车制动失灵，保证行车安全。

2. 故障原因分析

空气干燥器的工作是由风泵调压器来控制的，在机车PLC接收到风泵调压器的信号后，转而输出控制电磁阀的电信号，并通过电磁阀来控制进气阀和排气阀的动作。干燥器根据进气阀和排气阀所处的作用位，形成停机、吸附、再生和充气状态。当干燥器无供风源时，出气阀关闭。如果有一个阀发生问题，就有可能发生排风不止的故障。空气干燥器的工作原理如图2-26所示。

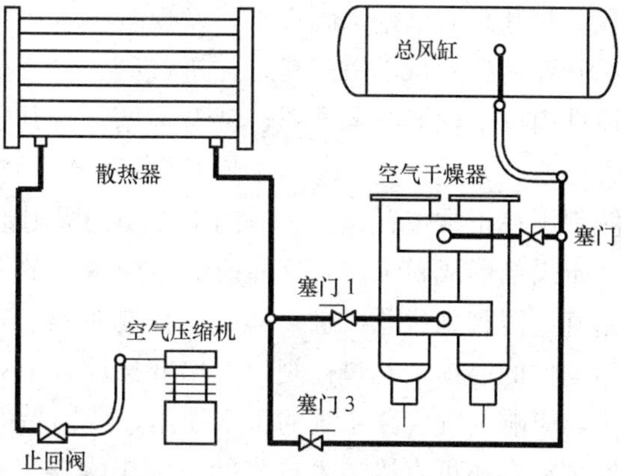

图2-26　空气干燥器的工作原理

3. 故障处所的判定与查找方法

首先，将机车总风缸打满风后停机，减少噪声干扰。然后借助于3个折角塞门的开通、关闭及相互间进行转换来判断故障。正常状态下，塞门1、2为开通位，塞门3为关闭位。如图2-26所示。

(1) 将塞门3打到开通位，这时总风经塞门3到塞门1，进入进气阀。由于进气阀处在随机位，一个塔关闭，一个塔开启，且A、B塔排气阀都处在关闭状态，若有一个排气阀排风不止，即可初步判定该排气阀有故障。进一步检查该排气阀是否受到电磁阀的错误控制，快速松开电磁阀到排气阀的控制管路接头，看有无控制风排出。若正常，说明是排气阀有故障；若不正常，就是电磁阀在没有得到电信号的情况下输出控制风，致使排气阀始终处在开通位，这时只需要更换电磁阀就可以了。

(2) 塞门3在开通位，电磁阀和排气阀经过检测是好的。这时，分别手动操作A、B塔电磁阀，观察排气阀排风量的大小。短时间内排风量由大变小则说明进气阀正常；而长时间内排风不止则说明受电磁阀控制的进气阀关闭不严，这时应更换进气阀。

(3) 各塞门在正常位时，转换A、B塔电磁阀。以A塔为例，电磁阀得电动作，这时进气阀关闭，排气阀开启。此时若排风不止，说明该出气阀关闭不严，应进行更换；若只是短暂排风，说明该塔出气阀正常。

DF10D型机车空气干燥器虽然结构复杂，排风不止的发生频率较高，但只要掌握了静态测试和处理方法，解决起来就会得心应手，使故障处理快速、准确。

2.5.10 SS4 改型机车空气干燥器干燥剂粉尘化的原因分析及防治措施

1. 存在的问题

某公司运用的 SS4 改型机车的气源净化装置有单塔形空气干燥器（DJKG—A 型）和双塔型空气干燥器（JKG1B 型空气干燥器）两种类型。在现场使用中，JKG1B 型空气干燥器净化后的空气质量较单塔形空气干燥器的好，但故障率相对较高，维护不当容易造成故障，使干燥剂粉末进入空气管路系统，造成阀类动作失灵，严重影响机车质量和行车安全。

某公司的 SS4 改 0645、0648 机车运行中常出现制动机故障。机车回段后对制动系统相关的阀类部件进行解体，发现阀腔及管道内壁附着空气干燥剂粉末，局部地方有粉末堆积；打开总风缸排水阀排水，发现凝结水中混有干燥剂粉末；解体干燥塔发现出气止回阀阀腔内有大量干燥剂粉末，进气阀、排气阀、电空阀内有少量干燥剂粉末，管道及管道件内有干燥剂粉末堆积，甚至堵塞；打开干燥塔塔盖，发现干燥塔内盘状出气滤网上方堆积有大量过度干燥的干燥剂颗粒、碎颗粒及干燥剂粉末，盘状出气滤网、压紧弹簧倾斜不在正常位置；另一塔内干燥剂则吸附饱和呈淡黄色，手感非常潮湿。

干燥剂形成粉末后，这些研磨得极微小的干燥剂粉末随着压缩空气透过出气滤筒进入出气止回阀到达总风缸，并进入控制管路、辅助管路、制动机系统。干燥剂粉末将加速运动件的磨损，并垫住阀口、堵塞气路、卡死柱塞等，造成空气管路系统的阀件动作失灵，影响空气管路系统的正常使用，特别是可能造成制动机动作失灵，影响行车安全。干燥剂粉末还可直接进入自身的空气干燥器气动阀件，使排气阀、出气止回阀、电空阀等不能正常工作，导致空气干燥系统失去作用。空气干燥器故障后，压缩空气的净化指标远未达到净化标准，压缩空气中含有大量水汽，到达空气管路系统后析出大量液态凝结水，这些凝结水锈蚀管道及阀类零件，恶化阀类的工作条件，缩短制动机及气动器械的使用寿命。特别是冬季的时候，凝结水结冰会堵塞管路阻止压缩空气的输送及传递，并可冻结制动机及气动器械，导致制动失灵，酿成严重的行车事故。

2. 故障原因分析

JKG1B 型空气干燥器形成干燥剂粉末主要有以下两方面的原因。

（1）干燥剂填装时没有压实，干燥剂在压缩空气作用下相互摩擦研磨成粉末。

（2）干燥剂填装量不足，盘状出气滤网处于干燥筒内径较大位置，盘状出气滤网与干燥塔筒内壁间存有间隙，干燥剂颗粒从间隙中冲出，在压缩空气的作用下，干燥剂颗粒在管道内与管壁碰撞、和颗粒相互碰撞研磨成粉末。在运用现场，第二种情况下干燥剂能产生大量粉末，是空气管系出现干燥剂粉末的主要原因，下面主要针对此原因进行分析。

JKG1B 型空气干燥器由干燥器主体、进气阀、排气阀、出气止回阀、电控器、电空阀等组成。干燥器主体由两个结构完全相同的干燥塔组成，干燥塔为一圆筒缸瓶式结构，干燥塔的上部内径（180mm）比下部内径（184mm）稍小，如果干燥剂填装量少，放上盘状出气滤网后，盘状出气滤网处于干燥塔内径较大位置，盘状出气滤网与干燥塔内壁的间隙比较大。如图 2－27 所示，盘状出气滤网外径 176mm，干燥塔内径 184mm，间隙最大能达到 8mm。

由于盘状出气滤网下压的橡胶垫圈材质较软，易发生变形错位。干燥塔处于吸附状态时，来自空压机的高温、高湿度压缩空气由进气阀进入塔内，当气流通过干燥剂床时，空气中的水分子被干燥剂吸附，降低了干燥剂颗粒的强度。干燥后的压缩空气将干燥剂颗粒从盘状出气滤网与干燥塔内壁的间隙中吹出，干燥剂颗粒在压缩空气的作用下与干燥塔内壁、压紧弹簧、盘状出气滤网、塔盖、空气管道内壁发生碰撞，使干燥剂颗粒磨成极微小的粉末。当压缩空气将部分干燥剂颗粒冲出盘状出气滤网后，塔内干燥剂床表面出现不平，在压紧弹簧和压缩空气作用下盘状出气滤网倾斜，导致更多的干燥剂颗粒被吹出，从而形成大量干燥剂粉末。

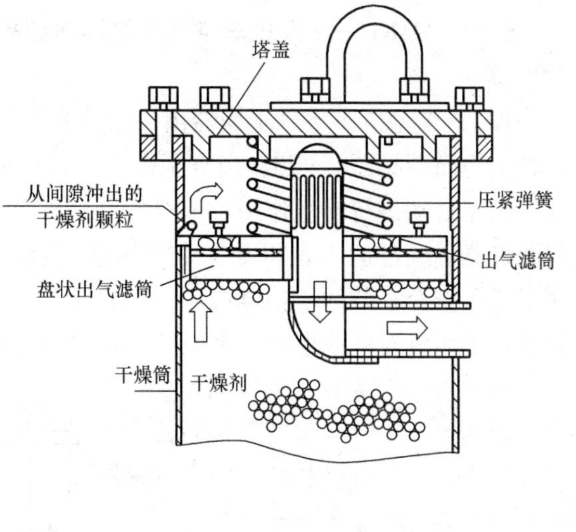

图 2－27　JKG1B 型空气干燥器干燥塔局部示意图

3. 防治措施

空气干燥器中的干燥剂粉末进入空气管路系统，会对机车质量及行车安全造成恶劣影响，但采取积极措施是可以有效防止干燥剂粉末产生的。

（1）选用规格较高的干燥剂。JKG1B 型空气干燥器对干燥剂技术要求是：干燥剂材质是高效耐水硅胶或活性氧化铝，规格为 $\phi3\sim\phi7$mm 的球形颗粒，颗粒强度≥80N/粒。在选用干燥剂时，应严格按技术要求使用质量可靠信誉好的生产厂家的产品，干燥剂应认真筛选，颗粒大小应均匀，尽量选择规格为 $\phi5\sim\phi7$mm 的球形颗粒，同种规格干燥剂选用颗粒强度高的产品，以防颗粒较小的干燥剂颗粒在气流作用下从盘状出气滤网与干燥塔内壁的间隙中冲出，以及干燥剂颗粒相互间摩擦研磨成粉末。

（2）改善盘状出气滤网与干燥塔内壁的密封。盘状出气滤网下压有橡胶垫圈，但是由于此橡胶垫圈厚度小、硬度低，易发生变形错位。应重新定制橡胶垫圈，厚度增加 5mm，其他规格尺寸不变，使橡胶垫圈不易变形错位，改善盘状出气滤网与干燥塔内壁间隙的密封效果。

（3）干燥剂填装量应与干燥塔缸体容量相符。在填装干燥剂时，应边装边用木锤敲击干燥塔缸体，使干燥剂自然压实，干燥剂填装后，干燥剂床表面应压平压实，盘状出气滤网水平放置。盘状出气滤网与干燥塔口基准面距离应保证 61～65mm。放上盘状出气滤网后，干燥剂与盘状出气滤网间不应留有空隙，以防止干燥剂颗粒相互间摩擦研磨成粉末。

（4）加强日常空气干燥器系统的检查。当出现电控器、电空阀不动作或误动作、排气阀不排风或长排风等故障情况时应及时予以处理。日常打开总风缸排水阀进行排水时，如果出现凝结水过多或凝结水中混有干燥剂粉末等杂质时，应重点检查空气干燥器。定期打开干燥塔盖检查干燥剂、压紧弹簧、盘状出气滤网、出气滤筒的状态，出现异常应及时处理。

2.5.11 DJKG—A 型机车空气干燥器典型故障的原因分析

1. 简介

DJKG—A 型机车空气干燥器由一个装有活性氧化铝吸附剂的干燥筒和一个滤清筒组成，其结构简图见图 2-28。当空压机工作时，干燥器进行吸附作用；当空压机停止工作时，干燥器自动进行再生作用，完全符合机车空压机间歇工作的特性。在机车上安装了该型干燥器，经过运用表明空气干燥性能优良，大幅度降低了制动机的临、碎修活件，保证了行车安全，节约了检修成本。但在运用中也发生了几起典型的严重危及行车安全的故障。下面就对这些事故及采取的措施进行分析。

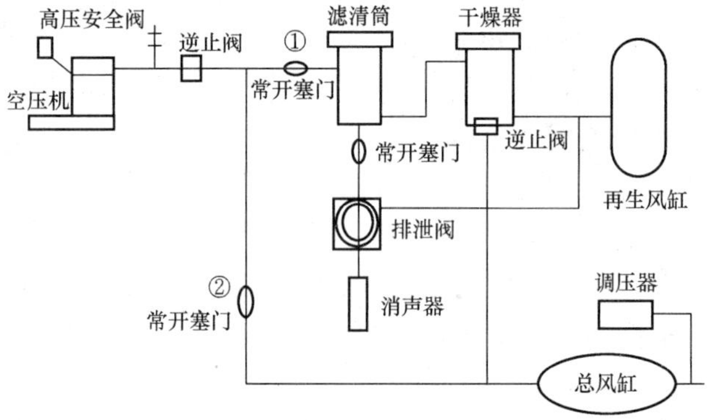

图 2-28　空气干燥器结构简图

2. 故障形式及分类

在平时使用过程中研究分析发现主要有如下两种典型故障。

(1) 干燥器烧损，造成机车失去风源。在使用中烧损的 3 台干燥器有两台是将滤清筒内的不锈钢丝过滤网和干燥筒上部铝合金压盖烧损，均是在站内打风时，司机发现总风缸压力上升缓慢而高压安全阀不断冒汽，进入机械间检查发现压缩机和干燥器热力逼人，另一台烧损发生在区间，司机为了有足够的风压停车，强迫打风，致使干燥筒的上下盖和干燥筒下部与止回阀结合处熔化，从空压机出风口到干燥器入口整条钢管烧成红色。所幸列车及时停住，否则将导致列车放扬，后果不堪设想。

(2) 排泄阀排风不止。司机按要求关闭塞门，但部分机车干燥器正常工作条件下筒体温度达 80～100℃，夏季高温天气时一般达 100℃以上，而塞门又设计在滤清筒底部，乘务员无法关闭塞门，使机车失去风源，造成机车故障。

3. 故障原因分析

(1) 第一种故障。经过对烧损的干燥器解体，发现两台烧损的干燥筒下滤网破损，干燥剂堵塞逆止阀，使压缩空气少部分或完全不能进入总风缸，部分活性氧化铝吸附剂甚至跑入总风缸。另一台是干燥器压紧弹簧断裂，吸附剂不能压紧，吸附干燥过程中吸附剂扰动，再生过程时，再生风缸的压缩空气经节流孔膨胀由下而上通过吸附剂，使干燥剂和水汽带到滤清筒，堵塞滤清筒及滤清筒与干燥筒之间的管路，也导致压缩空气不能进入总风缸，使机车失去风源。

如果滤清筒和干燥筒的逆止阀堵塞，空压机电动机所做的功转换为两种能量形式，一是空压机出口到堵塞处空气压力的升高；二是空压机出口到堵塞处空气温度的急剧上升。由于控制空压机启停的704调压器（或YWK—50型压力控制器）装在总风缸之间，总风缸风压上升缓慢或上不去，空压机将打风不止，直至高压安全阀喷气。由于干燥器从滤网破或弹簧断到完全堵塞有一个过程，这段时间足以使干燥筒高温烧损。

如果司机在高压安全阀喷气后，发现总风缸压力未达900kPa，误判高压安全阀整定压力值调整过低，于是调高高压安全阀整定压力值继续打风，致使压缩机出口到堵塞处空气温度超过压缩机润滑油210℃的闪点温度，管路内的含油空气燃烧，使干燥器温度急剧升高，干燥器结合处均是橡胶件，高温下迅速熔化烧损，含油高温气体产生的火焰与氧化铝吸附剂一起喷出，结合部位就会发生金属熔焊现象。

(2) 第二种故障。对于DJKG—A型机车空气干燥器，在再生过程中，压缩空气、油、水、尘埃、机械杂质要经过排泄阀排入大气，经常造成排泄阀关闭不严，机车打风时压缩空气直接通过排泄阀排出大气，使机车失去风源，按照设计，关闭滤清筒与排泄阀之间的塞门即可。但根据观察与测量，大部分干燥器正常工作温度在40～50℃，部分机车干燥器工作温度却在80～100℃，这种高温下如需关闭干燥器塞门就不可能了，机车因此将失去风源。经过调查发现，这些高温机车都出现过总风缸压力未达900kPa而高压安全阀喷气的故障，按照常规，均对高压安全阀整定压力值调高。

而且高温干燥器均发生在机车中修和二次小修后。经过分析认为，按照机车检修范围，而中修和二次小修时应更换干燥筒内的干燥剂，由于干燥筒是一个细长圆筒，干燥剂只能用小勺子一点点舀出，下滤网会留下一层细细的干燥剂粉末，这些粉末会堵塞部分滤网网眼，使压缩空气流通不畅，空压机打风时压缩机出口到下滤网堵塞处空气压力比总风缸压力高，由此导致出现总风缸压力未达900kPa而高压安全阀喷气的故障，而调高高压安全阀整定压力值隐藏了故障，增加了打风时间，使干燥器温度比正常工作温度高40℃。如果在夏季发生排泄阀泄漏故障，乘务员根本无法靠近80～100℃的干燥器，使机车失去风源。所以，由于干燥器堵塞而引发的发热和烧损，使机车失去风源，对列车运用安全产生极大的威胁。

4. 措施

根据上述原因分析和现场检修、运用情况，对空气干燥器提出以下改造建议，并在运用和检修中采取了一些措施。

(1) 对故障干燥器进行了改造，在①、②两处（见图2-28）加装一开、一闭两截断塞门，并设在离干燥器比较远的地方，在干燥器发生堵塞烧损故障时，维持机车运行。此方案被厂家认同并采纳。

(2) 在对干燥器进行检修时，更换干燥剂要清除干净，对滤清筒内滤网一定要彻底清洗，不良者更换；认真检查干燥器压紧弹簧。

(3) 干燥器关闭运行后，要及时回段检修，杜绝长时间关闭运行。

(4) 乘务员在机车运用中应观察空压机打风时间，走廊巡视应观察干燥器温度，发现总风缸压力上升慢，而高压安全阀喷气，应切除干燥器运行，回段后检查干燥器，防止干燥器烧损。

第3章 气　缸

3.1 分类和特点

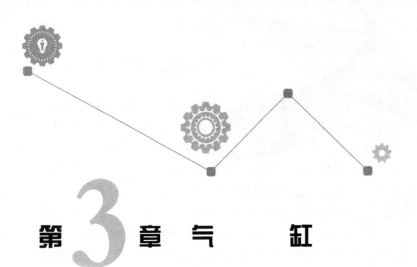

气缸是气动系统中使用最广泛的一种执行元件，它是将压缩气体的压力能转换为机械能的气动执行元件。气缸用于实现直线运动或往复摆动。根据使用条件、场合的不同，其结构、形状和功能也不一样，种类很多。

气缸一般根据作用在活塞上力的方向、结构特征、功能及安装方式来分类。

按压缩空气在活塞端面作用力的方向可分为单作用气缸与双作用气缸。单向作用式气缸只有一个运动方向，靠压缩空气推动，复位靠弹簧力、自重或其他力。双向作用式气缸的往返运动全靠压缩空气推动。

按气缸的结构特点有活塞式、膜片式、柱塞式、摆动式气缸等。

按气缸的功用分为普通气缸和特殊气缸。普通气缸包括单向作用式和双向作用式气缸。特殊气缸包括冲击气缸、缓冲气缸、气液阻尼气缸、步进气缸、摆动气缸、回转气缸和伸缩气缸等。

按安装方式不同分为耳座式、法兰式、销轴式和凸缘式。

常用气缸的分类、简图及其特点见表 3 - 1。

表 3 - 1　　常用气缸的分类、简图及其特点

类别	名　称	简　图	特　点
单向作用式气缸	柱塞式气缸	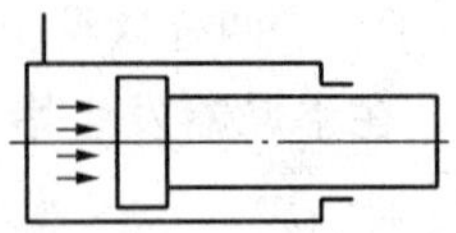	压缩空气使活塞向一个方向运动（外力复位）。输出力小，主要用于小直径气缸
	活塞式气缸（外力复位）	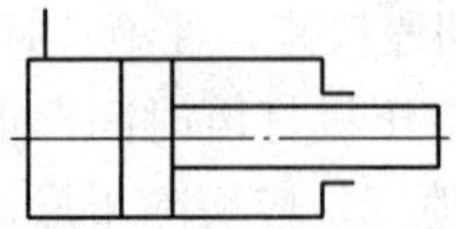	压缩空气只使活塞向一个方向运动，靠外力或重力复位，可节省压缩空气

续表

类别	名　称	简　图	特　点
单向作用式气缸	活塞式气缸（弹簧复位）	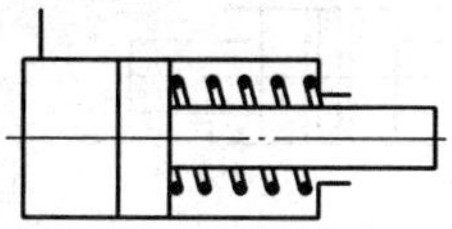	压缩空气只使活塞向一个方向运动，靠弹簧复位。结构简单、耗气量小，弹簧起背压缓冲作用。用于行程较小、对推力和速度要求不高的场合
	膜片式气缸	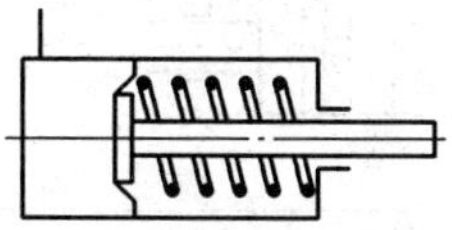	压缩空气只使膜片向一个方向运动，靠弹簧复位。密封性好，但运动件行程短
双向作用式气缸	无缓冲气缸（普通气缸）	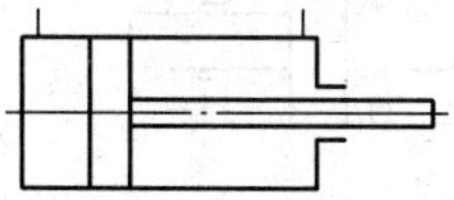	利用压缩空气使活塞向两个方向运动，活塞行程可根据需要选定。它是气缸中最普通的一种，应用广泛
	双活塞杆气缸	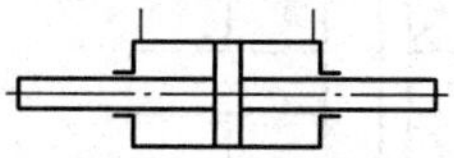	活塞左右运动的速度和行程均相等。通常活塞杆固定、缸体运动，适合于长行程
	回转气缸	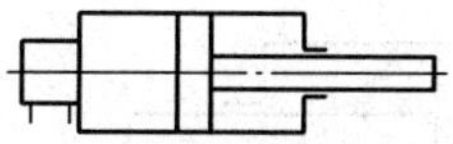	进排气导管和气缸本体可相对转动，可用在车床的气动回转夹具上
	缓冲气缸（不可调）	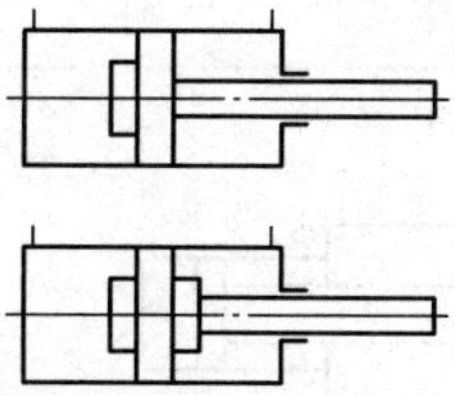	活塞运动到接近行程终点时，减速制动。减速值不可调整，上图为一端缓冲，下图为两端缓冲
	缓冲气缸（可调）	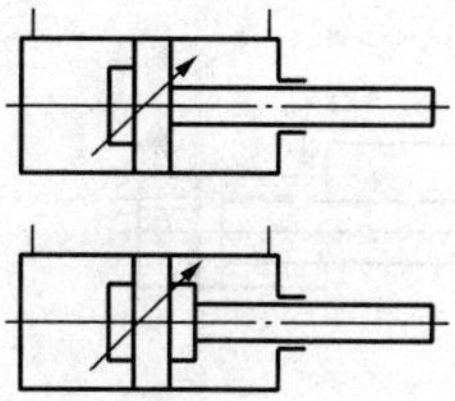	活塞运动到接近行程终点时，减速制动，减速值可根据需要调整
	差动气缸	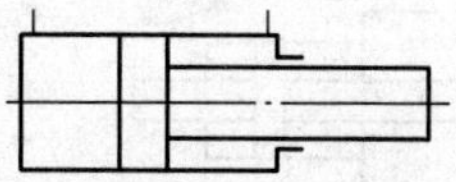	气缸活塞两端的有效作用面积差较大，利用压力差使活塞作往复运动（活塞杆侧始终供气）。活塞杆伸出时，因有背压，运动较为平稳，其推力和速度均较小

续表

类别	名　称	简　图	特　点
双向作用式气缸	双活塞气缸	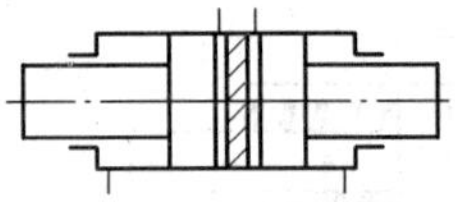	两个活塞可以同时向相反方向运动
	多位气缸	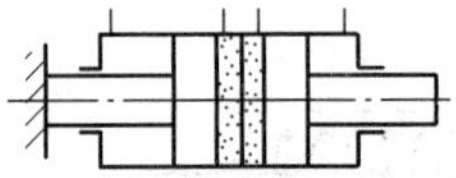	活塞杆沿行程有 4 个位置。当气缸的任一空腔与气源相通时，活塞杆到达 4 个位置中的一个
	串联式气缸	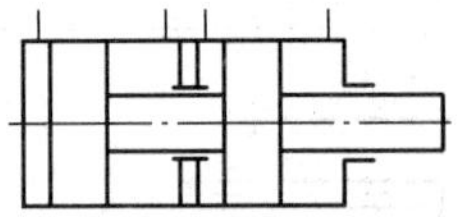	两个活塞串联在一起，当活塞直径相同时，活塞杆的输出力可增大 1 倍
	冲击气缸	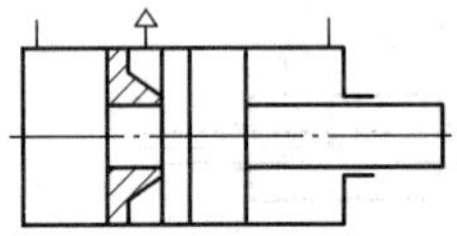	利用突然大量供气和快速排气相结合的方法，得到活塞杆的冲击运动。用于冲孔、切断、锻造等
	膜片气缸	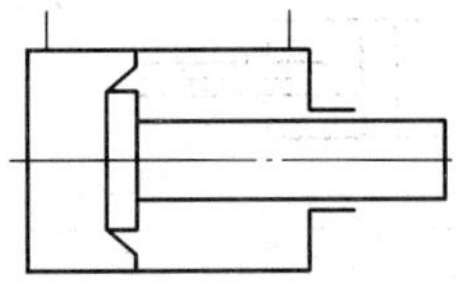	密封性好，加工简单，但运动件行程小
组合式气缸	增压气缸	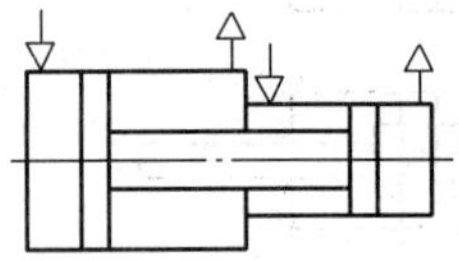	两端活塞面积不等，利用压力与面积的乘积不变的原理，使小活塞侧输出压力增大
	气液增压缸	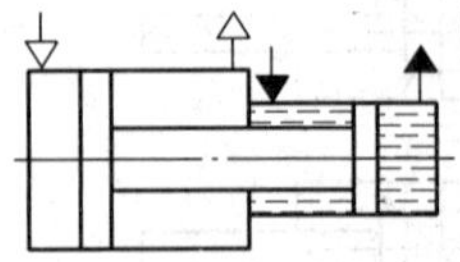	根据液体不可压缩和力的平衡原理，利用两个活塞的面积不等，由压缩空气驱动大活塞，使小活塞侧输出高压液体
	气液阻尼缸	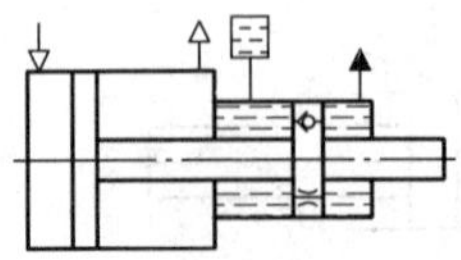	利用液体不可压缩的性能和液体排量易于控制的优点，获得活塞杆的稳速运动

续表

类别	名称	简图	特点
组合式气缸	齿轮齿条式气缸	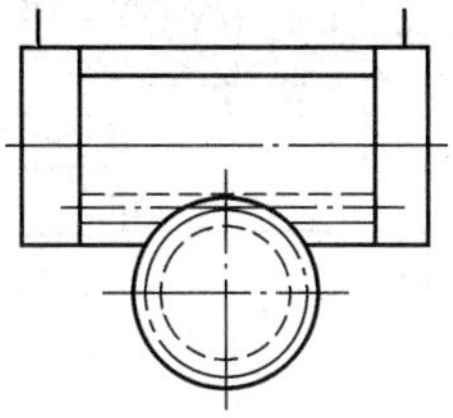	利用齿条齿轮传动，将活塞杆的直线往复运动变为输出轴的旋转运动，并输出力矩
	步进气缸	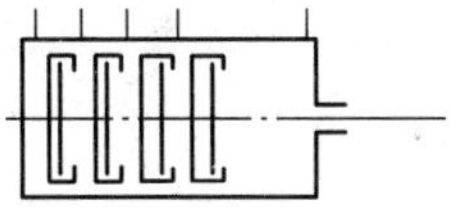	将若干个活塞，轴向依次装在一起，各个活塞的行程由小到大，按几何级数增加，可根据对行程的要求，使若干个活塞同时向前运动
	摆动式气缸（单叶片式）	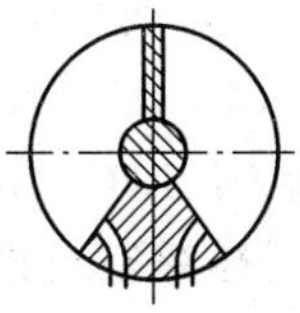	直接利用压缩空气的能量，使输出轴产生旋转运动，旋转角小于360°
	摆动式气缸（双叶片式）		直接利用压缩空气的能量，使输出轴产生旋运动（但旋转角小于180°），并输出力矩

3.2 常用气缸的结构特点和工作原理

按气缸的功能不同，分为普通气缸和特殊气缸。

3.2.1 普通气缸

在各类气缸中使用最多的是活塞式单活塞杆型气缸，称为普通气缸。普通气缸可分为单作用气缸和双作用气缸两种。

1. 单作用气缸

图3-1（a）所示为单作用气缸的结构原理图，图3-1（b）所示为单作用气缸的图形符号。所谓单作用气缸是指压缩空气仅在气缸的一端进气并推动活塞（或柱塞）运动，而活塞或柱塞的返回借助于其他外力，如弹簧力、重力等。单作用气缸多用于短行程及对活塞杆推力、运动速度要求不高的场合。

这种气缸的特点是：①结构简单。由于只需向一端供气，耗气量小；②复位弹簧的反作用力随压缩行程的增大而增大，因此活塞的输出力随活塞运动的行程增加而减小；③缸体内安装弹簧，增加了缸筒长度，缩短了活塞的有效行程。这种气缸多用于行程短、对输出力和运动速度要求不高的场合。

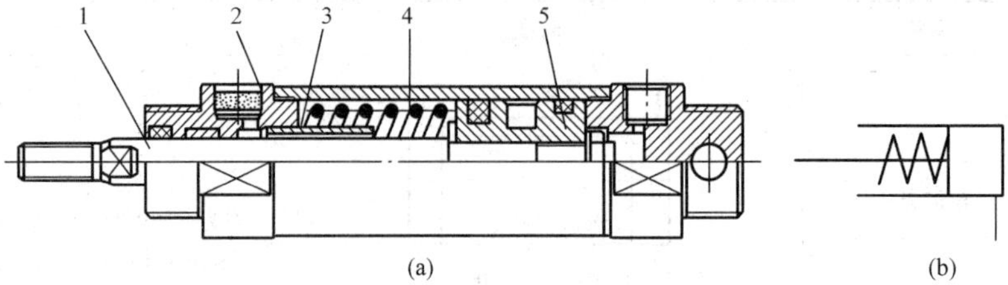

图 3-1　单作用气缸

（a）结构原理图；（b）图形符号

1—活塞杆；2—过滤片；3—止动套；4—弹簧；5—活塞

2. 双作用气缸

图 3-2（a）是单活塞杆双作用气缸（又称普通气缸）的结构简图。它由缸筒、前后缸盖、活塞、活塞杆、紧固件和密封件等零件组成。

当 A 孔进气、B 孔排气时，压缩空气作用在活塞左侧面积上的作用力大于作用在活塞右侧面积上的作用力和摩擦力等反向作用力时，压缩空气推动活塞向右移动，使活塞杆伸出。反之，当 B 孔进气、A 孔排气，压缩空气推动活塞向左移动，使活塞和活塞杆缩回到初始位置。

由于该气缸缸盖上设有缓冲装置，所以它又被称为缓冲气缸，图 3-2（b）为这种气缸的图形符号。

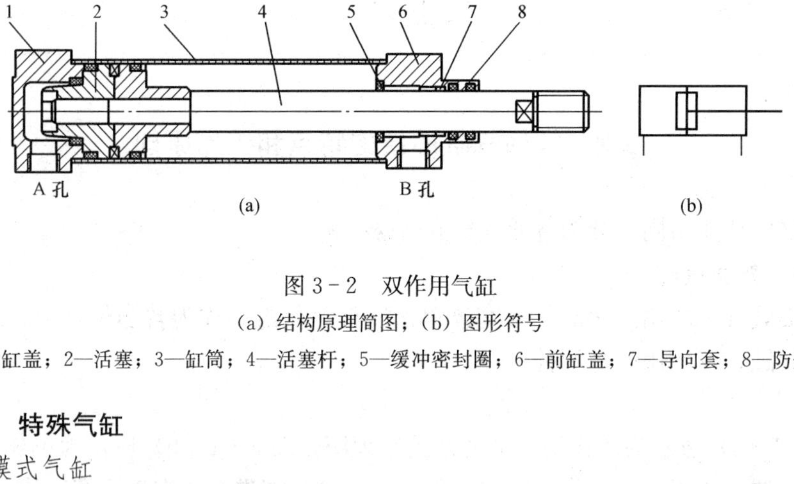

图 3-2　双作用气缸

（a）结构原理简图；（b）图形符号

1—后缸盖；2—活塞；3—缸筒；4—活塞杆；5—缓冲密封圈；6—前缸盖；7—导向套；8—防尘圈

3.2.2　特殊气缸

1. 薄膜式气缸

如图 3-3 所示，薄膜式气缸主要由缸体 1、膜片 2、膜盘 3 和活塞杆 4 等组成，它是利用压缩空气通过膜片推动活塞杆作往复直线运动的。图 3-3（a）是单作用式，需借弹簧力回程；图 3-3（b）是双作用式，靠气压回程。膜片的形状有盘形和平形两种，材料是夹物橡胶、钢片或磷青铜片。第一种材料的膜片较常见，金属膜片只用于行程较小的气缸中。

膜片气缸的优点是：结构简单、紧凑，体积小，质量轻，密封性好，不易漏气，加

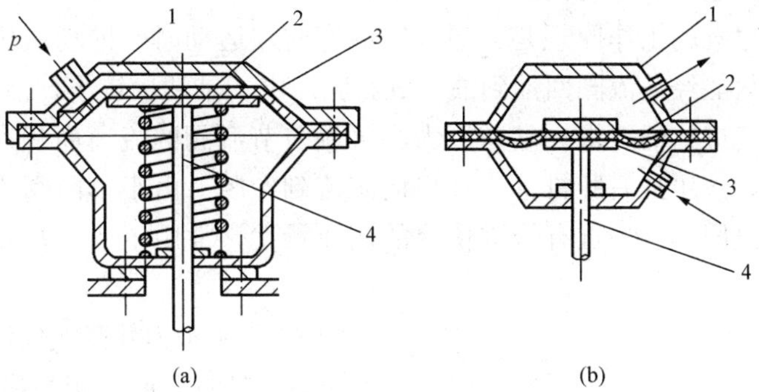

图 3-3 薄膜式气缸

(a) 单作用式；(b) 双作用式

1—缸体；2—膜片；3—膜盘；4—活塞杆

工简单，成本低，无磨损件，维护修理方便等。缺点是由于膜片的变形量有限，行程短，一般不超过 40～50mm。平膜片的行程更短，约为其直径的 1/10。适用于行程短的场合。此外，这种气缸活塞杆的输出力随气缸行程的加大而减小。薄膜式气缸常应用于汽车刹车装置、调节阀和夹具等。

膜片气缸在化工、冶炼等行业中常用来控制管道阀门的开启和关闭，如热压机蒸汽进气主管道的开启和关闭。在机械加工和轻工气动设备中，常用它来推动无自锁机构的夹具，也可用来保持固有的拉力或推力。

2. 气液阻尼缸

气液阻尼缸是气缸和液压缸的组合缸，用气缸产生驱动力，用液压缸的阻尼调节作用获得平稳的运动。

用于机床和切削加工，实现进给驱动的气缸，不仅要有足够的驱动力来推动刀具，还要求进给速度均匀、可调、在负载变化时能保持其平稳性，以保证加工的精度。由于空气的可压缩性，普通气缸在负载变化较大时容易产生“爬行”或“自走”现象。用气液阻尼缸可克服这些缺点，满足驱动刀具进行切削加工的要求。

(1) 结构和工作原理。气液阻尼缸按其结构不同，可分为串联式和并联式两种。

图 3-4 所示为串联式气液阻尼缸，它由一根活塞杆将气缸 2 的活塞和液压缸 3 的活塞串联在一起，两缸之间用隔板 7 隔开，防止空气与液压油互窜。工作时由气缸驱动，由液压缸起阻尼作用。节流机构（由节流阀 4 和单向阀 5 组成）可调节油缸的排油量，从而调节活塞运动的速度。油杯 6 起储油或补油的作用。由于液压油可以看作不可压缩流体，排油量稳定，只要缸径足够大，

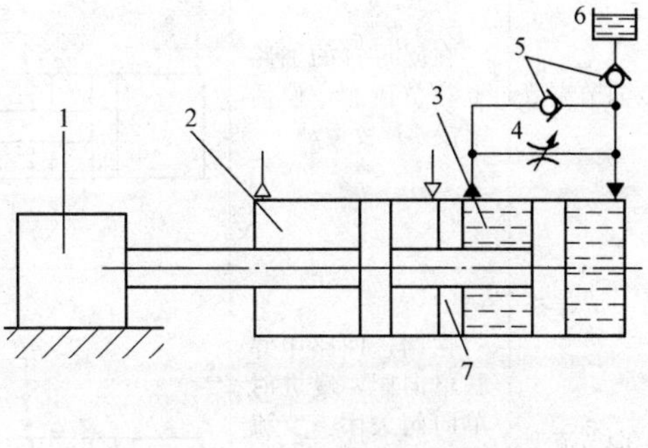

图 3-4 串联式气液阻尼缸

1—负载；2—气缸；3—液压缸；4—节流阀；5—单向阀；6—油杯；7—隔板

就能保证活塞运动速度的均匀性。

上述气液阻尼缸的工作原理是：当气缸活塞向左运动时，推动液压缸左腔排油，单向阀油路不通，只能经节流阀回油到液压缸右腔。由于排油量较小，活塞运动速度缓慢、匀速，实现了慢速进给的要求。其速度大小可调节节流阀的流通面积来控制。反之，当活塞向右运动时，液压缸右腔排油，经单向阀流到左腔。由于单向阀流通面积大，回油快，使活塞快速退回。这种缸有慢进快退的调速特性，常用于空行程较快而工作行程较慢的场合。

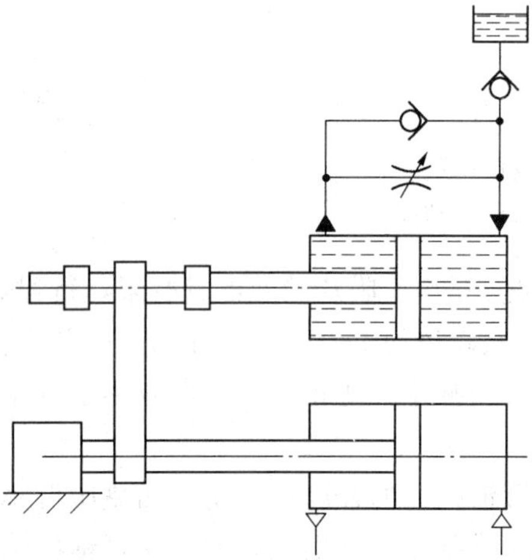

图 3-5　并联式气液阻尼缸

图 3-5 所示为并联式气液阻尼缸，其特点是液压缸与气缸并联，用一块刚性连接板相连，液压缸活塞杆可在连接板内浮动一段行程。

并联式气液阻尼缸的优点是缸体长度短、占机床空间位置小，结构紧凑，空气与液压油不互窜。缺点是液压缸活塞杆与气缸活塞杆安装在不同轴线上，运动时易产生附加力矩，增加导轨磨损，产生爬行现象。

（2）调速类型。气液阻尼缸按调速特性不同，可分为如下几种类型。

1）双向节流型，即慢进慢退型，采用节流阀调速。

2）单向节流型，即慢进快退型，采用单向阀和节流阀并联的方式。

3）快速趋进型，采用快速趋进式线路控制。

各类调速类型的作用原理、结构、特性曲线及应用特性见表 3-2。

表 3-2　各类气液阻尼缸的调速类型原理、结构、特性曲线及应用特性

调速类型	作用原理	结构示意图	特性曲线	应用
双向节流型	在阻尼缸的油路上装节流阀，使活塞慢速往复运动	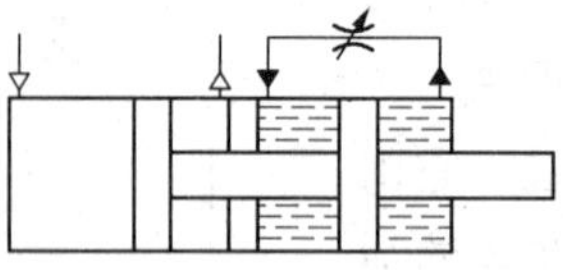	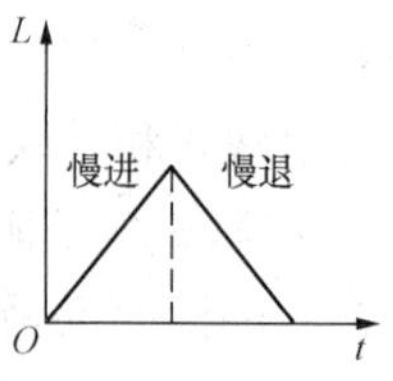	适用于空行程和工作行程都较短的场合
单向节流型	在调速回路中并联单向阀，慢进时单向阀关闭，节流阀调速；快退时单向阀打开，实现快速退回	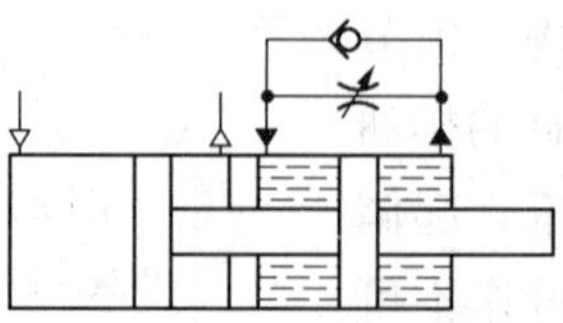	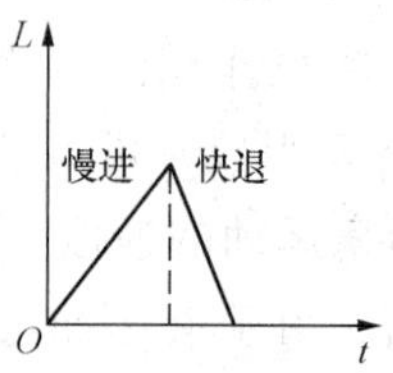	适用于加工时空行程短而工作行程较长的场合

续表

调速类型	作用原理	结构示意图	特性曲线	应用
快速趋进型	向右进时，右腔油先从 b→a 回路流入左腔，快速趋进；活塞至 b 点后，油经节流阀，实现慢进；退回时，单向阀打开，实现快退	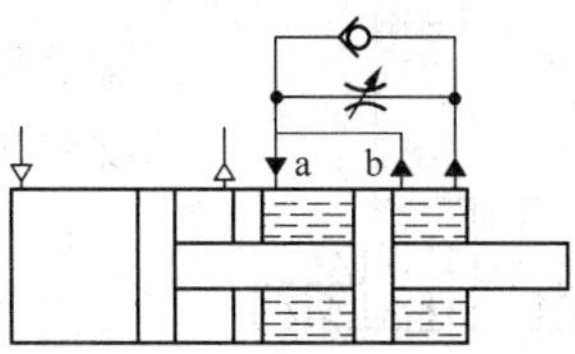	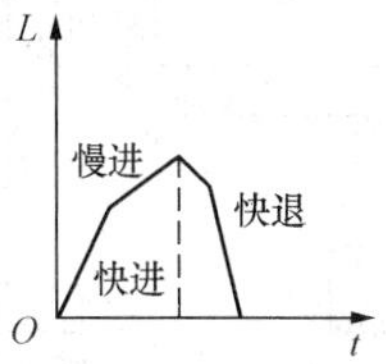	快速趋进节省了空行程时间，提高了劳动生产率

在气液阻尼缸的实际回路中，除了上述几种常用调速方法之外，也可采用行程阀和单向节流阀等，达到实际所需的调速目的。有一种气液精密调速缸可组成 6 种调速类型，调速范围为 0.08～120mm/s。

3. 制动气缸

带有制动装置的气缸称为制动气缸，也称锁紧气缸。制动装置一般安装在普通气缸的前端，其结构有卡套锥面式、弹簧式和偏心式等多种形式。

图 3-6 所示为卡套锥面式制动气缸结构示意图，它是由气缸和制动装置两部分组合而成的特殊气缸。气缸部分与普通气缸结构相同，它可以是无缓冲气缸。制动装置由缸体、制动活塞、制动闸瓦和弹簧等构成。

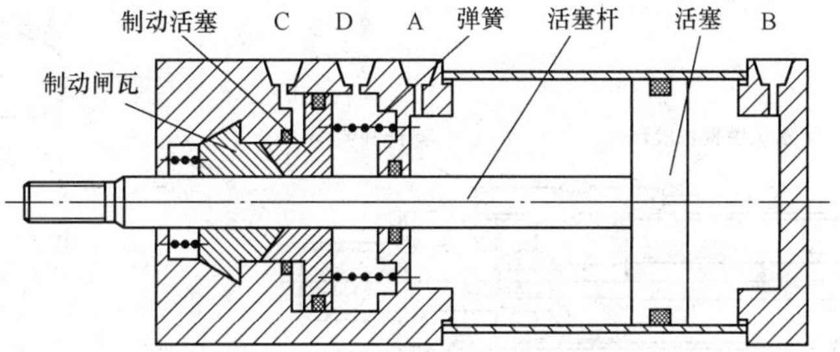

图 3-6　卡套锥面式制动气缸结构示意图

制动气缸在工作过程中，其制动装置有两个工作状态，即放松状态和制动夹紧状态。

(1) 放松状态。当 C 孔进气、D 孔排气时，制动活塞右移，则制动机构处于松开状态，气缸活塞和活塞杆即可正常自由运动。

(2) 夹紧状态。当 D 孔进气，C 孔排气时，弹簧和气压同时使制动活塞复位，并压紧制动闸瓦。此时制动闸瓦抱紧活塞杆，对活塞杆产生很大的夹紧力——制动力，使活塞杆迅速停止下来，达到正确定位的目的。

在工作过程中即使动力气源出现故障，由于弹簧力的作用，仍能锁定活塞杆不使其移动。这种制动气缸夹紧力大，动作可靠。

为使制动气缸工作可靠，气缸的换向回路可采用图 3-7 所示的平衡换向回路。回路中的减压阀用于调整气缸平衡。制动气缸在使用过程中制动动作和气缸的平衡是同时进行的，而制动的解除与气缸的再起动也是同时进行的。这样，制动夹紧力只要消除运动部件的惯性就可以了。

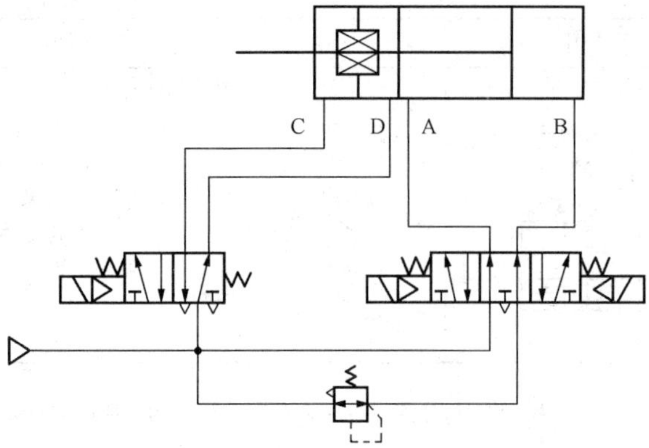

图 3-7　制动气缸的平衡换向回路

在气动系统中，采用三位阀能控制气缸活塞在中间任意位置停止。但在外界负载较大且有波动，或气缸垂直安装使用，及对其定位精度与重复精度要求高时，可选用制动气缸。

4. 磁性开关气缸

图 3-8 所示为带磁性开关气缸的结构原理图，它由气缸和磁性开关组合而成。气缸可以是无缓冲气缸，也可以是缓冲气缸或其他气缸。将信号开关直接安装在气缸上，同时，在气缸活塞上安装一个永久磁性橡胶环，随活塞运动。

磁性开关又名舌簧开关或磁性发信器。开关内部装有舌簧片式的开关、保护电路和动作指示灯等，均用树脂封在一个盒子内，其电路原理如图 3-9 所示。当装有永久磁铁的活塞运动到舌簧开关附近时，两个簧片被吸引使开关接通。当永久磁铁随活塞离开时，磁力减弱，两簧片弹开，使开关断开。

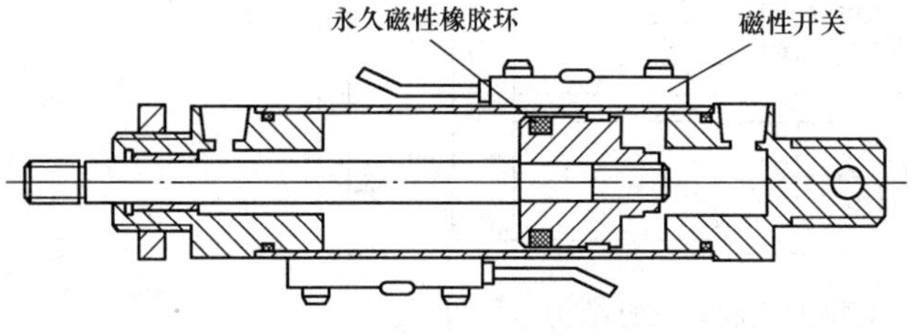

图 3-8　磁性开关气缸结构原理图

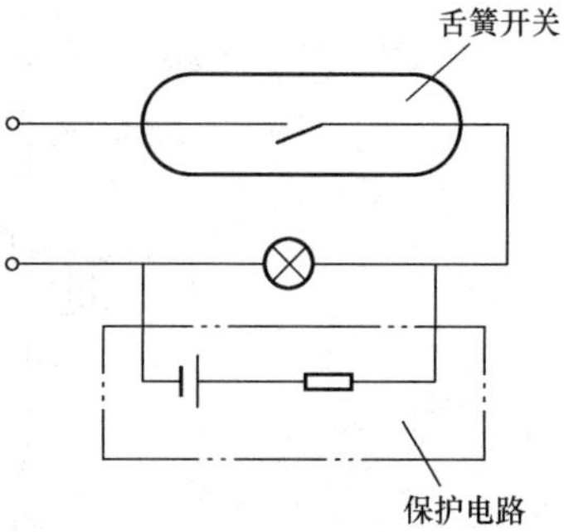

图 3-9　磁性开关电路原理图

磁性开关可安装在气缸拉杆（紧固件）上，且可左右移动至气缸任何一个行程位置上。若装在行程末端，即可在行程末端发信；若装在行程中间，即可在行程中途发信，比较灵活。因此，带磁性开关气缸结构紧凑、安装和使用方便，是一种有发展前途的气缸。

这种气缸的缺点是缸筒不能用廉价的普通钢材、铸铁等导磁性强的材料，而要用导磁性弱、隔磁性强的材料例如黄铜、硬铝、不锈钢等。

注意事项：磁性开关的电压和电流不能超过其允许范围。一般不能与电源直接接通，必须同负载（如继电器等）串联使用。磁性开关附近不能有其他强磁场，以防干扰。磁性开关装在中间位置时，气缸最大速度应在 0.3m/s 以内，使继电器等负载的灵敏度最大。

5. 带阀气缸

带阀气缸是一种为了节省阀和气缸之间的接管，将两者制成一体的气缸。如图 3－10 所示，此带阀气缸由标准气缸、阀、中间连接板和连接管道组合而成。阀一般用电磁阀，也可用气控阀。按气缸的工作形式可分为通电伸出型和通电退回型两种。

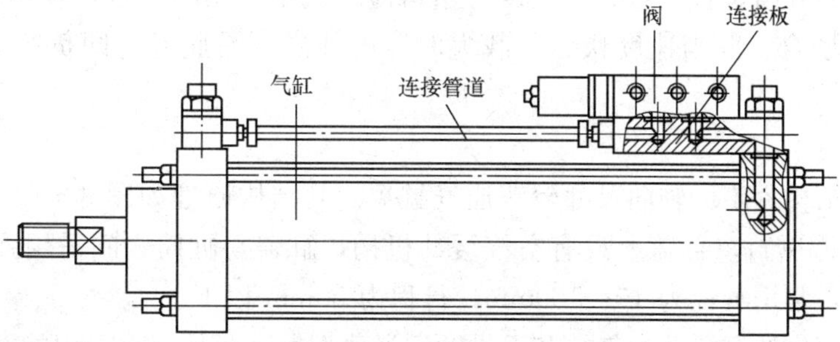

图 3－10 带阀气缸

带阀气缸省掉了阀与气缸之间的管路连接，可节省管道材料和接管人工，并减少了管路中的耗气量。具有结构紧凑、使用方便、节省管道和耗量小等优点，深受用户的欢迎，近年来已在国内大量生产。其缺点是无法将阀集中安装，必须逐个安装在气缸上，维修不便。

6. 磁性无活塞杆气缸

图 3－11 所示为磁性无活塞杆气缸的结构原理图。它由缸体、活塞组件、移动支架组件三部分组成，其中活塞组件由内磁环、内隔板、活塞等组成；移动支架组件由外磁环、外隔板、套筒等组成。两组件内的磁环形成的磁场产生磁性吸力，使移动支架组件跟随活塞组件同步移动。移动支架承受负载，其承受的最大负载力取决于磁体的性能和磁环的组数，还取决于气缸筒的材料和壁厚。

磁性无活塞杆气缸中一般使用稀土类永久磁铁，它具有高剩磁、高磁能等特性，价格相对较低，但它受加工工艺的影响较大。

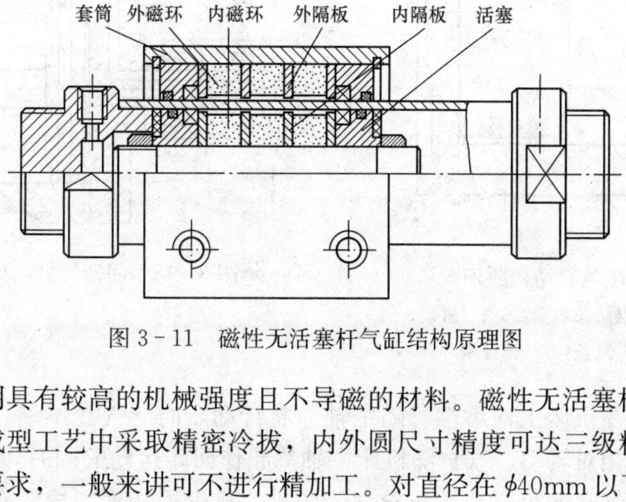

图 3－11 磁性无活塞杆气缸结构原理图

气缸筒应采用具有较高的机械强度且不导磁的材料。磁性无活塞杆气缸常用于超长行程场合，故在成型工艺中采取精密冷拔，内外圆尺寸精度可达三级精度，粗糙度和形状公差也可满足要求，一般来讲可不进行精加工。对直径在 ϕ40mm 以下的缸筒壁厚，推荐采用 1.5mm，这对承受 1.5MPa 的气压和驱动轴向负载时所受的倾斜力矩已足够了。

磁性无活塞杆气缸具有结构简单、质量轻、占用空间小（因没有活塞杆伸出缸外，故可比普通缸节省空间 45%左右）、行程范围大（D/S 一般可达 1/100，最大可达 1/150，例如 ϕ40mm 的气缸，最大行程可达 6m）等优点，已被广泛用于数控机床、大型压铸机、注塑机等机床的开门装置，纸张、布匹、塑料薄膜机中的切断装置，重物的提升、多功能坐标移动等场合。但当速度快、负载大时，内外磁环易脱开，即负载大小受速度的影响。

7. 薄型气缸

薄型气缸结构紧凑，轴向尺寸较普通气缸短。其结构原理如图 3-12 所示。活塞上采用 O 形密封圈密封，缸盖上没有空气缓冲机构，缸盖与缸筒之间采用弹簧卡环固定。气缸行程较短，常用缸径为 10～100mm，行程为 50mm 以下。

薄型气缸有供油润滑薄型气缸和不供油润滑薄型气缸两种，除采用的密封圈不同外，其结构基本相同。不供油润滑薄型气缸的特点是：①结构简单、紧凑、质量轻、美观；②轴向尺寸最短，占用空间小、特别适用于短行程场合；③可以在不供油条件下工作，节省油雾器，且对周围环境减少了油雾污染。

不供油润滑薄型气缸适宜用于对气缸动态性能要求不高，而要求空间紧凑的轻工、电子、机械等行业。不供油（无给油）润滑气缸中采用了一种特殊的密封圈，在此密封圈内预先填充了 3 号主轴润滑脂或其他油脂，在运动中靠此油脂来润滑，而不需用油雾器供油润滑（若系统中装有油雾器，也可使用），润滑脂一般每半年到一年换、加一次。

8. 回转气缸

图 3-13 所示为回转气缸的结构原理图。它一般都与气动夹盘配合使用，由气缸活塞的进退来控制工件松开和夹紧，应用于机床的自动装夹。

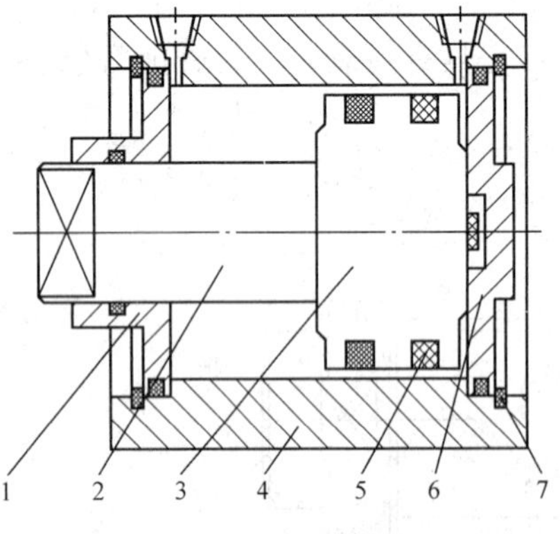

图 3-12　薄型气缸结构原理图

1—缸盖；2—活塞杆；3—活塞；4—缸筒；
5—磁环；6—后缸盖；7—弹性卡环

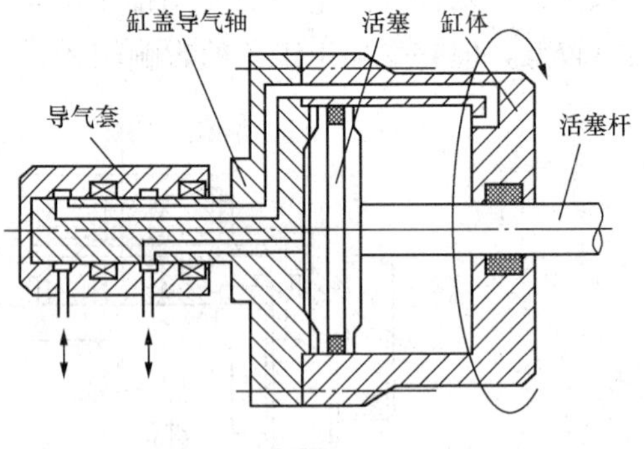

图 3-13　回转气缸结构原理图

气缸缸体连接在机床主轴后端，随主轴一起转动，而导气套不动，气缸本体的导气轴可以在导气套内相对转动。气缸随机床主轴一起作回转运动的同时，活塞作往复运动。导气套上的进、排气孔的径向孔端与导气轴的进、排气槽相通。导气套与导气轴因需相对转动，装有滚动轴承，并配有间隙密封。

9. 冲击气缸

冲击气缸是一种较新型的气动执行元件。冲击气缸是把压缩空气的能量转换为活塞和活塞杆等运动部件高速运动的动能（最大速度可达 10m/s 以上）的一种特殊气缸。它能在瞬间产生很大的冲击能量而做功，因而能应用于打印、铆接、锻造、冲孔、下料、锤击、拆件、压套、装配、弯曲成形、破碎、高速切割、打钉、去毛刺等加工中。常用的冲击气缸有普通型冲击气缸、快排型冲击气缸、压紧活塞式冲击气缸。它们的工作原理基本相同，差别只是快排型冲击气缸在普通型冲击气缸的基础上增加了快速排气结构，以获得更大的能量。下面介绍普通型冲击气缸。

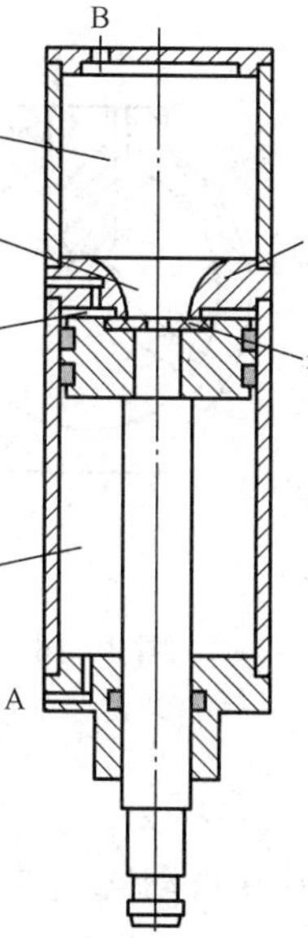

图 3－14　普通型冲击气缸结构原理图

图 3－14 所示为普通型冲击气缸的结构原理图，它由缸体、中盖、活塞和活塞杆等主要零件组成。和普通气缸不同的是，此冲击气缸有一个带有流线型喷口的中盖和蓄能腔，喷口的直径为缸径的 1/3。其工作过程如图 3－15 所示，分为三个阶段。

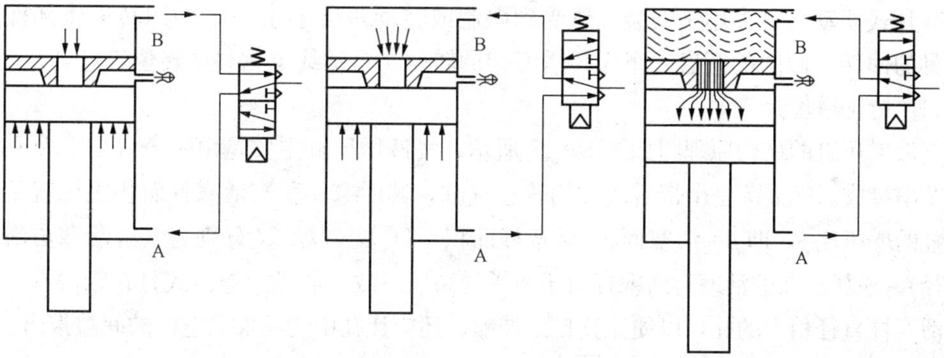

图 3－15　冲击气缸的工作原理

(a) 初始状态；(b) 蓄能状态；(c) 冲击状态

(1) 第一阶段是初始状态。气动回路（图中未画出）中的气缸控制阀处于原始状态，压缩空气由 A 孔进入冲击气缸头腔，储能腔、尾腔与大气相通，活塞处于上限位置，活塞上安装有密封垫片，封住中盖上的喷嘴口，中盖与活塞间的环形空间（即此时的无杆腔）经小孔与大气相通。

(2) 第二阶段是蓄能状态。换向阀换向，工作气压向蓄能腔充气，头腔排气。由于喷口的面积为缸径的 1/9，只有当蓄能腔压力为头腔压力的 8 倍时，活塞才开始移动。

(3) 第三阶段是冲击状态。活塞开始移动的瞬间，蓄能腔内的气压已达到工作压力，尾腔通过排气口与大气相通。一旦活塞离开喷口，则蓄能腔内的压缩空气经喷口以声速向尾腔充气，且气压作用在活塞上的面积突然增大 8 倍，于是活塞快速向下冲击做功。

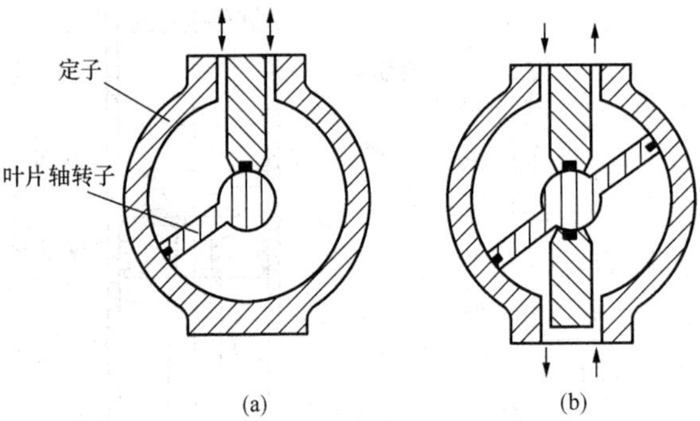

图 3-16　叶片式摆动气缸

(a) 单叶片式摆动气缸；(b) 双叶片式摆动气缸

经过上述三个阶段后，控制阀复位，冲击气缸又开始另一个循环。

10. 摆动气缸

摆动气缸是一种在一定角度范围内做往复摆动的气动执行元件。它将压缩空气的压力能转换成机械能，输出转矩，使机构实现往复摆动。

图 3-16 所示为叶片式摆动气缸的结构原理图。它由叶片轴转子（即输出轴）、定子、缸体和前后端盖等部分组成。定子和缸体固定在一起，叶片和转子连在一起。

叶片式摆动气缸可分为单叶片式和双叶片式两种。

图 3-16 (a) 所示为单叶片式摆动气缸。在定子上有两条气路，当左路进气、右路排气时，压缩空气推动叶片带动转子逆时针转动；反之，作顺时针转动。单叶片输出转角较大，摆角范围小于 360°。

图 3-16 (b) 所示为双叶片式摆动气缸。其输出转角较小，摆角范围小于 180°。

叶片式摆动气缸多用于安装位置受到限制或转动角度小于 360°的回转工作部件，例如夹具的回转、阀门的开启、车床转塔刀架的转位、自动线上物料的转位等场合。

11. 气液增压缸

气液增压缸的结构原理图如图 3-17 所示。气液增压缸主要是由一个气缸 7 及一个液压缸 2 串接成。气缸 7 是个带后缓冲的普通气缸，其活塞面积与活塞杆面积之比就是气液增压缸的增压比 β，即 β=活塞面积/活塞杆面积$=D^2/d^2$（D、d 分别为气缸活塞与活塞杆的直径）。液压缸 2 的活塞与活塞杆由于要承受高压，故一般做成连体式且在轴内有一个比气缸活塞杆直径稍大的孔，以便让其自由伸缩，还应让孔中的油液从它们的间隙排出。

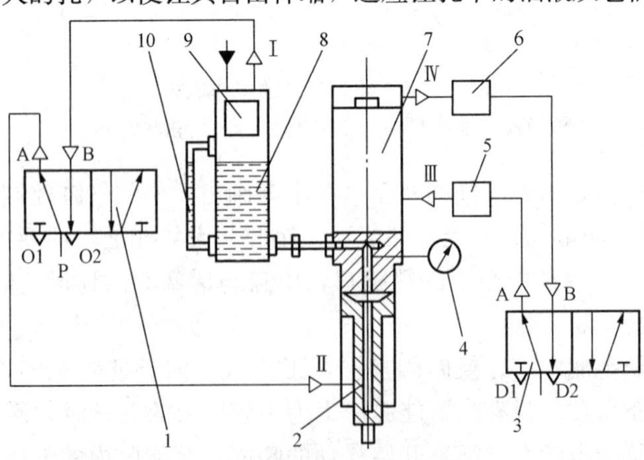

图 3-17　气液增压缸的结构原理图

1—二位五通阀；2—液压缸；3—二位五通阀；4—压力表；
5、6—快排阀；7—气缸；8—气液转换器；9—隔油板；10—液位显示器在气液转换器 8 顶部有隔油板 9，用来阻挡因液压缸 2 复位时从气液转换器 8 顶部气孔Ⅰ喷到外面的油液，使喷油量减少以至完全消失。

二位五通阀 1 的 A 口接气孔Ⅱ，B 口接气孔Ⅰ，用来控制液压缸 2 的工作与复位。另一个二位五通 3 的 A 口经过快速排气阀 5 与气孔Ⅲ连接，而 B 则经过快速排气阀 6 与气孔Ⅳ连接，以便控制气缸 7 的工作与复位。快速排气阀 5、6 可以提高排气速度，从而缩短气液增压缸的工作周期。

(1) 第一步，气缸 7 复位。为此，将二位五通阀 3 置于复位状态，此时气源 P 经 A 口，快速排气阀 5 及气孔Ⅲ进入气缸 7 的有杆腔，使活塞与活塞杆向上复位。与此同时，气缸 7 的无杆腔内的空气经气孔Ⅳ快速排气阀 6 迅速排到大气。

(2) 第二步，液压缸 2 复位。为此，将二位五通阀 1 置于复位状态。此时，气源 P 经 A 口、气孔Ⅱ进入液压缸 2 的有杆腔，使活塞与活塞杆向上复位。与此同时，其无杆腔（即油腔）的油液受压而通过中端盖上的油孔及管道进入气液转换器 8 的底部，而气液转换器 8 的顶部气腔的空气则经过隔油板 9、气孔Ⅰ及二位五通阀 1 的 B 口及排气口 O2 排到大气。

(3) 第三步，液压缸 2 活塞杆伸出。为此，将二位五通阀 1 置于换向状态，此时，气源 P 经二位五通阀 1 的 B 口、气孔Ⅰ进入气液转换器 8 的顶部，经隔油板 9 作用于油液表面，使油液经管道流入中端盖的油孔，再进入液压缸 2 的无杆腔，使液压缸 2 的活塞与活塞杆迅速伸出，直至该活塞杆前端面与负载物相碰并且不能继续前进为止。与此同时，液压缸 2 的有杆腔内的空气经气孔Ⅱ、二位五通阀Ⅰ的 A 口及排气孔 O1 排到大气。

(4) 第四步，气缸 7 的活塞杆伸出使油缸 2 的活塞杆同时伸出。为此，将二位五通阀 3 置于换向状态，此时气源 P 经 B、快速排气阀 6 及气孔Ⅳ进入气缸 7 的无杆腔，推动其活塞及活塞杆向下伸出，并进入液压缸 2 的无杆腔的油液内部，排开与油液同体积的油量。由于此时液压缸 2 的无杆腔处于密封状态，因此被活塞杆排开的油液以 βp 的油压力推动液压缸 2 的活塞及活塞杆继续向前伸出，以很大的推力作用于压塑机构，从而将已预热的塑料注射入模具内使之压塑成形。与此同时，液压缸 2 的有杆腔内的空气经气孔Ⅱ、二位五通阀 1 的 A 口及排气孔 O1 排到大气。这些动作完成后实现了气液增压缸的增压增力并且压塑成形的目的。至此已完成了一个工作周期。以后再重复第一步至第四步，周而复始。因此，可以由程序控制，实线生产过程自动化。

气液增压缸是综合利用气动与液压传动优点而设计的，它既利用了气动的低工作压力及操作方便，又利用了液压传动的平稳性，因而同时具有气动及液压的优点。

3.3 气缸主要零件的结构及选用

气缸是由气缸筒、气缸盖、活塞、活塞杆和气缸的密封件等组成。

3.3.1 气缸筒

1. 结构

图 3-18 (a)、图 3-18 (b) 所示分别为凸缘型气缸的缸筒和普通气缸的缸筒的结

构示意图。

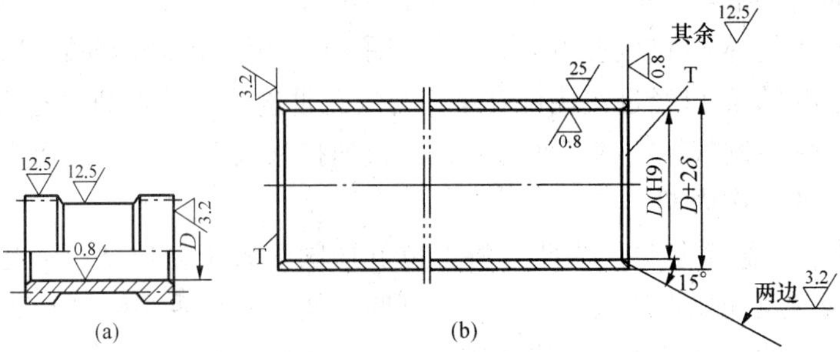

图 3-18　气缸筒

(a) 凸缘型气缸的缸筒；(b) 普通气缸的缸筒

2. 材料

气缸筒常使用的材料有 20 号无缝钢管和 ZL104、ZL106 铝合金管。

3. 技术要求

技术要求如图 3-18 (a)、图 3-18 (b) 所示。

(1) 内径 D 的精度及粗糙度据活塞使用密封圈形式而异。用 O 形橡胶密封圈时，精度为 4～5 级，粗糙度为 Ra 为 0.4μm；用 Y 形橡胶密封圈时，精度为 3 级，粗糙度为 Ra 为 0.4μm；用 Y_X 形橡胶密封圈时，精度为 4 级，粗糙度为 Ra 为 0.8μm。

(2) 内径 D 的圆柱度、圆度不超过尺寸公差的一半。

(3) 端面 T 对内径 D 的垂直度不大于公差尺寸的 2/3 (≤0.1mm)。

(4) 缸筒两端需倒角 15°，以利于缸端装配。

(5) 为了防止腐蚀和提高寿命，缸内表面可镀铬，再抛光或研磨，铬层厚度 0.01～0.03mm。

(6) 焊接结构的缸筒，焊接后需退火处理。

(7) 装配后，应在 1.5 倍的工作压力下进行试验，不能有漏气现象。非加工表面应涂防锈漆。

3.3.2　气缸盖

1. 结构

图 3-19 (a)、图 3-19 (b) 所示分别为无缓冲气缸前盖和缓冲气缸后盖。图 3-19 (a) 为无缓冲气缸前盖，为避免活塞与气缸盖端面接触时，承受压缩空气的面积太小。通常在缸盖上制出深度不小于 1mm 的沉孔，此孔必须与进气孔相通。图 3-19 (b) 所示为缓冲气缸后盖，缓冲气缸的缸盖上除进排气孔外，还应有装设缓冲装置（如单向阀、节流阀等）的孔道。缸盖的厚度主要考虑安装进排气管及密封圈和导向装置、缓冲装置等所占的空间。

2. 材料

气缸盖多为铸件，也有焊接件。

常见的铸件所用材料多为铸铁及铝合金。

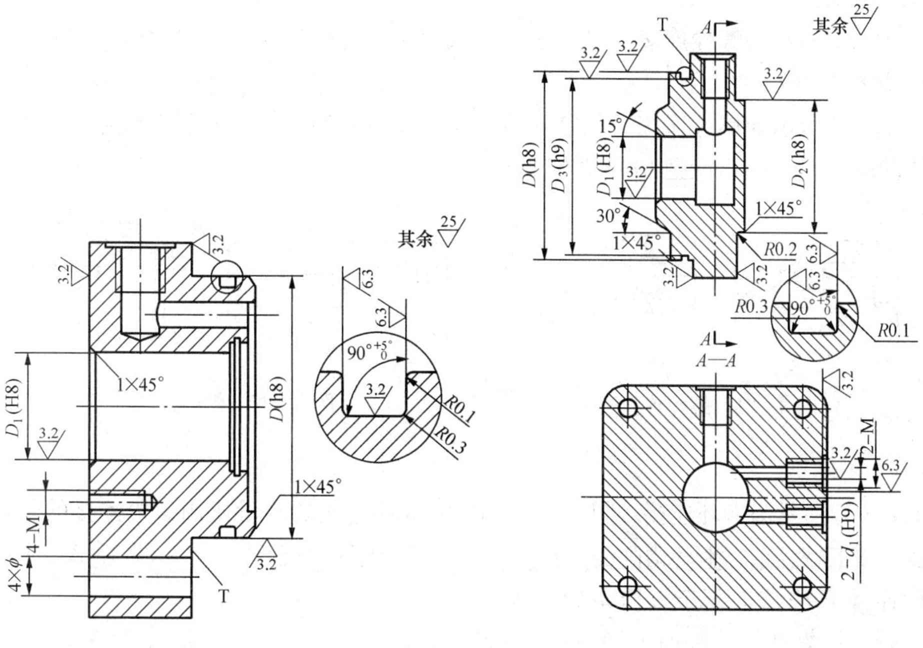

(a) (b)

图 3-19 气缸盖

(a) 无缓冲气缸前盖；(b) 缓冲气缸后盖

3. 技术要求

技术要求如图 3-19 所示。

(1) 与缸内径配合之 D（h8）对 D_1（H8）的同轴度不大于 0.02mm。

(2) D_3（H9）对 D_1（H8）的同轴度不大于 0.07mm。

(3) D_2（h8）对 D_1（H8）的同轴度不大于 0.08mm。

(4) 螺纹孔 M 对 d_1（H9）的同轴度不大于 0.02mm。

(5) T 对 D_1 轴线的垂直度不大于 0.1mm。

(6) 铸件的处理、热处理、漏气试验、防锈涂漆等与缸筒相同。

3.3.3 缸筒与气缸盖的连接

1. 双头螺柱连接

图 3-20 所示为双头螺柱连接。图 3-20（a）所示的连接结构应用最广，结构简单，易于加工，易于装卸。图 3-20（b）所示的连接结构法兰尺寸比螺纹和卡环连接的大，质量较重；缸盖与缸筒的密封可用橡胶石棉板或 O 形密封圈。

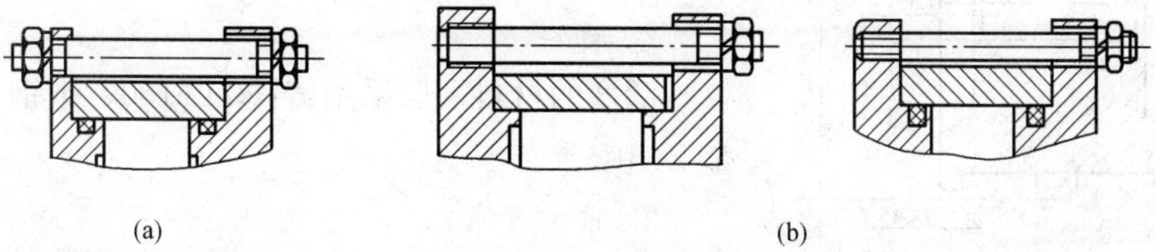

(a) (b)

图 3-20 双头螺柱连接

2. 螺栓连接

图 3 - 21 所示为螺栓连接。缸筒为铸件或焊接件。焊后需进行退火处理。

3. 螺纹连接

图 3 - 22 所示为螺纹连接。气缸外径较小，质量较轻，螺纹中径与气缸内径要同心，否则拧动端盖时，有可能把 O 形圈拧扭。

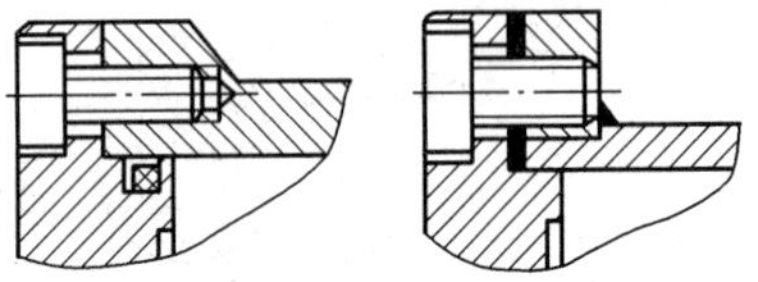

图 3 - 21　螺栓连接

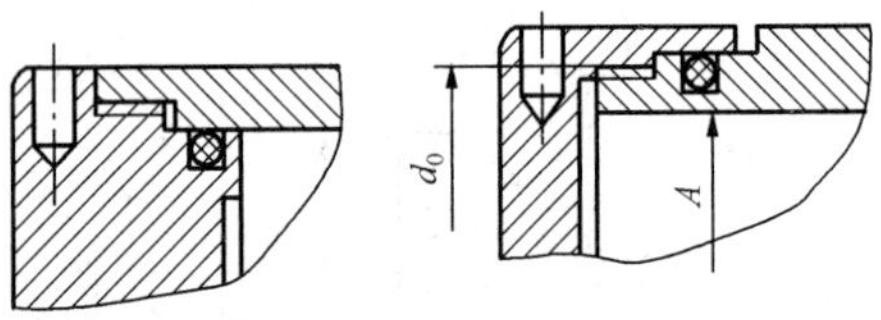

图 3 - 22　螺纹连接

4. 卡环连接

图 3 - 23 所示为卡环连接。图 3 - 23（a）的卡环连接的质量比用螺栓连接的轻，但零件较多，加工较复杂，卡环槽削弱了缸筒强度，相应地要把壁厚加大。图 3 - 23（b）所示的这种连接方法结构复杂，质量轻，零件较多，加工较复杂，装配时 O 形圈有可能被进气孔边缘擦伤。

卡环连接尺寸如图 3 - 24 所示。一般取 $h=l=t=t'$。

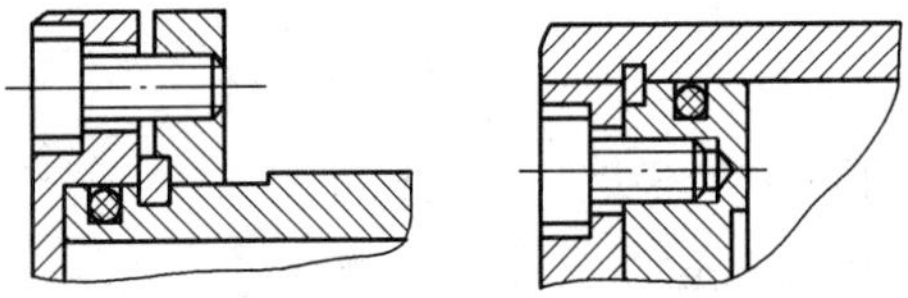

(a)　(b)

图 3 - 23　卡环连接

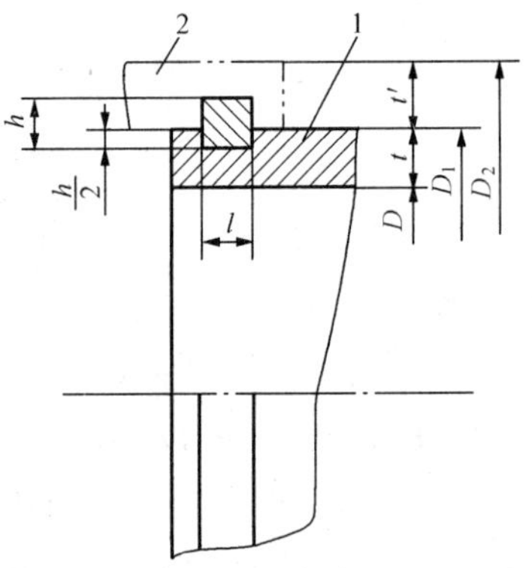

图 3 - 24　卡环连接尺寸

1—缸筒；2—缸盖

3.3.4　活塞

1. 结构

如图 3 - 25 所示，为活塞的结构尺寸图。活塞是把压缩空气的能量通过活塞杆传递出去的重要受力零件。活塞的结构与其密封形式分不开，活塞的宽度也取决于所采用的密封圈的种类。

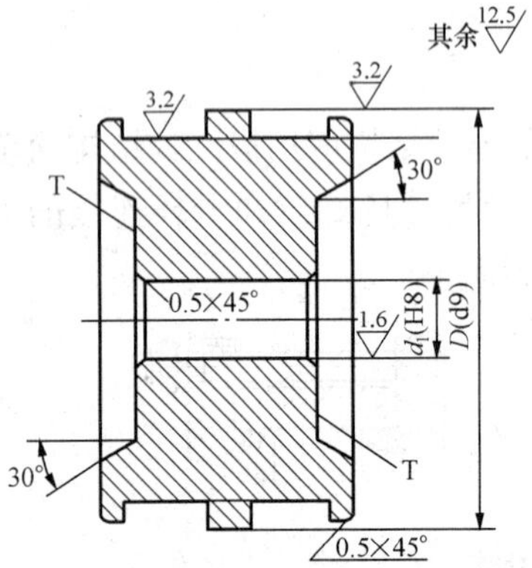

图 3 - 25　活塞的结构尺寸图

2. 材料

活塞的材料一般采用铸铁 HT150、碳钢 35、铝合金 ZL106。

3. 技术要求

（1）活塞外径（即缸筒内经）其公差取决于所选

密封圈。当选用O形密封圈时为f8；用其他密封圈时为f9；用间隙密封（研配）时为g5；用YX密封圈（见图3-25）时为d9。

（2）外径D对活塞杆连接孔d_1的同轴度误差不大于0.02mm。

（3）两端面T对d_1的垂直度误差不大于0.04mm。

（4）铸件不允许有砂眼、气孔、疏松等缺陷。

（5）热处理硬度应比缸筒底。

（6）外径D的圆柱度、圆度不超过直径公差的一半。

3.3.5 活塞杆

1. 结构

活塞杆与活塞同是重要的受力零件。其主要形式有实心和空心两种。图3-26所示为实心活塞杆。空心活塞杆用于活塞杆固定、缸体往复运动、杆内中孔用于导气，或为了增大活塞杆的刚度并减轻质量，或用空心杆中心装夹棒料等。活塞杆头部结构形式有很多种，可根据需要设计。

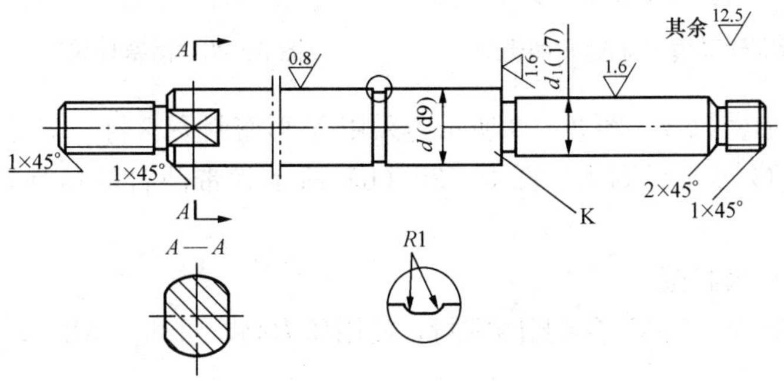

图3-26 实心活塞杆

2. 材料

活塞杆的材料一般采用45钢、40Cr。

3. 技术要求

（1）直径d与气缸导向套配合，其公差一般取f8、f9或d9，粗糙度Ra为0.8μm。

（2）d对d_1同轴度不大于0.02mm。

（3）端面K对d_1的垂直度误差不大于0.02mm。

（4）d表面镀铬、抛光，铬层厚度0.01～0.02mm。

（5）热处理为调质30～35HRC。

（6）两头端面允许钻中心孔。

4. 活塞杆与活塞的连接

用螺纹连接活塞杆与活塞应用得最广。除小直径气缸把活塞与活塞杆做成整体外，多数在活塞杆上加攻螺纹，用螺母将活塞固定在活塞杆上，以防止振动松脱，一般均应加保险垫圈、开口销等防松零件。

3.3.6 气缸的密封

1. 活塞杆的密封

活塞杆的密封主要指活塞杆伸出端与缸盖、导向套的密封，以 YX 形密封圈加防尘圈应用最广。下面介绍几种常用密封形式。

（1）采用 O 形密封圈。图 3－27 所示为采用 O 形密封圈密封，密封可靠，结构简单，装配后 O 形密封圈内径应比活塞杆直径小 0.1～0.35mm。

（2）采用 J 形密封圈。图 3－28 所示为采用 J 形密封圈密封，密封可靠，使用寿命长，摩擦阻力较 O 形密封圈大。但压环不可压得太紧。

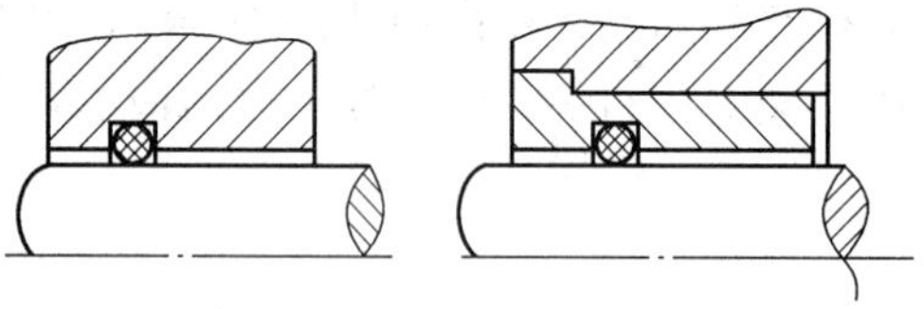

图 3－27　活塞杆采用 O 形密封圈密封

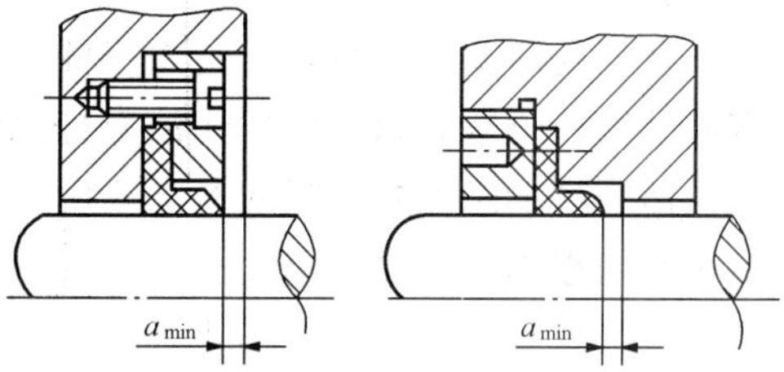

图 3－28　活塞杆采用 J 形密封圈密封

（3）采用 Y 形密封圈。图 3－29 所示为采用 Y 形密封圈密封，密封可靠，使用寿命长，摩擦阻力较 O 形密封圈大。图 3－29（b）所示为带凸台的压环，可防止 Y 形圈翻转。

（4）采用 V 形密封圈

图 3－30 所示为采用 V 形密封圈密封，使用压力高，可达 10MPa，可用于增压缸。

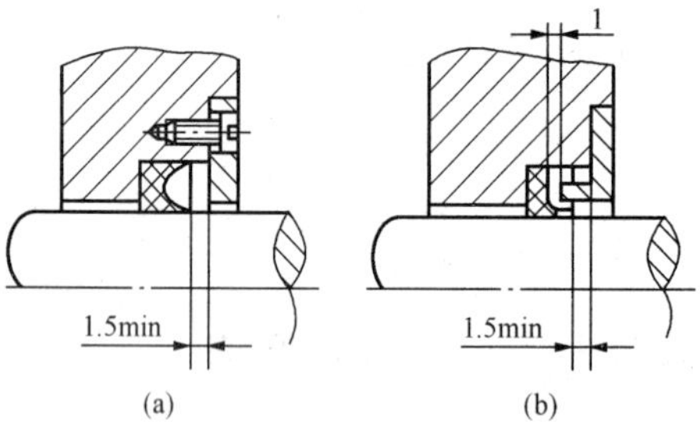

图 3－29　活塞杆采用 Y 形密封圈密封
（a）Y 形密封圈；（b）带凸台的压环

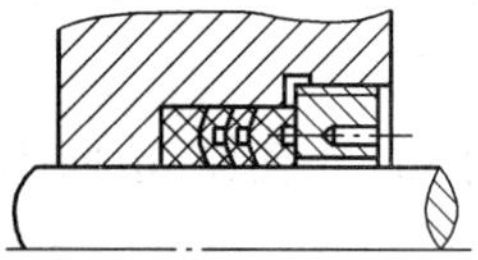

图 3－30　活塞杆采用 V 形密封圈密封

（5）采用 YX 形密封圈

图 3－31 所示为采用 YX 形密封圈密封，YX 形密封圈（材料为聚氨酯）耐磨、耐油、强度高，弹性好，寿命长，结构简单。A 为组合防尘圈，一般气缸均应有防尘圈。

2. 活塞的密封

活塞的密封是指活塞与缸筒内表面及活塞与活塞杆之间的密封。活塞的密封与其结

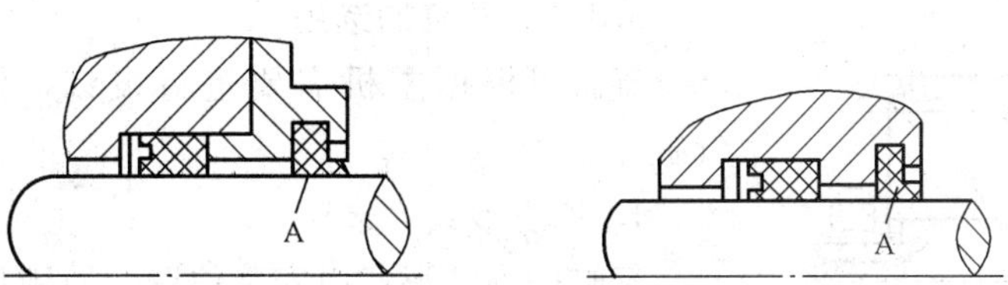

图 3-31　活塞杆采用 YX 形密封圈密封

构有着密切关系。活塞的结构与密封的介绍如下。

(1) 采用O形密封圈。图 3-32 所示为采用O形密封圈密封，密封可靠，结构简单，摩擦阻力小。一般要求 O 形密封圈比被密封表面的内径大于 0.15～0.6mm、外径小于 0.15～0.6mm。

(2) 采用L形密封圈。图 3-33 所示为采用L形密封圈密封，密封可靠，使用寿命长，多用于直径大于 100mm 的气缸；结构稍复杂。

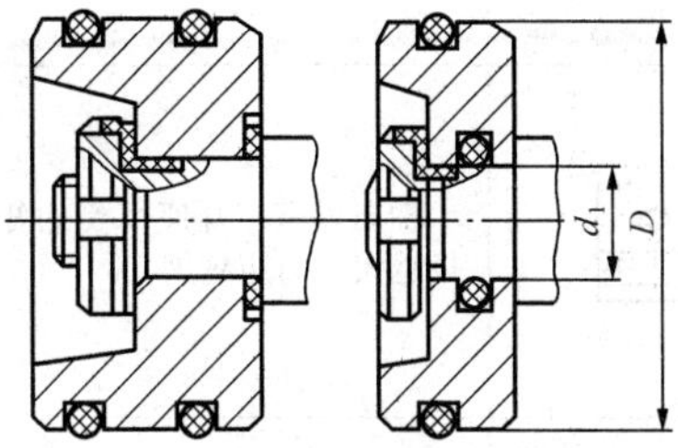

图 3-32　活塞采用O形密封圈密封

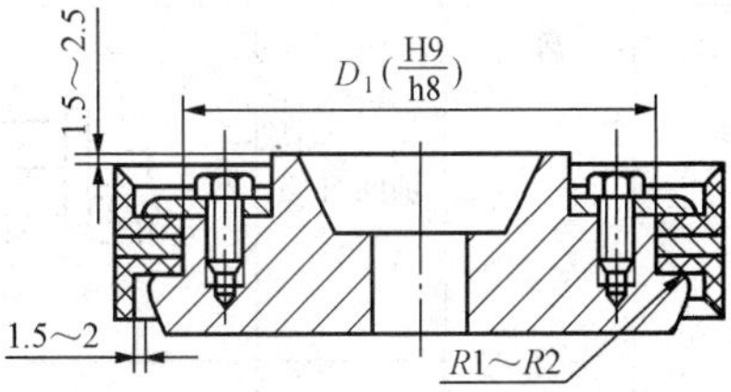

图 3-33　活塞采用L形密封圈密封

(3) 采用Y形密封圈。图 3-34 所示为采用Y形密封圈密封，密封可靠，使用寿命长，摩擦阻力较O形密封圈大，使用方法同L形密封圈一样。注意密封圈沟槽尺寸，防止Y形圈翻转。

(4) 采用间隙密封。图 3-35 所示为采用间隙密封。用于直径 40mm 以下气缸，阻力小，必须开均压环槽；配合用 H6/g5，粗糙度 Ra 为 0.2μm；配合间隙不大于 0.01mm；45 钢淬火硬度 40HRC 以上；镀铬 0.01～0.03mm。

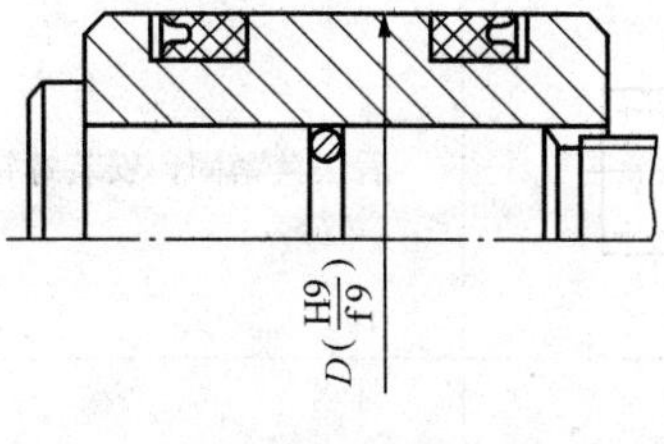

图 3-34　活塞采用Y形密封圈密封

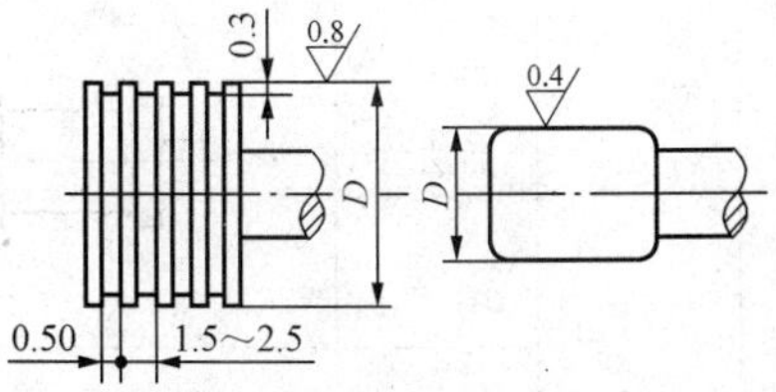

图 3-35　活塞采用间隙密封

(5) 采用 YX 形密封圈。图 3-36 所示为采用 YX 形密封圈密封，孔用 YX 形密封圈（材料为聚氨酯）耐磨、耐油、强度高，弹性好，寿命长；结构自封性好；不会翻滚，低、中、高压均适用，推荐一般情况下采用。

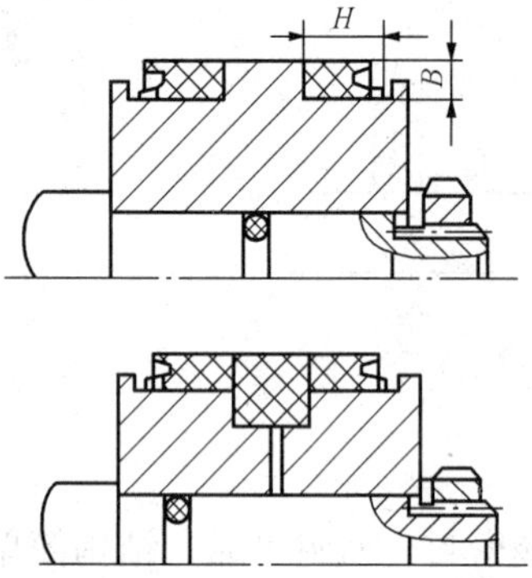

图 3-36　活塞采用 YX 形密封圈密封

3.3.7　气缸的选用

气缸可根据主机需要进行设计，但尽量选用标准气缸。

1. 安装形式的选择

气缸的安装形式由安装位置、使用目的等因素决定。在一般的场合下，多用固定安装方式：轴向耳座（MS1 式）前法兰（MF1 式）、后法兰（MF2 式）等；在要求活塞直线往复运动的同时又要缸体作较大圆弧摆动时，可选用尾部轴销（MP4 或 MP2 式）和中间轴销（MT4 式）等安装方式；如需要在回转中输出直线往复运动，可采用回转气缸。有特殊要求时，可选用特殊气缸。气缸的安装形式见表 3-3。

表 3-3　　气缸的安装形式

分类			简图	说明
固定式气缸	耳座式	轴向耳座	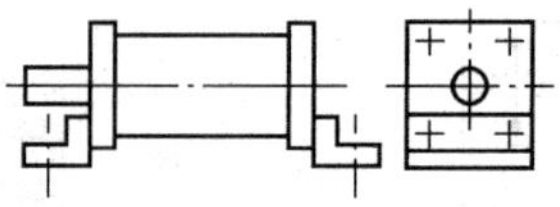	轴向耳座，耳座承受力矩，气缸直径越大，力矩越大
		切向耳座	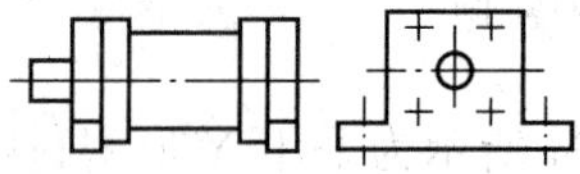	同上
	法兰式	前法兰	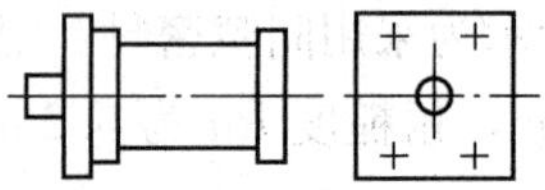	前法兰紧固，安装螺钉受拉力较大
		后法兰	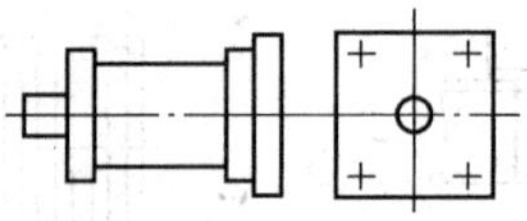	后法兰紧固，安装螺钉受拉力较小
		自配法兰	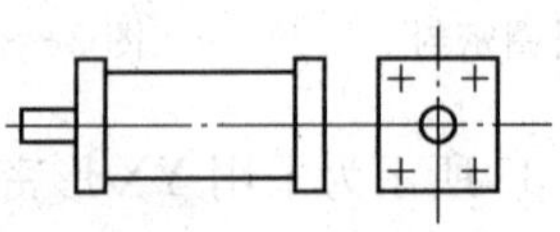	法兰由使用时视安装条件现配

续表

分类		简图	说明
轴销式气缸	尾部轴销	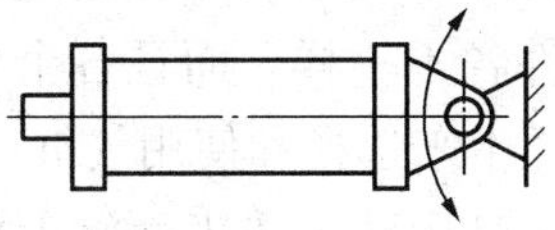	气缸可绕尾轴摆动
	头部轴销	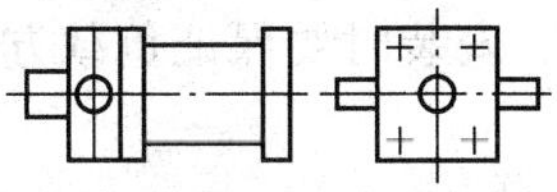	气缸可绕头部轴摆动
	中间轴销	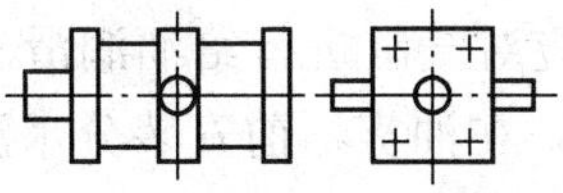	气缸可绕中间轴摆动

2. 输出力的大小

根据工作机构所需力的大小，考虑气缸载荷率来确定活塞杆上的推力或拉力，从而确定气缸内径。

气缸由于工作压力较小（0.4～0.6MPa），其输出力不会很大，一般在10 000N（不超过20 000N）左右，输出力过大其体积（直径）会增大，因此在气动设备上应尽量采用扩力机构，以减小气缸尺寸。

3. 气缸行程

气缸（活塞）行程与其使用场合及工作机构的行程比有关。多数情况下不应使用满行程，以免活塞与缸盖相碰撞，尤其用于夹紧等机构时，为保证夹紧效果，必须按计算行程多加10～20mm的余量。

4. 气缸的运动速度

气缸的运动速度主要由驱动的工作机构的需要来确定。

要求速度缓慢、平稳时，宜采用气液阻尼缸或采用节流调速。节流调速的方式有：水平安装推力载荷推荐用排气节流；垂直安装举升载荷推荐用进气节流。具体的安装回路见基本回路的内容。用缓冲气缸可使气缸在行程终点不发生冲击现象，通常缓冲气缸在阻力载荷且速度不高时，缓冲效果才明显。如果速度高，行程终端往往会产生冲击。

3.3.8 气缸在使用时应注意的事项

使用气缸时应注意以下几点。

(1) 根据工作任务的要求，选择气缸的结构形式、安装方式并确定活塞杆推力和拉力的大小。

(2) 为避免活塞与缸盖之间产生频繁冲击，一般不建议使用满行程，而且使其行程余量为30～100mm。

(3) 使用气缸时，应该符合气缸的正常工作条件，以取得较好的使用效果。这些条件有工作压力范围、耐压性、环境温度范围、使用速度范围、润滑条件等。气缸工作时的推荐速度在0.5～1m/s，工作压力为0.4～0.6MPa，环境温度5～60℃范围内。低温时，需要采取必要的防冻措施，以防止系统中的水分出现冻结现象。由于气缸的品种繁多，各种型号的气缸性能和使用条件各不一样，而且各个生产厂家规定的条件也各不相同，因此，要根据各生产厂的产品样本来选择和使用气缸。

(4) 装配时要在所有密封件的相对运动工作表面涂上润滑脂；注意动作方向，活塞杆只能承受轴向负载，活塞杆不允许承受偏心负载或横向负载，并且气缸在1.5倍的压力下进行试验时不应出现漏气现象。安装时要保证负载方向与气缸轴线一致。YX形密封圈安装时要注意安装方向。

(5) 要避免气缸在行程终端发生大的碰撞，以防损坏机构或影响精度。除选用缓冲气缸外，一般可采用附加缓冲装置。

(6) 除无给油润滑气缸外，都应对气缸进行给油润滑。一般在气源入口处安装油雾器；湿度大的地区还应装除水装置，在油雾器前安装分水滤气器。在环境温度很低的冰冻地区，对介质（空气）的除湿要求更高。

(7) 气动设备如果长期闲置不使用，应定期进行通气运行和维护，或把气缸拆下涂油保护，以防锈蚀和损坏。

(8) 气缸拆解后，首先应对缸筒、活塞、活塞杆及缸盖进行清洗，除去表面的锈迹、污物和灰尘颗粒。

(9) 选用的润滑脂成分中不能含固体添加剂。

(10) 密封材料根据工作条件而定，最好选用聚四氟乙烯（塑料王），该材料摩擦系数小（约为0.04），耐腐蚀、耐磨，能在－80～＋200℃温度范围内工作。

3.4 气缸常见故障与排除方法

气缸是气动系统中常用的一种气动执行元件，气缸的故障主要有气缸漏气、气缸动作不灵、气缸损坏等。

3.4.1 气缸漏气

1. 气缸外泄漏的原因与排除方法

(1) 缸体与缸盖固定密封不良。应及时更换密封圈。

(2) 活塞杆与缸盖往复运动处密封不良。若活塞杆有伤痕或活塞杆偏磨时，应及时更换活塞杆；若因密封圈的质量问题造成漏气时，应及时更换密封圈。

(3) 缓冲装置处调节阀、单向阀泄漏。认真检查，应及时更换泄漏的调节阀或单向阀。

(4) 固定螺钉松动。应及时按要求紧固螺钉。

(5) 活塞杆与导向套之间有杂质。应及时检查并清洗活塞杆与导向套之间的杂质，应补装防尘圈。

2. 气缸内泄漏的原因与排除方法

(1) 活塞密封件损坏，活塞两边相互窜气。应及时更换密封件。

(2) 活塞与活塞杆连接螺母松动。检查及时按要求拧紧螺母。

(3) 活塞配合面有缺陷。应更换活塞。

(4) 杂质进入密封面。应除去杂质。

(5) 由于活塞杆承受偏载导致活塞被卡住。重新安装，消除活塞杆的偏载。

3.4.2 气缸动作不灵

1. 不能动作的原因与排除方法

(1) 气缸漏气，按上述方法检查排除。

(2) 缸内气压达不到规定值。检查气源的工作状态及其气动管路的密封情情况，发现问题及时采取应对措施。

(3) 活塞被卡住。检查活塞杆、活塞及缸筒是否出现锈蚀或损伤，根据情况要进行清洗，修复损伤，要检查润滑情况及更换排污装置。

(4) 外负载太大。适当提高使用压力，或更换尺寸较大的气缸。

(5) 有横向负载。可使用导轨来进行消除。

(6) 润滑不良。检查给油量、油雾器规格和安装位置。

(7) 安装不同轴。检查不同轴的原因，采取措施保证导向装置的滑动面与气缸轴线平行。

(8) 混入冷凝水、灰尘、油泥，导致运动阻力增大。检查气源处理系统是否符合要求。

2. 气缸偶尔不动作的原因与排除方法

(1) 混入灰尘杂质造成气缸卡住。检查灰尘杂质进入的原因，针对性采取防尘措施。

(2) 电磁换向阀没换向。检查电磁换向阀没换向的原因，针对性采取措施。

3. 气缸爬行的原因与排除方法

(1) 负载变化过大。使负载恒定。

(2) 供气压力和流量不足。调整供气压力和流量。

(3) 气缸内漏大。参考前面的气缸内泄漏的原因与排除。

(4) 润滑油供应不足。改善润滑条件。

(5) 回路中耗气量变化大。在回路中增设储气罐。

(6) 负载太大。可更换尺寸较大的气缸。

(7) 进气节流量过大。将进气节流改为排气节流。

(8) 使用最低使用压力。提高使用压力。

4. 气缸工作速度达不到要求的原因与排除方法

(1) 气缸内漏大。参考前面的气缸内泄漏的原因与排除方法。

(2) 气缸活塞杆别劲，运动阻力过大。调整活塞杆，减少阻力。

(3) 缸径可能变化过大。检查修复缸筒。

5. 气缸动作不平稳的原因与排除方法

(1) 气缸润滑不良。检查给油量、油雾器规格和安装位置。

(2) 空气中含有灰尘杂质。检查气源处理系统是否符合要求。

(3) 气压不足。检查气源的工作状态及其气动管路的密封情情况，发现问题及时采取应对措施。

（4）外负载变动大。适当提高使用压力，或更换尺寸较大的气缸。

6. 气缸走走停停的原因与排除方法

（1）限位开关失控。及时更换限位开关。

（2）气液缸的油中混入空气。检查油中进气原因，及时除去油中空气，并采取措施避免空气再次进入。

（3）电磁换向阀换向动作不良。更换性能好的电磁换向阀。

（4）接线不良。检查并拧紧接线螺钉。

（5）继电器节点寿命已到。更换新的继电器。

（6）电插头接触不良。检查接触不良的原因，修复或更换电插头。

7. 气缸动作速度过快的原因与排除方法

（1）回路设计不合适。对于低速控制，应使用气液阻尼缸或利用气液转换器来控制油缸作低速运动。

（2）没有速度控制阀。在合适部位增设速度控制阀。

（3）速度控制阀规格选用不当。由于速度控制阀有一定的流量控制范围，用大通径阀调节微流量较为困难，所以遇到这种情况时，应及时换用规格合适的速度控制阀。

8. 气缸动作速度过慢的原因与排除方法

（1）供气压力和流量不足。调整供气压力和流量。

（2）负载太大。可适当提高供气压力或更换尺寸较大的气缸。

（3）速度控制阀开度过小。调整速度控制阀的开度。

（4）气缸摩擦阻力过大。改善润滑条件。

（5）缸筒或活塞密封圈损伤。修复缸筒或更换已损坏的缸筒或活塞密封圈。

9. 缓冲作用过度的原因与排除方法

（1）缓冲节流阀流量调节过小。调节缓冲节流阀或改善其性能。

（2）缓冲柱塞别劲。修复缓冲柱塞。

（3）缓冲单向阀未开。修复缓冲单向阀。

10. 失去缓冲作用的原因与排除方法

（1）缓冲调节阀全开。调节缓冲调节阀。

（2）缓冲单向阀全开。调整缓冲单向阀。

（3）惯性力过大。调整负载，改善惯性力。

3.4.3 气缸损坏

1. 缸盖损坏的原因与排除方法

缓冲机构不起作用。在外部或回路中设置缓冲机构。

2. 活塞杆损坏的原因与排除方法

（1）有偏心横向负载。改善气缸受力情况，消除偏心负载。

（2）活塞杆受冲击负载。冲击不能加在活塞杆上。

（3）气缸的速度太快。设置缓冲装置。

（4）轴销摆动缸的摆动面与负载摆动面不一致，摆动缸的摆动角度过大。重新安装和设计。

（5）负载大，摆动速度过快。重新设计。

3. 摆动气缸轴损坏或齿轮损坏的原因与排除方法

（1）惯性能量过大。减少摆动速度，减轻负载，设外部缓冲，加大缸径。

（2）轴上承受非正常的负载。设外部轴承。

（3）外部缓冲机构安装位置不合适。调整外部缓冲机构的安装位置，应安装在摆动起点和终点的范围内。

第4章 气动马达

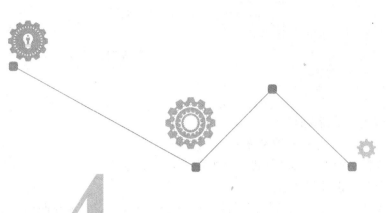

气动马达是将压缩空气能量转换成连续回转运动机械能的气动执行元件。马达按工作原理分为透平式和容积式两大类。气动系统中最常用的马达多为容积式。容积式马达按结构不同气动马达可分成叶片式、活塞式、齿轮式等，其中以叶片式和活塞式两种最为常用。

4.1 气动马达的结构和工作原理

4.1.1 叶片式气动马达

如图 4-1 所示，叶片式气动马达主要由定子、转子、叶片及壳体构成。它一般有 3～10 个叶片。定子上有进排气槽孔、转子上铣有径向长槽，槽内装有叶片。定子两端有密封盖，密封盖上有弧形槽与两个进排气孔及叶片底部相连通。转子与定子偏心安装。这样，由转子外表面、定子的内表面、相邻两叶片及两端密封盖形成了若干个密封的工作空间。

图 4-1（a）所示的机构采用了非膨胀式结构。当压缩空气由 A 输入后，分成两路：一路压缩空气经定子两面密封盖的弧形槽进入叶片底部，将叶片推出。叶片就是靠此压力及转子转动时的离心力的综合作用而紧密地抵在定子内壁上的；另一路压缩空气经 A 孔进入相应的密封工作空间，作用在叶片上，由于前后两叶片伸出长度不一样，作用面积也就不相等，作用在两叶片上的转矩大小也不一样，且方向相反，因此转子在两叶片的转矩差的作用下，按逆时针方向旋转。做功后的气体由定子排气孔 B 排出。反之，当压缩空气由 B 孔输入时，就产生顺时针方向的转矩差，使转子按顺时针方向旋转。

图 4-1（b）中的机构采用了膨胀式结构。当转子转到排气口 C 位置时，工作室内的压缩空气进行一次排气，随后其余压缩空气继续膨胀直至转子转到输出口 B 位置进行第二次排气。气动马达采用这种结构能有效地利用部分压缩空气膨胀时的能量，提高输出功率。

叶片式气动马达一般在中小容量及高速回转的应用条件下使用，其耗气量比活塞式大，体积小，质量轻，结构简单。其输出功率为 0.1～20kW，转速为 500～25 000r/min。另外，叶片式气动马达起动及低速运转时的性能不好，转速低于 500r/min 时必须配用减速机构。叶片式气动马达主要用于矿山机械和气动工具中。

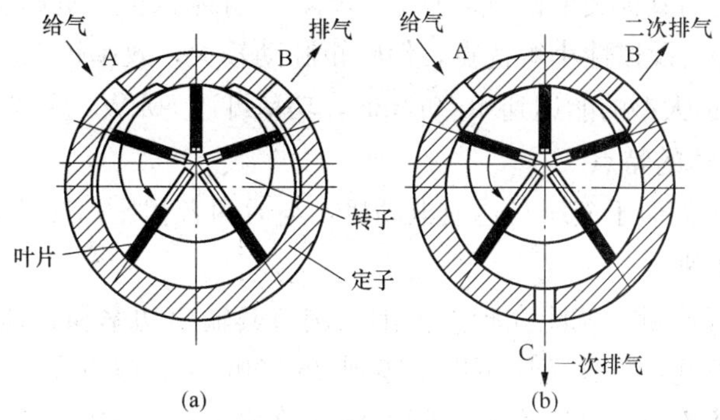

图 4－1　叶片式气动马达

(a) 非膨胀式结构；(b) 膨胀式结构

4.1.2　活塞式气动马达

活塞式气动马达是一种通过曲柄或斜盘将若干个活塞的直线运动转变为回转运动的气动马达。按其结构不同，可分为径向活塞式和轴向活塞式两种。

图 4－2 所示为径向活塞式气动马达的结构原理图。其工作室由缸体和活塞构成。3～6 个气缸围绕曲轴呈放射状分布，每个气缸通过连杆与曲轴相连。通过压缩空气分配阀向各气缸顺序供气，压缩空气推动活塞运动，带动曲轴转动。当配气阀转到某角度时，气缸内的余气经排气口排出。改变进、排气方向，可实现气动马达的正反转换向。

活塞式气动马达适用于转速低、转矩大的场合。其耗气量不小，且构成零件多，价格高。其输出功率为 0.2～20kW，转速为 200～4500r/min。活塞式气动马达主要应用于矿山机械，也可用作传送带等的驱动马达。

4.1.3　齿轮式气动马达

图 4－3 所示为齿轮式气动马达结构原理图。这种气动马达的工作室由一对齿轮构成，压缩空气由对称中心处输入，齿轮在压力的作用下回转。采用直齿轮的气动马达可以按正反两个方向转动，但供给的压缩空气通过齿轮时不膨胀，因此效率低；当采用人字齿轮或斜齿轮时，压缩空气膨胀 60%～70%，提高了效率，但只能按照规定的方向运转。

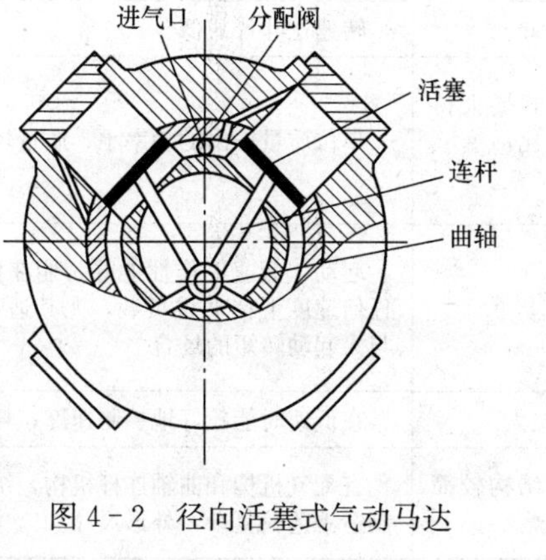

图 4－2　径向活塞式气动马达

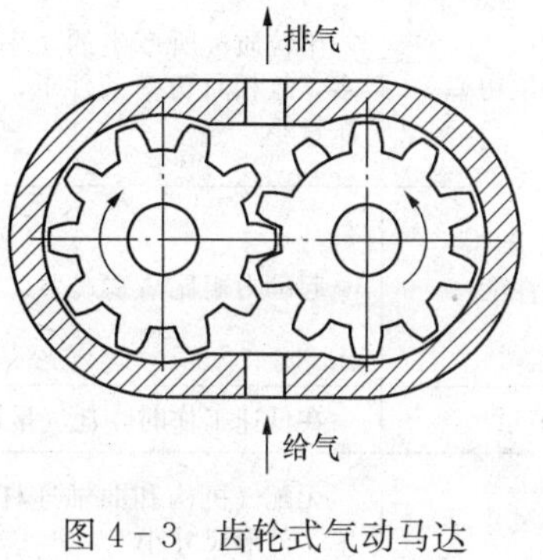

图 4－3　齿轮式气动马达

齿轮式气动马达与其他类型的气动马达相比，具有体积小、质量轻、结构简单、对气源质量要求低、耐冲击及惯性小等优点，但转矩脉动较大，效率较低。小型气动马达转速能高达 10 000r/min；大型的能达到 1000r/min，功率可达 50kW。主要用于矿山工具。

4.1.4 气动马达的特点

气动马达的功能类似于液压马达或电动机，与后两者相比，气动马达有如下特点。

（1）可以无级调速。

只要控制进排气流量，就能在较大范围内调节其输出功率和转速。气动马达功率小到几百瓦，大到几万瓦，转速范围可以从零到 25 000r/min 或更高。

（2）能实现正反转。只要操作换向阀换向，改变进排气方向，即能达到正转和反转的目的。气动马达换向容易，换向后起动快，可在极短的时间内升到全速。

（3）有较高的起动力矩。可直接带负载起动，起动和停止均迅速。

（4）有过载保护作用。过载时只是转速降低或停转，不会发生烧毁。过载解除后，能立即恢复正常工作。可长时间满载工作，升温很小。

（5）工作安全。适用于恶劣的工作环境，在高温、潮湿、易燃、振动、多粉尘的不利条件下都能正常工作。

（6）操作方便，维修简单。

（7）输出转矩和输出功率较小。

4.2 气动马达的选择和应用及维护

4.2.1 气动马达的选择

选择气动马达主要从载荷状态出发。在交变载荷的场合使用时，应注意考虑的因素是速度范围及力矩，均应满足工作要求。在均载荷下作用时，其工作速度则是最重要的因素。叶片式气动马达比活塞式气动马达转速高，当工作转速低于空载最大转速的 25% 时，最好选用活塞式气动马达。选择时可参考表 4-1。

表 4-1 叶片式与活塞式气动马达性能比较表

性能	叶片式气动马达	活塞式气动马达
转速	转速高，可达 3000～50 000r/min	转速比叶片式低
单位质量功率	单位质量所产生的功率比活塞式要大得多，故相同功率条件下，叶片式比活塞式质量小	单位质量输出的功率小，质量较大
起动性能	起动力矩比活塞式小	起动、低速工作性能好，能在低速及其他任何速度下拖动重负载，尤其适合要求低速与大起动转矩的场合
耗气量	在低速工作时，耗气量比活塞式大	在低速时能较好地控制速度，耗气量较少
结构尺寸	无配气机构和曲轴连杆机构，结构较简单，外形尺寸小	有配气机构和曲轴连杆机构，结构较复杂，制造工艺较复杂，外形尺寸大

续表

性　能	叶片式气动马达	活塞式气动马达
运转稳定性	由于无曲轴连杆机构，旋转部分能够均衡运转，因而工作比较稳定	旋转部分均衡运转比叶片式差，但工作稳定性能满足使用要求并能安全生产
维修	维护检修容易	较叶片式有一定难度

4.2.2　气动马达的应用与润滑

目前国产叶片式气动马达的输出功率最大约为 15kW，活塞式气动马达的最大功率约为 18kW。耗气量较大，故效率低，噪声较大。

气动马达适用于要求安全、无级调速，经常改变旋转方向，起动频繁以及防爆、负载起动，有过载可能性的场合。适用于恶劣工作条件，如高温、潮湿以及不便于人工直接操作的地方。当要求多种速度运转、瞬时起动和制动，或可能经常发生失速和过负载的情况时，采用气动马达要比别的类似设备价格便宜，维修简单。目前，气动马达在矿山机械中应用较多；在专业性成批生产的机械制造业、油田、化工、造纸、冶金、电站等行业均有较多使用；工程建筑、筑路、建桥、隧道开凿等均有应用；许多风动工具如风钻、风扳手、风砂轮及风动铲刮机等均装有气动马达。

气动马达转速高，使用时要注意润滑。气动马达必须得到良好的润滑后才可正常运转，良好润滑可保证马达在检修期内长时间运转无误。一般在整个气动系统回路中，在气动马达操纵阀前面均设置有油雾器，使油雾与压缩空气混合再进入气动马达，从而达到充分润滑。注意保证油雾器内正常油位，及时添加新油。

4.2.3　气动马达的维护

1. 使用时必须注意的事项

(1) 气动马达被驱动物的输出轴心连接不当时会形成不良动作或导致故障。

(2) 发现故障时（如发生噪声或异常情况），应立即停止使用，须由专业维修人员进行检查、调整。

(3) 空气供应来源要充足，以免造成转速忽快忽慢。

(4) 在使用气动马达时，必须在进气口前连接三联件或二联件以确保气源的干净和对马达的润滑（无油自润滑型除外）。

(5) 空气过滤减压油雾器（三联件）要定期检查，油雾器内的润滑油若已减少时，就要补充。

(6) 气动马达长期存放后，不应带负载起动，应在低压有润滑条件下进行 0.5～1min 空转。

(7) 气动马达正常使用 3～6 个月后，拆开检查清洗一次，在清洗过程中发现磨损零件须更换。

(8) 安装维修、维护时一定要关闭气阀，切断气源，方可进行工作。

(9) 气动马达的排气口可安装与其匹配的消声器，但不能完全堵死，否则影响马达的运转。

(10) 气动马达在工作一段时间后必须进行维修，一般来说叶片式气动马达的工作维修期是 800h，活塞式马达的工作维修期是 1100h，齿轮式气动马达的工作维修期是 1500h。

2. 配管时必须注意的事项

(1) 气动马达和其他空气压力机器发生故障主要原因，都是灰尘等异物的进入。配管前都必须先用压缩空气清扫管内，注意千万不能让切削粉、封缄带的断片、灰尘或锈等进入配管内。检验方法有：在将气管连接到马达之前先接通气源，然后将气管出气这头对准一张白纸，如果白纸上只有少量油，没有灰尘和杂质、水份等则为标准气源。

(2) 不允许更改空气压力机器的管径大小。

(3) 气动马达所连接的管道内应当安装空气过滤装置、油雾器和气控阀，以保证管道内气体清洁、气压稳定。

(4) 气动马达连接管道中的油雾器必须保持油量，严禁脱油现象发生，否则造成气动马达的加速磨损，减少气动马达的使用寿命。

3. 运转时必须注意的事项

(1) 确认旋转方向是否正确或被驱动体与轴心之间有无不正常安装。

(2) 气动马达速度的控制和稳定性，必须从供应空气方进行调整，如此，排气边就不会产生背压。

(3) 不可使马达在无负载状态下连续旋转或高速旋转，如果连续无负载空转，旋转速度将过度提高，气动马达将减少使用寿命或损坏。一般要求气动马达的空载时间不宜过长，最多不要超过 3min，其中活塞式气动马达的空载时间不能超过 30s。

(4) 负载工作（正常使用）时，慢慢旋转空气调压器或针阀式调速阀以提高空气压力，到达所需要的旋转数，若长期强制使用超过最大压力时马达会损坏，故请勿超压使用。

(5) 在气动马达装置运转时，应检查油雾器的滴油量是否符合要求，油色是否正常。如发现油杯中油量没有减少，应及时调整滴油量；调节无效，需检修或更换油雾器。

(6) 气动马达的工作压力必须保持在一定范围以内，不能超过额定的工作压力，气动马达的压力保持在接近最高工作气压的水平时，可以更好地发挥气动马达的功率。

4. 叶片式气动马达装配时的注意事项

(1) 将合格零件洗净后，按常规方法装配，切忌硬性敲打。

(2) 注意前后端盖、定子的安装方向。

(3) 调整好衬套，保证前端与转子端面间隙为 0.08～0.12mm。

(4) 叶片在转子槽内应自由滑动，其宽度以在死点时不至压死为宜。

(5) 气动马达机盖装好后，均匀地将螺钉拧紧，然后转动转子，检查转动是否灵活。

(6) 将调节螺钉放入机盖，推动止推环，消除转子的轴向间隙，保证前、后端盖和转子端面的合理间隙。以转子转动灵活为宜，调好后，用锁紧螺母拧紧。

4.3　气动马达的常见故障与排除方法

4.3.1　叶片式气动马达常见故障及排除方法

当叶片式气动马达出现故障时，经常会出现输出功率明显下降或卡死而不能运转等不良现象。通过检查会发现气动马达常见的故障有：叶片严重磨损、前后端盖磨损严重、定子内孔纵向波浪槽、叶片折断、输出功率不足等。下面就以上故障情况分析其原因并给出相应的排除方法。

1. 叶片严重磨损

(1) 原因分析。

1) 断油或供油不足。

2) 空气不净，有杂质。

3) 由于长期使用导致叶片磨损严重，这种情况属于正常现象。

(2) 排除方法。

1) 检查供油系统，保证润滑。

2) 检查压缩机进气管上过滤器的情况。若没安装过滤器应在空压机吸气管前加装过滤器；若已有过滤器，但由于某种原因过滤器损坏，则应及时更换。

3) 更换叶片。

2. 前后端盖磨损严重

(1) 原因分析。

1) 轴承磨损，转子轴向窜动。

2) 衬套选择不当。

(2) 排除方法。

1) 更换轴承。

2) 调整衬套。

3. 定子内孔纵向波浪槽

(1) 原因分析。

1) 泥砂进入定子。

2) 长期使用造成，这种情况属于正常现象。

(2) 排除方法。

1) 检查泥砂进入的原因并采取措施，防止泥砂再次进入，同时更换或修复定子。

2) 更换或修复定子。

4. 叶片折断或卡死

(1) 原因分析。

1) 转子叶片槽喇叭口太大会导致叶片折断。

2) 叶片槽间隙不当或变形会导致叶片卡死在叶片槽内。

(2) 排除方法。

1）更换转子。

2）修复叶片槽，同时更换叶片。

5. 输出功率不足

（1）原因分析。

1）空气压力低。

2）供气管路或管路附件通径过小，有截流现象和堵塞现象。

3）排气不畅。

（2）排除方法。

1）检查气压，维持工作气压 0.5～0.7MPa。

2）检查管路及附件，保证通径满足相应马达的技术参数的规定。

3）检查主、副管路径大于进气管路通径。

4.3.2 活塞式气动马达常见故障及排除方法

1. 输出转速不足，功率不足

（1）原因分析。

1）配气阀装反。

2）气缸、活塞环磨损。

3）气压低。

4）进气管路及附件通径过小，严重截流或堵塞。

5）排气不畅。

（2）排除方法。

1）重装。

2）更换零件。

3）调整压力。

4）检查管路及其附件，保证通径符合要求。

5）检查主、副排气管路，保证排气管路通径大小及进气管路通径符合要求。

2. 运行中突然减速或不转

（1）原因分析。

1）润滑不良。

2）配气阀卡死，烧伤。

3）曲轴、连杆、轴承损坏。

4）气缸螺钉松动。

5）配气阀堵塞、脱焊。

（2）排除方法。

1）加油。

2）换件。

3）换件。

4）拧紧。

5）重焊。

3. 耗气量增大

(1) 原因分析。

1) 气缸、活塞环、阀套磨损。

2) 管路系统漏气。

(2) 排除方法。

1) 更换零件。

2) 检修气路。

4.4 气动马达使用与维护实例

4.4.1 气动马达冬季使用应注意的几点事项

在北方的冬季或南方的寒冷时节，由于润滑油的使用不当，容易造成气动马达转子叶片粘住，不能自如滑动；或是起动空气中的水分在传输管路中结冰，将叶片冻在转子叶片槽内，造成气动马达不能转动。因此，在冬天寒冷时节，除了加强对气动马达的维护之外，还应注意以下几点事项。

(1) 在冬季来临之前，将气动马达全部解体。用轻柴油将转子、叶片、定子等部件进行彻底清洗。打掉转子端部和叶片槽内磨损的毛刺和痕迹，更换过度磨损劈裂的叶片。组装时，一定要调整好转子端面与定子、叶片与叶片槽的间隙，以转子转动自如、叶片能从叶片槽内顺当的滑出、滑入为适度。从技术上和性能方面保证气动马达有效可靠地转动。

(2) 冬季气动马达润滑油杯内应加入轻柴油和润滑油的混合油。随着当地气温的逐渐下降，混合油中的轻柴油成分逐渐增大，而润滑油的成分逐渐减少。最寒冷时混合油中轻柴油成分可占90%左右，润滑油的成分可占10%左右。这样可有效地防止全使用润滑油时，因气候寒冷而出现润滑油凝结粘住气动马达叶片的故障，又能使转子、叶片可靠自如地滑动。这种轻柴油与润滑油的混合使用，充分利用了轻柴油低温抗凝优点，又具有润滑油的润滑和密封作用，从而保证了气动马达的可靠性，又可减少磨损，延长气动马达的使用寿命。

(3) 保持起动压缩空气的干燥性。尤其在寒冷季节，虽室内温度要求保持在5℃以上，但是储气瓶内空气若含水较多，容易使传输管路积水。在气温突降，或者停用时间较长时，有可能使传输管路与气动马达里的积水结冰，使得再次起动困难或根本不能进行起动操作。所以，在寒冷季节要及时放掉储气瓶中的积水，应经常用压缩空气吹逐传输管路和气动马达，是使气动马达在冬季有效地转动，日常必做的首要工作之一。

(4) 由于寒冷，同时气动马达没有用混合油润滑，则润滑油极易变凝。一是流动性变差，随着起动空气喷入，气动马达内部的滑油量减少；二是残留在气动马达叶片间的润滑油变凝，易粘住气动马达的叶片，使得气动马达不能转动。针对以上情况，可采用如下方法进行应急处理。首先，将气动马达的进气管拆开，露出气动马达的进气口，然后用喷油壶，喷入气动马达内2～3壶的轻柴油，或看到气动马达的出气口有油流出为止。同时，可用改锥拨动转子，把粘住的叶片尽量拨动。再把进气管接上，使用不经减压阀的直通压缩起动空气。打开、关闭几次气动马达的进气阀，对气动马达进行吹逐驱动。因轻柴油有良好的清洗作用，同时由于高压起动空气的冲刷作用，这样很快地使气动马达转动起来，从而消除故障。这种应急处理方法非常有效，不仅能消除故障，同时起到了清洗气动马达内部，将磨损杂质、污物排除掉的作用，减少了再次发生故障的可能性。

(5) 在寒冷的冬季若停机时间较长，应加强暖机工作，增加暖机次数。这样能提高整个工作环境的室温，便于起动，以致可大大减少气动马达故障的发生，也就是改善气动马达的外部条件，减少起动转矩，缩短起动时间，提高气动马达的可靠性。

因此，在冬季对其要进行更精心的维护管理，注意润滑油的调合使用，排除起动空气中的凝水，就成为冬季对气动马达日常管理的主要工作，只有保证气动马达的有效转动，才能保证系统生产的安全、及时、可靠。

4.4.2 气动马达间隙泄漏及控制

气动马达的主要性能指标如功率、耗气量在同一类产品中差别很大，有时竟相差30%～40%，即使同一个工厂的同一批产品，其性能差别往往也很大。下面针对气动马达间隙泄漏的形式及其控制进行分析，这对提高气动马达的性能、降低能源消耗有十分重要的意义。

1. 气动马达的间隙泄漏

在气动马达中，由于转子与外壳、转子与盖板端面、活塞与气缸壁之间的相对运动，它们之间应留有适当的间隙。否则，没有间隙或间隙过小，将会增大运动件的运动阻力，从而降低产品的机械效率，甚至发生研缸、闷车、停车等现象。当然，有间隙就会有泄漏。而当间隙过大时，工作室与非工作室产生严重窜气现象，压缩空气大量泄漏，降低工作室的压力，缩小示功面积，从而增大耗气量，降低气动马达的性能。

间隙泄漏的形式为：①气缸与活塞的间隙泄漏；②配气阀部分的配合间隙泄漏；③死点间隙泄漏；④转子与盖板端面间隙泄漏；⑤转子与盖板的端面间隙以及转子轴与盖板的环面间隙的泄漏。

2. 间隙泄漏的影响分析

在实际计算中发现，气动马达的泄漏与间隙的3次方成正比。间隙越大，泄漏量越大，也即气动马达的耗气量增加，降低了其性能。

控制死点间隙要比控制端面间隙更重要，因为通过死点间隙的泄漏随气动马达长度而增加，这比端面间隙泄漏要严重得多。压缩空气泄漏量随死点间隙 δ_1 的变化见表4-2，随端面间隙 δ_2 的变化见表4-3。

表4-2　压缩空气泄漏气量（漏气耗气量）随死点间隙 δ_1 的变化

死点间隙 δ_1 /mm	δ_1^3 /mm³	平均漏气量/(m³/min)	气动马达平均耗气量增长率*/%
1×10^{-2}	1×10^{-6}	0.000 833	0.17
2×10^{-2}	8×10^{-6}	0.006 66	1.39
3×10^{-2}	27×10^{-6}	0.022 5	4.69

续表

死点间隙 δ_1 /mm	δ_1^3 /mm^3	平均漏气量/(m^3/min)	气动马达平均耗气量增长率*/%
4×10^{-2}	64×10^{-6}	0.053 3	11.10
5×10^{-2}	125×10^{-6}	0.104 1	21.69
6×10^{-2}	216×10^{-6}	0.18	37.50
7×10^{-2}	343×10^{-6}	0.285 7	59.52

* 气动马达平均耗气量增长量是由平均泄漏量除以气动马达理论耗气量乘以100得来的，它表示泄漏耗气量占气动马达理论耗气量的增长百分数。

表4-3　　压缩空气泄漏量（泄漏耗气量）随端面间隙 δ_2 的变化

端面间隙 δ_2 /mm	δ_2^3 /mm^3	平均漏气量/(m^3/min)	气动马达平均耗气量增长率/%
1×10^{-2}	1×10^{-6}	0.000 146	0.03
2×10^{-2}	8×10^{-6}	0.001 17	0.24
3×10^{-2}	27×10^{-6}	0.003 94	0.82
4×10^{-2}	64×10^{-6}	0.009 34	1.95
5×10^{-2}	125×10^{-6}	0.018 3	3.8
6×10^{-2}	216×10^{-6}	0.031 5	6.5
7×10^{-2}	343×10^{-6}	0.050 08	10.43
8×10^{-2}	512×10^{-6}	0.074 75	15.57
9×10^{-2}	729×10^{-6}	0.106 4	22.17
10×10^{-2}	1000×10^{-6}	0.146	30.4

对于叶片式马达来说，一般新机装配时的死点间隙控制在0.01～0.03mm内为宜，如果磨损后间隙达到0.06mm，则需要换新零件；端面间隙（单边）控制在0.03～0.05mm内为宜，而且应尽可能地保证两端的间隙均匀分配。

3. 间隙的控制

由于结构形式、制造水平及润滑条件的不同，各种气动马达的配合间隙的最优值是不一样的。大量的实验表明，相同的设计结构和参数，甚至是根据同一套产品图样制造，往往产品性能也有很大差别，其原因与间隙及制造精度分不开。因此，在确定间隙时，不应生搬硬套，而应结合具体条件，进行配合间隙对性能的影响和润滑工作方面的试验研究，通过试验作出间隙—性能曲线，以确定最优出厂间隙及允许磨损极限值。

确定了合理的配合间隙，还要从设计、工艺、装配等方面来保证，才能使间隙得到合理的控制。

（1）死点间隙的控制。一般情况下，死点间隙是由零件制造公差组合决定的。如果采用极限公差，缩小组成零件的公差，这对零件制造的工艺性和降低产品成本极为不利。比较合理的方法是依据概率统计的数据，适当放大某些组成零件的公差，而发生过盈间隙的概率又是微乎其微的。这样既改善了零件制造的工艺性，又控制了间隙，提高了产品质量。

同时，为了减少表面相碰的概率，提高装配合格率，应适当降低气缸内表面和转子外表的粗糙度，降低气缸内壁的粗糙度还因为叶片与内壁有相对运动。但由于降低内孔的粗糙度较困难，现在一般规定为 $Ra>1.6\sim3.2\mu m$，转子外表面的粗糙度建议降低到 $Ra>1.25\sim1.6\mu m$。这样，由于表面粗糙度的影响，有 $2.85\sim4.8\mu m$ 发生干涉的可能性。可是如果表面粗糙度值增大的话，干涉的量还要增大。由表面粗糙度所产生的微量过盈，在一定范围可通过适当装配来解决。

另外，由于气动马达是以外径定心的，在能锁紧气动马达的情况下，通过气缸和前、后盖板的外径差，可以适当增大或减小死点间隙。当然，用此方法调整间隙的可靠性是极为有限的，它不能代替零件公差带的分布，即组成零件装配公差带设计不合理，或机床偏差分布中心与零件尺寸公差中心不重合，是不能靠装配来纠正的。

(2) 端面间隙的控制。端面间隙的大小是靠零件制造公差组合来控制的。但是，间隙的均匀分配要依靠装配来保证。常用的两种方法如下。

1) 用调整环保证间隙。首先测得气缸与转子长度之差并均匀分配间隙，以单面间隙为 $\delta/2$ 选配调整环长度，使其超出后端面 $\delta/2$，装配后，即可得到所需间隙。这种方法的优点是控制间隙准确可靠，缺点是结构和装配工艺较为复杂。

2) 用塞尺保证间隙。根据所测得的端面间隙，按对半选出合适厚度的塞尺或薄金属片，放在轴承配合较紧的一端，当转子端面快要接近盖板端面时，将塞尺塞在两端面之间，继续敲击转子端面，直至塞尺塞得比较紧但能抽出来时为止，然后再装气缸、另一盖板及其他零件。用这种方法控制间隙可靠、简便易行，既适合单件装配，也适合批量生产。

4. 结论

采用上述所推荐的死点、端面间隙控制方法，死点间隙产生的最大泄漏流量不超过气动马达耗气量的 3.5%，端面间隙产生的最大泄漏流量不超过气动马达耗气量的 7.6%，两者泄漏的总和最大不超过 11.1%。这样就有效地减少了耗气量的增加，从而提高了气动马达性能，降低了能源消耗，也就产生了一定的经济效益。

4.4.3 气动马达缸体失效分析与热处理工艺改进

1. 对缸体失效形成的分析

气动马达结构示意图见图 4-4。由于转子 1 工作转速较高（3000～6000r/min），叶片 2 在转子槽中高频率伸缩并随转子高速转动，使叶片对缸体产生强烈径向冲击和切向摩擦，缸体最薄的 A 处为叶片伸出最远点（见图 4-5），磨损最严重，有的深度达 0.8mm 以上，造成很大的转子阻力，致使叶片断裂，转子“挤死”，导致停车，同时又把缸体挤裂。

2. 缸体加工工艺分析与研究

缸体加工原技术要求为：材料 45 钢；毛坯锻造成形并正火；调质处理硬度 25～30HRC；氮碳共渗层深 0.15～0.20mm，硬度≥450HV。

工艺路线为：下料→锻造→正火→粗车→粗镗→调质→精车→精镗→碳氮共渗。

根据图样要求，上述加工路线是正确的，但实践反映使用寿命低，而且内壁各处磨损严重。经过对材料、氮碳共渗层的分析和调质的金相组织的检测，显示结果如下。

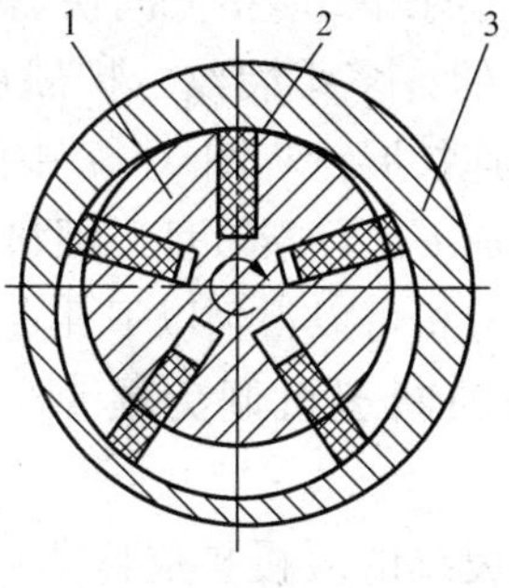

图 4-4　气动马达结构示意图

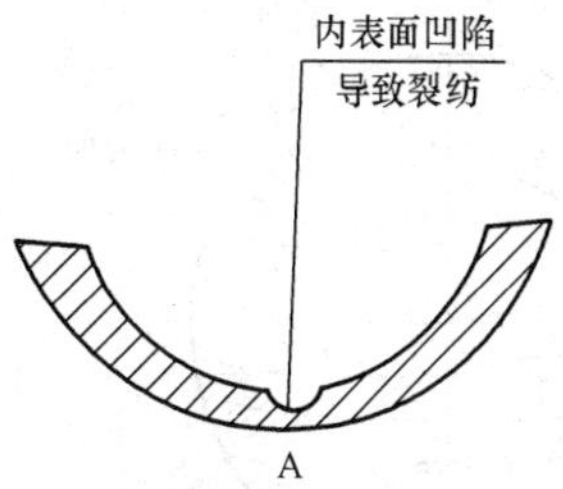

图 4-5　缸体简图

(1) 渗层厚度及表面硬度符合技术要求。

(2) 心部组织为索氏体、共渗温度为 540～550℃不会对调质组织造成破坏。

观察损坏特点时发现，有的使用两个月后凹陷深度就大大超出了氮碳渗层深度，因而对原热处理工艺类型提出了怀疑。原来过于强调表面耐磨，只看到氮碳共渗具有高的耐磨性、高的疲劳强度、变形小和抗腐蚀等优点，却忽略了基体硬度。由于叶片高速伸缩和回转同时存在，引起高频率冲击和摩擦，所以刚体只有表面耐磨是不够的，还应具备相应的基体硬度以承受冲击力。基体硬度低是造成凹陷的内在原因。

3. 热处理工艺的改进

为此应改变热处理工艺，即由调质+氮碳共渗改为淬火，硬度达到 45～50HRC，考虑到淬火变形，在机加工工艺方面也应作相应的调整，工艺路线为：下料—锻造—粗车—粗镗—淬火—磨削。

4. 更改热处理工艺后的效果

(1) 更改热处理工艺后，使缸体内表面及基体同时具有了较高的硬度，满足了耐磨和冲击力的双重要求。重新投放使用一年多，再无质量问题，产品寿命大大提高。

(2) 更改后经济效益也很好，淬火成本只是碳氮共渗的 40%左右。

4.4.4　活塞式气动马达曲轴断裂分析及处理办法

1. 气动马达曲轴断裂的部位

曲轴是活塞式气动马达将气压转变为机械传动的重要部件。由于它的断裂，引起整机停产。其断裂部位在小轴（外圆 $\phi 18$ 端）的圆弧 R_1 处。如图 4-6 所示。

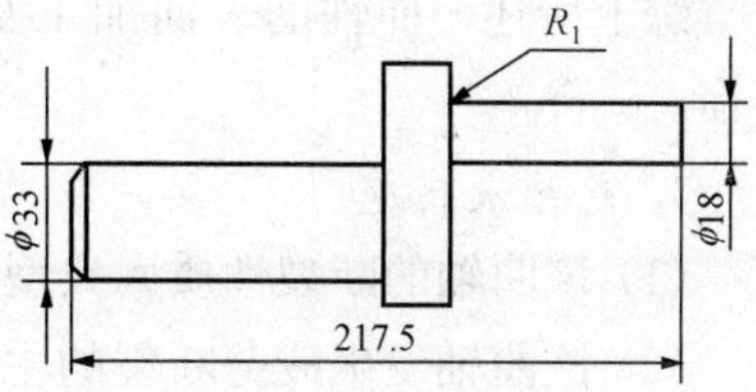

图 4-6　气动马达曲轴断裂部位

2. 断口的宏观分析

断口经清洗后，其形貌清晰显现。如图 4-7 所示，疲劳断裂的初裂纹在 A 处产生，形成疲劳源区（图 4-7 中的 a 区），然后裂纹沿着简明箭头所指的方向缓慢向内扩展（图 4-7 中的 b 区），该区内可以明显看到裂纹做间断扩展时留下的停歇线，停歇线出现反向，表明裂纹在 b 区扩展过程中周边的圆弧存在较大的应力集中，最后裂纹在图 4-7 中的 b 区内按简明箭头所指方向快速扩展。在 a 区内的对称面产生的许多小裂纹，扩展后形成台阶，该区裂纹也作快速扩展行程图 4-7 中的 d 区。最后发生瞬间断裂形成 e 区，断口呈纤维状。

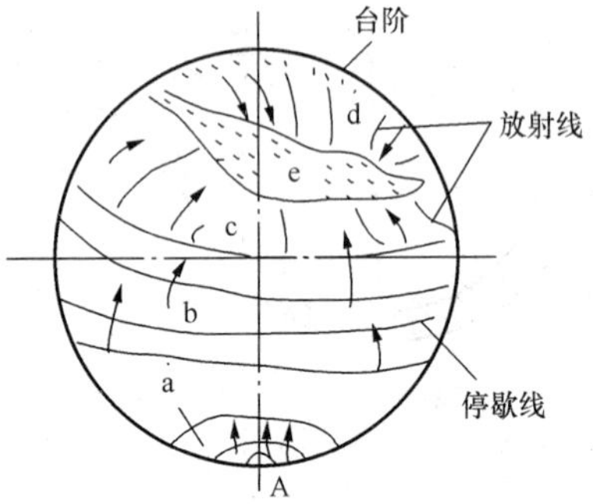

图 4-7　裂纹形成部位及扩展示意图

通过以上分析可以得到以下几点。

（1）该轴的断裂机制为典型的旋转弯曲疲劳断裂。

（2）由于裂纹的缓慢扩展区占整个端口截面的比例较大，而瞬间断裂区占的比例较小，说明该曲轴的使用状态是平稳的，未发生严重的过载现象。

（3）断裂面在图 4-7 中的 b 区和 a 区的停歇线反向，以及 d 区周边多处可见裂纹台阶，均表明圆弧处产生了较大应力集中，对曲轴的断裂产生了很大的影响。

3. 曲轴断裂面的硬度试验

曲轴材料为 20CrMnTi，要求渗碳层层深 1.1～1.3mm，表面硬度 55～60HRC，心部硬度无要求，工序过程为：锻打→正火→机械粗加工→渗碳→高频淬火→机械精加工。断裂面硬度测定结果如图 4-8 所示。

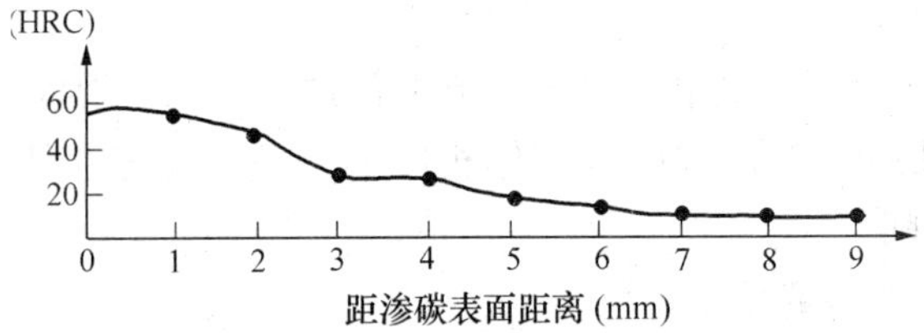

图 4-8　断裂面硬度分布示意图

由图 4-8 可见，表面淬火硬度比较正常，面心部硬度太低，表面硬度与心部硬度相差太大，当曲轴在很大动负载下，硬度层以下的金属在高接触应力作用下产生塑性变形，进而使硬化层承压能力下降，产生裂纹。

综上所述，曲轴的表面加工及热处理工艺都存在问题，从而降低了该曲轴的使用寿命。

4. 总结及措施

（1）该曲轴的断裂性质属典型的疲劳断裂，不是超载运行引起的过载断裂。

（2）该曲轴发生疲劳断裂的主要原因有两个：一是过度圆弧处外加工粗糙引起的应力集中，是造成断裂的外因；二是断裂面处心部硬度太低，是造成断裂的内因。

（3）建议提高机加工精度，圆弧处机加工时要充分考虑磨削量，做到磨削后无明显的磨削痕迹，要求平滑过渡，消除萌生裂纹的隐患。

(4) 采用渗碳后二次加热淬火工艺，调整渗碳浓度和浓度梯度，渗碳后利用渗碳余温在 850℃出炉，立即放入 500℃的硝盐中进行曲轴整体淬火，曲轴心部硬度提高到 35HRC 左右，增大心部的机械强度，理想的心部组织为：低碳马氏体＋小量屈氏体（或索氏体）＋小量铁素体，表面淬火同原来一样进行表面感应淬火。

(5) 表面渗碳及淬火再经抛丸处理效果更佳。

第5章 气动控制阀

5.1 气动控制阀简介

气动控制阀是指在气动系统中控制气流的压力、流量和流动方向，并保证气动执行元件或机构正常工作的各类气动元件。控制和调节压缩空气压力的元件称为压力控制阀。控制和调节压缩空气流量的元件称为流量控制阀。改变和控制气流流动方向的元件称为方向控制阀。气动控制阀的结构可分解成阀体（包含阀座和阀孔等）和阀芯两部分，根据两者的相对位置，可分为常闭型和常开型两种。阀从结构上可以分为截止式、滑柱式和滑板式三类。

气动控制阀和液压阀的比较主要不同如下。

(1) 使用的能源不同。气动元件和装置可采用空压站集中供气的方法，根据使用要求和控制点的不同来调节各自减压阀的工作压力。液压阀都设有回油管路，便于油箱收集用过的液压油。气动控制阀可以通过排气口直接把压缩空气向大气排放。

(2) 对泄漏的要求不同。液压阀对向外的泄漏要求严格，而对元件内部的少量泄漏却是允许的。对于气动控制阀来说，除间隙密封的阀外，原则上不允许内部泄漏。气动阀的内部泄漏有导致事故的危险。对于气动管道来说，允许有少许泄漏；而液压管道的泄漏将造成系统压力下降和对环境的污染。

(3) 对润滑的要求不同。液压系统的工作介质为液压油，液压阀不存在对润滑的要求；气动系统的工作介质为空气，空气无润滑性，因此许多气动阀需要油雾润滑。阀的零件应选择不易锈蚀的材料，或者采取必要的防锈措施。

(4) 压力范围不同。气动阀的工作压力范围比液压阀低。气动阀的工作压力通常为1MPa以内，少数可达到4MPa以内。但液压阀的工作压力都很高（通常在50MPa以内）。若气动阀在超过最高容许压力下使用，往往会发生严重事故。

(5) 使用特点不同。一般气动阀比液压阀结构紧凑、质量轻，易于集成安装，阀的工作频率高、使用寿命长。气动阀正向低功率、小型化方向发展，已出现功率只有0.5W的低功率电磁阀。可与微机和PLC可编程控制器直接连接，也可与电子器件一起安装在印制电路板上，通过标准板接通气电回路，省却了大量配线，适用于气动工业机械手、复杂的生产制造装配线等场合。

5.2 方向控制阀

方向控制阀是改变气体的流动方向或通断的控制阀。方向控制阀按气流在阀内的作用方向，可分为单向型控制阀和换向型控制阀。

5.2.1　单向型控制阀

只允许气流沿一个方向流动的控制阀叫单向型控制阀。如单向阀、梭阀、双压阀和快速排气阀等。

1. 单向阀

单向阀是指气流只能向一个方向流动，而不能反方向流动的阀。它的结构见图 5-1 (a)，图形符号见图 5-1 (b)，其工作原理与液压单向阀基本相同。

正向流动时，P 腔气压推动活塞的力大于作用在活塞上的弹簧力和活塞与阀体之间的摩擦阻力，则活塞被推开，P、A 接通。为了使活塞保持开启状态，P 腔与 A 腔应保持一定的压差，以克服弹簧力。反向流动时，受气压力和弹簧力的作用，活塞关闭，A、P 不通。弹簧的作用是增加阀的密封性，防止低压泄漏，另外，在气流反向流动时帮助阀迅速关闭。

单向阀特性包括最低开启压力、压降和流量特性等。因单向阀是在压缩空气作用下开启的，因此在阀开启时，必须满足最低开启压力，否则不能开启。即使阀处在全开状态也会产生压降，因此在精密的压力调节系统中使用单向阀时，需预先了解阀的开启压力和压降值。一般最低开启压力在 $(0.1\sim0.4)\times10^5$ Pa，压降在 $(0.06\sim0.1)\times10^5$ Pa。

在气动系统中，为防止储气罐中的压缩空气倒流回空气压缩机，在空压机和储气罐之间应装有单向阀。单向阀还可与其他的阀组合成单向节流阀、单向顺序阀等。

2. 或门型梭阀

图 5-2 所示为或门型梭阀的结构简图。这种阀相当于由两个单向阀串联而成。无论是 P1 口还是 P2 口输入，A 口总是有输出的，其作用相当于实现逻辑或门的逻辑功能。

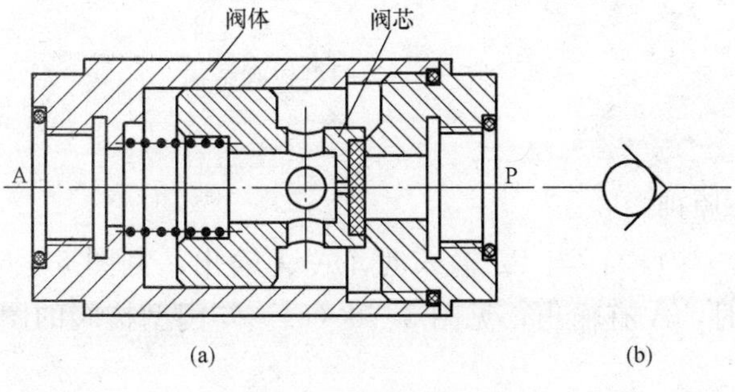

图 5-1　单向阀

(a) 结构；(b) 图形符号

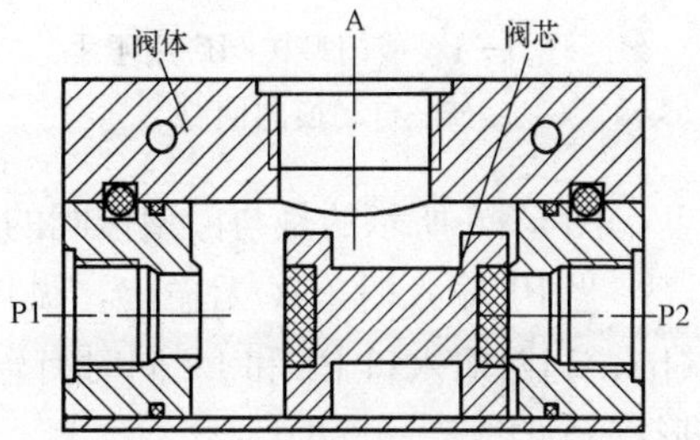

图 5-2　或门型梭阀的结构

其工作原理如图 5－3 所示。当输入口 P1 进气时将阀芯推向右端，通路 P2 被关闭，于是气流从 P1 进入通路 A，如图 5－3（a）所示；当 P2 有输入时，则气流从 P2 进入 A，如图 5－3（b）所示；若 P1、P2 同时进气，则哪端压力高，A 就与哪端相通，另一端就自动关闭。图 5－3（c）所示为其图形符号。

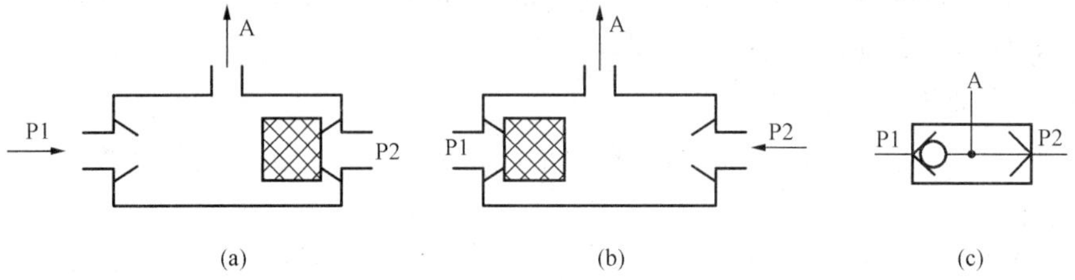

图 5－3　或门型梭阀工作原理图

（a）气流从 P1 进入 A；（b）气流从 P2 进入 A；（c）图形符号

或门型梭阀常用于选择信号，如手动和自动控制并联的回路中，如图 5－4 所示。电磁阀通电，梭阀阀芯推向一端，A 有输出，气控阀被切换，活塞杆伸出；电磁阀断电，则活塞杆收回。电磁阀断电后，按下手动阀按钮，梭阀阀芯推向一端，A 有输出，活塞杆伸出；放开按钮，则活塞杆收回。即手动或电控均能使活塞杆伸出。

3. 与门型梭阀（双压阀）

与门型梭阀（即双压阀）有两个输入口，一个输出口。当输入口 P1、P2 同时都有输入时，A 才会有输出，因此具有逻辑“与”的功能。

图 5－5 所示的是与门型梭阀的结构。

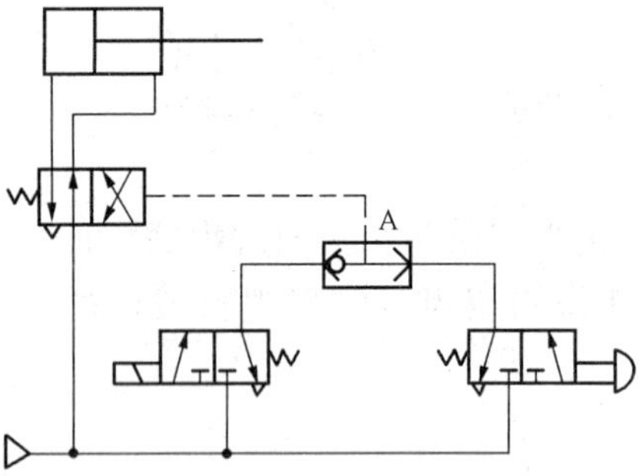

图 5－4　或门型梭阀应用于手动-自动换向回路

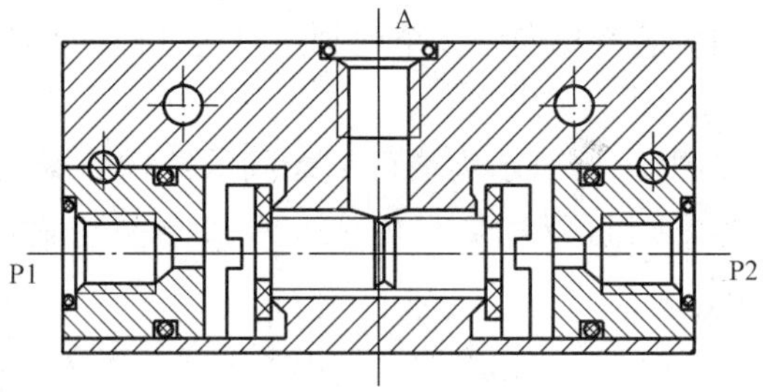

图 5－5　与门型梭阀结构

图 5－6 所示的是与门型梭阀的工作原理。

当 P1 输入时，A 无输出，见图 5－6（a）；当 P2 输入时，A 无输出，见图 5－6（b）；当两输入口 P1 和 P2 同时有输入时，A 有输出，见图 5－6（c）。与门型梭阀的图形符号见图 5－6（d）。

与门型梭阀应用较广，如用于钻床控制回路中，如图 5－7 所示。只有工件定位信号压下行程阀 1 和工件夹紧信号压下行程阀 2 之后，与门型梭阀 3 才会有输出，使气控阀换向，钻孔缸进给。定位信号和夹紧信号仅有一个时，钻孔缸不会进给。

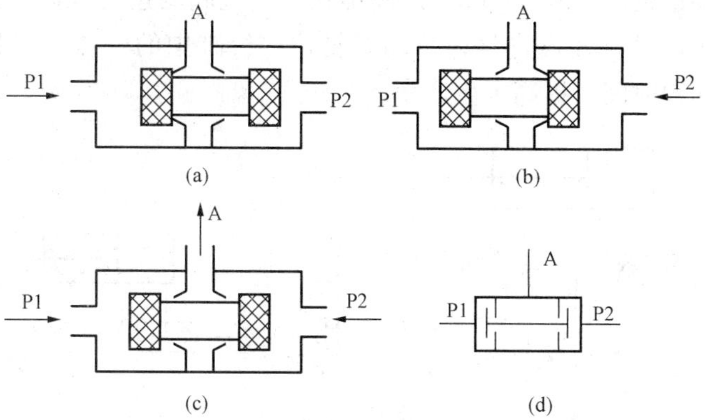

图 5-6 与门型梭阀工作原理图

(a) P1 输入时，A 无输出；(b) P2 输入时，A 无输出；

(c) P1 和 P2 同时输入时 A 有输出；(d) 图形符号

4. 快速排气阀

快速排气阀是用于给气动元件或装置快速排气的阀，简称快排阀。

通常气缸排气时，气体从气缸经过管路，由换向阀的排气口排出的。如果气缸到换向阀的距离较长，而换向阀的排气口又小时，排气时间就较长，气缸运动速度较慢；若采用快速排气阀，则气缸内的气体就能直接由快排阀排向大气，加快气缸的运动速度。

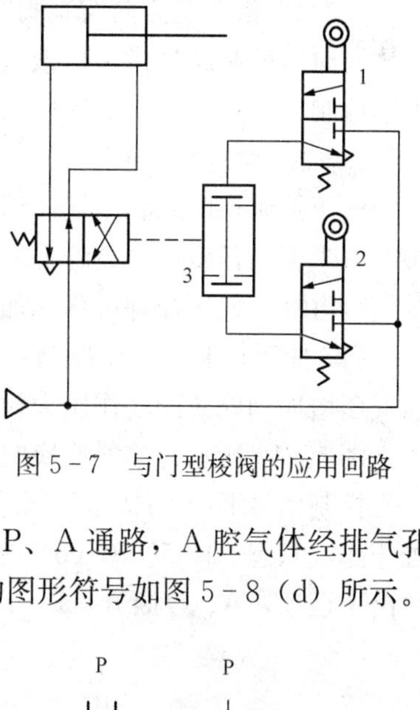

图 5-7 与门型梭阀的应用回路

图 5-8 是快速排气阀的结构原理图，其中图 5-8 (a) 为结构示意图。当 P 进气时，膜片被压下封住排气孔 O，气流经膜片四周小孔从 A 腔输出，如图 5-8 (b) 所示；当 P 腔排空时，A 腔压力将膜片顶起，隔断 P、A 通路，A 腔气体经排气孔口 O 迅速排向大气，如图 5-8 (c) 所示。快速排气阀的图形符号如图 5-8 (d) 所示。

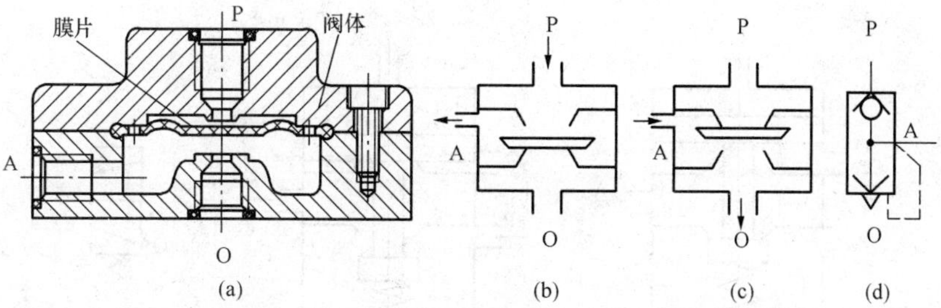

图 5-8 快速排气阀

(a) 结构示意图；(b) 气流从 A 腔输出；(c) 气体经排气孔口 O 排出；(d) 图形符号

图 5-9 所示的是快速排气阀的应用。图 5-9 (a) 是快排阀使气缸往复运动加速的回路，把快排阀装在换向阀和气缸之间，使气缸排气时不用通过换向阀而直接排空，可

大大提高气缸运动速度。图 5-9（b）是快排阀用于气阀的速度控制回路，按下手动阀，由于节流阀的作用，气缸缓慢进气；手动阀复位，气缸中的气体通过快排阀迅速排空，因而缩短了气缸回程时间，提高了生产率。

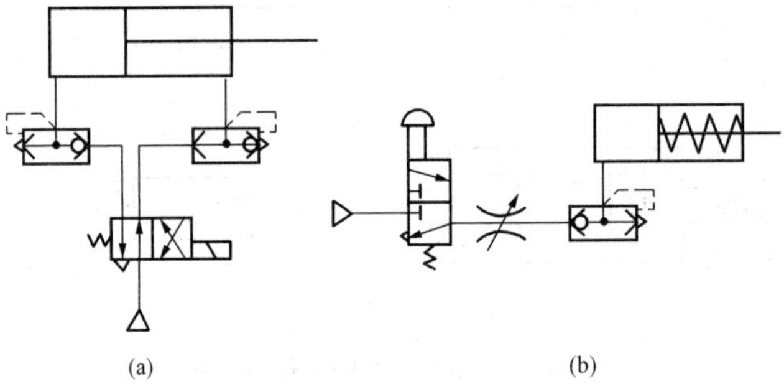

图 5-9　快速排气阀的应用

（a）气缸往复运动加速回路；（b）速度控制回路

5.2.2　换向型方向控制阀

换向型控制阀是指可以改变气流流动方向的控制阀。按控制方式可分为气压控制、电磁控制、人力控制和机械控制。按阀芯结构可分为截止式、滑阀式和膜片式等。

1. 气压控制换向阀

气压控制换向阀利用气体压力使主阀芯运动而使气流改变方向。在易燃、易爆、潮湿、粉尘大、强磁场、高温等恶劣工作环境下，用气压力控制阀芯动作比用电磁力控制要安全可靠。气压控制可分成加压控制、泄压控制、差压控制、时间控制等方式。

（1）加压控制。加压控制是指加在阀芯上的控制信号压力值是逐渐上升的控制方式，当气压增加到阀芯的动作压力时，主阀芯换向。它有单气控和双气控两种。

图 5-10 所示为单气控换向阀工作原理，它是截止式二位三通换向阀。图 5-10（a）为无控制信号 K 时的状态，阀芯在弹簧与 P 腔气压作用下，P、A 断开，A、O 接通，阀处于排气状态；图 5-10（b）为有加压控制信号 K 时的状态，阀芯在控制信号 K 的作用再向下运动，A、O 断开，P、A 接通，阀处于工作状态。

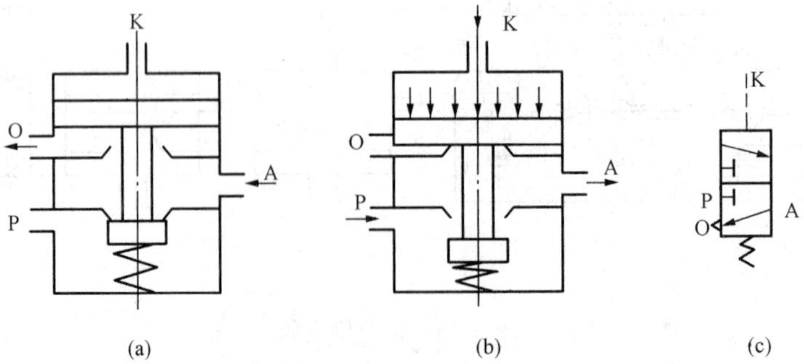

图 5-10　单气控换向阀

（a）无控制信号 K 时；（b）有控制信号 K 时；（c）图形符号

图 5-11 所示为双气控换向阀工作原理，它是滑阀式二位五通换向阀。图 5-11（a）为控制信号 K1 存在，信号 K2 不存在时的状态，阀芯停在右端，P、B 接通，A、O1 接通；图 5-11（b）为信号 K2 存在，信号 K1 不存在时的状态，阀芯停在左端，P、A 接通，B、O2 接通。

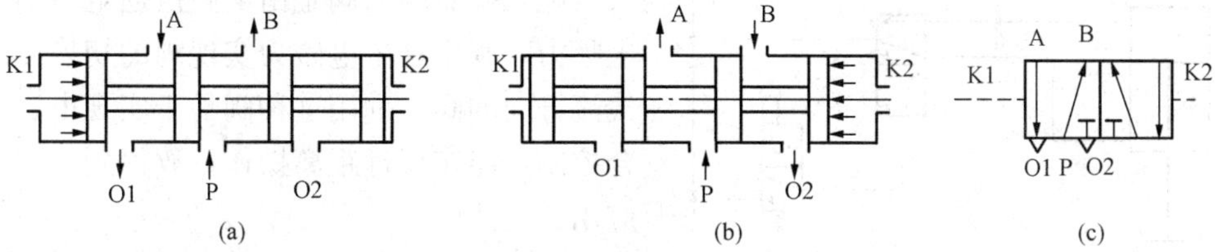

图 5-11 双气控换向阀

（a）控制信号 K1 存在时；（b）控制信号 K2 存在时；（c）图形符号

（2）泄压控制。泄压控制是指加在阀芯上的控制信号的压力值是渐降的控制方式，当压力降至某一值时阀便被切换。泄压控制阀的切换性能不如加压控制阀好。

（3）差压控制。差压控制是利用阀芯两端受气压作用的有效面积不等，在气压作用力的差值作用下，使阀芯动作而换向的控制方式。

图 5-12 所示的是二位五通差压控制换向阀的图形符号，当 K 无控制信号时，P 与 A 相通，B 与 O2 相通；当 K 有控制信号时，P 与 B 相通，A 与 O1 相通。差压控制的阀芯靠气压复位，不需要复位弹簧。

（4）延时控制。延时控制的工作原理是利用气流经过小孔或缝隙被节流后，再向气室内充气，经过一定的时间，当气室内压力升至一定值后，再推动阀芯动作而换向，从而达到信号延迟的目的。

图 5-13 所示为二位三通延时阀，它由延时部分和换向部分两部分组成。其工作原理是：当 K 无控制信号时，P 与 A 断开，A 与 O 相通，A 腔排气；当 K 有控制信号时，控制气流先经可调节流阀，再到气容。由于节流后的气流量较小，气容中气体压力增长缓慢，经过一定时间后，当气容中气体压力上升到某一值时，阀芯换位，使 P 与 A 相通，A 腔有输出。当气控信号消除后，气容中的气体经单向阀迅速排空。调节节流阀开口大小，可调节延时时间的长短。这种阀的延时时间在 0～20s 范围内，常用于易燃、易爆等不允许使用时间继电器的场合。

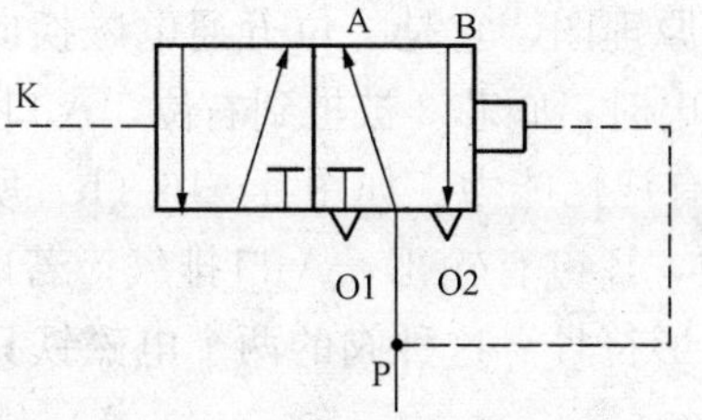

图 5-12 差压控制换向阀

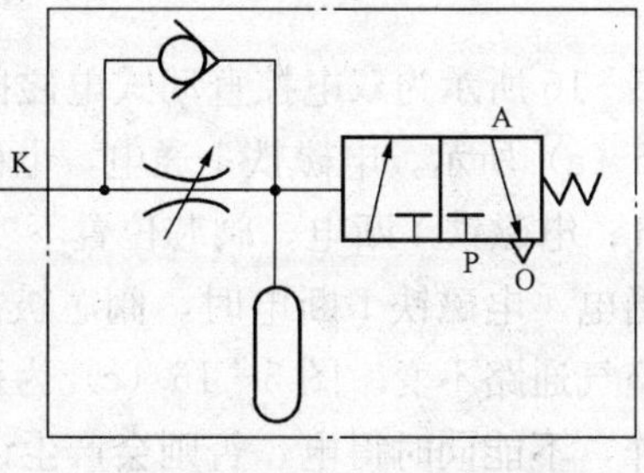

图 5-13 二位三通延时控制换向阀

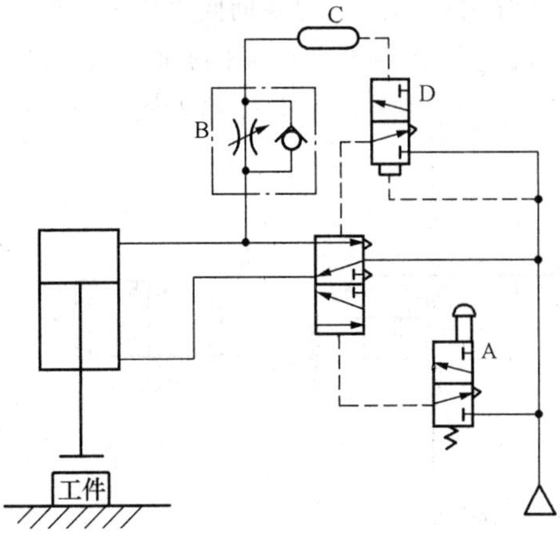

图 5-14　延时阀用于压注机的应用回路

图 5-14 为延时阀用于压注机的应用回路。按下手动阀 A，气缸下压工件，工件受压的时间长短由 B、C、D 组成的延时阀控制。

2. 电磁控制换向阀

电磁控制换向阀是由电磁铁通电对衔铁产生吸力，利用这个电磁力实现阀的切换以改变气流方向的阀。利用这种阀易于实现电、气联合控制，能实现远距离操作，故得到了广泛的应用。

电磁控制换向阀可分成直动式电磁阀和先导式电磁阀。

(1) 直动式电磁换向阀。由电磁铁的衔铁直接推动阀芯换向的气动换向阀称为直动式电磁阀。直动式电磁换向阀有单电控和双电控两种。

图 5-15 所示为单电控直动式电磁阀的动作原理图，它是二位三通电磁阀。图 5-15 (a) 为电磁铁断电时的状态，阀芯靠弹簧力复位，使 P、A 断开，A、O 接通，阀处于排气状态。图 5-15 (b) 为电磁铁通电时的状态，电磁铁推动阀芯向下移动，使 P、A 接通，阀处于进气状态。图 5-15 (c) 为该阀的图形符号。

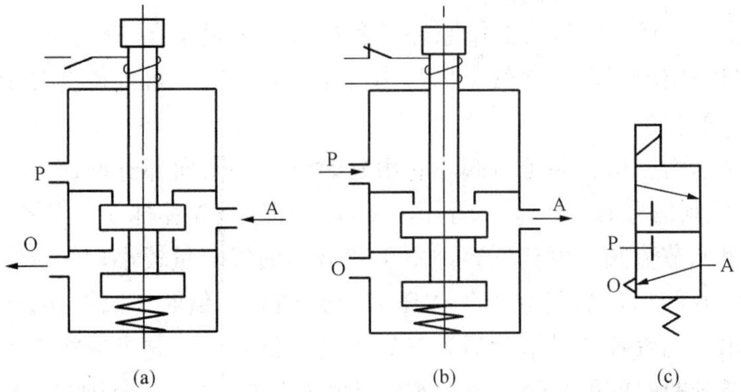

图 5-15　单电控直动式电磁换向阀

(a) 电磁铁断电时；(b) 电磁铁通电时；(c) 图形符号

图 5-16 所示为双电控直动式电磁阀的动作原理图，它是二位五通电磁换向阀。如图 5-16 (a) 所示，电磁铁 1 通电，电磁铁 2 断电时，阀芯 3 被推到右位，A 口有输出，B 口排气；电磁铁 1 断电，阀芯位置不变，即具有记忆能力。如图 5-16 (b) 所示，电磁铁 2 通电，电磁铁 1 断电时，阀芯被推到左位，B 口有输出，A 口排气；若电磁铁 2 断电，空气通路不变。图 5-16 (c) 为该阀的图形符号。这种阀的两个电磁铁只能交替得电工作，不能同时得电，否则会产生误动作。

(2) 先导式电磁换向阀。先导式电磁换向阀由电磁先导阀和主阀两部分组成，电磁先导阀输出先导压力，此先导压力再推动主阀阀芯使阀换向。当阀的途径较大时，若采

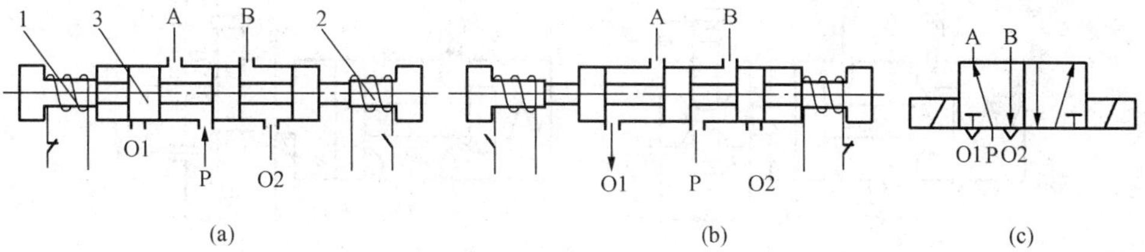

图 5-16 双电控直动式电磁换向阀

（a）电磁铁 1 通电，电磁铁 2 断电时；（b）电磁铁 2 通电，电磁铁 1 断电时；（c）图形符号

用直动式，则所需电磁铁要大，体积和电耗都大，为克服这些弱点，宜采用先导式电磁阀。

先导式电磁换向阀按控制方式可分为单电控和双电控方式。按先导压力来源，有内部先导式和外部先导式，它们的图形符号如图 5-17 所示。

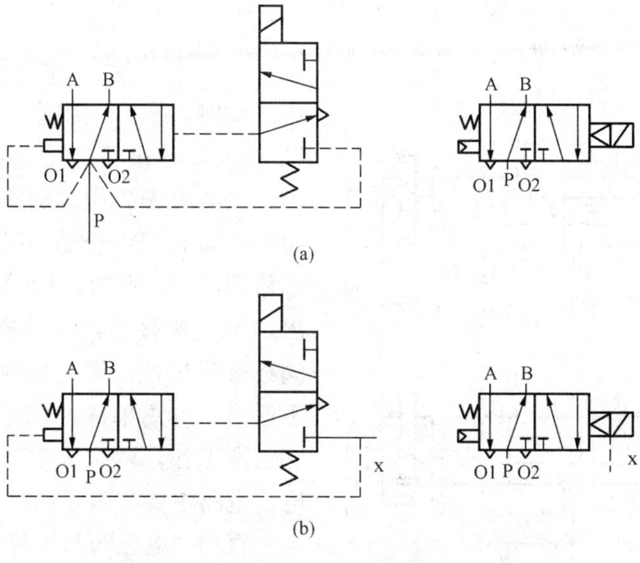

图 5-17 先导式电磁换向阀图形符号

（a）内部先导式；（b）外部先导式

图 5-18 所示是单电控外部先导式电磁换向阀的动作原理。

如图 5-18（a）所示，当电磁先导阀的激磁线圈断电时，先导阀的 x、A1 口断开，A1、O1 口接通，先导阀处于排气状态，此时，主阀阀芯在弹簧和 P 口气压作用下向右移动，将 P、A 断开，A、O 接通，即主阀处于排气状态。如图 5-18（b）所示，当电磁先导阀通电后，使 x、A1 接通，电磁先导阀处于进气状态，即主阀控制腔 A1 进气。由于 A1 腔内气体作用于阀芯上的力大于 P 口气体作用在阀芯上的力与弹簧力之和，因此将活塞推向左边，使 P、A 接通，即主阀处于进气状态。图 5-18（c）所示为单电控外部先导式电磁阀的详细图形符号，图 5-18（d）所示的是其简化图形符号。

图 5-19 所示是双电控内部先导式电磁换向阀的动作原理图。当电磁先导阀 1 通电而电磁先导阀 2 断电时，由于主阀 3 的 K1 腔进气，K2 腔排气，使主阀阀芯移到右

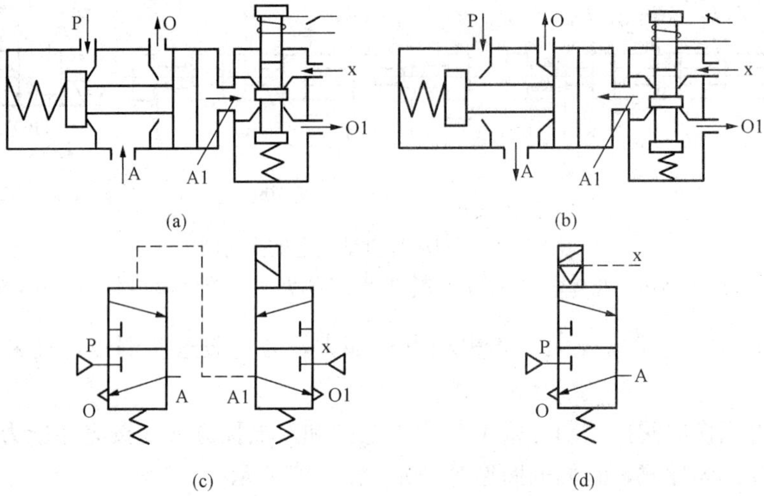

图 5－18　单电控外部先导式电磁阀

(a) 先导阀处于排气状态；(b) 立阀处于进气状态；(c) 详细图形符号；(d) 简化图形符号

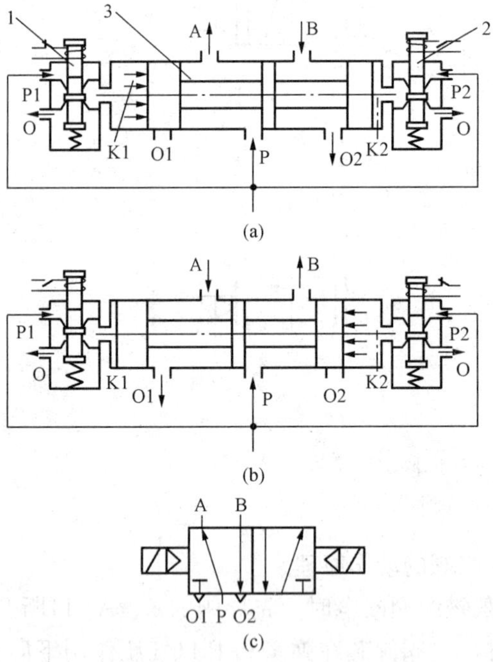

图 5－19　双电控内部先导式电磁阀

边。此时，P、A 接通，A 口有输出；B、O2 接通，B 口排气。如图 5－19（b）所示，当电磁先导阀 2 通电而先导阀 1 断电时，主阀 K2 腔进气，K1 腔排气，主阀阀芯移到左边。此时，P、B 接通，B 口有输出；A、O1 接通，A 口排气。双电控换向阀具有记忆性，即通电时换向，断电时并不返回，可用单脉冲信号控制。为保证主阀正常工作，两个电磁先导阀不能同时通电，电路中要考虑互锁保护。

直动式电磁阀与先导式电磁阀相比较，前者是依靠电磁铁直接推动阀芯，实现阀通路的切换，其通径一般较小或采用间隙密封的结构形式。通径小的直动式电磁阀也常称作微型电磁阀，常用于小流量控制或作为先导式电磁阀的先导阀。而先导式电磁阀是由电磁阀输出的气压推动主阀阀芯，实现主阀通路的切换。通径大的电磁气阀都采用先导式结构。

3. 人力控制换向阀

人力控制阀与其他控制方式相比，使用频率较低、动作速度较慢。因操作力不大，故阀的通径小、操作灵活，可按人的意志随时改变控制对象的状态，可实现远距离控制。

人力控制阀在手动、半自动和自动控制系统中得到广泛的应用。在手动气动系统中，一般直接操纵气动执行机构。在半自动和自动系统中多作为信号阀使用。

人力控制阀的主体部分与气控阀类似，按其操纵方式可分为手动阀和脚踏阀两类。

(1) 手动阀。手动阀的操纵头部结构有多种，如图 5-20 所示，有按钮式、蘑菇头式、旋钮式、拨动式、锁定式等。

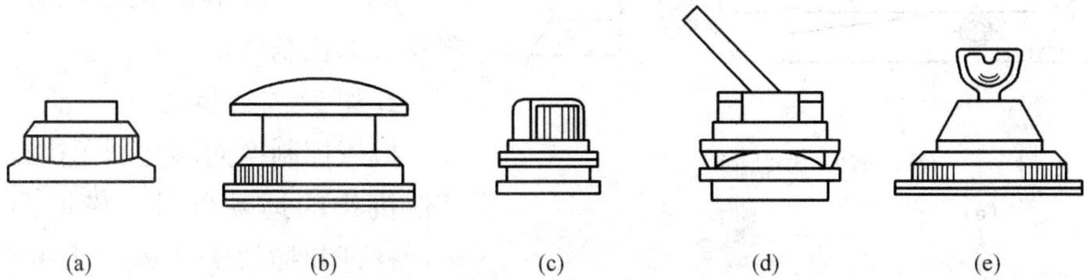

图 5-20 手动阀头部结构

(a) 按钮式；(b) 蘑菇头式；(c) 旋钮式；(d) 拨动式；(e) 锁定式

手动阀的操作力不宜太大，故常采用长手柄以减小操作力，或者阀芯采用气压平衡结构，以减小气压作用面积。

图 5-21 是推拉式手动阀的工作原理图。如图 5-21 (a) 所示，用手拉起阀芯，则 P 与 B 相通，A 与 O1 相通；如图 5-21 (b) 所示，若将阀芯压下，则 P 与 A 相通，B 与 O2 相通。

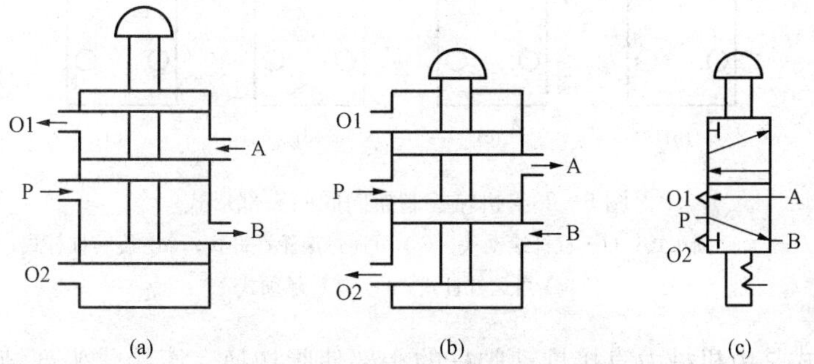

图 5-21 推拉式手动阀工作原理

(a) 拉起阀芯；(b) 压下阀芯；(c) 图形符号

旋钮式、锁式、推拉式等操作具有定位功能，即操作力除去后能保持阀的工作状态不变。如图 5-21 (c) 所示，图形符号上的缺口数便表示有几个定位位置。

手动阀除弹簧复位外，也有采用气压复位的，好处是具有记忆性，即不加气压信号，阀能保持原位而不复位。

(2) 脚踏阀。在半自动气控冲床上，由于操作者两只手需要装卸工件，为提高生产效率，用脚踏阀控制供气更为方便，特别是操作者坐着工作的冲床。

脚踏阀有单板脚踏阀和双板脚踏阀两种。单板脚踏阀是脚一踏下便进行切换，脚一离开便恢复到原位，即只有两位式。双板脚踏阀有两位式和三位式之分。两位式的动作是踏下踏板后，脚离开，阀不复位，直到踏下另一踏板后，阀才复位。三位式有三个动

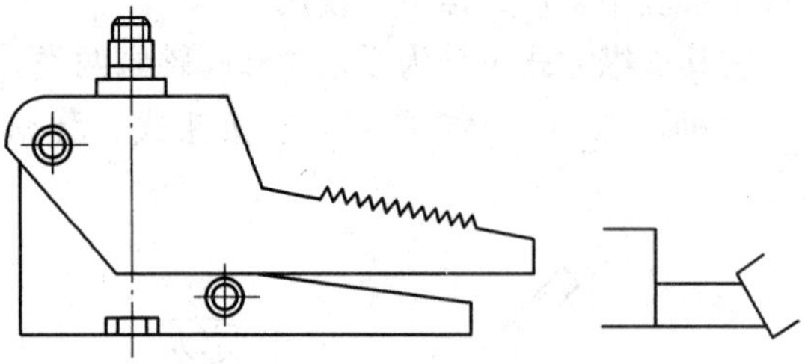

(a) (b)

图 5-22 脚踏阀
(a) 结构示意图；(b) 图形符号

作位置，脚没有踏下时，两边踏板处于水平位置，为中间状态；踏下任一边的踏板，阀被切换，待脚一离开又立即回复到中位状态。

图 5-22 所示是脚踏阀的结构示意图及头部控制图形符号。

4. 机械控制换向阀

机械控制换向阀是利用执行机构或其他机构的运动部件，借助凸轮、滚轮、杠杆和撞块等机械外力推动阀芯，实现换向的阀。

如图 5-23 所示，机械控制换向阀按阀芯的头部结构形式来分，常见的有：直动圆头式，杠杆滚轮式，可通过滚轮杠杆式，旋转杠杆式，可调杠杆式，弹簧触须式等。

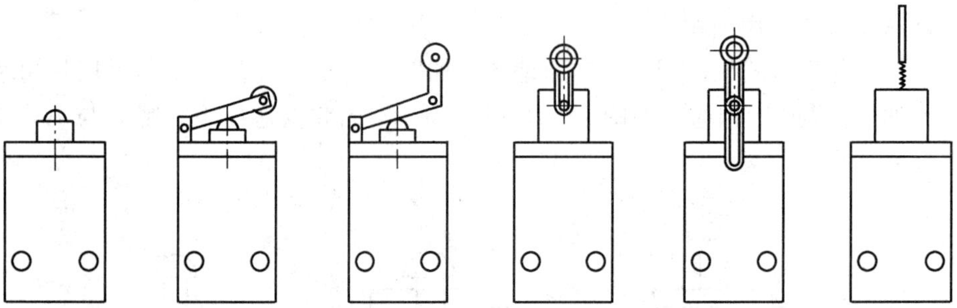

(a) (b) (c) (d) (e) (f)

图 5-23 机械控制换向阀的头部形式
(a) 直动圆头式；(b) 杠杆滚动式；(c) 可通过滚轮杠杆式；(d) 旋转杠杆式；
(e) 可调杠杆式；(f) 弹簧触须式

直动圆头式是由机械力直接推动阀杆的头部使阀切换。滚轮式头部结构可以减小阀杆所受的侧向力，杠杆滚轮式可减小阀杆所受的机械力。可通过滚轮杠杆式结构的头部滚轮是可折回的，当机械撞块正向运动时，阀芯被压下，阀换向。撞块走过滚轮，阀芯靠弹簧力返回。撞块返回时，由于头部可折，滚轮折回，阀芯不动，阀不换向。弹簧触须式结构操作力小，常用于计数发信号。

5.3 压力控制阀

压力控制阀主要用来控制系统中压缩气体的压力或依靠空气压力来控制执行元件动作顺序。以满足系统对不同压力的需要及执行元件工作顺序的不同要求。压力控制阀是利用压缩空气作用在阀芯上的力和弹簧力相平衡的原理来进行工作的。压力控制阀主要有减压阀、溢流阀和顺序阀。

5.3.1　减压阀

气动系统一般由空气压缩机先将空气压缩并储存在储气罐内，然后经管路输送给各气动装置使用。储气罐输出的压力一般比较高，同时压力波动也比较大，只有经过减压作用，将其降至每台装置实际所需要的压力，并使压力稳定下来才可使用。因此，减压阀是气动系统中一种必不可缺少的调压元件。按调节压力方式不同，减压阀有直动型和先导型两种。

1. 直动型减压阀

图5-24所示为QTY型直动型减压阀的结构图。其工作原理是：阀处于工作状态时，压缩空气从左侧入口流入，流经阀口后再从阀出口流出。当顺时针旋转手柄1，压缩弹簧2、3推动膜片5下移，使阀杆6带动进气阀芯9下移，打开进气阀口，压缩空气通过阀口时受到一定的节流作用，使输出压力低于输入压力，以实现减压作用。与此同时，有一部分气流经阻尼孔7进入膜片室，在膜片下部产生一个向上的推力。当推力与弹簧的作用力相互平衡后，阀口的开度稳定在某一定值上，减压阀就输出一定的气体。阀口开度越小，节流作用越强，压力下降也越多。

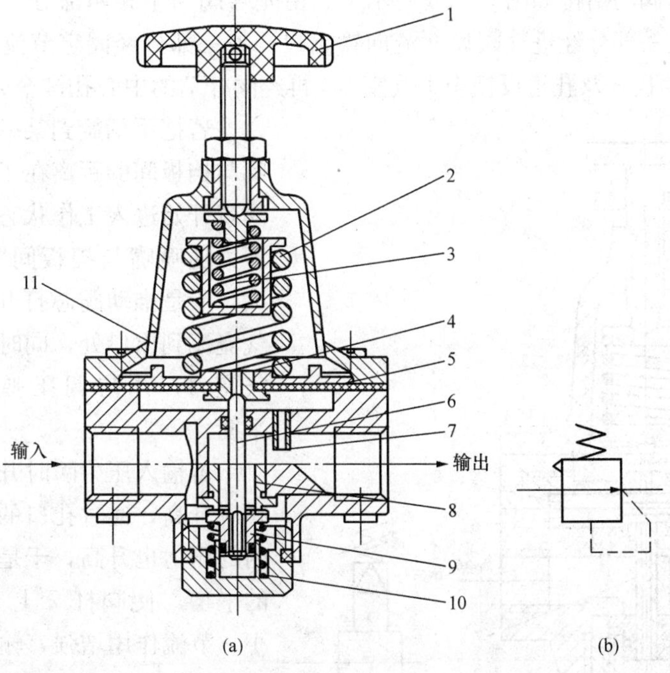

图5-24　QTY型直动型减压阀的结构图
(a) 结构原理图；(b) 图形符号
1—手柄；2、3—压缩弹簧；4—溢流孔；5—膜片；6—阀杆；7—阻尼孔；
8—阀座；9—进气阀芯；10—复位弹簧；11—排气口

若输入压力瞬时升高，经阀口以后的输出压力也随之升高，使膜片室内的压力也升高，因而破坏了原有的平衡，使膜片上移，有部分气流经溢流孔4、排气口11排出。在膜片上移的同时，阀芯在复位弹簧10的作用下也随之上移，减小了进气阀口的开度，节流作用增大，输出压力下降，直至达到膜片两端作用力重新达到平衡为止，此时输出压力基本上又回到原数值上。

相反，输入压力下降时，进气节流阀口开度增大，节流作用减小，输出压力上升，使输出压力基本回到原数值上。

QTY 型直动型减压阀的调压范围为 0.05～0.63MPa。为限制气体流过减压阀所造成的压力损失，规定气体通过阀内通道的流速在 15～25m/s 范围内。

安装减压阀时，要按气流的方向和减压阀上所示的箭头方向，依照分水过滤器→减压阀→油雾器的安装顺序进行安装。调压时应由低向高调，直至规定的调压值为止。阀不用时应把旋钮放松，以免膜片变形。

2. 先导型减压阀

先导式减压阀是使用预先调整好压力的空气来代替直动式调压弹簧进行调压的。其调节原理和主阀部分的结构与直动式减压阀相同。先导式减压阀的调压空气一般是由小型的直动式减压阀供给的。若将这种直动式减压阀装在主阀内部，则称为内部先导式减压阀；若将它装在主阀外部，则称外部先导式或远程控制减压阀。

先导型减压阀的结构如图 5 - 25 所示。它由先导阀和主阀两部分组成。当气流从左端流入阀体后，一部分经进气阀口 9 流向输出口，另一部分经固定节流口 1 进入中气室 5，经喷嘴 2、挡板 3 及孔道反馈至下气室 6，再经阀杆 7 的中心孔排至大气中。

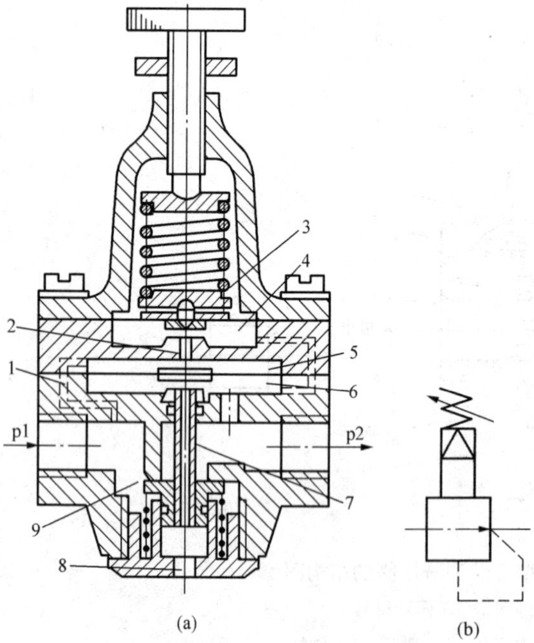

图 5 - 25　先导型减压阀的结构

(a) 结构原理图；(b) 图形符号

1—固定节流口；2—喷嘴；3—挡板；4—上气室；5—中气室；6—下气室；7—阀杆；8—排气孔；9—进气阀口

若把手柄旋到某一固定位置，使喷嘴与挡板间的距离在工作范围内，减压阀就开始进入工作状态。中气室 5 内的压力随喷嘴与挡板间距离的减小而增大，于是推动阀芯打开进气阀口 9，则气流流到出口处，同时经孔道反馈到上气室 4，并与调压弹簧的压力保持平衡。

若输入压力瞬时升高，输出压力也相应升高，通过孔口的气流使下气室 6 内的压力也升高，于是破坏了膜片原有的平衡，使阀杆 7 上升，节流阀口减小，节流作用增强，输出压力下降，使膜片两端的作用力重新达到平衡，输出压力又恢复到原来的调定值。

当输出压力瞬时下降时，经喷嘴和挡板的放大后也会引起中气室 5 内的压力明显有效地升高，而使阀芯下移，阀口开大，输出压力升高，并稳定在原数值上。

选择减压阀时应根据气源的压力来

确定阀的额定输入压力，气源的最低压力应高于减压阀最高输出压力 0.1MPa 以上。减压阀一般安装在空气过滤器之后，油雾器之前。

3. 减压阀的溢流结构种类

减压阀的溢流结构有溢流式、恒量排气式和非溢流式三种，如图 5-26 所示。

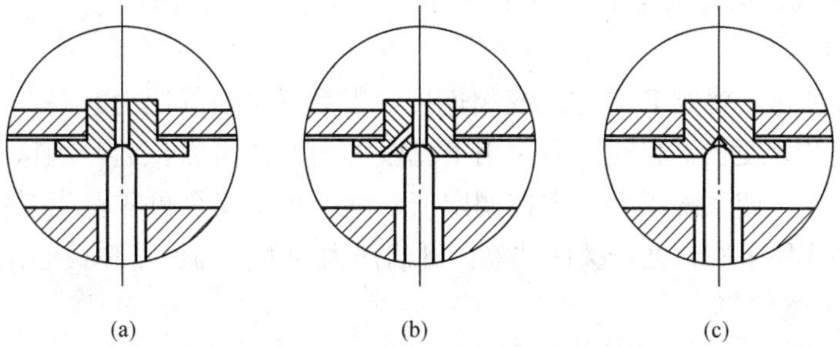

图 5-26 减压阀的溢流结构

(a) 溢流式；(b) 恒量排气式；(c) 非溢流式

图 5-26（a）所示为溢流式结构，它有稳定输出压力的作用，当阀的输出压力超过调定值时，气体能从溢流口排出，维持输出压力不变。但由于经常要从溢流孔排出少量气体，在介质为有害气体的气路中，为防止工作场所的空气受污染，应选用非溢流式结构。

图 5-26（b）所示为恒量排气式结构，此阀在工作时，始终有微量气体从溢流阀座上的小孔排出，它能提高减压阀在小流量输出时的稳压性能。

图 5-26（c）所示为非溢流式结构，它与溢流式的区别就是溢流阀座上没有溢流孔。

使用非溢流式减压阀时，要安装一个旁路阀，当需要降低输出压力时，打开旁路阀排出部分气体，直至达到新的调定值，如图 5-27所示。

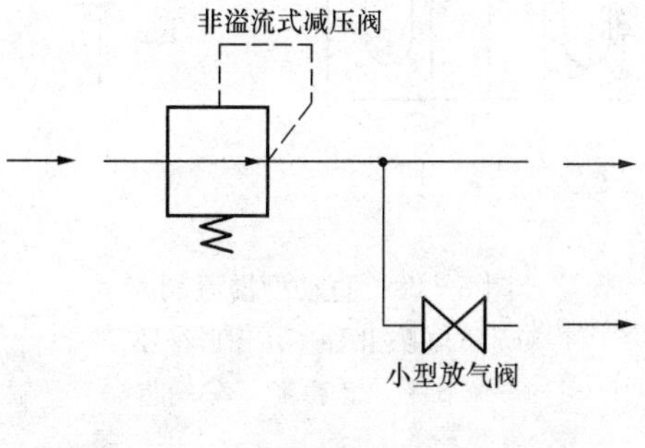

图 5-27 非溢流式减压阀的使用

4. 减压阀的使用

减压阀的使用过程中应注意以下事项。

(1) 减压阀的进口压力应比最高出口压力大 0.1MPa 以上。

(2) 安装减压阀时，最好手柄在上，以便于操作。阀体上的箭头方向为气体的流动方向，安装时不要装反。阀体上堵头可拧下来，装上压力表。

(3) 连接管道安装前，要用压缩空气吹净或用酸蚀法将锈屑等清洗干净。

(4) 在减压阀前安装分水滤气器，阀后安装油雾器，以防减压阀中的橡胶件过早变质。

(5) 减压阀不用时，应旋松手柄回零，以免膜片经常受压产生塑性变形。

5.3.2 溢流阀（安全阀）

溢流阀的作用是当系统压力超过调定值时，便自动排气，使系统的压力下降，以保证系统能够安全可靠地工作，因而，也称其为安全阀。按控制方式划分，溢流阀有直动型和先导型两种；按其结构有活塞式、膜片式和球阀式等。

溢流阀和安全阀在结构和功能方面相类似，有时可以不加以区别。它们的作用是当气动回路和容器中的压力上升到超过调定值时，能自动向外排气，以保持进口压力为调定值。实际上，溢流阀是一种用于维持回路中空气压力恒定的压力控制阀；而安全阀是一种防止系统过载、保证安全的压力控制阀。

1. 直动型溢流阀

如图 5－28 所示，将阀 P 口与系统相连接，当系统中空气压力升高，一旦大于溢流阀调定压力时，阀芯 3 便在下腔气压力作用下克服上面的弹簧力抬起，阀口开启，使部分气体经阀口排至大气，使系统压力稳定在调定值，确证系统安全可靠。当系统压力低于调定值时，在弹簧的作用下阀口处于关闭状态。开启压力的大小与调整弹簧的预压缩量有关。

2. 先导型溢流阀

如图 5－29 所示，溢流阀的先导阀为减压阀，经它减压后的空气从上部 K 口进入阀内，以代替直动型中的弹簧来控制溢流阀。先导型溢流阀适用于管路通径较大及实施远距离控制的场合。选用溢流阀时，其最高工作压力应略高于所需的控制压力。

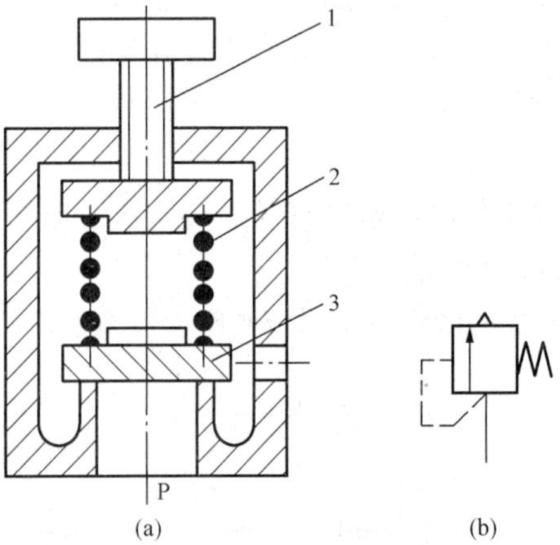

图 5－28　直动型溢流阀

(a) 结构原理图；(b) 图形符号

1—调节杆；2—弹簧；3—阀芯

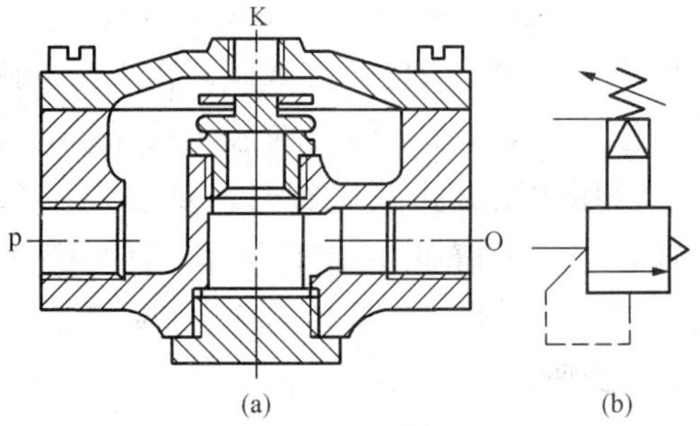

图 5－29　先导型溢流阀

(a) 结构示意图；(b) 图形符号

3. 溢流阀的应用

如图 5－30 所示回路中，因气缸行程较长，运动速度较快，如仅靠减压阀的溢流孔排气作用，很难保持气缸右腔压力的恒定。为此，在回路中装设一个溢流阀，使减压阀的调定压力低于溢流阀的设定压力，缸的右腔在行程中由减压阀供给减压后的压缩空气，左腔经换向阀排气。通过溢流阀与减压阀配合使用，可以控制并保持缸内压力的恒定。

溢流阀（安全阀）的直动式和先导式的含义同减压阀。直动式溢流阀（安全阀）一般通径较小；先导式溢流阀（安全阀）一般用于通径较大或需要远距离控制的场合。

5.3.3　顺序阀

顺序阀是依靠气压的大小来控制气动回路中各元件动作的先后顺序的压力控制阀，

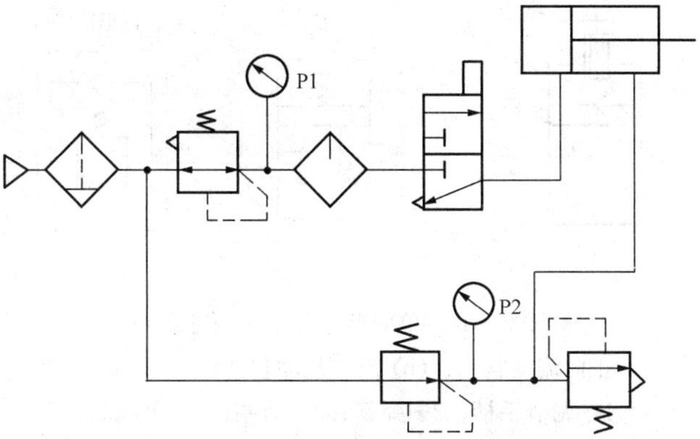

图 5-30　溢流阀的应用回路

常用来控制气缸的顺序动作。若将顺序阀与单向阀并联组装成一体，则称为单向顺序阀。

1. 顺序阀的工作原理

图 5-31 所示为顺序阀的工作原理图。图 5-31（a）中所示为压缩空气从 P 口进入阀后，作用在阀芯下面的环形活塞面积上，当此作用力低于调压弹簧的作用力时，阀关闭。图 5-31（b）所示为当空气压力超过调定的压力值即将阀芯顶起，气压立即作用于阀芯的全面积上，使阀达到全开状态，压缩空气便从 A 口输出。当 P 口的压力低于调定压力时，阀再次关闭。图 5-31（c）所示为顺序阀的图形符号。

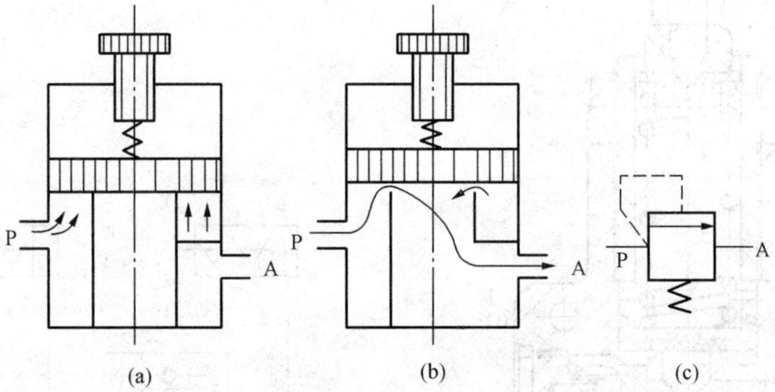

图 5-31　顺序阀工作原理图

（a）关闭状态；（b）开启状态；（c）图形符号

2. 单向顺序阀

图 5-32 所示为单向顺序阀的工作原理，当压缩空气由 P 口进入阀左腔后，作用在活塞 3 上的压力小于弹簧 2 的作用力时，阀处于关闭状态。而当作用于活塞上的压力大于弹簧的作用力时，活塞被顶起，压缩空气则经过阀左腔流入右腔并从 A 口流出，然后进入其他控制元件或执行元件，此时单向阀关闭。当切换气源时［见图 5-32（b）］，左

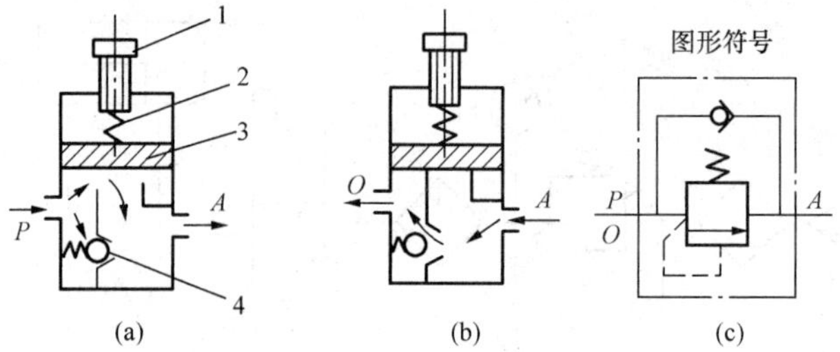

图 5-32　单向顺序阀工作原理图

(a) 正向流动状态；(b) 反向流动状态；(c) 图形符号

1—调节手柄；2—弹簧；3—活塞；4—单向阀

腔内的压力迅速下降，顺序阀关闭，此时右腔内的压力高于左腔内的压力，在该气体压力差的作用下，单向阀被打开，压缩空气则由右腔经单向阀 4 流入左腔并向外排出。单向顺序阀的结构如图 5-33 所示。

3. 顺序阀的应用

图 5-34 所示为用顺序阀控制两个气缸进行顺序动作的回路。压缩空气先进入气缸 1 中，待达到一定压力值后，打开顺序阀 4，压缩空气才开始进入气缸 2 并使其动作。切断气源，由气缸 2 返回的气体经单向阀 3 和排气孔 O 排空。

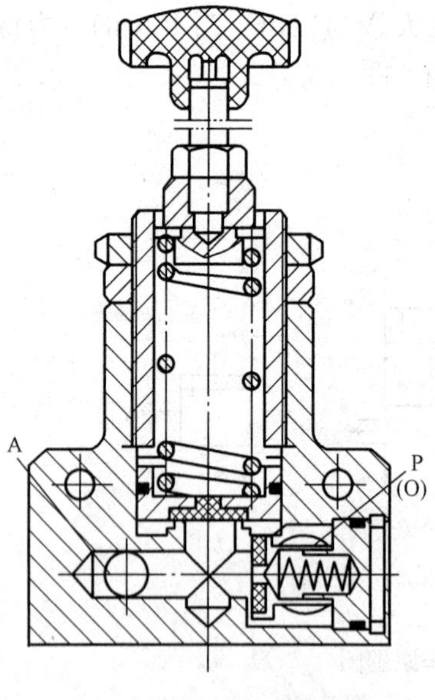

图 5-33　单向顺序阀结构图

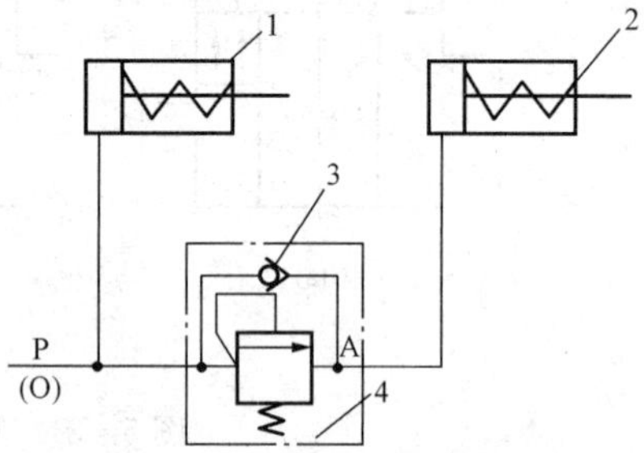

图 5-34　顺序阀的应用

1、2—气缸；3—单向阀；4—顺序阀

5.4 流量控制阀

流量控制阀的作用是通过改变阀的通气面积来调节压缩空气的流量，控制执行元件运动速度。在气动系统中，控制气缸运动速度、控制信号延迟时间、控制油雾器的滴油量、控制缓冲气缸的缓冲能力等都是依靠控制流量来实现的，流量控制阀包括节流阀、单向节流阀、排气节流阀、柔性节流阀和行程节流阀等。

5.4.1　节流阀

节流阀的作用是通过改变阀的通流面积来调节流量的大小。节流阀的性能与节流口的形式有直接的关系。常用节流阀的节流口形式如图 5-35 所示。对节流阀调节特性的要求是流量调节范围要大、阀芯的位移量与通过的流量呈线性关系。节流阀节流口的形状对调节特性影响较大。

图 5-35（a）所示的是针阀式节流口，当阀开度较小时，调节比较灵敏，当超过一定开度时，调节流量的灵敏度就变差了；图 5-35（b）所示的是三角槽形节流口，通流面积与阀芯位移量成线性关系；图 5-35（c）所示的是圆柱斜切式节流口，通流面积与阀芯位移量成指数（指数大于 1）关系，能进行小流量精密调节。

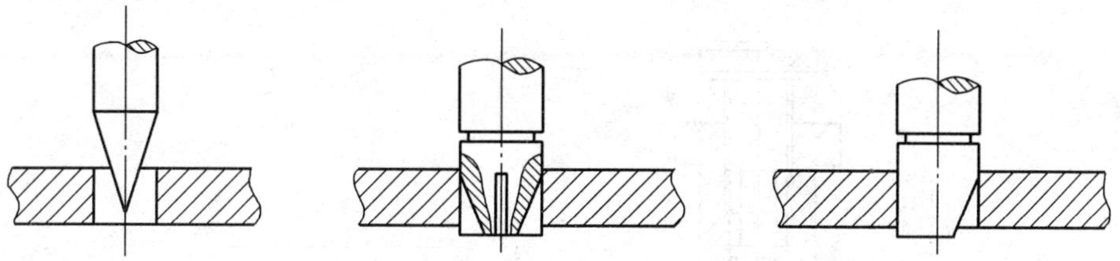

(a)　　(b)　　(c)

图 5-35　常用节流口形式

（a）针阀式；（b）三角槽形；（c）圆柱斜切式

图 5-36 所示为节流阀的基本结构原理图和图形符号。气体由输入口 P 进入阀内，经阀座与阀芯间的节流通道从输出口 A 流出，通过节流螺杆可使阀芯上下移动，而改变节流口通流面积，实现流量的调节。由于这种节流阀结构简单，体积小，故应用范围较广。

5.4.2　单向节流阀

单向节流阀是由单向阀和节流阀并联而成的组合式流量控制阀。该阀常用于控制气缸的运动速度，故也称“速度控制阀”。

图 5-37 所示为单向节流阀的工作原理图，当气流由 P 至 A 正向流动时，单向阀在弹簧和气压作用下处于关闭状态，气流经节流阀节流后流出；而当气流由 A 至

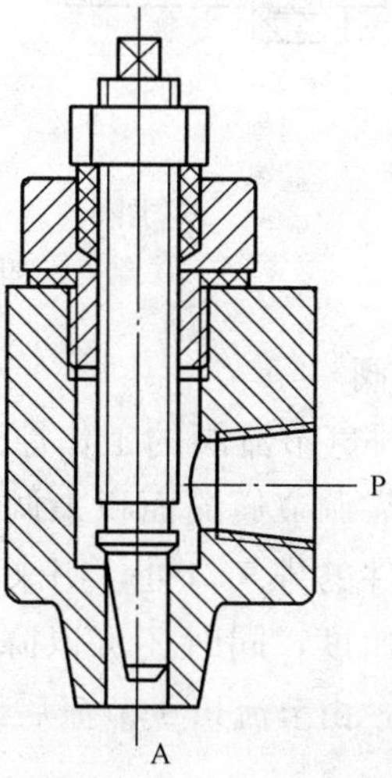

(a)　　(b)

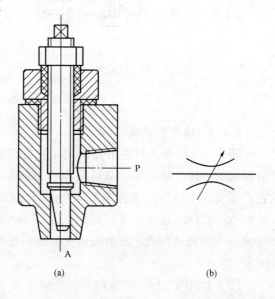

图 5-36　节流阀工作原理图

（a）工作原理图；（b）图形符号

P 反向流动时，单向阀打开，不起节流作用。

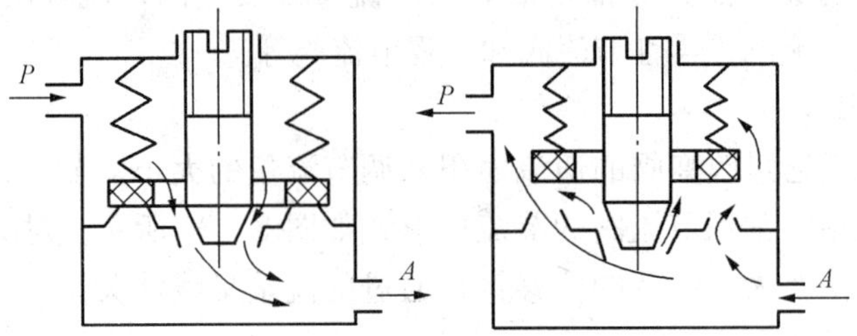

(a)　　(b)

图 5－37　单向节流阀的工作原理图

(a) P－A 状态；(b) A－P 状态

单向节流阀的基本结构和图形符号如图 5－38 所示。

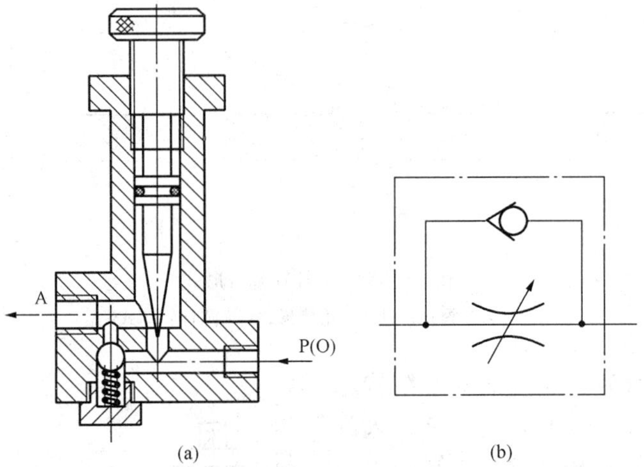

(a)　　(b)

图 5－38　单向节流阀

(a) 结构原理图；(b) 图形符号

5.4.3　排气节流阀

图 5－39 所示为排气节流阀的工作原理图和图形符号。排气节流阀的节流原理和节流阀的一样，也是靠调节通流面积来调节流量的。由于节流口后有消声器件，所以它必须安装在执行元件的排气口处，用来控制执行元件排入大气中气体的流量，从而控制执行元件的运动速度，同时还可以降低排气噪声。从图 5－39（a）中可以看出，气流从 A 口进入阀内，由节流口 1 节流后经消声套排出。调节手轮 3，即可调节通过的流量。

排气节流阀宜用于在换向阀与气缸之间不能安装速度控制阀的场合。应注意，排气节流阀对换向阀会产生一定的背压，对有些结构形式的换向阀而言，此背压对换向阀的动作灵敏性可能有些影响。

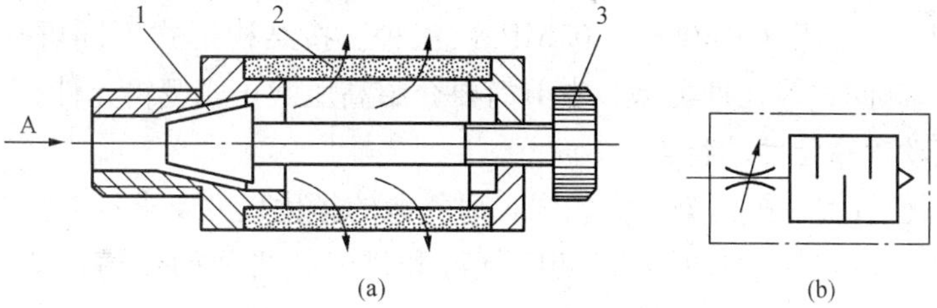

图 5－39　排气节流阀

(a) 结构原理图；(b) 图形符号

1—节流口；2—消声套；3—手轮

5.4.4　柔性节流阀

图 5－40 所示的是柔性节流阀的结构原理，它依靠阀杆夹紧柔韧的橡胶管而产生节流作用，也可以用气体压力来代替阀杆压缩橡胶管。柔性节流阀结构简单，压力降小，动作可靠，对污染不敏感。通常工作压力范围为 0.03～0.3MPa。

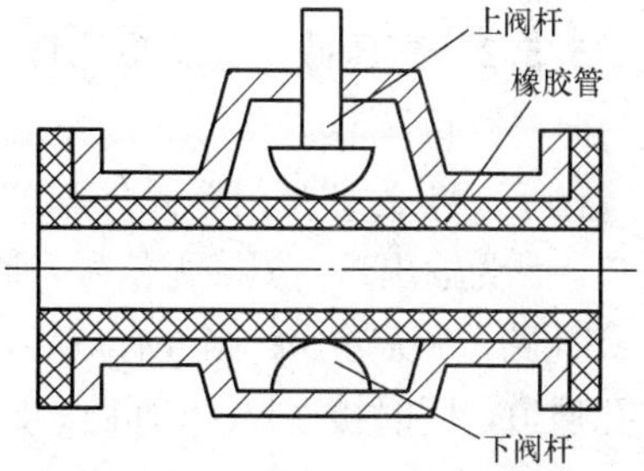

图 5－40　柔性节流阀的结构原理

5.4.5　使用流量控制阀的注意事项

用流量控制阀控制气缸的运动速度，应注意以下几点。

(1) 防止管道中的漏损。有漏损则无法准确地进行速度控制，低速时更应注意防止漏损。

(2) 要特别注意气缸内表面加工精度和表面粗糙度，尽量减少内表面的摩擦力，这是保证速度控制准确性不可缺少的条件。在低速场合，往往使用聚四氟乙烯等材料作密封圈。

(3) 要使气缸内表面保持一定的润滑状态。润滑状态一改变，滑动阻力也就改变，速度控制就不能稳定。

(4) 加在气缸活塞杆上的载荷必须稳定。若这种载荷在行程中途有变化，则速度控制相当困难，甚至无法实现。在不能消除载荷变化的情况下，必须借助于液压阻尼力，有时也使用平衡锤或连杆等。

(5) 必须注意速度控制阀的位置。原则上流量控制阀应设在气缸管接口附近。使用控制台时常将速度控制阀装在控制台上，远距离控制气缸的速度，但这种方法很难准确进行速度控制。

5.5　气动逻辑控制阀

现代气动系统中的逻辑控制，大多通过采用 PLC 来实现，但是，在有防爆防火要求特别高的场合，常用到一些气动逻辑元件。气动逻辑元件是一种以压缩空气为工作介质，通过元件内部可动部件（如膜片、阀芯）的动作，改变气流流动的方向，从而实现一定逻辑功能的气体控制元件。气动逻辑元件按工作压力分为高压（0.2～0.8MPa）、低压（0.05～0.2MPa）、微压（0.005～0.05MPa）三种。按结构形式不同可分为截止式、膜片式、滑阀式和球阀式等几种类型。本节简要介绍高压截止式逻辑元件。

5.5.1 气动逻辑元件的特点

（1）元件孔径较大，抗污染能力较强，对气源的净化程度要求较低。

（2）元件在完成切换动作后，能切断气源和排气孔之间的通道，即具有关断能力。元件耗气量较低。

（3）负载能力强，可带多个同类型元件。

（4）在组成系统时，元件间的连接方便，调试简单。

（5）适应能力较强，可在各种恶劣环境下工作。

（6）响应时间一般在10ms以内。

（7）在强冲击振动下，有可能使元件产生误动作。

5.5.2 高压截止式逻辑元件

1.“是门”和“与门”元件

图5-41为“是门”元件和“与门”元件的结构图。图中，P为气源口，a为信号输入口，S为输出口。当a无信号，阀片6在弹簧及气源压力作用下上移，关闭阀口，封住P→S通路，S无输出。当a有信号，膜片在输入信号作用下，推动阀芯下移，封住S与排气孔通道，同时接通P→S通路，S有输出。即元件的输入和输出始终保持相同状态。

当气源口P改为信号口b时，则成“与门”元件，即只有当a和b同时有输入信号时，S才有输出，否则S无输出。

2.“或门”元件

图5-42为“或门”元件的结构图。当只有a信号输入时，阀片3被推动下移，打开上阀口，接通a→S通路，S有输出。类似地，当只有b信号输入时，b→S接通，S也有输出。显然，当a、b均有信号输入时，S定有输出。显示活塞1用于显示输出的状态。

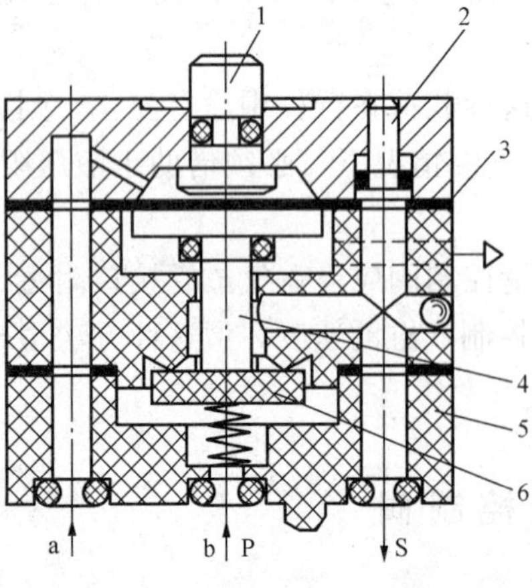

图5-41 “是门”和“与门”元件的结构图

1—手动按钮；2—显示活塞；3—膜片；4—阀芯；5—阀体；6—阀片

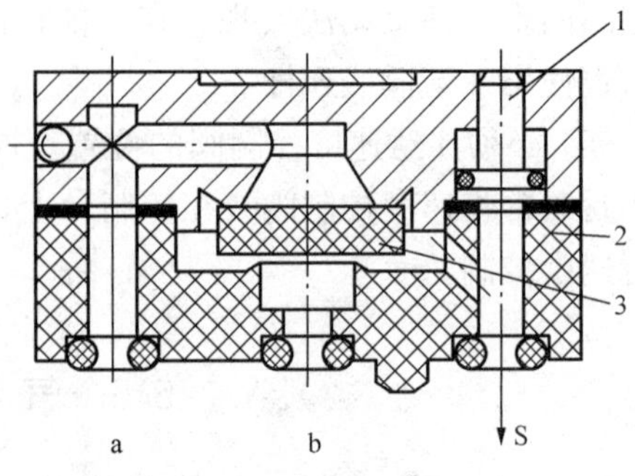

图5-42 “或门”元件

1—显示活塞；2—阀体；3—阀片

3.“非门”和“禁门”元件

图5-43为“非门”及“禁门”元件的结构图。图中，a为信号输入孔，S为信号输出孔，P为气源孔。在a无信号输入时，阀片1在气源压力作用下上移，开启下阀口，关闭上阀口，接通P→S通路，S有输出。当a有信号输入时，膜片6在输入信号作用下，推动阀杆3及阀片1下移，开启上阀口，关闭下阀口，S无输出。显然此时为“非门”元件。若将气源口P改为信号b口，该元件就成为“禁门”元件。当a、b均有输入信号时，阀片1及阀杆3在a输入信号作用下封住b孔，S无输出；当a无信号输入，而b有输入信号时，S就有输出。即a输入信号对b输入信号起“禁止”作用。

4.“或非”元件

图5-44为“或非”元件工作原理图。P为气源口，S为输出口，a、b、c为三个信号输入口。当三个输入口均无信号输入时，阀芯3在气源压力作用下上移，开启下阀口，接通P→S通路，S有输出。三个输入口只要有一个口有信号输入，都会使阀芯下移关闭下阀口，截断P→S通路，S无输出。

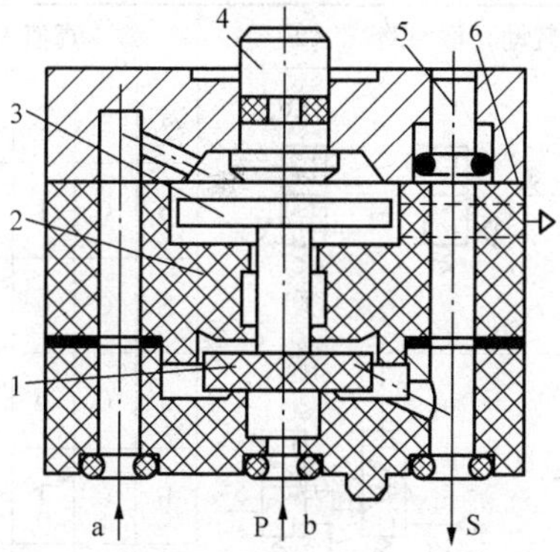

图5-43 “非门”和“禁门”元件

1—阀片；2—阀体；3—阀杆；4—手动按钮；5—显示活塞；6—膜片

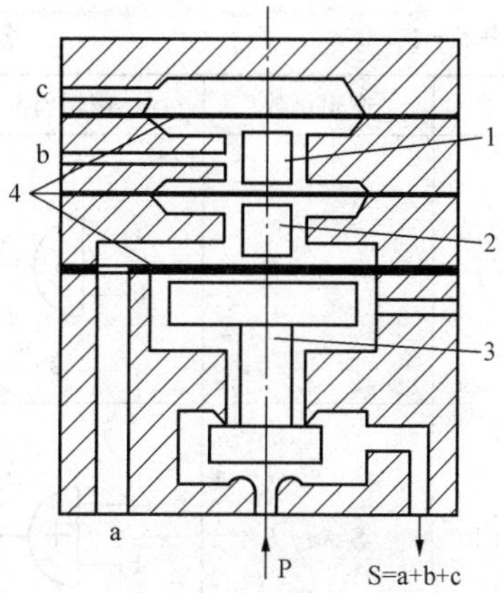

图5-44 “或非”元件

1、2—阀柱；3—阀芯；4—膜片

“或非”元件是一种多功能逻辑元件，用它可以组成“与门”“或门”“非门”“双稳”等逻辑元件。

5. 记忆元件

记忆元件分为单输出和双输出两种。双输出记忆元件称为双稳元件，单输出记忆元件称为单记忆元件。

图5-45为“双稳”元件原理图。当a有控制信号输入时，阀芯2带动滑块4右移，接通P→S1通路，S1有输出，而S2与排气孔O相通，无输出。此时“双稳”处于“1”状态，在b输入信号到来之前，a信号虽消失，阀芯2仍保持在右端位置。当b有输入信号时，则P→S2相通，S2有输出，S1→O相通，此时元件置“0”状态，b信号消失后，a信号未到来前，元件一直保持此状态。

图5-46为单记忆元件的工作原理图。当b信号输入时，膜片1使阀芯2上移，将

小活塞 4 顶起，打开气源通道，关闭排气口，使 S 有输出。如 b 信号撤销，膜片 1 复原，阀芯在输出端压力作用下仍能保持在上面位置，S 仍有输出，对 b 置“1”信号起记忆作用。当 a 有信号输入时，阀芯 2 下移，打开排气通道，活塞 4 下移，切断气源，S 无输出。

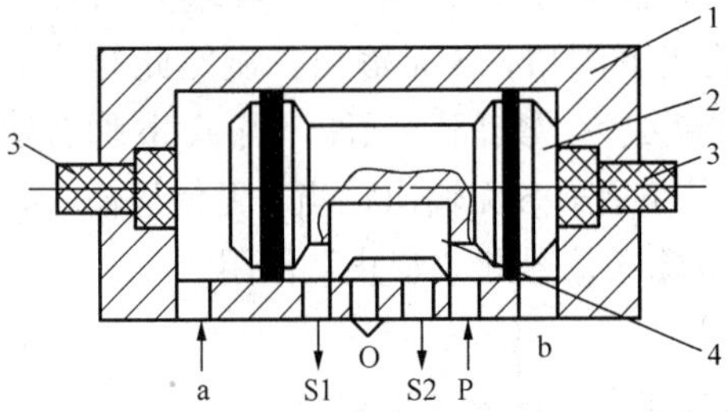

图 5-45 “双稳”元件原理图

1—阀体；2—阀芯；3—手动按钮；4—滑块

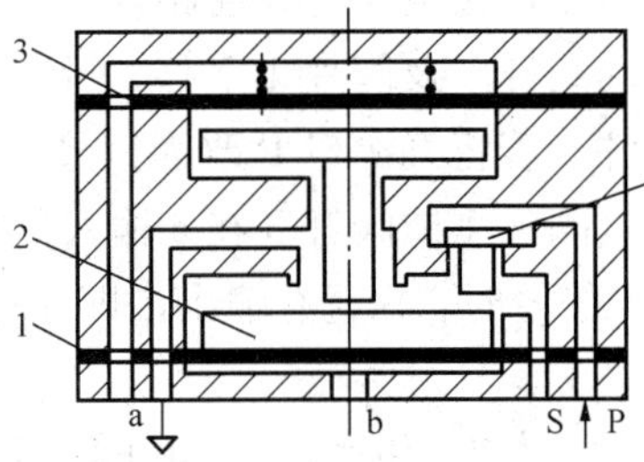

图 5-46 单记忆元件原理图

1—膜片；2—阀芯；3—膜片；4—小活塞

各种逻辑元件的表达方式见表 5-1。

表 5-1　各种逻辑元件的表达方式

元件	逻辑函数	逻辑符号	气动元件回路	真值表
与门	$S=a\cdot b$	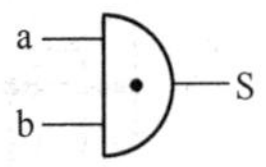	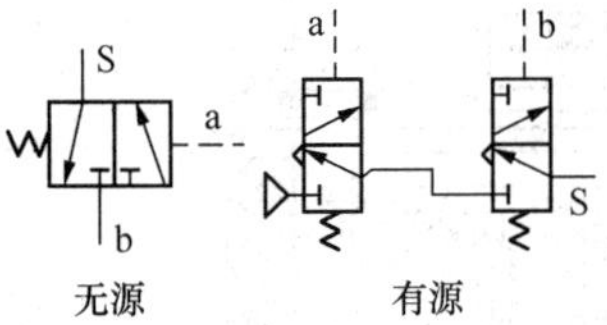	a 0 0 1 1 b 0 1 0 1 S 0 0 0 1
或门	$S=a+b$	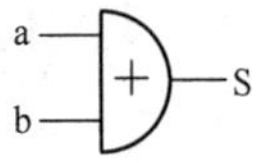	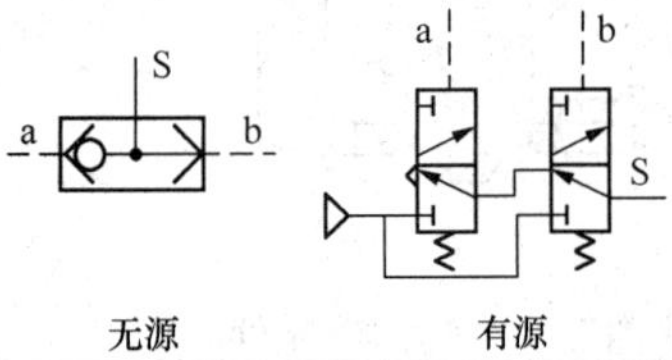	a 0 0 1 1 b 0 1 0 1 S 0 1 1 1
非门	$S=\bar{a}$	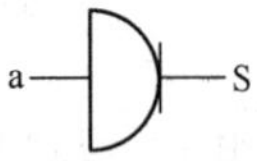	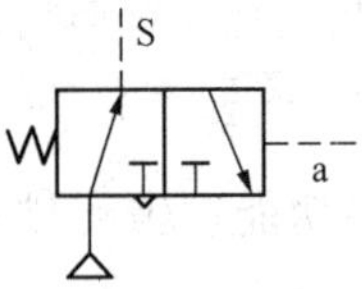	a 0 1 S 1 0
是门	$S=a$	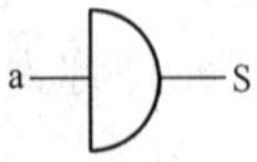	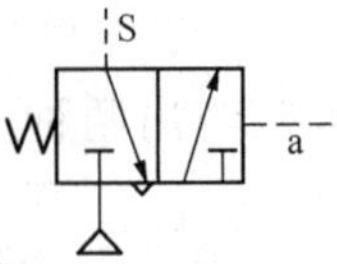	a 0 1 S 0 1
禁门	$S=\bar{a}\cdot b$	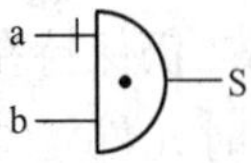	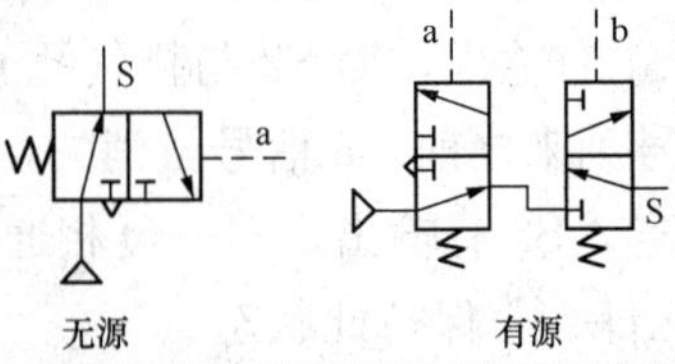	a 0 0 1 1 b 0 1 0 1 S 0 1 0 0

续表

元件	逻辑函数	逻辑符号	气动元件回路	真值表				
或非门	$S=\overline{a+b}$S1S2	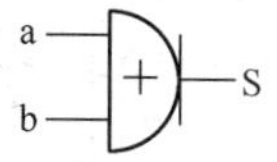	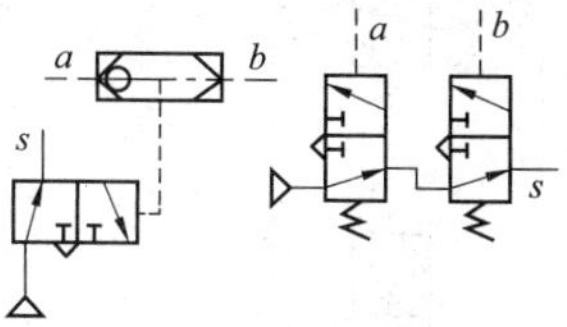	a	0	0	1	1
				b	0	1	0	1
				S	1	0	0	0
记忆	$S1=K_{b}^{a}$ $S2=K_{a}^{b}$	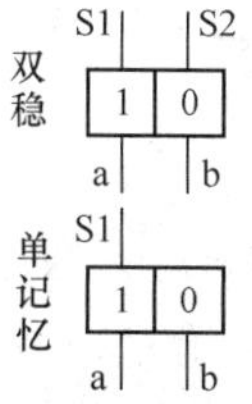	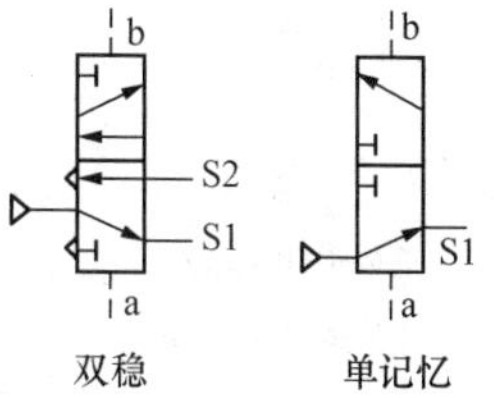	a	1	0	0	0
				b	0	0	1	0
				S1	1	1	0	0
				S2	0	0	1	1

5.5.3 逻辑元件的应用举例

1.“或门”元件控制线路

图5-47为采用梭阀作“或门”元件的控制线路图。当信号a及b均无输入时（图5-47所示状态），气缸处于原始位置。当信号a或b有输入时，梭阀S有输出，使二位四通阀克服弹簧力作用切换至上方位置，压缩空气即通过二位四通阀进入气缸下腔，活塞上移。当信号a或b解除后，二位三通阀在弹簧作用下复位，S无输出，二位四通阀也在弹簧作用下复位，压缩空气进入气缸上腔，使气缸复位。

2. 双手操作安全回路

图5-48为用二位三通按钮式换向阀和逻辑“禁门”元件组成的安全回路。当两个按钮阀同时按下时，“或门”的输出信号S1要经过单向节流阀3进入气容4，经一定时间的延时后才能经逻辑“禁门”5输出，而“与门”的输出信号S2是直接输入到“禁门”6上的。因此S2比S1早到达“禁门”6，“禁门”6有输出。输出信号S4一方面推动主控阀8换向使缸7前进，另一方面又作为“禁门”5的一个输入信号，由于此信号比S1早到达“禁门”5，故“禁门”5无输出。如果先按阀1，后按阀2，且按下的时间间隔大于回路中延时时间t，那么，“或门”的输出信号S1先到达“禁门”5，“禁门”5有输出信号S3输出，而输出信号S3是作为“禁门”6的一个输入信号的，由于S3比S2早到达“禁门”6，故“禁门”6无输出，主控阀不能切换，气缸7不能动作。若先按下阀2，后按下阀1，则其效果与同时按下两个阀的效果相同。但若只按下其中任一个阀，则换向阀8不能换向。

5.5.4 气动逻辑元件的使用

（1）气源净化要求低。一般情况下气动逻辑元件对气源的处理要求较低，所使用的气源经过常用的QTY型减压阀和QSL型分水过滤器就可以了。国内有的气动逻辑控制装置，气源经一般的处理，经过几年的使用不出故障，仍在正常地工作。

另外，元件不需要润滑。由于元件内有橡胶膜片，要注意把逻辑控制系统用的气源同需要润滑的气动控制阀和气缸的气媒分开供气。

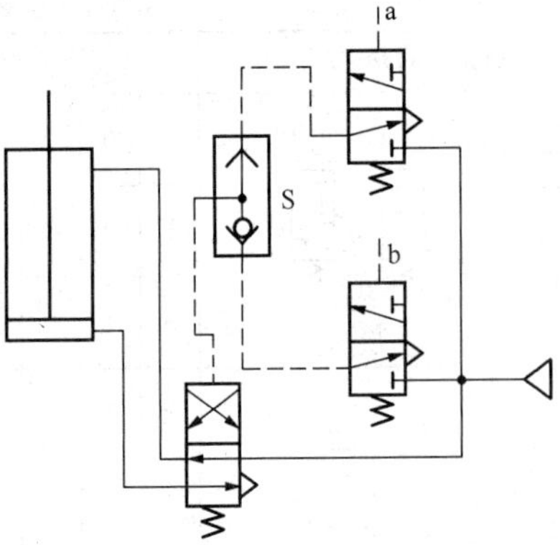

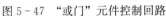

图 5-47 “或门”元件控制回路

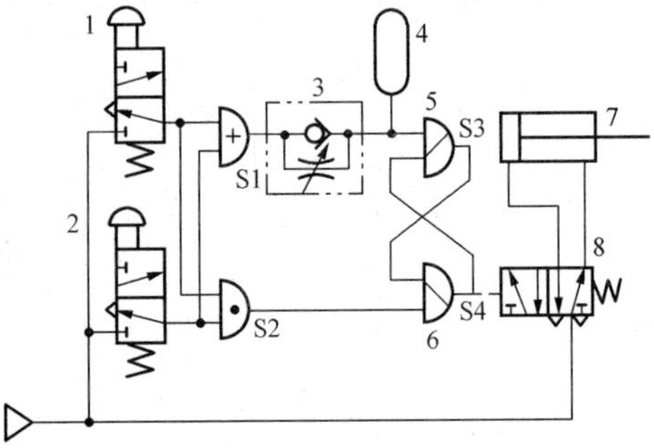

图 5-48 双手操作安全回路

1、2—阀；3—单向节流阀；4—气容；
5、6—“禁门”；7—气缸；8—主控阀

(2) 要注意连接管路的气密性。要特别注意元件之间连接的管路密封，不得有漏气现象。否则，大量的漏气将引起压力下降，可能使元件动作失灵。

(3) 在安装之前，首先按照元件技术说明书试验一下每个元件的逻辑功能是否符合要求。元件接通气源后，排气孔不应有严重的漏气现象。否则，拆开元件进行修整，或调换元件。

(4) 使用中若发现同与门元件相连的元件出现误动作，应该检查与门元件中的弹簧是否折断，或者弹簧是否太软。

(5) 元件的安装可采用安装底板，底板下面有管接头，元件之间用塑料管连接。为了连接线路的美观、整齐，也能采用像电子线路中的印制电路板一样，气动逻辑元件也能用集成气路板安装，元件之间的连接已在气路板内实现，外部只有一些连接用的管接头。集成气路板可用几层有机玻璃板黏合，或者用金属铅板和耐油橡胶材料构成。

(6) 逻辑元件要相互串联时，一定要保证有足够的流量，否则可能无力推动下一级元件。

(7) 无论采用截止式或膜片式高压逻辑元件，都要尽量将元件集中布置，以便于集中管理。

(8) 由于信号的传输有一定的延时，信号的发出点（例如行程开关）与接收点（例如元件）之间不能相距太远。一般来说，最好不超过几十米。

(9) 气动逻辑控制系统所用气源的压力变化必须保障逻辑元件正常工作需要的气压范围和输出端切换时所需的切换压力，逻辑元件的输出流量和响应时间等在设计系统时可根据系统要求参照有关资料选取。

5.6 阀 岛

5.6.1 阀岛简介

阀岛是由多个电控阀构成的控制元器件，它集成了信号输入、输出及信号的控制，犹如一个控制岛屿。“阀岛”一词来自德语，英文名为“Valve Terminal”。阀岛由德国

Festo 公司发明并最先应用。

阀岛是新一代气电一体化控制元器件，已从最初带多针接口的阀岛发展为带现场总线的阀岛，继而出现可编程阀岛及模块式阀岛。阀岛技术和现场总线技术相结合，不仅确保了电控阀的布线容易，而且也大大地简化了复杂系统的调试、性能的检测和诊断及维护工作。借助现场总线高水平一体化的信息系统，使两者的优势得到充分发挥，具有广泛的应用前景。

20 世纪后期，市场用户希望从 Festo 得到技术支持：如何简化整机上电磁阀的组装。基于此，Festo 公司于 1980 年年底率先推出了 PAL 型铝制气路板，该板具有统一的气源口。当需安装大量电磁阀时，气路板显得格外有效。其通常与 Festo 传统系列老虎阀组合使用。为追求更简化的电磁阀安装方式，Festo 又开发了 PRS 型气路板（P 口供气，R、S 口排气），板上安装 2000 型老虎阀。

随着气动技术的普遍使用，一台机器上往往需要大量的电磁阀，由于每个阀都需要单独的连接电缆，因此如何减少连接电缆线就成为了一个不容忽视的问题。由于气路板方式无法实现阀的电信号传输。因此，Festo 在已解决气路简化的基础上又尝试着对电路进行简化，从而致力于电-气组合体——阀岛的研究，即电控部分通过一个接口方便地连接到气路板并对其上的电磁阀进行控制，不再需要对单个电磁阀独立地引出信号控制线。在减小接线工作量的同时提高操作的准确性，并使其防护等级达到 IP65。

5.6.2 阀岛的类型

1. 带多针接口的阀岛

可编程控制器的输出控制信号、输入信号均通过一根带多针插头的多股电缆与阀岛相连，而由传感器输出的信号则通过电缆连接到阀岛的电信号输入口上。因此，可编程控制器与电控阀、传感器输入信号之间的接口简化为只有一个多针插头和一根多股电缆。与传统方式实现的控制系统比较可知，采用多针接口阀岛后系统不再需要接线盒。同时，所有电信号的处理、保护功能（如极性保护、光电隔离、防水等）都已在阀岛上实现。图 5-49 所示为带多针接口的阀岛的实物图。

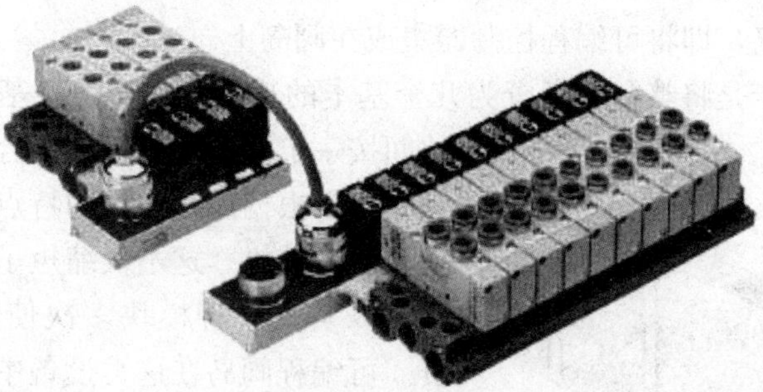

图 5-49 多针接口的阀岛

2. 带现场总线的阀岛

使用多针接口型阀岛使设备的接口大为简化，但用户还必须根据设计要求自行将可编程控制器的输入/输出口与来自阀岛的电缆进行连接，而且该电缆随着控制回路的复杂化而加粗，随着阀岛与可编程控制器间的距离增大而加长。为克服这一缺点，出现了新一代阀岛——带现场总线的阀岛。

现场总线（Field bus）的实质是通过电信号传输方式，并以一定的数据格式实现控制系统中信号的双向传输。两个采用现场总线进行信息交换的对象之间只需一根两股或四股的电缆连接。特点是信号以一对电缆之间的电位差方式传输。在由带现场总线的阀岛组成的系统中，每个阀岛都带有一个总线输入口和总线输出口。这样当系统中有多个带现场总线阀岛或其他带现场总线设备时可以由近至远串联连接。现提供的现场总线阀岛装备了目前市场上所有开放式数据格式约定及主要可编程控制器厂家自定的数据格式约定。这样，带现场总线阀岛就能与各种型号的可编程控制器直接相连，或者通过总线转换器进行阀接。图 5 - 50（a）、5 - 50（b）所示为带现场总线的阀岛的两种实物图。

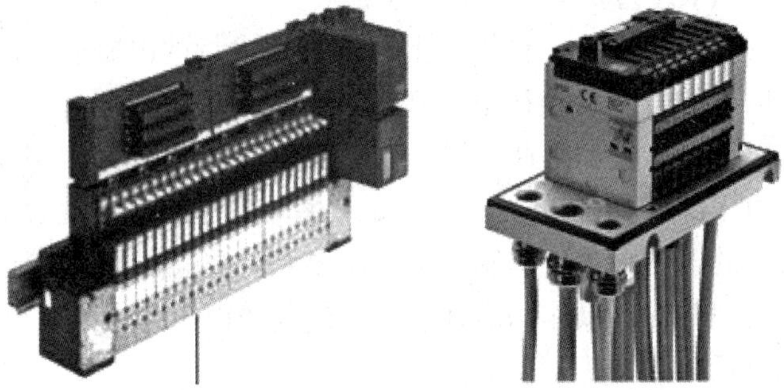

(a)　　(b)

图 5 - 50　带现场总线的阀岛

带现场总线阀岛的出现标志着气电一体化技术的发展进入一个新的阶段，为气动自动化系统的网络化、模块化提供了有效的技术手段，因此近年来发展迅速。

3. 可编程阀岛

鉴于模块式生产成为目前发展趋势，同时注意到单个模块以及许多简单的自动装置往往只有 10 个以下的执行机构，于是出现了一种集电控阀、可编程控制器以及现场总线为一体的可编程阀岛，即将可编程控制器集成在阀岛上。

所谓模块式生产是将整台设备分为几个基本的功能模块，每一基本模块与前、后模块间按一定的规律有机地结合。模块化设备的优点是可以根据加工对象的特点，选用相应的基本模块组成整机。这不仅缩短了设备制造周期，而且可以实现一种模块多次使用，节省了设备投资。可编程阀岛在这类设备中广泛应用，每一个基本模块装用一套可编程阀岛。这样，使用时可以离线同时对多台模块进行可编程控制器用户程序的设计和调试。这不仅缩短了整机调试时间，而且当设备出现故障时可以通过调试检查出有故障的模块，使停机维修时间最短。图 5 - 51 所示

图 5 - 51　可编程阀岛

为可编程阀岛的实物图。

4. 模块式阀岛

模块式阀岛在阀岛设计中引入了模块化的设计思想，这类阀岛的基本结构如下。

(1) 控制模块位于阀岛中央。控制模块有多针接口型、现场总线型和可编程型三种基本方式。

(2) 各种尺寸、功能的电磁阀位于阀岛右侧，每 2 个或 1 个阀装在带有统一气路、电路接口的阀座上。阀座的次序可以自由确定，其个数也可以增减。

(3) 各种电信号的输入/输出模块位于阀岛左侧，提供完整的电信号输入/输出模块产品。

模块式阀岛可分为带独立插座、带多针插头、带 ASI 接口及带现场总线接口的阀岛。图 5－52 所示为模块式阀岛的两种实物图。

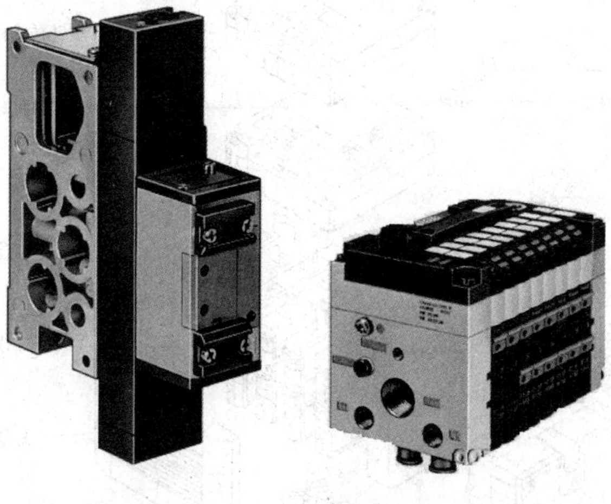

(a)　(b)

图 5－52　模块式阀岛实物图

带独立插座的阀岛通用性强，对控制器无特殊要求，配有电缆（有极性容错功能），插座上带有 LED 和保护电路，分别用以显示阀的工作状态和防止过压。

带多针插头的阀岛通过多感电缆将控制信号从控制器传输到阀岛，顶盖上不仅有电气多针插头，而且还带有 LED 显示器和保护电路。

带 ASI 接口的阀岛，其显著的一个特点是数据信号和电源电压由同一根 2 芯电缆同时传输。电缆的形状使得用户在使用时排除了极性错误。对于 ASI 接口系统，每个模块通常提供 4 个地址。因此一个 ASI 阀岛可安装 4 个二位五通单控阀或 2 个二位五通双控阀。

带现场总线接口的阀岛可与现场总线节点或控制器相连。这些设备将分散的输入/输出单元串接起来，最多可连接 4 个分支。每个分支可包括 16 个输入和 16 个输出，连接电缆同时输电源和控制信号。也就是说，它适合控制分散元件，使阀尽可能安装在气缸附近，其目的是缩短气管长度，减小进排气时间，并减少流量损失。

5.6.3 阀岛结构特点

阀岛系统的结构如图 5-53 所示。阀岛集成安装了多个 SR 低功率不供油小型电控换向阀，有 2 阀、4 阀、6 阀、8 阀、10 阀等类别，分别有单电和双电两种控制形式。阀岛上电控换向阀电磁铁的控制线通过内部连线集成到多芯插座上，形成标准的接口，并且共用地线，从而大大减少了连线的数量。如装有 10 个双电控换向阀的阀岛，具有 20 个电磁铁，只需要 21 芯的电缆就可以控制。接线时通过标准的接口插头插接，非常便于拆装、集中布线和检修。

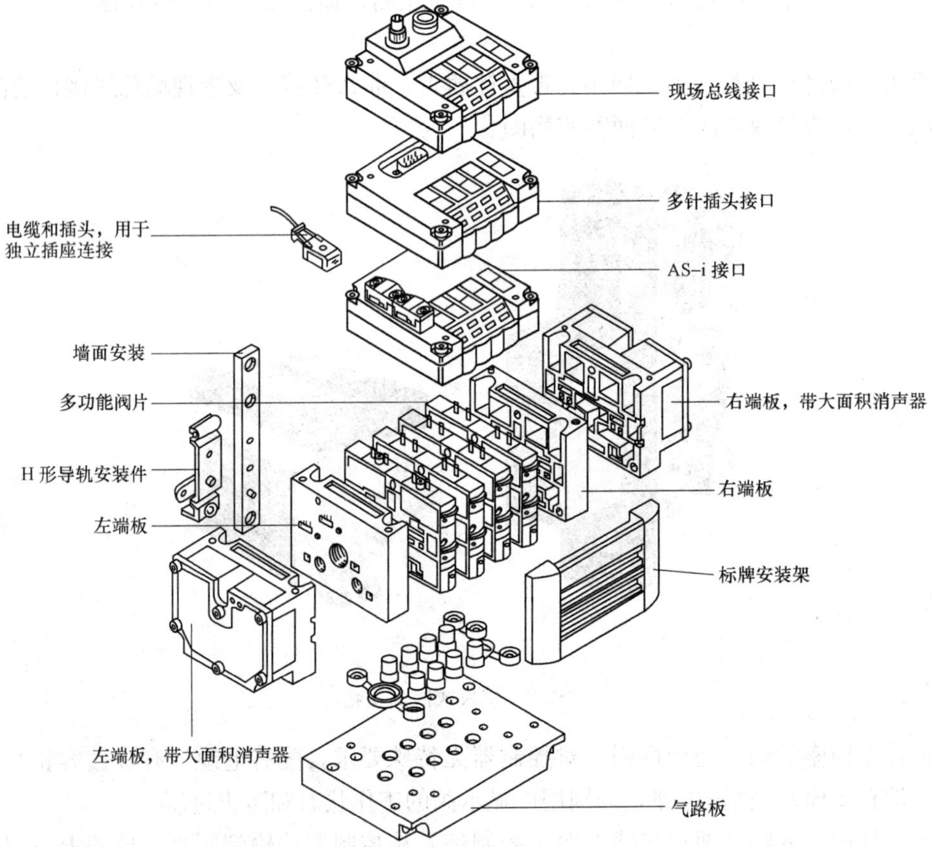

图 5-53　阀岛系统的结构

5.6.4 阀岛的应用特点

1. 安装方便，可靠性高

阀岛把多个电控换向阀集成在一起，由于采用了集中接线和多芯插座，使得布线占有空间小，接线、布线、检修作业简单，大大节约了拆装时间。并且可靠性高。

2. 减少了控制线，便于远程控制

电控换向阀的传统控制采用的是接线束方式，每个电磁铁都需要两根控制线。阀岛采用了公共地线，大大减少了控制线的数量，从而便于采用多芯电缆进行远程控制。

3. 使用总线控制方式，便于众多电控换向阀的计算机控制

计算机控制众多电控换向阀时，采用传统的接线束控制方式，需要计算机对大量接

线直接控制，这使得布线、安装都很困难。采用阀岛的计算机直接控制方式，虽然仍需要多根电缆线，但使用总线控制方式，只需要一根控制电缆就可以完成控制。

5.6.5　阀岛技术在轴承自动化清洗线的应用

1. 系统原理

轴承是一切有回转动作的设备或装置不可缺少的和最关键的部件之一，其性能和质量的好坏直接影响着整机设备的性能和使用寿命。提高轴承的清洁度是提高产品质量非常重要的一个环节。为完成钢制冲压轴承脱脂、除锈、脱水、防锈的四大主要目标，具有代表性的自动清洗线通常有13道工位，由气缸实现送料、换位等工序，各个执行机构的动作由电磁阀来控制。因此该清洗线上需要安装大量的电磁阀，由于每个阀均需要单独的连接电缆，如何减少连接电缆线就成为一个不容忽视的问题，在气动系统的设计过程中必须考虑系统的集成化和小型化。本系统通过PLC直接控制阀岛来完成清洗任务，其控制系统组成如图5-54所示，主要包括PLC、阀岛以及用于进行监控和操作的人机界面，在编程调试和配置阶段，还需一台PC完成相应的工作。另外，一套完整可靠的气动回路是实现最终动作的重要组成部分。

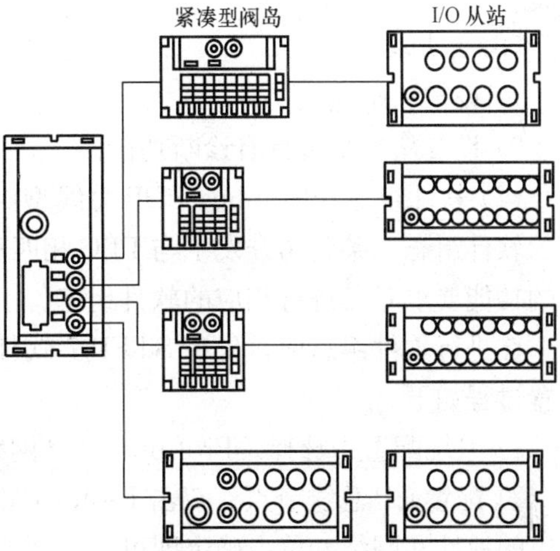

图5-54　系统配置简图

2. 系统配置

系统电气部分主要由电源模块、PLC、Syslink专用接口和Profibus电缆组成。在本系统中，我们选用了S7315-2DP作为ProfibusDP的主站，它带有MPI、Profibus主站/从站的双接口，与Profibus-DP总线型阀岛连接，大大扩大其控制范围，只需一根标准的串口线即可控制几十甚至上百个阀岛，从而改变了以往的气动控制系统中采用单根导线与PLC的输入/输出相连接的方式。

Syslink专用接口是阀岛与PLC连接的通道。Syslink接口通过输入/输出电缆与PLC相连，替代了原来每根导线单独连接，提高了接线效率。

Profibus电缆是系统联网专用电缆，带有终端电阻，RS485标准。ProfibusDP具有最高可达12M/s的通信能力，能快速将现场数据采集并传送，做到信号的不迟滞、不失真。

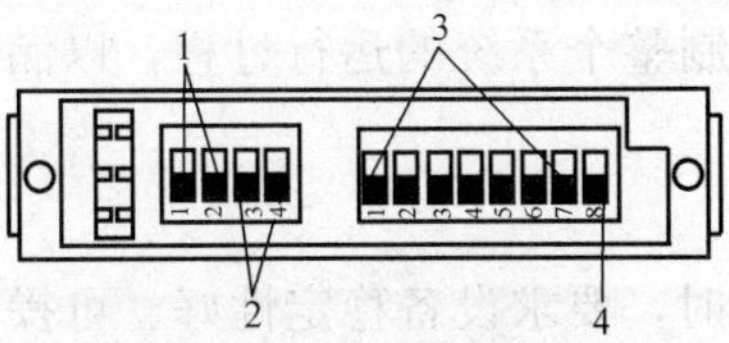

图5-55　DIL开关设置

1—设置现场总线协议；2—设置CP系统的扩展；3—站点的地址选择开关；4—设置诊断模式

3. 阀岛与S7—300的通信

(1) 阀岛配置。卸下阀岛顶盖螺钉，盖板上有两组DIL开关用以设置协议、地址等。DIL开关设置如图5-55所示。

DIL1功能：

1）PROFIBUS－DP 协议设置。

2）设置阀岛的扩展情况。

1 个带 PROFIBUS－DP 接口的紧凑型阀岛最多可扩展 1 个带 CAN 总线接口的阀岛或 1 个 16 点输出模块以及 1 个 16 点输入模块。依据实际情况，设置 DIP 开关的相应位置。

DIL2 功能：

1）设定从站地址。

2）设置从站是否具有诊断功能。

（2）软件组态。Profibus－DP 总线型阀岛的软件组态阀岛在使用之前还需要进行相应的软件组态。某公司开发了与 PLC 相匹配的总线型阀岛技术使用软件，根据清洗线系统的功能要求对其进行相应的软件组态。

在进行软件组态前，先在 STEP 7 软件下安装所需要的 FestoDP 产品的 GSD 文件。配置过程如下。

1）系统配置中选择。Profibus－DP 网络组件 Festo－CPV 阀岛。

2）配置 CP 总线节点。双击 FestoCPVD I01，配置 CPV 阀岛的地址和网络，选择好相应的地址和网络，单击确定即可。

3）添加 CP 总线分支。应选择相应的功能模块。

将基于 ProfibusDP 现场总线的总线型阀岛气动控制技术应用在轴承多工位自动化清洗线中，替代传统设计方案，系统集成度比较高，充分发挥了气动设备在自动化系统中的作用。

5.6.6 总线型阀岛在自动化生产线实训台中的应用

1. 前言

现场总线技术的出现，推动了气动自动化技术的发展，促进了传统的气动控制系统和 PLC 控制更好地融合。另外，Profibus－DP 总线型阀岛技术的出现，促进了气动技术与 PLC 更进一步的有机结合，并在自动化领域里得到了广泛应用。传统的气动自动化实训台中的气动控制部分采用各个相对独立的气动控制阀元件来控制执行机构动作，其元件安装空间较大，安装精度较低，模拟执行元件的实验较少，给使用和学习带来极大的不便，满足不了日益发展的气动自动化技术的实训操作要求。因此，采用先进的自动化技术实现模拟自动化生产线的气动实训操作已经成为必然的趋势。

采用基于 Profibus－DP 现场总线技术的总线型阀岛作为气动控制系统的核心元件；同时，采用西门子 S7—300 可编程控制器（PLC）来控制整个系统的运行过程，以满足目前自动化生产线的实训要求。

2. 实训台系统的硬件组成及主要功能

实训系统在设备选型上主要考虑技术的先进性。同时，要求设备稳定性好、可操作性强、维护使用方便、系统功能设计范围广。

实训台系统主要用于模拟自动化生产线上的工件自动传送过程。通过分析各种自动化设备及系统应用的特点，采用先进的基于 ProfibusDP 的总线型阀岛，替代传统的机电一体化实训台中多个分立的气动控制阀元件来完成工作。同时，采用西门子 S7—300

可编程控制器（PLC）来控制整个系统运行过程。这样可以大大提高系统的控制精度，节省安装空间，使用更方便快捷，促进实训设备自动化技术进一步提高，保证实训台的综合实训功能。

（1）实训台系统的硬件组成。通过一个工件在实训台上被执行器抓取、传送、放置的过程来模拟自动化生产线上的物料自动传送过程。模拟工件采用塑料制品，桶状，质量为50g。尺寸：外径（37±0.5）mm，壁厚（3±0.5）mm，长度（30±1）mm。系统最大工作空间为500mm×250mm×250mm（±1mm）。

1）电气部分。系统电气部分主要由电源模块、PLC、Syslink专用接口和Profibus电缆组成。

系统的CPU采用单独的24V电源模块供电。使用安全有效，便于实训操作。具有抗干扰能力强、体积小、质量轻、输入输出完全隔离、保护功能完善、低纹波等特点。

控制系统采用功能强大的CPU为313C-2DP的S7—300系列可编程控制器（PLC）。它集成数字量输入/输出接口，同时带有MPI、Profibus主站/从站的双接口，方便与Profibus-DP总线型阀岛连接，操作简单精确，从而改变了以往气动控制系统中采用单根导线与PLC的输入/输出相连接的方式，减少了单根线的接线困难以及接线出现错误很难进行故障排查等问题，消除了安全隐患。该PLC带有与过程相关的功能，可以完成具有特殊功能的任务，可以连接单独的输入/输出设备。同时带有系统停止、复位、气动开关及指示灯，操作显示直观简洁，利于操作者学习和应用。该PLC带有微存储卡（MMC），系统运行程序下载存于微存储卡，不需要运行时，微存储卡可以拔掉，方便用户操作程序的保密。

Syslink专用接口，它将8个输入端及8个输出端接至接头，同时配有LED显示。Syslink接口是PLC与输入、输出设备连结的桥梁，也是阀岛与PLC连接的通道。Syslink接口通过输入/输出电缆与PLC相连，替代了原来每根导线单独连接，使操作简单快捷，提高接线效率。

Profibus电缆是系统联网专用电缆，带有终端电阻，RS485标准，可用于CP5611卡、PLC、CPV总线型阀岛之间的连接。

2）气动部分。系统气动部分主要由总线型阀岛、摆动气缸、真空发生器、真空吸盘、气动手爪、偏平气缸、导向气缸、直线气缸和气电转换器等组成。

气动控制元件采用Festo公司的遵循Profibus-DP协议的10型CPV总线型阀岛，来控制多个类型的执行元件气缸完成传输动作。系统中使用了6片阀片，包括3片M型（5/2单电控）阀片、1片C型阀片（2×3/2常闭型双电控）、1片N型阀片（2×3/2常开型双电控）、1片E型真空发生器，带喷射器。其系统简洁直观，操作方便，性能稳定，使用场合广泛。

气动执行元件使用了多种类型的气缸，达到充分利用实训台、掌握多种气动执行元件的工作原理及使用安装注意事项的目的。丰富了实训台的可利用设备，充分发挥系统的多种实训功能。保证其功能的充分利用，达到最优效果。气动执行元件的主要工作参数如下。

① 摆动气缸采用单叶片摆动马达，其摆臂长（200±1）mm，可摆动角度为±90°。

采用机械挡块进行定位，将信号传输给接触式传感器来控制摆动气缸摆动的角度。

② 真空发生器工作压力为0.15～1MPa，采用管式连接，真空口和供气口排成一行，节省空间。

③ 真空吸盘采用偏平表面，吸盘直径6mm，有效吸气直径5.2mm。

④ 气动手爪张合度为43～37mm，抓取力可保持。采用反射式光电传感器作为控制气动手爪张合的信号。

⑤ 偏平气缸和导向气缸的有效行程均为（250±1）mm，直线气缸的有效行程为（500±1）mm。3种气缸均采用内部包含舌簧式行程开关的位置传感器定位。

⑥ 气电转换器的工作压力范围－95～0kPa，开启压力范围－25～5kPa，关闭压力≥－100kPa。

3）机械部分。系统机械部分主要由24V直流电动机驱动的传送带及传送带的安装导轨组成。由于电动机起动电流较大，为了防止PLC输出模块的损坏，将PLC输出端与限流器输入端相连接，再由限流器的输出端与电动机的输入端相连。从而达到控制电动机平稳起动的目的。

（2）实训台的功能分析。实训台用来模拟自动化生产线上工件的传送过程。首先将工件放置在供料盘中，由摆动气缸通过真空吸盘抓取工件，并放置在传送带的入口处。传送带的入口处传感器检测到传送带上有工件，直流电机驱动的传送带起动，将工件输送到提取位置，传送带停止，等待气动手爪来提取工件。当系统检测到有工件在传送带的提取位置时，直线气缸右移，气动手爪张开、导向气缸伸出、偏平气缸伸出、气动手爪提取工件、偏平气缸缩回、导向气缸缩回，完成工件的提取工作，等待下一步的传送指令。系统检测后发出传送指令，直线气缸左移、导向气缸伸出、偏平气缸伸出、气动手爪张开，将工件重新放回供料盘。等待摆动气缸再一次抓取工件。这样一个工作流程就完成了。整个系统完整的工作流程如图5-56所示。

系统的工作流程可以循环进行，也可以反方向进行。实训台的执行元件可以同时使用，也可以只用其中的一个或几个执行元件。同时使用者可根据自己的想法改变设备现有运动模式，操作方便、快捷，便于使用者快速有效地掌握气动控制技术。

3. 总线型阀岛在实训台中的应用

Profibus（Process Fieldbus）是一种国际化的、开放的、不依赖于设备生产商的现场总线标准。广泛应用于制造业自动化、流程工业自动化和楼宇、交通、电力等其他自动化领域。采用Profibus总线的系统具有很高的实时性。Profibus由Profibus-DP、Profibus-PA、Profibus-FMS 3个兼容部分组成。Profibus-DP协议是为自动化制造工厂中分散的I/O设备和现场设备所需要的高速数据通信而设计的，是一种高速低成本通信，用于设备级的控制系统与分散式I/O的通信。使用Profibus-DP可取代24V直流电压或4～20mA电流信号传输。DP的配置为主-从结构，DP主站与DP从站间的通信基于主-从原理。

采用的Profibus总线是系统联网专用电缆，带有终端电阻，采用RS485标准。用于CP5611卡、可编程控制器（PLC）、总线型阀岛之间的连接。PLC和阀岛、传感器、直流电机等之间利用Profibus-DP现场总线系统进行主从站之间的通信控制，完成设定的

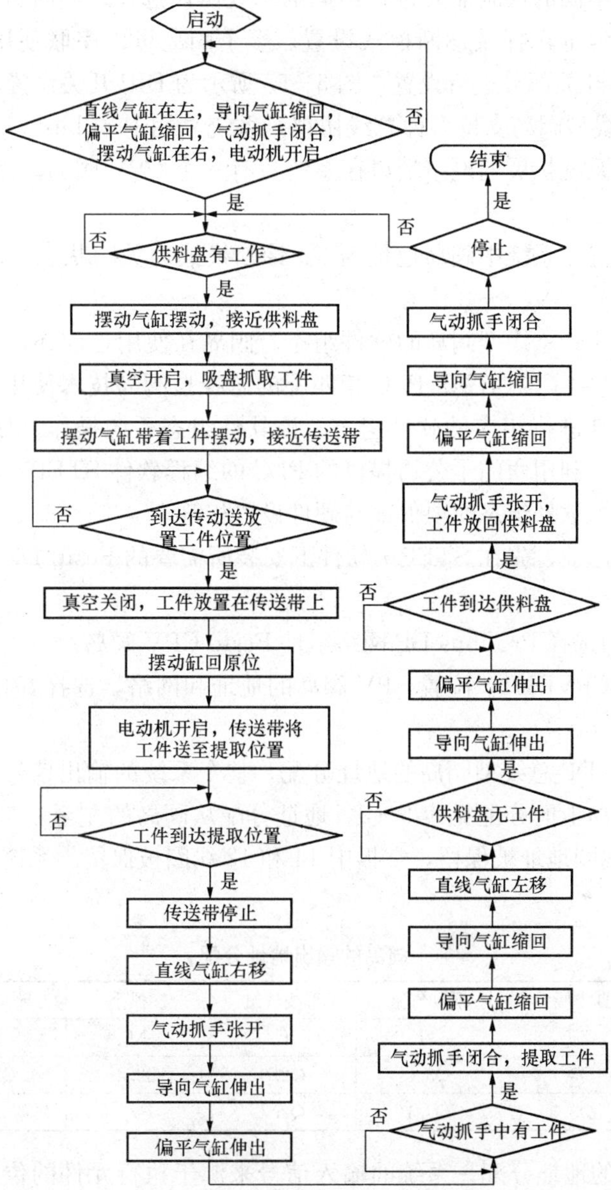

图5-56 实训台系统的工作流程图

实训操作的工作流程。

(1) Profibus-DP总线型阀岛的参数设置。遵循Profibus-DP协议的总线型阀岛是Festo公司最新推出的气动控制阀的集成，其性能优异、结构紧凑、固定栅格，并且可在一个位置上紧凑地安装两个阀的功能，从而提高阀岛的性能。阀岛上所有阀片都采用先导式控制，进气口可设在左端板或右端板，同时配置的手动拨片，在调试时也能够手动控制，其上阀的所有功能都可各自互相组合，达到不同的使用功能。阀岛上直接集成了所有通用的总线接口。

阀岛支持Profibus-DP、Festo Field Bus、ABBCS31、SUCOnetK多种协议。阀岛上

可以根据系统设备不同的控制需要进行不同的总线协议选择。同时可以在阀岛上进行网络端口设置、阀岛地址选择及诊断模式设置。多个阀岛可以串联使用。使用阀岛之前，要对阀岛上的DIP开关部分进行设置，图5-55所示为DIP开关设置。

10型CPV总线型阀岛支持多种总线协议，系统采用Profibus-DP协议，且系统无CP系统扩展。CP系统扩展的网络端口在系统只有一个CPV阀岛。因此DIP4位开关均设为OFF。

阀岛地址的设置，系统中阀岛地址为3。诊断模式为关闭状态。因此8位置DIP开关设置为：1、2位为ON，3—8位为OFF。

（2）Profibus-DP总线型阀岛的软件组态。阀岛在使用之前还需要进行相应的软件组态。Festo公司开发了与西门子PLC相匹配的总线型阀岛技术使用软件，根据实训台系统的功能要求对其进行相应的软件组态。该软件组态系统操作方便，界面简单快捷，有利于学习和使用。利用西门子公司提供的PLC的编程软件STEP 7对系统在软件环境下进行软件组态时，软件组态时要保证与硬件设置相符。

在进行软件组态前，先在STEP 7软件下安装所需要的Festo DP产品的GSD文件。配置过程如下。

1）系统配置中选择Profibus DP网络组件Festo CPV阀岛。

2）双击FestoCPVDI01，配置CPV阀岛的地址和网络，选择好相应的地址和网络，单击确定即可。

（3）Profibus-DP总线型阀岛的地址分配。整个系统的输出信号为阀岛的输出，系统的输出地址在阀岛上的分配见表5-2。地址分配从阀岛的左至右，14线圈总在低位，单电控阀片中12线圈地址被保留，空板中14和12线圈被保留。系统装有6片阀，控制6个执行元件。

表5-2　　阀岛的输出地址分配

执行元件名称	真空吸盘	摆动气缸	直线气缸	气抓手	导向气缸	扁平气缸
阀片类型	E	N	C	M	M	M
14线圈	Q3.2	Q3.0	Q2.6	Q2.4	Q2.2	Q2.0
12线圈	Q3.3	Q3.1	Q2.7	—	—	—

（4）输入设备的地址分配。系统的输入信号来源于执行元件的位置传感器。传感器的位置是可调的，根据工作空间的需求进行调定。它比较精确地测量了执行元件的位置，安装操作方便，信号灵敏度高，定位准确，确保了系统工作流程的严格执行。系统的输入地址分配见表5-3。

表5-3　　系统的输入地址分配

输入信号位置名称	有工件	直线气缸在左端	直线气缸在右端	导向气缸缩回	导向气缸伸出	扁平气缸缩回	扁平气缸伸出	真空开启	摆动气缸在左边	摆动气缸在右边	传送带启动信号	传送带停止信号	气动抓手有工件	系统启动	系统停止	系统复位
输入地址	10.0	10.1	10.2	10.3	10.4	10.5	10.6	10.7	11.0	11.1	11.2	11.3	11.4	11.5	11.6	11.7

4. 实验结果

采用总线型阀岛技术，替代多个控制阀类元件的连接，使实训设备充分集成了现在生产线上最新的气动自动化技术，充分体现了实训设备的先进性。系统硬件部分可以根据实训内容的不同需要由学生自主拆装、重组，锻炼学生的动手能力。系统中可以方便地设置多种故障，以便模拟分析自动化生产线的故障及锻炼排查故障、维护生产线正常运行的方法，完全达到实训目的。

系统软件部分利用西门子公司的开发工具 STEP 7 进行程序开发。程序的执行过程依据系统设计的工作流程而定。实训遵循由简单到复杂的规律，每个执行元件可单独动作，也可和其他执行元件配合使用。即系统可单独执行，也可几部分联动，达到学生模拟实训的要求。

5. 结语

将基于 Profibus－DP 现场总线的总线型阀岛气动控制技术应用在自动化生产线实训台中，替代传统设计方案，系统集成度比较高，充分发挥了气动设备在自动化系统中的作用。PLC 与气动系统有机结合，更体现了总线型阀岛的结构紧凑的优势，提高了设备的控制精度，减少了人为的故障，节省了安装空间，使用更方便、快捷。保证了实训系统进一步与先进技术的实际应用接轨，充分发挥了实训设备的有效作用，因此具有重要的实际意义和经济价值。

第6章 真空元件

6.1 真空发生装置

真空发生装置是以真空压力为动力源，作为实现自动化的一种手段。目前已在电子、半导体元件组装、汽车组装、自动搬运机械、轻工机械、食品机械、医疗机械、印刷机械、塑料制品机械、包装机械、锻压机械、机器人等许多方面得到了广泛的应用。如真空包装机械中包装纸的吸附、送标、贴标以及包装袋的开启，电视机的显像管和电子枪的加工、运输、装配及电视机的组装，印刷机械中的检测、印刷纸张的运输，玻璃的搬运和装箱，机器人抓起重物、搬运和装配，真空成型、真空卡盘等。

总之，对任何具有较光滑表面的物体，特别是对非铁、非金属且不适合夹紧的物体，如薄的柔软的纸张、塑料膜、铝箔、易碎的玻璃及其制品、集成电路等微型精密零件，都可使用真空吸附，完成各种作业。

真空压力的形成主要依靠真空发生装置，真空发生装置有真空泵和真空发生器两种。

6.1.1 真空泵

1. 真空泵的分类及用途

(1) 分类。真空泵分类广泛，主要有 WLW 系列立式无油真空泵，W 型往复式真空泵，2X、2XZ 型旋片式真空泵，WX 型无油真空泵，XD 型旋片式真空泵，ZJ、ZJH 型罗茨真空泵（ZJH 型为专利产品），2SK、SK 型直联水环式真空泵，2BV、2BA 型水环式真空泵，H、2H 型滑阀真空泵，TLZ 型真空泵，SL 型罗茨鼓风机，JZJHX 型罗茨旋片真空机组，JZJHS 型罗茨水环真空机组，JZJHWLW 型立式无油真空机组，JZJP 型罗茨水喷射真空机组，JZJHBA 型罗茨水环真空机组，RPP 型水喷射真空泵，JZJH2H 型罗茨滑阀式真空机组等型号。

按真空泵的工作原理，真空泵基本上可以分为两种类型，即气体传输泵和气体捕集泵。气体传输泵是一种能使气体不断的吸入和排出，借以达到抽气目的的真空泵。气体捕集泵是一种使气体分子被吸附或凝结在泵的内表面上，从而减小容器内的气体分子数目而达到抽气目的的真空泵。真空泵是用各种方法在某一封闭空间中产生、改善和维持真空的装置。

真空泵有机械式、物理式、化学式等形式，它们都是通过容器抽气来获得真空的。

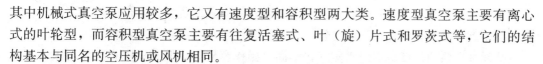

其中机械式真空泵应用较多，它又有速度型和容积型两大类。速度型真空泵主要有离心式的叶轮型，而容积型真空泵主要有往复活塞式、叶（旋）片式和罗茨式等，它们的结构基本与同名的空压机或风机相同。

随着生产和科学研究领域中对真空应用技术应用压强范围的要求越来越宽，大多需要由几种真空泵组成真空抽气系统共同抽气后才能满足这个要求，由于真空应用部门所涉及的工作压力的范围很宽，因此任何一种类型的真空泵都不可能完全适用于所有的工作压力范围，只能根据不同的工作压力范围和不同的工作要求，使用不同类型的真空泵。为了使用方便和各种真空工艺过程的需要，有时将各种真空泵按其性能要求组合起来，以机组形式应用。

(2) 用途。真空泵广泛应用于塑料机械、农药化工、染料化工、砖瓦机械、低温设备、造纸机械、医药化工、食品机械、工业电炉、电子行业、真空设备、化肥、冶金、石油、矿山、地基处理等领域。

2. 主要产品介绍

(1) 2X 型旋片式真空泵。2X 型旋片真空泵是用来抽除密闭容器的气体的基本设备之一。2X 型旋片真空泵可以单独使用，也可作为增压泵、扩散泵、分子泵的前级泵使用。图 6-1 所示为 2X 型旋片真空泵的外形图。

图 6-1 2X 型旋片真空泵的外形图

2X 型旋片真空泵广泛应用于冶金，机械，电子，化工，石油，医药等行业的真空冶炼，真空镀膜，真空热处理，真空干燥等工艺过程中。

旋片真空泵在工作中应注意下列事项：旋片真空泵须经常保持清洁，泵上不得放置其他物件；注意旋片真空泵皮带松紧是否适当，每半年调整一次；检查管道接头是否漏气，及时杜绝；停旋片真空泵时应先关断进气嘴上的阀门，装有放气阀者对泵放气，再截断电源，再停水源。

真空泵连续工作三个月至半年之后，就应换油一次，在湿度较大的地区，在潮湿季节工作的旋片式真空泵，或被抽气体污染严重的，应根据具体情况酌情缩短换油周期。

换油事项如下：将旋片真空泵拆除真空系统，把底盘电动机一端垫高些，打开放油塞放油，转动真空泵、捂住排气口，使腔内污油全部从放油口放出，再从进气口处加入新油 100～500mL，持续转动 5～10 转以上，对内部进行清洗，照此操作 3～5 次，待污油放干净后，再装上放油塞，将泵放平，从进气口及加油孔分别加入新油，换油即告完毕；换油时不宜长久开动电动机，以免使排气阀片跳动过于剧烈和疲劳；严禁用煤油、汽油、酒精等对旋片式真空泵作非拆卸的清洗；换油最好等油温升高后进行。如停旋片真空泵时间较长，应取下排气罩放上排气塞，封闭进气口，放净积水。

(2) W 型往复式真空机泵。W 型往复式真空机泵是获得粗真空的主要真空设备之一。广泛应用于化工、食品、建材等部门，特别是在真空结晶、干燥、过滤、蒸发等工艺过程中更为适宜。图 6-2 所示为 W 型往复式真空机泵的外形图。

往复式真空泵（又称活塞式真空泵）是干式真空泵。它是依靠气缸内的活塞作往复运动来吸入和排出气体的。往复式真空泵有卧式和立式两类。但常用的是卧式活塞真空泵。活塞真空泵又有单缸和双缸之分，其排气阀的结构有滑阀式和自由阀式。

往复真空泵的特点是不怕水蒸气，牢固，操作容易等，但其极限真空度不太高。它主要用于从密闭容器中或反应釜中抽除空气或其他气体。除非采取特殊措施外，一般往复式真空泵不适用于抽除腐蚀性的气体或带有颗粒灰分的气体，其被抽气体的温度一般不超过35℃。此外，在下列条件下使用真空泵时必须加装附属装置：被抽气体中含有灰尘时，在进气管前必须加装过滤器；被抽气体中含有大量的蒸汽时，在进气管前必须加装冷凝器；被抽气体中含有腐蚀性气体时，在真空泵之前必须加装中和装置；被抽气体的温度超过35℃时，要加装冷却装置；被抽气体中含有大量液体时，在进气管前必须加装分离器；泵的起动电流往往超过电动机额定电流的数倍，所以必须配用相当的起动开关。

(3) ZJ系列罗茨真空泵。ZJ系列罗茨真空泵是一种旋转式变容真空泵，须有前级泵配合方可使用，在较宽的压力范围内有较大的抽速，对被抽除气体中含有灰尘和水蒸气不敏感。图6-3所示为ZJ系列罗茨真空泵的外形图。罗茨真空泵广泛用于真空冶金中的冶炼、脱气、轧制，以及化工、食品、医药工业中的真空蒸馏、真空浓缩和真空干燥等方面。罗茨真空泵近几年在国内外得到了较快的发展。

图6-2　W型往复式真空机泵的外形图

图6-3　ZJ系列罗茨真空泵的外形图

罗茨真空泵是一种变容真空泵，泵内装有两个相反方向同步旋转的叶形转子，转子间、转子与泵壳内壁间有细小间隙而互不接触，靠泵腔内一对叶形转子同步、反向旋转的推压作用来移动气体而实现抽气的一种变容真空泵。此泵不可以单独抽气，前级需配油封、水环等可直排大气。

罗茨真空泵的特点是：起动快，耗功少，运转维护费用低，抽速大、效率高，对被抽气体中所含的少量水蒸气和灰尘不敏感，在1～100Pa压力范围内有较大抽气速率，能迅速排除突然放出的气体。这个压力范围恰好处于油封式机械真空泵与扩散泵之间。因此，它常被串联在扩散泵与油封式机械真空泵之间，用来提高中间压力范围的抽气量。这时它又称为机械增压泵。

罗茨真空泵在较宽的压力范围内有较大的抽速；转子具有良好的几何对称性，故振动小，运转平稳。转子间及转子和壳体间均有间隙，不用润滑，摩擦损失小，可大大降低驱动功率，从而可实现较高转速；泵腔内无需用油密封和润滑，可减少油蒸气对真空系统的污染；泵腔内无压缩，无排气阀。结构简单、紧凑，对被抽气体中的灰尘和水蒸气不敏感。罗茨真空泵的缺点是压缩比较低，对氢气抽气效果差；转子表面为形状较为复杂的曲线柱面，加工和检查比较困难。

3. 采用真空泵的真空回路

真空泵吸入口形成负压，排气口直接通大气，对容器进行抽气，以获得真空。图6-4所示为采用真空泵的真空回路。

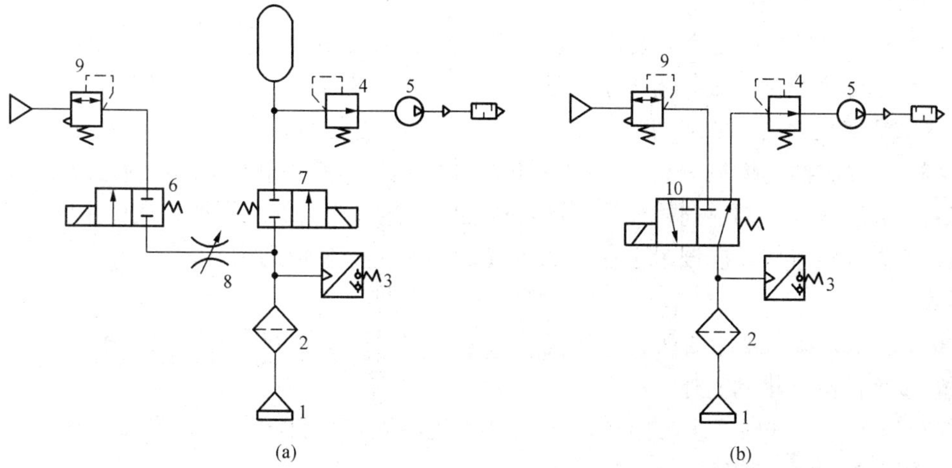

图6-4 采用真空泵的真空回路

(a) 用两个二位二通阀控制真空泵；(b) 用一个二位三通阀控制真空泵

1—吸盘；2—真空过滤器；3—压力开关；4—真空减压阀；5—真空泵；

6—真空破坏阀；7—真空切换阀；8—节流阀；9—减压阀；10—真空选择阀

图6-4 (a) 是用两个二位二通阀（6、7）控制真空泵5，完成真空吸起和真空破坏的回路。当真空用电磁阀7通电、阀6断电时，真空泵5产生的真空使吸盘1将工件吸起；当阀7断电、阀6通电时，压缩空气进入吸盘，真空被破坏，吹力使吸盘与工件脱离。

图6-4 (b) 是用一个二位三通阀控制的真空回路。当真空用电磁阀10断电时，真空泵5产生真空，工件被吸盘吸起；当阀10通电时，压缩空气使工件脱离吸盘。

4. 选用真空泵时的注意事项

在选用真空泵时应注意以下几点。

(1) 真空泵的工作压强应该满足真空设备的极限真空及工作压强要求。

如：真空镀膜要求1.33×10^{-5}kPa的真空度，选用的真空泵的真空度至少要6.65×10^{-5}kPa。通常选择泵的真空度要高于真空设备真空度半个到一个数目级。

(2) 正确选择真空泵的工作点。每种泵都有一定的工作压强范围。如扩散泵为$1.33\times10^{-3}\sim1.33\times10^{-7}$kPa，在这样宽压强范围内，泵的抽速随压强而变化，其稳定的工作压强范围为$6.65\times10^{-4}\sim6.65\times10^{-6}$kPa。因而，泵的工作点应该选在这个范围之内，而不能让它在1.33×10^{-8}kPa下长期工作。又如钛升华泵可以在1.33×10^{-2}kPa下工作，但其工作压强应以小于1.33×10^{-5}kPa为宜。

(3) 真空泵在其工作压强下，应能排走真空设备工艺过程中产生的全部气体量。

(4) 正确组合真空泵。因为真空泵有选择性抽气，因而，有时选用一种泵不能满足抽气要求，需要几种泵组合起来，互相补充才能满足抽气要求。如钛升华泵对氢有很高的抽速，但不能抽氦，而三极型溅射离子泵（或二极型非对称阴极溅射离子泵）对氩有一定的抽速，两者组合起来，便会使真空装置获得较好的真空度。另外，有的真空泵不能在大气压下工作，需要预真空；有的真空泵出口压强低于大气压，需要前级泵，故都需要把泵组合起来使用。

(5) 真空设备对油污染的要求。若设备严格要求无油时，应该选各类无油泵，如水环泵、分子筛吸附泵、溅射离子泵、低温泵等。如果要求不严格，可以选择有油泵，加上一些防油污染办法，如加冷阱、障板、挡油阱等，也能达到清洁真空要求。

(6) 了解被抽气体成分，气体中含不含可凝蒸气，有无颗粒灰尘，有无腐蚀性等。选择真空泵时，需要知道气体成分，针对被抽气体选择相应的泵。如果气体中含有蒸汽、颗粒、及腐蚀性气体，应该考虑在泵的进气口管路上安装辅助设备，如冷凝器、清除粉尘器等。

(7) 真空泵排出来的油蒸气对环境的影响。如果环境不容许有污染，可以选无油真空泵，或把油蒸气排到室外。

(8) 真空泵工作时产生的振动对工艺过程及环境有无影响。若工艺过程不容许，应选择无振动的泵或采取防振动办法。

(9) 真空泵的价格、运转及维修费用。在使用许可的情况之下，应尽量选用价廉物美的真空泵。

6.1.2 真空发生器

1. 简介

真空发生器是利用压缩空气通过喷嘴时的高速流动，在喷口处产生一定真空度的气动元件。由于采用真空发生器获取真空容易，因此它的应用十分广泛。

真空发生器就是利用正压气源产生负压的一种新型、高效、清洁、经济、小型的真空元器件，这使得在有压缩空气的地方，或在一个气动系统中同时需要正负压的地方获得负压变得十分容易和方便。真空发生器广泛应用在工业自动化中机械、电子、包装、印刷、塑料及机器人等领域。真空发生器的传统用途是吸盘配合，进行各种物料的吸附、搬运，尤其适合于吸附易碎、柔软、薄的非金属材料或球形物体。在这类应用中，一个共同特点是所需的抽气量小，真空度要求不高且为间歇工作。

按喷管出口马赫数 $M1$（出口流速与当地声速之比）分类，真空发生器可分为亚声速喷管型（$M1<1$）、声速喷管型（$M1=1$）和超声速喷管型（$M1>1$）。亚声速喷管和声速喷管都是收缩喷管，而超声速喷管型必须是先收缩后扩张形喷管（即 Laval 喷嘴）。为了得到最大吸入流量或最高吸入口处压力，真空发生器都设计成超声速喷管型。

2. 结构原理

图 6-5 (a) 为真空发生器结构原理，由先收缩后扩张的喷嘴、扩散管和吸附口等组成。压缩空气从输入口供给，在喷嘴两端压差高于一定值后，喷嘴射出超声速射流或近声速射流。由于高速射流的卷吸作用，将扩散腔的空气抽走，使该腔形成真空。在吸附口接上真空吸盘，便可形成一定的吸力，吸起吸吊物。图 6-5 (b) 为真空发生器的图形符号。

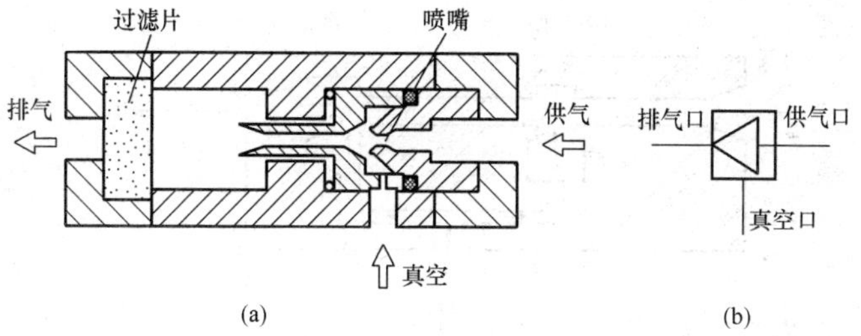

图 6 - 5　真空发生器

(a) 结构原理图；(b) 图形符号

3. 特性曲线

图 6 - 6 所示为真空发生器的特性曲线。

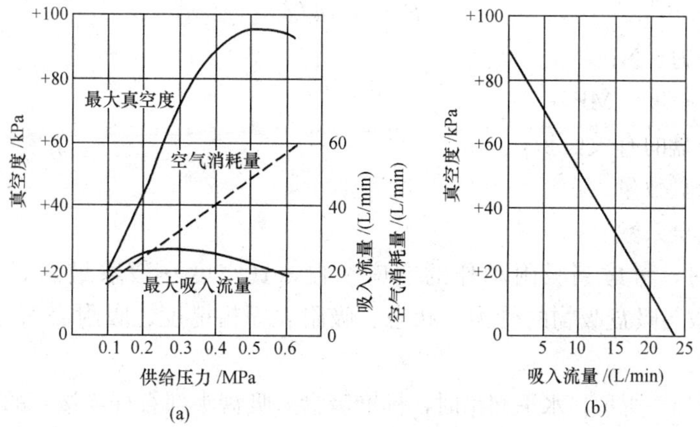

图 6 - 6　真空发生器的特性曲线

图 6 - 6 (a) 表示真空发生器的排气特性曲线。排气特性表示最大真空度、空气消耗量和最大吸入流量三者分别与供给压力之间的关系。最大真空度是指真空口被完全封闭时，真空口内的真空度，空气消耗量是通过供给喷管的流量（标准状态），最大吸入流量是指真空口向大气敞开时从真空口吸入的流量（标准状态下）。

图 6 - 6 (b) 表示真空发生器的流量特性曲线。流量特性是指供给压力为 0.45MPa 时，真空口处于变化的不封闭状态下，吸入流量与真空度之间的关系。

从图 6 - 6 的排气特性曲线可以看出，当真空口完全封闭时，在某个供给压力下，最大真空度达极限值；当真空口完全向大气敞开时，在某个供给压力下的最大吸入流量达极限值。达到最大真空度的极限值和最大吸入流量的极限值时的供给压力不一定相同。为了获得较大的真空度或较大的吸入流量，真空发生器的供给压力宜处于 0.25～0.6MPa 范围内，最佳使用范围为 0.4～0.45MPa。

真空发生器的使用温度范围为 5～60℃，不得给油工作。

4. 二级真空发生器

图 6 - 7 所示的真空发生器是设计成二级扩散管形式的二级真空发生器。

采用二级式真空发生器与单级式产生的真空度是相同的，但在低真空度时吸入流量增加约一倍，其吸入流量为 q_1+q_2。这样在低真空度的应用场合吸附动作响应快，如用

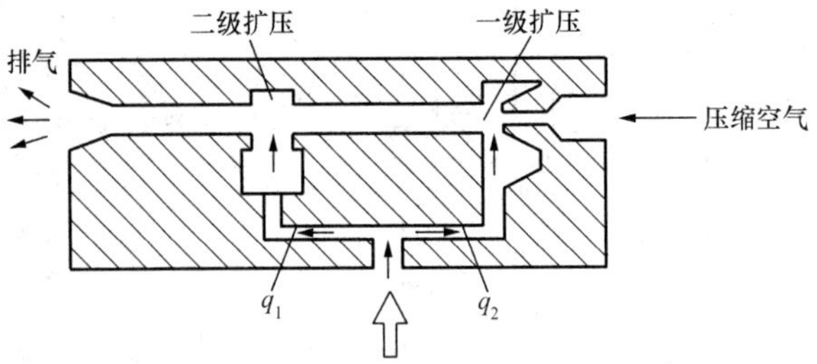

图 6－7　二级真空发生器

于吸附具有透气性的工件时特别有效。

5. 吸力计算

真空发生器的吸力可按下式计算

$$F = pAn/\alpha$$

式中　F——吸力，N；

p——真空度，MPa；

A——吸盘的有效面积，m^2；

n——吸盘数量；

α——安全系数。

吸力计算时，考虑到吸附动作的响应快慢，真空度一般取最高真空度的 70%～80%。安全系数与吸盘吸物的受力、状态、吸附表面粗糙度、吸附表面有无油污和吸附物的材质等有关。

如图 6－8（a）所示，水平起吊时，标准吸盘（吸盘头部直杆连接）的安全系数 $\alpha \geqslant 2$；摇头式吸盘、回转式吸盘的 $\alpha \geqslant 4$。

如图 6－8（b）所示，垂直起吊时的安全系数，标准吸盘为 $\alpha \geqslant 4$；摇头式吸盘、回转式吸盘为 $\alpha \geqslant 8$。

6. 真空发生器的应用

图 6－9 所示为采用三位三通阀的联合真空发生器，控制真空吸着和真空破坏的回路。

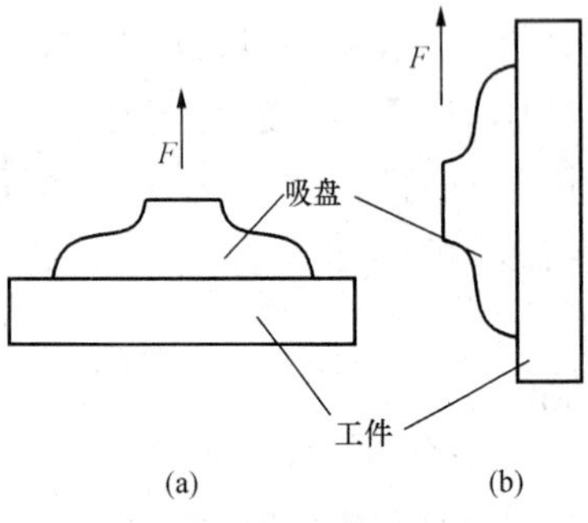

图 6－8　水平吊和垂直吊

（a）水平吊起；（b）垂直吊起

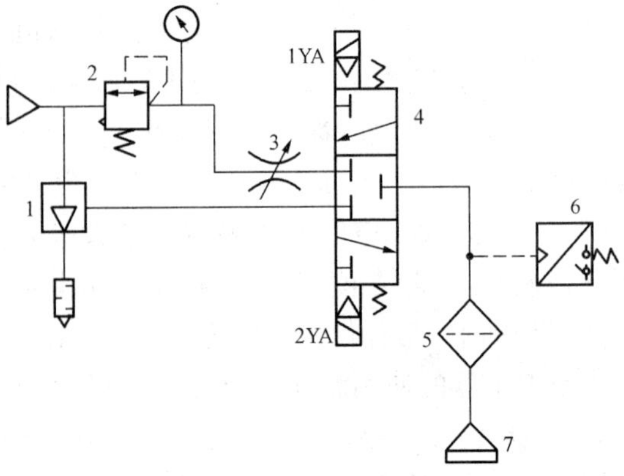

图 6－9　采用真空发生器的真空回路

1—真空发生器；2—减压阀；3—节流阀；4—三位三通阀；5—真空过滤器；6—真空开关；7—吸盘

当三位三通阀 4 的电磁铁 1YA 通电，真空发生器 1 与真空吸盘 7 接通，真空开关 6 检测真空度并发出信号给控制器，吸盘 7 将工件吸起。

当三位三通电磁阀不通电时，真空吸着状态能够持续。

当三位三通阀 4 的电磁铁 2YA 通电，压缩空气进入真空吸盘，真空被破坏，吹力使吸盘与工件脱离。吹力的大小由减压阀 2 设定，流量由节流阀 3 设定。

采用此回路时应注意配管的泄漏和工件吸着面处的泄漏。

7. 真空发生器与真空泵的特点比较

表 6－1 给出了真空发生器与真空泵的特点及其应用场合，以便选用。

表 6－1　　真空发生器与真空泵特点及其应用场合的比较

<table>
<tr><th>项目</th><th colspan="2">真空泵</th><th colspan="2">真空发生器</th></tr>
<tr><td>最大真空度</td><td>可达 101.3kPa</td><td rowspan="2">能同时获得大值</td><td>可达 88kPa</td><td rowspan="2">不能同时获得大值</td></tr>
<tr><td>吸入量</td><td>可以很大</td><td>不大</td></tr>
<tr><td>结构</td><td colspan="2">复杂</td><td colspan="2">简单</td></tr>
<tr><td>体积</td><td colspan="2">大</td><td colspan="2">很小</td></tr>
<tr><td>质量</td><td colspan="2">重</td><td colspan="2">很轻</td></tr>
<tr><td>寿命</td><td colspan="2">有可动件，寿命较长</td><td colspan="2">无可动件，寿命长</td></tr>
<tr><td>消耗功率</td><td colspan="2">较大</td><td colspan="2">较大</td></tr>
<tr><td>价格</td><td colspan="2">高</td><td colspan="2">低</td></tr>
<tr><td>安装</td><td colspan="2">不便</td><td colspan="2">方便</td></tr>
<tr><td>维护</td><td colspan="2">需要</td><td colspan="2">不需要</td></tr>
<tr><td>与配套件复合化</td><td colspan="2">困难</td><td colspan="2">容易</td></tr>
<tr><td>真空的产生和解除</td><td colspan="2">慢</td><td colspan="2">快</td></tr>
<tr><td>真空压力脉动</td><td colspan="2">有脉动，需设真空罐</td><td colspan="2">无脉动，不需设真空罐</td></tr>
<tr><td>应用场合</td><td colspan="2">适合连续、大流量工作，不宜频繁启停，适合集中使用</td><td colspan="2">需供应压缩空气，宜从事流量不大的间歇工作，适合分散使用</td></tr>
</table>

6.2　真　空　吸　盘

6.2.1　真空吸盘简介

真空吸盘是真空设备执行器之一。吸盘材料采用丁腈橡胶制造，具有较大的扯断力，因而广泛应用于各种真空吸持设备上。如在建筑、造纸工业及印刷、玻璃等行业，实现吸持与搬送玻璃、纸张等薄而轻的物品的任务。图 6－10 所示是真空吸盘的外形图。

真空吸盘又称真空吊具，一般来说，利用真空吸盘抓取制品是最廉价的一种方法。真空吸盘品种多样，橡胶制成的吸盘可在高温下进行操作，由硅橡胶制成的吸盘非常适于抓住表面粗糙的制品，由聚氨酯制成的吸盘则很耐用。另外，在实际生产中，如果要求吸盘具有耐油性，则可以考虑使用聚氨酯、丁腈橡胶或含乙烯基的聚合物等材料来制造吸盘。通常，为避免制品的表面被划伤，最好选择由丁腈橡胶或硅橡胶制成的带有波纹管的吸盘。

图 6-10　真空吸盘的外形图

6.2.2　真空吸盘的结构

图 6-11 所示为真空吸盘的典型结构。根据工件的形状和大小，可以在安装支架上安装单个或多个真空吸盘。

6.2.3　真空吸盘的工作原理

平直型真空吸盘的工作原理如图 6-12 所示。首先将真空吸盘通过接管与真空设备（如真空发生器等，图 6-11 中没画出）接通，然后与待提升物如玻璃、纸张等接触，起动真空设备抽吸，使吸盘内产生负气压，从而将待提升物吸牢，即可开始搬送待提升物。当提升物搬送到目的地时，平稳地充气进真空吸盘内，使真空吸盘内由负气压变成零气压或稍为正的气压，真空吸盘就脱离待提升物，从而完成提升搬送重物的任务。

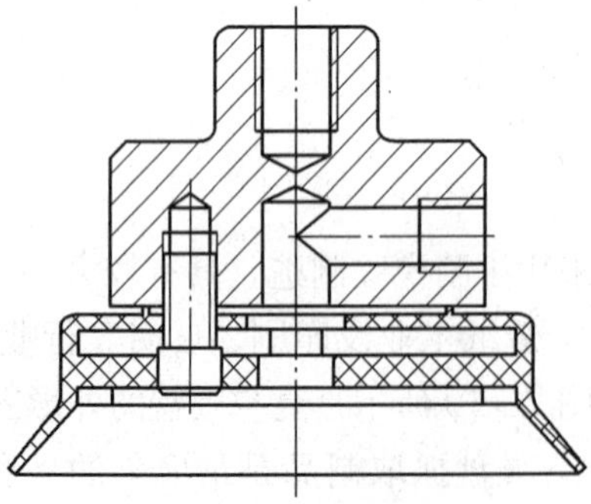

图 6-11　真空吸盘的结构

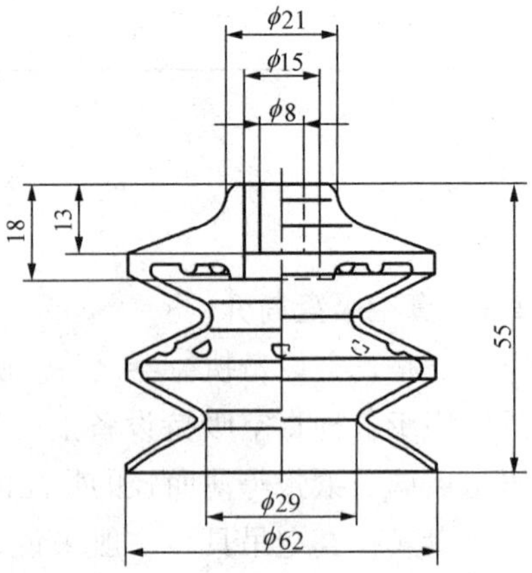

图 6-12　平直型真空吸盘

6.2.4　真空吸盘的特点及使用

1. 特点

(1) 易损耗。由于它一般用橡胶制造，直接接触物体，磨损严重，所以损耗很快。

它是气动易损件。

(2) 易使用。不管被吸物体是什么材料做的，只要能密封，不漏气，则均能使用真空吸盘。电磁吸盘就不行，它只能用在钢材上，其他材料的板材或者物体是不能吸的。

(3) 无污染。真空吸盘特别环保，不会污染环境，没有光、热，电磁等产生。

(4) 不伤工件。真空吸盘由于是橡胶材料制造，吸取或者放下工件不会对工件造成任何损伤。而挂钩式吊具和钢缆式吊具就不行。在一些行业，对工件表面的要求特别严格，只能用真空吸盘。

2. 使用

(1) 真空吸盘的使用时应注意事项。

1) 用真空吸盘吸持及搬送重物时，严禁超过理论吸持力的 40% ，以防止过载，造成重物脱落。

2) 若发现吸盘老化等原因而失效时，应及时更换新的真空吸盘。

3) 在使用过程中，必须保持真空压力稳定。

(2) 使用选择真空吸盘时考虑的事项。

1) 被移送物体的质量决定了吸盘的大小和数量。

2) 被移送物体的形状和表面状态决定了真空吸盘的种类。

3) 由工作环境（温度）来选择真空吸盘的材质。

4) 由连接方式决定所用的吸盘、接头、缓冲连接器。

5) 被移送物体的高低。

6) 缓冲距离。

6.3 真空用气阀

1. 减压阀

压力管路中的减压阀（见图 6-4 的元件 9），应使用一般减压阀。真空管路中的减压阀（见图 6-4 中的 4），应使用真空减压阀。

真空减压阀的动作原理如图 6-13 所示。真空口接真空泵，输出口接负载用的真空罐。

当真空泵工作后，真空口压力降低。顺时针旋转手轮 3，设定弹簧 4 被拉伸，膜片 1 上移，带动给气阀 2 的阀芯抬起，则给气孔 7 打开，输出口与真空口接通。输出真空压力通过反馈孔 6 作用于膜片下腔。当膜片处于力平衡时，输出真空压力便达到一定值，且吸入一定流量的气体。当输出口真空压力上升时，膜片上移。阀的开度加大，则吸入流量增大。当输出口压力接近大气压力时，吸入流量达最大值。反之，当吸入流量逐渐减小至零时，输出口真空压力逐渐下降，直至膜片下移，给气口被关闭，真空压力达最低值。手轮全松，复位弹簧推动给气阀，封住给气口，则输出口和设定弹簧室都与大气相通。

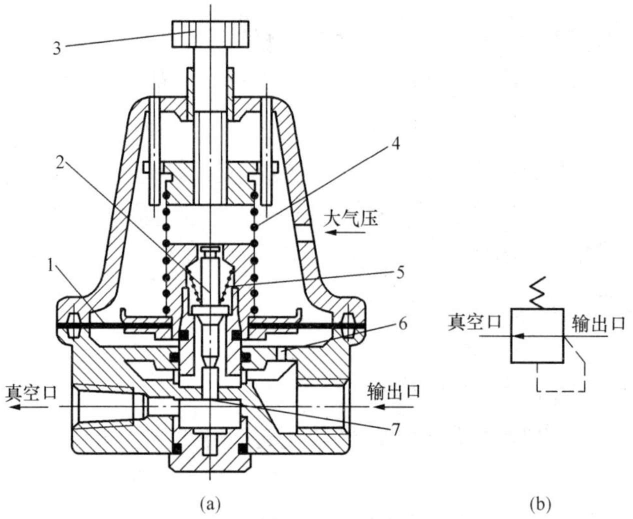

图 6-13　真空减压阀动作原理图

(a) 结构原理图；(b) 符号图形

1—膜片；2—给气阀；3—手轮；4—设定弹簧；5—复位弹簧；6—反馈孔；7—给气孔

2. 换向阀

使用真空发生器的回路中的换向阀，有供给阀和真空破坏阀、真空切换阀和真空选择阀等。

供给阀（图 6-17 中的阀 1）是供给真空发生器压缩空气的阀。真空破坏阀（图 6-17 中的阀 2）是破坏吸盘内的真空状态来使工件脱离吸盘的阀；真空切换阀（图 6-4 中的阀 10）是接通或断开真空压力源的阀；真空选择阀（见图 6-9 中的阀 4）可控制吸盘对工件力吸着或脱离，一个阀具有两个功能，以简化回路设计。

供给阀因设置于压力管路中，可选用一般的换向阀。真空破坏阀、真空切换阀和真空选择阀设置于真空回路或存在有真空状态的回路中，故必须选用能在真空压力条件下工作的换向阀。

真空用换向阀要求不泄漏，且不用油雾润滑，故使用截止式和膜片式阀芯结构比较理想，通径大时可使用外部先导式电磁阀；不给油润滑的软质密封滑阀，由于其通用性强，也常作为真空用换向阀使用；间隙密封滑阀存在微漏，只能用于允许存在微漏的真空回路中。

破坏阀和切换阀一般使用二位二通阀，选择阀应使用二位三通阀，使用三位三通阀可节省能量并减少噪声，控制双作用真空气缸应使用二位五通阀。

3. 节流阀

真空系统中的节流阀用于控制真空破坏的快慢，节流阀的出口压力不得高于 0.5MPa，以保护真空压力开关和抽吸过滤器。

4. 单向阀

单向阀有两个方面的作用，一是当供给阀停止供气时，保持吸盘内的真空压力不变，可节省能量；二是一旦停电，可延缓被吸吊工件脱落的时间，以便采取安全对策。一般应选用流通能力大、开启压力低（0.01MPa）的单向阀。

6.4 真空压力开关

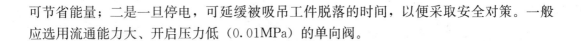

真空压力开关是用于检测真空压力的开关。当真空压力未达到设定值时，开关处于断开状态；当真空压力达到设定值时，开关处于接通状态，发出电信号，指挥真空吸附机构动作。

一般使用的真空开关，有以下用途。

1）真空系统的真空度控制。

2）有无工件的确认。

3）工件吸着确认。

4）工件脱离确认。

真空压力开关按功能分，有通用型和小孔口吸着确认型；按电触点的形式可分为无触点式（电子式）和有触点式（磁性舌簧开关式等）。一般使用的压力开关，主要用于确认设定压力，但真空压力开关确认设定压力的工作频率高，故真空压力开关应具有较高的开关频率，即响应速度要快。

图 6－14 所示为小孔口吸着确认型真空压力开关的外形，它与吸着孔口的连接方式如图 6－15 所示。

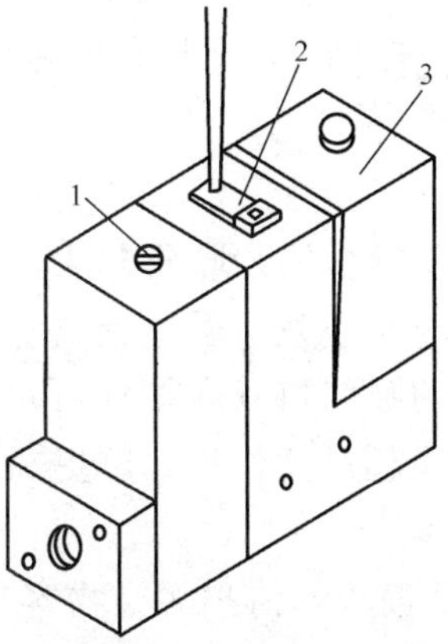

图 6－14　真空压力开关外形

1—调节用针阀；2—指示灯；

3—抽吸过滤器

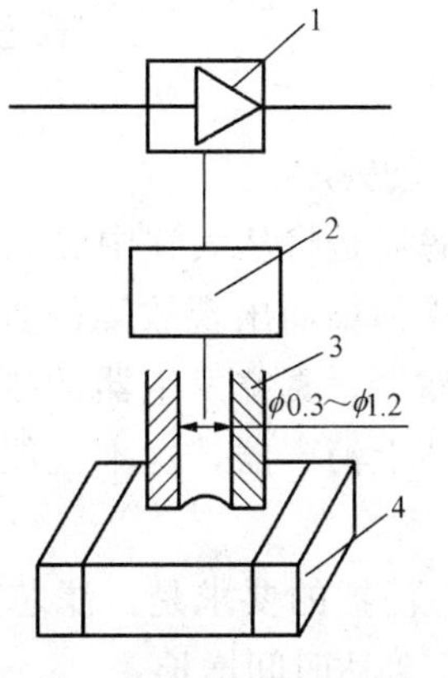

图 6－15　吸着孔口的连接方式

1—真空发生器；2—吸着确认开关；

3—吸着孔口；4—数毫米宽小工件

图 6－16 所示为小孔口吸着确认型真空压力开关的工作原理。图中 $S4$ 代表吸着孔口的有效截面积，$S2$ 是可调针阀的有效截面积，$S1$ 和 $S3$ 是吸着确认型开关内部的孔径，$S1=S3$。

工件未吸着时，$S4$ 值较大。调节针阀，即改变 $S2$ 值大小，使压力传感器两端的压力平衡，即 $p_1=p_2$；当工件被吸着时，$S4=0$，出现压差（p_1-p_2），可被压力传感器检

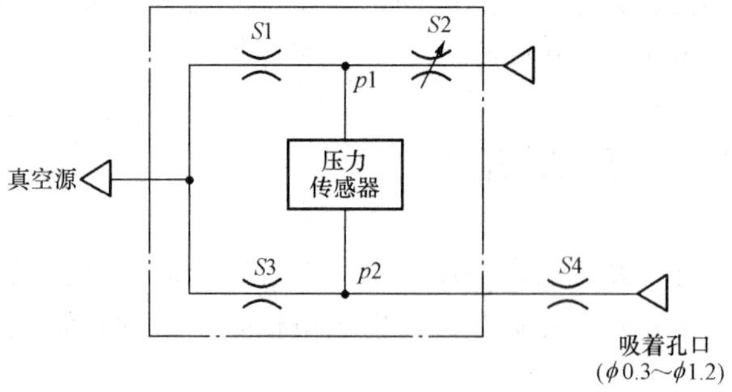

图 6-16　小孔口吸着真空压力开关的工作原理

测出。

真空压力开关的维护指标主要有以下几项。

1）需要用手直接触及真空压力开关进行检修时，真空压力开关必须处于断开状态，同时还必须断开开关的主回路和控制回路，并将主回路接地后才可以开始检修。

2）真空压力开关的检查工作结束时，要认真清查工具和器材，防止遗漏丢失。

3）真空压力开关中采用电动的弹簧操作机构时，一定要松开合闸弹簧后，才可以开始检修。

4）真空压力开关上装有浪涌吸收器（又称阻容保护回路）时，一定要按照使用说明书的注意事项，采取接地措施。

5）需要更换管子时，不可碰伤真空管子的绝缘外壳、焊接部位和排气管等；不要使波纹管受到扭力；安装好后应对三相的触头接触同期性、触头超行程尺寸等进行必要的调整。

6）不可用湿手、脏手触摸真空压力开关。

6.5　其他真空元件

1. 真空过滤器

真空过滤器是将从大气中吸入的污染物（主要是尘埃）收集起来，以防止真空系统中的元件受污染而出现故障的真空元件。吸盘与真空发生器（或真空阀）之间，应设置真空过滤器。真空发生器的排气口、真空阀的吸气口（或排气口）和真空泵的排气口也都应装上消声器，这不仅能降低噪声而且能起过滤作用，以提高真空系统工作的可靠性。

对真空过滤器的要求是：滤芯污染程度的确认简单，清扫污染物容易，结构紧凑，不至于使真空到达时间增长。

真空过滤器有箱式结构和管式连接两种。前者便于集成化，滤芯呈叠褶形状，故过滤面积大，可通过流量大，使用周期长；后者若使用万向接头，配管可在 360°范围内自由安装，若使用快换接头，装卸配管更迅速。

当过滤器两端压降大于 0.02MPa 时，滤芯应卸下清洗或更换。

真空过滤器耐压 0.5MPa，滤芯耐压差 0.15MPa，过滤精度为 30μm。

安装时，注意进出口方向不得装反，配管处不得有泄漏，维修时密封件不得损伤，过滤器入口压力不要超过 0.5MPa，这依靠调节减压阀和节流阀来保证。真空过滤器内流速不大，空气中的水分不会凝结，故该过滤器无须分水功能。

2. 真空组件

真空组件是将各种真空元件组合起来的多功能元件。

图 6-17 所示为采用真空发生器组件的回路。典型的真空组件由真空发生器 3、真空吸盘 7、压力开关 5 和控制阀 1、2、4 等构成。当电磁阀 1 通电后，压缩空气通过真空发生器 3，由于气流的高速运动产生真空，真空开关 5 检测真空度，并发出信号给控制器，吸盘 7 将工件吸起。当电磁阀 1 断电，电磁阀 2 通电时，真空发生器停止工作，真空消失，压缩空气进入真空吸盘，将工件与吸盘吹开。此回路中，过滤器 6 的作用是防止在抽吸过程中将异物和粉尘吸入发生器。

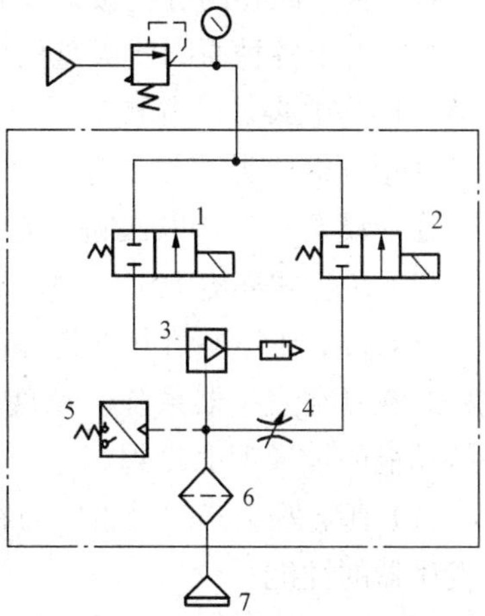

图 6-17 真空发生器组件的回路
1、2、4—控制阀；3—真空发生器；
5—压力开关；6—过滤器；7—真空吸盘

3. 真空计

真空计是测定真空压力的计量仪表，装在真空回路中，显示真空压力的大小，便于检查和发现问题。常用真空计的量程是 0～100kPa，3 级精度。

4. 管道及管接头

真空回路中，应选用真空压力下不变形、不变瘪的管子，可使用硬尼龙管、软尼龙管和聚氨酯管。管接头要使用可在真空状态下工作的。

5. 空气处理元件

在真空系统中，处于压力回路中的空气处理元件可使用过滤精度为 5μm 的空气过滤器，过滤精度为 0.3μm 的油雾分离器，出口侧油雾浓度小于 1.0mg/m^3。

6. 真空用气缸

常用的真空用自由安装型气缸，具有以下特点。

(1) 是双作用垫缓冲无给油方形体气缸，有多个安装面可供自由选用，安装精度高。

(2) 活塞杆带导向杆，为杆不回转型缸。

(3) 活塞杆内有通孔，作为真空通路。吸盘安装在活塞杆端部，有螺纹连接式和带倒钩的直接安装式，这样可省去配管，节省空间，结构紧凑。

(4) 真空口有缸盖连接型和活塞杆连接型。前者缸盖及真空口连接管不动，活塞运动，真空口端活塞杆不会伸出缸盖外；后者气缸轻、结构紧凑，缸体固定，活塞杆运动。

(5) 在缸体内可以安装磁性开关。

6.6 使用注意事项

在使用真空发生器时，应注意以下事项。

(1) 供给气源应是净化的、不含油雾的空气。因真空发生器的最小喷嘴喉部直径为 0.5mm，故供气口之前应设置过滤器和油雾分离器。

（2）真空发生器与吸盘之间的连接管应尽量短，连接管不得承受外力，拧动管接头时要防止连接管被扭变形或造成泄漏。

（3）真空回路的各连接处及各元件应严格检查，不得向真空系统内部漏气。

（4）由于各种原因使吸盘内的真空度未达到要求时，为防止被吸吊工件吸吊不牢而跌落，回路中必须设置真空压力开关。吸着电子元件或精密小零件时，应选用小孔口吸着确认型真空压力开关。对于吸吊重工件或搬运危险品的情况，除要设置真空压力开关外，还应设真空计，以便随时监视真空压力的变化，及时处理问题。

（5）在恶劣环境中工作时，真空压力开关前也应装过滤器。

（6）为了在停电情况下仍保持一定真空度，以保证安全，对真空泵系统，应设置真空罐。在真空发生器系统、吸盘与真空发生器之间应设置单向阀。供给阀宜使用具有自保持功能的常通型电磁阀。

（7）真空发生器的供给压力在 0.40～0.45MPa 为最佳，压力过高或过低都会降低真空发生器的性能。

（8）吸盘宜靠近工件时，避免受大的冲击力，以免吸盘过早变形、龟裂和磨耗。

（9）吸盘的吸着面积要比吸吊工件表面小，以免出现泄漏。

（10）面积大的板材宜用多个吸盘吸吊，但要合理布置吸盘位置，增强吸吊平稳性，要防止边上的吸盘出现泄漏。为防止板材翘曲，宜选用大口径吸盘。

（11）吸着高度变化的工件应使用缓冲型吸盘或带回转止动的缓冲型吸盘。

（12）对有透气性的被吊物，如纸张、泡沫塑料，应使用小口径吸盘。漏气太大，应提高真空吸吊能力，加大气路的有效截面积。

（13）吸着柔性物，如纸、乙烯薄膜，由于易变形、易皱折，应选用小口径吸盘或带肋吸盘，且真空度宜小。

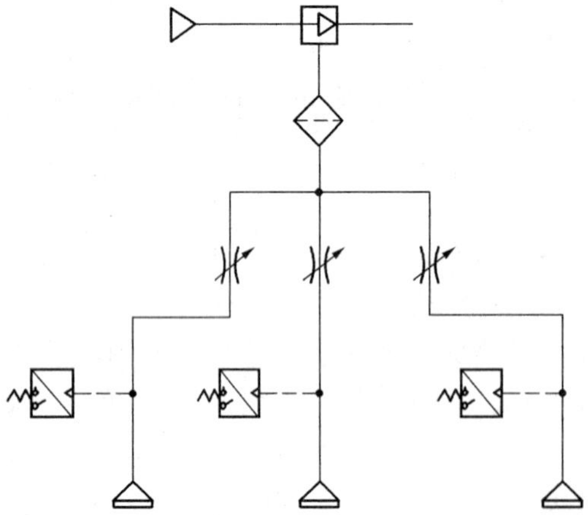

图 6-18　一个真空发生器带多个吸盘

（14）一个真空发生器带一个吸盘最理想。若带多个吸盘，其中一个吸盘有泄漏，会减小其他吸盘的吸力。为克服此缺点，可设计成图 6-18 那样，每个吸盘都配有真空压力开关。

一个吸盘泄漏导致真空度不合要求时，便不能起吊工件。另外，各节流阀也能减少由于一个吸盘的泄漏对其他吸盘的影响。

（15）对于真空泵系统来说，真空管路上一条支线装一个吸盘是理想的，如图 6-19（a）所示。若真空管路上要装多个吸盘，由于吸着或未吸着工件的吸盘个数变化或出现泄漏，会引起真空压力源的压力变动，使真空压力开关的设定值不易确定，特别是对小孔口吸着的场合影响更大。为了减少多个吸盘吸吊工件时相互间的影响，可设计成图 6-19（b）那样的回路。使用真空罐和真空调压阀可提高真空压力的稳定性。必要时，可在每条支路上装真空切换阀。这样当一个吸盘泄漏或未吸着工件，也不会影响其他吸盘的吸着工作。

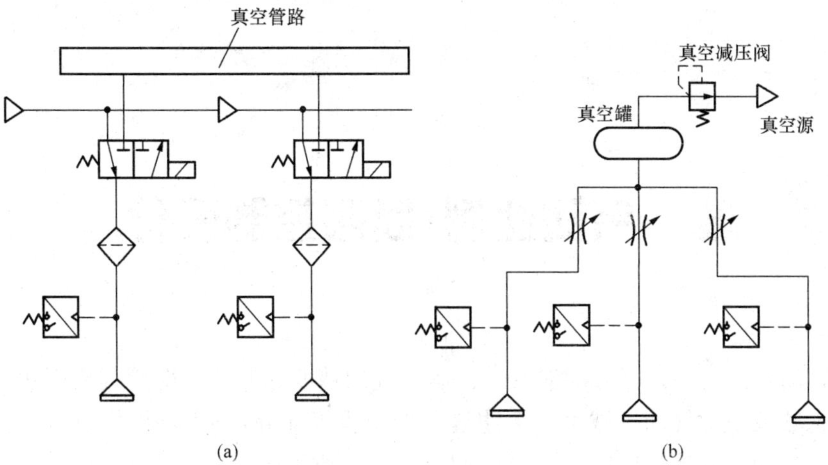

图 6-19　多个吸盘的匹配

（a）一条支线装一个吸盘；（b）使用真空罐和真空调压阀

第 7 章 气动比例/伺服控制元件

工业自动化的发展，一方面对气动控制系统的精度和调节性能等提出了更高的要求，如在高技术领域中的气动机械手、柔性自动生产线等部分，都需要对气动执行机构的输出速度、压力和位置等按比例进行伺服调节；另一方面气动系统各组成元件在性能及功能都得到了极大的改进；同时，气动元件与电子元件的结合使控制回路的电子化得到迅速发展，利用微型计算 OL 使新型的控制思想得以实现，传统的点位控制已不能满足更高要求，并逐步被一些新型系统所取代。现已实用化的气动系统大多为断续控制，在和电子技术结合之后，可连续控制位置、速度及力等的电-气伺服控制系统将得到大的发展。在工业较为发达的国家，电-气比例伺服技术、气动位置伺服控制系统、气动力伺服控制系统等已从实验室走向工业应用。

气动比例/伺服控制系统是由电气信号处理部分和气动功率输出部分所组成的闭环控制系统。

气动比例/伺服控制系统与液压比例/伺服控制系统比较有如下特点。

1）能源产生和能量储存简单。

2）体积小，质量轻。

3）温度变化对气动比例/伺服机构的工作性能影响很小。

4）气动系统比较安全，不易发生火灾，并且不会造成环境污染。

5）由于气体的可压缩性，气动系统的响应速度较低，在工作压力和负载大小相同时，液压系统的响应速度约为气动系统的 50 倍。同时，液压系统的刚度约为相当的气动系统的 400 倍。

6）由于气动系统没有泵控系统，只有阀控系统，阀控系统的效率较低。阀控系统和气动伺服系统的总效率分别为 60%和 30%左右。

7）由于气体的黏度较小，润滑性能不好。在同样加工精度的情况下，气动部件的漏气和运动副之间的干摩擦相对较大，负载易出现爬行现象。

7.1 气动比例/伺服控制阀

气动比例控制阀与伺服阀的区别并不明显，但比例控制阀消耗的电流大、响应慢、精度低、价格低廉和抗污染能力强，而伺服阀则相反。再者，比例阀适用于开环系统，而伺服阀则适用于闭环系统。比例阀、伺服阀正处于不断地开发和完善中，新类型较多。

7.1.1　气动比例控制阀

气动电液比例控制阀是一种输出量与输入信号成比例的气动控制阀，它可以按给定的输入信号连续、按比例地控制气流的压力、流量和方向等。由于电液比例控制阀具有压力补偿的性能，所以其输出压力、流量等可不受负载变化的影响。

按控制信号的类型，可将气动电液比例控制阀分为气控电液比例控制阀和电控电液比例控制阀。气控电液比例控制阀以气流作为控制信号，控制阀的输出参量、可以实现流量放大，在实际系统中应用时一般应与电-气转换器相结合，才能对各种气动执行机构进行压力控制。电控电液比例控制阀则以电信号作为控制信号。

1. 气控比例压力阀

气控比例压力阀是一种比例元件，阀的输出压力与信号压力成比例，如图 7-1 为比例压力阀的结构原理。当有输入信号压力时，控制压力膜片 6 变形，推动硬芯使主阀芯 2 向下运动，打开主阀口，气源压力经过主阀芯节流后形成输出压力。输出压力膜片 5 起反馈作用，并使输出压力信号与信号压力之间保持比例。当输出压力小于信号压力时，膜片组向下运动。使主阀口开度增大，输出压力增大。当输出压力大于信号压力时，控制压力膜片 6 向上运动，溢流阀芯 3 开启，多余的气体排至大气。调节针阀的作用是使输出压力的一部分加到信号压力腔，形成正反馈，增加阀的工作稳定性。

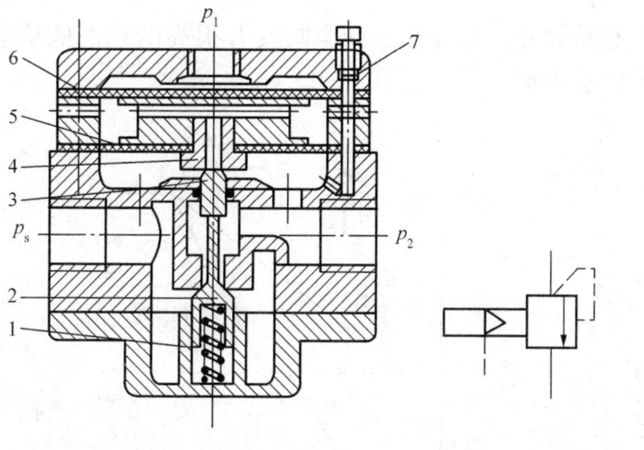

图 7-1　气控比例压力阀

1—弹簧；2—主阀芯；3—溢流阀芯；4—阀座；5—输出压力膜片；6—控制压力膜片；7—调节针阀

如图 7-2 所示为喷嘴挡板式电控比例压力阀。它由动圈式比例电磁铁、喷嘴挡板放大器、气控比例压力阀三部分组成，比例电磁铁由永久磁铁 10、线圈 9 和片簧 8 构成。当电流输入时，线圈 9 带动挡板 7 产生微量位移，改变其与喷嘴 6 之间的距离，使喷嘴 6 的背压改变。膜片组 4 为控制阀芯 2 的位置，从而控制输出压力。喷嘴 6 的压缩空气由气源节流阀 5 供给。

2. 气动比例流量阀

气动比例流量阀是通过控制比例电磁铁中的电流来改变阀芯的开度（有效断面积），实现对输出流量的连续成比例控制，其外观和结构与压力型相似。所不同的是压力型的阀芯具有调压特性，靠二次压力与比例电磁铁相平衡来调节二次压力的大小；而流量型的阀具有节流特性，靠弹簧力与比例电磁铁相平衡来调节流量的大小

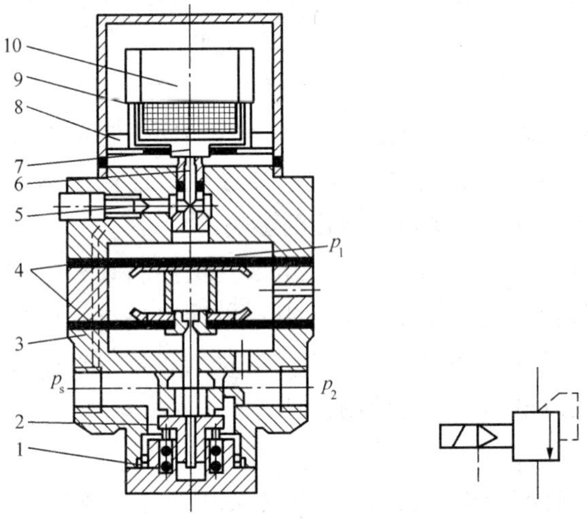

图 7-2　喷嘴挡板式电控比例压力阀

1—弹簧；2—阀芯；3—溢流口；4—膜片组；5—节流阀；6—喷嘴；7—挡板；8—片簧；9—线圈；10—永久磁铁

和流量的方向；按通径的不同，比例流量阀又有二通与三通之分，其动作原理如图 7-3 所示。在图 7-3 中，依靠与 F_2 的平衡来改变阀芯的开口面积和位置。随着输入电流的变化，三通阀的阀芯按①—②—③的顺序移动，二通阀的阀芯则按②—③的顺序移动。比例流量阀主要用于气缸或气动马达的位置或速度控制。

7.1.2　气动伺服控制阀

气动伺服阀的工作原理与气动比例阀类似，它也是通过改变输入信号来对输出信号的参数进行连续、成比例的控制的。与电液比例控制阀相比，除了在结构上有差异外，主要在于伺服阀具有很高的动态响应和静态性能。但其价格较贵，使用维护较为困难。

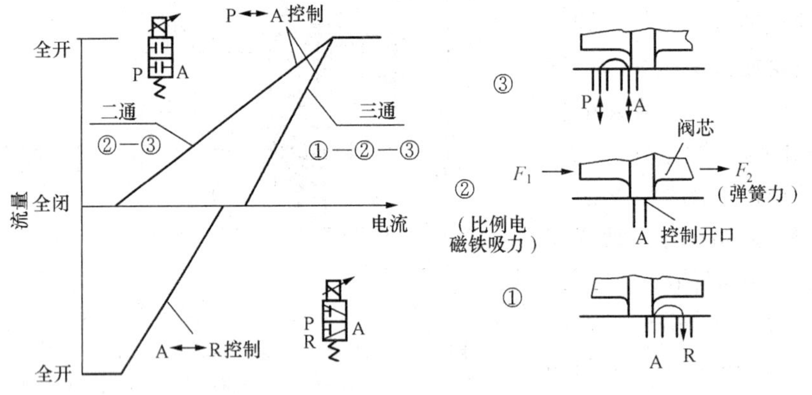

图 7-3　比例电磁铁型比例流量阀的动作原理

气动伺服阀的控制信号均为电信号，故又称电-气伺服阀。是一种将电信号转换成气压信号的电气转换装置。它是电-气伺服系统中的核心部件。图 7-4 为力反馈式电-气伺服阀结构原理图。其中第一级气压放大器为喷嘴挡板阀，由力矩马达控制，第二级气压放大器为滑阀。阀芯位移通过反馈杆换成机械力矩反馈到力矩马达上。其工作原理为：当有一电流输入力矩马达控制线圈时，力矩马达产生电磁力矩，使挡板偏离中位（假设其向左偏转），反馈杆变形。这时两个喷嘴挡板阀的喷嘴前腔产生压力差（左腔高于右腔），在此压力差的作用下，滑阀移动（向右），反馈杆端点随着一起移动，反馈杆进一步变形，变形产生的力矩与力矩马达的电磁力矩相平衡，使挡板停留在某个与控制电流相对应的偏转角上。反馈杆的进一步变形使挡板被部分拉回中位，反馈杆端点对阀芯的反作用力与阀芯两端的气动力相平衡，使阀芯停留在与控制电流相对应的位移上。这样，伺服阀就输出一个对应的流量，从而达到用电流控制流量的目的。

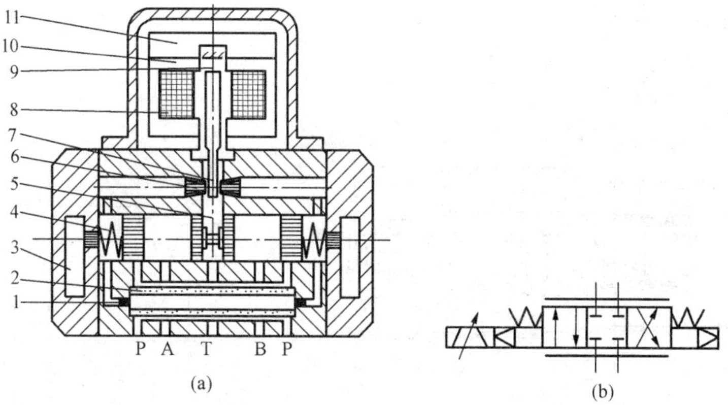

图 7-4 力反馈式电-气伺服阀结构原理图

(a) 结构原理图；(b) 图形符号

1—节流孔；2—滤气器；3—气室；4—补偿弹簧；5—反馈杆；
6—喷嘴；7—挡板；8—线圈；9—支撑弹簧；10—导磁体；11—磁铁

脉宽调制气动伺服控制是数字式伺服控制，采用的控制阀大多为开关式气动电磁阀，称脉宽调制伺服阀，也称气动数字阀。脉宽调制伺服阀用在气动伺服控制系统中，实现信号的转换和放大作用。常用的脉宽调制伺服阀的结构有四通滑阀型和三通球阀型。图 7-5 为滑阀式脉宽调制伺服阀结构图。滑阀两端各有一个电磁铁，脉冲信号电流轮流加在两个电磁铁上，控制阀芯按脉冲信号的频率作往复运动。

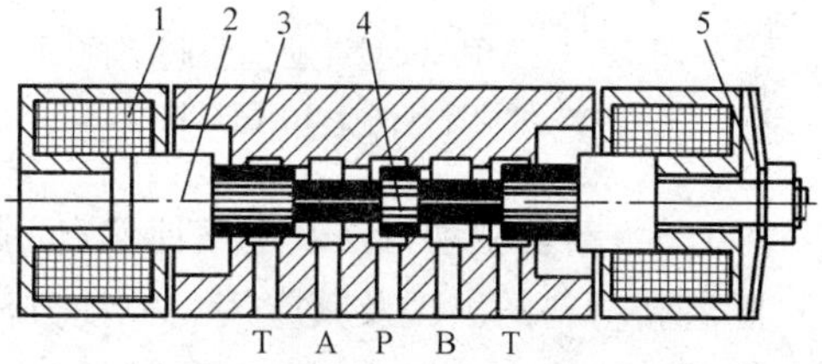

图 7-5 滑阀式气动数字阀（脉宽调制伺服阀）结构图

1—电磁铁；2—衔铁；3—阀体；
4—阀芯；5—反馈弹簧

初期的气动伺服阀是仿照液压伺服阀中的喷嘴挡板型加工而成的，由于种种原因一直未能得到推广应用，气动伺服阀也因此一度被认为是气动技术的死区。直到现在，气动伺服阀才又重新展现在人们面前，以 Festo 公司的 MPYE 系列为典型代表。MPAE 型气动伺服阀是 Festo 公司开发的一种直动式气动伺服阀，其结构如图 7-6 所示。这种伺服阀主要有力马达、阀芯位移检测传感器、控制电路、主阀等组成。阀芯由双向电磁铁直接驱动，用传感器检测出阀芯位移信号并反馈给控制电路，从而调节输入电信号与输出流量成比例关系。这种阀采用双向电磁铁调节阀芯位置，没有弹簧，电磁铁不受弹簧力负载，功耗小。此阀采用直动式滑阀结构，不需外加比例放大器，响应速度和控制精度高，能构成高精度位移伺服系统。

MPAE 型气动伺服阀为三位五通阀，O 型中位机能。电源电压为 DC24V，输入电压为 5～10V。在图 7-7 的输入电压对应着不同的阀口面积与位置，也就是不同的流量和流动方向。电压为 5V 时，阀芯处于中位；电压为 0～5V 时，P 口与 A 口相同；电压为 5～10V 时，P 口与 B 口相同。如果突然停电，阀芯返回到中位，气缸原位停止，系统的安全性得以保障。

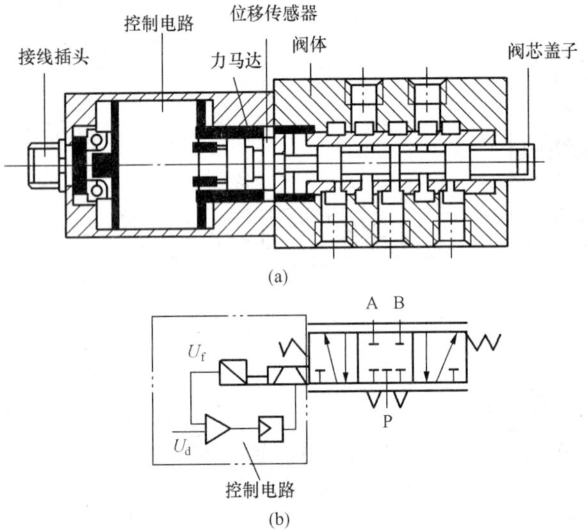

图 7-6 MPAE 型气动伺服阀结构图
(a) 结构原理图；(b) 图形符号

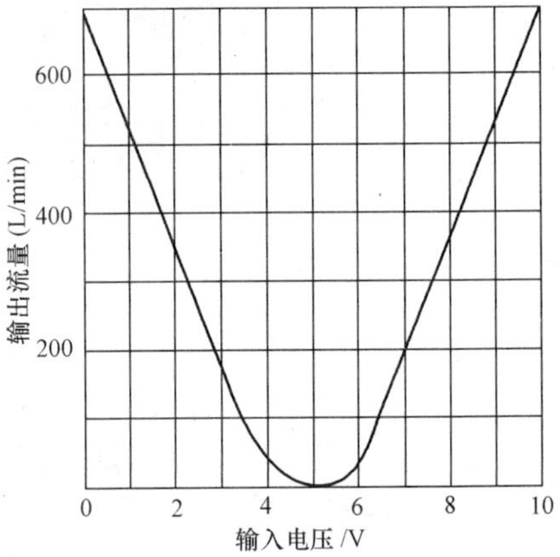

图 7-7 输入电压-输出流量的特性曲线

7.1.3 新型驱动方法及电气比例/伺服控制阀的发展

随着新材料的出现及其应用，驱动方法也发生了巨大的变化，从传统机械驱动机构到电控驱动机构，电气比例/伺服控制阀的研究成为电气技术的热点。新型驱动机构都有着位移控制精密、控制方便、驱动负载能力强等共同特点。下面就压电驱动和超磁致伸缩驱动器简单叙述电气比例/伺服控制阀的发展。

1. 压电驱动

压电驱动是利用压电晶体的逆压电效应形成驱动能力，可以构成各种结构的精密驱动器件。压电晶体产生的位移与输入信号有较好的线性关系，控制方便，产生的力大，带负载能力强，频响高，功耗低，将它作为驱动元件取代传统的电磁线圈来构造气动比例/伺服阀，使比例/伺服阀微小型化，这将给电子控制智能和气动系统的集成提供全新的发展空间。

压电驱动技术可以利用双晶片的弯曲特性［如图 7-8（a）、图 7-8（b）所示］，制作成各种开关阀、减压阀，也可以利用压电叠堆直接推动阀芯（如图 7-8（c）所示）构造成直动式或带位移放大机构的比例/伺服阀，实现对输出信号（流量或压力）

的高精度控制。

2. 超磁致伸缩驱动器

超磁致伸缩材料是一种新型的电（磁）机械能转换材料，具有在室温下应变量大、能量密度高、响应速度快等特性，国外已应用于伺服阀、比例阀和微型泵等流体控制元件中。超磁致伸缩材料具有独特的性能：在室温下的应变值很大（$1500\times10^{-6}\sim2000\times10^{-6}$），是镍的40～50倍，是压电陶瓷的5～8倍；能量密度（14 000～25 000J/m）是镍的400～500倍，是压电陶瓷的10～14倍；机电耦合系数大；响应速度快（达到μs级）；输出力大，可达220～880N。由于超磁致伸缩材料的上述优良性能，因而在许多领域尤其是在执行器中的应用前景良好。

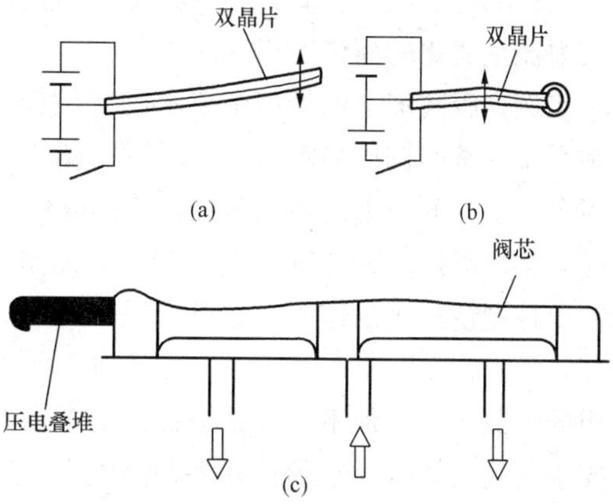

图7-8　压电驱动构造气动阀示意图

超磁致伸缩执行器结构简单、易实现微型化，并可采用无线控制。如图7-9所示的超磁致伸缩执行器，主要采用棒状超磁致伸缩合金直接驱动执行器件，不采用放大机构。由于超磁致伸缩材料的抗压强度远远大于其抗拉强度，因此采用预压弹簧使其在一定的压力下工作。图中两块永久磁铁用来提供一定的偏磁场，使超磁致伸缩棒在特定的线性范围内工作。

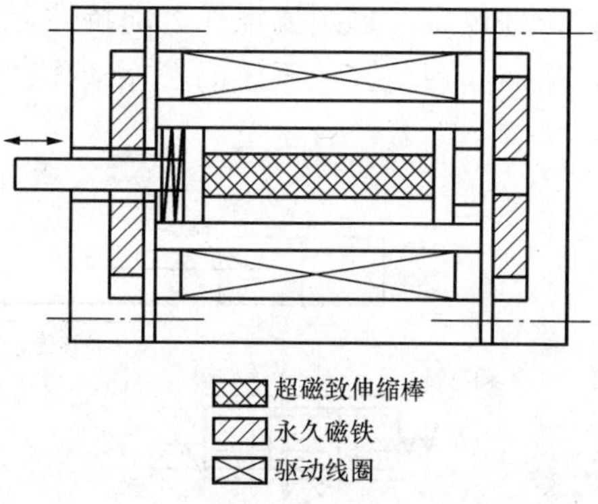

图7-9　超磁致伸缩驱动器示意图

利用图7-9所示结构的驱动器直接推动阀芯移动，可实现输入信号与输出信号的比例关系；也可以利用这种结构的驱动器做成各种减压阀或开关阀。

气动技术的发展基础是各种新型气动元件的出现，这些都离不开各种新技术在气动技术中的应用。新材料的出现产生了各种性能优良的电控驱动器，给电气比例/伺服控制阀的研究开发提供了新的实现方法，它们将成为未来气动比例/伺服控制元件开发领域的研究热点。

7.2　气动比例/伺服控制系统

7.2.1　气动比例/伺服控制系统的构成

20世纪70年代后期，随着现代控制理论和微电子技术的发展，各种廉价、多功能、高性能的集成电路大量涌现，为电/气控制系统开辟了广阔的应用前景。同时，微电子技术和计算机控制技术的不断完善和发展为电/气伺服控制技术的发展奠定了坚实的理论基础。近年来，工业发达国家如日本、德国、美国等竞先投入大量人力物力财力从事该项研究，并取得了较大发展，使得以比例/伺服控制阀为核心的气动比例伺服控制系统可实现压力流量变化的高精度控制。

比例伺服阀加上电子控制技术的比例控制系统，可满足各种各样的控制要求。比例控制系统的基本构成如图 7－10 所示。图中的执行元件可以是气缸或气动马达、容器和喷嘴等将空气的压力能转化为机械能的元件。比例控制阀作为系统的电-气压转换的接口元件，实现对执行元件供给气压能量的控制。控制器作为人机的接口，起着向比例控制阀发出控制量指令的作用。它可以是单片机、微机及专用控制器等。比例控制阀的精度较高，一般为±0.5%～2.5%FS。即使不用各种传感器构成负反馈系统，也能得到十分理想的控制效果，但不能抑制被控制对象参数变化和外部干扰带来的影响。对于控制精度要求更高的场合，必须使用各种传感器构成负反馈，来进一步提高系统的控制精度，如图 7－10 中虚线部分所示。

对于 MPYE 型伺服阀，在使用中可用微机作为控制器，通过 D/A 转换器直接驱动。可使用标准气缸位置传感器来组成价廉的伺服控制系统。但对控制性能要求较高的自动化设备，宜使用厂家提供的伺服控制系统，如图 7－11 所示，它包括 MPYE 型伺服阀、位置传感器内藏气缸、SPC 型控制器。在图 7－11 中，目标值以程序或模拟量的方式输入控制器中，由控制器向伺服阀发出控制信号，实现对气缸的运动控制。气缸的位移由位置传感器检测，并反馈到控制器。控制器以气缸位移反馈量为基础，计算出速度、加速度反馈量。再根据运行条件（负载质量、缸径、行程及伺服阀尺寸等），自动计算出控制信号的最优值，并作用于伺服控制系统，从而实现闭环控制。控制器与微机相连接后，使用厂家提供的系统管理软件，可实现程序管理、条件设定、远距离操作、动特性分析等多项功能。控制器也可与可编程控制器相连接，从而实现与其他系统的顺序动作、多轴运行等功能。

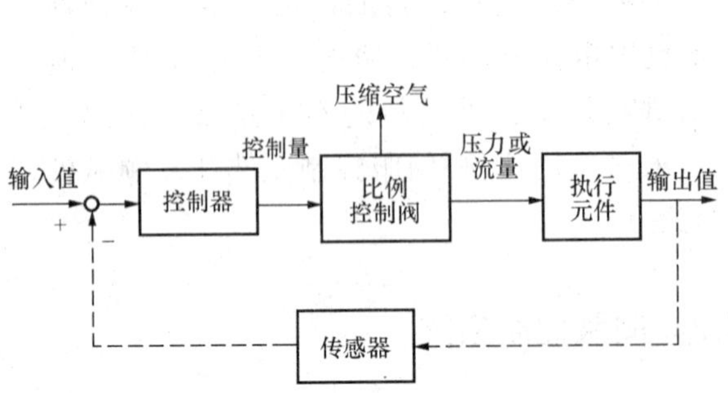

图 7－10　比例控制系统的基本构成

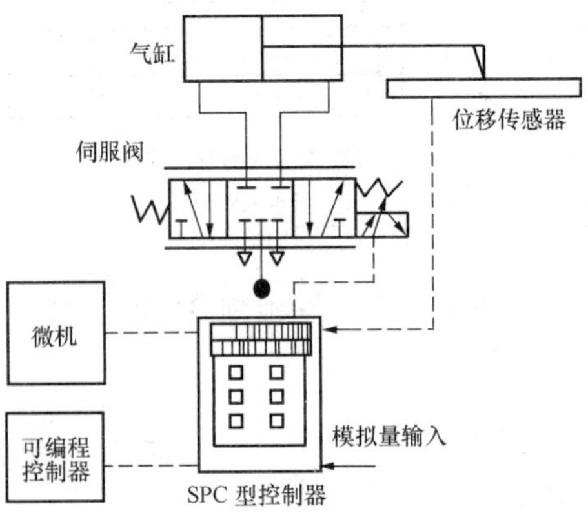

图 7－11　Festo 伺服控制系统的组成

7.2.2　气动比例/伺服阀的选择

气动比例阀的类型主要根据被控对象的类型和应用场合来选择。由于被控对象的不同，在选择时，对控制精度、响应速度、流量等性能指标的要求也不相同。控制精度与响应速度的关系是一对矛盾，选择时无法同时兼顾。对于已经确定的控制系统，应该以最重要的性能指标为依据来确定比例阀的类型。然后再考虑设备的运行环境，如污染、振动、安装空间及其安装姿势等方面的要求，最终选择出适当类型的比例阀。表 7－1 给出了不同场合下比例阀优先选用的类型。

表 7－1　不同场合下比例阀优先选用的类型

控制领域	应用场合	比例压力阀			比例流量阀
		喷嘴挡板型	开关电磁阀型	比例电磁铁型	比例电磁铁型
下压控制	焊接机		○	◎	
	研磨机等	◎	○	○	
张力控制	各种卷绕机	◎	○		
喷流控制	喷漆机、喷流织机、激光加工机等	◎	◎		○
先导压控制	远控主阀、各种流体控制阀等	◎	○		
速度、位置控制	气缸、气动马达			○	◎

◎—优；○—良。

MPYE 型伺服阀最早只有 G1/8（700L/min）一个尺寸，目前已发展到 M 5（100L/min）～G3/8（2 000L/min），有 5 个规格。主要根据执行元件所需的流量来确定阀的规格，选择比较简单。

7.2.3 气动伺服系统的分类

气动伺服系统根据控制目标可以大致分成如下几类。

（1）压力控制和力控制。压力控制是指使某一空气容腔内的压力或下流气动管道的供气压力保持一个恒定的值，企业生产工艺中存在很多这样的要求；力控制则是控制气缸的输出力，使其保持稳定，并能随工艺要求而变化。该类控制中通常使用低摩擦力的膜片缸，在印刷机的纸张、卷箔机的铝箔等的张力控制中被广泛使用。无论是压力控制还是力控制，如精度要求不高、响应要求一般的话，电/气调压阀基本能实现控制要求；但如果要求高速响应或高精度控制的话，则必须使用流量比例伺服阀或喷嘴挡板阀来满足高速响应要求。

（2）位置控制和角度控制。气缸的定位控制在工件搬运等生产流程中被广泛使用。这种应用的定位精度通常在 0.1～1.0mm 范围内，所以用带抱紧装置气缸或中位封闭的三位方向控制阀并结合自学习控制来构建系统的情况较多。近些年，通过利用内置空气轴承的超低摩擦气缸与高频响伺服阀，可使气缸定位精度达到微米级，并已有实用化的案例。

（3）力与位置的控制。在人工肌肉驱动的机器人手臂、带力反馈的主从控制系统中要求同时进行力与位置的控制。特别是在主-从控制系统中，从控制手在对主控制手进行位置跟踪的同时，还需将从控制手前端接触的力实时反馈到主控制手并提示给操纵者。

（4）加速度控制。空气弹簧式主动隔振台、列车的减振系统中，需要控制工作台控制列车车身的加速度使其尽量接近零，从而消除外界对其的干扰。该种减振控制通常为加速度控制。此类系统中多用喷嘴挡板阀或喷嘴挡板伺服机构作为控制元件来实现。

（5）速度控制。与电动机一样，使用气动马达的时候要求进行速度控制。电动机具有易于控制、控制精度高等优点，这使其在工业领域得到了迅速普及。而气动马达由于不易控制、能量效率低等缺点，使用领域极其有限，现只限于防爆要求的矿井、高速旋转的牙医工具等少数场合。

气动伺服控制系统根据控制方式，可分为模拟控制和数字控制。模拟控制是使用电/气伺服阀的方式，其控制信号是伺服阀的模拟输入信号，通常有 4～20mA 和 0～5V 两种。而数字控制是使用高速开关阀的方式，其控制信号是使高速开关阀开关的高低电平数字信号。

在数字控制中，必须将控制输入的模拟信号转换成数字信号，该转换是通过脉冲调制方式来实现。在模拟控制中，尽管不需数模转换，但需将连续的电气信号转换成流量或压力信号，该转换是通过电/气伺服阀来实现的。

7.2.4 应用典型实例

1. 张力控制

带材或板材（纸张、胶片、电线、金属薄片等）的卷绕机，在卷绕过程中，为了保证产品的质量，要求卷筒张力保持稳定。由于气动制动器具有价廉、维修简单、制动力矩范围变更方便等特点，所以在各种卷绕机中得到了广泛的应用。如图 7-12 所示，为采用比例压力阀组成的张力控制系统图。在图 7-12 中，高速运动的带材的张力由传感器检测，并反馈到控制器。控制器以张力反馈值与输入值的偏差为基础，采用一定的控制算法，输出控制量到比例压力阀。从而调整气动控制器的控制压力，以保证带材的压力恒定。在张力控制中，控制精度比响应速度要求高，宜选用控制精度高的喷嘴挡板型比例压力阀。

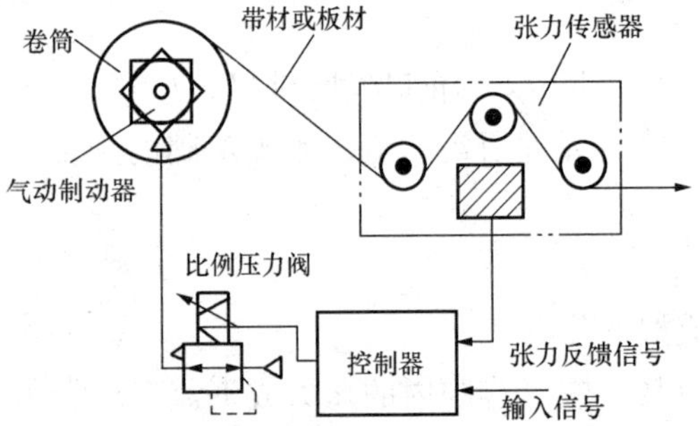

图 7-12 用比例压力阀组成的张力控制系统图

2. 加压控制

图 7-13 为采用比例压力阀在磨床加压控制中的应用例子。在该应用场合下，控制精度比响应速度要求高，所以应选用控制精度较高的喷嘴挡板型或开关电磁阀型比例压力阀。应该注意的是，加压控制的精度不只取决于比例压力阀的精度，气缸的摩擦阻力特性影响也很大。标准气缸的摩擦阻力要随着工作压力、运动速度等因素变化，难于实现平稳加压控制。所以在此场合下，建议选用低速、恒摩擦阻力气缸。系统中减压阀的

作用是向气缸有杆腔加一个恒压，以平衡活塞杆和夹具机构的自重。

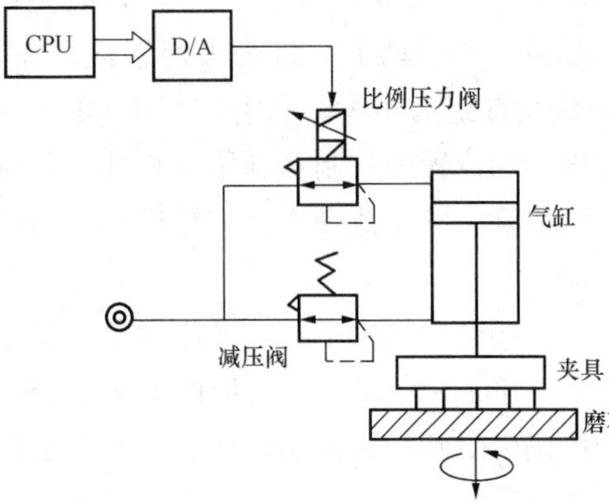

图 7－13　磨床加压机构启动系统的组成

3. 位置和力的控制

(1) 控制方法。采用电气伺服控制系统能方便地实现多点无级柔性定位（由于气体的可压缩性，能实现柔性定位）和无级调速；比例伺服控制技术的发展以及新型气动元件的出现，能大幅度降低工序节拍，提高生产效率。伺服气动系统实现了气动系统输出物理量（压力或流量）的连续控制，主要用于气动驱动机构的起动和制动、速度控制、力控制（机械手的抓取力控制）和精确定位。通常气动伺服定位系统主要由气动比例/伺服控制阀、控制元件（气缸或马达）、传感器（位移传感器或力传感器）及控制器等组成，如图 7－14 所示。

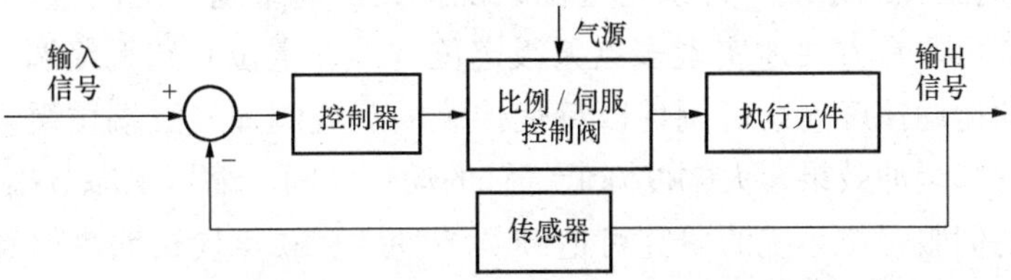

图 7－14　气动伺服定位系统

(2) 汽车方向盘疲劳试验机。气动比例/伺服控制系统非常适合应用于汽车部件、橡胶制品、轴承及键盘等产品的中、小型疲劳试验机中。如图 7－15 所示为气动伺服控制系统在汽车方向盘疲劳试验机中的应用实例。该试验机主要由被试体（方向盘）、伺服控制阀、位移和负载传感器及计算机等组成。要求向方向盘的轴向、径向和螺旋方向，单独或复合（两轴同时）地施加正弦波变化的负载，然后检测其寿命。该实验机的特点是：精度和简单性兼顾；在两轴同时加载时，不易形成相互干涉。

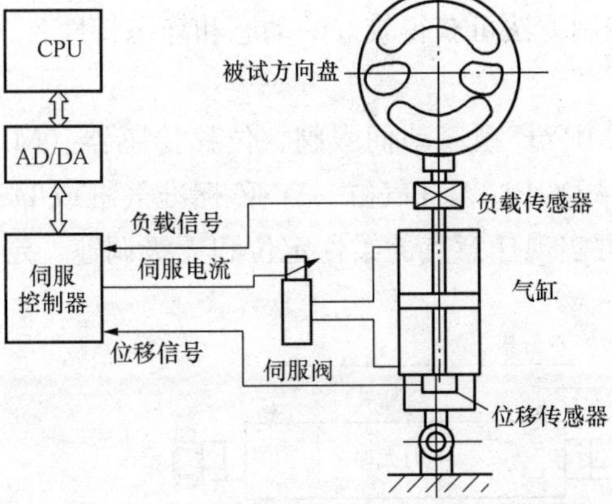

图 7－15　汽车方向盘疲劳试验机气动伺服控制系统

(3) 挤牛奶机器人。在日本 Orion 公司开发的自动挤牛奶机器人中，挤奶头装置的 x、y、z 三轴方向的移动是靠 FESID 伺服控制系统驱动的。x、y、z 轴选用的气缸（带位移传感器）尺寸分别为 $\phi40\times1000$、$\phi50\times300$、$\phi32\times500$，对应的 MPYE 系列伺服阀分别为 G1/4、G1/8 和

G1/8。伺服控制器为 SPC100 型。以奶牛的臀部和横腹作为定位基准，x、y、z 轴在气动伺服系统的驱动下，挤奶头装置向奶牛乳头部定位。把位移传感器的绝对 0 点定为 0V，满量程定为 10V。利用 SPC100 的模拟量输入控制功能，只要控制输入电压值，即可实现轴的位置的控制。利用该功能不仅能控制轴的位置，还可实现轴的速度控制，即在系统的响应频率范围内，可按照输入电压波形（台形波、正弦波等）的变化来驱动轴的运动。

在上述应用的例子里，定位对象是活生生的奶牛。奶牛在任何时刻有踢腿、晃动的可能。由于采用气动控制系统的装置所特有的柔软性，能顺应奶牛的这种随机动作，而不会使奶牛受到任何损伤。在这种场合下，气动控制系统的长处得到了最大的发挥。

7.3 气动伺服定位系统

随着工业自动化技术的发展，传统气动系统在两个机械设定位置才能可靠定位并且其运动速度只能靠单向节流阀单一设定的状况，经常无法满足许多设备的自动控制要求。因而电-气比例和伺服控制系统，特别是定位系统得到了越来越广泛的应用。因为采用电-气伺服定位系统可非常方便地实现多点无级定位（柔性定位）和无级调速，此外，利用伺服定位气缸的运动速度连续可调性以替代传统的节流阀加气缸端位缓冲器方式，可以达到最佳的速度和缓冲效果，大幅度降低气缸的动作时间，缩短工序节拍，提高生产率。

虽然对气动伺服定位系统的研究可追溯到 20 世纪 80 年代初期，但真正实现其工业实用化却是近几年的事。关键的技术难点是状态反馈控制参数的优化设定十分复杂，难以被一般的用户掌握。由于缺乏具有工程可靠度的参数优化算法，目前市场提供的气动伺服定位系统其控制参数往往是预先在生产厂家设定的，即根据用户提出的使用要求，由厂家提供整套已调试完毕的系统。同时，为了较易得到令人满意的控制结果，往往要对所采用的气缸进行特殊设计，以使其摩擦特性得到优化。与电机驱动的伺服定位系统相比，气动伺服定位系统具有价格低廉、速度快、结构简单、功率体积比高，抗环境污染及抗干扰性强等优点。伺服定位技术也是机器人中极其关键的技术之一，研究结构表明，采用位置、速度、加速度三状态反馈的控制方法可获得较好的动态和静态特性。

7.3.1 气动伺服定位系统的成套化

如图 7-16 所示，气动伺服定位系统由 MPYE 型气动伺服阀、位移传感器（MLO 模拟量输出、MME 数字量输出）、驱动装置（DGPL 无杆气缸、DNC 标准气缸或 DSM 摆动马达）及 SPC 控制器等 4 个组成部分，可实现任意点的柔性定位和无级调速，定位精度可达 0.1mm。

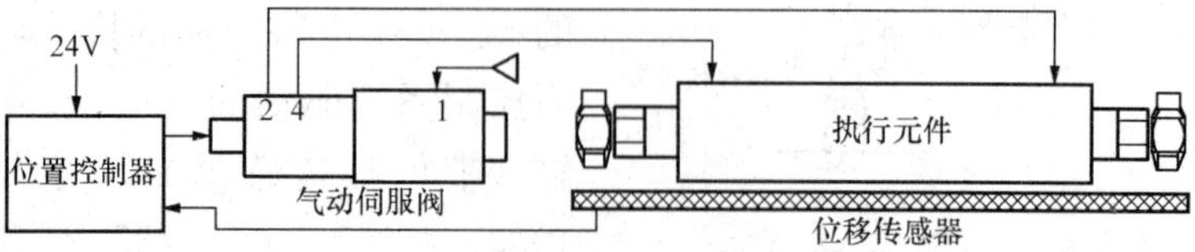

图 7-16　气动伺服定位系统简图

作为气动伺服定位系统的整体概念，上述系统把位移传感器与直线定位控制联系起来，采用一个气动伺服阀、一个伺服定位控制和一个驱动气缸便可构成一整套气动伺服定位系统。

更为重要的是由于 SPC100（单轴坐标控制）和 SPC200（双轴坐标控制）已经完成了其反馈控制参数的计算和优化，因此用户只需输入最基本的元件尺寸和运行数据（气缸行程、缸径、负载重量和气源压力等），即可完成对该定位系统的调试。这样改变了过去只有专家才能对电气伺服定位系统进行操作和调整的状况，使该定位系统得到了普及。

气动方向比例控制阀（又称气动伺服阀）由电流型控制阀（4～20mA）电压型控制阀（0～10V）两种，均作为标准化、系列化产品提供。在设计时，可根据传感器信号选择电压型还是电流型伺服阀信号，根据气缸所需的最大流量（即活塞运动的最大速度）来选择伺服阀的接口大小。

7.3.2　气动伺服定位系统的实际组成

如图 7－17 所示，德国 Festo 公司的单轴气动伺服控制系统是由 SPC200 伺服定位控制器、比例方向控制阀、伺服控制连接器、气缸、测量系统、5μm 气体过滤器装置 6 部分组成。

SPC200 伺服定位控制器采用了最优状态反馈控制，其反馈增益是由控制器自身根据输入的用户信息（如缸径、负载等）优化产生的，在控制器中集成了自优化、自学习及自适应等智能控制装置，因此在气动伺服系统中起到了核心控制作用。

如图 7－18 和图 7－19 所示，伺服定位控制器 SPC200 主要由三部分组成。

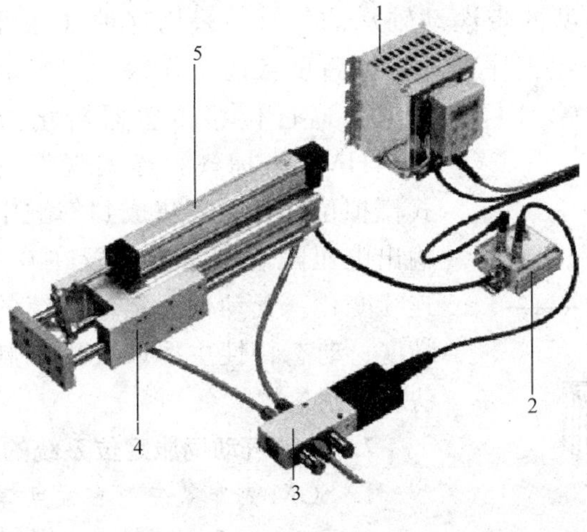

图 7－17　德国 Festo 公司气动伺服定位系统组成示意图
1—SPC200 伺服定位控制器；2—伺服控制连接器；
3—比例方向控制阀；4—气缸；5—位移测量系统

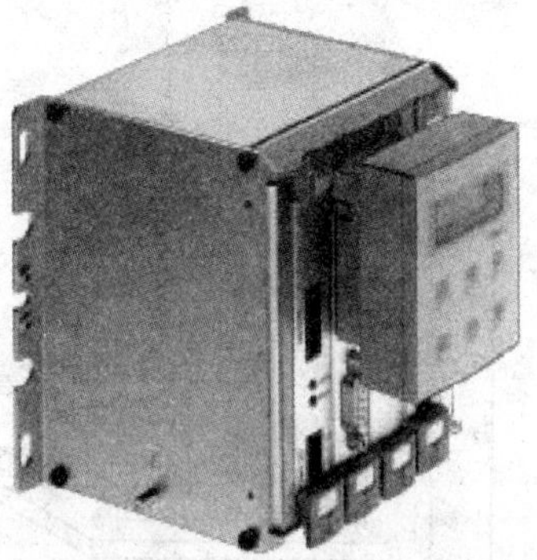

图 7－18　SPC200 伺服定位控制器总成

（1）SPC200—PWR—AIF 电源模块。外接 24V 电源，并可对外提供 24V 电源。

（2）SPC200—MMI—DIAG 诊断及通信模块。该模块用于伺服定位控制进行通信、编程和诊断。通过该模块，SPC200 可与上位机（PC 机）通信（通过 9 针接口），在 PC

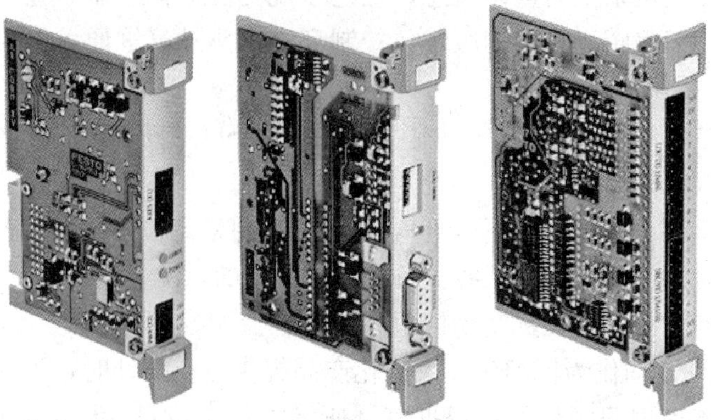

图 7-19　SPC200 伺服定位控制器组成部分

（a）电源模块；（b）通信模块；（c）数字量 I/O

机上进行编程并自动输入 SPC200 进行在线调试运行；也可将专用的控制面板模块 SPC200—MMI—1 插入 SPC200—MMI—DIAG 的另一个接口中，直接用面板进行控制。

（3）SPC200—DIO 数字量 I/O 模块。该模块可为 SPC200 的各种操作模式提供必需的 I/O 信号。通过 I/O 信号，SPC200 可与外部控制器间建立通信联系，从而在控制器的统一协调和控制下，在适当的时候起动和停止气动伺服控制。

气动伺服阀的功能是将控制器输出的连续电输入信号转换为连续气控制信号（压力、流量），驱动执行机构工作。气缸的摩擦特性对气动伺服定位系统的性能影响较大，德国 Festo 公司的 HMP 坐标气缸是一种新型的带滚动轴承的气缸，采用这种气缸可以充分利用气动伺服定位系统的优点，缩短工序节拍，提高设备的工作效率。气缸活塞的位置通过位移传感器转化为电信号，HMP 坐标气缸已实现将电位器式模拟位移传感器集成到气缸中，其输出电压随着测量的位置在 0～10V 连续变化。气动伺服定位系统的定位精度、动态特性主要取决于控制器算法和控制参数。

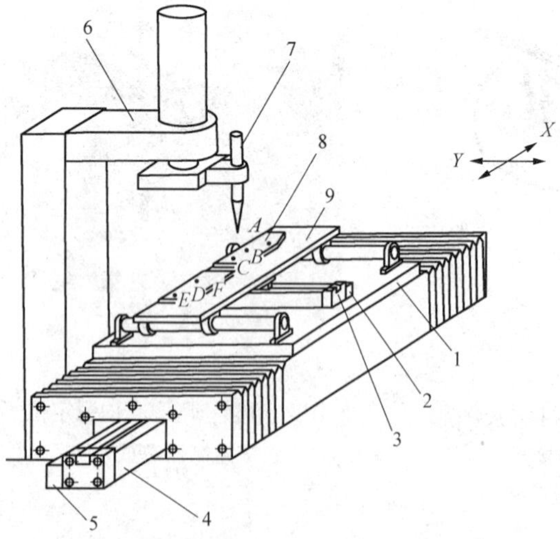

图 7-20　SGM 副车架左、右梁点焊机

1、9—工作台；2、5—位移传感器；3、4—无杆气缸；6—支架；7—焊枪；8—工件

7.3.3　气动伺服定位系统的应用

1. SGM 副车架左、右梁点焊机

如图 7-20 所示为上海汇众汽车零件有限公司生产的“别克”轿车用的 SGM 副车架左、右梁点焊机，该焊机采用了 SPC200 伺服定位系统。这个多点焊机可以同时焊接左、右梁，每个梁需焊接三个不在一条直线上的点，焊枪固定，移动工件，工件由夹具气

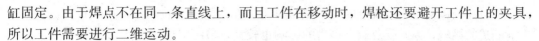

缸固定。由于焊点不在同一条直线上，而且工件在移动时，焊枪还要避开工件上的夹具，所以工件需要进行二维运动。

工艺要求如下：

工件（左、右梁）	1kg
X 轴位移	1200mm
定位精度	±1mm
负载（包括机架）	130kg
Y 轴定位	250mm
定位精度	±1mm
负载（包括机架）	120kg
工作周期	3min

根据以上要求，气动伺服定位控制系统（如图 7－21 所示）配置元件如下列所示。

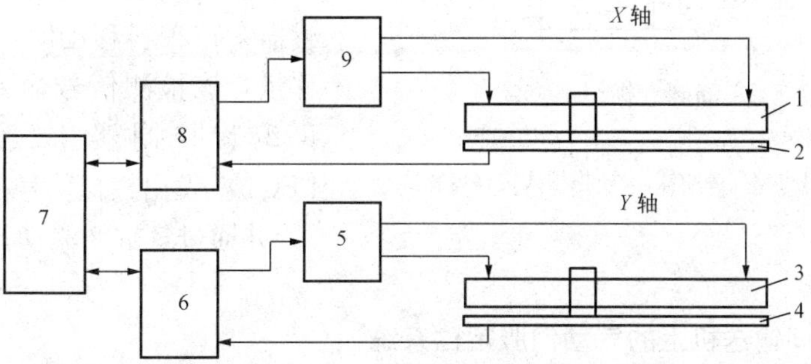

图 7－21　气动伺服定位控制系统

1、3—无杆气缸；2、4—位移传感器；5、9—MPYE 型伺服阀；6、8—SPC100 控制器；7—PLC

轴控制器	SPC100—P—E
伺服阀	MPYE—5—1/8—HF—010—B
X 轴无杆气缸	DGP—40—1500—PPV—A—B
位移传感器	MLO—POT—1500—TLF
Y 轴无杆气缸	DGP—40—250—PPV—A—B
位移传感器	MLO—POT—300—TLF

焊机动作采用 PLC 可编程控制器控制，X、Y 两根轴的运动也由这台 PLC 控制器来协调。调试时，系统参数调定如下。

X 轴无杆气缸运动速度 v	0.5m/s
运动加速度 a	$5m/s^2$
定位精度	±0.7mm
Y 轴无杆气缸运动速度 v	0.3m/s
运动加速度 a	$1m/s^2$
定位精度	±0.7mm

焊机在调试过程中发现，因无杆气缸推动工作台面及导轨动作，负载较重，且采用一般制造的导轨，因此受负载摩擦力的影响也较大，最终定位精度达 0.7mm，动作周期缩短为 1min 20s。

采用伺服控制技术制造的多点焊机，不仅效率高，安装调试方便，可实现柔性生产（方便地更改定位程序），而且造价比机器人焊机和点伺服焊机低 2/3 左右。

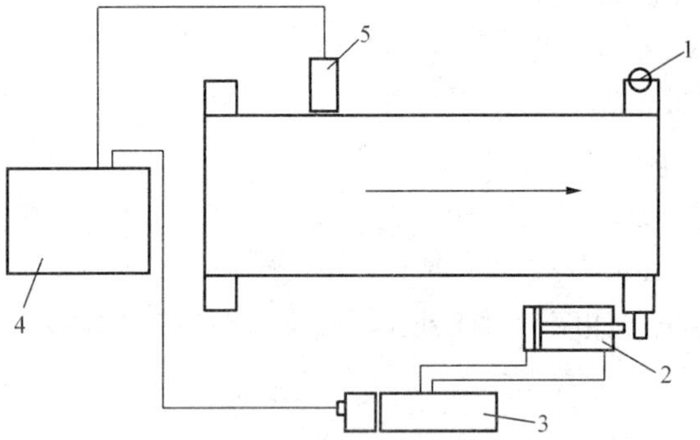

图 7-22　布料卷扬纠偏装置

1—控制转轮；2—气缸；3—气动服伺阀；4—FPC405 型可编程控制器；5—模拟式位移传感器

气动伺服定位控制在“SGM 副车架左、右梁电焊机”上的成功应用，不仅标志着气动伺服定位系统在焊接工业上有所突破，也标志着气动伺服定位技术的工业应用获得普及。

2. 布料卷扬纠偏装置

如图 7-22 所示是一套布料卷扬纠偏装置。系统中采用模拟式位移传感器 5 在布料移动时不断地检测其偏移量，该检测信号输入到 FPC405 型可编程控制器 4，当布料偏移时 FPC405 发出模拟信号控制气动伺服阀 3，并通过气缸 2 驱动控制转轮 1 进行纠偏。

7.3.4　机间输送机上的气动伺服定位系统

1. 控制系统的组成

如图 7-23 所示是机间输送机控制系统的原理图。该系统由计算机系统、D/A、A/D、伺服阀、气缸、位移传感器等环节组成。

2. 气缸的选取

气缸伺服控制系统的执行部件绝大多数是无杆气缸和双出杆气缸，在此情况下气缸两腔的压力作用面积是一致的，因此活塞在两个方向上的运动特性完全一致。

气缸的摩擦力对气动伺服定位系统的性能有着极大的影响，特别是当气缸在低速运动或小步长运动时。这是因为当气缸从静止到开始动作时其摩擦力将突然下降。从控制理论上分析，这一现象将产生一个正反馈，从而引起系统不稳定（爬行）。但是，作为工业应用的伺服定位系统必须能够支持使用标准气缸。本系统选取模块化的两端接气口的，

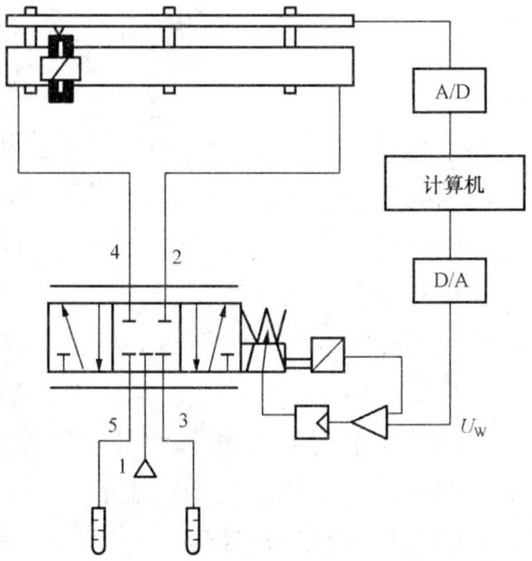

图 7-23　机间输送机控制系统的原理图

1—气源；2、4—伺服阀的出气口；3、5—伺服阀的排气口

如图 7-24 所示。故选取某公司的 DGP—40 基本驱动单元，缸径为 40mm，行程 1000mm。

3. 气缸的运动力学方程

$$M\frac{\mathrm{d}x}{\mathrm{d}t}=(P_a-P_b)A-fx\pm F_f-F$$

式中　x——气缸活塞的位移，m；

M——负载总质量（包括气缸可动部件），kg；

P_a、P_b——分别气缸腔室 A、B 内的压力，Pa；

f——动摩擦系数，N·m/s；

F_f——库仑摩擦力，N；

F——气缸的轴向负载，N。

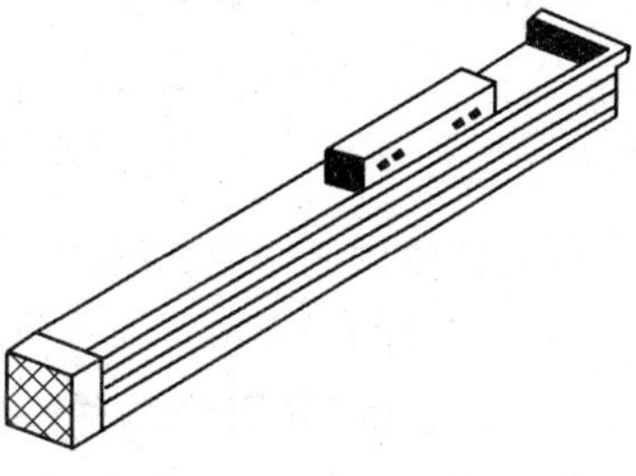

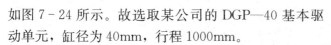

图 7-24　无杆的双作用气缸

优化控制理论设计步骤如下。

（1）对以上线性方程线性化，求得气缸的位移、速度和加速度线性方程。

（2）根据气动伺服定位系统的闭环极点配置原理求出最佳状态反馈增益。

最佳反馈增益仅仅取决于基本的系统数据，如气缸的缸径和行程、伺服阀的通径、负载大小和工作压力高低等。

4. 伺服阀的选取

气动伺服阀的功能是将计算机输出的连续数字信号经过 D/A 转换成控制信号（电压或电流信号）经过伺服阀转换为连续气控信号（压力、流量），驱动气动执行机构工作。如下表 7-2 所示为气动伺服阀的性能参数。

表 7-2　气动伺服阀的性能参数

型号	连接尺寸	工程通径 (mm)	输出流量 (L/min)（ANR）	频率 (Hz)	零位泄漏 (L/min)
MPIE—5—M5	M5	2	100	155	5
MPYE—5—1/8LF	G1/8	4	350	120	15
MPYE—5—1/8HF	G1/8	6	700	120	20
MPYE—5—1/4	G1/4	8	1400	115	25
MPYE—5—3/8	G3/8	10	2000	80	30

5. 伺服阀的阀口流量

气体质量流量表达式

$$\dot{m}=C_v w\cdot\left(x+\frac{h_0}{2}\right)\frac{2k}{k-1}p_s\rho_s\left[\left(\frac{p_1}{p_s}\right)^{2/k}-\left(\frac{p_1}{p_s}\right)k+1/k\right]\quad\left(\text{当}\frac{p_1}{p_2}>0.528\right)$$

$$\dot{m}_{\max}=C_v w\left(x+\frac{h_0}{2}\right)\sqrt{\frac{2k}{k-1}p_s\rho_s\left(\frac{2}{k+1}\right)^{2/k-1}}\quad\left(\text{当}\frac{p_1}{p_2}\leqslant 0.528\right)$$

6. 气缸活塞的力平衡方程

为了简化计算，忽略库仑摩擦力，气缸活塞受力平衡方程的拉氏变换式为

$$(p_a-p_b)A=Ms^2y+fsy+F$$

阀控气缸开环传递函数

$$[G(s)]=\frac{Y(s)}{X(s)}=\frac{2C_3AkRT_s/M_TV}{s\left[s^2+(C_4kRT_s/V+b/M_T)s+\frac{kp_i}{M_TV}\left(\frac{bC_4RT_s}{p_i}+2A_f^2\right)\right]}$$

位移传感器的选取如下。

（1）气动的活塞位置通过位移传感器转换为电信号。在计算机气动伺服定位系统中，可用 MLO 型和 MME 型两种位移传感器。

（2）MLO 型是一种电位计式位移传感器，能直接测量位移，实现绝对位移测量。这种传感器的优点是价格较低，与控制器接口容易连接，同时便于采用模拟式微分单元产生速度、加速度信号，其缺点是存在磨损和测量精度较低；MME 型是一种数字式位移传感器，它的优点是测量分辨率高达成 1μm，并且属绝对位移测量，可靠性高。

第8章 气动辅助元件

8.1 润 滑 元 件

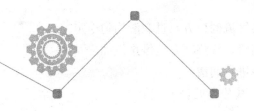

气动系统中使用的许多元件和装置都有滑动部分，为使其能正常工作，需要进行润滑。然而，以压缩空气为动力源的气动元件滑动部分都构成了密封气室，不能用普通的方法注油，只能用某种特殊的方法进行润滑。

按工作原理不同，润滑可分为不供油润滑和油雾润滑。

8.1.1 不供油润滑

有些气动应用领域不允许供油润滑，比如食品和卫生领域，因为润滑油油粒子会在食品和药品的包装、输送过程中污染食品和药品。其他领域如化工、制药、电子领域，油润滑还会影响某些工业原料、化学药品的性质，影响高级喷涂表面及电子元件的表面质量，对工业炉用气有起火的危险，影响气动测量仪的测量准确性等。故目前不供油润滑元件在逐渐普及。

不供油润滑元件内的滑动部位的密封仍用橡胶，密封件采用特殊形状，设有滞留槽，内存润滑剂，以保证密封件的润滑。另外，其他材料也要使用不易生锈的金属材料。

不供油润滑元件的特点是不仅节省了润滑设备和润滑油、改善了工作环境，而且减少了维护工作量、降低了成本，还改善了润滑状况。另外，因润滑效果与通过流量、压力高低、配管状况无关，所以不存在忘记加油造成的危害。

使用时应注意以下几点。

(1) 要防止大量水分进入元件内，以免冲洗掉润滑剂而失去润滑效果。

(2) 大修时，需在密封圈的滞留槽内添加润滑脂。

(3) 不供油润滑元件也可以供油使用，一旦供油，不得中途停止供油，因为油脂被润滑油冲洗掉就不能再保持自润滑。

此外，还有无油润滑元件，它使用自润滑材料，不需润滑剂即可长期工作。

8.1.2 油雾器

油雾器是一种特殊的给油装置，其作用是将普通的液态润滑油滴雾化成细微的油雾，并注入空气，随气流输送到滑动部位，达到润滑的目的。

1. 特点及分类

使用油雾器有以下优点。

（1）油雾可输送到任何有气流的地方，且润滑均匀稳定。

（2）气路一接通就开始润滑，气路断开就停止供油。

（3）可以同时对多个元件进行润滑。

油雾器有多种结构形式，其分类见表 8－1。

表 8－1　　油雾器的分类

分类依据	类　别
按油雾粒子	油雾式（全量式）、微雾式（选择式）
按节流方式	固定节流式、可变节流式
按给油方式	差压式、强制式

油雾式油雾器也称全量式油雾器，它把雾化后的油雾全部随压缩空气输出，常用于气动系统的润滑。微雾式油雾器也称选择式油雾器，它只把油雾中颗粒度为 2～3μm 的细微油雾随压缩空气输出，以便于长距离的供油润滑。微雾式油雾器又分为工具油雾器和机械油雾器两种，工具油雾器中的压缩空气既用来输送润滑油雾，同时又作为气动装置的动力源，空气流量较大；而机械油雾器中的压缩空气仅用来把油雾输送到润滑部位，空气流量较小。微雾式油雾器常用于气动工具或机械的润滑。

2．工作原理

图 8－1（a）所示的是油雾器的工作原理。假设气流输入压力为 p_1，通过文氏管后压力降为 p_2，当 p_1 和 p_2 的压差 Δp 大于位能 ρgh 时，油被吸上，并被主通道中的高速气流引射出，雾化后从输出口输出。图 8－1（b）为油雾器的图形符号。

图 8－2 所示为引射现象。当射流从油杯中将油引射出来时，油滴表面压力分布不匀，出现局部低压区（相对来流压力），此低压力的作用正好与油滴表面张力相反，低压力的作用使油滴膨胀，表面张力的作用使油滴紧缩，当低压力的作用大于油滴表面张力时，油滴膨胀并被撕裂成许多大颗粒油球，油球表面压力分布也存在低压区，同样的道理，较大颗粒的油球又再被撕裂成更小的油珠。这样便使油发生雾化。

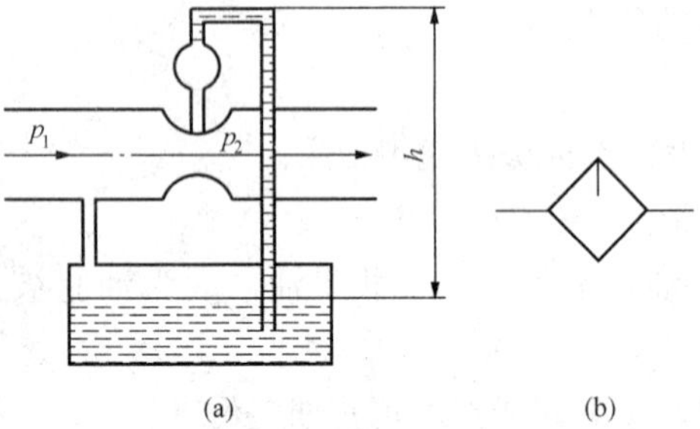

图 8－1　油雾器工作原理

（a）工作原理图；（b）图形符号

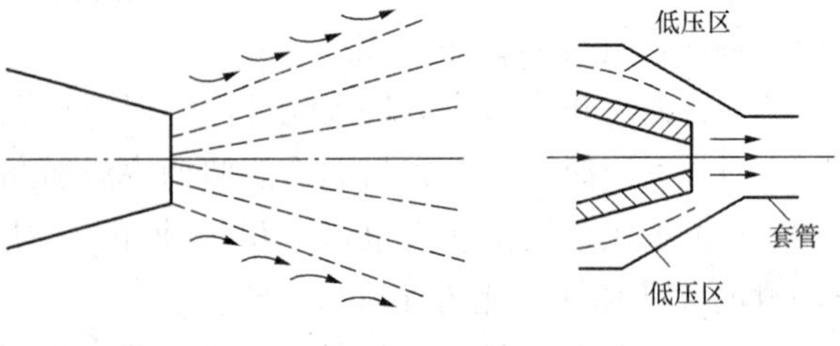

图 8－2　引射现象

由上述分析可知，当引射流体的速度（即来流速度）越高，则油滴表面形成负压越厉害，越易使油雾化。

3. 结构特点

图 8-3 是普通油雾器的结构示意图。其工作原理是：压缩空气从入口进入油雾器后，其中绝大部分气流经过文氏管，从主管道输出，小部分通过特殊单向阀流入油杯使油面受压。由于气流通过文氏管的高速流动使压力降低，与油面上的气压之间存在着压力差。在此压力下，润滑油经吸油管、给油单向阀和调节油量的针阀，滴入透明的视油器内，并顺着油路被文氏管的气流引射出来，雾化后随气流一同输出。

这种结构油雾器的特点如下。

(1) 用调节针阀的开度来改变滴油量，保持一定的油雾浓度。滴油量根据所使用的空气流量来选择，图 8-4 所示为其推荐值。

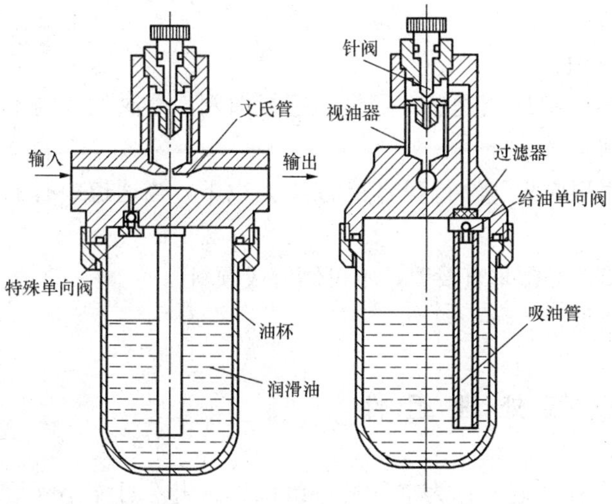

图 8-3　普通油雾器结构示意图

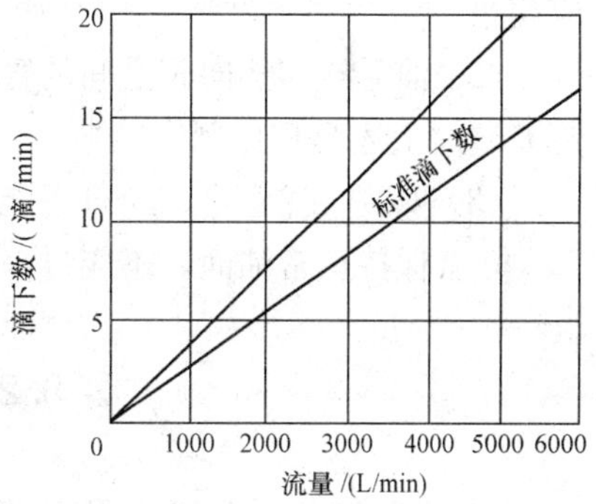

图 8-4　滴油量推荐值

(2) 当使用的空气流量改变时，如果不重新调整滴油量，则输出的油雾浓度将发生变化。

(3) 能实现在不停气工作状态下向油雾器油杯注油。实现不停气加油的关键零件是特殊单向阀，特殊单向阀的作用如图 8-5 所示。

1) 图 8-5 (a) 所示为没有气流输入时的情况，阀中的弹簧把钢球顶起，关闭加压通道。

2) 图 8-5 (b) 所示为正常工作状态，压力气体推开钢球，加压通道畅通，气体进入油杯加压，但刚度足够的弹簧不让钢球完全处于下限位置，而正好处于图示位置。

3) 图 8-5 (c) 中，当进行不停气加油时，首先拧松油雾器加油孔的油塞（图 8-5 中未表示），使油杯中气压降至大气压。此时单向阀的钢球由中间工作位置被压下，单向阀处于截止状态，压缩空气无法进入油杯，确保油杯内的气压保持为大气压，不至于使油杯中的油液因高压气体流入而从加油孔喷出，从而实现不停气加油。

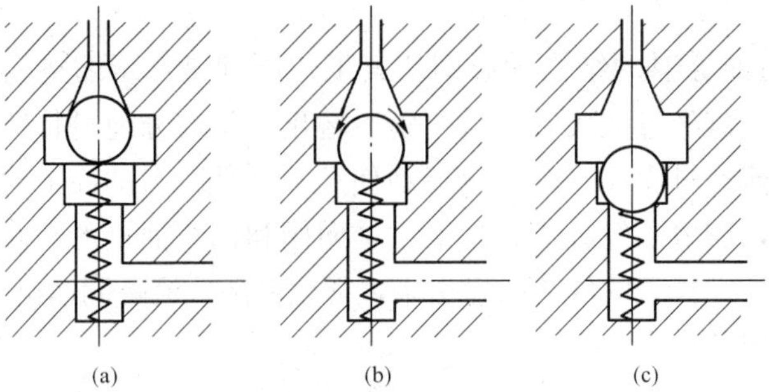

图 8-5　特殊单向阀的作用

(a) 没有气流输入时；(b) 正常工作状态；(c) 不停气加油时

4. 油雾器的使用

油雾器的使用过程中应注意以下事项。

(1) 油雾器一般安装在分水滤水器、减压阀之后，尽量靠近换向阀，与阀的距离不应超过 5m。

(2) 油雾器和换向阀之间的管道容积应为气缸行程容积的 80%以下，当通道中有节流装置时上述容积比例应减半。

(3) 安装时注意进、出口不能接错，必须垂直设置，不可倒置或倾斜。

(4) 保持正常油面，不应过高或过低。

8.2 空气处理组件

将过滤器、减压阀和油雾器等组合在一起，称为空气处理组件。该组件可缩小外形尺寸、节省空间，便于维修和集中管理。

(1) 将过滤器和减压阀一体化，称为过滤减压阀。

(2) 将过滤减压阀和油雾器连成一个组件，称为空气处理二联件。

(3) 将过滤器、减压阀和油雾器连成一个组件，称为空气处理三联件，也称气动三大件。

二联件和三联件的连接方式见表 8-2。

表 8-2　二联件和三联件的连接方式

连接方式	连接原理	优缺点
管连接	用配管螺纹将各件连接成一个组件	轴向尺寸长。装配时，为保证各件处于同一平面内，较难保证密封。装卸时，易损坏连接螺纹
螺钉连接	用两个或四个长螺钉，将几件连成一个组件	轴向尺寸短。为了留出连接螺钉的空间，各件体积要加大。大通径元件，保证密封较难
插入式连接	把各件插装在同一支架中组合而成。插入支架后用螺母吊住。支架与阀体相结合处用 O 形密封圈密封。为防止阀体与接头接触不严，两端备有紧固螺钉	结构紧凑，使用维修方便。其中一个元件失灵，用手拧下吊住阀体的吊盖，即可卸下失灵元件更换
模块式连接	运用斜面原理，把两个元件拉紧在一起，中间加装密封圈，只需上紧螺钉即可完成装配	安装简易，密封性好，易于标准化、系列化，轴向尺寸略长

8.3 消　声　器

在执行元件完成动作后，压缩空气便经换向阀的排气口排入大气。由于压力较高，一般排气速度接近声速，空气急剧膨胀，引起气体振动，便产生了强烈的排气噪声。噪声的强弱与排气速度、排气量和排气通道的形状有关。排气噪声一般可达 80～100dB。这种噪声使工作环境恶化，使人体健康受到损害，工作效率降低。所以，一般车间内噪声高于 75dB 时，都应采取消声措施。

1. 消除噪声的措施

（1）吸声。吸声是用吸声材料，如玻璃棉、矿渣棉等装饰在房间内壁，或敷设在管道内壁上，将噪声吸收一部分，从而达到降低噪声的目的。

吸声材料能够降低噪声的原因是由于它是一种多孔隙的材料，孔内充满空气，声波达到多孔材料表面，一部分被表面反射，另一部分进入多孔材料内引起细孔和狭缝中空气振动，声能转化为热能被吸收。

（2）隔声。用厚实的材料和结构隔断噪声的传播途径，隔声材料一般为砖、钢板、混凝土等。如用三夹板隔声量为 18dB，一砖厚的墙隔声量为 50dB。

（3）隔振。振动是噪声的来源之一，该噪声不仅通过空气向外传播，还通过固体向外传播，一般可以通过涂刷阻尼材料，装弹簧减振器、橡皮、软木等使振动减弱，降低噪声。

（4）消声。用装设消声器的方法，使噪声沿通道衰减，而气体仍能自行通过。

2. 消声器的分类

目前使用的消声器种类繁多，常用的有以下类型。

（1）吸收型消声器。吸收型消声器通过多孔的吸声材料吸收声音，如图 8-6（a）所示。吸声材料大多使用聚苯乙烯或铜珠烧结。一般情况下，要求通过消声器的气流流速不超过 1m/s，以减小压力损失，提高消声效果。吸收型消声器具有良好的消除中、高频噪声的性能。一般可降低噪声 20dB 以上。图 8-6（b）为其图形符号。

（2）膨胀干涉型消声器。这种消声器的直径比排气孔径大得多，气流在里面扩散、碰撞、反射、互相干涉，减弱了噪声强度，最后气流通过非吸音材料制成的、开孔较大的多孔外壳排入大气。主要用来消除中、低频噪声。

（3）膨胀干涉吸收型消声器。图 8-7 所示为膨胀干涉吸收型消声器，其消声效果特别好，低频消声 20dB，高频可消声约 50dB。

（4）集中排气法消声器。把排出的气体引导到总排气管（见图 8-8），总排气管的出口可设在室外或地沟内，使工作环境里没有噪声。需注意总排气管的内径

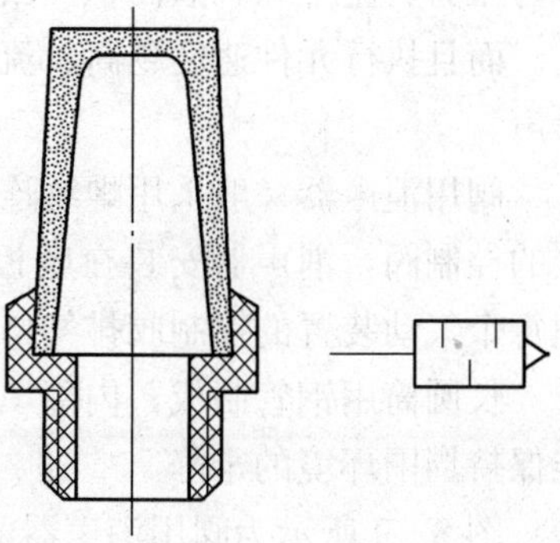

图 8-6　吸收型消声器
（a）结构示意图；（b）图形符号

应足够大，以免产生不必要的节流。

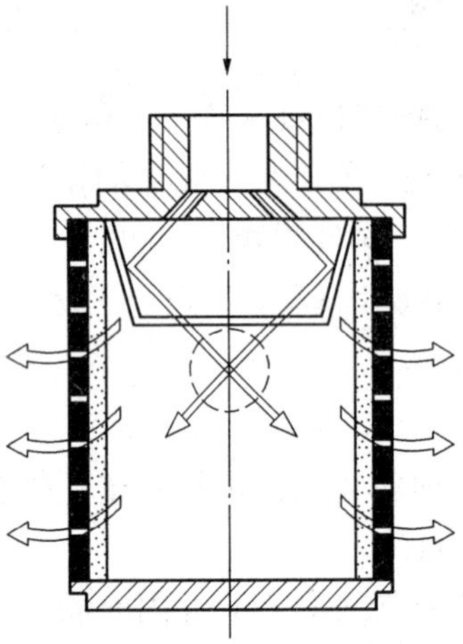

图 8-7　膨胀干涉吸收型消声器

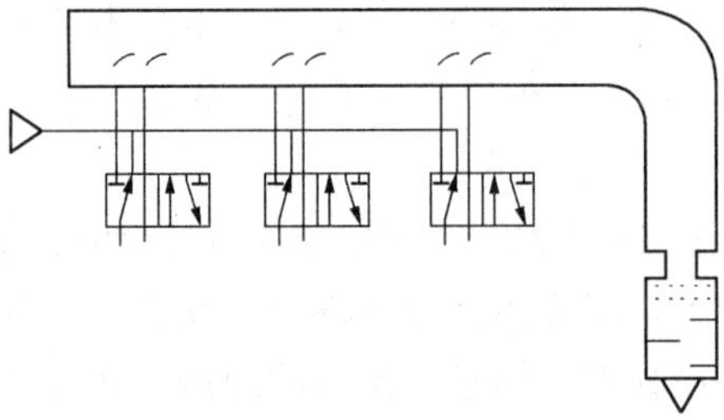

图 8-8　总排气管消声法

3. 消声器的应用

（1）压缩机吸入端消声器。对于小型压缩机，可以装入能换气的防声箱内，有明显的降低噪声作用。一般防声箱用薄钢板制成，内壁涂敷阻尼层，再贴上纤维、地毯之类的吸声材料。现在的螺杆式压缩机、滑片式压缩机外形都制成箱形，不但外观设计美观，而且也能达到消声的目的。

（2）压缩机输出端消声器。压缩机输出的压缩空气未经处理前有大量的水分、油雾、灰尘等，若直接将消声器安装在压缩机的输出口，对消声器的工作性能是不利的。消声器安装位置应在气罐之前，即按照压缩机、后冷却器、冷凝水分离器、消声器、气罐的次序安装。对气罐的噪声采用隔音材料遮蔽起来的办法也是经济的。

（3）阀用消声器。气动系统中，压缩空气经换向阀向气缸等执行元件供气；动作完成后，又经换向阀向大气排气。由于阀内的气路复杂而又十分狭窄，压缩空气以近声速的流速从排气口排出，空气急剧膨胀和压力变化产生高频噪声，声音十分刺耳。排气噪声与压力、流量和有效面积等因素有关，阀的排气压力为 0.5MPa 时噪声可达 100dB 以上。而且执行元件速度越高、流量越大、噪声也越大。此时就需要用消声器来降低排气噪声。

阀用消声器一般采用螺纹连接方式，直接安装在阀的排气口上。对于采用集装式连接的控制阀，消声器安装在底板的排气口上。在自动线中也有用集中排气消声的方法，把每个气动装置的控制阀排气口用排气管集中引入用作消声的长圆筒中排放。

长圆筒用钢管制成，内部填装玻璃纤维吸声材料。这种集中排气消声的效果很好，能保持周围环境的宁静。

图 8-9 所示为阀用消声器的结构和排气方式。通常在罩壳中设置了消声元件，并在罩壳上开有许多小孔或沟槽。罩壳材料一般为塑料、铝及黄铜等。消声元件的材料通常为纤维、多孔塑料、金属烧结物或金属网状物等。图 8-9（a）为侧面排气，图 8-9（b）为端面排气，图 8-9（c）为全面排气。

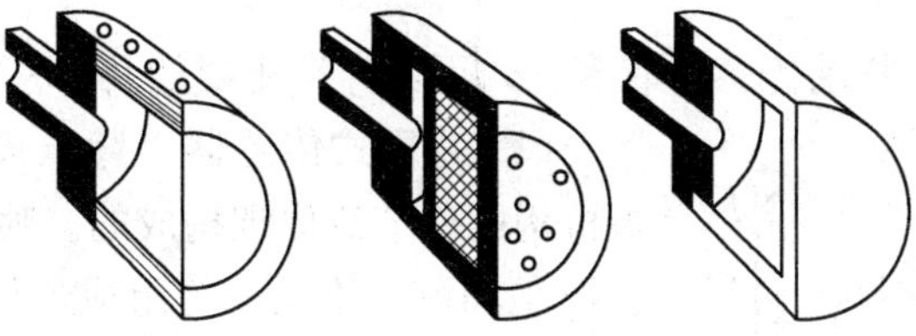

图 8-9 阀用消声器的结构和排气方式

(a) 侧面排气；(b) 端面排气；(c) 全面排气

8.4 气动传感器

传感器是一种测试元件，它将待测物理量转换成相应的信号，该信号供后续系统进行判断和控制。按转换信号的不同，传感器可分成机械式、光电磁式和气动式等。气动传感器的转换信号是空气压力信号，按检测探头和被测物体是否直接接触，气动传感器可分成接触式（如气动行程阀）和非接触式两种。本节只介绍非接触式气动传感器。

1. 特点及应用

非接触式气动传感器的特点如下。

(1) 适合在恶劣环境下工作。因工作介质是气体，在高温（如铸造、淬火、焊接场合）、易燃、易爆（如化工厂、油漆作业等）条件下均能安全可靠地工作，对磁场、声波不敏感。

(2) 因工作介质压力较低，又不与被测对象直接接触，可检测易碎和易变形的对象，如玻璃等。

(3) 可以在黑暗中（如胶片生产线）正常工作，也可在强光环境中工作，可以检测透明或半透明的对象。

(4) 无可动部件，故维修简单，使用寿命长。

(5) 测量精度较高，如气动量仪能测出 0.5 μm 变化量。

(6) 对气压信号大于大气压力的正压传感器，即便是存在大量灰尘的场合也能正常工作。

(7) 对气动控制系统，采用气动传感器避免或减少了信号的转换，减少了信号的失真，并使设备简化。

(8) 气动检测反应速度不如电测快。气测信号传输距离较短，负载能力较小，输出匹配较难，工作频率较低，气测模拟元件的线性度较差，气测数字元件的开关特性也不如电子元件好。

(9) 气测输出压力信号往往比较弱，一般需经气动放大器将信号放大才能推动气动控制阀工作。

气动传感器可用于检测尺寸精度、定位精度、计数、纠偏、测距、液位控制、判断（有无物体、有无孔、有无感测指标等）、工件尺寸分选、料位检测等。

2. 工作原理

按工作原理不同，气动传感器有多种，下面介绍主要的几种。

(1) 背压式传感器。背压式传感器是利用喷嘴挡板机构的变节流原理构成的。喷嘴挡板机构由喷嘴 2、挡板 1 和恒节流孔 3 等组成，如图 8-10 所示。压力为 p_S 的稳压气源经恒节流孔（一般孔径为 0.4mm 左右）至背压室，从喷嘴（一般喷嘴孔径为 0.8～2.5mm 左右）流入大气。背压室内的压力 p_A 是随挡板和喷嘴之间的距离 x 而变化的。

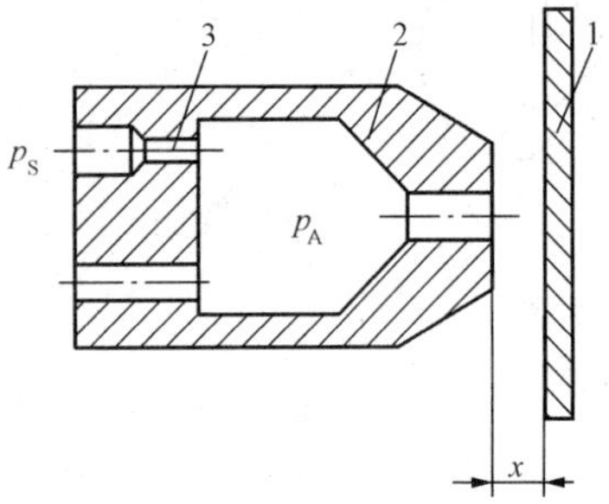

图 8-10　背压式传感器
1—挡板；2—喷嘴；3—恒节流孔

当 $x=0$ 时，$p_A=p_S$；随着 x 增加，p_A 逐渐减小；当 x 增至一定值后，p_A 基本上与 x 无关，且降至 1 大气压左右。

背压式传感器对物体（挡板）的位移变化极为敏感，能分辨 2μm 的微小距离变化，有效检测距离一般在 0.5mm 以内，常用于精密测量。如在气动测量仪中，用来检测零件的尺寸和孔径的同心度、椭圆度等几何参数。

(2) 反射式传感器。反射式传感器由同心的圆环状发射管和接收管构成，如图 8-11 所示。压力为 p_S 的稳定气源从发射管的环形通道中流出，在喷嘴出口中心区产生一个低压漩涡，使输出的压力 p_A 为负压。随着被检测物体的接近，自由射流受阻，负压漩涡消失，部分气流被反射到中间的接收管，输出压力 p_A 随 x 的减小而增大。反射式传感器的最大检测距离在 5mm 左右，最小能分辨 0.03mm 的微小距离变化。

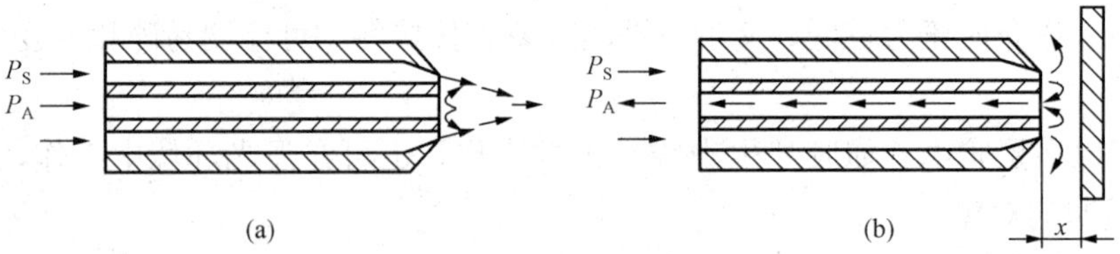

图 8-11　反射式传感器

(3) 遮断式传感器。遮断式传感器由发射管 1 和接收管 2 组成，如图 8-12 所示。当间隙不被挡板 3 隔断时，接收管有一定的输出压力 p_A；当间隙被物体隔断时，$p_A=0$。当供给压力 p_S 较低（如 0.01MPa）时，发射管内为层流，射出气体也呈层流状态。层流对外界的扰动非常敏感，稍受扰动就变成紊流流动。故用层流型遮断式传感器检测物体的位置具有很高的灵感度，但检测距离不能大于 20mm。若供给压力较高，发射管内为紊流。紊流型遮断式传感器的检测距离可加大，但耗气量也增大，且检测灵敏度不及层流型。遮断式传感器不能在灰尘大的环境中使用。

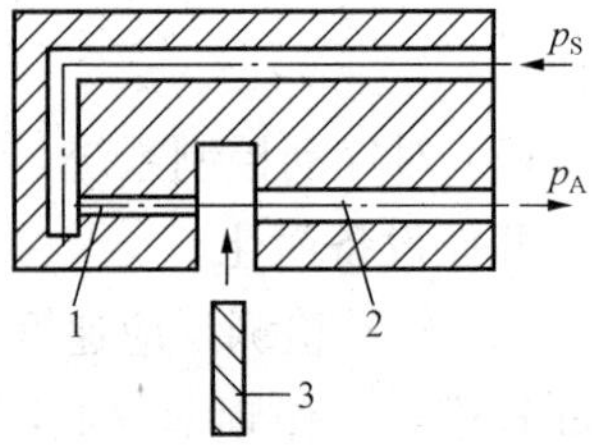

图 8-12　遮断式传感器
1—发射管；2—接收管；3—挡板

(4) 对冲式传感器。对冲式传感器的工作原理如图 8-13 所示。进入发射管 1 的气流分成两路：一路从发射管流出，另一路经节流孔 2 进入接收管 3 从喷嘴流出。这两股气流都处于层流状态，并在靠近接收管出口处相互冲撞形成冲击面，使从接收管流出的一股气流被阻滞，从而形成输出压力 p_A。节流孔径越小，冲击面越靠近接收管出口，则检测距离加大。当发射管与接收管之间有物体存在时，主射流受物体阻碍，冲击面消失，接收管内喷流可通畅流出，输出压力 p_A 近似为零。

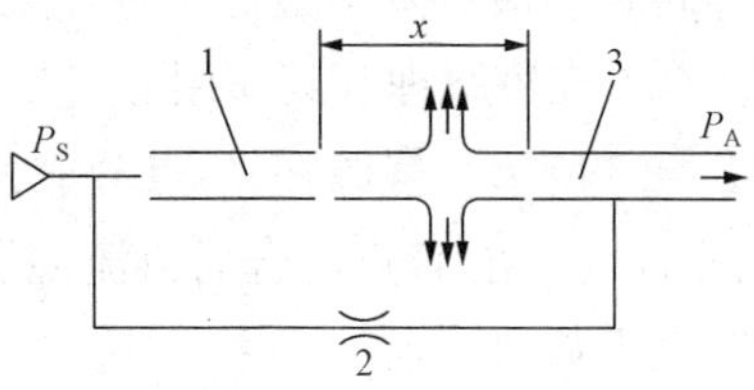

图 8-13　对冲式传感器

1—发射管；2—节流孔；3—接收管

该传感器的最大检测距离为 50～100mm。超过最大检测距离，则输出压力 p_A 太低，将不足以推动气动放大器工作。

对冲式传感器可以避免遮断式传感器易受灰尘影响的缺点。

3. 应用举例

(1) 液位控制。图 8-14 (a) 是液位控制原理图。图 8-14 (a) 是简易液位控制，图 8-14 (b) 是最低—最高液位控制。

如 8-14 (a) 图所示，浸没管 1 未被液面浸没时，背压传感器 2 的输出口 A 的输出压力太低，不足以使气动放大器 3 切换，故气-电转换器 4 继续使泵处于工作状态。当液位上升到足以关闭浸没管的出口时，A 口便产生一信号，此信号的压力与液面淹没浸没管的深度及液体的密度成正比，直至上升至与供给压力相同为止。只要浸没管的出口孔被液面淹没，信号压力将一直存在。当该信号压力达到某一值后，气动放大器 3 切换，气-电转换器 4 使泵停止工作。

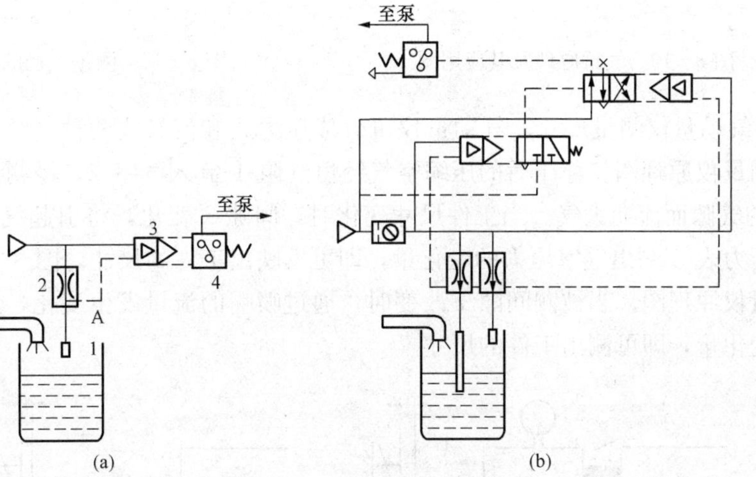

图 8-14　液位控制原理图

(a) 简易液位控制原理图；(b) 最低—最高液位控制

浸没管的材料根据液体性质及其温度高低等因素来选取。若液面有波动，可在浸没管底部加装一缓冲套。一般被测液体的泡沫对气动传感器不起作用，这比电测装置优越。

图 8-14 (b) 所示的是用两套气动背压传感器组成的回路。当液位升到最高位置，

泵停转；当液位降至最低位置，泵又起动。

(2) 气桥原理及其应用。气桥与电桥类似。由 4 个气阻 R_1、R_2、R_3 和 R_4 组成，如图 8-15 所示。气源在 A 点分成两路，一路经由气阻 R_1 和 R_2 到 B 点，另一路经 R_3 和 R_4 到 B 点，在 B 点汇合后再流向下游。通常用差压计来检测 C、D 两点的压差，差压计横跨其上如桥一样，故称气桥。当 A、B 两点的压差一定时，适当调节 4 个气阻，使 $p_C = p_D$，即 $\Delta p = 0$，这时称为桥路平衡。当其中任一气阻发生变化，平衡就被破坏，压差 $\Delta p \neq 0$。根据 Δp 的符号及大小，就可测出该气阻值变化的大小。如果这个气阻值对应一个物理量，如温度、浓度、位置和尺寸等，那么，Δp 就表示这些物理量相对于气桥平衡时数值的变化量。因此，用气桥测量是一种比较式测量方式。

应用气桥法可以连续测量生产线、铜丝等的直径，如图 8-16 所示。测量时，将标准线径的工件送入探头，调节 R_1 或 R_2，使 $\Delta p = 0$。当线径变化时，线和孔之间的间隙也随之变化，即 R_4 发生变化，$\Delta p \neq 0$。根据 Δp 的大小，就可知所测线径的大小，压差值 Δp 也可直接送入后续系统处理，进行自动控制。

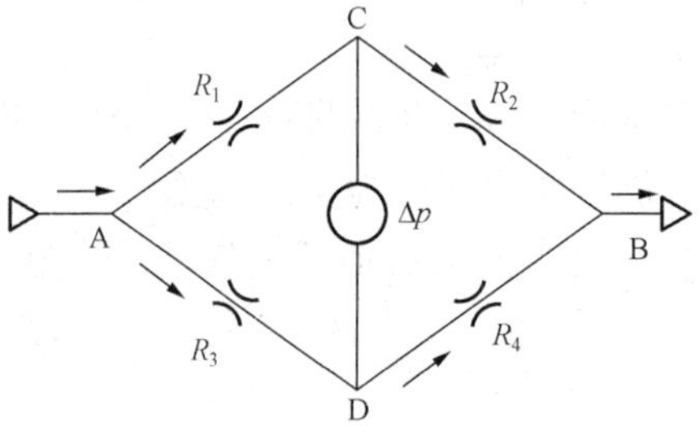

图 8-15　气桥原理及其应用图

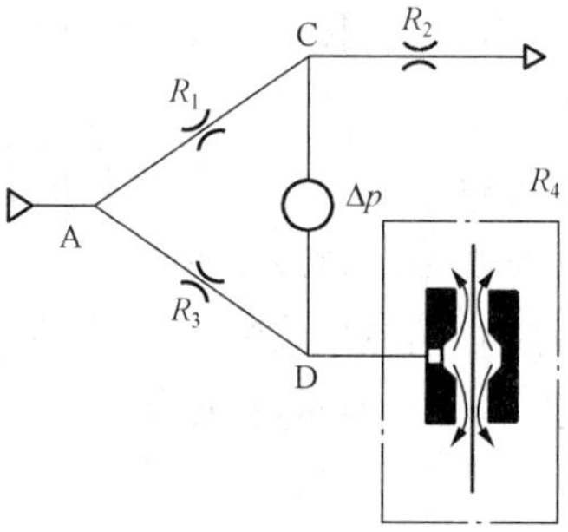

图 8-16　测量线径的气桥

(3) 用气动量仪测量尺寸。气动量仪可分成压力式和流量式两种。图 8-17 (a) 是压力式气动量仪原理图。稳压后的压缩空气经恒气阻 1 流入气室 2，经测量喷嘴 4 与工件 5 形成的气隙而流向大气。当工件尺寸变化时，间隙 x 变化，将引起气室中的压力的变化。用压力表 3 测出气室压力的变化量，即可反映出工件的尺寸。图 8-17 (b) 是流量式气动量仪原理图。当被测间隙 x 改变时，通过喷嘴的流量发生变化，用流量计 6 测出流量的变化量，即可测出工件的尺寸。

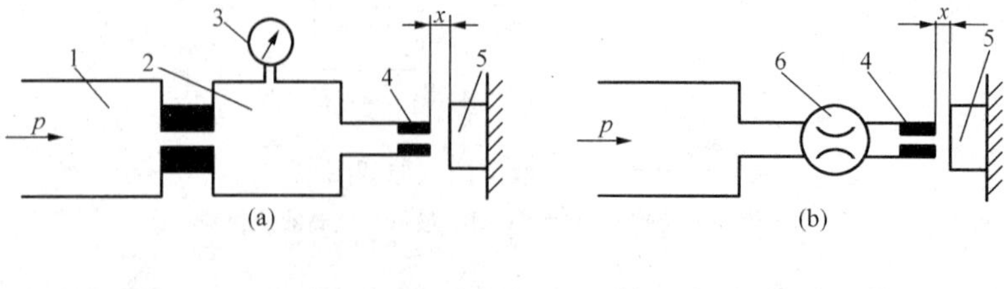

图 8-17　气动量仪测量尺寸的工作原理图

(a) 压力式；(b) 流量式

1—恒气阻；2—气室；3—压力表；4—喷嘴；5—工件；6—流量计

(4) 低压气控跑偏矫正装置。气控放卷跑偏矫正装置在造纸机械、印刷机、刨花板生产线，中密度纤维板生产线、单板干燥机上、砂光机、塑料包装生产线上等都有广泛应用。放卷速度可达100m/min，跑偏矫正精度可达±0.1mm。

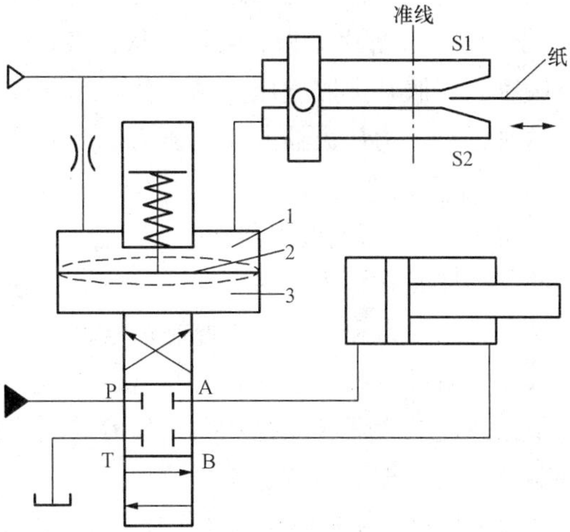

图 8-18　低压气控跑偏矫正装置的工作原理图

图 8-18 是低压气控跑偏矫正装置的工作原理图。其作用是防止纸卷跑偏，保证收卷端面平齐，分切准确，降低消耗。

纸边部在传感器准线以外时，喷嘴 S1 与 S2 的气流相撞，因 $P_{S1}>P_{S2}$，S2 气流受阻，使上气室 1 压力升高，膜片 2 下弯，带动阀芯下移，换向阀 P、B 接通，液压缸活塞杆缩回，带动纸边部向左移动，靠向传感器准线位置。

纸边部在传感器准线位置时，喷嘴 S1、S2 有一半被纸遮住，喷嘴 S2 的气体一半受 S1 气流阻挡，另一半沿纸面逸出，液压阀处于中位，保证纸边部仍处于准线位置。

纸边部在传感器准线位置以内时，喷嘴 S1 的气流被纸膜挡住，S2 的气流便顺利逸出，上气室压力降低，下气室与大气相通，弹簧力使膜片上弯，阀芯上移，换向阀 P、A 接通，液压缸活塞杆伸出，带动纸边部向右移动，靠向传感器准线位置。

8.5　气动放大器

在气动控制系统中，信号感受部分（包括各种传感器）、控制部分和执行部分的气体压力和流量不可能也不必要一致，如气动传感器输出压力为几十至几千帕；气阀控制压力一般为 0.1～0.6MPa，气缸工作压力一般为 0.3～0.8MPa，且流量也大得多。这样就需要将低压信号变成高压信号。

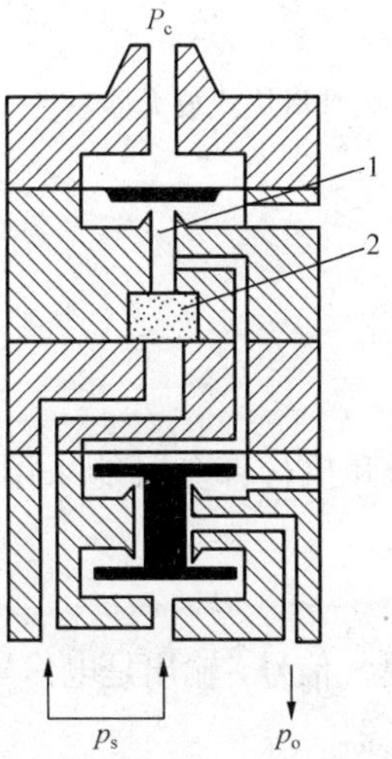

图 8-19　膜片截止式放大器

1—节流孔；2—过滤片

利用低压控制信号来获得高压或大流量输出信号的装置被称为气动放大器。

放大器按其结构形式可分成膜片截止式、膜片滑柱式和膜片滑块式等。按其功能可分成单向式（一个控制口、一个输出口）、单控双向式（一个控制口、两个输出口）和双控双向式。有些场合可用它作为控制元件，直接推动执行机构动作。

下面介绍三种放大器的工作原理。

1. 膜片截止式放大器

图 8-19 是该类放大器的动作原理图。

气源进入放大器后分两路。当无控制信号 p_C 时，一路气源使阀芯上移，无输出信号 p_O；另一路经过滤片 2 和节流孔 1 从排气口排气。当有控制信号时，上膜片硬芯封住节流孔喷嘴，下膜片上腔气压升高，使阀芯下移，有输出信号。

这种气动压力放大器的控制压力 p_C=0.6～1.6kPa，输出压力 p_O=0.6～0.8MPa。

2. 膜片滑柱式放大器

它由膜片-喷嘴式放大器和一个二位五通滑阀组成，如图 8-20 所示。气源输入后分成两路，一路直接输出，另一路经导气孔 3 进入滑柱中心孔内，再经滑柱两端的恒节流孔 2 和 4 进入 a 室和 b 室。无控制信号时，a、b 室的气体都经喷嘴 1 和 5 由排气孔排出。

仅左边有控制信号 p_C 时，滑柱被推向右端，B 口有输出。仅右边有控制信号时，A 口有输出。此放大器属双控双向式放大器，若将一边的膜片-喷嘴放大部分换成弹簧，则成弹簧复位的单控双向放大器。

此放大器输出流量较大，动作频率高，但制造精度要求较高，对气源洁净度要求也高。

3. 膜片滑块式放大器

它是由两个膜片喷嘴放大器和一个二位四通滑块式换向阀组成，如图 8-21 所示。在阀芯的中心孔中，装有浮动的通针，形成缝隙气阻。换向过程中，通针来回在小孔中移动，气阻不易堵塞。

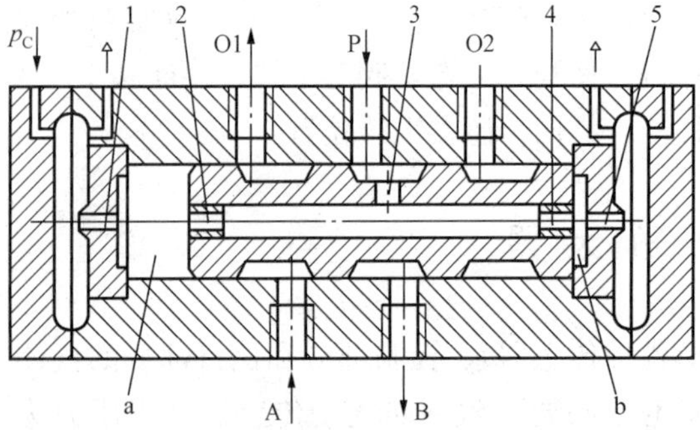

图 8-20 膜片滑柱式放大器

1、5—喷嘴；2、4—恒节流孔；3—导气孔

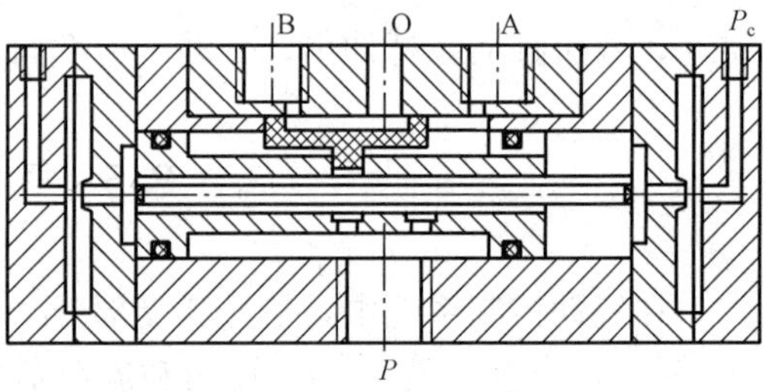

图 8-21 膜片滑块式放大器

8.6 转 换 器

在气动装置中，控制部分的介质都是气体，但信号传感部分和执行部分可能采用液体和电信号。这样各部分之间就需要能量转换装置——转换器。

1. 气-电转换器

气-电转换器是利用气信号来接通或关断电路的装置。其输入是气信号，输出是电信号。

按输入气信号的压力大小不同，可分为低压和高压气-电转换器。

图 8-22（a）所示的是一种低压气-电转换器，其输入气压力小于 0.1MPa。平时阀芯 1 和焊片 4 是断开的，气信号输入后，膜片 2 向上弯曲，带动硬芯上移，与限位螺钉 3

导通，即与焊片导通，调节螺钉可以调节导通气压力的大小。这种气-电转换器一般用来提供信号给指示灯，指示气信号的有无。也可以将输出的电信号经过功率放大后带动电力执行机构。

图 8-22（b）所示的是一种高压气-电转换器，其输入气信号压力大于 1MPa，膜片 5 受压后，推动顶杆 6 克服弹簧的弹簧力向上移动，带动爪枢 7，两个微动开关 8 发出电信号。旋转螺帽 9，可调节控制压力范围，这种气-电转换器的调压范围有 0.025～0.5MPa，0.065～1.2MPa 和 0.6～3MPa 三种。这种依靠弹簧可调节控制压力范围的气-电转换器也被称为压力继电器，当气罐内压力升到一定压力后，压力继电器控制电机停止工作，当气罐内压力降到一定值后，压力继电器又控制电机起动，其图形符号如图 8-22（c）所示。

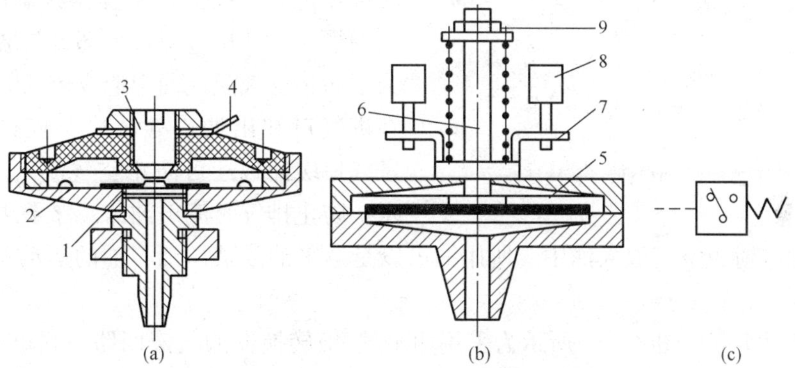

图 8-22 气-电转换器

（a）低压气-电转换器；（b）高压气-电转换器；（c）图形符号

1—阀芯；2、5—膜片；3—限位螺钉；4—焊片；6—顶杆；7—爪枢；8—微动开关；9—螺帽

2. 电-气转换器

电-气转换器是将电信号转换成气信号的装置，其作用如同小型电磁阀。

图 8-23 是一种低压电-气转换器，线圈 2 不通电时，由于弹性支承 1 的作用，衔铁 3 带动挡板 4 离开喷嘴 5。这样，从气源来的气体绝大部分从喷嘴排向大气，输出端无输出；当线圈通电时，将衔铁吸下，橡皮挡板封住喷嘴，气源的有压气体便从输出端输出。电磁铁的直流电压为 6～12V，电流为 0.1～0.14A；气源压力为 1～10kPa。

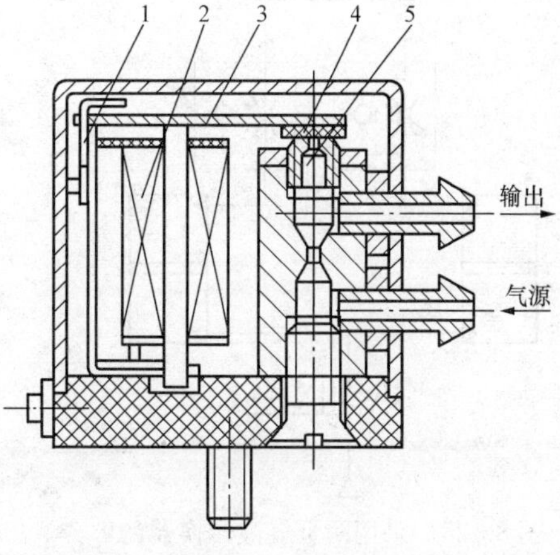

图 8-23 低压电-气转换器

1—弹性支承；2—线圈；3—衔铁；4—挡板；5—喷嘴

3. 气-液转换器

气-液转换器是将空气压力转换成油压，且压力值不变的元件。

作为推动执行元件的有压力流体，使用气压力比液压力简便，但空气有可压缩性，不能得到匀速运动和低速（50mm/s 以下）平稳运

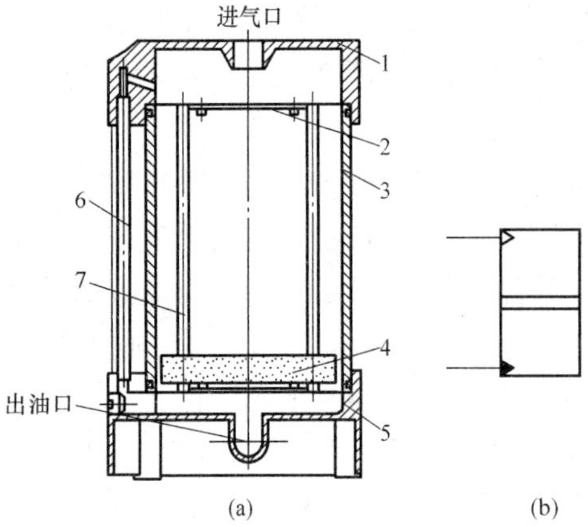

图 8-24　气-液转换器
(a) 结构示意图；(b) 图形符号
1—头盖；2—缓冲板；3—筒体；4—浮子；
5—下盖；6—油位计；7—拉杆

动，中停时的精度不高。液体可压缩性小，但液压系统配管较困难，成本也高。使用气液转换器，用气压力驱动气液联用缸动作，就避免了空气可压缩性的缺陷，起动时和负载变动时，也能得到平稳的运动速度，低速动作时，也没有爬行问题。故最适合于精密稳速输送、中停、急速进给和旋转执行元件的慢速驱动等。

(1) 工作原理。如图 8-24 所示的气-液转换器是一个油面处于静压状态的垂直放置的油桶。上部接气源，下部可与液压缸相连。为了防止空气混入油中造成传动的不稳定性，在进气口和出油口处，都安装有缓冲板 2。进气口缓冲板还可防止空气流入时产生冷凝水，防止排气时流出油沫。浮子 4 可防止油、气直接接触，避免空气混入油中。所用油可以是透平油或液压油，油的运动黏度为 40～100mm^2/s。

(2) 应用实例。图 8-25 所示为采用两个气-液转换器的气液回路，它可以控制液压缸低速平稳地运动，该回路适用于缸速小于 40mm/min 的场合。

图 8-26 所示为气液转换器和各类阀组合而成的气液回路，阀类组合元件有中停阀 4，变速阀 3 和带压力补偿的单向节流阀（5 和 6）等，中停阀和变速阀使用外部先导式，先导压力为 0.3～0.7MPa。

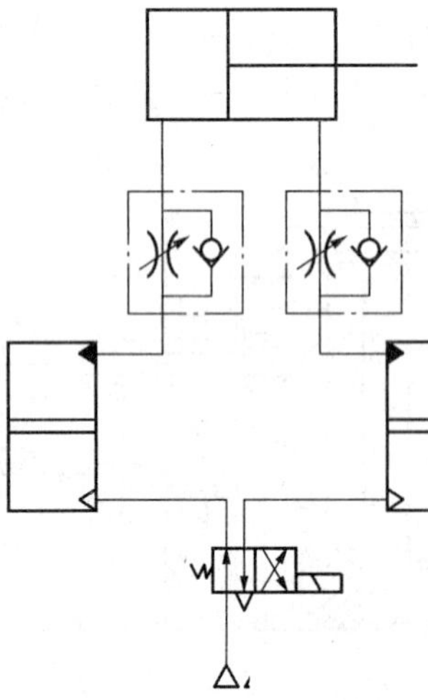

图 8-25　采用两个气液转换器的气液回路

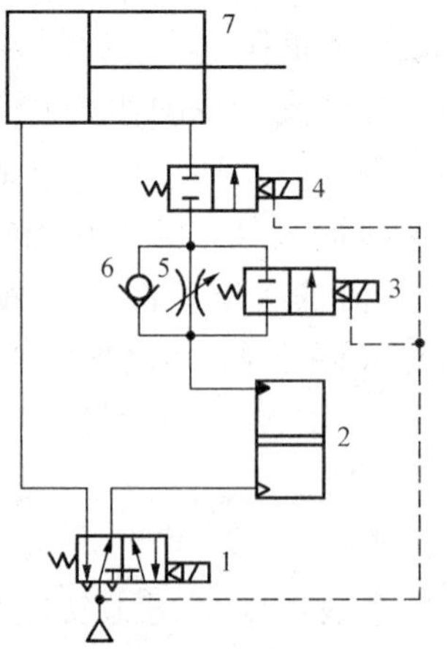

图 8-26　气-液转换器和各类阀组合而成的气液回路
1—主阀；2—气液转换器；3—变速阀；
4—中停阀；5—节流阀；6—单向阀；
7—气液联用缸

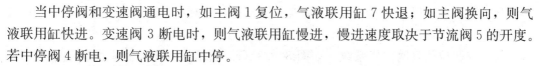

当中停阀和变速阀通电时，如主阀 1 复位，气液联用缸 7 快退；如主阀换向，则气液联用缸快进。变速阀 3 断电时，则气液联用缸慢进，慢进速度取决于节流阀 5 的开度。若中停阀 4 断电，则气液联用缸中停。

以图 8－26 所示的回路用于钻孔加工为例，气液联用缸快进，使钻头快速接近工件；钻孔时，气液联用缸慢进；钻孔完毕，气液联用缸快速退回；遇到异常时，让中停阀断电，实现中停；当钻孔贯通瞬时，由于负载突然减小，为防止钻头飞速伸出，使用了带压力补偿的单向节流阀；当负载突然减小时，气液联用缸有杆腔的压力突增，控制带压力补偿的单向节流阀的开度变小，以维持气液联用缸的速度基本不变，防止钻头飞伸。

8.7　管　道　系　统

气动系统的管道布置应遵循相关基本原则，力求合理安全、优化经济。

8.7.1　管道系统布置原则

1. 按供气压力考虑

在实际应用中，如果只有一种压力要求，则只需设计一种管道供气系统；如有多种压力要求，则其供气方式有以下三种。

(1) 多种压力管道供气系统。多种压力管道供气系统适用于气动设备有多种压力要求，且用气量都比较大的情况。应根据供气压力大小和使用设备的位置，设计几种不同压力的管道供气系统。

(2) 降压管道供气系统。降压管道供气系统适用于气动设备有多种压力要求，但用气量都不大的情况。应根据最高供气压力设计管道供气系统，气动装置需要的低压，利用减压阀降压来得到。

(3) 管道供气与瓶装供气相结合的供气系统。管道供气与瓶装供气相结合的供气系统适用于大多数气动装置都使用低压空气，部分气动装置需用气量不大的高压空气的情况。应根据对低压空气的要求设计管道供气系统，而气量不大的高压空气采用气瓶供气方式来解决。

2. 按供气的空气质量考虑

根据各气动装置对空气质量的不同要求，分别设计成一般供气系统和清洁供气系统。若一般供气量不大，为了减少投资，可用清洁供气代替。若清洁供气系统的用气量不大，可单独设置小型净化干燥装置来解决。

3. 按供气可靠性和经济性考虑

(1) 单树枝状管网供气系统。如图 8－27 (a) 所示为单树枝状管网供气系统。这种供气系统简单、经济性好。多用于间断供气。阀门Ⅰ、Ⅱ串联在一起是考虑经常使用的阀门Ⅱ万一不能关闭，可关闭阀门Ⅰ。

(2) 单环状管网供气系统。如图 8－27 (b) 所示为单环状管网供气系统。这种系统供气可靠性高，压力较稳定。当支管上有一阀门损坏需检修时，将环形管道上的两侧阀门关闭，整个系统仍能继续供气。该系统投资较高，冷凝水会流向各个方向，故应设置较多的自动排水器。

(3) 双树枝状管网供气系统。如图 8－27（c）所示为双树枝状管网供气系统。这种系统能保证所有气动装置不间断供气，它实际上相当于两套单树枝状管道网供气系统。

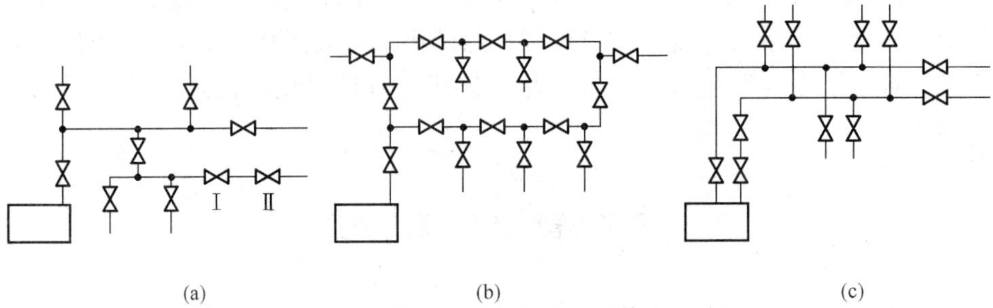

图 8－27　管网系统

（a）单树枝状；（b）单环状；（c）双树枝状

8.7.2　管道布置注意事项

管道布置时应注意以下事项。

1）供气管道应按现场实际情况布置，尽量与其他管线（如水管、煤气管、暖气管等）、电线等统一协调布置。

2）管道进入用气车间，应根据气动装置对空气质量的要求，设置配气容器、截止阀、气动三联件等。

3）车间内部压缩空气主干管道应沿墙或柱子架空铺设，其高度不应妨碍运行，又便于检修。管长超过 5m，顺气流方向管道向下坡度为 1%～3%。为避免长管道产生挠度，应在适当部位安装托架。管道支撑不得与管道焊接。

4）沿墙或柱子接出的分支管必须在主干管上部采用大角度拐弯后再向下引出。支管沿墙或柱子离地面约 1.2～1.5m 处接一气源分配器，并在分配器两侧接分支管或管接头，以便用软管接到气动装置上使用。在主干管及支管的最低点，设置集水罐，集水罐下部设置排水器，以排放污水。

5）为便于调整、不停气维修和更换元件，应设置必要的旁通回路和截止阀。

6）管道装配前，管道、接头和元件内的流道必须清洗干净，不得有毛刺、铁屑、氧化皮等异物。

7）使用钢管时，一定要选用表面镀锌的管子。

8）在管道中容易积聚冷凝水的部位，如倾斜管末端、分支管下垂部、储气罐的底部、凹形管道部位等，必须设置冷凝水的排放口或自动排水器。

9）主管道入口处应设置主过滤器。从分支管至各气动装置的供气都应设置独立的过滤、减压或油雾装置。

典型管道布置如图 8－28 所示。

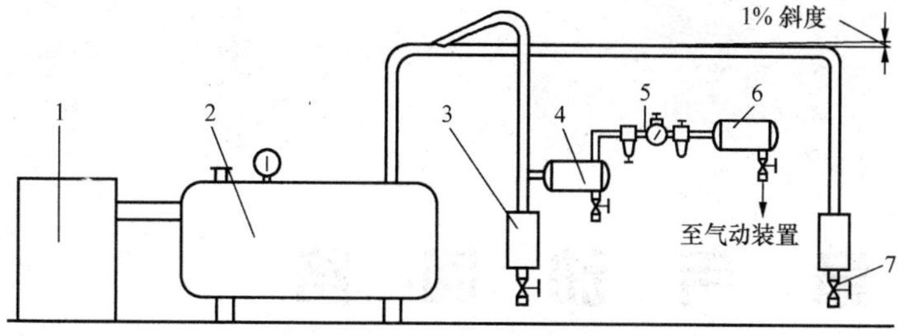

图 8－28　管道布置

1—压缩机；2—储气罐；3—凝液收集管；4—中间储罐；
5—气动三联件；6—系统用储气罐；7—排放阀

第9章 气动回路

气动基本回路是由相关气动元件组成的，用来完成某种特定功能的典型管路结构。它是气压传动系统中的基本组成单元，一般按其功能分类：用来控制执行元件运动方向的回路被称为方向控制回路；用来控制系统或某支路压力的回路被称为压力控制回路；用来控制执行元件速度的回路被称为调速回路；用来控制多缸运动的回路被称为多缸运动回路。实际上任何复杂的气动控制回路均由以上这些基本回路组成。

9.1 方向控制回路

气动执行元件的换向主要是利用方向控制阀来实现的。方向控制阀按其通路数来分，有二通、三通阀以及四通、五通阀等，利用这些方向控制阀可以构成单作用执行元件和双作用执行元件的各种换向控制回路。

1. 单作用气缸的换向回路

单作用气缸靠气压使活塞杆朝单方向伸出，反向依靠弹簧力或自重等其他外力返回。通常采用二位三通阀、三位三通阀和二位二通阀来实现方向控制。

(1) 采用二位三通阀控制。图 9－1 所示为采用手控二位三通阀控制的单作用气缸换向回路，此方法适用于气缸缸径较小的场合。图 9－1 (a) 为采用弹簧复位式手控二位三通换向阀的换向回路；当按下按钮后阀进行切换，活塞杆伸出；松开按钮后阀复位，气缸活塞杆靠弹簧力返回。图 9－1 (b) 为采用带定位机构手控二位三通换向阀的换向回路，按下按钮后活塞杆伸出；松开按钮，因阀有定位机构而保持原位，活塞杆仍保持伸出状态，只有把按钮往上拨时，二位三通阀才能换向，气缸进行排气，活塞杆返回。

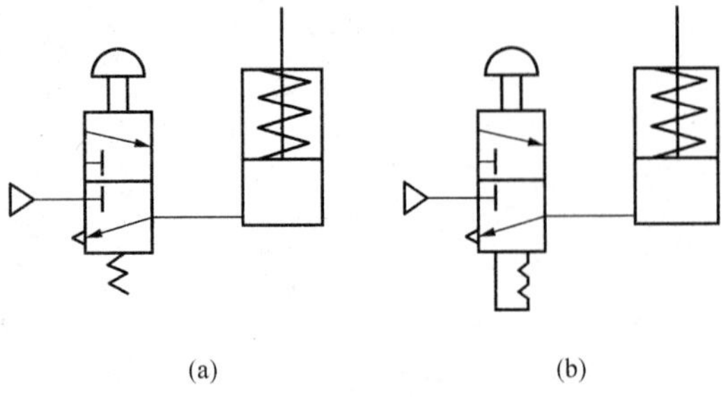

图 9－1　二位三通阀手动换向回路

(a) 弹簧复位式手控二位三通换向阀；
(b) 带定位机构手控二位三通换向阀

图 9－2 所示为采用气控二位三通阀换向阀控制的换向回路。当缸径很大时，手控阀的流通能力过小将影响气缸运动速度。因此，直接控制气缸换向的主控阀需采用通径较大的气控阀 2，图 9－2

中阀 1 为手动操作阀，阀 1 也可用机控阀代替。

图 9-3 所示为采用电控二位三通阀换向阀的控制回路，其中图 9-3（a）为采用单电控换向阀的控制回路，此回路中如果气缸在伸出时突然断电，则单电控阀将立即复位，气缸返回。图 9-3（b）为采用双电控换向阀的控制回路，双电控阀为双稳态阀，具有记忆功能，当气缸在伸出时突然断电，气缸仍将保持在原来的状态。如果回路需要考虑失电保护控制，则选用双电控阀为好，双电控阀应水平安装。

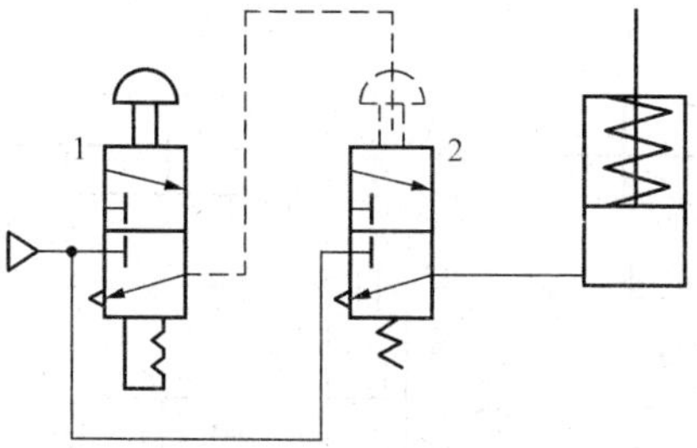

图 9-2 二位三通阀气控制换向回路

1—手动换向阀；2—气动换向阀

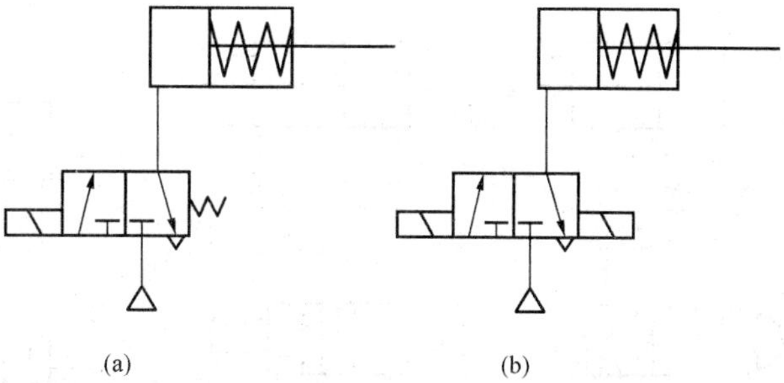

图 9-3 二位三通阀电控制换向回路

（a）单电控换向阀；（b）双电控换向阀

图 9-4 为采用一个二位三通阀和一个二位二通阀的组合控制回路，该回路能实现单作用气缸的中间停止功能。

（2）采用三位三通阀控制。如图 9-5 所示，采用三位三通阀的换向控制回路，能实现活塞杆在行程中途的任意位置停留。不过由于空气的可压缩性原因，其定位精度较差。

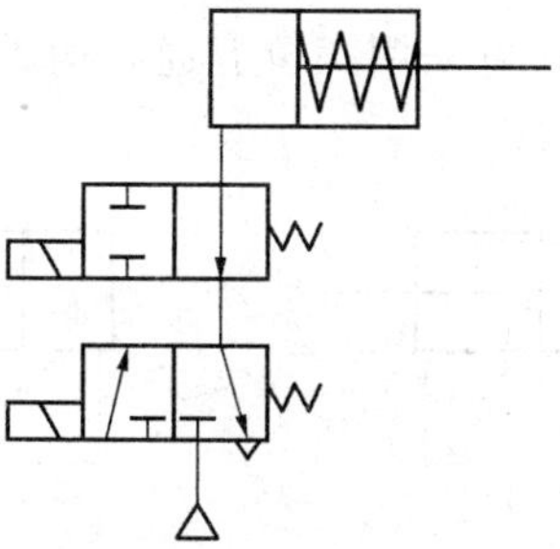

图 9-4 二位二通和二位三通阀组合控制换向回路

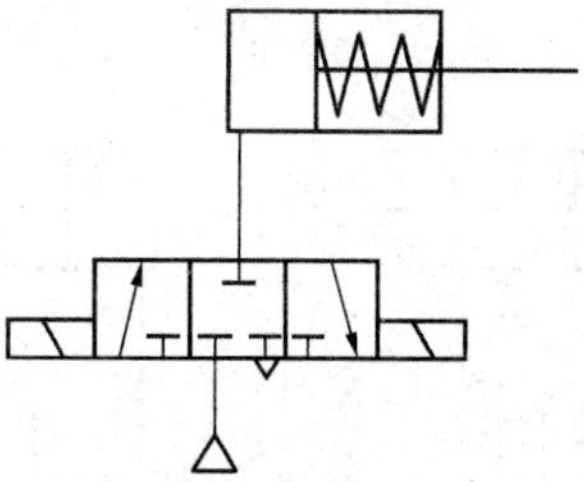

图 9-5 采用三位三通阀的换向控制回路

（3）采用二位二通阀控制。如图 9-6 所示为采用二位二通换向阀的控制回路，对于该回路应注意的问题是两个电磁阀不能同时通电。

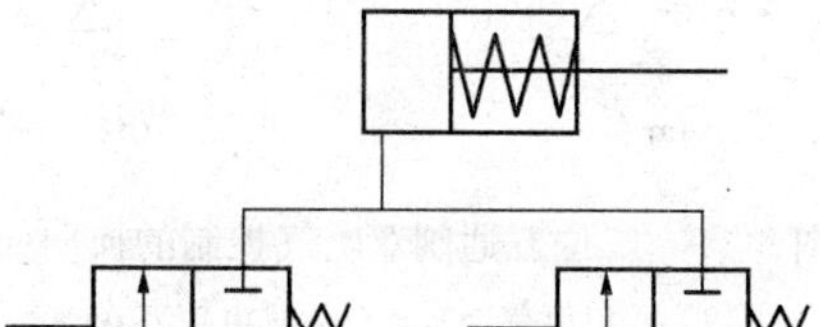

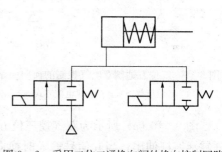

图 9-6 采用二位二通换向阀的换向控制回路

2. 双作用气缸的换向回路

双作用气缸的换向回路是指通过控制气缸两腔的供气和排气来实现气缸地伸出和缩回运动的回路，一般用二位五通阀和三位五通阀控制。

（1）采用二位五通阀控制。图 9-7 所示为采用二位五通阀手动控制的双作用气缸换向回路，其中图 9 - 7（a）为采用弹簧复位的手动二位五通阀换向回路，它是不带“记忆”的换向回路；图 9 - 7（b）为采用有定位机构的手动二位五通阀，是有“记忆”的手控阀换向回路。

图 9 - 8 所示为采用二位五通阀气控换向回路，其中图 9 - 8（a）采用双气控二位五通阀为主控阀，它是具有“记忆”的换向回路，气控信号 m 和 n 由手控阀或机控阀供给；图 15 - 8（b）中的换向回路采用了单气控二位五通阀为主控阀，由带定位机构的手控二位三通阀提供气控信号。

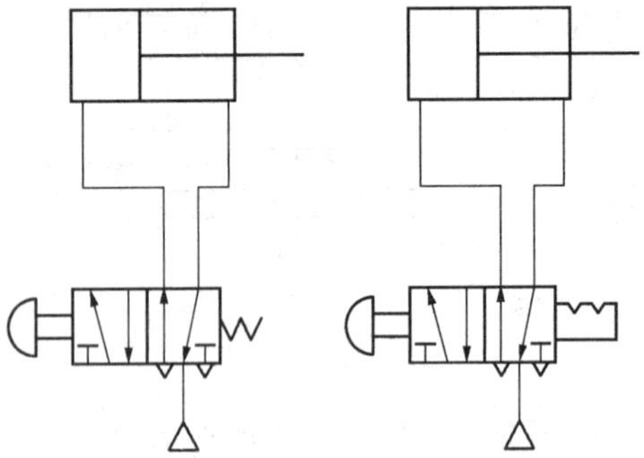

(a)　　(b)

图 9 - 7　采用二位五通阀手动换向回路

（a）弹簧复位；（b）带定位机构

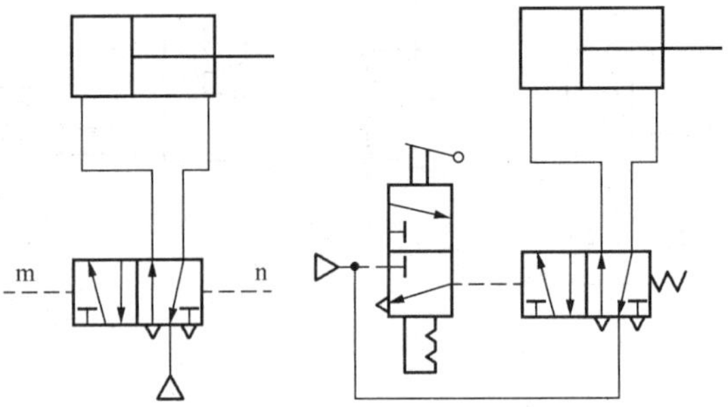

(a)　　(b)

图 9 - 8　采用二位五通阀气控换向回路

（a）双气控；（b）单气控

图 9 - 9 所示为采用了二位五通阀电气控制的换向回路，图 9 - 9（a）为单电控方式，图 9 - 9（b）为双电控方式。

（2）采用三位五通阀控制。当需要中间定位时，可采用三位五通阀构成的换向回路，如图 9 - 10 所示。

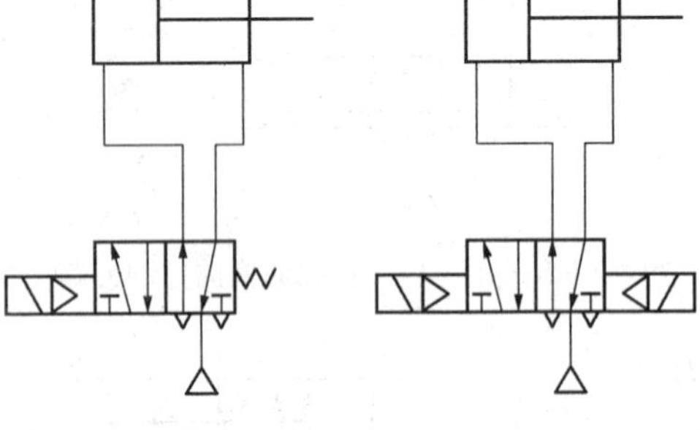

(a)　　(b)

图 9 - 9　二位五通阀双电气控制的换向回路

（a）单电控方式；（b）双电控方式

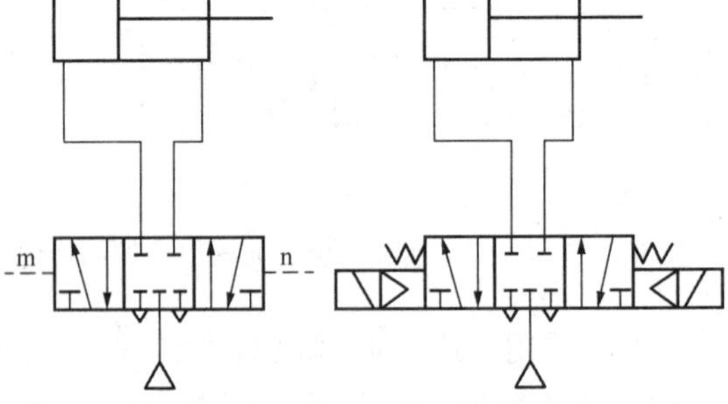

(a)　　(b)

图 9 - 10　三位五通阀换向回路

（a）双气控；（b）双电控

图 9 - 10（a）所示为双气控三位五通阀换向回路。当 m 信号输入时换向阀移至左位，气缸活塞杆伸出；当 n 信号输入时换向阀至右位，气缸活塞杆缩回；当 m、n 均排气时换向阀回到中位，活塞杆在中途停止运动。由于空气的可压缩性以及气缸活塞、活塞杆

及其带动的运动部件产生的惯性力，仅用三位五通阀使活塞杆中途停下来，其定位精度不高。

图 9－10（b）是用双电控气动三位五通阀组成的换向回路。活塞可在中途停止运动，它用电气控制线路来进行控制。

（3）采用二位三通阀控制。

图 9－11 所示的是由两个单控常通式二位三通阀组成的换向回路，活塞在中途可以停止运动。

3. 差动回路

差动回路是指气缸的两个运动方向采用不同压力供气，从而利用差压进行工作的回路。如图 9－12 所示的是差压式控制回路，活塞上侧有低压 P_2，活塞下侧有高压 P_1，目的是为了减小气缸运动的撞击（如气缸垂直安装）或减少耗气量。

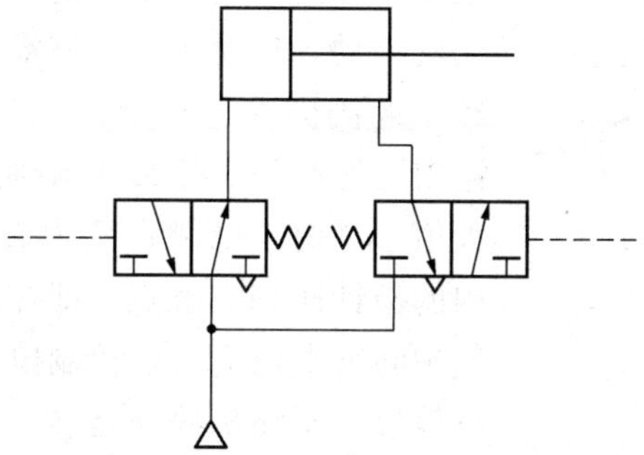

图 9－11　二位三通阀组合换向回路

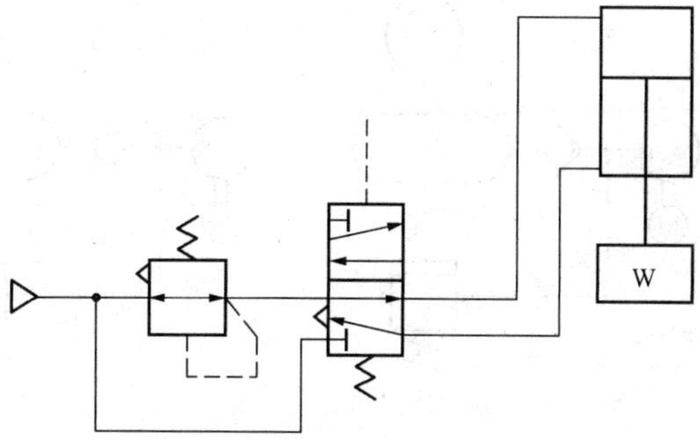

图 9－12　差动回路

4. 气动马达换向回路

图 9－13（a）所示为气动马达单方向旋转的回路，采用了二位二通电磁阀来实现转停控制，马达的转速用节流阀来调整。图 9－13（b）和图 9－13（c）所示的回路分别为采用两个二位三通阀和一个三位五通阀来控制气动马达正反转的回路。

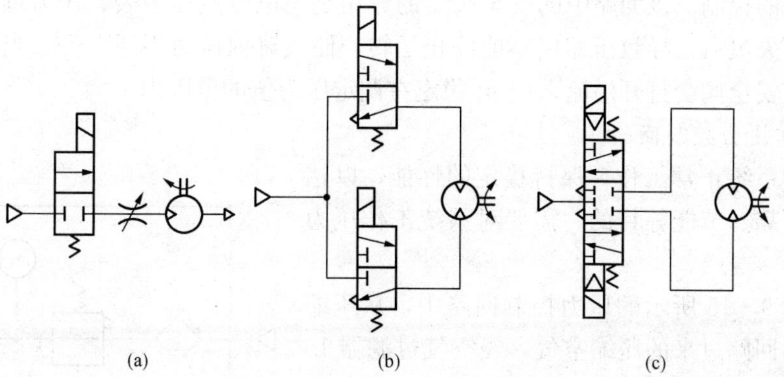

图 9－13　气动马达换向回路

（a）气动马达单方向旋转；（b）两个二位三通阀；（c）一个三位五通阀

9.2 压力控制回路

在气动系统中，压力控制不仅是维持系统正常工作所必需的，而且也是关系到总的经济性、安全性及可靠性的重要因素。压力控制方法通常可分为气源压力控制、工作压力控制、双压驱动、多级压力控制、增压控制等。

1. 气源压力控制回路

气源压力控制回路通常又称为一次压力控制回路，如图 9－14 所示，该回路用于控制压缩空气站的储气罐的输出压力 p_s，使之稳定在一定的压力范围内，既不超过调定的最高压力值，也不低于调定的最低压力值，以保证用户对压力的需求。

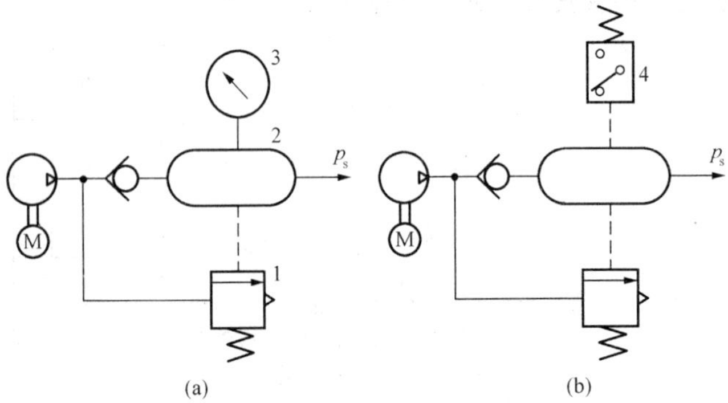

图 9－14 气源压力控制回路

1—安全阀；2—储气罐；3—电触点压力表；4—压力继电器

图 9－14（a）所示回路的工作原理是：空气压缩机由电动机带动，起动后，压缩空气经单向阀向储气罐 2 内送气，罐内压力上升。当 p_s 上升到最大值 p_{max} 时，电触点压力表 3 内的指针碰到上触点，即控制其中间继电器断电，控制电动机停转，压缩机停止运转，压力不再上升；当压力 p_s 下降到最小值 p_{min} 时，指针碰到下触点，使中间继电器闭合通电，控制电动机起动和压缩机运转，并向储气罐供气，p_s 上升。上下两触点可调。

图 9－14（b）所示的回路中，用压力继电器（压力开关）4 代替了图 9－14（a）中的电触点压力表 3。压力继电器同样可调节压力的上限值和下限值，这种方法常用于小容量压缩机的控制。该回路中的安全阀 1 的作用是当电触点压力表、压力继电器或电路发生故障而失灵后，导致压缩机不能停止运转，储气罐内压力不断上升，当压力达到调定值时，该安全阀会打开溢流，使 p_s 稳定在调定压力值的范围内。

2. 工作压力控制回路

为了使系统正常工作，保持稳定的性能，以达到安全、可靠、节能等目的，需要对系统工作压力进行控制。

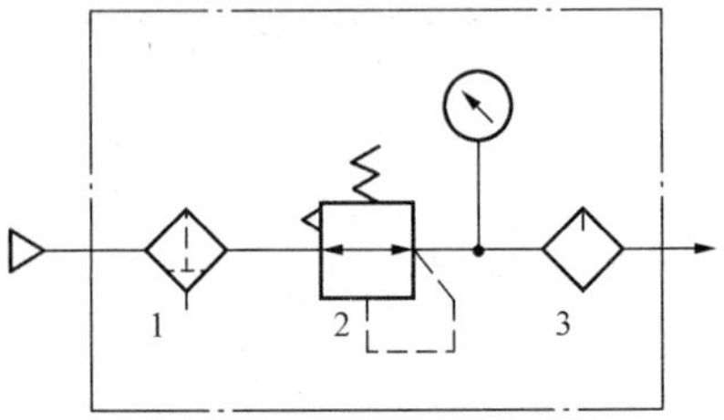

图 9－15 工作压力控制回路

1—空气过滤器；2—减压阀；3—油雾器

在如图 9－15 所示的压力控制回路中，从压缩空气站一次回路过来的压缩空气，经空气过滤器 1、减压阀 2、油雾器 3 供给气动设备使用，在其过程中，调节减压阀就能得到气动设备所需的工作压力 P。应该指出，这里的油雾器 3 主要用于对气动换向阀和执行元件进行润滑。如果采用无给油润滑气动元件，则不需要油雾器。

3. 双压驱动回路

在气动系统中，有时需要提供两种不同的压力，来驱动双作用气缸在不同方向上的运动。图 9－16 为采用带单向减压阀的双压驱动回路。当电磁阀 1 通电时，系统采用正常压力驱动活塞杆伸出，对外做功；当电磁阀 1 断电时，气体经过单向减压阀 2 后，进入气缸有杆腔，以较低的压力驱动气缸缩回，达到节省耗气量的目的。

4. 多级压力控制回路

如果有些气动设备时而需要高压，时而需要低压，就可采用如图 9－17 所示的高低压转换回路。其原理是先将气源用减压阀 1 和 2 调至两种不同的压力 p_1 和 p_2，再由二位三通阀 3 转换成 p_2 和 p_1。

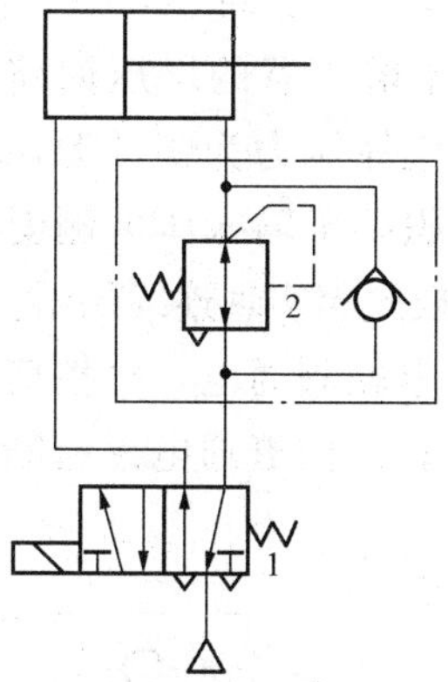

图 9－16　双压驱动回路

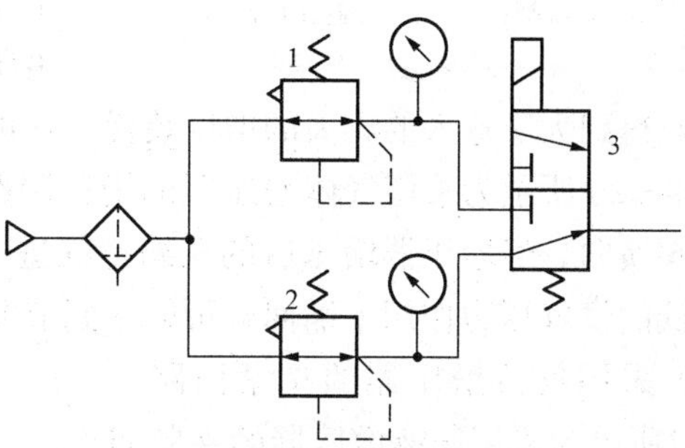

图 9－17　高低压转换回路

在一些场合，例如在平衡系统中，需要根据工件重量的不同提供多种平衡压力。这时就需要用到多级压力控制回路。图 9－18 所示为一种采用远程调压阀的多级压力控制回路。该回路中的远程调压阀 1 的先导压力通过 3 个二位三通电磁换向阀 2、3、4 的切换来控制，可根据需要设定低、中、高 3 种先导压力。在进行压力切换时，必须用电磁阀 5 先将先导压力泄压，然后再选择新的先导压力。

5. 连续压力控制回路

当需要设定的压力等级较多时，就需要使用较多的减压阀和电磁阀。这时可考虑使用电/气比例压力阀代替减压阀和电磁阀来实现压力的无级控制。

图 9－19 所示为采用比例阀构成的连续压力控制回路。气缸有杆腔的压力

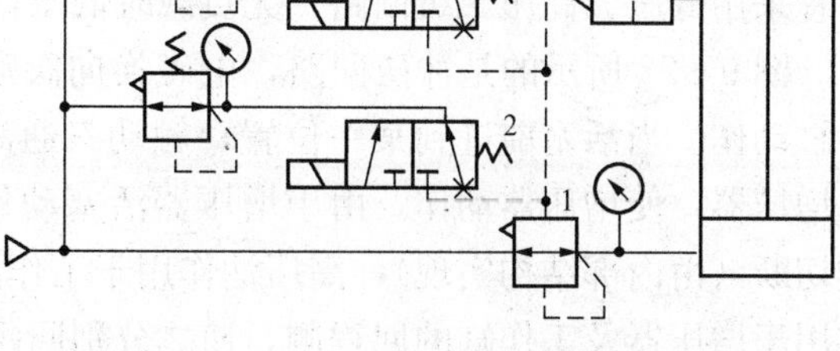

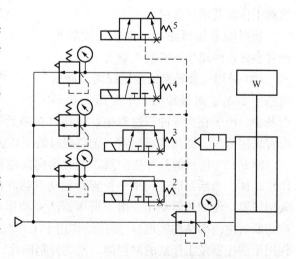

图 9－18　采用远程调压阀的多级调压回路

1—远程调压阀；2、3、4—二位三通阀；5—电磁阀

由减压阀 1 调为定值，而无杆腔的压力由计算机输出的控制信号控制比例阀 2 的输出压力来实现控制，从而使气缸的输出力得到连续控制。

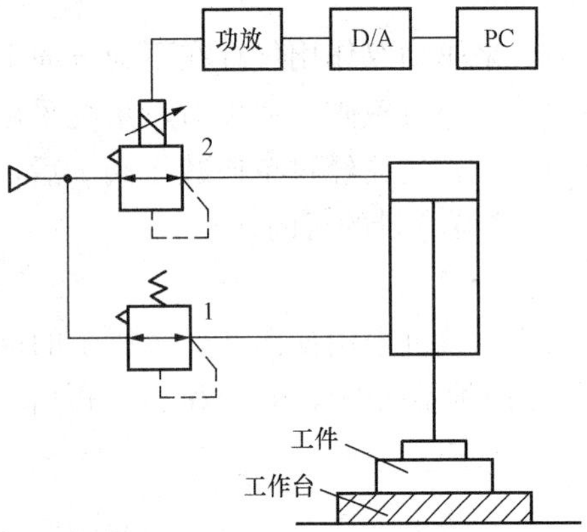

图 9－19　连续压力控制回路

1—减压阀；2—信号控制比例阀

6. 增压回路

当压缩空气的压力较低，或气缸设置在狭窄的空间里，不能使用较大面积的气缸，而又要求很大的输出力时，可采用增压回路。增压一般使用增压器，增压器可分为气体增压器和气液增压器。气液增压器的高压侧用液压油，以实现从低压空气到高压油的转换。

（1）采用气体增压器的增压回路。气体增压器是以输入气体压力为驱动源，根据输出压力侧受压面积小于输入压力侧受压面积的原理，得到大于输入的压力的增压装置。它可以通过内置换向阀实现连续供给。

图 9－20 所示为采用气体增压器的增压回路。二位五通电磁阀通电，气控信号使二位三通阀换向，经增压器增压后的压缩空气进入气缸无杆腔；二位五通电磁阀断电，气缸在较低的供气压力作用下缩回，可以达到节能的目的。

（2）采用气液增压器的夹紧回路。图 9－21所示为采用气液增压器的夹紧回路。电磁阀左侧通电，对增压器低压侧施加压力，增压器动作，其高压侧产生高压油并供应给工作缸，推动工作缸活塞动作并夹紧工件。电磁阀右侧通电可实现工作缸及增压器回程。

使用该增压回路时，油、气关联处密封要好，油路中不得混入空气。

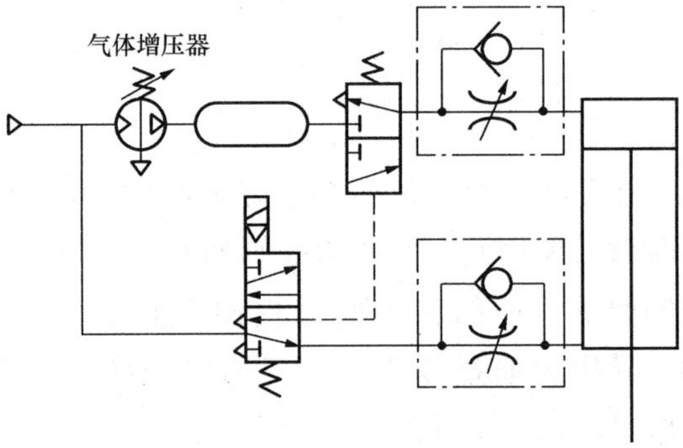

图 9－20　采用气体增压器的增压回路

（3）采用气液转换的冲压回路。冲压回路主要用于薄板冲床、压配压力机等设备中。由于在实际冲压过程中，往往仅在最后一段行程里做功，其他行程不做功；因而宜采用低压、高压二级回路，无负载时低压，做功时高压。

图 9－22 所示的是冲压回路，电磁换向阀通电后，压缩空气进入气液转换器，使工作缸动作。当活塞前进到某一位置，触动三通高低压转换阀时，该阀动作，压缩空气供入增压器，使增压器动作。由于增压器活塞动作，气液转换器到增压器的低压液压回路被切断（由内部结构实现），高压油作用于工作缸进行冲压做功。当电磁阀复位时，气压作用于增压器及工作缸的回程侧，使之分别回程。

7. 利用串联气缸的多级力控制回路

在气动系统中，力的控制除了可以通过改变输入气缸的工作压力来实现外，还可以通过改变有效作用面积来实现。

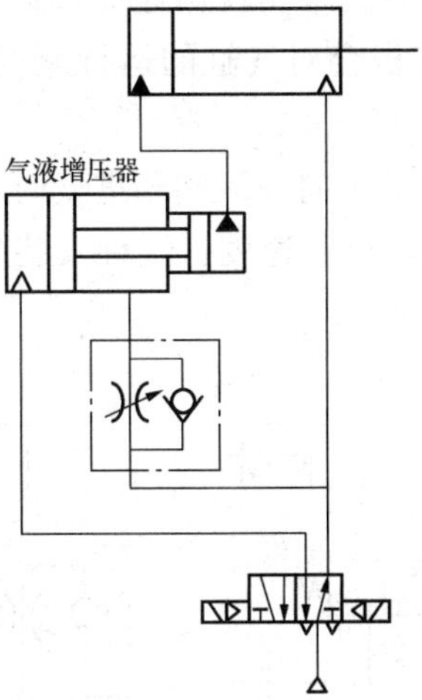

图 9-21 采用气液增压器的夹紧回路

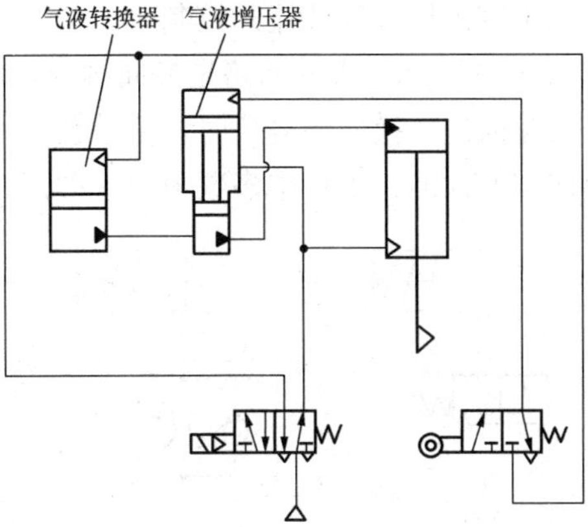

图 9-22 冲压回路

图 9-23 所示为利用串联气缸实现多级力控制的回路，串联气缸的活塞杆上连接有数个活塞，每个活塞的两侧可分别供给压力。通过对电磁阀 1、2、3 的通电个数进行组合，可实现气缸的多级力输出。

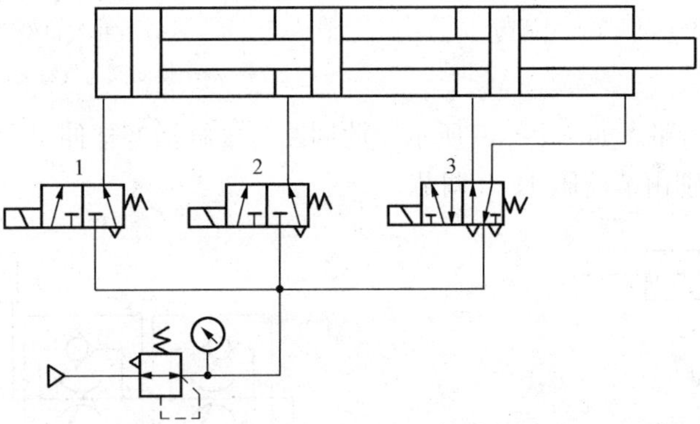

图 9-23 利用串联气缸实现多级力控制回路

9.3 速度控制回路

控制气动执行元件运动速度的一般方法是改变气缸进排气管路的阻力。因此，利用流量控制阀来改变进排气管路的有效截面积，即可实现速度控制。

1. 单作用气缸的速度控制回路

(1) 进气节流调速回路。如图 9-24 (a)、图 9-24 (b) 所示的回路分别采用了节流阀和单向节流阀，通过调节节流阀的不同开度，可以实现进气节流调速。气缸活塞杆返回时，由于没有节流，可以快速返回。

(2) 排气节流调速回路。如图 9－25 所示的回路均是通过排气节流来实现快进—慢退的。

图 9－25（a）中的回路是在排气口设置一排气节流阀来实现调速的。其优点是安装简单，维修方便；但在管路比较长时，较大的管内容积会对气缸的运行速度产生影响，此时就不宜采用排气节流阀控制。

图 9－25（b）中的回路是换向阀与气缸之间安装了单向节流阀。进气时不节流，活塞杆快速前进；换向阀复位时，由节流阀控制活塞杆的返回速度。这种安装形式不会影响换向阀的性能，工程中多数采用这种回路。

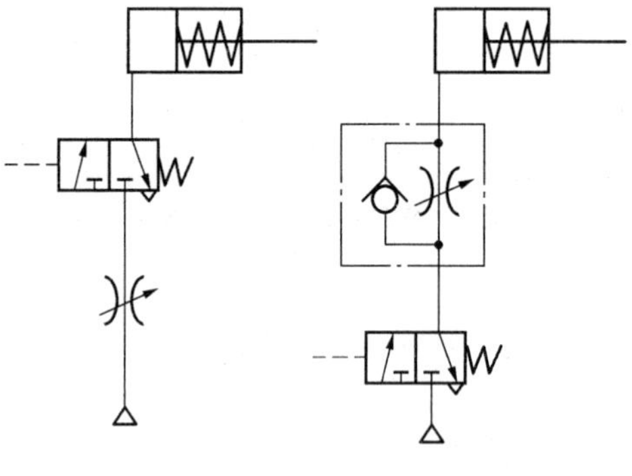

(a)　　(b)

图 9－24　单作用气缸进气节流调速回路

(a) 节流阀；(b) 单向节流阀

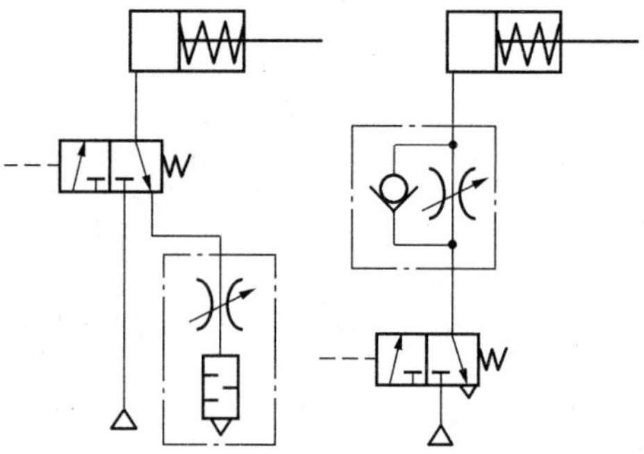

(a)　　(b)

图 9－25　单作用气缸排气节流调速回路

(a) 在排气口设置排气节流阀；

(b) 换向阀与气缸之间安装单向节流阀

(3) 双向调速回路。如图 9－26 所示，此回路是气缸活塞杆伸出和返回都能调速的回路，进、退速度分别由节流阀 1、2 调节。

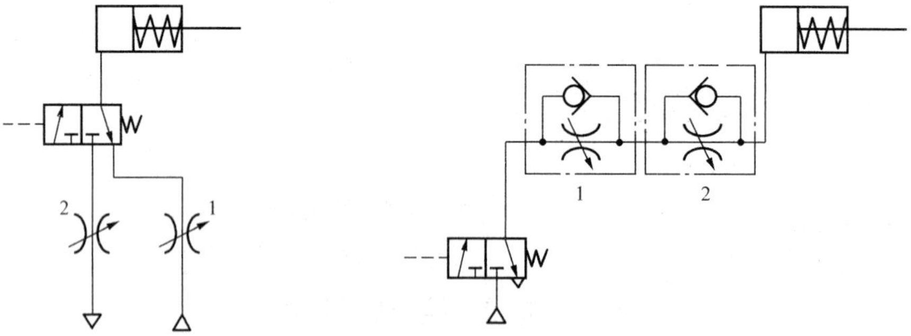

(a)　　(b)

图 9－26　单作用气缸双向调速回路

(a) 节流阀控制的单作用气缸双向调速回路；(b) 单向节流阀控制的单作用气缸双向调速回路

2. 双作用气缸的速度控制回路

双作用气缸的调速回路可采用如图 9－27 所示的几种方法。

(1) 进气节流调速回路。图 9－27（a）所示为双作用气缸的进气节流调速回路。在进气节流时，气缸排气腔压力很快降至大气压，而进气腔压力的升高比排气腔压力的降低缓慢。当进气腔压力产生的合力大于活塞静摩擦力时，活塞开始运动。由于动摩擦力小于静摩擦力，所以活塞起动时运动速度较快，进气腔容积急剧增大，由于进气节流限制了供气速度，使得进气腔压力降低，从而容易造成气缸的“爬行”现象。一般来说，进气节流多用于垂直安装的气缸支撑腔的供气回路。

(2) 排气节流调速回路。图 9－27 (b) 所示为双作用气缸的排气节流调速回路。在排气节流时，排气腔内可以建立与负载相适应的背压，在负载保持不变或微小变动的条件下，运动比较平稳，调节节流阀的开度即可调节气缸往复运动的速度。从节流阀的开度和速度的比例、初始加速度、缓冲能力等特性来看，双作用气缸一般采用排气节流控制。图 9－27 (c) 所示为采用排气节流阀的调速回路。

(3) 快速返回回路。图 9－27 (d) 所示为采用快速排气阀的气缸快速返回回路。此回路在气缸返回时的出口处安装了快速排气阀，这样可以提高气缸的返回速度。

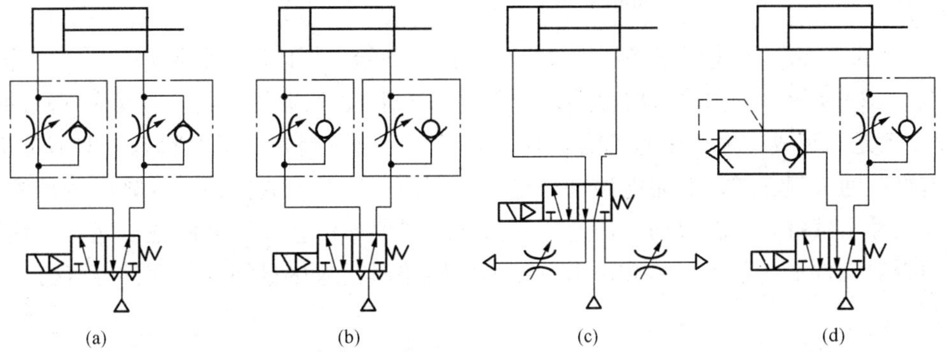

图 9－27　双作用气缸的调速回路

(a) 进气节流；(b) 双作用气缸的排气节流；(c) 采用排气节流阀；(d) 采用快速排气阀

(4) 缓冲回路。气缸驱动较大负载高速移动时，会产生很大的动能。将此动能从某一位置开始逐渐减小，逐渐减慢负载移动速度，最终使执行元件在指定位置平稳停止的回路称为缓冲回路。

缓冲的方法大多是利用空气的可压缩性，在气缸内设置气压缓冲装置。对于行程短、速度高的情况，气缸内设气压缓冲吸收动能比较困难，一般采用液压吸振器，如图 9－28 (a) 所示；对于运动速度较高、惯性力较大、行程较长的气缸，可采用两个节流阀并联使用的方法，如图 9－28 (b) 所示。

在图 9－28 (b) 所示的回路中，节流阀 3 的开度大于节流阀 2 的节流口。当阀 1 通电时，A 腔进气，B 腔的气流经节流阀 3、换向阀 4 从阀 1 排出。调节阀 3 的开度，可改变活塞杆的前进速度。当活塞杆挡块压下行程终端的行程阀 4 后，阀 4 换向，通路切断，这时 B 腔的余气只能从阀 2 的节流阀排出。如果把阀 2 的节流开度调得很小，则 B 腔内压力猛升，对活塞产生反向作用力，阻止和减小活塞的高速运动，从而达到在行程末端减速和缓冲的目的。根据负载大小调整行程阀 4 的位置，即调整 B 腔的缓冲容积，就可获得较好的缓冲效果。

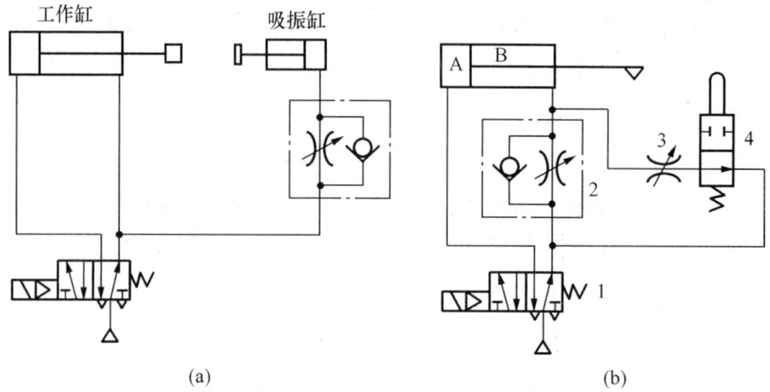

图 9－28 缓冲回路

(a) 采用液压吸振器；(b) 采用两个节流阀并联使用

(5) 冲击回路。冲击回路是利用气缸的高速运动给工件以冲击的回路。

图 9－29 所示，此回路由储存压缩空气的储气罐 1、快速排气阀 4 及操纵气缸的换向阀 2、3 等元件组成。气缸在初始状态时，由于机动换向阀处于压下状态，即上位工作，气缸有杆腔通大气。二位五通电磁阀通电后，二位三通气控阀换向，气罐内的压缩空气快速流入冲击气缸，气缸起动，快速排气阀快速排气，活塞以极高的速度运动，活塞的动能可以对工件形成了很大的冲击力。使用该回路时，应尽量缩短各元件与气缸之间的距离。

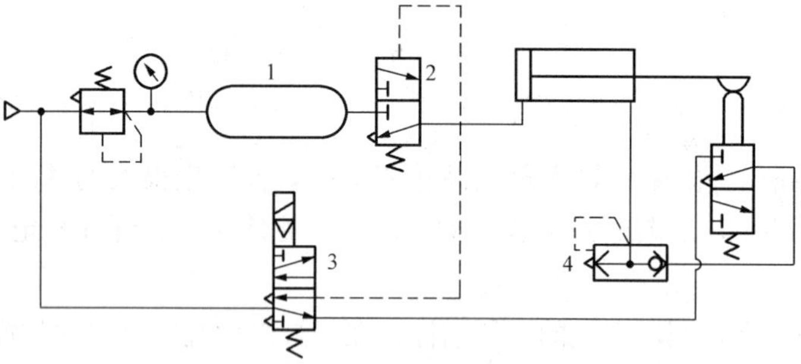

图 9－29 冲击回路

1—储气罐；2、3—换向阀；4—快速排气阀

3. 气液转换速度控制回路

由于空气的可压缩性，气缸活塞的速度很难平稳，尤其在负载变化时其速度波动更大。在有些场合，例如机械切削加工中的进给气缸要求速度平稳、加工精确，普通气缸难以满足此要求。为此可使用气液转换器或气液阻尼缸，通过调节油路中的节流阀开度来控制活塞运动的速度，实现低速和平稳的进给运动。

(1) 采用气液转换器的速度控制回路。如图 9－30 (a) 所示为采用气液转换器的双向调速回路，该回路中，原来的气缸换成液压缸，但原动力还是压缩空气。由换向阀 1 输出的压缩空气通过气液转换器 2 转换成油压，推动液压缸 4 做前进与后退运动。两个节流阀 3 串联在油路中，可控制液压缸活塞进退运动的速度。由于油是不可压缩的介质，因此其调节的速度容易控制、调速精度高、活塞运动平稳。

需要注意的是，气液转换器的储油容积应大于液压缸的容积，而且要避免气体混入油中，否则就会影响调速精度与活塞运动的平稳性。

如图 9-30（b）所示为采用气液转换器，且能实现“快进—慢进—快退”的变速回路。

快进阶段：当换向阀 1 通电时，缸 5 左腔进气，右腔经阀 4 快速排油至气液转换器 2，活塞杆快速前进。

慢进阶段：当活塞杆的挡块压下行程阀 4 后，油路切断，右腔余油只能经阀 3 的节流阀回流到 2，因此活塞杆慢速前进，调节节流阀 3 的开度，就可得到所需的进给速度。

快退阶段：当阀 1 复位后，经气液转换器，油液经阀 3 迅速流入缸 5 右腔，同时缸左腔的压缩空气迅速从阀 1 排空，使活塞杆快速退回。

这种变速回路常用于金属切削机床上推动刀具进给和退回的驱动缸。行程阀 2 的位置可根据加工工件的长度进行调整。

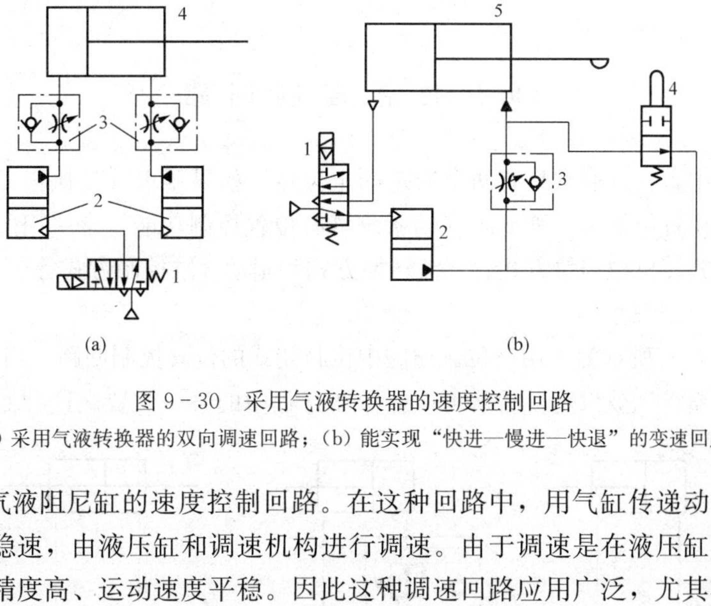

图 9-30 采用气液转换器的速度控制回路

（a）采用气液转换器的双向调速回路；（b）能实现“快进—慢进—快退”的变速回路

（2）应用气液阻尼缸的速度控制回路。在这种回路中，用气缸传递动力，并由液压缸进行阻尼和稳速，由液压缸和调速机构进行调速。由于调速是在液压缸和油路中进行的，因而调速精度高、运动速度平稳。因此这种调速回路应用广泛，尤其在金属切削机床中用得最多。

图 9-31（a）所示为串联型气液阻尼缸双向调速回路。由换向阀 1 控制气液阻尼缸 2 的活塞杆前进与后退，阀 3 和阀 4 调节活塞杆的进、退速度，油杯 5 起补充回路中少量漏油的作用。

图 9-31（b）所示为并联型气液阻尼缸调速回路。调节连接液压缸两腔回路中设置的节流阀 6，即可实现速度控制，7 为储存液压油的蓄能器。这种回路的优点是比串联型结构紧凑，气液不宜相混；不足之处是如果两缸安装轴线不平行，会由于机械摩擦导致

运动速度不平稳。

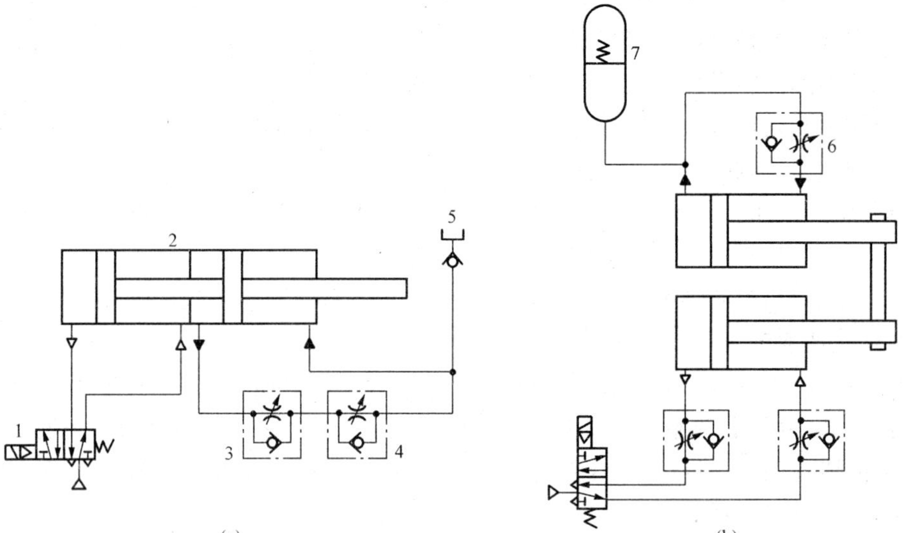

(a) (b)

图 9-31 采用气液阻尼缸的速度控制回路

(a) 串联型；(b) 并联型

9.4 位置控制回路

气动系统中，气缸通常只有两个固定的定位点。如果要求气动执行元件在运动过程中的某个中间位置停下来，则要求气动系统具有位置控制功能。常采用的位置控制方式有气压控制方式、机械挡块方式、气液转换方式和制动气缸控制方式等。

1. 采用三位阀的控制方式

图 9-32 (a) 所示为采用三位五通阀中位封闭式的位置控制回路。当阀处于中位时，气缸两腔的压缩空气被封闭，活塞可以停留在行程中的某一位置。这种回路不允许系统

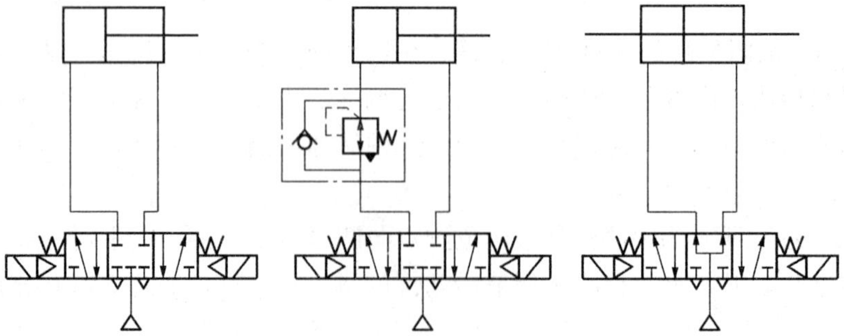

(a) (b) (c)

图 9-32 采用三位阀的位置控制回路

(a) 中位封闭式；(b) 增设调压阀；(c) 中位加压式

有内泄漏，否则气缸将偏离原停止位置。另外，由于气缸活塞两端作用面积不同，阀处于中位后活塞仍将移动一段距离。

图 9 - 32（b）所示的回路可以克服上述缺点，因为它在活塞面积较大的一侧和控制阀之间增设了调压阀，调节调压阀的压力，可以使作用在活塞上的合力为零。

图 9 - 32（c）所示的回路采用了中位加压式三位五通换向阀，适用于活塞两侧作用面积相等的气缸。

由于空气的可压缩性，采用纯气动控制方式难以得到较高的控制精度。

2. 利用机械挡块的控制方式

如图 9 - 33 所示为采用机械挡块辅助定位的控制回路。该回路简单可靠，其定位精度取决于挡块的机械精度。必须注意的问题是，为防止系统压力过高，应设置有安全阀；为了保证高的定位精度，挡块的设置既要考虑有较高的刚度，又要考虑具有吸收冲击的缓冲能力。

3. 采用气液转换的控制方式

图 9 - 34 所示为采用气液转换器的位置控制回路。当液压缸运动到指定位置时，控制信号使五通电磁阀和二通电磁阀均断电，液压缸有杆腔的液体被封闭，液压缸停止运动。采用气液转换方法的目的是获得高精度的位置控制效果。

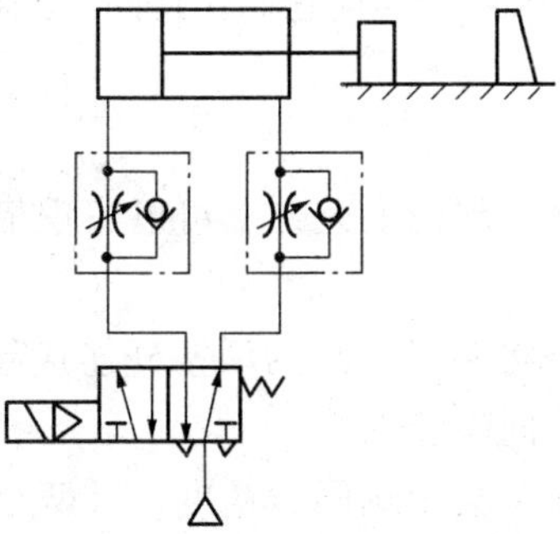

图 9 - 33 采用机械挡块的位置控制回路

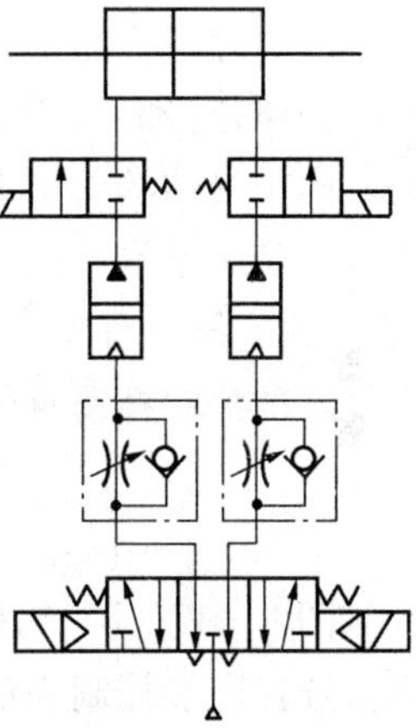

图 9 - 34 采用气液转换器的位置控制回路

4. 利用制动气缸的控制方式

图 9 - 35 所示为采用制动气缸实现中间定位控制的回路。该回路中，三位五通换向阀 1 的中位机能为中位加压型，二位五通阀 2 用来控制制动活塞的动作，利用带单向阀的减压阀 3 来进行负载的压力补偿。当阀 1、2 断电时，气缸在行程中间制动并定位；当阀 2 通电时，制动解除。

5. 采用比例阀、伺服阀的方法

比例阀和伺服阀可连续控制压力或流量的变化，不采用机械式辅助定位也可达到较高精度的位置控制。

图 9 - 36 所示为采用流量伺服阀的位置控制回路。该回路由气缸、流量伺服阀、位

移传感器及计算机控制系统组成。活塞位移由位移传感器获得并送入计算机，计算机按一定的算法求得伺服阀的控制信号的大小，从而控制活塞停留在期望的位置上。

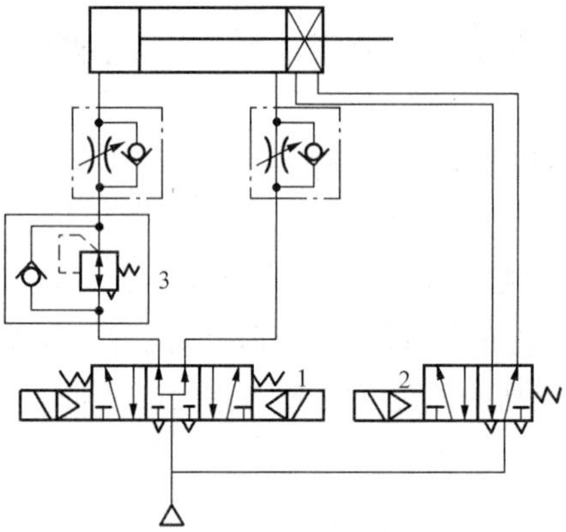

图 9－35　采用制动气缸的位置控制回路

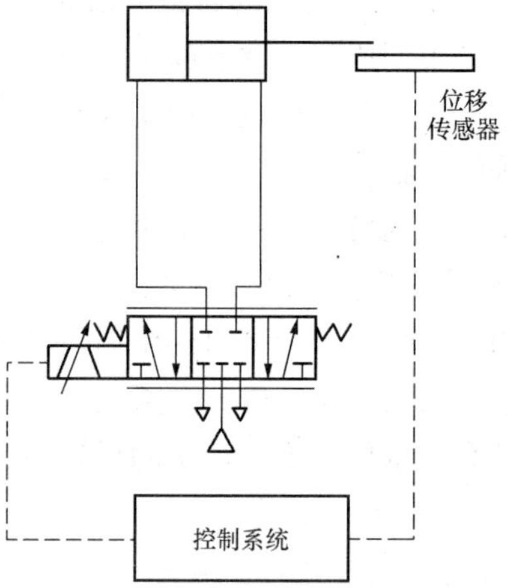

图 9－36　采用流量伺服阀的连续位置控制回路

9.5　同步控制回路

同步控制回路是指驱动两个或多个执行机构以相同的速度移动或在预定的位置同时停止的回路。由于气体的可压缩性及负载的变化等因素，要使它们保持同步并非易事。

为了实现同步，通常采用以下方法。

1. 利用机械连接的同步控制

将两个气缸的活塞杆通过机械结构连接在一起，理论上此方法可以实现最可靠的同步动作。

如图 9－37（a）所示的同步装置使用齿轮齿条将两只气缸的活塞杆连接起来，使其同步动作。如图 9－37（b）为使用连杆机构的气缸同步装置。

对于机械连接同步控制来说，其缺点是机械误差会影响同步精度，且两个气缸的设置距离不能太大，机构较复杂。

2. 利用节流阀的同步控制回路

图 9－38 为采用出口节流调速的同步控制回路。由节流阀 4、6 控制缸 1、2 同步上升，由节流阀 3、5 控制缸 1、2 同步下降。用这种同步控制方法，如果气缸缸径相对于负载来说足够大，工作压力足够高的话，则可以取得一定程度的同步效果。

上述同步方法是最简单的气缸速度控制方法，但它不能适应负载 F_1 和 F_2 变化较大的场合，即当负载变化时，同步精度要降低。

3. 采用气液联动缸的同步控制回路

对于负载在运动过程中有变化，且要求运动平稳的场合，使用气液联动缸可取得较好的效果。

图 9－39 为使用两个气缸和液压缸串联而成的气液缸的同步控制回路。图中工作平

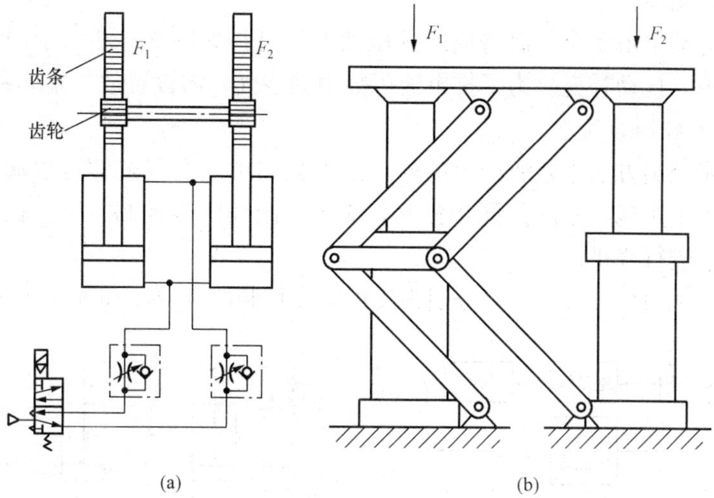

图 9－37　利用机械连接的同步控制

(a) 使用齿轮齿条；(b) 使用连杆机构

台上施加了两个不相等的负载 F_1 和 F_2，且要求水平升降。当回路中的电磁阀 7 的 1YA 通电时，阀 7 左位工作，压力气体流入气液缸 1、2 的下腔中，克服负载 F_1 和 F_2 推动活塞上升。

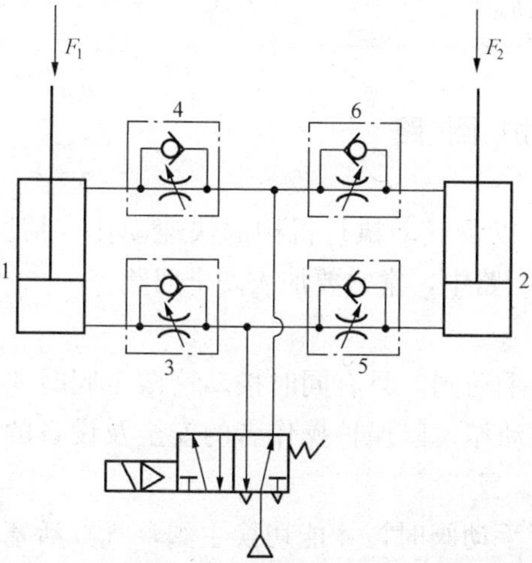

图 9－38　采用出口节流阀的同步控制回路

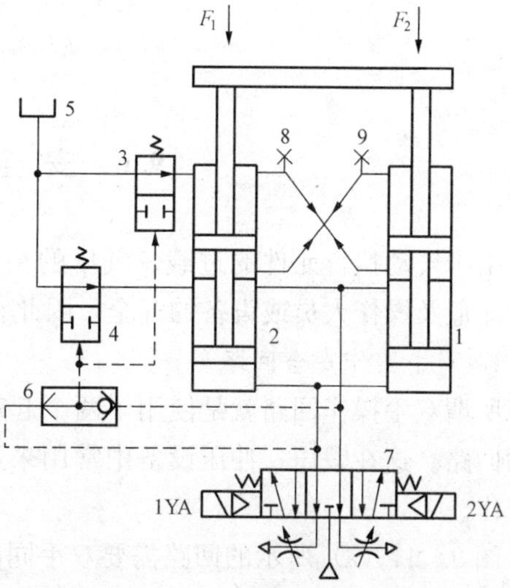

图 9－39　采用气液联动缸的同步回路

1、2—气液缸；3、4—常开型两通阀；5—油箱；

6—梭阀；7—电磁阀；8、9—放气塞

此时，在从梭阀 6 来的先导压力的作用下，常开型两通阀 3、4 关闭，使气液缸 1 的油缸上腔的油压入气液缸 2 的油缸下腔，气液缸 2 的油缸上腔的油被压入气液缸 1 的油缸下腔，从而使它们保持同步上升。同样，当电磁阀 7 的 2YA 通电时，可使气液联动缸向下的运动保持同步。

这种上下运动中由于泄漏而造成的液压油不足可在如图 9－39 所示的电磁阀不通电的状态下从油箱 5 自动补充。为了排出液压缸中的空气，需设置放气塞 8 和 9。

4．闭环同步控制方法

在开环同步控制方法中，所产生的同步误差虽然可以在气缸的行程端点等特殊位置进行修正，但为了实现高精度的同步控制，应采用闭环同步控制方法，在同步动作中连续地对同步误差进行修正。

图 9－40（a）、图 9－40（b）分别为反馈同步控制的方块图和气动回路图。

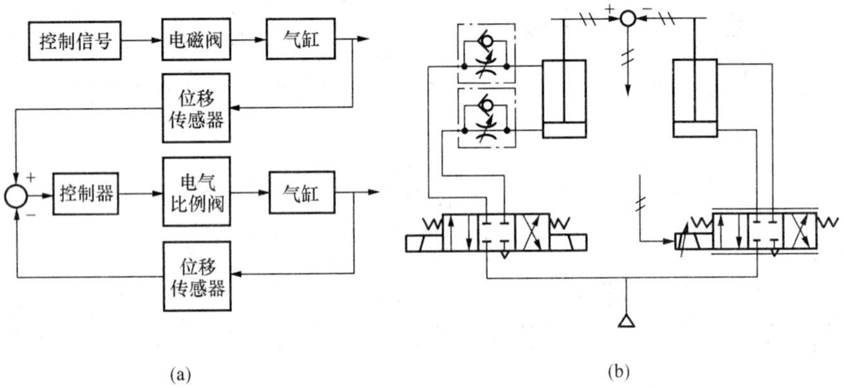

图 9－40　闭环同步控制回路

（a）方块图；（b）气动回路图

9.6　安全保护回路

由于气动执行元件的过载、气压的突然降低以及气动执行机构的快速动作等情况，都可能危及操作人员或设备的安全，因此在气动回路中，常常要加入安全回路。

1．双手操作安全回路

所谓双手操作回路就是使用了两个起动用的手动阀，只有同时按动这两个阀时才动作的回路。这在锻压、冲压设备中常用来避免误动作，以保护操作者的安全及设备的正常工作。

图 9－41（a）所示的回路需要双手同时按下手动阀时，才能切换主阀，气缸活塞才能下落并锻、冲工件。实际上给主阀的控制信号相当于阀 1、2 相“与”的信号。如阀 1（或 2）的弹簧折断不能复位，此时单独按下一个手动阀，气缸活塞也可以下落，所以此回路并不十分安全。

在图 9－41（b）所示的回路中，当双手同时按下手动阀时，气罐 6 中预先充满的压缩空气经节流阀 4，延迟一定时间后切换阀 5 才换向，活塞才能落下。如果双手不同时按下手动阀，或因其中任一个手动阀弹簧折断不能复位，气罐 6 中的压缩空气都将通过手动阀 1 的排气口排空，不足以建立起控制压力，因此阀 5 不能被切换，活塞也不能下落。

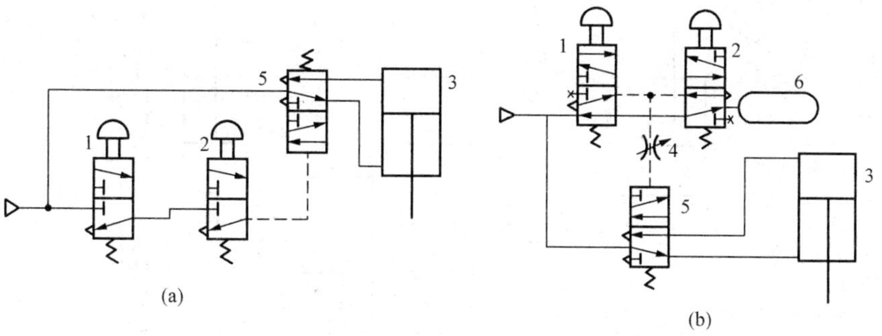

图 9-41　双手操作安全回路

1、2—手动换向阀；3—气罐；4—节流阀；5—气控换向阀；6—气罐

所以此回路比上述回路更为安全。

2. 过载保护回路

当活塞杆在伸出途中遇到故障或其他原因使气缸过载时，活塞能自动返回的回路，称为过载保护回路。

如图 9-42 所示的是过载保护回路，按下手动换向阀 1，使二位五通换向阀 2 处于左位，活塞右移前进，正常运行时，挡块压下行程阀 5 后，活塞自动返回；当活塞运行中途遇到障碍物 6 时，气缸左腔压力升高超过预定值时，顺序阀 3 打开，控制气体可经梭阀 4 将主控阀切换至右位（图示位置），使活塞缩回，气缸左腔压缩空气经阀 2 排掉，可以防止系统过载。

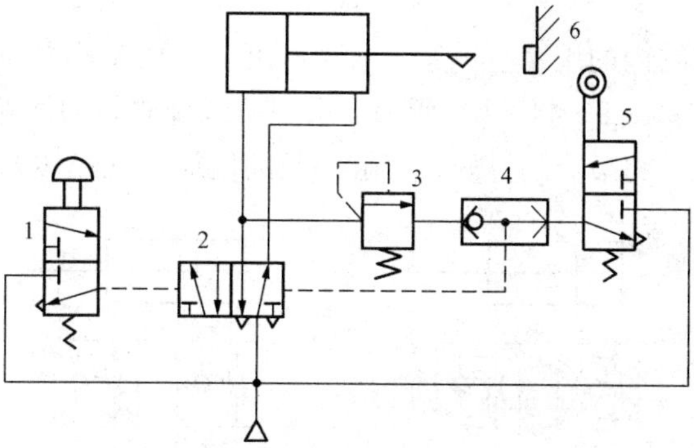

图 9-42　过载保护回路

1—手动换向阀；2—二位五通换向阀；3—顺序阀；4—梭阀；5—行程阀；6—障碍物

3. 互锁回路

图 9-43 所示为互锁回路。该回路能防止各气缸的活塞同时动作，而保证只有一个活塞动作。该回路的技术要点是利用了梭阀 1、2、3 及换向阀 4、5、6 进行互锁。

例如：当换向阀 7 切换至左位，则换向阀 4 至左位，使 A 缸活塞杆上移伸出。与此同时，气缸进气管路的压缩空气使梭阀 1、2 动作，把换向阀 5、6 锁住，B 缸和 C 缸活塞杆均处于下降状态。此时换向阀 8、9 即使有信号，B、C 缸也不会动作。如要改变缸的动作，必须把前动作缸的气控阀复位。

4. 残压排出回路

气动系统工作停止后，在系统内残留有一定量的压缩空气，这对系统的维护将造成了很多不便，严重时可能发生伤亡事故。

图 9-44（a）所示为采用三通残压排放阀的回路，在系统维修或气缸动作异常时，

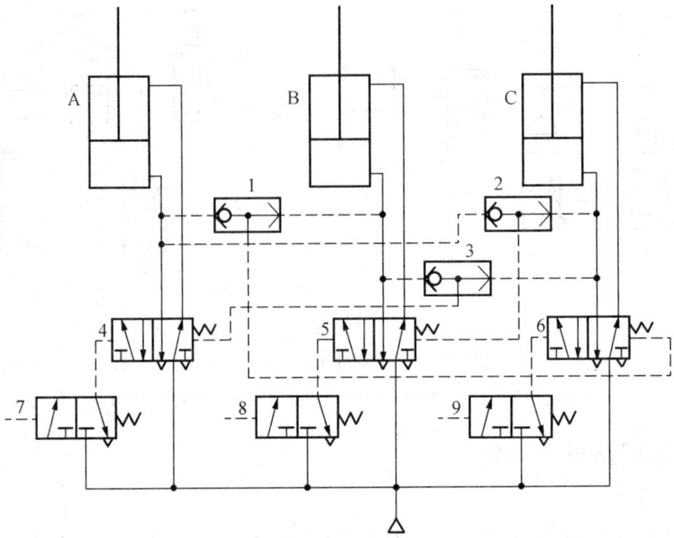

图 9-43　互锁回路

1、2、3—梭阀；4、5、6、7、8、9—换向阀

气缸内的压缩空气经三通阀排出，气缸在外力的作用下可以任意移动。

图 9-44（b）所示为采用节流排放阀的回路。当系统不工作时，三位五通阀处于中位。将节流阀打开，气缸两腔的压缩空气经梭阀和节流阀排出。

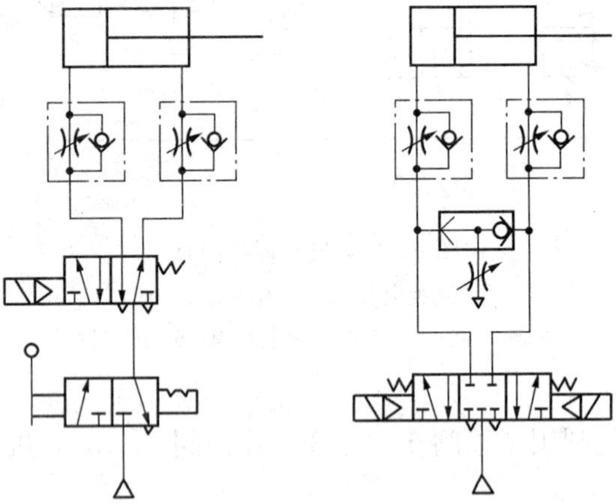

(a)　　(b)

图 9-44　残压排出回路

（a）采用三通残压排放阀；（b）采用节流阀

5. 防止起动冲出回路

在进行气动系统设计时，应充分考虑气缸起动时的安全问题。当气缸有杆腔的压力为大气压时，气缸在起动时容易发生始动冲出现象，会造成设备的损坏。

如图 9-45（a）为使用了中位加压机能三位五通电磁阀的防止起动冲出回路。当气缸为单活塞杆气缸时，由于气缸有杆腔和无杆腔的压力作用面积不同，因此应考虑电磁阀处于中位时，使气缸两侧的压力保持平衡。这样气缸在起动时就能保证排气侧有背压，不会以很快的速度冲出。

图 9-45（b）为采用进气节流调速的防止起动冲出回路。当五通电磁阀 1 失电时，气缸两腔都泄压；起动时，利用节流阀 3 的进口节流调速功能来防止起动冲出。由于进口节流调速的调速特性较差，因此在气缸的出口侧还串联了一个出口节流阀 2，用来改善起动后的调速特性。需要注意进口节流阀 3 和出口节流阀 2 的安装顺序，进口节流阀 3 应靠近气缸。

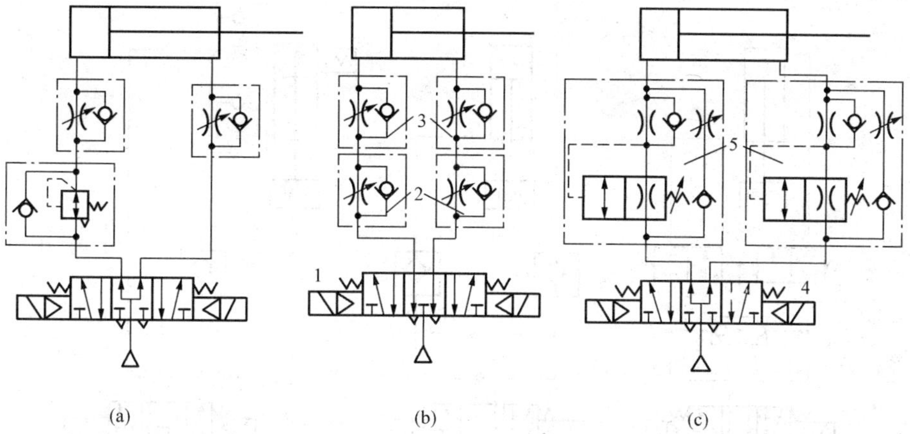

图 9-45　防止起动冲出回路

(a) 使用中位加压机能三位五通电磁阀；(b) 采用进气节流阀；(c) 采用防止起动冲出阀

1—五通电磁阀；2—出口节流阀；3—进口节流阀；4—三位五通电磁阀；5—复合速度控制阀

由于进气节流调速的调速特性较差，因此希望在气缸起动后，完全消除进口节流调速阀的影响，只使用出口节流来进行速度控制。专用的防止起动冲出阀就是为此而开发出来的。

图 9-45 (c) 为采用了防止起动冲出阀（即复合速度控制阀 5）的防止起动冲出回路。此回路在正常驱动时为出口节流调速，但在气缸内没有压力的状态下起动时将切换为进口节流调速，以达到防止起动飞出的目的。

例如：当三位五通电磁阀 4 左端电磁铁得电后，阀 5 中的二通阀处于右位，压缩空气经固定节流口向气缸无杆腔供气，气缸活塞杆低速伸出，当气缸无杆腔压力达到一定值时，二通阀切换到左位，变为正常的出口节流速度控制。

6. 防止下落回路

气缸在垂直使用且带有负载的场合如果突然停电或停气，气缸将会在负载重力的作用下伸出，为了保证安全，通常应考虑加设防止落下机构。

图 9-46 (a) 所示为采用了两个二位二通气控阀的防止下落回路。当三位五通电磁阀 1 左端电磁铁得电时，压缩空气经梭阀 2 作用在两个二通气控阀 3 上，使它们换向，气缸向下运动。同理，当电磁阀右端电磁铁得电时，气缸向上运动。当电磁阀不通电时，加在二通气控阀上的气控信号消失，二通气控阀复位，气缸两腔的气体被封闭，气缸保持在原位置。

图 9-46 (b) 所示为采用气控单向阀的防止下落回路。当三位五通电磁阀左端电磁铁得电后。压缩空气一路进入气缸无杆腔，另一路将右侧的气控单向阀打开，使气缸有杆腔的气体经由单向阀排出。当电磁阀不通电时，加在气控单向阀上的气控信号消失，气缸两腔的气体被封闭，气缸保持在原位置。

图 9-46 (c) 所示为采用行程末端锁定气缸的防止下落回路。当气缸上升至行程末端，电磁阀处于非得电状态时，气缸内部的锁定机构将活塞杆锁定；当电磁阀右端电

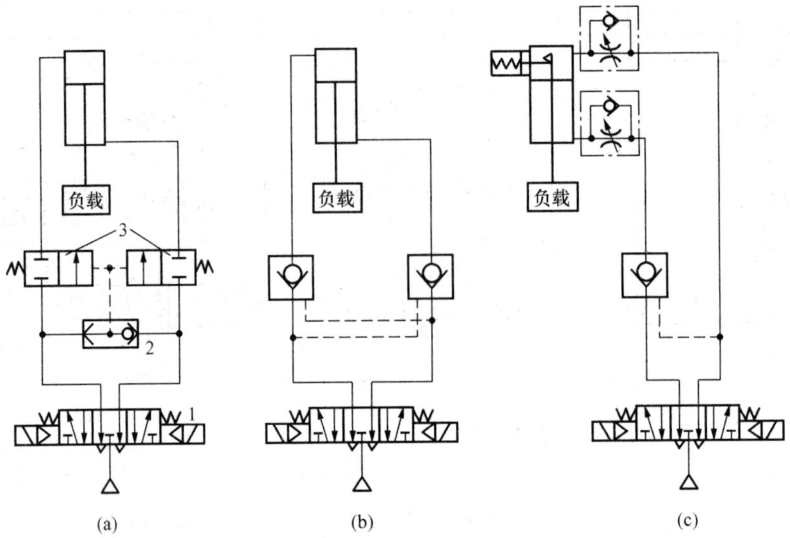

图 9-46　防止下落回路

(a) 采用两个二位二通气控阀；(b) 采用气控单向阀；(c) 采用行程末端锁定气缸

磁铁得电后，利用气压将锁打开，气缸向下运动。

第10章 气动控制技术

随着工业自动化程度的迅速提高，气动控制技术已从汽车、电子、冶金、食品加工等支柱产业扩展到其他工业领域。气动控制技术是以压缩空气为工作介质进行能量和信号传递的工程技术，是实现各种生产和自动控制的重要手段之一。气动控制技术不仅具有经济、安全、可靠、便于操作等优点，而且对改善劳动条件、提高劳动生产率和产品质量，具有非常重要的作用。

气动技术的应用范围大，广泛应用于各个领域，不仅用于生产、工程自动化和机械化中，还渗透到医疗保健和日常生活中。气动系统具有防火、防爆等特点，可应用于矿山、石油、天然气、煤气等设备。还因其耐高温，适用于火力发电设备、焊接夹紧装置等。同时，它容易净化，可用于半导体制造、纯水处理、医药、香烟制造等设备。气动系统的高速工作性能，在冲床、压机、压铸机械、注塑机等设备中得到了广泛的应用，还用于工件的装配生产线、包装机械、印刷机械、工程机械、木工机械和金属切削机床和纺织设备等。下面介绍一些应用实例。

气动控制技术是实现工业生产机械化、自动化的方式之一，它涉及面广，内容丰富，还综合了机械、电气、微机控制、工业控制网络、计算机仿真、人机界面等多方面的技术，使得在各种机电一体化设备中构建精密、复杂、多变的气动系统成为可能。本章以基于 PLC 的气动控制技术为核心，由浅入深、从简到繁，详细介绍了气动控制系统的工作原理、结构组成、控制方式和设计方法。

10.1 电子气动控制的基本知识

在气动系统中，采用方向控制阀、压力控制阀和流量控制阀来控制并调节压缩空气的压力大小、流量多少和流动方向，满足对气动系统的控制要求。其中，方向控制阀决定气动执行元件的动作过程和动作顺序，在气动系统中应用最为广泛和灵活。对方向控制阀的控制可分为以下 4 种。

1）人力控制——用人力来获得轴向力使阀迅速移动换向的控制方式。

2）机械控制——用机械力来获得轴向力使阀芯迅速移动换向的控制方式。

3）气控——利用气体压力来使主阀芯切换而使气流改变方向的控制方式。

4）电控——用电磁力来获得轴向力，使阀芯迅速移动的换向控制方式。

目前，随着电子技术，尤其是计算机控制技术的快速发展，电控在气动系统中的应用越来越广泛，逐步占据了主导地位，这种控制方式也称为电子气动控制。电子气动控制的特点是反应快速敏捷、动作准确。在气动自动化系统中，电子气动控制的类型主要是以控制器的不同来进行区分的，如基于继电器的电子气动技术、基于 PLC 的电子气动技术等。

电子气动控制回路是由气动回路和电气回路两部分组成。气动回路一般指动力部分，电气回路则为控制部分。在设计电子气动控制回路时，首先要设计出气动回路，然后按照动力系统的要求，选择采用何种形式的电磁阀来控制气动执行元件的运动，最后设计电气回路。在设计中气动回路图和电气回路图必须分开绘制。

下面主要介绍有关电子气动控制的基本知识以及所涉及的一些基本元器件。

10.1.1 常用控制继电器

电气控制回路主要由按钮开关、行程开关、继电器及其触点、电磁铁线圈等组成。在工作时通过按钮开关或行程开关来控制电磁铁通电或断电，从而使相应的触点接通或断开控制电路。这种电路也称为继电器控制回路，电路中的触点有常闭触点和常开触点。

控制继电器是一种自动电器，它适用于远距离接通和分断交、直流小容量控制电路，并在电力驱动系统中供控制、保护及信号转换用。控制继电器的输入量通常是电流、电压等电量，也可以是温度、压力、速度等非电量，输出量则是触点动作时发出的电信号或输出电路的参数变化。继电器的特点是当其输入量的变化达到一定程度时，输出量才会发生阶跃性的变化。其触头随即接通或断开交、直流小容量自动化电器，它广泛用于电力拖动、程序控制、自动调节与自动检测系统中。按动作原理分类有电压继电器、电流继电器、中间继电器、时间继电器、热继电器、温度继电器、速度继电器及特种继电器等。在气动自动化系统中用得最多的是中间继电器与时间继时器。

1. 中间继电器

中间继电器用于继电保护与自动控制系统中，以增加触点的数量及容量。它用于在控制电路中传递中间信号。中间继电器的结构和原理与交流接触器基本相同，与接触器的主要区别在于：接触器的主触头可以通过大电流，而中间继电器的触头只能通过小电流。所以，它只能用于控制电路中。它一般是没有主触点的，因为过载能力比较小，所以它用的全部都是辅助触头，数量比较多。新国标关于中间继电器的符号是 K，老国标是 KA。一般是直流电源供电，少数使用交流供电。

图 10-1　中间继电器外形图

中间继电器的外形图，如图 10-1 所示。中间继电器原理图，如图 10-2 所示，中间继电器由线圈、铁心、衔铁、复位弹簧及一组触点组成。由线圈产生的磁场来接通或断开触点。当继电器线圈流过电流时，衔铁就会在电磁吸力的作用下克服弹簧拉力，使常闭触点断开，常开触点闭合；当继电器线圈无电流时，电磁力消失，衔铁在返回弹簧的作用下复位，使常闭触点闭合，常开触点打开。中间继电器线圈及触点符号，如图 10－3 所示。

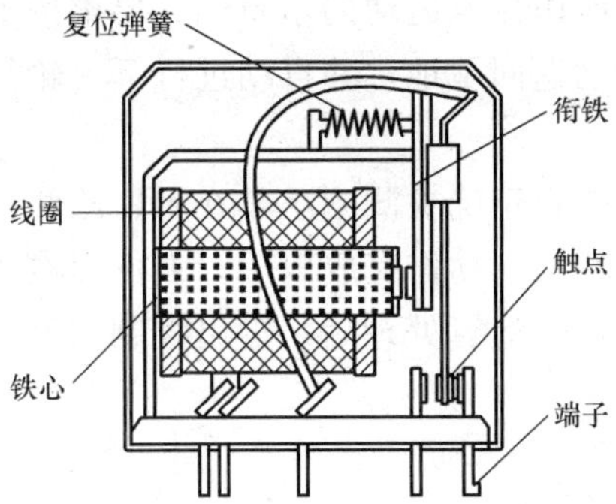

图 10－2 中间继电器原理图

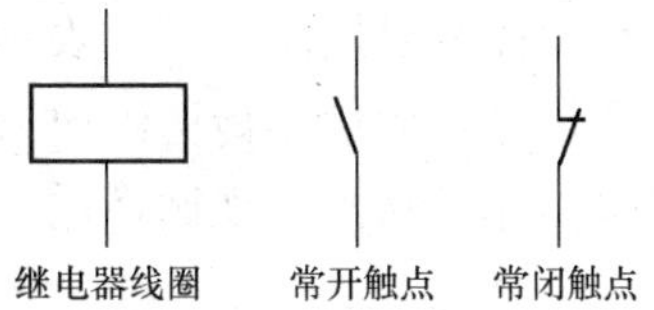

图 10－3 中间继电器线圈及触点符号

2. 时间继电器

时间继电器是指当加入（或去掉）输入的动作信号后，其输出电路需经过规定的准确时间才产生跳跃式变化（或触头动作）的一种继电器。是一种使用在较低的电压或较小电流的电路上，用来接通或切断较高电压、较大电流的电路电气元件。同时，时间继电器也是一种利用电磁原理或机械原理实现延时控制的控制电器。它的种类很多，有空气阻尼型、电动型和电子型等。时间继电器按其输出触点的动作形式可分为通电延时型和断电延时型两种类型，就是如图 10－4 所示的两种类型。

(1) 延时闭合继电器。当继电器线圈流过电流时，继电器常开触点延时闭合、常闭触点延时断开；当继电器线圈失电时，常开触点立即断开、常闭触点立即闭合。

(2) 延时断开继电器。当继电器线圈流过电流时，继电器常开触点立即闭合、常闭触点立即断开；当继电器线圈失电时，常开触点延时断开、常闭触点延时闭合。

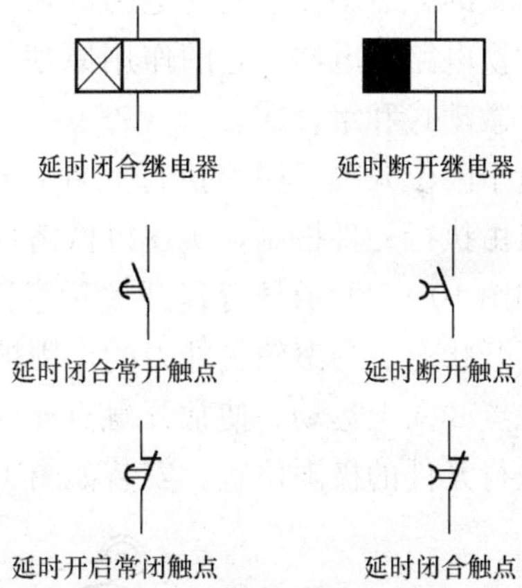

图 10－4 时间继电器线圈及触点符号

空气阻尼型时间继电器的延时范围大（有 0.4～60s 和 0.4～180s 两种），它结构简单，但准确度较低。当线圈得电时，衔铁及托板被铁心吸引而瞬时下移，使瞬时动作触点接通或断开。但是活塞杆和杠杆不能同时跟着衔铁一起下落，因为活塞杆的上端连着气室中的橡皮膜，当活塞杆在释放弹簧的作用下开始向下运动时，橡皮膜随之向下凹，上面空气室的空气变得稀薄而使活塞杆受到阻尼作用而缓慢下降。经过一定时间，活塞杆下降到一定位置，便通过杠杆推动延时触点动作，使动断触点断开，动合触点闭合。从线圈得电到延时触点完成动作，这段时间就是继电器的延时时间。延时时间的长短可以用螺钉调节空气室进气孔的大小来改变。吸引线圈失电后，继电器依靠恢复弹簧的作用而复原。空气经出气孔被迅速排出。

10.1.2 位置检测及行程控制

如图 10－5 所示为一个送料小车在甲、乙两地作往返运动的示意图。要求按下起动按钮后，小车驶向乙地，小车到达乙地后，能自动返回甲地，并自动进行下一轮往返运动的循环，直到按下停止按钮结束运动。

这类问题是典型的行程控制问题，其关键是能否正确检测到小车在甲、乙两位置的信号，行程控制可用图 10－6 表示。当执行机构的某一动作完成以后，由行程检测元件发出一个信号，此信号传送给电气控制回路，经逻辑运算处理后，输出控制信号，控制执行机构工作，从而实现循环往复的连续动作。

图 10－5　送料小车作往返运动的示意图

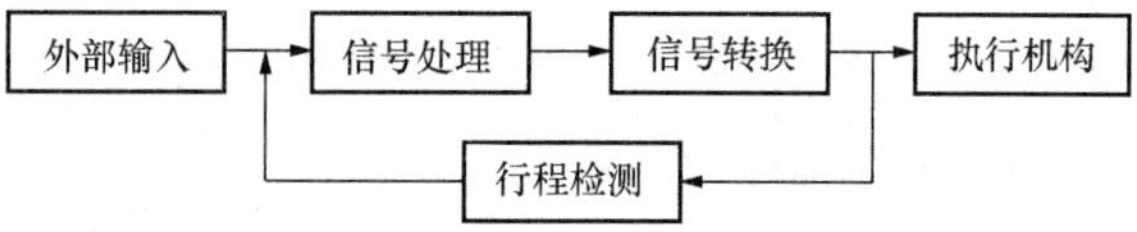

图 10－6　行程控制方框图

下面介绍几种典型的位置检测元件。

1. 电子限位开关（行程开关）

电子限位开关又称行程开关，用于控制机械设备的行程及限位保护。在实际生产中，将行程开关安装在预先安排的位置，当装于生产机械运动部件上的模块撞击行程开关时，行程开关的触点动作，实现电路的切换。因此，行程开关是一种根据运动部件的行程位置而切换电路的电器，它的作用原理与按钮类似。行程开关按其结构可分为直动式、滚轮式、微动式和组合式。

电子限位开关是检测执行元件行程位置的一种控制元件，它直接与执行元件接触，其触点由执行元件控制，实现机械信号转变为电信号。

如图 10－7 所示是行程开关示意图。图中常闭触点 5 处于导通状态，而常开触点 4 处于断开状态。当滚轮受外力的作用被压下时，利用弹簧片 6、顶杆 3 的作用，使连杆 9 带动触点 8 向上运动，使常开触点 4 闭合，而常闭触点 5 断开。此电子限位开关一般安装在执行元件的极限位置。安装如图 10－8 所示。

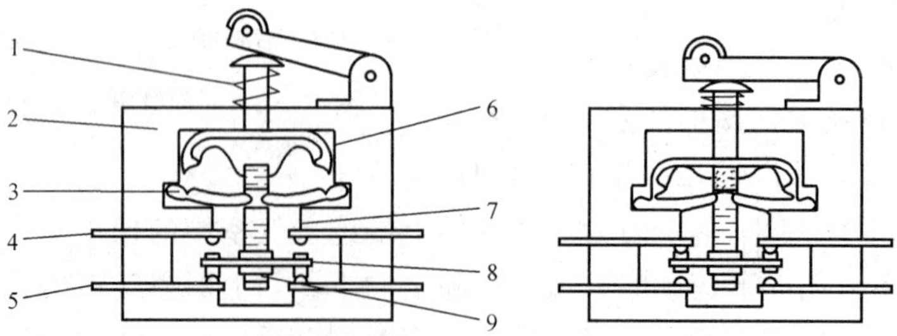

图 10－7　行程开关示意图

1—复位弹簧；2—壳体；3—顶杆；4—常开触点；5—常闭触点；6—弹簧片；7—壳体；8—动触点；9—连杆

电子限位开关的结构形式较多，如图 10－9 所示是一种微型电子限位开关。

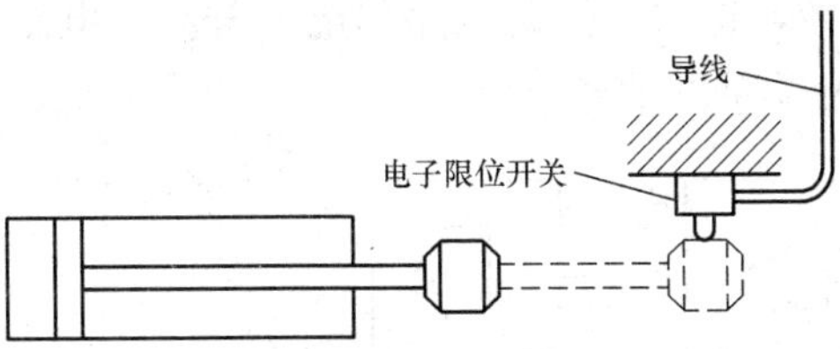

图 10-8　电子限位开关的安装示意图

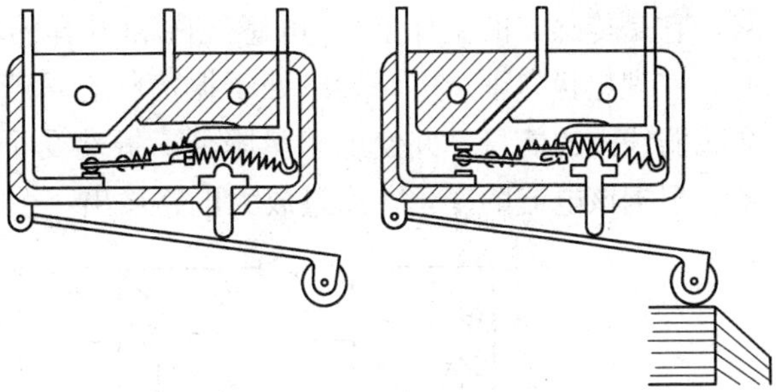

图 10-9　微型电子限位开关示意图

2. 接近开关（干簧管）

电磁接近开关又常称为干簧管。是一种磁敏的特殊开关。干簧管通常有两个软磁性材料做成的、无磁时断开的金属簧片触点，有的还有第三个作为常闭触点的簧片。这些簧片触点被封装在充有惰性气体（如氮、氦等）或真空的玻璃管里，玻璃管内平行封装的簧片端部重叠，并留有一定间隙或相互接触以构成开关的常开或常闭触点。干簧管比一般机械开关结构简单、体积小、速度快、工作寿命长；而与电子开关相比，它又有抗负载冲击能力强等特点，工作可靠性很高。

干簧管有永磁式和线圈式两种，图 10-10 所示为永磁式干簧管。在干簧管中有导磁材料做成的干簧片，它相当于中间继电器中的触点。当永久磁铁接近干簧开关时，簧片被磁化，由于两个簧片的极性相反互相吸引，相当于一对常开触点闭合。而当永久性磁铁离开时，干簧片靠自动的弹力分开。通常干簧管中只有一对常开触点。一般将干簧管安装于气缸体的外侧，通过活塞上的磁环，使干簧管动作。

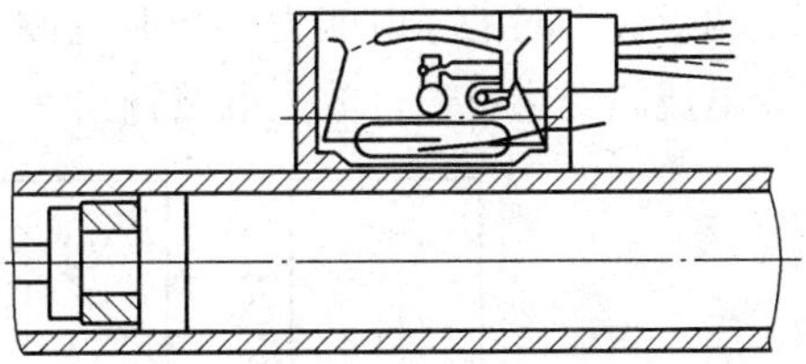

图 10-10　永磁式干簧管示意图

另外一种线圈型干簧管的原理和永磁式干簧管相似，只是靠电流通过线圈的办法来产生磁场。线圈中通电，产生的磁场使干簧片磁化相吸。线圈断电，干簧片失磁，弹回常开状态。

3. 电磁感应式传感器

电磁感应式传感器是一种无触点接近开关，利用半导体三极管的导通和截止来代替机械触点，如图 10-11 所示。

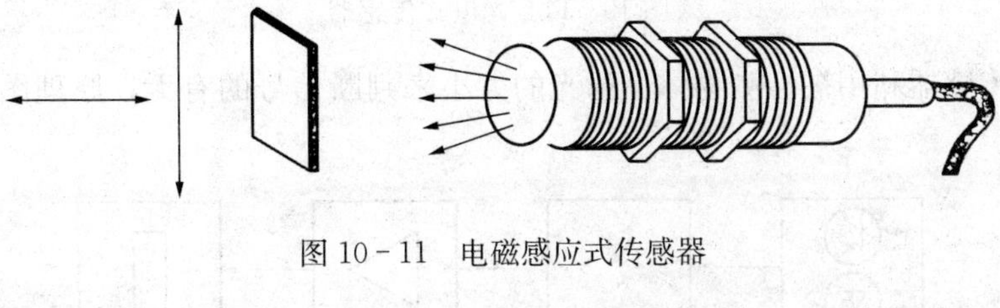

图 10-11　电磁感应式传感器

在工作原理图 10-12 中，电感式传感器主要由振荡器 1、调节电路 2、放大电路 3 及输出部分 4 组成。在电感式传感器内有一个由电感线圈和电容组成的电路（*LC* 振荡电路，它是传感器的主环节）。电感线圈和电容的等效阻值完全相等，并在回路内是并联的。在理想状态下，电路始终处于振荡状态，若在磁场范围内有导磁或导电物质时，就会减弱线圈的能量，并使电感量降低，振荡受干涉，这时，振荡电路的电流升高。电路系统根据该电流的变化，通过放大电路输出一个开关量的信号。

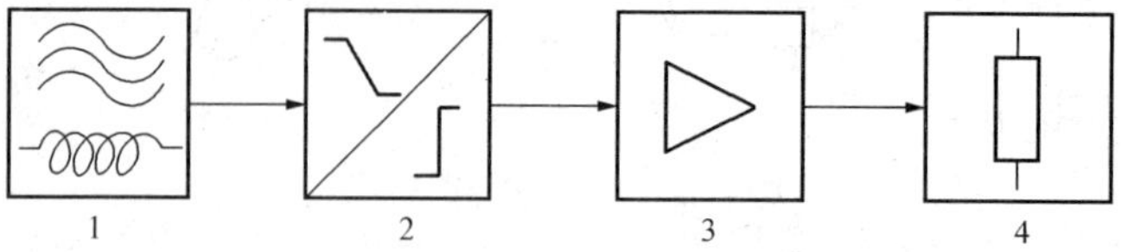

图 10 - 12　电磁感应式传感器原理方框图

1—振荡器；2—调节电路；3—放大电路；4—输出部分

4. 电容式传感器

电容式传感器也是一种无触点接近开关，同样是利用半导体三极管的导通和截止来代替机械触点。在电容式传感器内有一个由电阻和电容组成的电路（*RC* 振荡电路），其原理图如图 10 - 13 所示。当在 *RC* 振荡电路上加电压时，电容器的两极板带相反的电压。因此，在正负极板之间形成了一个电场。如果有物体接近传感器电场的有效区域，就会改变两极板之间的导电能力，同时也改变电场强度，使回路中的电流增大。电路系统根据该电流的变化，通过放大电路输出一个开关量的信号。

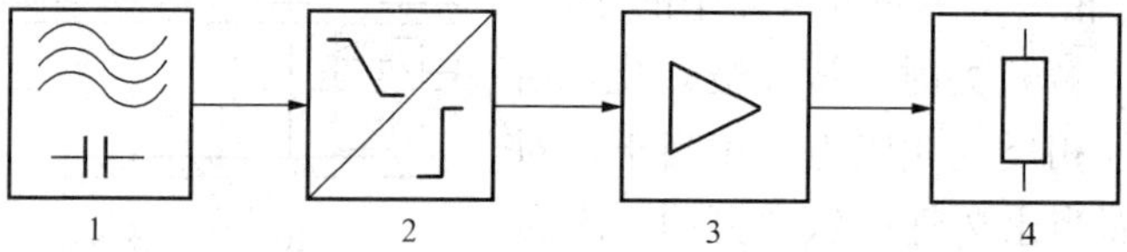

图 10 - 13　电容式传感器原理方框图

5. 光电式传感器

光电式传感器是一种无触点式接近开关，如图 10 - 14 所示。

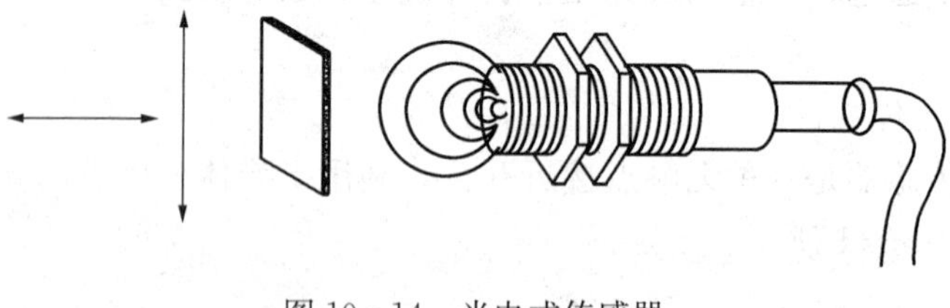

图 10 - 14　光电式传感器

光电式传感器利用被检测物体反射光的大小来判断信号的有无，原理图如图 10 - 15 所示。

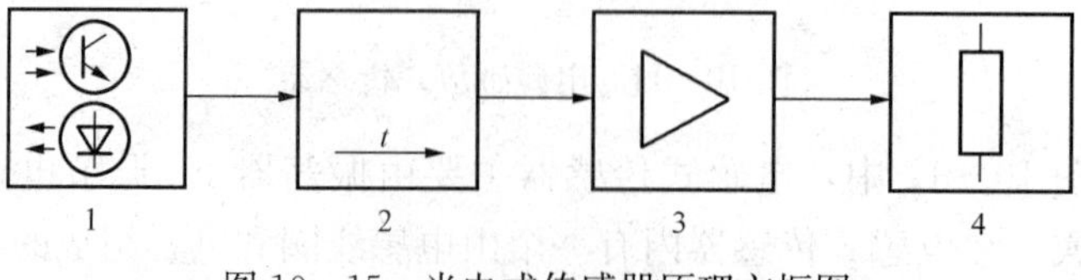

图 10 - 15　光电式传感器原理方框图

上述几种传感器在电子气动控制回路中的表示符号见表 10－1。

表 10－1　　几种传感器在电子气动控制回路中的表示符号

种类	干簧管	电磁式	电容式	光电式
符号	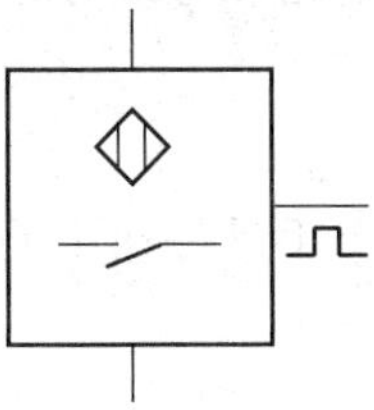	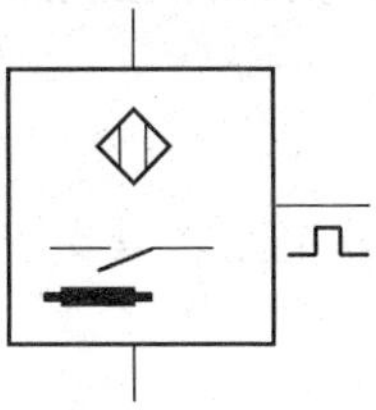	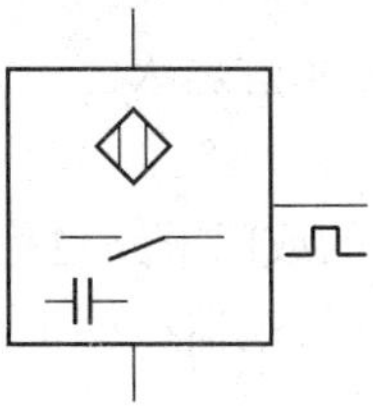	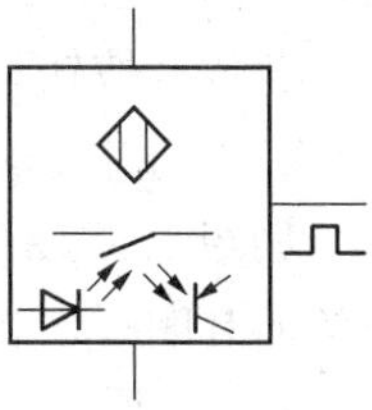

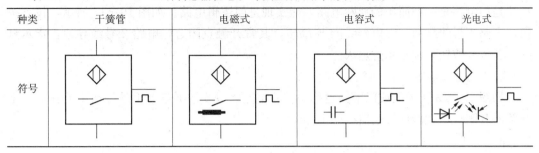

10.2　继电器气动控制技术

采用继电器作为逻辑器件对气动执行元件进行控制是一种基本的、常用的控制方法。这种方法主要适合于气动执行元件数量较少，控制要求较为简单的场合。如图 10－16 所示为一例继电器气动控制实验板实物图，其左边为气动回路部分，右边为继电器电气控制回路部分。

电气回路图通常以一种层次分明的梯形法表示，它是利用电气元件符号进行顺序控制系统设计的最常用的一种方法。

如图 10－16 所示，右边为继电器电气控制回路部分。在绘制电气回路图时，用上下两平行线代表控制回路图的电源线，称为母线。

电气回路图的绘图原则为：

1）图形上端为火线，下端为接地线。

2）电路图的绘制是由左而右进行。为便于读图，接线上要加上线号。

3）控制元件的连接线接于电源母线之间，且应力求平直。

4）连接线与实际的元件配置无关，其由上而下，依照动作的顺序来决定。

5）连接线所连接的元件均以电气符号表示，且均为未操作时的状态。

图 10－16　继电器气动控制实验板

6）在连接线上，所有的开关、继电器等的触点位置由水平电路的上侧电源母线开始连接。

7）一个阶梯图网络由多个梯级组成，每个输出元素（继电器线圈等）可构成一个梯级。

8）在连接线上，各种负载，如继电器、电磁线圈、指示灯等的位置通常是输出元素，在水平电路的下侧。

9）在电气回路图上各元件的电气符号旁注上文字符号。

10.2.1 基本电气回路

1.“是门”电路

是门电路是一种简单的通断电路，能实现是门逻辑电路。如图 10－17 所示，按下按钮，电路 1 号线导通，继电器线圈 K 励磁，其常开触点闭合，电路 2 号线导通，指示灯亮。若放开按钮，则指示灯熄灭。

2.“或门”电路

如图 10－18 所示的或门电路也称为并联电路。只要按下三个手动按钮中的任何一个开关使其闭合，就能使继电器线圈 K 通电。

3.“与门”电路

如图 10－19 所示的与门电路也称为串联电路。只有将按钮 a、b、c 同时按下，电流才能通过继电器线圈 K。

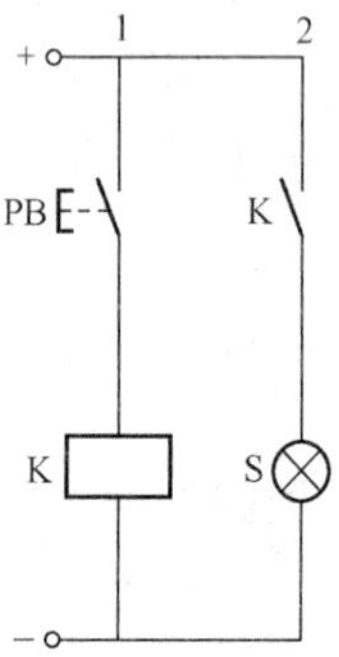

图 10－17　“是门”电路

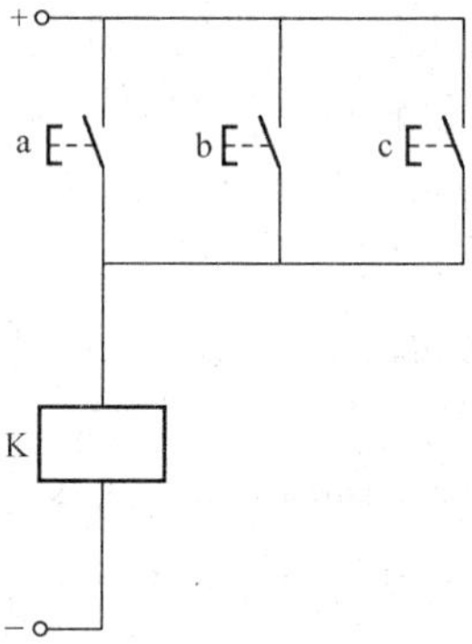

图 10－18　“或门”电路

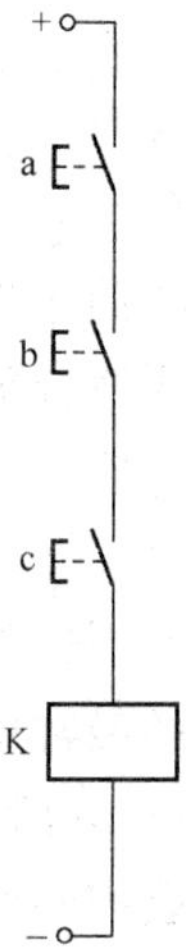

图 10－19　“与门”电路

4. 自保持电路

自保持电路又称为记忆电路，在各种液、气压装置的控制电路中很常用，尤其是使用单电控电磁换向阀控制液、气压缸的运动时，需要自保持回路。如图 10－20 所示为两种自保持回路。在图 10－20（a）中，按钮 PB1 按一下即放开是一个短信号，继电器线圈 K 得电，第 2 条线上的常开触点 K 闭合，即使松开按钮 PB1，继电器 K 也将通过常开触点 K 继续保持得电状态，使继电器 K 获得记忆。图中的 PB2 是用来解除自保持的按钮。当 PB1 和 PB2 同时按下时，PB2 先切断电路，PB1 按下是无效的，因此这种电路也称为停止优先自保持回路。

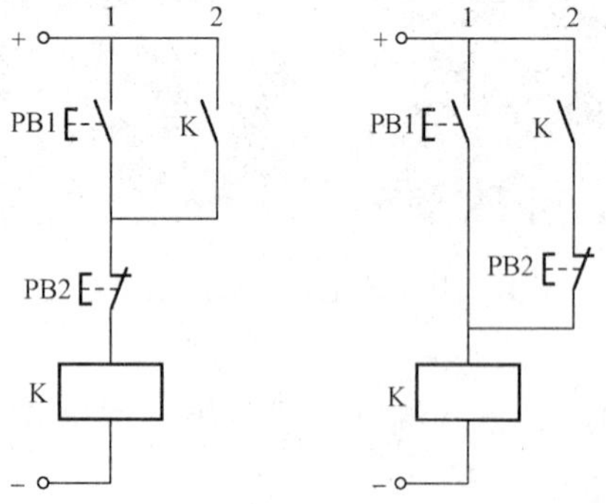

(a)　(b)

图 10－20　自保持回路

(a) 停止优先自保持回路；(b) 启动优先自保持回路

图 10－20（b）是另一种自保持回路，当 PB1 和 PB2 同时按下时，PB1 使继电器线圈 K 得电，PB2 无效，这种电路也称为启动优先

自保持回路。

5. 互锁电路

互锁电路用于防止错误动作的发生，以保护设备、人员的安全。如电机的正转与反转，气缸地伸出与缩回，为防止同时输入相互矛盾的动作信号，使电路短路或线圈烧坏，控制电路应加互锁功能。如图 10-21 所示，按下按钮 PB1，继电器线圈 K1 得电，第 2 条线上的触点 K1 闭合，继电器 K1 形成自保，第 3 条线上 K1 的常闭触点断开，此时若再按下按钮 PB2，继电器线圈 K2 一定不会得电。同理，若先按按钮 PB2，继电器线圈 K2 得电，继电器线圈 K1 一定不会得电。

6. 延时电路

随着自动化设备的功能和工序越来越复杂，各工序之间需要按一定的顺序紧密巧妙地配合，要求各工序时间可在一定时间内调节，这需要利用延时电路来加以实现。延时控制分为两种，即延时闭合和延时断开。

图 10-22（a）为延时闭合电路，当按下开关 PB 后延时继电器 T 开始定时，经过设定的时间后，时间继电器触点闭合，电灯点亮。放开 PB 后，继电器 T 立即断开，电灯熄灭。图 10-22（b）为延时断开电路，当按下开关 PB 后，时间继电器 T 的触点也同时接通，电灯点亮，当放开 PB 后，延时断开继电器开始定时，到规定时间后，时间继电器触点 T 才断开，电灯熄灭。

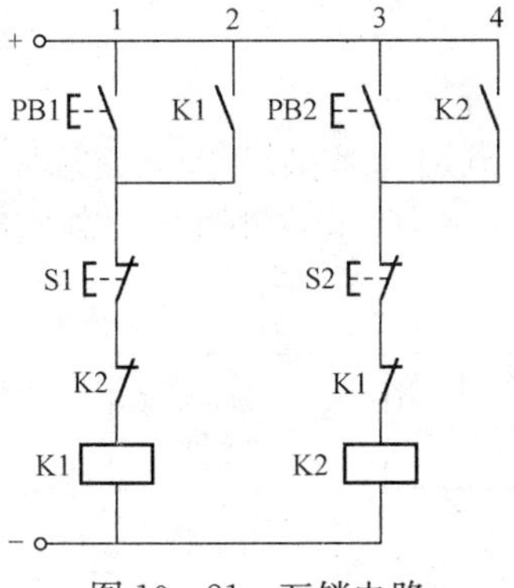

图 10-21　互锁电路

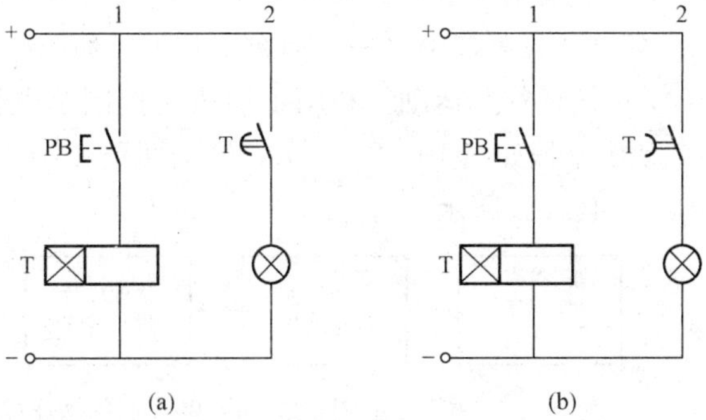

图 10-22　延时电路

（a）延时闭合；（b）延时断开

10.2.2　经验法设计继电器气动控制回路

在设计基于继电器控制的气动系统时，应将电气控制部分和气动执行部分分开表示，两部分回路图上的文字符号应一致，以便对照。继电器气动控制回路的设计方法有多种，本节介绍“经验法”，下节介绍“步进法”。

1. 设计方法介绍

“经验法”就是应用气动的基本控制方法和设计人员自身的设计经验来设计电子气动控制回路图。这种设计方法的优点是适用于较简单的回路设计，可凭借设计者本身积累的经验，快速设计出控制回路；缺点是设计方法主观因素多，对于较复杂的控制回路不宜采用。

在设计继电器控制回路之前，必须首先设计好气动回路，确定与继电器控制回路有关的主要技术参数。在气动自动系统中常用的主控阀有单电控两位三通换向阀、单电控两位五通换向阀、双电控两位五通换向阀、双电控三位五通换向阀 4 种。在控制电路的设计中，按电磁阀的结构不同分为保持控制和脉冲控制。双电控两位五通换向阀和双电控三位五通换向阀是利用脉冲控制；单电控两位三通换向阀和单电控两位五通换向阀是利用保持控制。控制信号是否持续保持，是电磁阀换向控制的关键所在。

用经验法设计控制电路，必须注意以下几方面的问题。

（1）分清电磁换向阀的结构差异。以上所述利用保持电路控制的电磁阀，必须考虑使用继电器实现中间记忆，此类电磁阀通常具有弹簧复位或弹簧中位。利用脉冲控制的电磁阀，因具有记忆功能，无需自保，此类电磁阀没有弹簧，为避免误动作造成电磁阀两边线圈同时通电而烧毁线圈，控制电路上必须考虑互锁保护。

（2）明确动作模式是单循环还是连续循环。若气缸的动作是单循环，用按钮开关操作前进，利用行程开关或按钮开关控制回程。若气缸动作为连续循环，则利用按钮开关控制电源的通断电，在控制电路上比单循环多加一个信号传送元件（如行程开关），使气缸完成一次循环后能再次动作，连续循环。

（3）判别行程开关（或按钮开关）是常开触点还是常闭触点。以两位三通或两位五通单电控换向阀控制气缸运动为例，欲使气缸前进，控制电路上的行程开关（或按钮开关）应以常开触点接线，从而当其动作时，才能把控制信号传送给使气缸前进的电磁阀线圈。相反，若要使气缸后退，必须使通电的电磁线圈断电，电磁阀复位，由此反映到控制电路上的行程开关（或按钮开关）必须以常闭触点形式接线。

2. 经验法设计实例之一——单电控电磁阀控制单气缸运动

（1）单循环往复运动。利用手动按钮控制单电控两位五通阀来操纵单气缸实现单个循环。动作流程如图 10 - 23 所示，气动回路如图 10 - 24（a）所示，继电器控制回路图如图 10 - 24（b）所示。

图 10 - 23　单气缸单循环往复运动流程

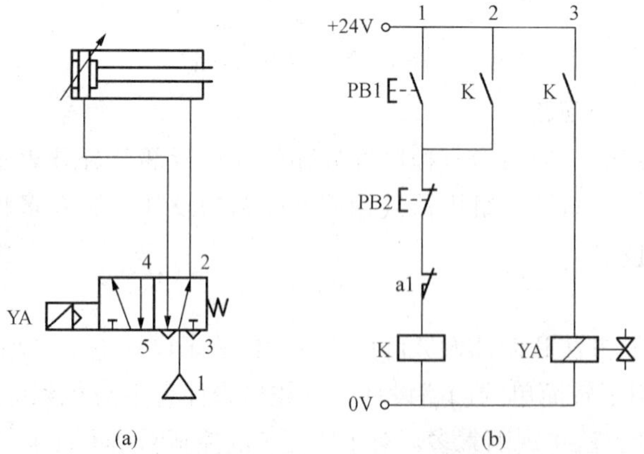

图 10 - 24　单气缸单循环往复运动回路

（a）气动回路图；（b）继电器控制回路图

继电器控制回路的设计步骤如下。

1）将起动按钮 PB1 及继电器线圈 K 置于 1 号线上，继电器的常开触点 K 及电磁阀线圈 YA 置于 3 号线上。这样当 PB1 按下后，电磁阀线圈 YA 通电，电磁阀换向。

2）PB1 为一瞬时按钮，手一放开，电磁阀线圈 YA 即断电，活塞后退。为使活塞保持前进状态，必须将继电器 K 所控制的常开触点接于 2 号线上，形成自保电路。

3）将行程开关 a1 的常闭触点接于 1 号线上，当活塞杆压下 a1，切断自保电路，电磁阀线圈 YA 断电，电磁阀复位，活塞退回。

设计完成后，单气缸单循环往复运动动作说明如下。

1）将起动按钮 PB1 按下，继电器线圈 K 通电，2 和 3 号线上所控制的常开触点闭合，继电器 K 自保，同时 3 号线接通，电磁阀线圈 YA 通电，活塞前进。

2）活塞杆压下行程开关 a1，切断自保电路，1 和 2 号线断路，继电器线圈 K 断电，K 所控制的触点恢复原位。同时 3 号线断路，电磁阀线圈 YA 断电，活塞后退。

（2）延时单循环往复运动。如图 10－25（b）所示，延时单循环往复运动相比，区别在于：当活塞杆前进到终端压下行程开关 a1 后，并不立即使继电器 K 的线圈断电，而是接通时间继电器的线圈 T，当设定 T 的定时时间到后，其延时断开触点才切断继电器 K 线圈的回路，从而使气缸活塞后退。

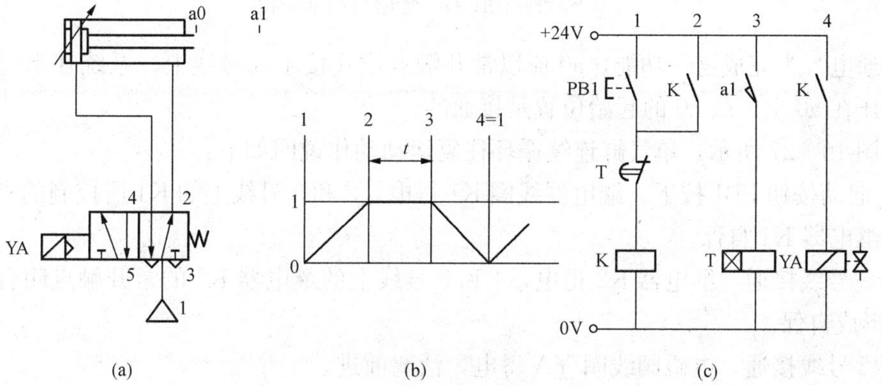

图 10－25　延时单循环往复运动回路

（a）气动回路图；（b）位移-步骤图；（c）继电器控制回路图

（3）连续循环往复运动。单气缸连续循环往复运动动作流程如图 10－26 所示，气动回路如图 10－27（a）所示，继电器控制回路图如图 10－27（b）所示。

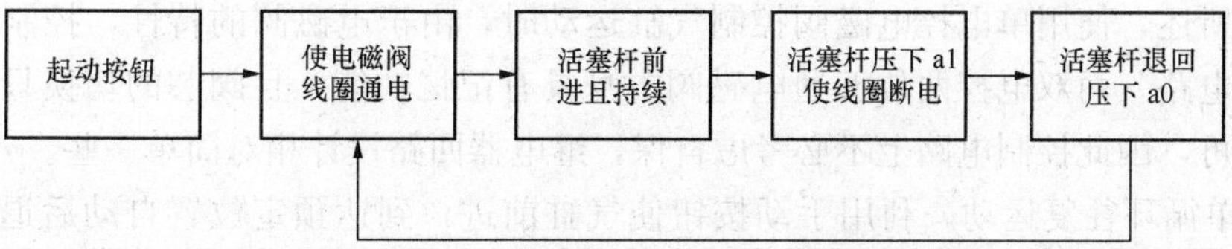

图 10－26　单气缸连续循环往复运动动作流程

连续循环往复运动继电器控制回路的设计要点如下。

1）将起动按钮 PB1 及继电器线圈 K1 置于 1 号线上，继电器的常开触点 K1 置于 2 号线上，并与 PB1 并联，从而与 1 号线形成自保电路。在 3 号线上添加一继电器 K1 的常开触点，这样当 PB1 一按下，继电器 K1 线圈所控制的常开触点 K1 闭合，3、4 和 5 号线上才得电。

2）为触发下一次循环的开始，必须多加一个行程开关，使活塞杆退回压到 a0 再次使

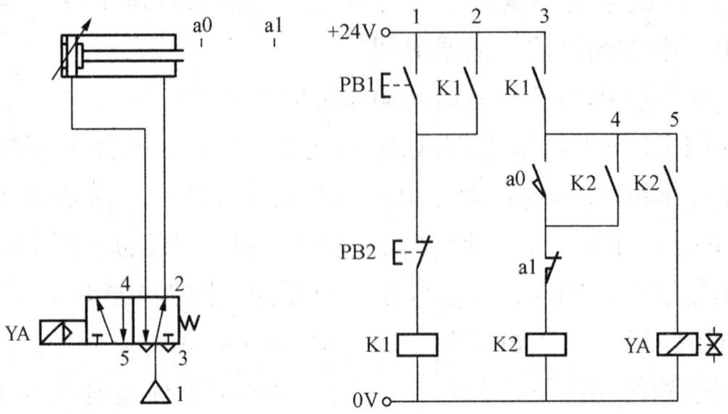

(a) (b)

图 10－27　单气缸连续循环往复运动回路

(a) 气动回路图；(b) 继电器控制回路图

电磁阀通电。为完成这一功能，a0 应以常开触点形式接于 3 号线上。系统在未起动之前活塞杆压在 a0 上，故 a0 的起始位置是接通的。

如图 10－27 所示，单气缸连续循环往复运动动作说明如下：

1）起动按钮 PB1 按下，继电器线圈 K1 得电，2 和 3 号线上的 K1 所控制的常开触点闭合，继电器 K1 自保。

2）3 号线接通，继电器 K2 得电，4 和 5 号线上的继电器 K2 的常开触点闭合，继电器 K2 形成自保。

3）5 号线接通，电磁阀线圈 YA 得电，活塞前进。

4）当活塞杆压下 a1 时，继电器线圈 K2 所控制的常开触点恢复原位，继电器 K2 的自保电路断开，5 号线断路，电磁阀线圈 YA 失电，活塞后退。

5）活塞退回压下 a0 时，继电器线圈 K2 又得电，电路动作由上述第 2）步重新开始。

6）如按下急停按钮 PB2，则继电器线圈 K1 和 K2 失电，活塞后退。

3. 经验法设计实例之二——双电控电磁阀控制单气缸运动

由上所述，使用单电控电磁阀控制气缸运动时，由于电磁阀的特性，控制电路上必须有自保电路。而双电控两位五通电磁阀本身具有记忆功能，且阀芯的切换只要一个脉冲信号即可，因此控制电路上不必考虑自保，继电器回路设计相对简单一些。

（1）单循环往复运动。利用手动按钮使气缸前进，到达预定位置自动后退。动作流程如图 10－28 所示，气动回路如图 10－29（a）所示，继电器控制回路图如图 10－29（b）所示。

图 10－28　单循环往复运动动作流程

继电器控制回路的设计要点如下。

1）将起动按钮 PB1 和电磁阀线圈 TA1 置于 1 号线上。当 PB1 按下后随即放开，线

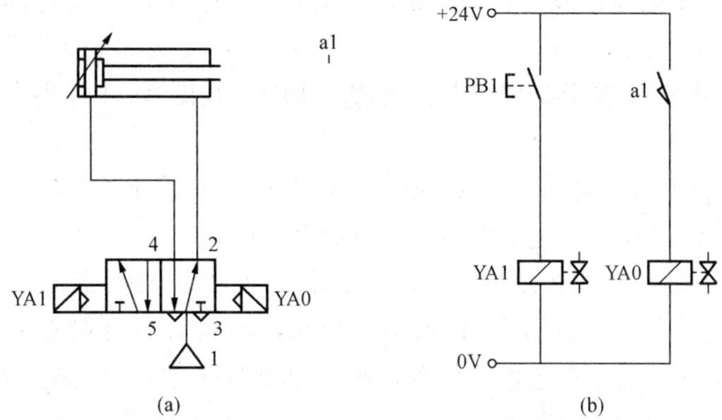

图 10-29　单循环往复运动回路

（a）气动回路图；（b）继电器控制回路图

圈 YA1 通电，电磁阀换向，活塞前进。

2）将行程开关 a1 以常开触点的形式和线圈 YA0 置于 2 号线上。当活塞前进压下 a1，YA0 通电，电磁阀复位，活塞后退。

（2）连续循环往复运动。动作流程如图 10-30 所示，气动回路如图 10-31（a）所示，继电器控制回路图如图 10-31（b）所示。

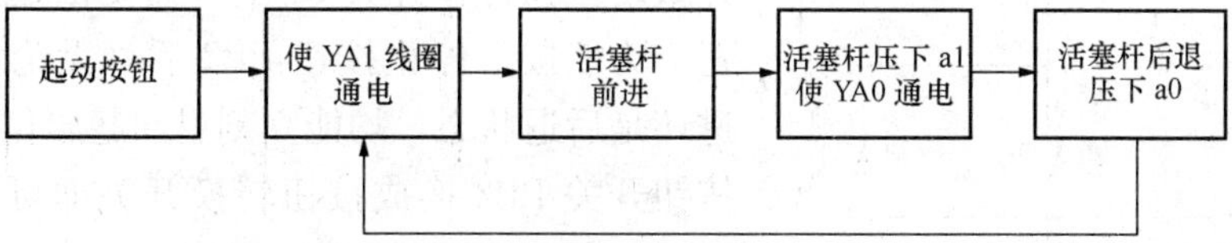

图 10-30　连续循环往复运动动作流程

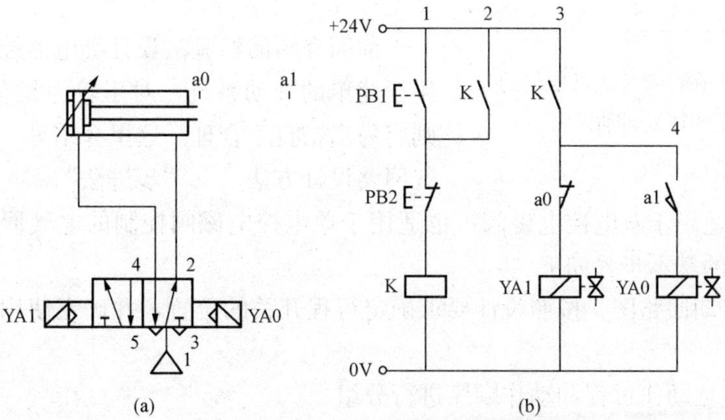

图 10-31　连续循环往复气动回路

（a）气动回路图；（b）继电器控制回路图

继电器控制回路的设计要点如下：

1）将起动按钮 PB1 和继电器线圈 K 置于 1 号线上，线圈 K 所控制的常开触点接于 2

号线上。当按下 PB1 后立即放开，2 号线上 K 的常开触点闭合，继电器 K 自保，则 3 和 4 号线通电。

2）电磁阀线圈 YA1 置于 3 号线上。当按下 PB1，线圈 YA1 通电，电磁阀换向，活塞前进。

3）选种开关 a1 以常开触点的形式和电磁阀线圈 YA0 接于 4 号线上。当活塞杆前进压下 a1 时，线圈 YA0 得电，电磁阀复位，气缸活塞后退。

4）为触发下一次循环，必须加一个起始行程开关 a0。当活塞杆后退，直至压下 a0 时，将信号传给线圈 YA1，使 YA1 再通电。为此，a0 应以常开触点的形式接于 3 号线上。系统在未启动前，活塞在起始点位置，a0 被活塞杆压住，故其初始状态为接通状态。

连续循环往复运动动作说明如下。

1）按下 PB1，继电器线圈 K 得电，2 号线上的继电器常开触点闭合，继电器 K 形成自保，且 3 号线接通，电磁阀线圈 YA1 得电，活塞前进。

2）当活塞杆一离开 a0，电磁阀线圈 YA1 随即断电。

3）当活塞杆前进压下 a1 时，4 号线接通，电磁阀线圈 YA0 得电，活塞退回。当活塞杆后退压下 a0 时，3 号线又接通，电磁阀线圈 YA1 再次得电，第二个循环开始。

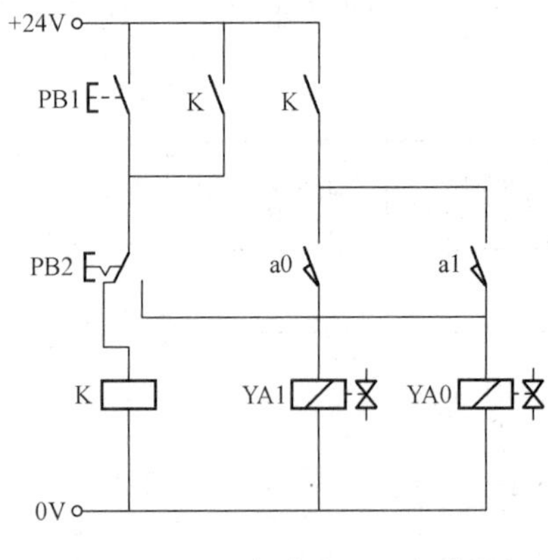

图 10－32　在任意位置可复位的连续循环往复运动回路

图 10－31（b）所示电路图的缺点是：当活塞前进时，按下停止按钮 PB2，活塞杆将仍保持前进并最终压在行程开关 a1 上，而无法退回到起始位置。为使按下停止按钮 PB2 后，无论活塞处于前进还是后退状态，均能立刻退回起始位置，只要将按钮开关 PB2 换成按钮转换开关即可。修改后的电路图如图 10－32 所示。

10.2.3　步进法设计继电器气动控制回路

1. 设计方法介绍

前面介绍的经验法设计继电器控制电路，只适用于简单的气动系统，对于较为复杂的气动系统，则容易出错且不合理。这里介绍另一种气动系统电气回路设计方法——“步进法”。

步进法既适用于双电控电磁阀，也适用于单电控电磁阀控制的电气回路。用步进法设计电气回路的基本步骤如下。

1）作出气动回路图，按照设计要求确定行程开关的位置，并确定使用双电控还是单电控电磁阀。

2）按照气缸动作过程和动作顺序进行分组。

3）根据分组情况确定各组间切换的条件。

4）按分组情况及切换条件作出电气回路图框架。

5）完善电气回路图，加入各种控制继电器和开关等辅助元件。

用步进法设计电气回路并不能保证使用最少的继电器，但却能提供一种方便而有规则可依的方法。按照此方法设计的回路有序且易懂，可减少对设计技巧和经验的依赖。

上述基本设计步骤中，气缸动作分组及切换条件的确定是步进法设计的关键所在，其目的是当气缸的动作顺序分组后，在任意时间，只有某一组处于动作状态之中，从而有效避免了电磁阀的误动作。这一关键步骤的设计思路如下。

1）列出气缸的动作顺序并分组，分组的原则是使每个气缸动作在每组中仅出现一次。即同一组中气缸的英文字母代号不得重复出现。

2）每一组用一个继电器控制其动作，且在任意时刻，仅有其中一组继电器处于动作状态之中。

3）第一组继电器由起动开关串联最后一个动作所触动的行程开关的常开触点控制，并形成自保。

4）各组的输出动作按照各气缸的运动位置及所触动的行程开关确定，并按顺序完成回路设计。

5）第二组和后续各组继电器由前一组气缸最后触动的行程开关的常开触点串联前一组继电器的常开触点控制，并形成自保。由此可避免行程开关被触动一次以上而产生错误的顺序动作，或不按正常顺序触动行程开关。

6）每一组继电器的自保回路由下一组继电器的常闭触点切断，但最后一组继电器除外，最后一组继电器的自保回路是由最后一个动作完成时所触动的行程开关的常闭触点切断的。

7）如有动作两次以上的电磁阀线圈，必须在其动作回路上串联该动作所属组别的继电器的常开触点，以避免对继电器或电磁阀线圈产生不正确的逆向电流。

一般情况下，若将动作顺序分成两组，只需用一个继电器（一组用继电器常开触点，一组用继电器常闭触点）；若将动作顺序分成3组以上，则每一组用一个继电器控制，在任意时间，只有一个继电器得电。

2. 步进法设计实例之一——双电控电磁阀控制双气缸运动

A、B两气缸的气动回路如图10－33所示，均采用双电控两位五通换向阀。根据不同的控制要求，两气缸可以按不同的顺序复合成多种动作过程。这里给出两种典型复合运动类型，通过对其电气回路设计步骤的介绍，深入分析“步进法”的设计思路与设计方法。

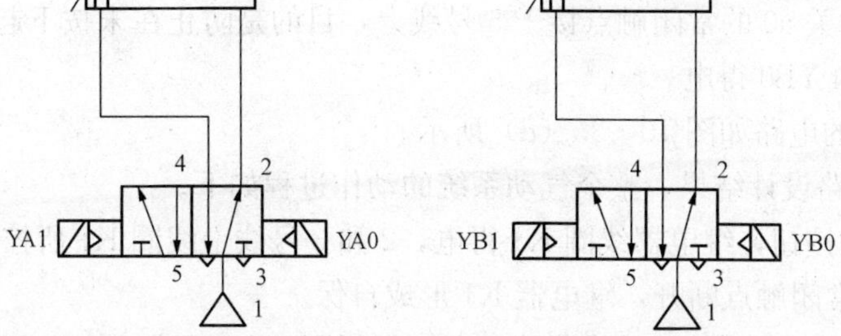

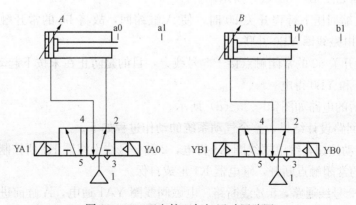

图10－33　双电控双气缸运动回路图

（1）两气缸复合运动类型一。两气缸的位移-步骤关系如图 10－34（a）所示，电气回路图设计步骤如下。

1）将两气缸的动作按顺序分组，如图 10－34（b）所示。

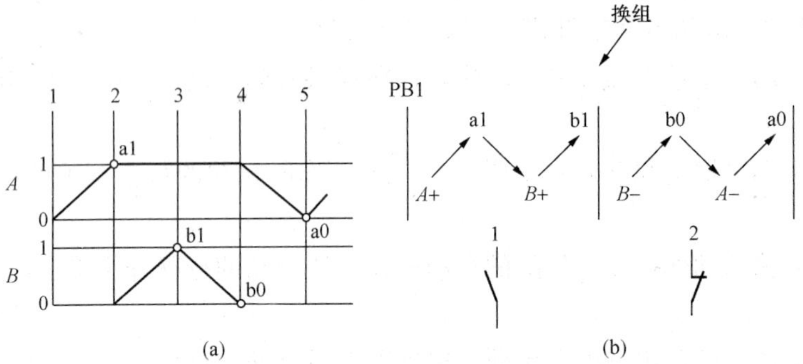

图 10－34　第一种复合运动的运动关系

（a）位移-步骤图；（b）气缸动作分组图

2）由于气缸的动作顺序只有两组，故只用 1 个继电器控制即可满足要求。第 1 组由继电器常开触点控制，第 2 组由继电器常闭触点控制。

3）建立起动回路。将起动按钮 PB1 和继电器线圈 K1 置于 1 号线上，继电器 K1 的常开触点置于 2 号线上且和起动按钮并联。这样，当按下起动按钮 PB1，继电器线圈 K1 通电并自保。

4）第 1 组的第一个动作为 A 缸伸出，故将 K1 的常开触点和电磁阀线圈 YA1 串联于 3 号线上。这样，当 K1 得电，A 缸即伸出。电路如图 10－35（a）所示。

5）当 A 缸前进压下行程开关 a1 时，发信号使 B 缸伸出，故将 a1 的常开触点和电磁阀线圈 YB1 串联于 4 号线上且和电磁阀线圈 YA1 并联。电路如图 10－35（b）所示。

6）当 B 缸伸出压下行程开关 b1，产生换线动作（由第 1 组换到第 2 组），即线圈 K1 断电，故必须将 b1 的常开触点接于 1 号线上。电路如图 10－35（c）所示。

7）第 2 组的第一个动作为 B 缸缩回，故将 K1 的常闭触点和电磁阀线圈 YB0 串联于 5 号线上。电路如图 10－35（c）所示。

8）当 B 缸缩回压下行程开关 b0 时，使 A 缸缩回，故将 b0 的常开触点和电磁线圈 YA0 串联且和电磁线圈 YB0 并联。

9）将行程开关 a0 的常闭触点接于 5 号线上，目的是防止在未按下起动按钮 PB1 前，电磁线圈 YA0 和 YB0 得电。

10）完成后的电路如图 10－35（d）所示。

根据电气回路设计结果，整个气动系统的动作过程如下。

1）按下起动按钮，继电器线圈 K1 得电，2 和 3 号线上线圈 K1 所控制的常开触点闭合，5 号线上的常闭触点断开，继电器 K1 形成自保。

2）此时，3 号线通路，5 号线断路。电磁阀线圈 YA1 通电，A 缸前进。A 缸伸出压下行程开关 a1，a1 闭合，4 号线通路，电磁阀线圈 YB1 得电，B 缸前进。

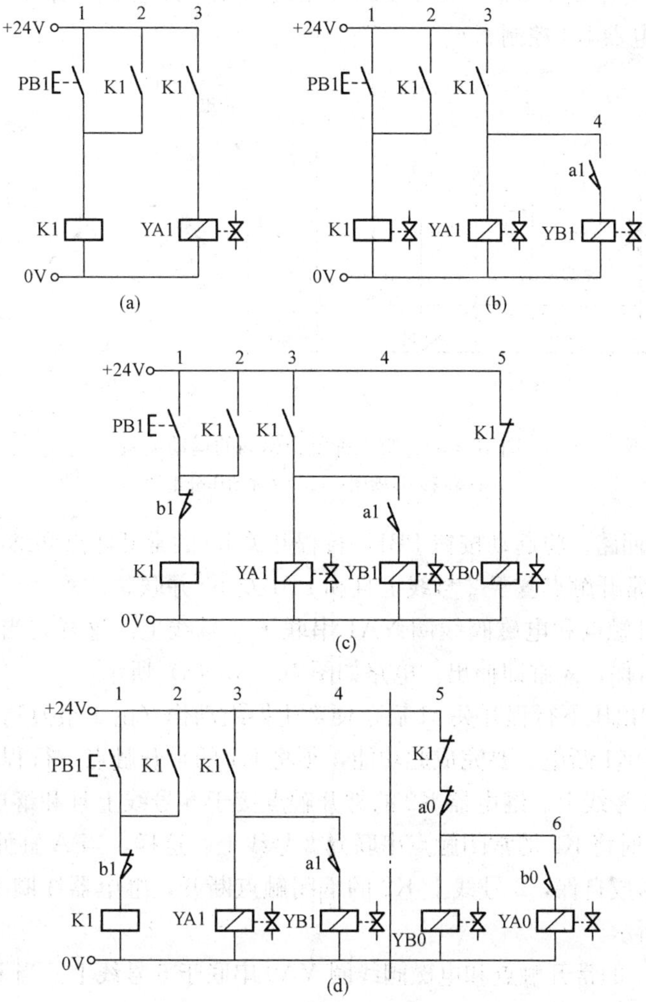

图 10-35　第一种复合运动电气回路设计步骤

(a) 步骤一；(b) 步骤二；(c) 步骤三；(d) 步骤四

3) B 缸前进压下行程开关 b1，b1 断开，K1 断电，K1 控制的触点复位，继电器 K1 的自保消失，3 号线断路，5 号线通路。此时电磁阀线圈 YB0 得电，B 缸缩回。

4) B 缸缩回压下行程开关 b0，b0 闭合，6 号线通路，电磁阀线圈 YA0 得电，A 缸缩回。

5) A 缸后退压下 a0，a0 断开。

由以上动作可知，采用步进法设计控制电路可防止电磁线圈 YA1 和 YA0 及 YB1 和 YB0 同进得电的事故发生。

(2) 两气缸复合运动类型二。两气缸的位移-步骤关系如图 10-36 (a) 所示，与前例相比，本例增加了定时控制环节。电气回路图设计步骤如下。

1) 将两气缸的动作按顺序分组，如图 10-36 (b) 所示。

2）将气缸的动作顺序分成三组。第 1 组由继电器 K1 控制，第 2 组由继电器 K2 控制，第 3 组由继电器 K3 控制。

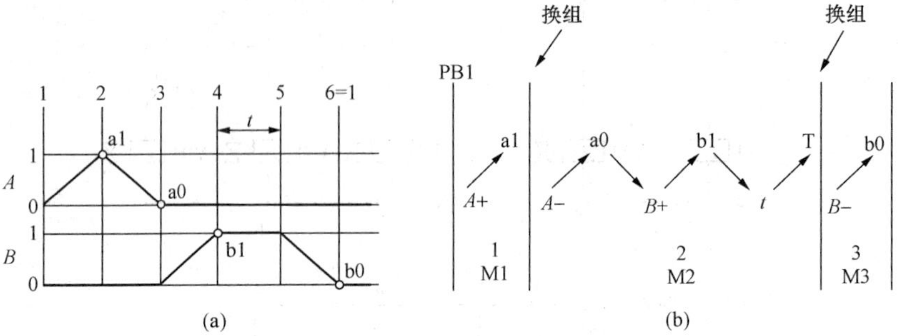

图 10－36　第二种复合运动的运动关系

(a) 位移-步骤图；(b) 气缸动作分组图

3）建立起动回路。将起动按钮 PB1，行程开关 b0 的常开触点和继电器线圈 K1 置于 1 号线上，K1 的常开触点置于 2 号线上且和 PB1 及 b0 并联。

4）K1 的常开触点和电磁阀线圈 YA1 串联于 3 号线上。这样，当起动按钮 PB1 按下，继电器 K1 自保，A 缸即伸出。电路如图 10－37（a）所示。

5）当 A 缸伸出压下行程开关 a1 后，便产生换组动作（由 1 组换到 2 组），此时继电器线圈 K2 得电，K1 断电。要完成此功能，须将 K1 的常开触点、行程开关 a1 和继电器线圈 K2 串联于 4 号线上。继电器 K2 的常开触点接于 5 号线上且和继电器 K1 的常开触点及 a1 并联，同时将 K2 的常闭触点串联到 2 号线上。这样，当 A 缸伸出压下 a1，继电器线圈 K2 得电形成自保，2 号线上 K2 的常闭触点断开，继电器线圈 K1 断电。电路如图 10－37（b）所示。

6）继电器 K2 的常开触点和电磁阀线圈 YA0 串联于 6 号线上。当 K2 通电，则 A 缸缩回。

7）当 A 缸缩回压下行程开关 a0 时，导致 B 缸伸出，故将 a0 的常开触点及电磁阀线圈 YB1 置于 7 号线上。

8）当 B 缸伸出压下行程开关 b1，导致定时器动作，产生时间延时，故将 b1 的常开触点和定时器线圈 T 置于 8 号线上。电路如图 10－37（c）所示。

9）当定时器设定的时间到了时，产生换组动作（从 2 组换到 3 组），使继电器线圈 K3 得电，K2 失电。要完成此功能，须将 K2 的常开触点、定时器 T 的常开触点和继电器 K3 常闭触点的置于 5 号线上。这样，当定时器设定的时间终了，计时器的常开触点闭合，继电器线圈 K3 得电，5 号线上的 K3 的常闭触点分离，继电器线圈 K2 失电。

10）将电磁阀线圈 YB0 置于 10 号线上与继电器线圈 K3 并联。当 K3 得电，电磁阀线圈 YB0 得电，气缸 B 缩回。

11）完成后的电路如图 10－37（d）所示。

根据电气回路设计结果，整个气动系统的动作过程如下：

1）按下起动按钮，1 号线通路，继电器线圈 K1 得电，2、3 和 4 号线上 K1 所控制的

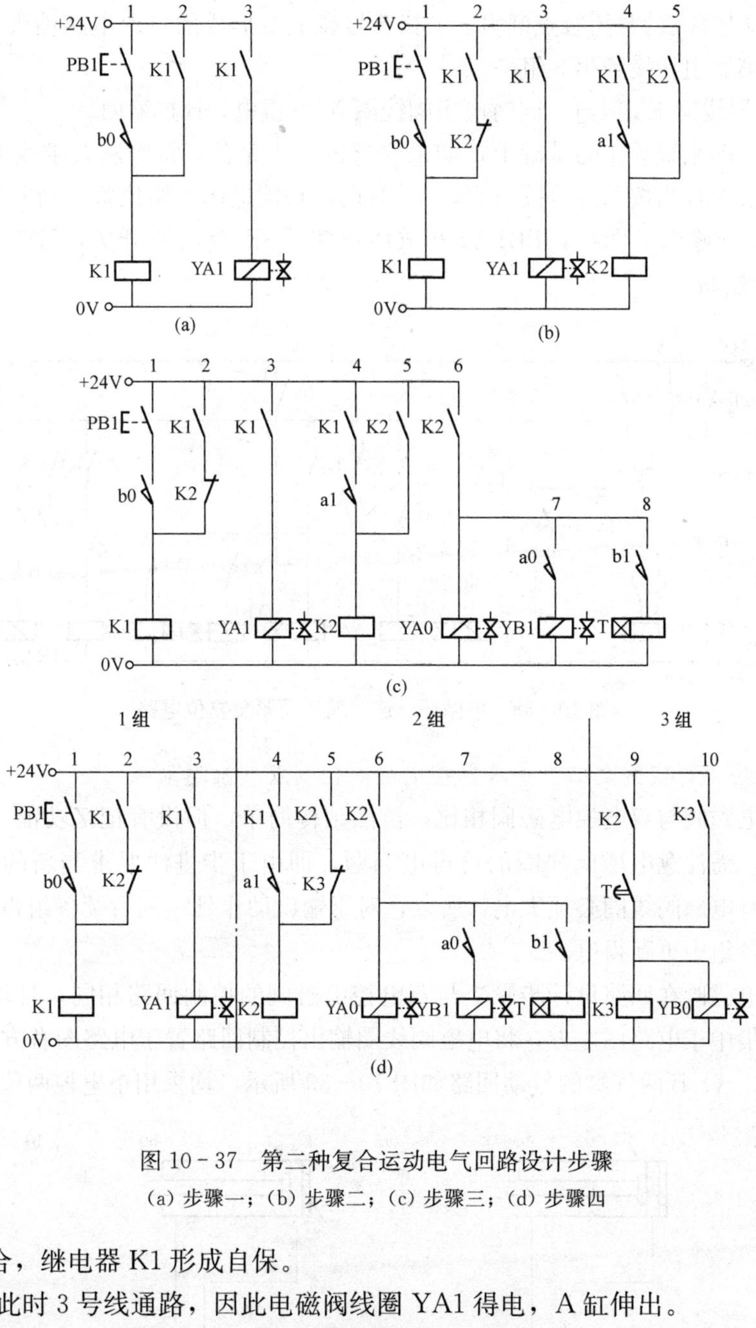

图 10－37　第二种复合运动电气回路设计步骤

(a) 步骤一；(b) 步骤二；(c) 步骤三；(d) 步骤四

常开触点闭合，继电器 K1 形成自保。

2）由于此时 3 号线通路，因此电磁阀线圈 YA1 得电，A 缸伸出。

3）A 缸伸出压下行程开关 a1，4 号线通路，继电器线圈 K2 得电，则 5、6 和 9 号线上所控制的常开触点闭合，2 号线上继电器 K2 的常闭触点断开，并使 1 和 2 号线上所形成的自保电路消失，线圈 K1 失电，动作由第 1 组切换到第 2 组。

4）6 号线通路，电磁阀线圈 YA0 通电，A 缸缩回。

5）A 缸缩回压下行程开关 a0，电磁阀线圈 YB1 得电，B 缸伸出。

6）B 缸伸出压下行程开关 b1，定时器线圈 T 得电，开始计时。

7）设定时间到，定时器线圈所控制的常开触点闭合，9 号线通路，继电器线圈 K3 得电，5 号线上 K3 的常闭触点断开，4 和 5 号线上所形成的自保电路消失，线圈 K2 失电，动作由第 2 组切换到第 3 组。

8）继电器线圈 K3 得电，同时电磁阀线圈 YB0 得电，B 缸缩回。

在以上气动系统动作的基础上，如果要求进一步完善，将控制要求改为：单循环和连续循环可选择且当按下急停按钮后，A、B 两缸均能退回原始位置，则电气回路图可按图 10－38 进行修改。图中，PB1 为单循环按钮，SE 为选择开关，EM 为急停按钮，EME 为复位按钮。

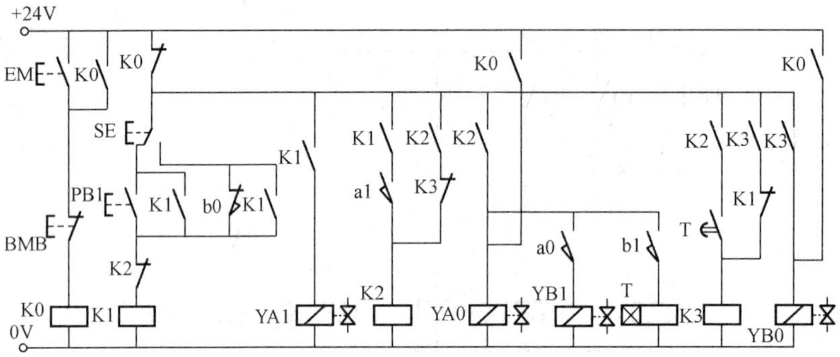

图 10－38　单循环、连续循环及紧急复位电路

3. 步进法设计实例之二——单电控电磁阀控制双气缸运动

单电控电磁阀与双电控电磁阀相比，虽然结构简单，但没有记忆功能。因此在采用步时设计时，需注意电磁阀线圈的再得电问题，即由于步进法要求当新的一组动作时，前一组的所有电磁阀线圈必须失电，所以，对于输出动作延续到后续各组再动作的情况，必须在后续各组中重新得电。

单电控电磁阀在回路设计步骤上与双电控电磁阀的控制回路相同，且均将控制继电器线圈回路集中于电路图左方，将电磁阀线圈输出控制回路置于电路图右方。

本例中，A、B 两气缸的气动回路如图 10－39 所示，均采用单电控两位五通换向阀。

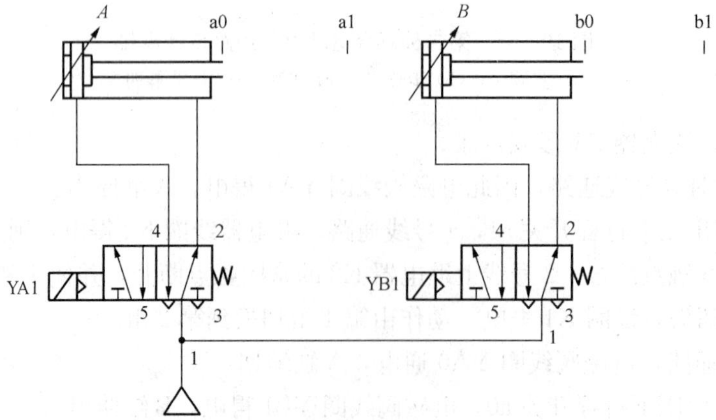

图 10－39　单电控两气缸气动回路图

A、B 两气缸的位移-步骤关系如图 10－40（a）所示，相应的电气回路图设计步骤如下。

1）分析气缸的顺序动作并按步进法分组。确定每个动作所触动的行程开关。如图 10－40（b）所示，为了表示电磁阀线圈的动作延续到后续各组中，在动作顺序的下方作出水平箭头来说明线圈的输出动作必须维持至该点。如：电磁阀线圈 YB1 通电必须维持到 A 缸后退行程完成且压下行程开关 a0 为止，此时 YB1 才能断电，B 缸后退。

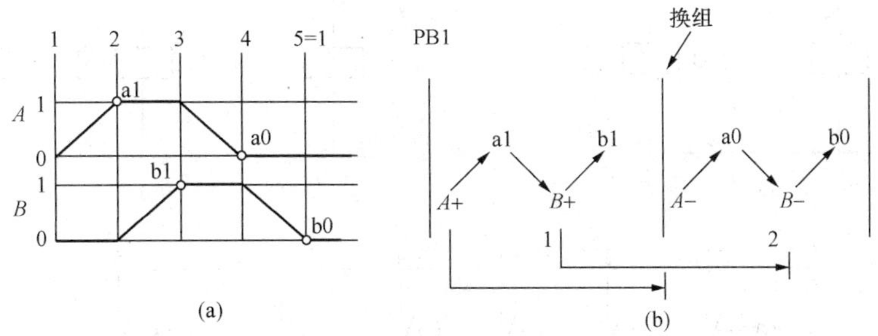

图 10－40 两气缸复合运动的运动关系

（a）位移-步骤图；（b）气缸动作分组图

2）气缸动作分为两组，分别由两个继电器控制。将起动按钮 PB1、行程开关 b0 及继电器线圈 K1 置于 1 号线上。K1 的常开触点置于 2 号线上且和 PB1、b0 并联。将 K1 的常开触点和电磁阀线圈 YA1 串联于 5 号线上。这样，当按下 PB1，电磁阀线圈 YA1 得电，继电器 K1 形成自保。电路如图 10－41（a）所示。

3）A 缸伸出压下行程开关 a1，导致 B 缸伸出。为此，将继电器 K1 的常开触点、行程开关 a1 和电磁阀线圈 YB1 串联于 6 号线上。这样，当 A 缸伸出压下 a1，电磁阀线圈 YB1 得电，B 缸伸出。电路如图 10－41（b）所示。

4）B 缸伸出压下行程开关 b1，产生换组动作（由 1 组换到 2 组）。将继电器 K1 的常开触点、行程开关 b1 以及继电器线圈 K2 串联于 3 号线上，继电器线圈 K2 的常开触点接于 4 号线上且和常开触点 K1 和行程开关 b1 并联。这样，当 B 缸伸出压下行程开关 b1 时，继电器线圈 K2 得电，且形成自保，同时 1 号线上的继电器线圈 K2 的常闭触点断开，继电器线圈 K1 失电，顺序动作进入第 2 组。电路如图 10－41（c）所示。

5）由于继电器 K1 断电，则 5 号线断路，A 缸缩回。为防止动作进入第 2 组时 B 缸与 A 缸同时缩回，必须在 7 号线上加上继电器 K2 的常开触点以延续电磁阀线圈 YB1 得电。

6）A 缸缩回压下行程开关 a0，导致 B 缸缩回。为此将行程开关 a0 的常闭触点串联于 3 号线上。这样，当 A 缸退回压下 a0 时，继电器线圈 K2 失电，B 缸缩回。

7）完成后电路如图 10－41（d）所示。

根据电气回路设计结果，整个气动系统的动作过程如下。

1）按下起动按钮 PB1，1 号线通路，继电器线圈 K1 得电，1、2、3、5 及 6 号线上所控制的常开触点闭合，K1 形成自保。

2）此时 5 号线通路，电磁线圈 YA1 得电，A 缸伸出。

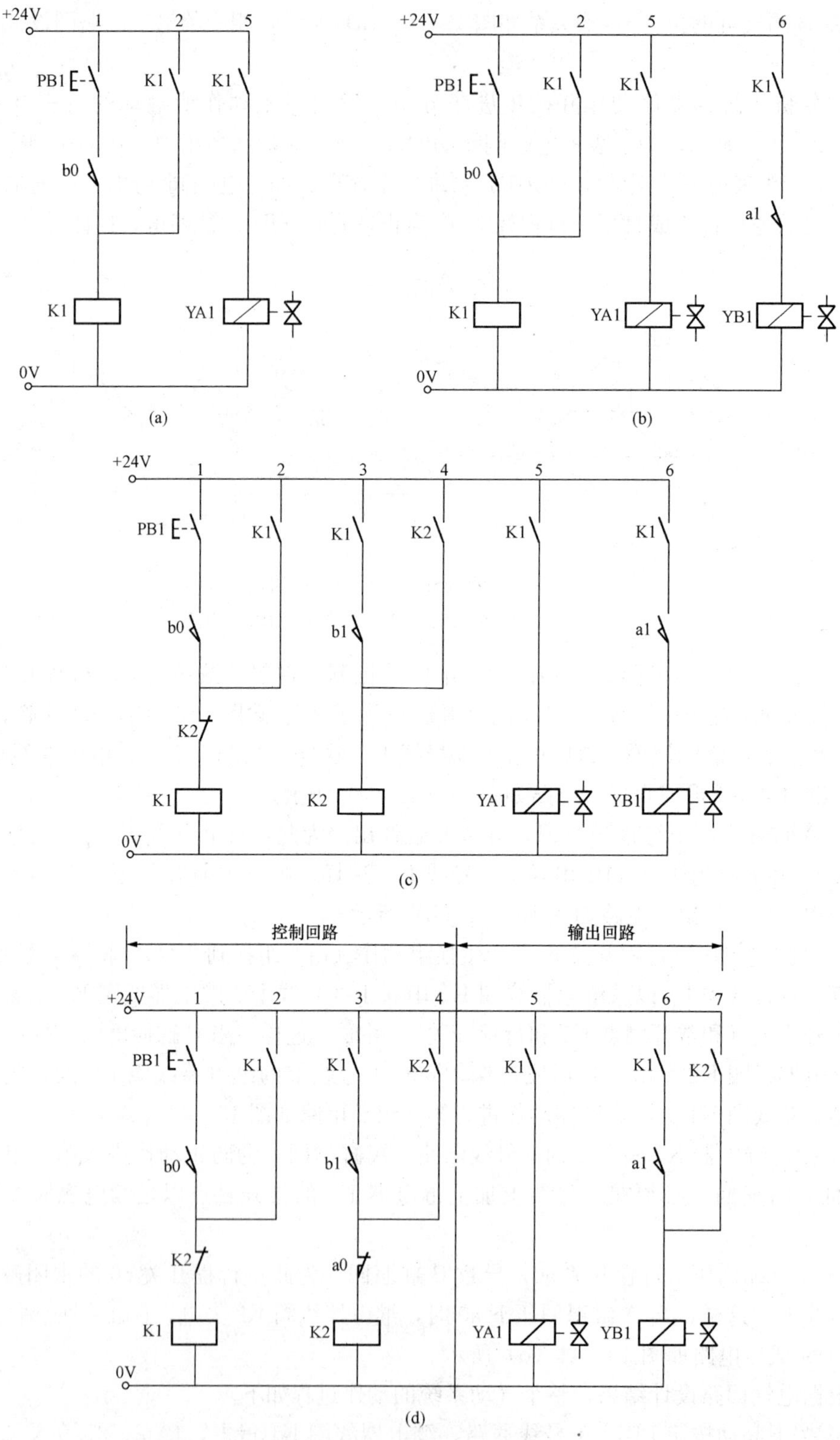

图 10－41　电气回路设计步骤

(a) 步骤一；(b) 步骤二；(c) 步骤三；(d) 步骤四

3）A缸伸出压下a1，6号线通路，电磁线圈YB1得电，B缸伸出。

4）B缸伸出压下b1，3号线通路，继电器线圈K2得电，4和7号线上K2的常开触点闭合，1号线上K2的常闭触点断开，动作进入第2组。

5）因继电器线圈K1断电，K1所控制的触点复位，故5号线失电，电磁线圈YA1失电，A缸缩回。

6）当A缸缩回压下a0时，3和4号线所形成的自保电路切断，故继电器线圈K2失电，K2所控制的触点复位，7号线断路，电磁线圈YB1失电，B缸缩回。

10.3　PLC气动控制技术

10.3.1　PLC系统组成与工作原理

PLC由于具有诸多优点，在工作生产的各个领域得到了越来越广泛的应用。PLC的用户，要正确地应用PLC去完成各种不同的控制任务，首先应了解PLC的组成结构和工作原理。

1. PLC的基本组成

目前，可编程序控制器的产品很多，不同厂家生产的PLC以及同一厂家生产的不同型号的PLC，其结构均不相同，但就其基本组成和基本工作原理而言，是大致相同的。PLC由输入部分、逻辑处理部分、输出部分三个基本部分组成。其基本结构示意图如图10-42（a）所示。

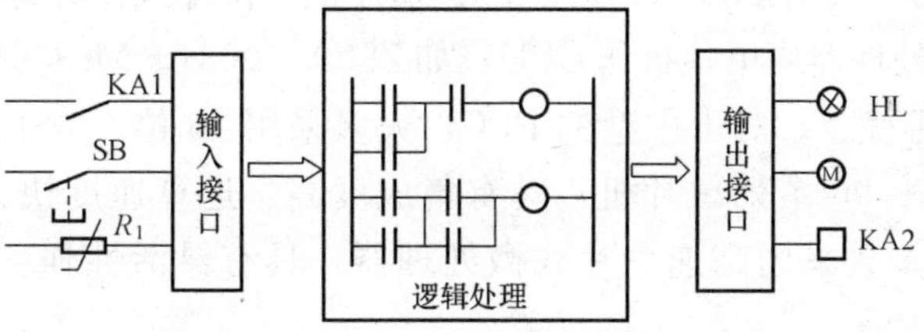

(a)

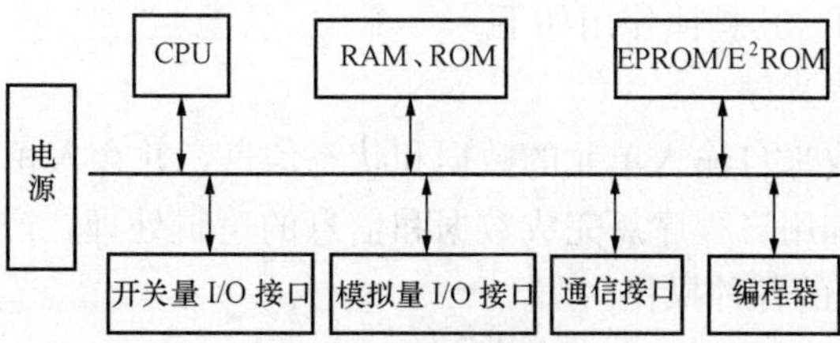

(b)

图10-42　PLC的基本组成

（a）基本结构示意图；（b）PLC组成系统的原理框图

输入部分是指各类按钮、行程开关、传感器等接口电路，它收集并保存来自被控对象的各种开关量、模拟量信息和来自操作台的命令信息等。

逻辑处理部分用于处理输入部分取得的信息，按一定的逻辑关系进行运算，并把运算结果以某种形式输出。

输出部分是指驱动各种电磁线圈、交/直流接触器、信号指示灯等执行元件的接口电路，它向被控对象提供动作信息。

为了使用方便，PLC 还常配套有编程器等外部设备，它们可以通过总线或标准接口与 PLC 连接，图 10－42（b）为一般 PLC 组成系统的原理框图（由图 10－42（b）可看出，PLC 的组成结构和计算机差不多，故 PLC 可看成用于工业控制的专用计算机）。

PLC 以微处理器为核心的结构，其功能的实现不仅基于硬件的作用，更要靠软件的支持、实际上可编程序控制器就是一种新型的工业控制计算机。

在图 10－42（b）中，PLC 的主机由微处理器（CPU）、存储器（EPROM、RAM）、输入/输出模块，外设 I/O 接口、通信接口及电源组成。对于整体式的 PLC，这些部件都安装在同一个机壳内。而对于模块式结构的 PLC，各部件独立封装，称为模块，各模块通过机架和电缆连接在一起。

主机内的各个部分通过电源总线、控制总线、地址总线和数据总线连接。根据实际控制对象的需要配备相应的外部设备，可构成不同的 PLC 控制系统。常用的外部设备有编程器、打印机、EPROM 写入器等。PLC 可以配置通信模块与上位机及其他的 PLC 进行通信，构成 PLC 的分布式控制系统。

下面分别介绍 PLC 各组成部分及其作用，以便用户进一步了解 PLC 的控制原理和工作过程。

（1）中央处理单元（CPU）。PLC 中所采用的 CPU 随机型不同而不同，通常有三种：通用微处理器（如 8086、80286、80386 等）、单片机、位片式微处理器。小型 PLC 大多采用 8 位、16 位微处理器或单片机作 CPU，如 Z80A、8031、M68000 等，这些芯片具有价格低、通用性好等优点。对于中型的 PLC，大多采用 16 位、32 位微处理器或单片机作为 CPU，如 8086、96 系列单片机，具有集成度高、运算速度快、可靠性高等优点。对于大型 PLC，大多数采用高速位片式微处理器，具有灵活性强、速度快、效率高等优点。

CPU 是 PLC 的控制中枢，PLC 在 CPU 的控制下有条不紊地协调工作，从而实现对现场的各个设备的控制。其具体作用如下。

1）接收、存储用户程序。

2）以扫描方式接收来自输入单元的数据和状态信息，并存入相应的数据存储区。

3）执行监控程序和用户程序。完成数据和信息的逻辑处理，产生相应的内部控制信号，完成用户指令规定的各种操作。

4）响应外部设备（如编程器、打印机）的请求。

这里要说明一点，一些专业生产 PLC 的品牌厂家均采用自己开发的 CPU 芯片。

（2）存储器。可编程序控制器配有两种存储器，即系统存储器（EPROM）和用户存储器（RAM）。系统存储器用来存放系统管理程序，用户不能访问和修改这部分存储器的内容。用户存储器用来存放编制的应用程序和工作数据状态。存放工作数据状态的用户存储器部分也称为数据存储区。它包括输入、输出数据映像区，定时器/计数器预置数和当前值的数据区，存放中间结果的缓冲区。

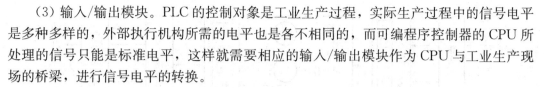

(3) 输入/输出模块。PLC 的控制对象是工业生产过程，实际生产过程中的信号电平是多种多样的，外部执行机构所需的电平也是各不相同的，而可编程序控制器的 CPU 所处理的信号只能是标准电平，这样就需要相应的输入/输出模块作为 CPU 与工业生产现场的桥梁，进行信号电平的转换。

目前，生产厂家已开发出各种型号的输入/输出模块供用户选择。且这些模块在设计时采取了光电隔离、滤波等抗干扰措施，提高了 PLC 的可靠性，对各种型号的输入/输出模块，我们可以把它们按不同形式进行归类。按照信号的种类可分为直流信号输入/输出、交流信号的输入/输出；按照信号的输入/输出形式分有数字量输入/输出、开关量输入/输出、模拟量输入/输出。

2. PLC 的基本工作原理

以日本三菱公司 FX 系列 PLC 为例介绍 PLC 的基本工作原理。

(1) PLC 的工作过程。我们已经知道 PLC 是一种存储程序的控制器。用户根据某一对象的具体控制要求，编好控制程序后，用编程器将程序键入 PLC 的用户程序存储器中寄存。PLC 的控制功能就是通过运行用户程序来实现的。

PLC 运行程序的方式与微型计算机相比有较大的不同，微型计算机运行程序时，一旦执行到 END 指令，程序运行结束。而 PLC 从 0000 号存储地址所存放的第一条用户程序开始，在无中断或跳转的情况下，按存储地址号递增的顺序逐条执行用户程序，直到 END 指令结束。然后再从头开始执行，并周而复始，直到停机或从运行（RUN）切换到停止（STOP）工作状态。我们把 PLC 这种执行程序的方式称为扫描工作方式。每扫描完一次程序就构成一个扫描周期。另外，PLC 对输入/输出信号的处理与微型计算机不同。微型计算机对输入/输出信号实时处理，而 PLC 对输入/输出信号是集中批处理。下面我们具体介绍 PLC 的扫描工作过程。

PLC 扫描工作方式主要分为三个阶段，即输入采样、程序执行、输出刷新。

1）输入采样。PLC 在开始执行程序之前，首先扫描输入端子，按顺序将所有输入信号，读入寄存输入状态的输入映像寄存器，这个过程称为输入采样。PLC 在运行程序时，所需的输入信号不是现时读取输入端子上的信息，而是读取输入映像寄存器中的信息。在本工作周期内这个采样结果的内容不会改变，只有到下一个扫描周期输入采样阶段才被刷新。

2）程序执行。PLC 完成输入采样工作后，按顺序从 0000 号地址开始的程序进行逐条扫描执行，并分别从输入映像寄存器、输出映像寄存器以及辅助继电器中获得所需的数据进行运算处理。再将程序执行的结果写入输出映像寄存器中保存。但这个结果在全部程序未被执行完毕之前不会送到输出端子上。

3）输出刷新。在执行到 END 指令，即执行完用户所有程序后，PLC 将输出映像寄存器中的内容送到输出锁存器中进行输出，驱动用户设备。PLC 扫描过程示意图如图 10－43 所示。

PLC 工作过程除了上述三个主要阶段外，还要完成内部处理、通信处理等工作，如图 10－44 在内部处理阶段，PLC 检查 CPU 模块内部的硬件是否正常，将监控定时器复位，以及完成一些别的内部工作。在通信服务阶段，PLC 与其他的带微处理器的智能装

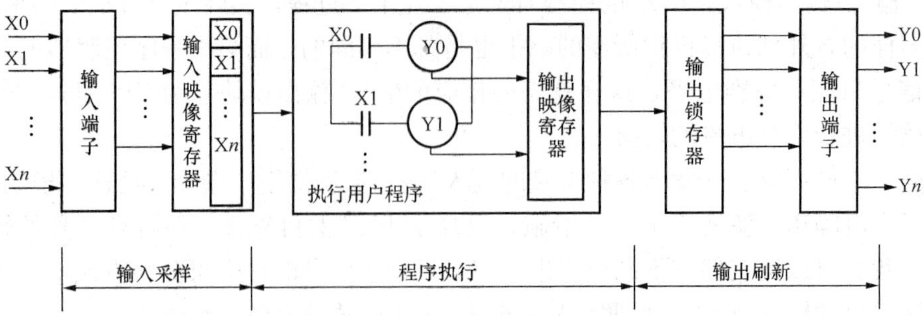

图 10－43　PLC 扫描过程示意图

置实现通信。下面用一个简单的例子来进一步说明 PLC 的扫描工作过程。

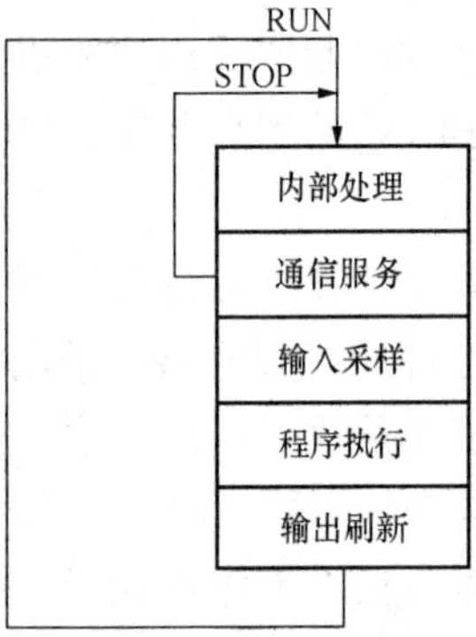

图 10－44　扫描过程

图 10－45（a）是 PLC 控制电机正反转的接线图。正转起动按钮为 SB1、反转起动按钮为 SB2、停止按钮为 SB3，它们的常开触点分别接在编号为 X0、X1 和 X2 的 PLC 的输入端；正转接触器 KM1、反转接触器 KM2 的线圈分别接在编号为 Y0、Y1 的 PLC 的输出端。图 10－45（b）是这 5 个输入/输出变量对应的 I/O 映像寄存器。图 10－45（c）是 PLC 的梯形图程序。输入/输出端子的编号与存放其信息的映像寄存器编号一致。梯形图以指令的形式存储在 PLC 的用户程序存储器中。

在输入采样阶段，CPU 将 SB1、SB2、SB3 的常用触点开关的状态（ON、OFF）读入相应的输入映像寄存器，外部触点同时存入寄存器的是“1”，反之存入“0”。

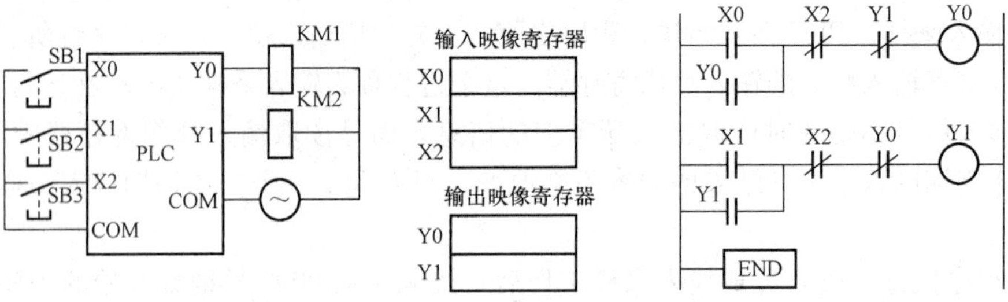

(a)　(b)　(c)

图 10－45　PLC 外部接线图与梯形图

(a) PLC 接口图；(b) 内部寄存器；(c) 梯形图

输入采样结束进入程序执行阶段，执行第一条指令时，从输出映像寄存器 X0 中取出信息“1”或“0”，并存入操作器。执行第二条指令时，从输出映像寄存器 Y0 中取出信息“1”或“0”，并与操作器中的内容相“或”，结果存入操作器中。执行第三条指令时，将 X2 输入映像寄存器的内容取出，取“反”与操作器的内容相“与”，然后将结果存入操作器。执行第四条指令时，将输出映像寄存器 Y1 的内容取出，取“反”与操作器的内容相“与”，最后结果存入在操作器中，执行第五条指令时，将操作器中的内容送入Y0的输出映像寄存器。从第六条指令到第十条指令的执行过程与第一条指令到第五条指令的过程相同。在程序执行过程中产生信息“1”或“0”并没有立即送到输出端子进行输出，而是存入在输出映像寄存器Y0、Y1中。当执行到第十一条指令时，表示程序执行结束，进入输出刷新阶段。CPU将各输出映像寄存器的内容输送给输出锁存器并锁存起来，送往输出端子驱动外部对象。输出刷新结束，PLC又重复上述执行过程，循环往复，直到停机或由运行（RUN）切换到停止（STOP）工作状态为止。

（2）输入/输出的滞后现象。从微观上来考察，由于PLC特定的扫描工作方式，程序在执行过程中所用的输入信号是本周期内采样阶段的输入信号。若在程序执行过程中，输入信号发生变化，其输出不能即时作出反应，只能等到下一个扫描周期开始时采样改变了的输入信号。另外，程序执行过程中产生的信息不是立即去驱动负载，而是将处理的结果存放在输出映像寄存器中，等程序全部执行结束，才能将输出映像寄存器的内容通过锁存器输出到端子上。因此，PLC最大的不足之处是输入/输出有响应滞后现象。但对于一般工业设备来说，其输入为一般的开关量，其输入信号的变化周期（秒级以上）大于程序扫描周期（毫微秒级），因此从宏观上来考察，输入信号一旦变化，就能立即进入输入映像寄存器。也就是说，PLC的输入/输出滞后现象对于一般工业设备来说是完全允许的。但对某些设备，如需要输出对输入作出快速反应，这时可采用快速响应模块、高速计数模块以及中断处理等措施来尽量减少滞后时间。

从PLC的工作过程中，可以总结出如下几个结论。

1）以扫描的方式执行程序，其输入/输出信号间的逻辑关系，存在原理上的滞后。扫描周期越长，滞后就越严重。

2）扫描周期除了包括输入采样、程序执行、输出刷新三个主要工作阶段所占的时间外，还包括系统管理操作占用的时间。其中，程序执行的时间与程序的长短及指令操作的复杂程度有关。扫描周期一般为毫微秒级。

3）第 n 次扫描执行程序时，所依据的输入数据是该次扫描周期中采样阶段的扫描值 Xn；所依据的输出数据有上一次扫描的输出值 $Y(n-1)$，也有本次的输出值 Yn 送往输出端子的信号，为本次执行全部运算后的最终结果 Yn。

4）输入/输出响应滞后，不仅与扫描方式有关，还与程序设计安排有关。

3. PLC与计算机的通信

（1）基本概念。PLC与计算机通信是PLC通信中最简单、最直接的一种通信方式，用PLC编程软件在计算机中编好的程序，需要传输给PLC，或者计算机要从PLC中读取有关信息，这些都需要采用PLC与计算机之间的通信。目前，几乎所有种类的PLC都具有与计算机相互通信的功能。PLC与计算机之间的通信又叫上位通信。与PLC通信的计算机常称之为上位计算机。上位计算机可以是个人电脑，也可以是中、大型计算机。由于计算机直接面向用户，应用软件丰富，人机交互界面友好，编程调试方便，网络功能强大，因此在进行数据处理、参数修改、图像显示、打印报表、文字处理、系统管理、工作状态监视、辅助编程、网络资源等方面有绝对的优势；而直接面向生产现场、面向设备进行实时控制却是PLC的特长。把PLC与计算机结合起来，实现数据通信，可以更有效地发挥各自的优势，互补应用上的不足，扩大 PLC 的应用范围。

PLC 与计算机通信后，在计算机上可以实现以下几个基本功能。

1）可以在计算机上编写、调试、修改应用程序。一般情况下，PLC 的控制程序是由专门编程器编写的。当 PLC 与计算机通信后，便可利用辅助编程软件，直接在计算机上编写梯形图、功能图或指令表程序，它们之间均可以相互转换。此外，计算机还有自动查错、自动监控等功能。

2）可用图形、图像、图表的形式在计算机上对整个生产过程进行运行状态监视。

3）可对 PLC 进行全面的系统管理，包括数据处理、生成报表、参数修改、数据查询等。

4）可对 PLC 实施直接控制。PLC 直接接受现场控制信号，经分析、处理转化为 PLC 内部软元件的状态信息，计算机不断采集这些数据，进行分析与监测，随时调整 PLC 的初始值和设定值，实现对 PLC 的直接控制。

5）可以实现对生产过程的模拟仿真。

6）可以打印用户程序和各种管理信息资料。

7）可以利用各种可视化编程语言在计算机上编制多种组态软件。

8）当今网络飞速发展，通过计算机可以随时随地获得网上有用的信息和其他 PLC 厂家、用户的 PLC 控制信息，也可以将本地的 PLC 控制信息传到网上，实现控制系统的资源共享。

（2）通信链接。PLC 与计算机通信主要是通过 RS232C 或 RS422 接口进行的。计算机上的通信接口是标准的 RS232C 接口；若 PLC 上的通信接口也是 RS232C 接口，则 PLC 与计算机连接可以直接使用适配电缆进行连接，实现通信，如图 10-46 所示；当 PLC 上的通信接口是 RS422 时，必须在 PLC 与计算机之间加装一个 RS232C/RS422 的转换器，再用适配电缆进行连接，以实行通信，如图 10-46 所示。可见，PLC 与计算机通信，一般不需要专用的通信模块，而最多只需要一个 RS232C/RS422 的通信接口即可。FX 系列 PLC 采用的接口转换模块是 SC—09 连接电缆或 FX—232A 通信模块。

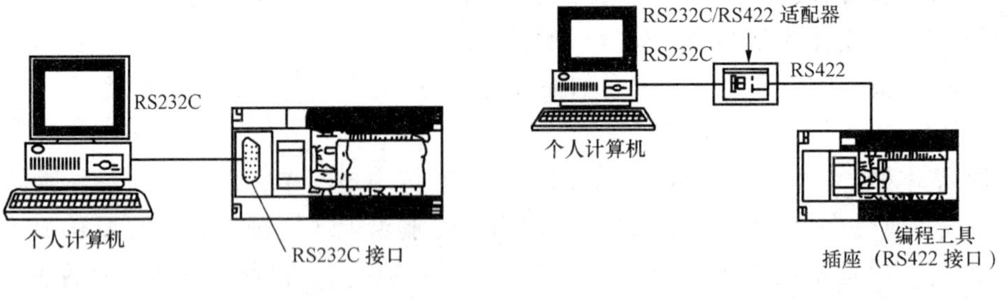

图 10-46　PLC 与计算机通信示意图

SC—09、FX232A 为接口转换电缆或模块，这些模块结构简单、使用方便、性能可靠、价格低廉，被人们广为使用。图 10-47 为 PLC 与计算机通过 SC—09（或 FX—232A）接口转换模块进行通信的连接图。图 10-48 是 SC—09 及 FX—232A 与计算机通信时的接口引线连接图。

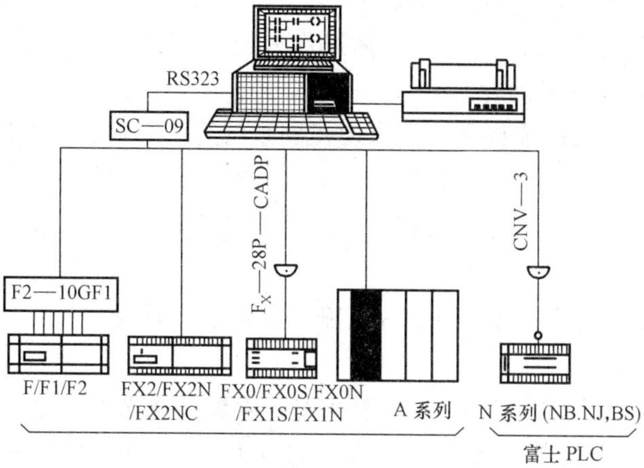

图 10－47 PLC 与计算机通信示例

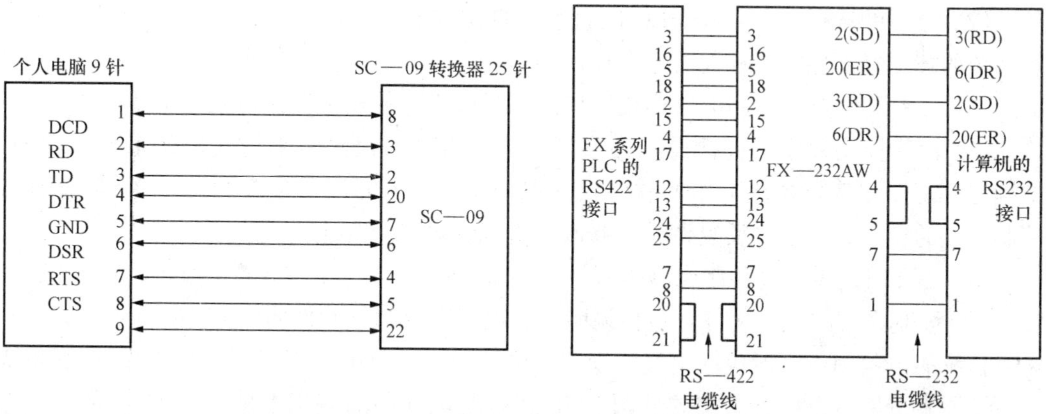

图 10－48 PLC 与计算机通信接口连接图

在图 10－48 中，由于计算机的 RS232C 口的④、⑤引脚已经短接，因此对于计算机发送的数据来说，好像 PLC 总是处于数据准备就绪状态，计算机在任何时候都有可能将数据传送到 PLC 中；但由于 RS232C 口的⑳、⑥引脚交叉连接，对于计算机来说就必须检测 PLC 是否处于准备就绪状态，即检测引脚⑥是否为高电平。当引脚⑥为高电平时，表示 PLC 准备就绪，可以接收数据，计算机就可以发送数据了；当引脚⑥为低电平时，表示 PLC 与计算机不能通信。

10.3.2 PLC 控制系统设计步骤

PLC 的内部结构尽管与计算机、微机相类似，但其接口电路不相同，编程语言也不一致。因此，PLC 控制系统与微机控制系统开发过程不完全相同，需要根据 PLC 本身的特点、性能进行系统设计。

1. PLC 控制系统设计的基本原则

任何一种电气控制系统都是为了实现被控对象（生产设备或生产过程）的工艺要求，以提高生产效率和产品质量。因此，在设计 PLC 控制系统时，应遵循以下基本原则。

（1）最大限度地满足被控对象的控制要求。设计前，应深入现场进行调查研究，搜集资料，并与机械部分的设计人员和实际操作人员密切配合，共同拟定电气控制方案，协同解决设计中出现的各种问题。

（2）在满足控制要求的前提下，力求使控制系统简单、经济、实用，维修方便。

（3）保证控制系统的安全、可靠。

（4）考虑到生产发展和工艺的改进，在选择PLC容量时，应适当留有余量。

2. PLC控制系统设计的基本内容

PLC控制系统是由PLC与用户输入、输出设备连接而成的。因此，PLC控制系统的基本内容包括如下几点。

（1）选择用户输入设备（按钮、操作开关、限位开关和传感器等）、输出设备（继电器、接触器和信号灯等执行元件）以及由输出设备驱动的控制对象（电动机、电磁阀等），这些设备属于一般的电气元件，其选择的方法在其他课程和有关书籍中已有介绍。

（2）PLC的选择。PLC是PLC控制系统的核心部件，正确选择PLC，对保证整个控制系统的技术经济性能指标起着重要作用。

（3）分配I/O点，绘制电气连接接口图，考虑必要的安全保护措施。

（4）设计控制程序，包括设计梯形图、语句表（即程序清单）或控制系统流程图。控制程序是控制整个系统工作的软件，是保证系统工作正常、安全可靠的关键。因此，控制系统的设计必须经过反复调试、修改，直到满足要求为止。

（5）必要时还需设计控制台（柜）。

（6）编制系统的技术文件，包括说明书、电气图及电气元件明细表等。

传统的电气图，一般包括电气原理图、电气布置图及电气安装图。在PLC控制系统中，这一部分图可以统称为“硬件图”。它在传统电气图的基础上增加了PLC部分，因此，在电气原理图中应增加PLC的输入、输出电气连接图（即I/O接口图）。

此外，在PLC控制系统中，电气图还应包括程序图（梯形图），可以称之为“软件图”。向用户提供“软件图”，可方便用户在生产发展或工艺改进时修改程序，并有利于用户在维修时分析和排除故障。

3. PLC控制系统设计的一般步骤

设计PLC控制系统的一般设计步骤如图10-49所示。

（1）流程图功能说明。

1）根据生产的工艺过程分析控制要求。如需要完成的动作（动作顺序、动作条件及必须的保护和连锁等）、操作方式（手动、自动、连续、单周期及单步等）。

2）根据控制要求确定所需的用户输入、输出设备。据此确定PLC的I/O点数。

3）选择PLC。

4）分配PLC的I/O电气接口连接图（这一步也可以结合第2步进行）。

5）进行PLC程序设计，同时可进行控制台（柜）的设计和现场施工。在设计传统继电器控制系统时，必须在控制线路（接线程序）设计完成后，才能进行控制台（柜）设计和现场施工。可见，采用PLC控制，可以使整个工程的周期缩短。

(2) PLC 程序设计的步骤。

1) 对较复杂的控制系统，需绘制系统流程图，用以清楚地表明动作的顺序和条件。对于简单的控制系统，也可以省去这一步。

2) 设计梯形图。这是程序设计的关键一步，也是比较困难的一步。要设计好梯形图，首先要十分熟悉控制要求，同时还要有一定的电气设计的实践经验。

3) 根据梯形图编制程序清单。

4) 用编程器将程序键入 PLC 的用户存储器中，并检查键入的程序是否正确。

5) 对程序进行调试和修改，直到满足要求为止。

6) 待控制台（柜）及现场施工完成后，就可以进行联机调试。如不满足要求，需修改程序或检查接线，直到满足为止。

7) 编制技术文件。

8) 交付使用。

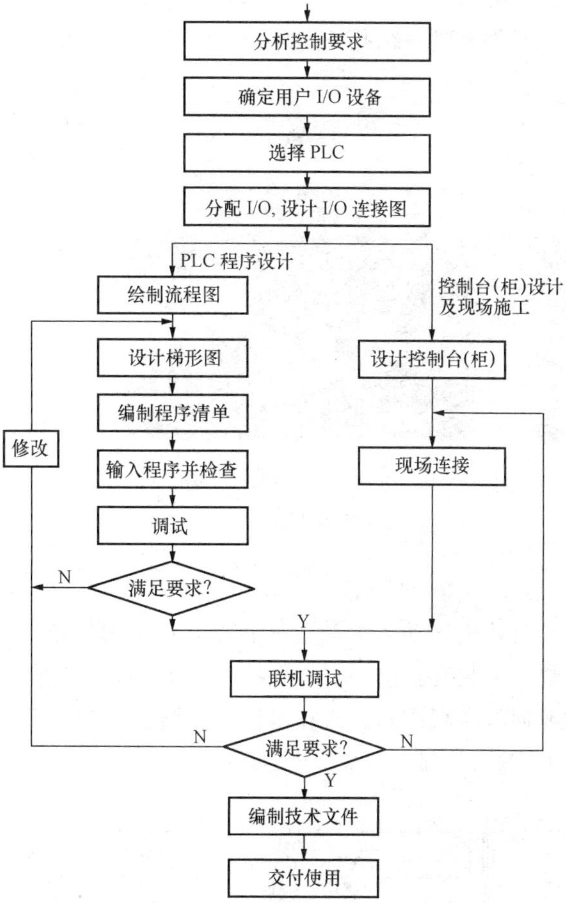

图 10－49　PLC 控制系统设计步骤

10.3.3　PLC 在气动控制中的应用

在气缸数量较多，控制要求较高的情况下，采用继电器作为逻辑元件设计控制系统不仅复杂，而且可靠性差，系统柔性差，难以修改、完善或扩充。有效的解决办法是将计算机控制技术应用于气动系统中，充分利用计算机硬件和软件的强大功能实现对复杂气动系统的控制。

图 10－50　基于 PLC 控制的气动系统应用实例图片一

在众多的计算机控制元件中，PLC 作为成熟的工业控制元件，无论在开发方法、应用范围还是系统可靠性等方面都非常适合于以开关量控制为主的气动系统，因而成为目前在气动自动化系统中首选的控制器。图 10－50 和图 10－51 所示都是基于 PLC 的气动自动化系统应用实例。

下面以某专用打孔机为例详细介绍基于 PLC 的气动控制系统开发步骤与设计方法。

如图 10－52 所示，该气动打孔机可自动完成对料斗中工作的取料、打孔和工件输送的加工任务，其工作过程及动作要求如下。

工件夹紧→钻孔→返回→工件松开→推出工件→准备下一次动作。

图 10-51　基于 PLC 控制的气动系统应用实例图片二

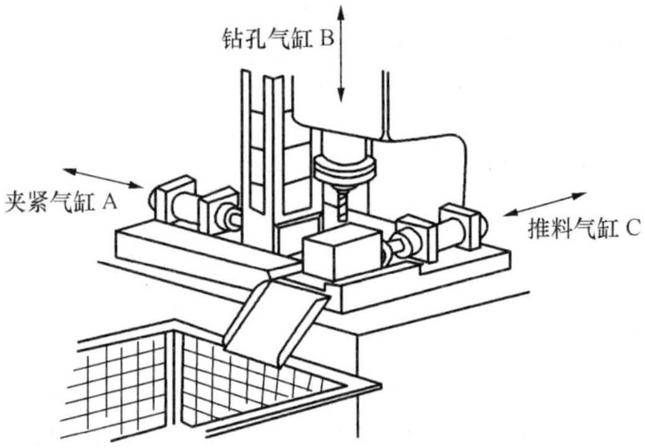

图 10-52　气动打孔机组成示意图

1. 气动系统分析

打孔机气动系统采用三个普通双作用气缸，分别作为夹紧气缸、钻孔气缸以及推料气缸。夹紧气缸由一个双电控两位五通电磁阀控制，其余两个气缸分别由一个单电控两位五通电磁阀控制。打孔机气动回路如图 10-53 所示。对该气动回路的控制需涉及以下输入/输出信号。

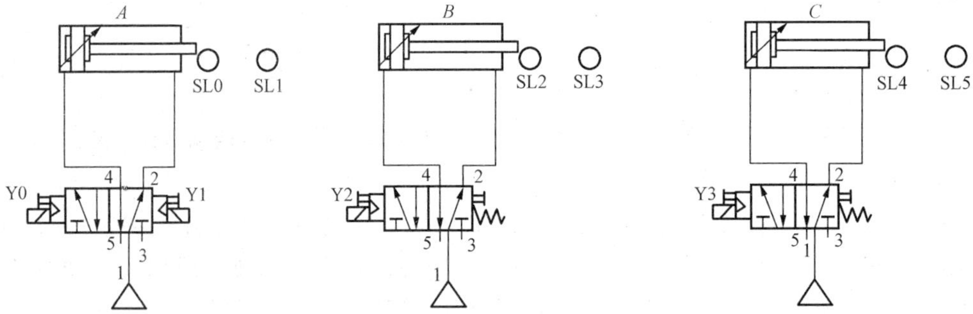

图 10-53　打孔机气动回路

(1) 输入信号。

1) 行程开关。用于夹紧气缸、钻孔气缸、推料气缸的位置检测，每个气缸各采用 2 个非接触式行程开关（电磁感应式传感器）。

2) 主令按钮。提供起动和停止信号各 1 个。

3) 输出信号。控制气缸换向的电磁阀，共 4 个电磁阀线圈。由此可见，本系统至少需要 8 个输入点和 4 个输出点。

2. PLC 控制系统设计

(1) 可编程控制器（PLC）的选用。

对此类小型的单机控制系统，一般采用微型 PLC。本例采用日本三菱公司的

FX2N—32MR 微型可编程控制器，其输入点共有 16 个，输出点共有 16 个，能够满足系统控制要求。

(2) PLC 控制系统设计步骤。

1) 建立 PLC 的 I/O 地址分配表。建立 I/O 地址分配，见表 10 - 2。

表 10 - 2　　建立 PLC 的 I/O 地址分配表

输入地址	元件符号	说　明	输出地址	元件符号	说　明
X0	SL0	气缸 A 退回位置传感器	Y0	Y0	控制气缸 A 伸出电磁阀
X1	SL1	气缸 A 伸出位置传感器	Y1	Y1	控制气缸 A 缩回电磁阀
X2	SL2	气缸 B 退回位置传感器	Y2	Y2	控制气缸 B 伸出电磁阀
X3	SL3	气缸 B 伸出位置传感器	Y3	Y3	控制气缸 C 伸回电磁阀
X4	SL4	气缸 C 退回位置传感器			
X5	SL5	气缸 C 伸出位置传感器			
X6	START	起动按钮			
X7	STOP	停止按钮			

2) PLC 系统硬件接线。打孔机的 PLC 硬件接线图如图 10 - 54 所示。

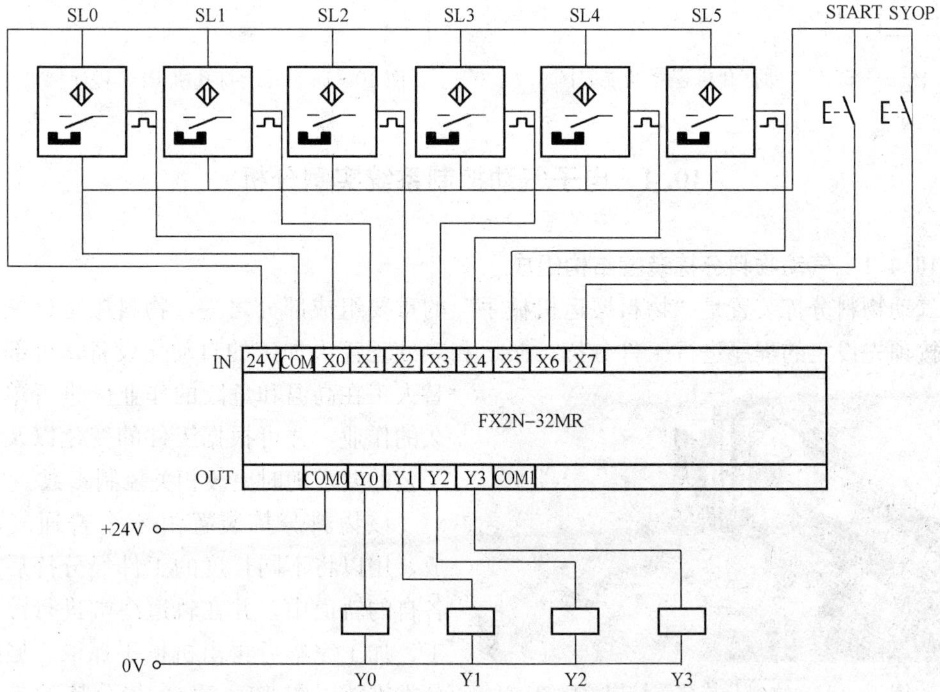

图 10 - 54　气动打孔机 PLC 控制系统硬件接线图

3）程序设计。根据前述气动打孔机的工作过程和动作要求，设初始时加工位置上没有工件，则首先设计程序功能表如图 10－55 所示。

根据上述程序功能表图，并结合表 10－2 中的 I/O 地址分配关系，采用三菱 PLC 的一般逻辑指令设计的 PLC 梯形图如图 10－56 所示。

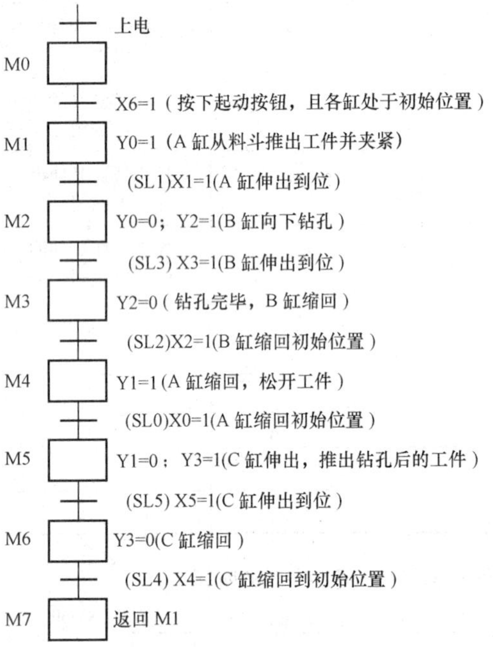

图 10－55　气动打孔机程序功能表图

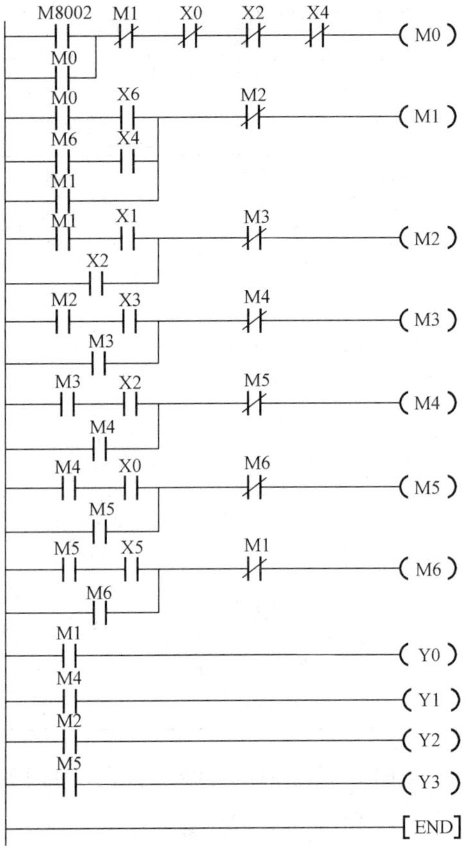

图 10－56　气动打孔机 PLC 程序梯形图

10.4　电子气动控制系统实例分析

10.4.1　气动物料分拣装置结构组成

气动物料分拣装置是“物料搬运机械手”的重要组成部分之一，物料搬运机械手是一种按预先设定的程序进行工件分拣、搬运和热处理淬火加工的自动化设备，可部分代替人工在高温和危险的作业区进行单调持久的作业，并可根据工件的变化以及淬火工艺的要求随时更改相关控制参数。

图 10－57　物料分拣装置结构示意图

该物料分拣装置由 4 个普通气缸构成，用以将不同长度的工件经分拣后送至各自的轨道中，并在轨道终端进行淬火加工，加工完毕后再由机械手抓取、搬运和分类堆放（图 10－57）。待分拣的工件从料斗装入，由推料缸（1＃缸、行程 50mm）分拣轨道，同时电感式传感器检测出工件的长短。分拣气缸（2＃缸、行程 200mm）根据工件的长短移动不同的距离（短工件移动 200mm，长工件移动 100mm），从而将两种不同长度的工件区分开来，并送至不同的轨道入口处。最后在两个送料缸（4＃缸对应短工件、5＃缸对应长工件）的分别作用下，工件被推至轨道终端进行加热处理。

10.4.2 物料分拣装置气动系统

采用气动元件作为物料分拣装置的执行器件具有结构简单、维护方便、控制便捷等诸多优点。本设计中由各气缸及相应的电磁换向阀所共同组成的气动系统如图 10－58 所示。考虑到该气动系统的工艺要求（如各气缸应工进、快退）和制造成本等方面的因素，在元器件的选择上，电磁换向阀采用单电控二位五通阀；各气缸活塞的速度由单向节流阀通过排气节流进行控制。各气缸对应的位置传感器已在图中表示出来（如 1B1、1B2 等）。为了能使 2＃气缸在中间位置停下来，在该气缸的中间位置安装了一个位置传感器，用于感知活塞到达中位后，由 PLC 控制活塞停止运动。

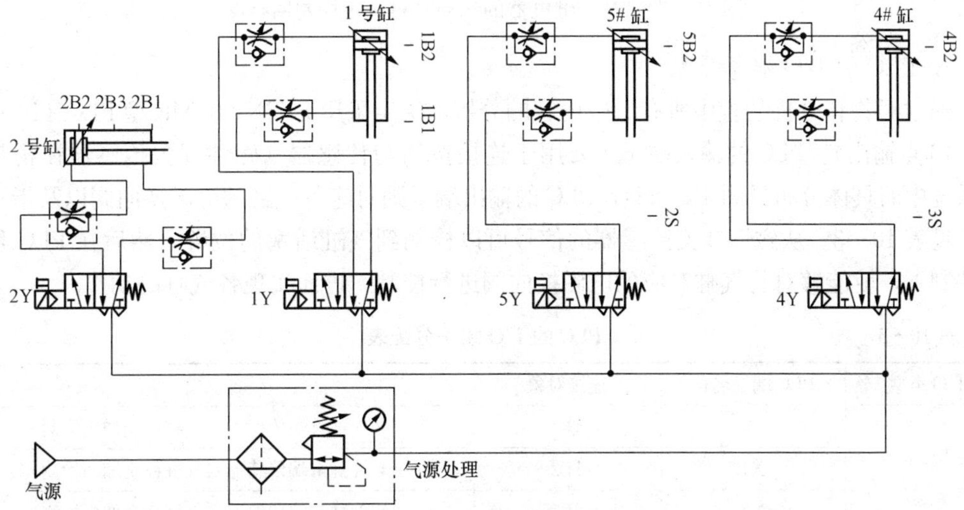

图 10－58 物料分拣装置气动系统图

10.4.3 基于继电器的气动物料分拣控制系统

气动物料分拣装置中需对 4 个气缸进行控制。对于这种较为复杂的气动系统，基于继电器设计控制系统具有一定的难度，且系统的可靠性和安全性都不高。为了与基于 PLC 的控制系统设计进行对比，这里给出了利用德国 Festo 公司气动仿真软件 F1uidSIM－P 设计的继电器控制回路（图 10－59）。

10.4.4 基于 PLC 的气动物料分拣控制系统

基于 PLC 的气动控制系统一般由传感器、控制阀、执行元件及 PLC 控制器等组成，其中每个气缸对应一个电磁换向阀，只需由 PLC 输出开关量控制信号至电磁换向阀就能实现对各气缸的控制。为了确保控制系统的稳定性、可靠性和可扩展性，同时兼顾到物料分拣装置与机械手搬运装置间的联系，本例中采用日本三菱公司的 FX2N－32MR 系列 PLC 作为控制器，实现对上述气动系统的控制。

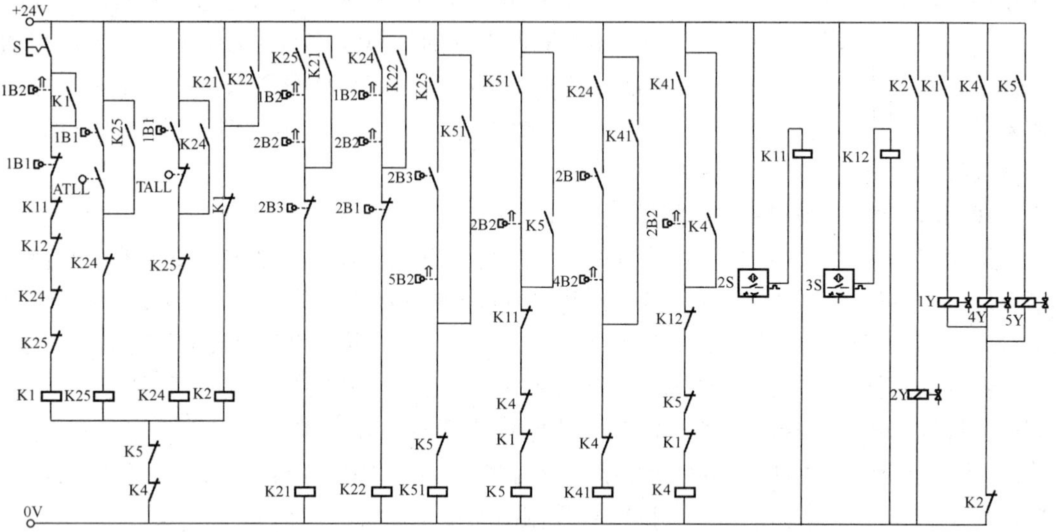

图 10－59　基于继电器的气动物料分拣控制回路图

1. PLC 的 I/O 端子分配

通过对物料分拣装置中所有 I/O 内容的分析，决定采用 FX2N－32MR 型 PLC（16 点输入、16 点输出）。PLC 的输入端子主要用于连接按钮与传感器（磁性开关传感器在物料分拣系统中的具体分布见图 10－58），PLC 的输出端子则对应各气缸的电磁换向阀以及指示灯等，见表 10－3。从磁性开关传感器的信号可以检测到气缸活塞的位置，然后在 PLC 程序的控制下，就能够对与气缸对应的电磁换向阀进行控制，进而实现各气缸的动作。

表 10－3　　PLC 的 I/O 端子分配表

I/O 类型	PLC 端子名称	连接对象	含　义
输入端子	X0	1B1	1＃气缸首端传感器（气缸杆全伸出检测）
	X1	1B2	1＃气缸末端传感器（气缸杆全缩回检测）
	X2	2B1	2＃气缸首端传感器（气缸杆全伸出检测）
	X3	2B2	2＃气缸末端传感器（气缸杆全缩回检测）
	X4	2B3	2＃气缸中位传感器（气缸杆半伸出检测）
	X5	3S	短工件分拣到位的传感器
	X6	4B2	4＃气缸末端传感器（气缸杆全缩回检测）
	X7	2S	长工件分拣到位传感器
	X10	5B2	5＃气缸末端传感器（气缸杆全缩回检测）
	X11	1S	工件长短检测传感器
	X12	SB1	起动按钮
	X14	SB2	急停按钮
	X15	4B1	4＃气缸首端传感器（气缸杆全伸出检测）
	X17	5B1	5＃气缸首端传感器（气缸杆全伸出检测）

续表

I/O类型	PLC端子名称	连接对象	含 义
输出端子	Y0	1Y	1＃气缸对应单电控电磁阀
	Y1	2Y	2＃气缸对应单电控电磁阀
	Y2	4Y	4＃气缸对应单电控电磁阀
	Y3	5Y	5＃气缸对应单电控电磁阀
	Y7	LED1	一次物料分拣结束指示灯

2. PLC控制程序

通过对物料分拣全过程的综合分析，可以将分拣控制归于顺序控制。使用FX可编程控制器的步进梯形图指令“STL”和返回指令“RET”，便能快速开发出相应的控制程序。STL指令是利用PLC内部软元件状态（S）在顺控程序上进行工序步进控制的指令，RET指令则表示状态（S）流程结束后，用于返回主程序（母线）的指令。在步进梯形图中，将状态（S）看作一个控制工序，从而将输入条件与输出控制按顺序编程。这种控制最大的特点是在工序进行时，与前一工序不接通，以各道工序的简单顺序即可控制设备。

如图10－60所示，对物料分拣的初始工序，分配了S21和S31两初始状态软元件，而对各初始状态软元件则分配了S22～S25、S32～S35等状态，各状态最终汇总于S26，表示一次物料分拣结束。各状态所对应的工步间切换条件均为PLC输入端子对应的传感器或按钮信号。

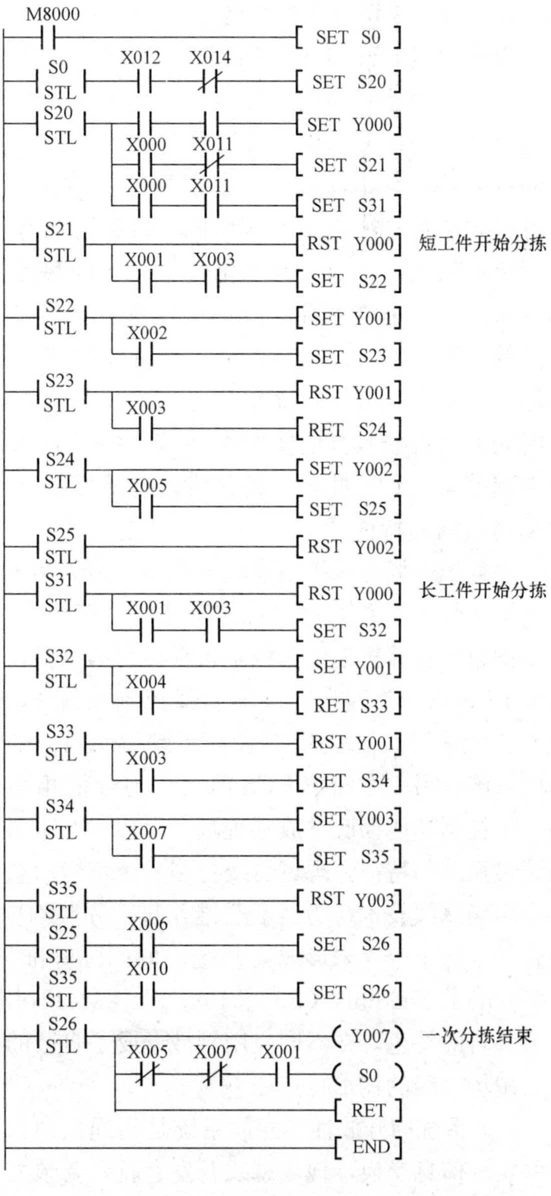

图10－60 物料分拣装置的PLC控制程序

物料分拣装置控制系统除了具备对工件分拣任务的独立控制能力外，还与机械手控制系统互为联系，联系的纽带就是长工件分拣到位传感器（2S）以及短工件分拣到位传感器（3S）。从PLC控制程序中可以看到，一旦有工件被送至轨道终端，在上述两传感器的共同作用下，物料分拣工作就暂停下来。同时，该传感器信号也被机械手控制系统采集到，于是在机械手控制器的控制下，机械手立刻投入工作，将轨道终端位置的工件取走，执行相应的搬运任务。而只要工件一离开轨道终端，相应终端位置的传感器信号便消失，从而触发新一轮物料分拣和输送任务。此时，物料分拣和机械手搬运几乎同时进行，互不干扰，大大提高了工作效率、缩短了工作进程。

10.5　现场总线技术在气动自动化系统中的应用

10.5.1　现场总线技术简介

现场总线（fieldbus）是20世纪80年代末、90年代初国际上发展形成的，用于过程自动化、制造自动化、楼宇自动化等领域的现场智能设备互联通信网络。它作为工厂数字通信网络的基础，沟通了生产过程现场及控制设备之间及其与更高控制管理层之间的联系。它不仅是一个基层网络，而且还是一种开放式的新型全分布控制系统。这种以智能传感、控制、计算机、数字通信等技术为主要内容的综合技术，已经受到世界范围的关注，成为自动化技术发展的热点，并将导致自动化系统结构与设备的深刻变革。国际上许多有实力、有影响的公司都先后不同程度地进行了现场总线技术与产品的开发。现场总线设备的工作环境处于过程设备的底层，作为工厂设备级基础通信网络，要求具有协议简单、容错能力强、安全性好、成本低的特点，即：具有一定的时间确定性和较高的实时性要求，还具有网络负载稳定、多数为短帧传送、信息交换频繁等特点。因此，现场总线系统从网络结构到通信技术，都具有不同于上层高速数据通信网的特色。

一般把现场总线控制系统（FCS）称为第五代控制系统。人们把20世纪50年代前的气动信号控制系统PCS称作第一代，把4～20mA等电动模拟信号控制系统称为第二代，把数字计算机集中式控制系统称为第三代，而把70年代中期以来的集散式分布控制系统DCS称作第四代。现场总线控制系统FCS作为新一代控制系统，一方面突破了DCS系统采用通信专用网络的局限，采用了公开化、标准化的解决方案，克服了封闭系统的缺陷；另一方面把DCS的集中与分散相结合的集散结构，变成了新型全分布式结构，把控制功能彻底下放到现场。可以说，开放性、分散性与数字通信是现场总线控制系统最显著的特征。现场总线控制系统结构示意图，如图10-61所示。

现场总线技术在历经了群雄并起、分散割据的初始阶段后，尽管已有一定范围的磋商合并，但至今尚未形成完整统一的国际标准。其中有较强实力和影响的现场总线有：Foundation Fieldbus（FF）、Lon Works、Profibus、HART、CAN、CCLink等。它们具有各自的特色，在不同应用领域形成了自己的优势。

现场总线的技术特点如下。

(1) 系统的开放性。开放系统是指通信协议公开，各不同厂家的设备之间可进行互联并实现信息交换，现场总线开发者就是要致力于建立统一的工厂底层网络的开放系统。这里的开放是指对相关标准的一致性、公开性，强调对标准的共识与遵从。一个开放系

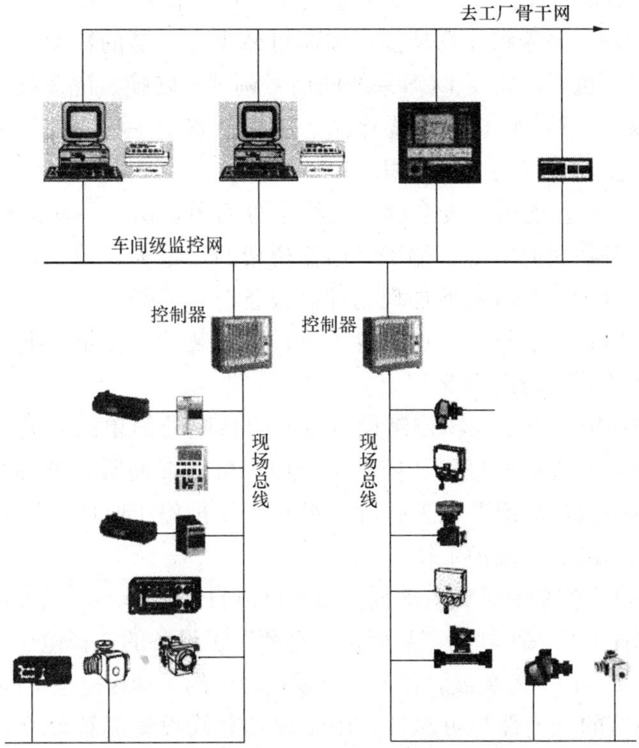

图 10－61 现场总线控制系统结构示意图

统，它可以与任何遵守相同标准的其他设备或系统相连。一个具有总线功能的现场总线网络系统必须是开放的，开放系统把系统集成的权利交给了用户。用户可以把来自不同供应商的产品组成自已需要的系统。

（2）互可操作性与互用性。这里的互可操作性，是指实现互联设备间、系统间的信息传送与沟通，可实行点对点、一点对多点的数字通信。而互用性则意味着不同生产厂家的性能类似的设备可进行互换而实现互用。

（3）现场设备的智能化与功能自治性。它将传感测量、补偿计算、工程量处理与控制等功能分散到专场设备中完成，仅靠现场设备即可完成自动控制的基本功能，并可随时诊断设备的运行状态。

（4）系统结构的高度分散性。由于现场设备本身已可完成自动控制的基本功能，使得现场总线已构成一种新的全分布式控制系统的体系结构。从根本上改变了现有 DCS 集中与分散相结合的集散控制系统体系，简化了系统结构，提高了可靠性。

（5）对现场环境的适应性。工作在现场设备前端，作为工厂网络底层的现场总线，是专为在现场环境工作而设计的，它可支持双绞线、同轴电缆、光缆、射频、红外线、电力线等，具有较强的抗干扰能力，能采用两线制实现送电与通信，并可满足基本安全防爆要求等。

由于现场总线的以上特点，特别是现场总线系统结构的简化，使控制系统的设计、安装、投运到正常生产运行及其检修维护，都体现出如下优越性。

（1）节省硬件数量与投资。由于现场总线系统中分散在设备前端的智能设备能直接执行多种传感、控制、报警和计算功能，因而可减少变送器的数量，不再需要单独的控制器、计算单元等，也不再需要 DCS 系统的信号调理、转换、隔离技术等功能单元及其复杂接线，还可以用工控 PC 机作为操作站，从而节省了一大笔硬件投资，由于控制设备的减少，还可减少控制室的占地面积。

（2）节省安装费用。现场总线系统的接线十分简单，由于一对双绞线或一条电缆上通常可挂接多个设备，因而电缆、端子、槽盒桥架的用量大大减少，连线设计与接头校对的工作量也大大减少。当需要增加现场控制设备时，无需增设新的电缆，可就近连接在原有的电缆上，既节省了投资，也减少了设计、安装的工作量。据有关典型试验工程的测算资料，可节约安装费用 60%以上。

（3）节省维护开销。由于现场控制设备具有自诊断与简单故障处理的能力，并通过数字通信将相关的诊断维护信息送往控制室，用户可以查询所有设备的运行，诊断维护信息，以便早期分析故障原因并快速排除。缩短了维护停工时间，同时由于系统结构简化、连线简单，从而减少了维护工作量。

（4）用户具有高度的系统集成主动权。用户可以自由选择不同厂商所提供的设备来集成系统。避免因选择了某一品牌的产品而被“框死”了设备的选择范围，不会为系统集成中不兼容的协议、接口而一筹莫展，使系统集成过程中的主动权完全掌握在用户手中。

（5）提高了系统的准确性与可靠性。由于现场总线设备的智能化、数字化，与模拟信号相比，它从根本上提高了测量与控制的准确度，减少了传送误差。同时，由于系统的结构简化，设备与连线减少，现场仪表内部功能加强，减少了信号的往返传输，提高了系统的工作可靠性。此外，由于它的设备标准化和功能模块化，因而还具有设计简单、易于重构等优点。

10.5.2 CC - Link 总线

CC - Link（control & communication link）总线是一种高速现场总线，由日本三菱电机公司开发，是一种省配线、信息化的网络，它能够同时处理控制和信息数据，在实时性、分散控制与智能设备通信等方面都具有较好的性能。在高达 10M 的通信速度下，CC - Link 最大可以达到 100m 的传输距离并能连接 64 个站。CC - Link 的优异性能使它获得了 SEMI 国际标准认证。该控制网络可与智能化设备（包括显示设备、条形码读写器、测量设备以及计算机等）进行通信，具有自动在线恢复功能、待机主控功能、切断从站功能、确认链接状态功能以及测试和诊断功能，网络可靠性很高。基于 CC - Link 的特点和性能，它在各行各业的应用前景非常广泛，目前在国内的半导体、汽车、水泥、纺织、化工、电器、机械等领域中均有成功的应用。

为了将各种各样的现场设备直接连接到 CC - Link 上，CC - Link 系统开发商与国内外众多的设备制造商建立了合作伙伴关系，使用户可以很从容地选择现场设备，以构成开放式的网络。2000 年 10 月，Woodhead、Contec、Digital、NEC、松下电工、三菱等 6 家常务理事公司发起，在日本成立了独立的非盈利性机构“CC - Link 协会”（CC - Link Partner Association，简称 CLPA），旨在有效地在全球范围内推广和普及 CC - Link 技术。到 2001 年 12 月 CLPA 成员包括 230 多家公司，拥有 360 多种兼容产品。

1. CC-Link系统的构成

CC-Link系统只有1个主站，可以连接远程I/O站、远程设备站、本地站、备用主站、智能设备站等总计64个从站。CC-Link站的类型如表10-4所示。

表10-4 CC-Link站的类型

CC-Link总线站的类型	内容
主站	控制CC-Link上全部站，并需设定参数的站。每个系统中必须有1个主站。如A/QnA/Q系列PLC等
本地站	具有CPU模块，可以与主站及其他本地站进行通信的站。如A/QnA/Q系列PLC等
备用主站	主站出现故障时，接替作为主站，并作为主站继续进行数据链接的站。如A/QnA/Q系列PLC等
远程I/O站	只能处理位信息的站，如远程I/O模块、电磁阀等
远程设备站	可处理位信息及字信息的站，如A/D、D/A转换模块、变频器等
智能设备站	可处理位信息及字信息，而且也可完成不定期数据传送的站，如A/QnA/Q系列PLC、人机界面等

CC-Link系统可配备多种中继器，可在不降低通信速度的情况下，延长通信距离，最长可达13.2km。例如，可使用光纤中继器，在保持10Mbps通信速度的情况下，将总距离延长至4300m。另外，T型中继器可完成T型连接，更适合现场的连接要求。

2. CC-Link的通信方式

CC-Link采用广播循环通信方式。在CC-Link系统中，主站、本地站的循环数据区与各个远程I/O站、远程设备站、智能设备站相对应，远程输入输出及远程寄存器的数据将被自动刷新。而且，因为主站向远程I/O站、远程设备站、智能设备站发出的信息也会传送到其他本地站，所在本地站也可以了解远程站的动作状态。

CC-Link的链接元件有远程输入（RX）、远程输出（RY）、远程寄存器（RWw）和远程寄存器（RWr）4种，见表10-5。远程输入（RX）是从远程站向主站输入的开/关信号（位数据）；远程输出（RY）是从主站向远程站输出的开/关信号（位数据）；远程输出（RY）是从远程站向主站输入的开/关信号（位数据）；远程寄存器（RWw）是从主站向远程站输出的数字数据（字数据）；远程寄存器（RWr）是从远程站向主站输入的数字数据（字数据）。每一个CC-Link系统可以进行总计4096点的位，加上总计512点的字的数据的循环通信，通过这些链接元件以完成与远程I/O、模拟量模块、人机界面、变频器等FA（工业自动化）设备产品间高速的通信。

表10-5 链接件一览表

项目		规格
整个CC-Link系统最大链接点数	远程输入（RX）	2048点
	远程输出（RY）	2048点
	远程寄存器（RWw）	256点
	远程寄存器（RWr）	256点

续表

项目		规格
每个站的链接点数	远程输入（RX）	32 点
	远程输出（RY）	32 点
	远程寄存器（RWw）	4 点
	远程寄存器（RWr）	4 点

在 CC－Link 中，除了自动刷新的循环通信之外，还可以使用不定期收发信息的瞬时传送通信方式。瞬时传送通信可以由主站、本地站、智能设备站发起，可以进行以下的处理。

（1）某一 PLC 站读写另一 PLC 站的软元件数据。

（2）主站 PLC 对智能设备站读写数据。

（3）用 GX Developer 软件对另一 PLC 站的程序进行读写或监控。

（4）上位机 PC 等设备读写一台 PLC 站内的软元件数据。

3. CC－Link 的特点

CC－Link 总线满足了用户对开放结构与可靠性的严格要求，在实时性、分散控制与智能设备通信等方面都具有较好的性能，其主要技术特点如下。

（1）通信速度快。CC－Link 达到了行业中最高的通信速度（10Mbps），可确保需高速响应的传感器输入和智能化设备间的大容量数据的通信。可以选择对系统最合适的通信速度及总的距离，见表 10－6。

表 10－6　CC－Link 通信速度和距离的关系

通信速度	10Mbps	5Mbps	2.5Mbps	625kbps	156kbps
通信距离	≤100m	≤160m	≤400m	≤900m	≤1200m

CC－Link 总线的最大距离可达 1.2km（156kbps），通过使用中继器（T 型分支）或光纤中继器，可进一步进行长传输距离，适用于网络扩张时需远距离传输的设备。

（2）高速链接扫描。在只有主站及远程 I/O 站的系统中，通过设定为远程 I/O 网络模式的方法，可以缩短链接扫描时间。表 10－7 为全部为远程 I/O 站的系统所使用的远程 I/O 网络模式和有各种站类型的系统所使用的远程网络模式（普通模式）的链接扫描时间的比较。

表 10－7　链接扫描时间的比较（通信速度为 10Mbps）

站数	链接扫描时间/ms	
	远程 I/O 网络模式	远程网络模式（普通模式）
16	1.02	1.57
32	1.77	2.32
64	3.26	3.81

(3) 备用主站功能。使用备用主站功能时，当主站发生了异常时，备用主站接替作为主站，使网络的数据链接继续进行。而且在备用主站运行过程中，原先的主站如果恢复正常时，则回到数据链路中。在这种情况下，如果运行中主站又发生异常，则备用主站又将接替作为主站进行数据链接。

(4) CC - Link 自动起动功能。在只有主站和远程 I/O 站的系统中，如果不设定网络参数，当接通电源时，也可自动开始数据链接。缺省参数为 64 个远程 I/O 站。

(5) 远程设备站初始设定功能。使用 GX Developer 软件，无需编写顺序控制程序，就可完成握手信号的控制、初始化参数的设定等远程设备站的初始化。

(6) 中断程序的起动（事件中断）。当从网络接收到数据，设定条件成立时，可以起动 CPU 模块的中断程序。因此，可以符合有更高速处理要求的系统。中断程序的起动条件，最多可以设定 16 个。

(7) 远程操作。通过连接在 CC - Link 中的一个 PLC 站上的 GX Developer 软件可以对网络中的其他 PLC 进行远程编程。也可通过专门的外围设备连接模块（作为一个智能设备站）来完成编程。

(8) 省配线、低成本。可减少配线和安装设备的费用，减少配线时间，更有利于维护。

(9) 广泛的多厂商设备使用环境。目前 CC - Link 的会员生产厂商和兼容产品已近 600 种。

(10) 维护简单。由于 CC - Link 丰富的 RAS 功能（可靠性，可用性，可服务性），其监视和自检功能使用 CC - Link，系统的维护和故障后系统的恢复变得快捷简单。

10.5.3　CC - Link 总线在气动自动化系统中的应用

1. CC - Link 总线网络连接

气动自动化系统一般分为气动系统和控制系统两大部分，在 MPS 中，6 个工作站之所以能够连成整体、协同工作，就是靠它们各自的控制器（PLC）通过 I/O 点直接相连，在相关程序的控制下实现的。

采用 CC - Link 总线技术后，就可以将这些被占用的 I/O 点释放出来，对各站功能的扩充和系统性能的提高都极为有利。同时，通信任务交由 CC - Link 总线来完成，实现了真正意义上的控制网络通信。要构建 CC - Link 总线控制网络，首先必须针对 MPS 的结构特点在硬件上将 CC - Link 总线与 MPS 各站加以互联。

2. CC - Link 总线控制网络

在 CC - Link 系统中可以连接下述三种远程元件：①远程 I/O：仅处理开关量的现场元件，如数字式 I/O 或气动阀；②远程装置：能处理开关量和数字量的现场元件，如模拟量 I/O、FX 系列 PLC；③智能化远程：具有 CPU 并且能与主站和其他站通信的现场元件，如 PC 机。

如图 10 - 62 所示为采用 CC - Link 总线技术改造后的 MPS 中 CC - Link 总线控制网络模型。在该模型中，原六站均作为从站（远程装置）与新增的主站相连，各从站控制器（FX2N - 48MR）都断开原用于通信的 I/O 端子连线，改为通过专用电缆分别与 FX—32CCL 从站模块相连，而 6 个从站模块则通过 3 芯双绞线（三根电线按照 DA、

DB、DG）对应连接，并最终接至 FX-16CCL-M 主站模块。主站模块与新增的一台 FX2N-48MR 型 PLC 相连，通过该 PLC，既可以向站发出指令或接收并反映出从站的信息，也可以进一步与上位机（PC 机）相联系，利用上位机更为丰富的软硬件资源对总线网络进行监控。

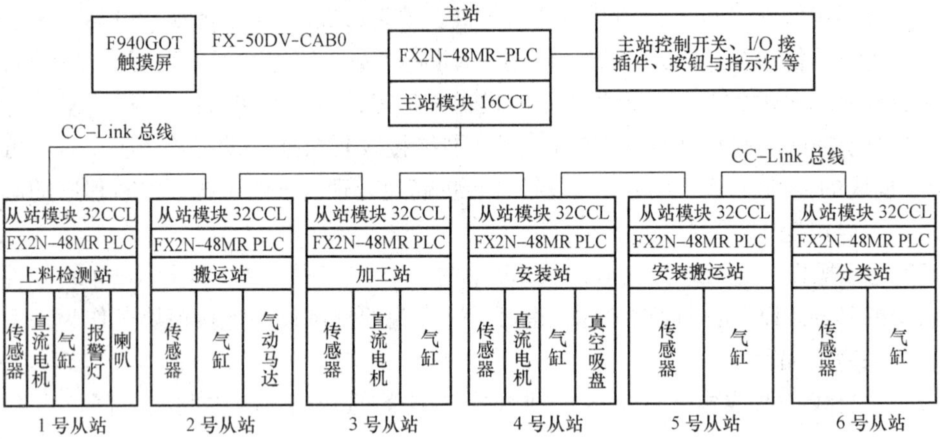

图 10-62　CC-Link 总线控制网络示意图

3. CC-Link 总线控制网络实物连接

图 10-63 中，最右边的一站就是在原 MPS 的 6 站基础上新增加的 CC-Link 总线主站。主站和各从站控制器（PLC）右边即是新增加的总线通信模块，详见图 10-64 和图 10-65。

图 10-63　CC-Link 总线控制网络连接图

4. CC-Link 总线器件参数设置

CC-Link 总线网络的连线较为简单，除屏蔽线外，一般只需三根线。当接线完成后，还必须对主站及各从站进行必要的参数设置后才能使用。这些参数设置是通过 CC-Link 总线网络接口模块上的微动开关和旋钮设置的，主要涉及以下内容。

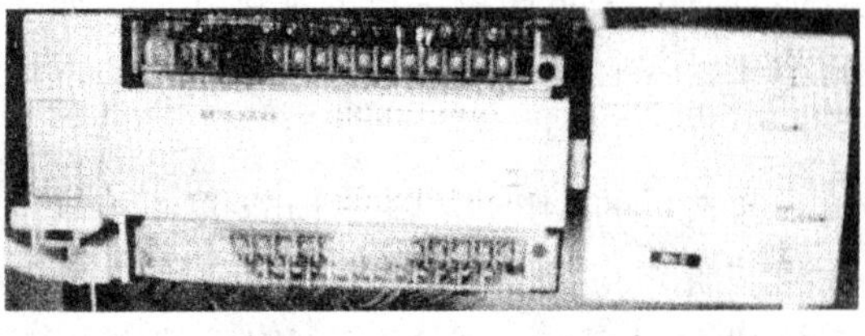

图 10-64　CC-Link 总线系统中主站的连接图

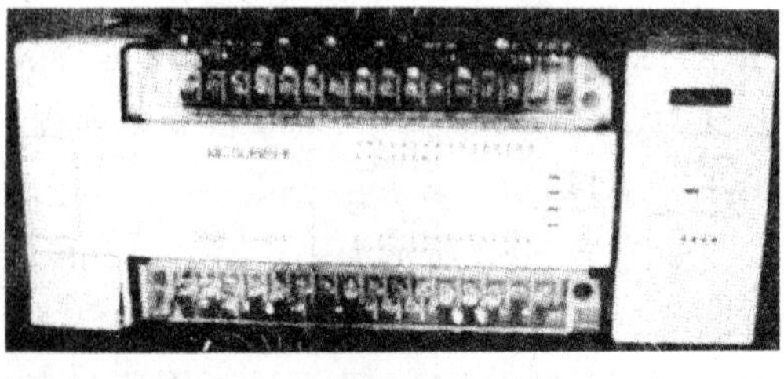

图 10-65　CC-Link 总线系统中从某站的连接图

(1) 主站参数设置。主站站号设置为 0。工作方式设置为方式 0；在线工作方式，建立数据链接关系。比特率设置为 2.5Mbps。

(2) 从站参数设置。各从站站号按实际所处位置分别设置为 1～6。每个从站模块均只占用一个站点。比特率与主站一样，也设置为 2.5Mbps。

另外，CC－Link 提供了 110Ω 和 130Ω 两种终端电阻，用于避免在总线距离较长、传输速度较快的情况下，由于外界环境干扰出现传输信号奇偶校验出错等传输质量下降的情况。本系统选用 110Ω。

5. CC－Link 总线网络通信

CC－Link 总线提供了循环传输和瞬时传输两种通信方式。在针对 MPS 的应用中，通信方式如图 10－66 所示（只列出主站与 1＃从站间的通信方式示意图），采用循环传输方式进行通信。主站将刷新数据（RY/RWw）发送到所有从站，同时轮询从站 1；从站 1 对主站的轮询作出响应（RX/RWr），同时将该响应告知其他从站。然后主站轮询从站 2（此时并不发送刷新数据），从站 2 给出响应，并将该响应告知其他从站，以此类推，循环往复。

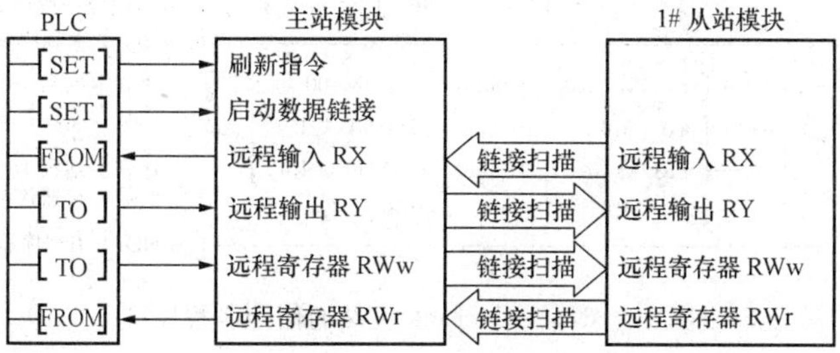

图 10－66 CC－Link 总线网络通信方式示意图

各站之间数据链路的通信过程是通过各自 PLC 程序中的 FROM/TO 语句调用本站缓冲存储器数据实现的。主站通过通信程序接收从站的工作状态信息，然后在主站 PLC 程序控制下再由通信程序送出控制信号，从而达到协调各从站执行元件工作的目的。

6. 基于 CC－Link 总线的气动自动化系统监控软件设计

图 10－67 所示为 CC－Link 总线网络主站部分通信程序，在正常运行程序中首先要写入数据链接起动程序，然后进行输出刷新，使远程输入/输出（RX/RY）、远程寄存器（RWw/RWr）的数据有效。当刷新指令关断时，接通由 EEPROM 参数启动的数据链接信号，开始主站与各从站间的数据链接。CC－Link 网络根据主站初始化设置自动完成数据链接过程，主站对各从站的轮询是采用子程序调用的方式来实现的。

图 10－68 所示为 CC－Link 总线网络 6 个从站共有的通信控制部分程序，该程序首先判断网络状态是否正常，若通信正常则与主站通信程序类似的通过 FROM/TO 指令建立与主站的数据链接。此时，各从站一方面向主站发送状态信息，另一方面随时准备接收主站的控制指令，完成相关的动作任务。

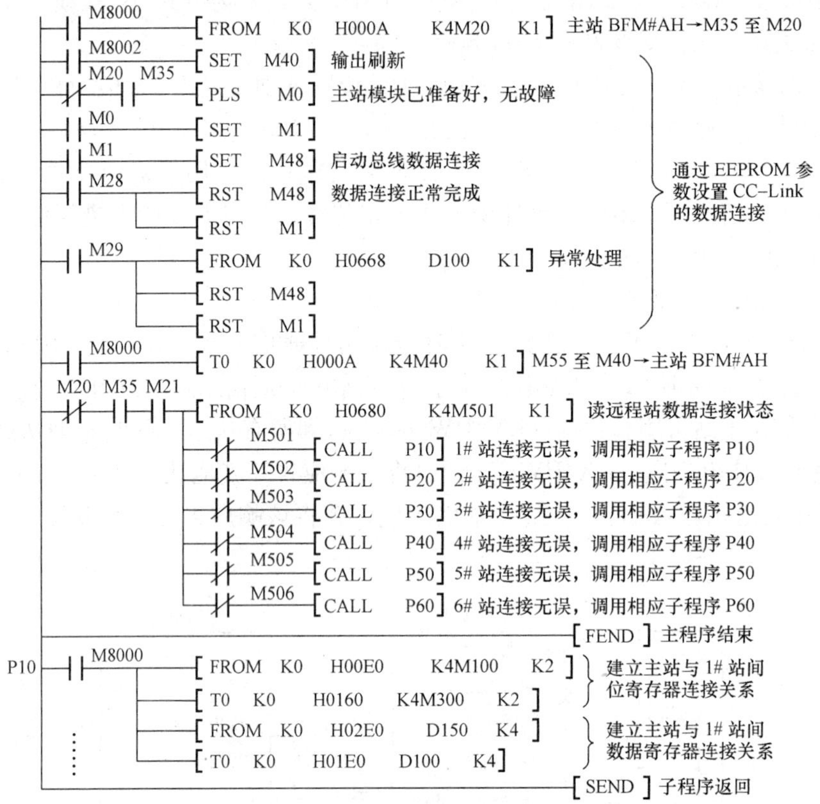

图 10-67　CC-Link 主站通信控制程序

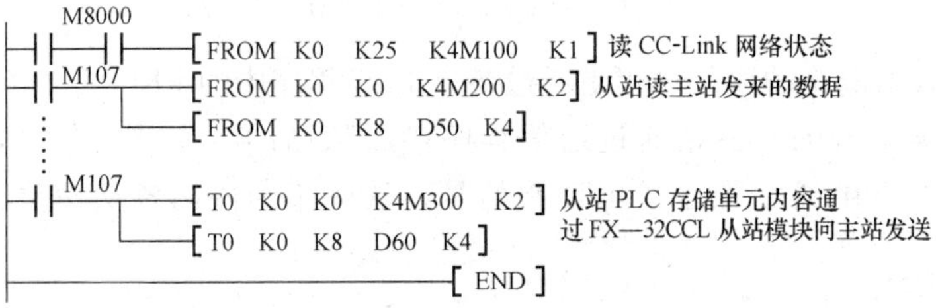

图 10-68　CC-Link 从站通信控制程序

10.6　触摸屏及组态软件在气动自动化系统中的应用

10.6.1　触摸屏技术在气动自动化系统中的应用

1. 触摸屏技术简介

随着多媒体信息查询的与日俱增，触摸屏作为一种最新的电脑输入设备，具有坚固耐用、反应速度快、节省空间、易于交流等许多优点。

触摸屏系统一般包括两个部分：触摸检测装置和触摸屏控制器。触摸检测装置安装在显示器屏幕前面，用于检测用户触摸位置，接收后发送给触摸屏控制器；触摸屏控制器的主要作用是从触摸点检测装置上接收触摸信息，并将它转换成触点坐标，再发送给CPU，它同时能接收CPU发来的命令并加以执行。随着科技的进步，触摸屏技术也经历了从低挡向高挡逐步升级和发展的过程。根据其工作原理，目前一般分为4大类：电阻式触摸屏、电容式触摸屏、红外线式触摸屏和表面声波触摸屏。

（1）电阻式触摸屏。电阻触摸屏的屏体部分是一块多层复合薄膜，由一层玻璃或有机玻璃作为基层，表面涂有一层透明导电层（ITO膜），上面再盖有一层外表面经过硬化处理、光滑防刮的塑料层。它的内表面也涂有一层ITO，在两层导电层之间有许多细小（小于千分之一英寸）的透明隔离点把它们隔开。当手指接触屏幕时，两层ITO发生接触，电阻发生变化，控制器根据检测到的电阻变化来计算接触点的坐标，再依照这个坐标来进行相应的操作。电阻屏根据引出线数多少，分为四线、五线等类型。五线电阻触摸屏的外表面是导电玻璃而不是导电涂覆层，这种导电玻璃寿命较长，透光率也较高。

电阻式触摸屏的ITO涂层若太薄则容易脆断，涂层太厚又会降低透光且形成内反射降低清晰度。由于经常被触动，表层ITO使用一定时间后会出现细小裂纹，甚至变形，因此其寿命并不长久。电阻式触摸屏价格便宜，易于生产，因而仍是人们较为普遍的选择。四线式、五线式以及七线、八线式触摸屏的出现使其性能更加可靠，同时也改善了它的光学特性。

（2）电容式触摸屏。电容式触摸屏的四边均镀上了狭长的电极，其内部形成一个低电压交流电场。触摸屏上贴有一层透明的薄膜层，它是一种特殊的金属导电物质。当用户触摸电容屏时，用户手指和工作面形成一个耦合电容，因为工作面上接有高频信号，于是手指会吸走一个很小的电流，这个电流分别从屏的四个角上的电极中流出；且理论上流经四个电极的电流与手指到四角的距离成比例，控制器通过对四个电流比例的精密计算，即可得出接触点位置。

电容触摸屏的双玻璃不但能保护导体及感应器，更能有效地防止外在环境因素对触摸屏造成影响，就算屏幕沾有污垢、尘埃或油渍，电容式触摸屏依然能准确算出触摸位置。但由于电容随温度、湿度或接地情况的不同而变化，其稳定性较差，往往会产生漂移现象。尽管不像电阻式应用那么广，但电容式触摸屏也是受欢迎的供选类型。这类设备精确、响应快、尺寸稍大时也有较高分辨率，更耐用（抗刮擦），因而适合用作游戏机的触摸屏。而且，新出现的近场成像技术改良了电容式触摸屏的性能，减弱了可能出现的漂移现象。

（3）红外线式触摸屏。红外触摸屏的四边排布了红外发射管和红外接收管，它们一一对应形成横竖交叉的红外线矩阵。用户在触摸屏幕时，手指会挡住经过该位置的横竖两条红外线，控制器通过计算即可判断出触摸点的位置。红外触摸屏也同样不受电流、电压和静电干扰，适宜于某些恶劣的环境。其主要优点是价格低廉、安装方便，可以用在各档次的计算机上。此外，由于没有电容充放电过程，响应速度比电容式快，但分辨率较低。

（4）表面声波触摸屏。表面声波是超声波的一种，它是在介质（例如玻璃或金属等刚性材料）表面浅层传播的机械能量波。通过楔形三角基座（根据表面波的波长严格设计），可以做到定向、小角度的表面声波能量发射。表面声波性能稳定、易于分析，并且在横波传递过程中具有非常尖锐的频率特性，近年来在无损探伤、造影和退波器等应用中发展很快。这种触摸屏的显示屏四角分别设有超声波发射换能器及接收换能器，能发出一种超声波并覆盖屏幕表面。当手指碰触显示屏时，由于吸收了部分声波能量，使接收波形发生变化，即某一时刻波形有一个衰减缺口，控制器依据衰减的信号即可计算出触摸点位置。

表面声波触摸屏不受温度、湿度等环境因素影响，分辨率极高，有极好的防刮性，寿命长（5000 万次无故障），透光率高（92%），能保持清晰透亮的图像；没有漂移，只需安装时一次校正；有第三轴（即压力轴）响应，最适合公共场所使用。表面声波触摸屏易受水滴、灰尘的干扰，改进的方法是加防尘条，或者增加对污物的监控，准确识别出有效的操作和污物之间的区别。另外，由于声波屏能感受压力，无形中增加了控制手段，对屏功能的扩展十分有利，其应用范围因此而大大拓展。

2. 触摸屏技术在气动自动化系统中的应用

为了充分利用 CC - Link 总线网络资源，直观地表现各站传感器、执行元件的工作状态，方便手动调试与自动监控，在主站 PLC 上连接使用了触摸屏。通过 CC - Link 总线将采集到的各站工作状态信息输送到触摸屏显示，操作员也可以通过触摸屏对各站的运行进行干预。

为了对整个 CC - Link 总线网络控制系统进行远程操作，系统采用三菱公司的 F940GOT—SWD 液晶触摸屏，用于对整个 MPS 中气动元件或电机的运行状态、报警状况等进行监控。F940GOT—SWD 是三菱公司制造的 115mm×86mm、8 色触摸屏，功能强大，操作简单，每屏最大可设置 50 个触摸屏图形元件，用户存储器为 512KB 闪存，最多可创建 500 个用户屏幕。它的主要功能如下。

(1) 显示功能。除了显示英文、汉字、数字外，还能显示直线、圆、多边形、棒图、仪表盘、趋势图等。

(2) 监控功能。可用数值或条形图监控并显示 PLC 字元件的设定值或现在值。

(3) 程序清单。可在指令清单程序方式下进行程序的读出/写入/监示。

(4) 数据采样功能。在特定周期或起动条件成立时收集指定数据寄存器的当前值，用清单形式或图表形式显示、打印采样数据。

(5) 报警功能。可使最多 256 点 PLC 的连续元件与报警信息对应。

F940GOT—SWD 液晶触摸屏还可内置实时时钟，显示当前时间，并作为 PLC 与 PC 机之间的编程接口。

该触摸屏的编写软件为三菱公司专用界面生成软件 GT - DESIGE，具有字串库、图形库、数据文件、系统设定、项目检查等功能。在 PC 机上规划好监控画面，然后通过 SC—09 电缆可下传到触摸屏上。本系统中根据工艺和现场要求共制作了近 30 个用户界面，内容涉及功能选择、手动/自动切换、各从站手动调试、CC - Link 总线系统联网自动运行等。

F940GOT 触摸屏用户界面的主要设计步骤如下。

(1) 各界面图形选择与设计。根据控制要求合理分配各种画面元件，综合运用长方形、圆、位图以及颜色、线形等触摸屏图形显示功能。

(2) 设置触摸屏与主站 PLC 存储器间的对应关系。本系统中主要设置了用于用户界面切换的 PLC 存储器（基本窗口：D200；重叠窗口 1：D201；重叠窗口 2：D202）以及用于背光功能的存储器：D210。

(3) 设置用户界面上图形元素与 CC - Link 总线主从站 PLC 输入/输出、传感器、执行元件间的对应关系。即建立触摸屏界面控制参数与 CC - Link 总线数据的链接，这种链接分为以下三个层次。

1) CC - Link 总线主站与从站间的数据链接。如图 10 - 69 所示，为了确保主站与各从站间的数据通信关系，必须事先分配好各自 PLC 存储单元间的对应关系。以辅助继电器 M 为例，在主站向从站的信息下传方式中，主站 PLC 的 M300～M491 通过 CC - Link 总线通信模块的远程开关量输出单元（RY）分别对应于 6 个从站的 M200～M231；而在从站向主站的信息上传方式中，主站 PLC 的 M100～M291 通过 CC - Link 总线通信模块的远程开关量输入单元（RX）分别接收 6 个从站 M300～M331 的数据。

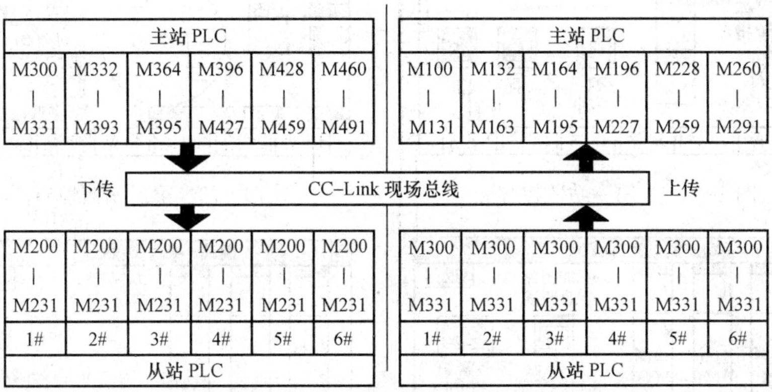

图 10 - 69　CC - Link 总线主站与从站数据链接示意图

2) 各从站 PLC 内部通信数据链接。在各从站 PLC 控制程序中，通过逻辑指令将从站 PLC 的 I/O 端状态传递给图 10 - 69 中所示的从站 PLC 负责上传与下传数据的辅助继电器 M，便可由主站控制各从站的输出，或直接由主站读取从站的输入端状态，从而使触摸屏能够对各从站实施监控。

3) 触摸屏界面元件与 CC - Link 总线主站间的数据链接。如上所述，各从站传递到主站的通信数据存于图 10 - 69 主站 PLC 的 M 单元中。因此，用连接于主站的触摸屏对各从站进行监控就如同用触摸屏对主站监控一样便捷了，只需通过界面生成软件 GT - DESIGE 对各图形元件对应的主站 PLC 存储单元进行链接设置即可，如图 10 - 70 所示的各从站监控界面中的按钮、指示灯上所对应的 M 存储器单元设置。

(4) 用户界面下载。通过 GT - DESIGE 软件“通信”功能中的“下载到 GOT”子功能，可将所有设计完成的用户界面从 PC 机下载到触摸屏进行操作。

图 10 - 70～图 10 - 77 所示为本系统触摸屏用户界面中的气动自动化系统监控界面和气动系统中 6 个分站的监控界面。

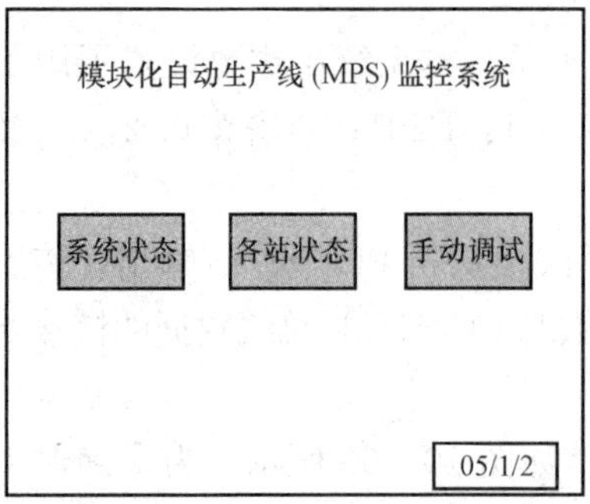

图 10-70　初始监控界面

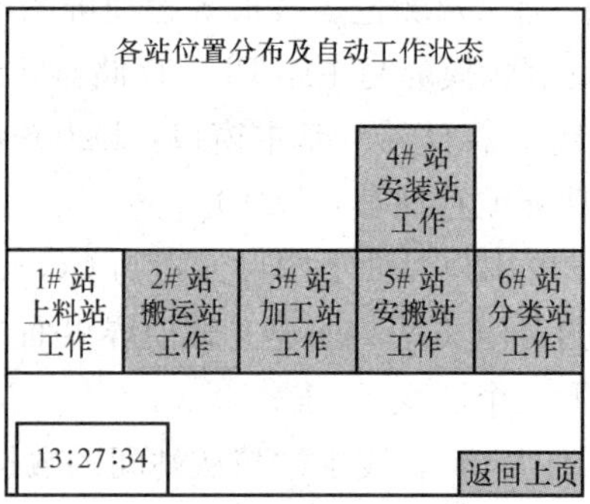

图 10-71　各站分布及工作状态监控界面

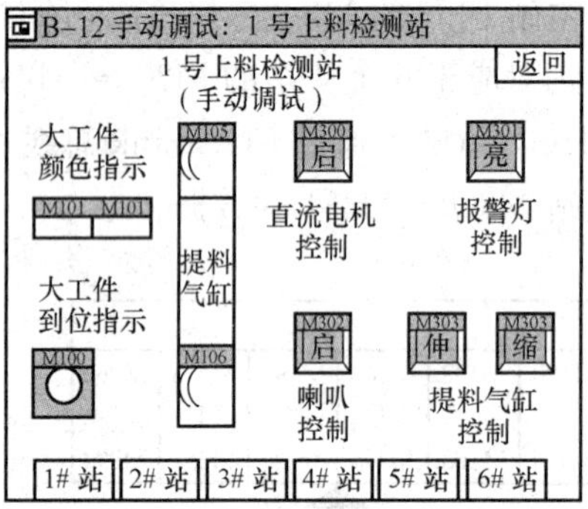

图 10-72　第一站监控界面

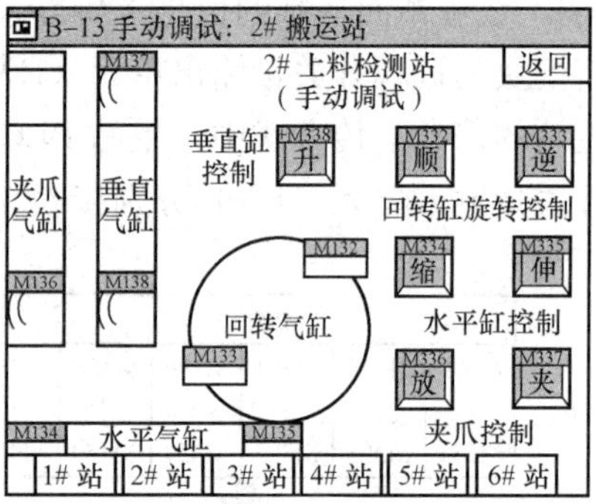

图 10-73　第二站监控界面

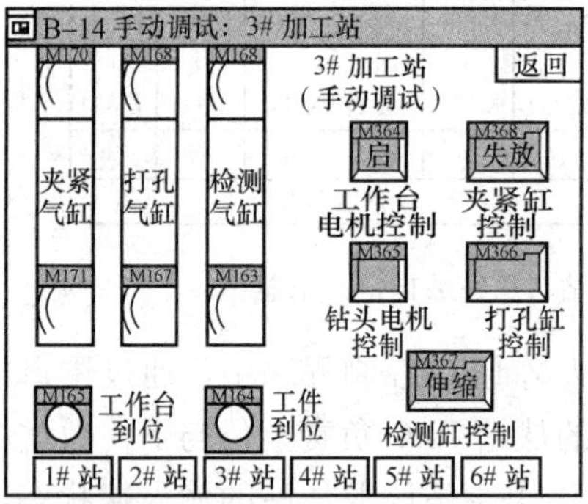

图 10-74　第三站监控界面

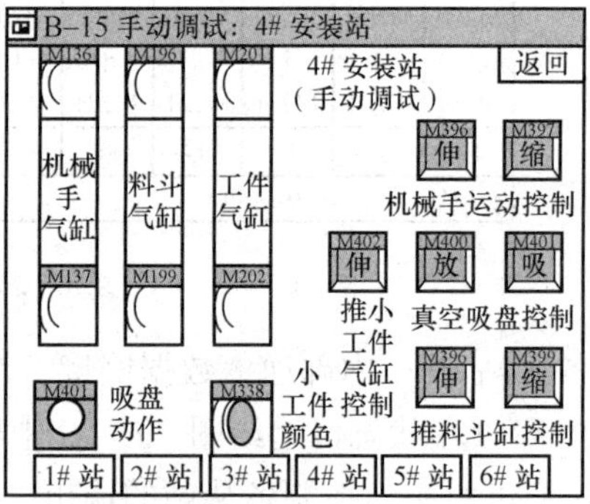

图 10-75　第四站监控界面

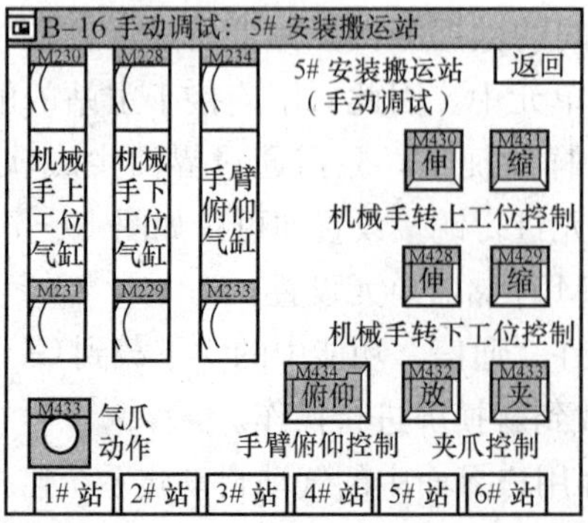

图 10-76　第五站监控界面

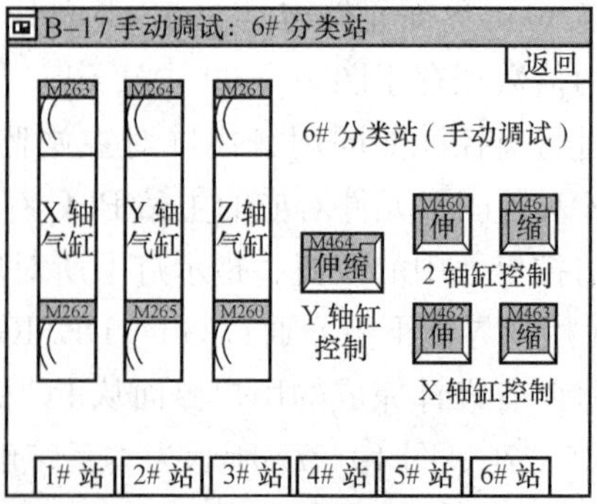

图 10-77　第六站监控界面

10.6.2 组态软件在气动自动化系统中的应用

1. 组态软件简介

组态软件作为一种数据采集与过程控制的专用软件，是在自动控制系统监控层一级的软件平台和开发环境，能以灵活多样的组态方式提供良好的用户开发界面和简捷的使用方法，其预设置的各种软件模块可以非常容易地实现和完成监控层的各项功能，并能同时支持各种硬件厂家的计算机和I/O设备，与高可靠性的工控计算机和网络系统结合，可向控制层和管理层提供软、硬件的全部接口，进行系统集成。目前世界上有不少专业厂商包括专业软件公司和硬件/系统厂商生产和提供各种组态软件产品。

组态软件作为用户可定制功能的软件平台工具，是随着分布式控制系统及计算机控制技术的日趋成熟而发展起来的。是DCS的商品化应用促进了组态软件概念的普及。随着微处理器及个人计算机技术的飞速发展，自动化监控设备的价格得以大幅度降低，体积也逐渐缩小，另外，计算机网络技术的发展使得监控设备之间的互联通信变得简便易行。所有这一切都促进了监控组态软件的普及与推广。组态软件能以灵活多样的组态方式提供良好的用户开发界面和简捷使用方法，并能同时支持各种硬件厂家的计算机和I/O设备，与高可靠的工控计算机和网络系统结合，可向控制层和管理层提供软、硬件的全部接口，进行系统集成。

由此可见，组态软件正是监控系统的指挥中心，是监控系统发展的产物。现场总线技术促进了组态软件的发展。现场总线和开放系统是组态软件成长所依赖的外部环境。目前，开放系统已成为操作系统的主流，而现场总线直接与组态软件驱动的设备密切相关，使得组态软件更加易于连接更多的I/O设备，从而促进监控组态软件在现场总线控制系统中的应用。

国外组态软件如FIX、Intouch等。国产化的组态软件产品有“组态王”、“世纪星”、MCGS、力控等。

如图10－78所示，组态软件通过I/O驱动程序从现场I/O设备获得实时数据，对数据进行必要的加工后，一方面以图形方式直观地显示在计算机屏幕上；另一方面按照组态要求和操作人员的指令将控制数据发送给I/O设备，对执行机构实施控制或调整控制参数，对要求存储的采集量进行历史数据存储。对历史数据检索请示给予响应。当发生故障时及时将报警以声音、图像的方式通知给操作人员，并记录报警的历史信息，以备检索。

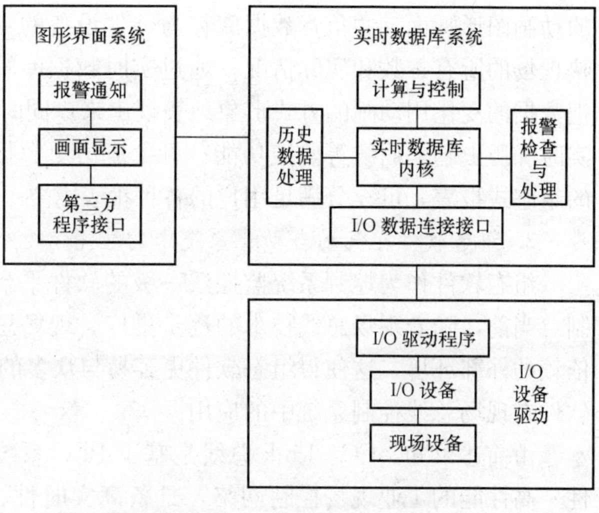

图10－78 组态软件数据处理流程

监控实时数据库是组态软件的核心和引擎。历史数据的存储与检索、报警处理与存储、数据的运算处理、数据库冗余控制、I/O数据连接都是由监控实时数据库系统完成的。图形界面系统、I/O驱动程序等组件以监控实时数据库核心，通过高效的内部协议相互通信，共享数据。

2. 世纪星组态软件

世纪星通用工业监控组态软件（以下简称“世纪星”组态软件）是在PC机上开发的智能型人机接口（MMI）软件系统，它以Windows 98/NT中文平台作为其操作系统，全中文界面，并充分利用了Windows的各种便利功能。在开发和设计过程中，采用国际先进的组态思想，吸收当前国际国内先进组态软件的优秀成果，经过严格的实验测试和各行业众多现场实践，已经充分证明了“世纪星”组态软件的高可靠性（稳定性）、先进性、通用性、方便性。

“世纪星”组态软件的组态表现在两方面：一是工况画面组态，开始者可用非常方便快捷的方法制作出形象逼真的工况画面，以多种方式任意组合来表现现场情况，包括动画连接、趋势曲线等；二是现场组态，“世纪星”组态软件全面支持国内国际工控底层设备，并配置了方便的设备安装向导，使得软件与硬件的连接简单轻松。

“世纪星”组态软件由开发系统CSMAKER和运行系统CSVIEWER两部分组成。CSMAKER和CSVIEWER是各自独立的32位Windows应用程序，均可单独使用；两者又有一定联系，在开始系统CSMAKER中设计开发的应用程序必须在CSVIEWER运行环境中才能运行。

CSMAKER是“世纪星”组态软件的集成开发环境，软件开发者在这个环境中完成界面的设计、数据库定义、动画连接、硬件设备安装、网络配置、系统配置等。该系统具有先进完善的图形生成功能；数据库中有多种数据类型，不但能合理地控制对象，而且能非常简单、方便地对数据的报警、趋势曲线、历史数据记录、安全防范等进行操作；开发者利用其丰富的图形控件和自定义图库功能，可以大大减少设计界面的时间；通过简单而实用的编程命令语言，开发者不需要编程经验就可以设计完成实际工程；方便的硬件设备安装向导可以彻底实现工控现场的数据采集和监控功能。

CSVIEWER是“世纪星”组态软件系统的实时运行环境，用于显示开发系统中建立的动画图形画面，并负责数据库存与硬件设备的数据交换。运行系统能实时而形象地反映现场的所有参数和实际情况；通过实时数据库管理从工业控制对象采集各种数据；可把数据的变化用动画的方式形象地表现出来，同时完成实时和历史报警、历史数据记录、实时和历史趋势曲线等监控功能；可生成历史数据文件，用于追查历史事件；灵活方便的组态式报表，可充分满足用户的各种报表需要。

3. 组态软件在气动自动化系统中的应用

组态软件作为控制系统监控层一级的软件平台，负责现场生产数据的采集与过程控制。当前，随着现场总线技术的逐步推广，现场总线和开放系统已成为组态软件成长所依赖的外部环境，这使得组态软件更容易与众多的输入/输出设备连接，从而促进了组态软件在现场总线控制系统中的应用。

由前述可知，CC-Link总线是基于PLC系统的现场总线，是一种开放式、高可靠性、高性能的工业现场控制网络，具备高实时性、分散控制、与智能设备通信等功能，它与PC机间提供了便利的通信手段，在PC机中就可方便地使用组态软件编程，通过组态软件对主站进行监控和参数调整，进而实现对 CC－Link 总线上所有设备的数据采集和实时控制任务。同时，借助 PC 机中组态软件提供的图形及策略控制功能，可以弥补现场控制装置（如 PLC）在运算、控制能力上的不足，扩大开放式 PC－Based 设备在控制系统中的应用。

根据组态软件的数据流程，需要就具体的工程应用在组态软件中进行完整、严密的组态，组态软件才能够正常工作。下面列出了气动自动化监控程序的组态步骤。

（1）设备驱动。由于 FX2N 系列 PLC 的设备驱动函数是“世纪星”组态软件中固有的，因此只需按照“设备安装向导”的提示安装设备驱动程序，设置必要的参数即可。

（2）监控画面开发。根据工艺和现场控制的要求，MPS 监控画面包括初始窗口、系统菜单、画面菜单及硬件设备测试窗口、工作状态监控窗口（图 10－79～图 10－85 所示为气动系统中的各从站的监控窗口以及各从站工作流程显示窗口）等。

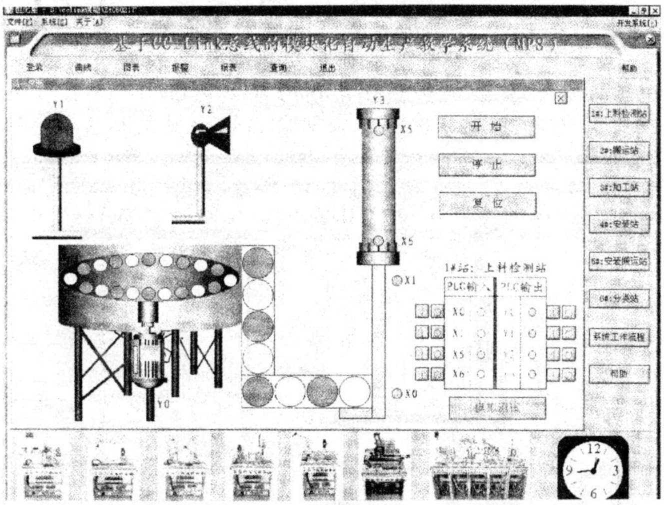

图 10－79 第一站上料检测站组态界面

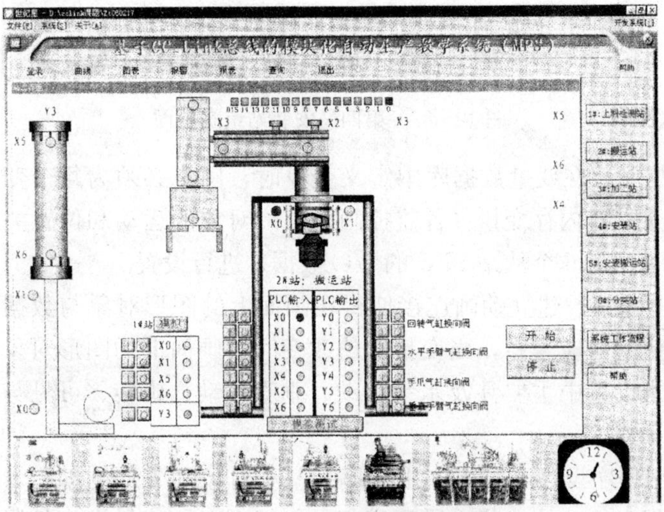

图 10－80 第二站搬运站组态界面

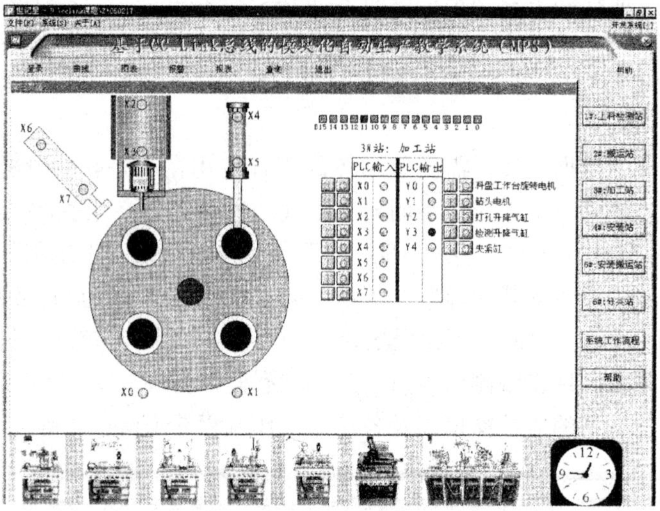

图 10-81　第三站加工站组态界面

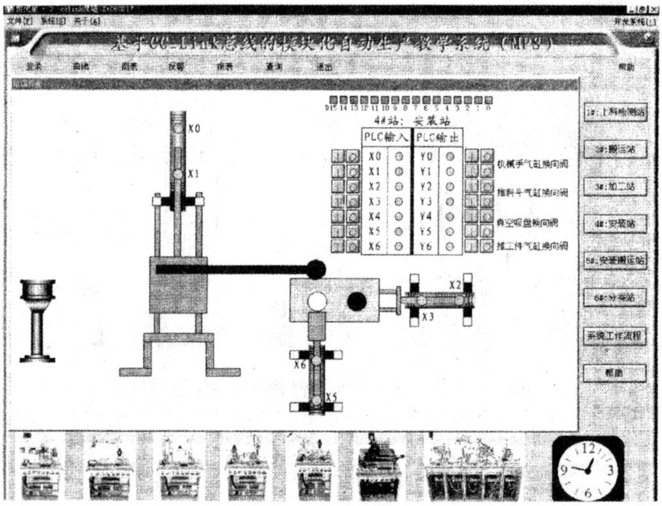

图 10-82　第四站安装站组态界面

（3）构造数据库。在变量数据库中定义变量时，用户必须为每个变量定义一种数据类型。本设计中重点对内存变量（各监控画面图形对象的运动和位置关系）和 I/O 变量（CC-Link 总线主站与 6 个从站 PLC 的 I/O 数据）进行设置。

（4）定义动画连接。建立动画连接使得在画面上的图形对象与数据库的数据变量之间建立了一种特定的对应关系，当变量的值改变时，画面上的图形对象便以动画效果的形式表现出来。本设计中主要涉及水平移动、垂直移动、旋转、可见与隐藏、数值动态显示等方面的动画连接。

（5）脚本应用程序设计。脚本应用程序是基于对象和事件的编程，是通过“命令语言编辑器”来编辑和修改的。每一段程序都是与特定对象或触发事件紧密关联的，通过

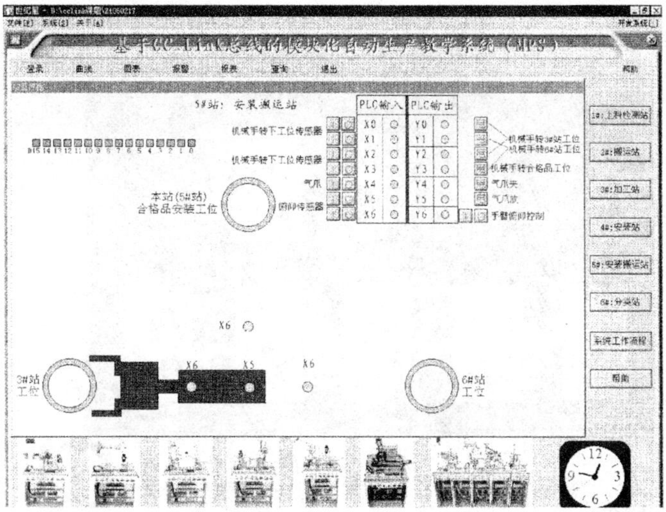

图 10－83　第五站安装搬运站组态界面

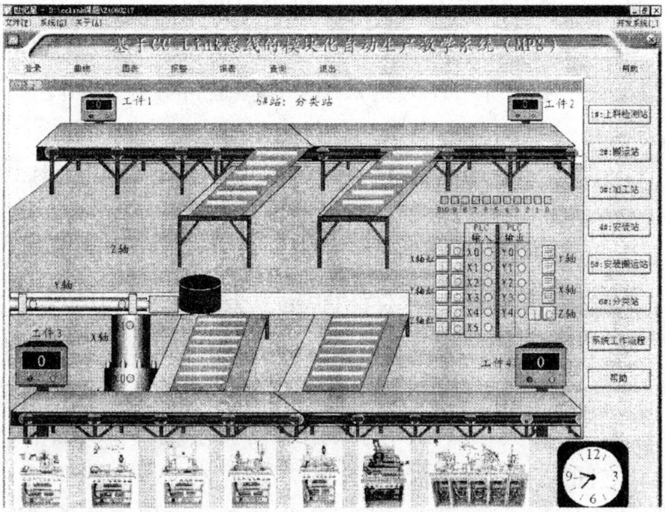

图 10－84　第六站分类站组态界面

对变量、函数的操作，完成对现场数据的处理和控制，实现图形化监控。下面以 2＃搬运站水平手臂气缸的动态运行控制为例加以说明。

```
IF Bit (站二状态，10)＝1 THEN
        站二水平臂运动＝站二水平臂运动＋30;
        站二水平臂运动 3＝站水平臂运动 3＋30;
ELSE
        站二水平臂运动＝0;
        站二水平臂运动 3＝0;
ENDIF
```

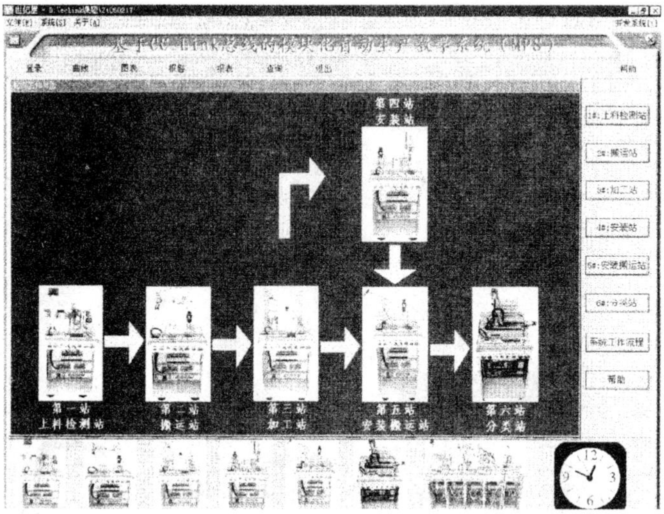

图 10-85　各站工作流程图组态界面

（6）运行和调试。在开发过程中，可以不断运用世纪星实时运行环境 CSViewer，运行和调试在开发系统中建立的图形画面。为了能在不连接外部设备的情况下进行快速开发并及时检验开发效果，本系统中还大量采用了模拟运行等开发手段。

4. 数据链接与监控

组态软件与 CC-Link 总线主站 PLC 相连，但通过 CC-Link 总线，组态软件可以对包含主站和 6 个从站的所有网络数据进行有效监控。

（1）CC-Link 总线主、从站间的数据链接。在本系统中，CC-Link 总线采用循环传输方式进行通信。主站将刷新数据（RY/RWw）发送到所有从站，同时依次轮询各从站，每个从站对主站的轮询分别作出响应（RX/RWr），同时将该响应告知其他从站。由于各站之间数据链路的通信过程是通过各自 PLC 程序中的 FROM/TO 语句调用本站缓冲存储器数据实现的，因此主、从站间的数据通信关系就表现为各自 PLC 相关存储器（如 M、D 存储器）之间的对应关系。

（2）组态软件与 CC-Link 总线主站间的数据链接。在组态软件的图形界面中，所有图形元素都是通过数据库变量进行动画连接的，要建立图形元素与 CC-Link 总线主从站 PLC 输入输出、传感器、执行元件间的对应关系，就需要通过组态软件的设置功能建立数据库变量与主站 PLC 存储器之间的数据链接。如前述 2＃搬运站的脚本应用程序中，以字单元“站二状态”存放主站中对应于 2＃搬运站的通信内容，以位单元“Bit（站二状态，10）”存储使水平手臂气缸伸出对应的换向阀动作信号。

气动自动化技术和现场总线技术是目前工业控制技术的热点，它一方面促进了控制系统不断走向开放，另一方面也给作为控制系统监控软件的组态软件带来了更多的机遇，并最大限度地体现出组态软件的优势。组态软件在基于 CC-Link 总线的气动自动化监控系统开发中的应用表明，组态软件具有控制系统支宪可靠、通信数据共享、人机界面友好、操作便捷、完全满足设计要求等优点。

第11章 气动技术应用

11.1 气动技术应用概述

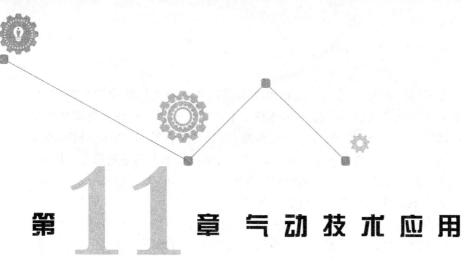

气动执行元件主要用于作直线往复运动。在工程实际中，这种运动形式应用最多，如许多机器或设备上的传送装置、产品加工时工件的进给、工件定位和夹紧、工件装配以及材料成形加工等都是直线运动形式。但有些气动执行元件也可以做旋转运动，如摆动气缸（摆动角度可达 360°）。在气动技术应用范围内，除个别情况外，对完成直线运动形式来说，无论是从技术角度还是从成本角度看，全机设备都无法与气动设备相比。从技术和成本角度看，气缸作为执行元件是完成直线运动的最佳形式，如同用电动机来完成旋转运动一样。

在气动技术中，控制元件与执行元件之间的相互作用是建立在一些简单元件基础上的。根据任务要求，这些元件可以组合成多种系统方案。由于气动技术使机构或设备的机械化程度大大提高，并能够实现完全自动化，因此，气动技术在“廉价”自动化方面作出了重大贡献。实际上，单个气动元件（如各种类型的气缸和控制阀）都可以看成是模块式元件，这是因为气动元件必须进行组合，才能形成一个用于完成某一特定作业的控制回路。

气动系统常常是由少量气动元件和若干个气动基本回路组合而成的。气动系统的组成具有可复制性，这为组合气动元件的产生与应用打下了基础。一般来说，组合气动元件内带有许多预定功能，如具有 12 步的气-机械步进开关，虽然被装配成一个控制单元，但却可用来控制几个气动执行元件。间歇式进料器也常作为整个机器的一个部件来提供。这样就大大简化了气动系统的设计，减少了设计人员和现场安装调试人员的工作量，使气动系统成本大大降低。采用气动技术解决工业生产中的问题时，其特征是灵活性强，既适用于解决某种问题的气动技术方案，也适用于解决其他场合的相同或相似的问题。

既然空气动力在气源与完成各种操作的工位之间不需要安装复杂的机械设备，那么，在各工位相距较远的场合应用气动技术是再合适不过的了。对于需要高速驱动情况，优先选择全气动设备是合适的。在各种材料的操作过程中，很少要求各顺序动作具有较高的进给精度，且在这些操作中设计的力也较小，因此，采用气动技术不仅可以完成这些操作，而且进给精度不会超越其技术允许范围。除了通过机械化来达到降低成本、提高生产率的目的外，在实际工程中，采用气动技术主要是由于其具有结构简单、事故少、可用于易燃易爆和有辐射危险场合等特点。纵观整个生产加工过程，有许多要掌握的技术问题，但这些技术问题在不同工程领域中是相似或相同的。同样，对相同或相似的技术问题，若采用气动技术作为其解决方案，也存在着不同领域技术上的重复问题。因此，若给出其合理的应用准则，那么，在工业部门的许多领域中，就可以广泛应用气动技术，以提供功能强大、成本低、效率高的控制和驱动方式。

气动技术的应用范围大，广泛应用于各个领域，不仅用于生产、工程自动化和机械化中，还渗透到医疗保健和日常生活中。气动系统具有防火、防爆等特点，可应用于矿山、石油、天然气、煤气等设备。还因其耐高温，适用于火力发电设备、焊接夹紧装置等。同时，它容易净化，可用于半导体制造、纯水处理、医药、香烟制造等设备。气动系统的高速工作性能，在冲床、压机、压铸机械、注塑机等设备中得到了广泛的应用，还用于工件的装配生产线、包装机械、印刷机械、工程机械、木工机械和金属切削机床和纺织设备等。下面介绍一些应用实例。

11.2 气动技术在电子设备上的应用

气动技术是生产过程自动化和机械化最有效的手段之一，气动技术在电子设备上的应用非常广泛，它给人们简化设备结构设计、满足结构动作要求带来了非常好的效果。在设计中只要认真分析机构的功能和要求，进行正确的气动系统设计，选用合适的气动元件，就一定能使气动技术满足要求，从而促进电子专用设备向精密化、自动化、高性能化的方向发展，让更多的气动元件为电子设备服务。

11.2.1 大规模集成电路制造中的气动系统

随着大规模集成电路（IC）技术的发展，硅晶圆的尺寸已从 5 英寸发展到 10 英寸，而动态随机存储器和静态存储器（芯片）的容量也从 1MB 发展到 256M 以上，最小的加工尺寸已从 1.2μm 缩小至 0.10μm，现在最先进的最小加工尺寸甚至达到 0.08μm。而这些 IC 制造机器由于其特殊的工艺要求，对现行的普通气动元件和流体元件，提出了适应其工艺需求的超高清洁度的特殊要求，这样用于 IC 机器的超高洁净系统的气动元件和精致元件也就应运而生了。而且随着 IC 行业的蓬勃发展，超高洁净气动系统和精致流体系统也随之发展，形成一种超纯气动和流体控制系统（见图 11-1）。

11.2.2 电子设备中的气动旋转取料装置

图 11-2 是某单位自制设备中用于自动上料的一种气动旋转取料装置，用来实现芯片等片式元件的上料，并把它们送到相应的加工、装配或测试分类工位上去。工作时，人工定时地将大批片料任意地倒进盘旋料斗，振动料斗便自动地将片料按规定的方向和位置排列到料斗上部的取料位置，然后摆动气缸带动旋转臂上的单动气缸摆动，单动气缸带动真空吸头按照一定的生产节拍从料斗上吸取片料后再由摆动气缸带动旋转臂上的单动气缸摆动返回到加工工位放料，完成取料动作，取放料由真空通断完成，如此循环往复便完成了自动供料。该结构简单紧凑、操作可靠，使用非常广泛，已在芯片组焊机、SMD 片式元件编带设备上得到应用，其气动原理如图 11-3 所示。该气动系统中将所需

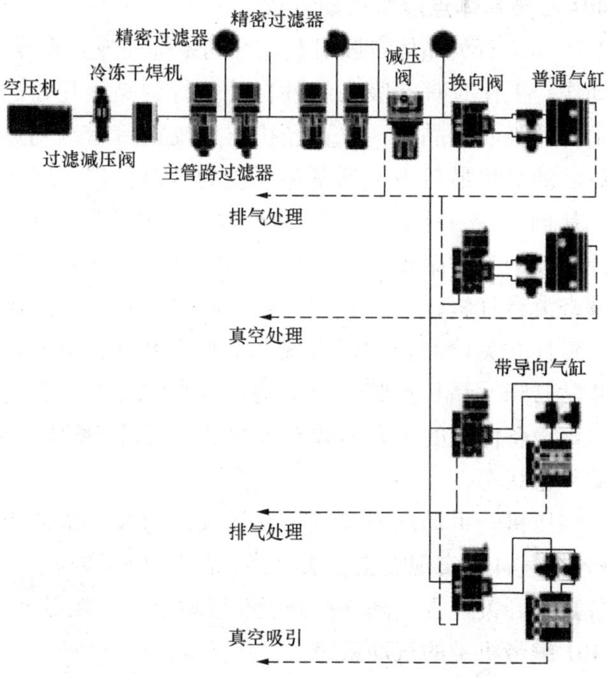

图 11 - 1　一种超纯气动和流体控制系统示意图

的电磁阀统一安装在汇流板上，统一给气、排气消声，然后通过节流阀输送到各个气缸，真空发生器另走一路，经过电磁阀到真空吸头。压缩空气经过手动阀进入气动三联件进行处理后，经过配套的快速接头和气管连成一个整体。

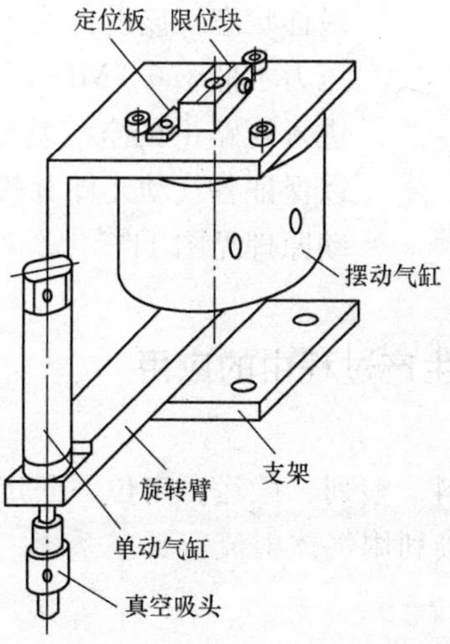

图 11 - 2　电子设备中的气动旋转取料装置

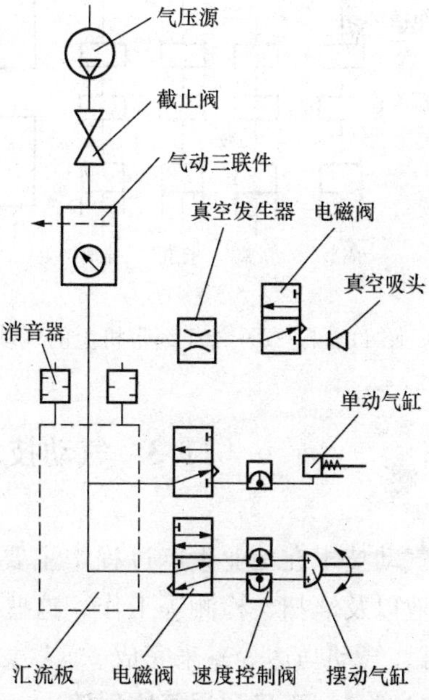

图 11 - 3　取料装置气动控制原理图

11.2.3 DJ－401石英晶体点胶机气动系统

某单位研制的DJ－401石英晶体点胶机利用气动系统完成自动吸取晶片、自动点胶、自动装贴镜片这些动作，工作时真空吸头组件自动运行到晶片托盘的位置，真空吸头下降吸取晶片，然后抬升被吸取的晶片，位置经扶正夹校正后运送到点胶组件的点胶位置进行点胶，完成点胶后的晶片最后被送到基座托盘的基座位置，吸头下降，将点胶后的晶片装贴到基座上，从而完成一个晶片的自动吸取、自动点胶、自动装贴的工作过程，接着进入下一个晶片点胶的工作循环。

该气动系统由精密滑台气缸、真空开关、真空阀、电磁阀、限流器等组成，各精密滑台气缸由电磁阀、磁性开关检测控制，实现真空吸头升降、晶片位置扶正爪开合、晶片装贴限位、晶片装贴升降、晶片点胶开合运动，各真空开关、真空阀分别控制吸头吸取晶片，银胶回收。该设备使用的压力不低于0.4MPa，各精密滑台气缸通过调节限流器达到各滑台气缸运动平稳状态。

具体气路流程：空压机→手动阀→空气过滤器及压力表→汇流板（电磁阀、磁性检测开关）→限流器→各个气缸→实现真空吸头升降、晶片装贴限位、晶片装贴升降、晶片点胶台开合运动；各真空开关→真空阀→控制吸头吸取晶片、银胶回收。

11.2.4 BD－401编带机上的气动系统

BD－401编带机是将陶瓷滤波器、电容、电感等径向引线的电子元件经机械装置送入基带与胶带，并热压成型后编带。该机成型机构、折痕、冲孔机构均由气缸驱动完成动作，除双杆气缸运行平稳外，其余气缸采用浮动接头，使动作轻巧灵活，同时过带轮的压紧以及冲孔排屑、加热吹气也均由气动系统完成。为保证各动作的准确平稳、可靠，需将单向节流阀的流量调节至最佳状态。该设备使用压缩空气的压力不低于0.5MPa，流量$7m^3/h$，进入管路中的空气均须经过过滤，以保证各气动元件有效的工作（气动原理见图11－4）。

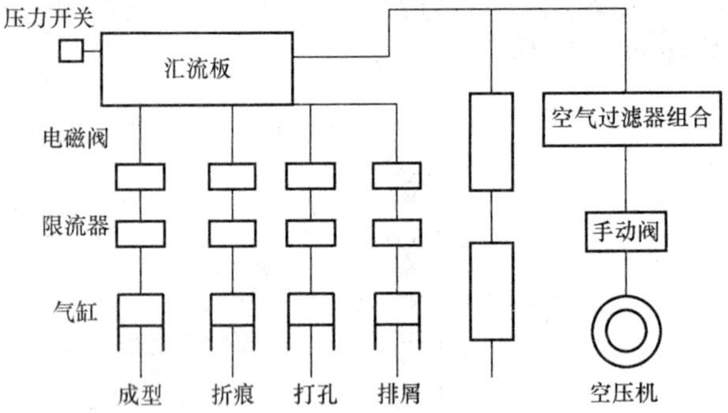

图11－4 BD－401编带机上的气动原理示意图

11.3 气动技术在工业生产过程中的应用

气动技术在工业生产过程中主要承担上下料、整列、搬运、定位、固定夹紧、组装等作业以及清扫、检测等工作。这些工作可直接利用气体射流、真空系统、气动执行器（气缸、气动马达等）来完成。

11.3.1 直接利用气体射流

下面举几个直接利用气体射流来完成清除、检测、搬运等作业的例子。

1. 除切屑装置

图 11－5 是吹除切屑装置的示意图。该装置用于金属切削机床上，当工件完成切削工步后，可自动吹净切屑。气动定时器用于控制气流喷射时间。

2. 搬运工件装置

图 11－6 是利用空气射流搬运工件装置的示意图。经溜槽送来的工件由擒拿机械供给钻床（靠纵擒气缸完成），当背压传感器测知工件就位后靠夹紧气缸夹紧工件。钻床加工完成后，传感器喷嘴中吹出空气射流，将工件送入气动溜槽，运往下道工序。

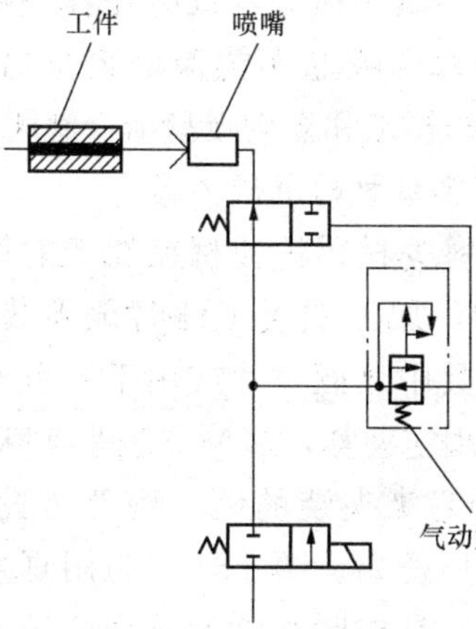

图 11－5　吹除切屑装置

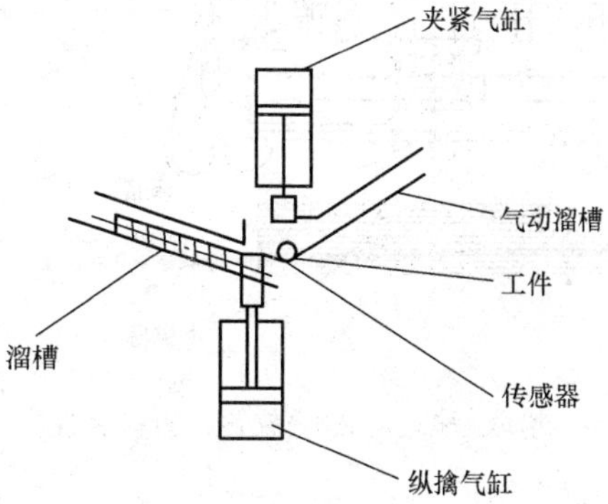

图 11－6　利用空气射流搬运工件装置

3. 非接触搬运物件

非接触搬运使用了一种 NCT 系列气动执行器。清净压缩空气从装置在元件本体底面的环行喷嘴沿本体表面喷出，从而在元件下方产生负压，吸附物件。喷出的空气通过元件本体与物件之间的间隙，沿元件本体外周向外流出。一旦物件靠近，该喷出空气层在反弹力作用下阻止接触物件，因此保持非接触的悬浮状态（见图 11－7）。NCT 元件与真空吸盘不同，并非依靠吸入空气来固持物体，而正好相反，它是通过喷出空气来固持物体的装置。但是为了能自由地横向移动，有必要设置与物件侧面接触的导向装置，与物件侧面接触则无法避免。非接触搬运主要用于半导体芯片、CD 等物件的搬运，确保物件除污后的清洁状态。

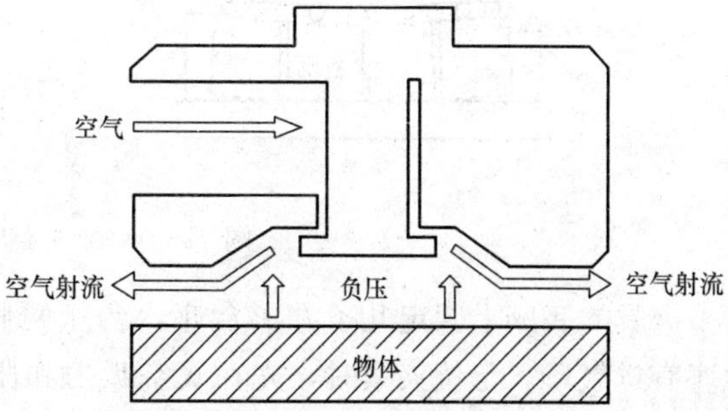

图 11－7　NCT 系列执行器工作原理

除以上实例外，利用空气射流的场合还有很多。例如：喷沙、喷漆、精选米粒、谷物装卸，啤酒、饮料、粉料、有毒物料、水泥等的运输，以及纱线检测、喷气织布等。

11.3.2 利用真空系统

在气动技术应用中，大多数气动元件都在高于大气压力的气压下工作；另一类元件在低于大气压下工作，这类元件称为真空元件，所组成的系统称为真空系统（或称为负压系统）。这里介绍几个利用真空系统完成吸附、固定、夹紧、搬运等作业的实例。

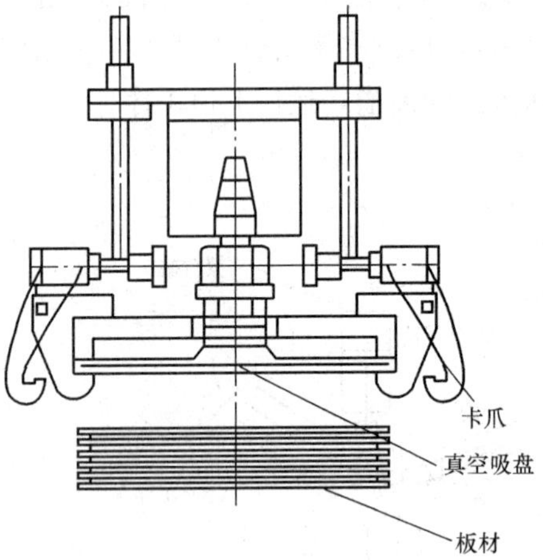

图 11-8 拾取、搬运、推叠放置的板材装置

1. 拾取、搬运、堆叠放置的板材装置

图 11-8 所示为拾取、搬运、推叠放置的板材装置的示意图。由于板材堆叠放置，故无法直接用机械手抓取，只能用真空吸盘吸附。但仅用真空吸盘不能保证定位精度，因此该装置将机械爪和真空吸盘结合使用。

2. 加工变形板材时所用夹具

金属、塑料等材质的板材在加工前往往已经变形挠曲，加工此类工件时很难装夹。过去采用在夹具中加插垫片或用千斤顶调整高度的方法来固定夹紧，这种方法非常麻烦。而采用磁性吸盘来夹装的话，吸盘松脱后，工件会再次变形挠曲。图 11-9 为用真空吸盘夹固工件，夹具按照工件变形程度排列真空吸盘，使得工件自然固定。

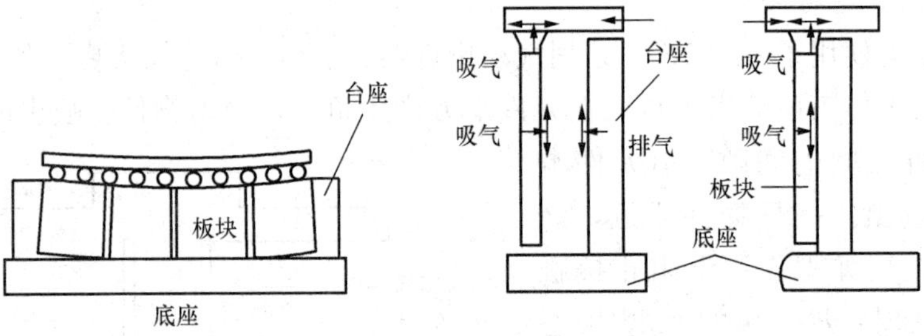

图 11-9 加工变形板的夹具

夹具的底座上固定几条方形台座，台座两侧装有真空吸盘的板块，板块有真空口，台座有送气口。定位夹紧时，先在真空吸力和压缩空气压力双重作用下，板块既紧贴台座，同时又可在台座侧面自由移动，此时移动板块，使板块上的吸盘吸住工件，然后关闭台座上的压缩空气送气口，板块就被固定在台座上，再从四周侧面夹紧工件。工件既被夹紧，又保持其自然形态，加工后不再变形挠曲。

真空元件及其系统普遍应用于各种生产线和设备上，如电视机、冰箱、纸箱、玻璃、印刷等生产线。纺织上用的自动加捻器也有用喷气真空发生器的。

11.3.3 利用气动执行元件

如气缸、摆动气缸、气动马达等气动元件可将压缩空气的能量转换成机械能，完成夹紧固定、上下料、搬运、检测、加工装配等作业。这是气动技术的主要应用领域。

1. 平行移动爪气动卡盘

气动卡盘的结构形式有很多种，图 11-10 所示的平行移动爪气动卡盘为其中的一种结构。它用扁平型摆动气缸驱动，在摆动气缸轴上装有左右对称的臂，臂端部设置小滚轮。两块滑块由两根导向杆导向，分别作左右往复运动。滑块中间为一长孔，小滚轮嵌在孔内。摆动气缸的摆动角度为 30°左右。

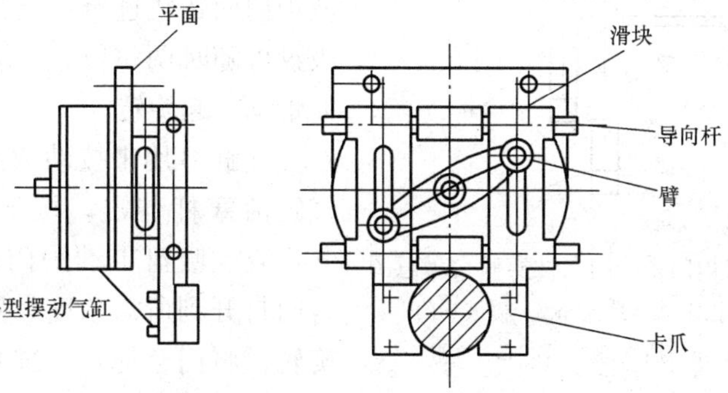

图 11-10　平行移动爪气动卡盘

2. 长行程大输出力气压机

图 11-11 是一台长行程大输出力气压机的结构示意图。为了减少能耗，采用大小两只气缸完成不同功能。小口径气缸承担冲头接近工件任务，而后大口径气缸产生压力，完成冲压作业。

3. 翻身移动装置

图 11-12 为翻身移动装置，在需要将工件翻身以便对反面进行加工时使用。该装置可将输送带上的工件翻身，同时移送至另一条高度不同的输送带上。

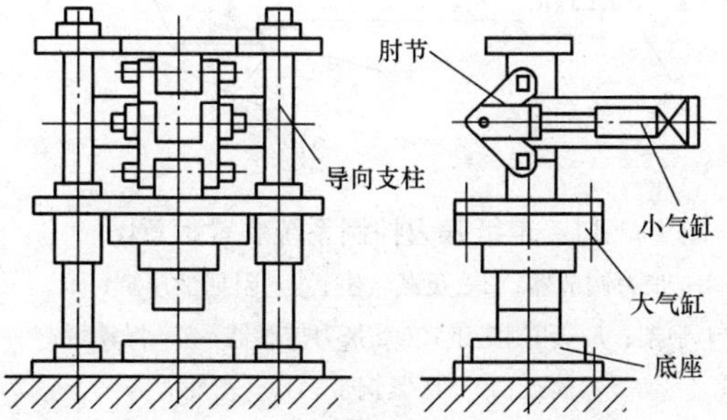

图 11-11　长行程大输出力气缸机

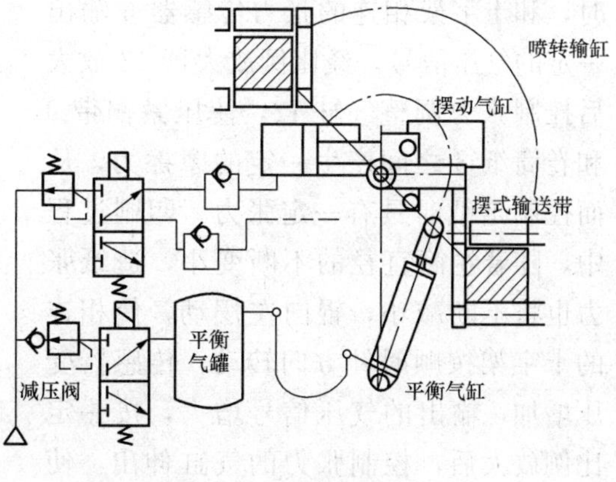

图 11-12　翻身移动装置

工件进入右下方翻身起始位置的输送带上，电磁阀换向，摆动气缸工作，完成翻身，而后在气缸、滚辊驱动下将工件送出。翻身时，由平衡气缸吸收力矩的变化，用减压阀调节平衡压力。为了减少波动，装置了容积 5 倍的平衡气罐。

4. 微波炉门系统耐久性实验台

图 11-13 为微波炉门试验台结构示意图。挡块和气缸 A 定位夹紧微波炉；摆动气缸

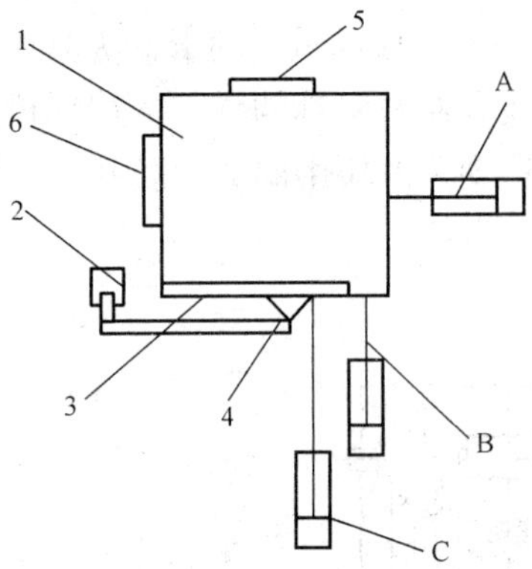

图 11-13 微波炉门系统耐久性实验台示意图
1—被测微波炉；2—摆动气缸；3—微波炉门；4—真空吸盘；5—挡块；A、B、C—气缸

2旋转轴垂直向上。摆动轴上安装一摆杆，摆杆上安装真空吸盘4，吸盘在摆杆上可自由滑动。当真空发生器工作时，吸盘吸住炉门3，当摆动气缸工作时，炉门由吸盘带动旋转而打开。虽然由于摆杆的回转轨迹与微波炉门回转轨迹有一定的差距，但由于真空吸盘可随时调整位置，因此能始终贴住炉门而带动一起旋转。

气缸B用来按动微波炉的开门按钮，当气缸活塞杆伸出，按下按钮，炉门随即弹开，真空吸盘带动炉门随着摆动气缸运动，将门打开到所需角度，然后摆动气缸再反向旋转，将门合拢，气缸C活塞杆伸出，将门关紧。

5. 走纸张力控制系统

图11-14为走纸张力控制系统装置示意图。在新型印刷机械中，要求在印刷过程中，纸张张力必须基本恒定，且在遇到紧急情况时，能迅速制动，重新运动时又能平稳起动。

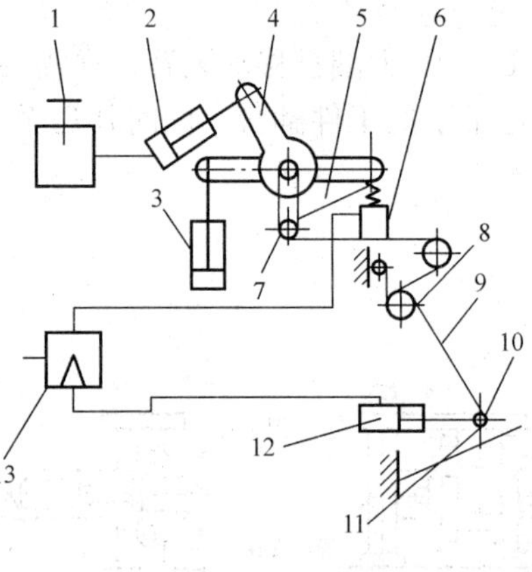

图 11-14 走纸张力控制系统装置示意图
1—张力调节器；2—负载气缸；3—阻尼液压缸；4—十字架；5—印刷走纸；6—张力传感器；7—浮动辊；8—卷筒纸；9—压紧铜带；10—滑轮；11—弹簧；12—张力调整气缸；13—比例放大器

运行之前，张力由调节器1设定。运行时张力调节器的输出气压信号控制负载气缸2，负载气缸输出力通过十字架4、浮动辊7和纸张张力相平衡。平衡时，和十字架相连的张力传感器6输出一定的气压信号，经比例放大器13放大后控制张力调整气缸12，使压紧铜带9和卷筒纸8之间产生一定的摩擦力，从而控制走纸时具有一定张力。印刷过程中，随着卷筒直径的不断变小，造纸张力也将不断减小，辊向左摆动，使相连的十字架按顺时针方向转动，传感器受压增加，输出的气压信号增大，按一定比例放大后，控制张力的气缸伸出，使卷筒纸上的摩擦力增加，直至恢复到原张力设定值。反之，若运行中走纸张力增大，通过控制系统的自动调节，也能很快恢复到原设定值。

此外，在系统设计中，可使印刷机在需要紧急停车时，停车信号能使负载气缸和张力气缸内的压力迅速上升到一个预定值，随之铜带和卷筒纸之间的摩擦力也急剧上升到预定力，使高速运动的纸卷筒在极短的时间内停止走纸，但又不使纸被拉断。重新起动时，又能使负载缸和张力负载气缸回到原设定值，平稳运行。

11.3.4　气动技术在纺织工业中的应用

1. 气流纺纱装置

图 11-15 为气流纺纱机的结构原理。主要由前罗拉及与之相连的喷射式真空发生器、加捻杯、输出罗拉、卷纱筒等组成。

通气后喷射式真空发生器在头端产生负压，将前罗拉送出的纤维束吸入，在吸引气流和喷射气流的双重作用下纤维束被拆散，纤维随气流送至加捻杯侧壁，由于此时纤维速度大大高于前罗拉表面速度，纤维在前罗拉及加捻杯之间被切断，由于加捻杯旋转速度高达 30 000～60 000r/min，从真空发生器送来的纤维在离心力作用下沿侧壁移动，在直径最大处集体成束，加捻成纱，再由输出罗拉送出。纱线切断时，连接触针的微动开关驱动电磁阀换向，让压缩空气改道通向罗拉下部的真空发生器，产生由下向上、朝向前罗拉方向的吸力，同时前罗拉送出的纤维因真空发生器不产生真空被气流除尘器吸去，不再流向加捻杯。纺纱断头在吸力作用下插入真空发生器下部，被吸引气流和射流吹至加捻杯，在加捻杯旋转产生离心力作用下，触动触针，使电磁阀换向，再次向加捻杯送供纤维，接上断头。

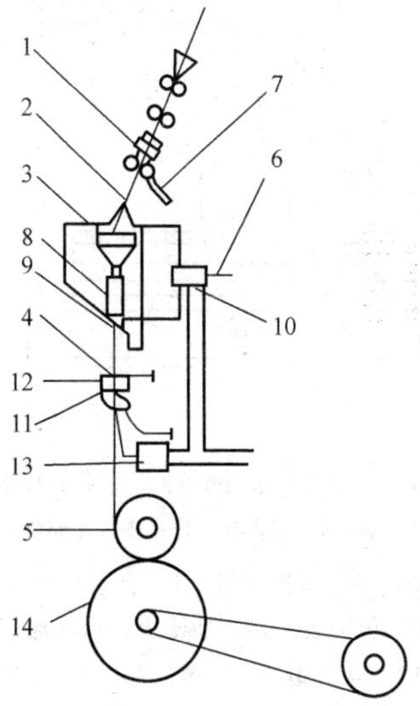

图 11-15　气流纺纱机结构原理图

1—前罗拉；2—真空发生器；3—加捻杯；4—输出罗拉；5—卷纱筒；6—压缩空气；7—气流除尘器；8—固定管；9—真空发生器；10—电磁阀；11—触针；12—导纱钩；13—微动开关；14—筒子

2. 梳棉机给棉罗拉气动加压机构

图 11-16 所示的是气动加压机构结构图。它与罗拉平行，设置在罗拉上方。在图 11-16 中，2 为开口向下的加压握持空腔。3 为放在腔内的由弹性材料制成的气囊，气囊由管道 7 接通气压源 14。气囊下面装有一加压块 10，加压块在空腔中可上下运动，加压压力可通过减压阀无级调整。被握持的给棉棉层在受到加压块加压压缩的同时，传递给气囊一个位置信息。气囊加有液体，检测管 5 内液体的液面高度 6 由空腔内各加压块的位置来决定。液面的高度反映了棉层平均高度，通过液位传感器 8 来检测棉层平均高度数据。温度传感器 4 的信息传送给电脑，用来修正和补偿由液体温度的变化造成的检测误差。

3. 断纱信号发生器

图 11-17 为断纱信号发生器原理图。当纱线断头或换管时，电子清纱器 3 或传感器的检测槽内无纱线的信号，电子清纱器或传感器控制板 4 送出一个断头信号给微型电磁阀 5，让压缩空气作用抬升气缸 6，使筒子 1 抬离筒槽 2。当接头工作完成后需再次卷绕，

触动微动开关 7 产生一个模拟的延时的运行信号，抬升气缸 6 排气，筒子靠自重稳落在筒槽表面，再次卷绕。

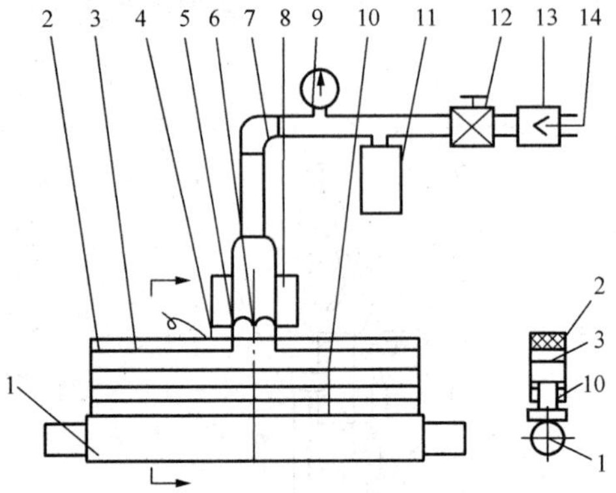

图 11-16　梳棉机给棉罗拉气动加压机构结构图

1—给棉罗拉；2—加压握持空腔；3—气囊；4—温度传感器；5—检测管；6—液面高度；7—管道；8—液位传感器；9—压力表；10—加压块；11—储气罐；12—减压阀；13—单向阀；14—气压源

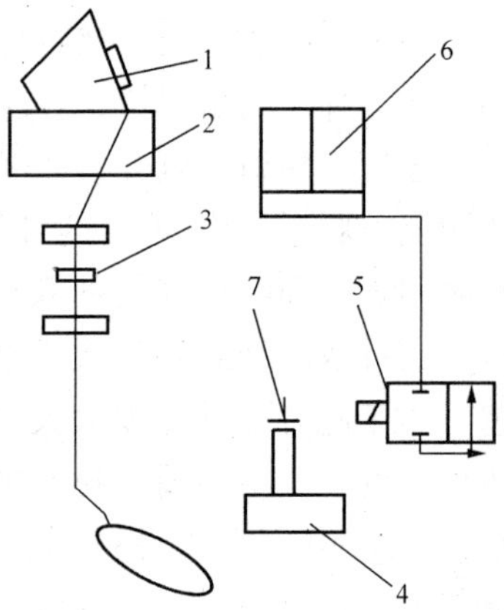

图 11-17　断纱信号发生器原理图

1—筒子；2—筒槽；3—电子清纱器；4—传感器控制板；5—电磁阀；6—气缸；7—微动开关

4. 纱线线径测量

图 11-18 是纱线线径测量探头和气桥示意图。测量时，将标准线径的纱线送入探头，调节 R_1 或 R_2，使 C 点和 D 点的压力相等，即 $P_C = P_D$，气桥达到平衡。当取下标准线径的纱线，换以被测量线径的纱线，随着线径的变化，根据差压值 ΔP 的大小，就可以测出所测线径的大小。

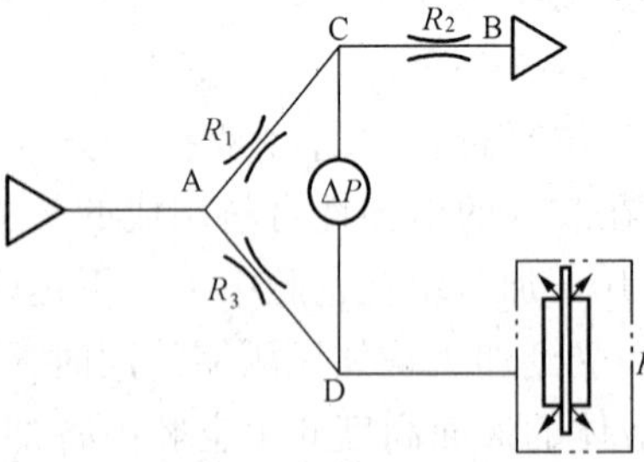

图 11-18　纱线线径测量示意图

5. 其他

气动技术在纺织工业中还有以下一些应用实例。

(1) 纺织厂使用的清纱器及除尘系统。

(2) 细纱机上用的气动 V 型牵伸装置。它可替代弹簧，增加牵引能力，适合纺细号纱，条干纤维均匀度水平较高。

(3) 浆纱机的压浆辊的压浆力用气动加压替代弹簧加压。这使调整压力方便，辊两端压力一致。还可以对前后压浆辊设置不同压力，浆纱机低速时配合低压力，高速时配合高压力。并在突然停电时利用余压将压浆辊自动抬起。气动加压使上浆合格率显著提高，浆斑、轻浆等疵点明显减少。

(4) 浆纱机经轴采用气动控制，带式制动，使张力均匀，回丝减少，操作方便。

(5) 梳棉机道夫上罩加装气动撑杆，使工人操作时轻便，提高生产效率、增加安全性。

(6) 整径机上气动伸缩操作的径轴转动对中和气动加压辊。

(7) 喷气织机的喷孔引纬。它是依靠喷射气流对纬纱的摩擦将纱引入的。

(8) 成品纱、布的打包等。

11.3.5 气动技术在其他领域内的应用

1. 在运输工具上的应用

火车、地铁、汽车飞机等交通运输工具上广泛使用气动技术。例如地铁、汽车的开关门，汽车的制动系统，高速列车轮轨间喷脂润滑系统，电力机车受电弓气控系统，高速列车主动悬挂系统，缆车弯道倾斜装置，轿车后盖支撑杆，螺旋桨由顶部空气喷嘴驱动的直升机等。

2. 在体育、娱乐上的应用

水深可调游泳池是通过升降池底来调节池中的水深的，以适应不同的竞赛项目。采用气动系统升降池底，不会漏电，能保证安全。气动跟踪摄像机系统设置在体育馆内，能自始至终地跟踪拍摄运动员运动全过程，与电动相比效果更好。

在迪斯尼乐园等娱乐场所，有许多仿真人物、动物的模型，这些模型动作逼真，使游人有身临动画画面一般的感觉。它们都是由电脑控制的声像装置和液压、气动、电动装置的组合。

3. 在医疗、保健、福利事业中的应用

在人工呼吸器、人工心肺机、人工心脏等人工器官中，都直接或间接地将气动技术用于驱动和控制等。在疾病诊断方面，利用气动技术间接地测量血压、眼压等，避免直接接触人体器官造成伤害。气动按摩器用空气压力按摩手、脚等，对消除运动后的肌肉疲劳效果甚好。

现已开发出用于残障人士或重病患者的气动假腿、气动辅助椅子、气动护理机器人。柔性气动执行元件和小型压缩机的开发为气动技术在医疗护理和福利事业方面的应用开拓了广阔前景。

4. 农牧业上的应用

气动萝卜收割机，可以完成拔萝卜，对萝卜分类、计数和捆扎。在种植了蔬菜等的温室中，用气动技术来进行驱动风扇、洒水、喷农药等作业。用气动喷嘴配合光电传感器来精选米粒、去除谷壳和次品米粒。还有用气动机器人挤牛奶等。

5. 在教育、培训中的应用

中医大夫通过搭脉来诊断疾病，完全依靠个人经验，传授难度大。现开发了脉波模拟教学仪后，可将病人的脉搏记录下来，并通过电/气比例阀系统将电信号转换成空气压力，用空气压力变化再现脉搏于仿真手臂。这对提高搭脉医术有很大好处。

飞机驾驶培训中所用的座椅，用若干台膜片气缸来模拟垂直或左右加速时身体下沉或摆动的情况，锻炼飞行员在飞行时的适应能力。

除以上领域外，气动技术还用于储仓中物品的进出，街道清扫，垃圾处理，环境清洁等方面。

11.4　气动技术在叠层薄膜电容生产设备中的应用

11.4.1　电容生产设备的介绍

电容生产设备由于电容本身的多样性、复杂性、特殊性决定了其生产制造设备具有很强的工艺性、专有性。

不同的电容，其生产工艺、生产设备均不相同，可以概括为工艺流程（卷绕、开边、切片、焊接或封装、分选）和对应设备（卷绕机、开边机、切片机、组装机、分选机）。

这些工艺环节所涉及的设备都是电容生产中的关键设备，它们具有集机械、电器、嵌入式软件、光学系统、气动控制、仪器等于一体的特点。叠层薄膜电容如图 11-19 所示。

传统无感式环氧封装电容如图 11-20 所示。

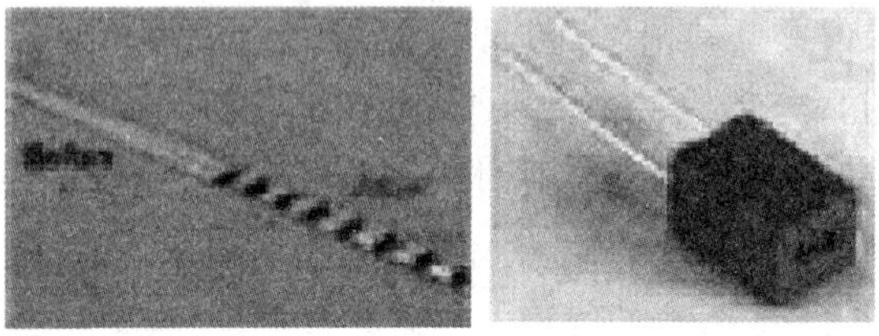

半成品　　成品

图 11-19　叠层薄膜电容

半成品　　成品

图 11-20　传统无感式环氧封装电容

11.4.2　气动元件在电容生产设备中的应用

1. 气动系统的基本构成

在设备中的气动系统主要由气源设备、方向控制阀、执行元件三部分组成，如图 11-21 所示。关于气动系统的原理、构成及其元件的分类、功用在此不作赘述。

2. 气源在叠层薄膜电容设备中的应用及特点

接入设备中的气源是工厂已经干燥、过滤处理过的，但由于此类生产设备整机性能要求高，气源的洁净是设备良好工作的最基本保障。因此，仍需对进入设备中的气体进行处理，AC 系列空气组合元件是普遍采用的气源处理产品，即通常所说的“三联件”，AC30、AC40 是常用型号。

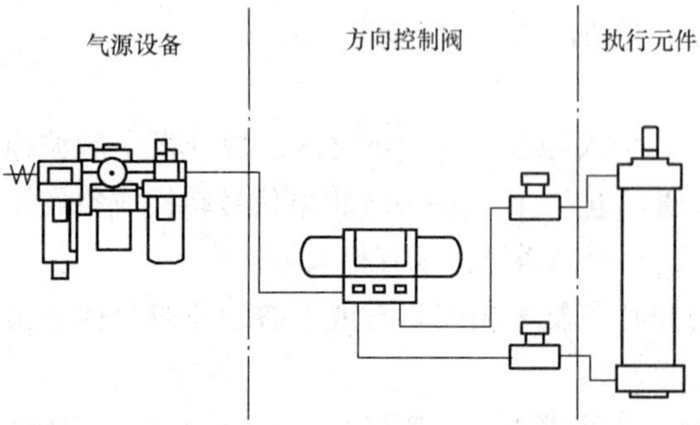

图 11-21　气动系统示意图

在一些气动系统较庞大的设备中，如开边机，还需使用气罐，用于消除气路中的压力脉冲，并在断电、断气时维持短时间内的供气，从而使设备平稳、安全地停机。

气源经处理后在主路上需设置压力开关，用以检测压力的有无及大小，从而控制设备的起停。

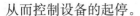

3. 控制阀在叠层薄膜电容设备中的应用及特点

控制阀分为压力控制阀、方向控制阀、速度控制阀三种，与执行元件相连，来控制其输出力的大小、运动方向和速度。

(1) 压力控制阀使用最多的是直动式减压阀 AR 系列。通常被用于干路中或支路中需控制气压大小的地方。在卷绕机中输送铝箔、开边机中切除料头并压紧、切片机中主路压力的控制、分选机中分选真空吸料杆，这些地方都使用了压力控制阀，用以降低出口压力并稳压。

(2) 流量控制阀多使用 AS 系列。但需注意排气节流阀和进气节流阀的区别。电容设备中"吹气"的地方很多，如各上料振盘，此时使用进气节流阀较理想。

(3) 方向控制阀有很多种，在电容设备中使用最广的是电磁换向阀。SY3000、SY5000 是常用系列，相对应的集装板也经常用到。在使用中，先导式三位五通的双电控电磁阀控制双作用气缸的情况最为典型，因其具有体积小、流通能力大、功耗小、使用寿命长、响应时间短、易装配等优点，在电容设备中是首选的气动配置。

以开边机为例，开边机是集开边、测试、分选（此处为半成品分选）等工艺为一体的联动生产线，需完成的动作很多，气路系统很庞大，使用电磁阀近 60 个，共 7 个集装板，以完成上料、定位、抓料、收料以及清洁锯片等动作的控制。

值得一提的是，在许多进口设备中，常见 SYJ 系列电磁阀，建议在国产设备中不要使用。此类电磁阀在性能上与 SY 系列基本相同，与 SY 相比，SYJ 体积小，但因其是欧标产品，所以供货周期长、价格高。

4. 执行元件在叠层薄膜电容设备中的应用及特点

执行元件是系统中的重要组成部分。它将气压转换为机械能，驱动机构作直线往复运动、摆动和旋转运动。电容设备的执行元件基本涵盖了所有气缸种类，各类标准型、针型、方型、双杆型、带导杆型、滑台、气爪等。气缸行程大多在 100mm 以内，缸径大多小于 50mm。其相应的安装形式、缓冲形式、磁性开关、连接配件均按需配置，形式多种多样。

(1) 气缸的应用。气缸是完成直线运动的最佳形式。在设备中遇到有精度要求的地方，除使用高精度气缸外，还可以采用"气缸＋导轨"的组合形式，以达到设计要求，并节约成本。比如，在切片机推料机构中，CJ 型标准气缸配以直线导轨轴，完成母料从料框推至上料过道的动作。在开边机中，C85 型气缸配以直线导轨滑块，完成电容条从链条顶至料框的动作。

(2) 气爪的应用。由于电容体积小、质量小、形状规则，所以气爪也在电容设备中使用。在开边机中，母料经开边后，一分为二，此时 MHZ2 型气爪将两个料条抓取放至下一个工位，两个料条动作一致、稳定可靠。

(3) 摆缸的应用。摆缸是将气压转换成往复回转运动的执行元件。在电容设备中也经常使用。如开边机的母料上料、切片机的落料，都使用了 CRB1 型摆缸。

在气缸行程中间需定位时，最可靠的方法是在定位点设置机械挡块。挡块需较高强度，且具有吸收冲击的缓冲能力。这种"硬限位"的方法，在电容设备中经常可以看到。

5. 真空系统在叠层薄膜电容设备中的应用及特点

电容作为一种精密元件，其自身规则、光滑、轻巧，不适合夹紧，采用真空吸附完成动作非常合适，是实现其自动化生产的一种重要手段，在关键生产设备中得以应用。

在分选机上、下料机构中，其真空回路较简单，真空发生装置多使用真空发生器，而非真空泵，气体经压力开关、减压阀、电磁阀、真空发生器至吸盘。完成电容载板上料或分选落料的动作。

11.4.3 气动元件在电容设备中的应用前景

气动控制系统结构简单、成本低，压力等级低，使用安全，与液压传动相比流动损失小，可靠性高，使用寿命长，是电容设备的首选控制系统。近年来气动技术与微电子、计算机技术相结合，使其成为发展最快的技术之一。

随着电容产品朝着小型化、片式化方向发展，气动技术的发展与其相辅相成。高质量、高精度、高速度、低功耗、小型化、轻量化、集成化、机电气一体化是气动技术的发展方向。现在自由安装型气缸（CU 系列）已成为电容设备中的生力军，真空安全阀（ZP2V 系列）的研制简化了真空部件的结构，这些新技术、新产品推动了设备的研发。

纵观全球，气动行业以美洲（以美国为中心）、欧洲、亚太地区（以日本为中心）三足鼎立。知名企业有美国的 Parker、英国的 Norgren、德国的 Festo、日本的 SMC。在产品品质方面以美洲、欧洲品牌为优，亚太地区次之；在价格及供货周期方面，亚太地区品牌则占有优势，尤其是已在国内设工厂的品牌，其产品更具有优势。同时，在激烈的市场竞争中也存在许多中下游品牌，如中国台湾地区的一些品牌及一些名牌的 OEM 产品，这些品牌在通用环境下的产品不逊于高端产品，设计时应根据具体情况进行甄别、选型。

11.5 气动技术在端子压接模具中的应用

11.5.1 端子压接模具现状

目前，线束用端子压接模具主要分为日式压接模具、韩式压接模具和欧式压接模具。这 3 类模具无一例外地都采用了机械连杆送料的方式。其原理如图 11-22 所示。

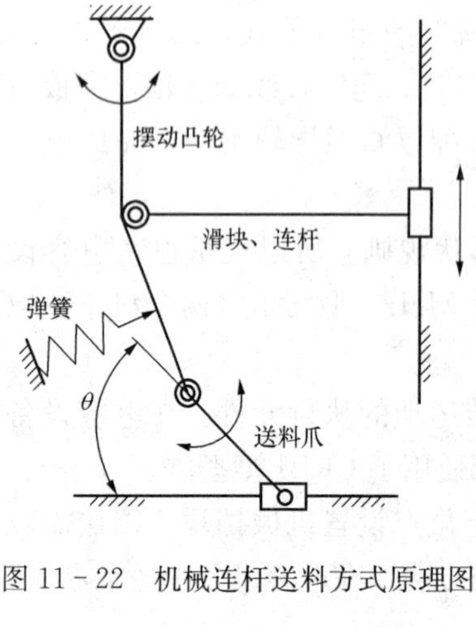

图 11-22 机械连杆送料方式原理图

机械连杆送料机构，依赖滑块提供原动力，由于摆动凸轮作圆周运动，该零件与轴承间的配合间隙在送料爪上放大为送料误差。同时，送料爪在作直线运动的同时作圆周运动，θ 角一直在变化，送料爪推动端子料带孔的位置也一直在变化，从而进一步增加了送料误差。

送料步距由摆动凸轮的结构决定，由于空间的限制，摆动凸轮偏转角度不可能做得太大，送料步距最大为 30mm，因此有些端子难以适应。

11.5.2　气动技术在压接模具中的应用

1. 应用原理

由于现有的端子压接模具通过改变其结构来增大送料步距变得困难，考虑到气动技术的节能、无污染、高效、低成本、安全可靠、结构简单等优点，遂采用了用双作用气缸和换向阀组合来改变送料步距的机构，原理如图 11－23 所示。图 11－24 为该机构的送料部分，图 11－25 为该机构的换向阀部分。

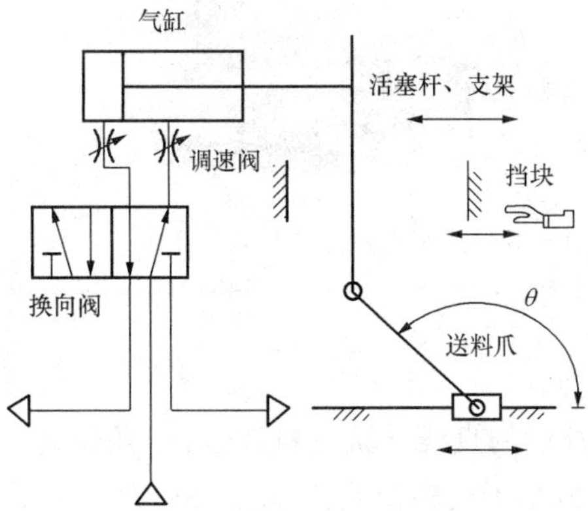

图 11－23　气动送料方式原理图

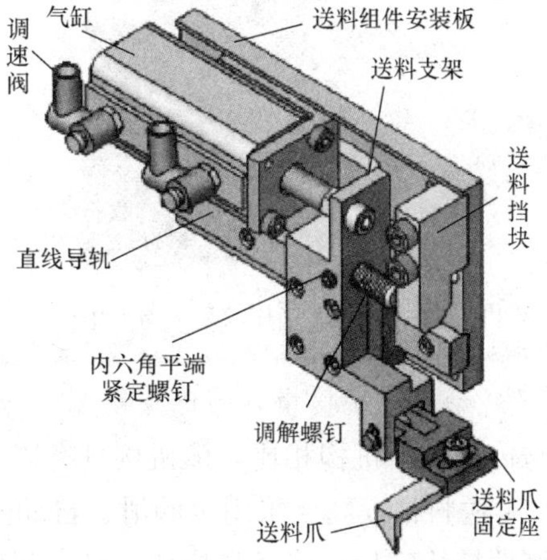

图 11－24　送料部分立体图

2. 具体动作

如图 11－25 所示，万向接头连接工厂用压缩空气。图 11－25 中 2 个快换接头通过气绳与图 11－24 中的调速阀分别相连。气源通过换向阀作用到气缸，当模具处于最大封闭高度时，换向阀内活塞呈自由状态，此时右侧封闭，气体通过换向阀左侧作用到气缸左侧，气缸内活塞向右运动，右侧的气体通过调速阀从换向阀排出。活塞的运动带动送料爪向送料的方向运动直到活塞被右侧挡块挡住，此时完成一个送料过程。

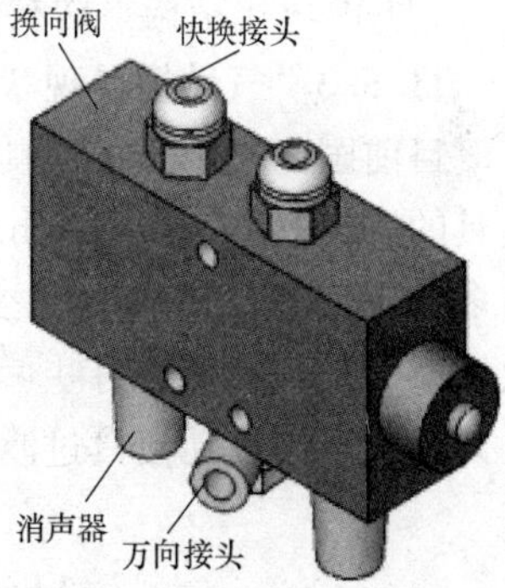

图 11－25　换向阀立体图

当模具做压接动作时，滑块上凸轮给换向阀施加一力，换向阀内活塞移动到左边，此时左侧封闭。气体通过换向阀作用到气缸右侧，气缸内活塞向左运动，左侧的气体通过调速阀经换向阀排出，此时完成一个回退过程。

气缸上的调速阀可以控制进入气缸的气流量，适当调节气流量的大小可以使送料过程更平稳。换向阀上装有消声器，可以消除排出气体时的声音。

为了防止送料爪在送料过程中转动，采用了直线导轨，使送料更加稳定。

若需调节送料步距，只需移动气缸的左右位置即可；若要精确调整端子的位置，松开紧定螺钉，旋动调节螺钉到合适的位置后旋紧紧定螺钉；若遇到步距较大的端子，只需更换合适步距的气缸即可。

图 11－26 为以该机构作为送料方式的压接模具实物图。图 11－27 为采用传统送料方式的日式压接模具实物图。

图 11－26　气动端子压接模具实物图

图 11－27　传统送料方式日式压接模具实物图

3. 气动端子压接模具的优点

与传统送料机构相比，该机构具有以下优点。

(1) 送料精度高。采用自润滑、自动间隙补偿的直线导轨送料技术，θ 角恒定，同时采用刚性挡块定位最终送料位置，最大限度地减小了送料误差。

(2) 柔性更大。由于气缸的行程有多种规格可以选择，送料步距不再受限制，送料速度可调节，挡块位置也可调节。

(3) 模块化结构。送料结构独立于压接系统，不影响压接品质。

11.5.3　气动模具现状

目前国内端子压接模具以机械模具为主，气动模具尚处于起步阶段。国外生产气动模具的厂家主要有：Delphi、AMP、Hanke、Mecal 等。但这些厂家生产的模具每副价格多在 15 000～22 000 元之间，特殊端子模具的价格甚至更高，这样的价格对于国内多数线束生产厂家来说有些偏高。因此，目前国内多数线束厂家还是以机械模具为主，但已开始逐步向气动模具过渡。

11.6　气动技术在印刷机械中的应用

11.6.1　气动技术在印刷机中的应用

目前，气动技术在单张纸胶印机、卷筒纸胶印机和凹印机等印刷机械中得到了广泛的应用。印刷机在完成印刷工作时，一些机构动作的实现需要由气动装置来完成。单张纸胶印机在给纸部分使用分纸吸嘴、递纸吸嘴、分纸吹嘴等实现纸张的分离、递送工作；纸张在输纸板上输送过程中采用真空输纸方式；印刷装置离合压采用气动控制实现；收纸减速采用真空吸附等。卷筒纸印刷机采用气动技术进行张力控制、给纸装置中机构的位置控制、印刷装置的离合压控制等。凹印机中主要在给纸和收纸部分驱动离合、裁刀刀架下落、裁刀动作、压印滚筒与印版之间的离合和印版滚筒的位置控制等采用气动系统实现位置控制。

气动技术在印刷机械中的应用主要包括两种工作方式：一种是需要适量气量就可以完成印刷所需要的工作。主要依靠气体的正压或负压来实现。这种方式主要用于单张纸印刷机中纸张分离的分纸吸嘴、纸张传递的递纸吸嘴、纸张吹松的松纸吹嘴、真空输纸装置和纸张减速装置等。这些装置工作中主要由气嘴或气孔通过吸气和吹气实现印刷工作要求。在这些工作场合只需要气源的气体在一定压力下通过气体分配阀实现规定时间的吸气或吹气动作，或者将气源气体与气孔相连送到工作部位进行工作，完成这类工作的气动系统结构和功能比较简单；另外一种是通过各种电磁阀控制气缸活塞的行程实现位置控制。主要应用在印刷装置的离合控制、着墨辊和着水辊的起落控制以及其他各种位置的控制。

11.6.2　印刷离合压装置气动控制

1. 气动离合压原理

对于任何一台印刷而言，印刷时印刷装置中装版机构与压印机构都必须相互接触，并产生一定的印刷压力，印刷装置的这种状态称为合压。当输纸系统停止给纸或发生输纸故障，以及进行准备作业时，装版机构与压印机构必须及时脱开，撤除印刷压力，印刷装置的这种状态称为离压。离、合压的实现主要是依靠改变两滚筒中心距来完成的。以往实现印刷装置离合压的执行装置主要是电气控制。例如中国早期研发的北人 J2108A 对开单色胶印机和 PZ4880A 对开四色胶印机采用电磁铁实现离合装置离合的驱动。J2108A 是通过电磁铁控制双头推爪驱动压印滚筒上的离压凸轮和合压凸轮以及四杆机构，从而控制支撑橡皮滚筒轴的偏心轴承的摆动，来实现离合压位置控制的。应用电磁铁作为执行机构的离合压位置控制时机械结构比较复杂。采用气动控制实现离合压位置变化时，主要通过气缸活塞的行程位置控制四杆机构的摆杆摆动，再通过连杆改变印刷装置偏心轴承的位置实现印刷装置的离合压。这种由电磁铁控制凸轮连杆机构动作的可靠性差，并容易产生振动、冲击。印刷机离合压装置采用气动控制技术相比以往采用电磁铁控制机构完成印刷装置离合压，突出的优点在于可以大大简化机械结构，减少了原有离合压机构中的一些零件，没有了离压凸轮和合压凸轮，动作更加可靠，提高了离合压位置控制精度。又由于气压式传动本身具有动作平稳、准确，结构简单等优点，因此，目前各种印刷机离合压机构的驱动多采用气动控制系统。

单张纸平版印刷机的离合压机构也逐渐采用气动控制。进口的各种胶印机几乎都采用气动控制。国产印刷机以往都是电磁铁控制。目前在设备更新换代中也采用气动离合压装置。单张纸印刷机印刷装置一般采用 3 个滚筒的形式，3 个滚筒在离合压过程中是按顺序进行的。橡皮布滚筒先与印版滚筒压合压，转过一个角度后，再与压印滚筒离压合压，离压的顺序与合压相反，这种按一定规律进行离合压的方式称为顺序离合压。采用气动控制实现过程中必须满足顺序离合压的要求。可以采用三位五通电磁阀控制气缸活塞的运动。电磁阀中有 2 个需要通电的线圈。合压时，其中一个电磁阀的线圈通电时，压缩空气推动活塞杆移动，实现橡皮滚筒与印版滚筒合压之后，2 个电磁阀线圈同时通电（或断电），使气缸活塞停止运动，离合压装置保持在一定位置上。一定时间之后，电磁阀中一直通电的线圈继续通电，另一个断电，气缸活塞杆继续推动四杆机构实现橡皮滚筒与压印滚筒的合压，电磁阀中线圈断电，合压过程结束。离压过程与合压过程刚好相反。北人300多色印刷机采用2个串联的气缸实现顺序离合压控制。橡皮滚筒采用1个单偏心套机构实现离合压动作。

卷筒纸平版印刷机离合压机构主要采用气动控制。卷筒纸印刷机印刷装置一般采用B-B结构，印刷机印刷单元有2个印刷机组，这2个机组的印刷滚筒的离合压机构相同，每个机组的2个橡皮布滚筒必须同时进行离合动作。采用气动控制实现印刷装置的离合压控制一般采用双电控二位四通电磁阀控制气缸活塞的运动，合压时电磁阀中的一个线圈通电，压缩空气进入气缸，气缸活塞推动离合压机构改变位置，上、下2个橡皮布滚筒同时进入合压位置。离压时，电磁阀中另外一个线圈通电，压缩空气从另一个进气口进入气缸，推动活塞杆缩回导气缸里，活塞杆带动离合压机构反向运动，使上、下2个橡皮布滚筒同时回到离压位置。如图11-28所示。

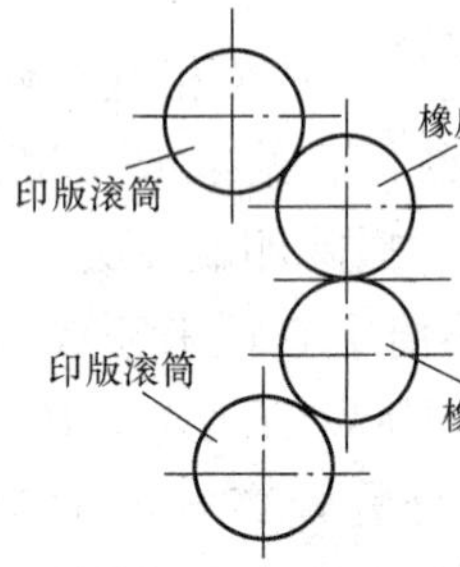

图11-28　B-B型印刷机装置

B-B型印刷机没有专用的压印滚筒，2个橡皮布滚筒互为另一色组的压印滚筒，纸张经过对滚的2个橡皮布滚筒，正反两面同时完成印刷，故套印准确，效率高。由于2个橡皮布滚筒互相对压，所以有时简称B-B型机。在印刷机工作过程中，离合压时2个橡皮滚筒必须同时运动。由于不用在规定时间离合压，所以四杆机构只要满足位置要求，不干涉，便于安装就可以了。

离合压执行机构采用橡皮滚筒安装偏心轴承的方式。将一个橡皮滚筒的轴（两端）置于偏心轴承的内孔中，偏心轴承的外圆安装在墙板孔中，改变偏心轴承在墙板孔中的圆周位置，就可以使该橡皮滚筒轴轴心位置变动，从而达到离合压或改变两滚筒中心距的目的。

依据离合压动作原理要求，设计中选定的参数为：采用偏心轴承的偏心量为8mm，离压时印版滚筒与橡皮滚筒离压量是1mm，橡皮滚筒与橡皮滚筒离压量为0.8mm。

2. 四杆机构设计

离合压机构中四杆机构设计主要用于满足离压和合压位置要求。

根据四杆机构的设计及计算，滚筒排列角：$\alpha=120°$；偏心量：$e=8$mm；印版滚筒与橡皮滚筒的离压量为1mm；橡皮滚筒与橡皮滚筒的离压量为：0.8mm。

通过离合压位置合偏心套设计（计算过程略）得出：$\angle CO_1C'=6.6°$时，即可实现印刷装置离合压。

在满足运动位置要求和不干涉印刷装置的情况下设计四杆机构。A点位置为离合压轴，BAD为同一杆件，通过气缸活塞从D到D'位置，AD杆转动，从而铰接杆AB随之转动，由AB转到AB'，带动连杆BC动作到$B'C'$位置，CO_1b杆为偏心套，其绕墙板孔中心O_1转动到$C'O_1b'$位置，即合压位置。具体见图11-29。

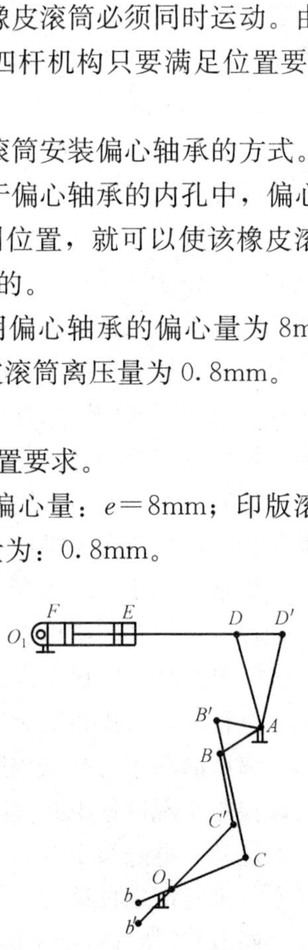

图11-29　离合压四杆机构

取偏心套摆杆的长度$O_1C=100$mm；压轴连杆的长度$CD=40$mm。

为了使离合压时的速度快、时间短，需在偏心套摆杆的切向方向作用。

则由作图法求得：连杆 $BC=91mm$；当偏心套摆杆 O_1C 旋转到 O_1C' 时，即 $\angle CO_1C'=6.6°$ 时，离合压轴连杆 AB 的旋转角为 $\angle BAB'=28°$，选取的气缸的行程为 30mm，可求得 $DE=62mm$。

3. 气动控制系统

气缸的选择：首先是安装形式的选择。本机构在离合压过程中，既要求活塞杆作直线运动，又要求缸体本身作圆弧摆动时，则选用销轴式气缸。作用力的大小根据工作机构所需力的大小来确定缸的推力和拉力。计算、确定气缸的主要参数，若选用标准气缸，可按前述计算的缸径来选择，并留有一定裕度。工作机构可尽量采用扩力机构，以减小气缸的尺寸。气缸行程的长短，依据机构计算所需行程多加 10～20mm 的行程余量。

当需要合压时，在操作台上按“合压”按钮，控制气缸的电磁阀同时动作，同时合压。离压时按“离压”按钮，因为卷筒纸胶印机印刷时为纸带，离合可在任何位置进行，不像单张纸那样，为防止半白半彩，必须在规定时间离合压。

控制气缸选择采用二位五通电磁阀控制气缸活塞的行程动作。合压时，压缩空气从一进气管进入气缸，另外一个进气管连通大气，活塞杆被推出，摆杆 AD 绕轴 A 中心顺时针转动，经连杆 OC 带动下橡皮布滚筒偏心轴承转动，上、下两个橡皮布滚筒同时进入合压位置。离压时刚好相反，活塞杆缩进气缸，带动上述机件反向运动，使上、下两个橡皮布滚筒同时回到离压位置。

根据工作机构运动要求和结构要求选择气缸类型为 QGAⅡ40XC—MP4 的双作用普通气缸，特点为利用压缩空气使活塞向两个方向运动，活塞行程可根据实际需要选定。安装方式为尾部销轴式，气缸可绕尾轴摆动。气缸安装在墙板里侧，根据离合压要求可使气管通入压缩空气，推动气缸活塞进出，带动离合压摆臂和离合压轴，通过双头螺栓使偏心轴承转动而实现离合压。

总之，由于气动技术的不断发展、气动元气件可靠性的提高和价格的下降，使得设计人员可以在更多的机构动作方面采用气动控制而不再需要采用复杂的机械结构，从而大大提高了设计速度，缩短了设计周期和制造周期，并使机器的性能更好。印刷机械中除了印刷装置的离合压外，更多的位置控制采用了气动驱动实现，使得印刷机的结构进一步简化，在高速运行过程中振动和噪声也进一步降低。

11.7　气动系统在清洗设备中的应用

随着时代的发展，用户对设备的自动化程度要求越来越高。其中，清洗设备的上下料输送系统自动化程度则直接决定了从事上下料作业的工人的劳动强度。气动技术本身具有节能、无污染、高效、低成本、安全可靠、结构简单等优点，已被广泛应用于各个工业部门。现在，气动技术与微电子、液压技术一样，都是实现生产过程自动化最有效的技术之一，在国民经济建设中发挥着越来越大的作用。在为广州某压缩机厂设计生产的下壳酸洗机时，其上下料输送线中采用了一套气动系统，使工件筐在上下料输送线上运行，大大提高了整个系统的自动化程度，减轻了上下料工人的劳动强度。

11.7.1 总体结构

上下料输送系统简图，见图 11-30 所示。该系统主体传动采用链传动，它由上料输送线、中间输送线和下料输送线所组成。在上、下料输送线与中间输送线转接的地方，各设置一套气动升降平台，采用磁性气缸，通过 PLC 可编程控制器自动控制气缸的升降，进而实现工件筐的轻松转接。

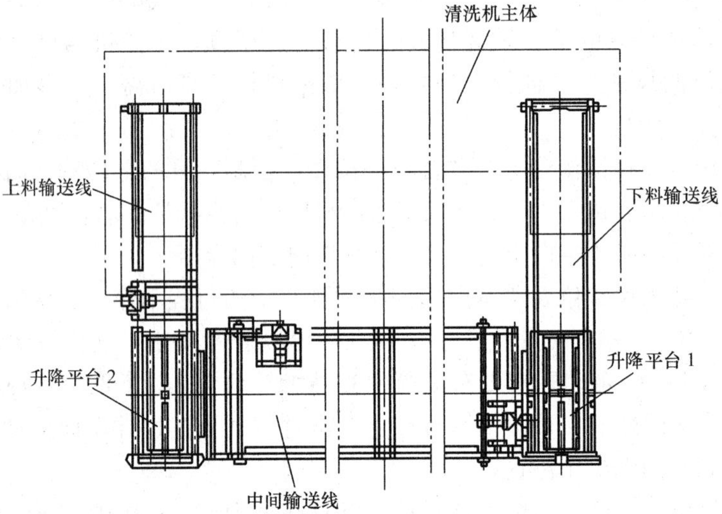

图 11-30 上下料输送系统简图

11.7.2 工作原理

上下料输送系统工件筐的流程路线图，如图 11-31 所示。装有清洗后零件的工件筐从清洗机落料端进入下料输送线，工人下料完成后，利用升降平台 1 将工件筐升至与中间输送线的输送辊道等高的位置，工件筐经过中间输送线的过程中，升降平台 1 降落，升降平台 2 升起，使工件筐顺利从中间输送线到达上料输送线；然后，升降平台 2 降落，工件筐随上料输送线移动，工人上料，工件筐进入清洗机内部，完成整个上下料循环。上下料系统利用两套气动升降装置形成一个有机统一的整体。

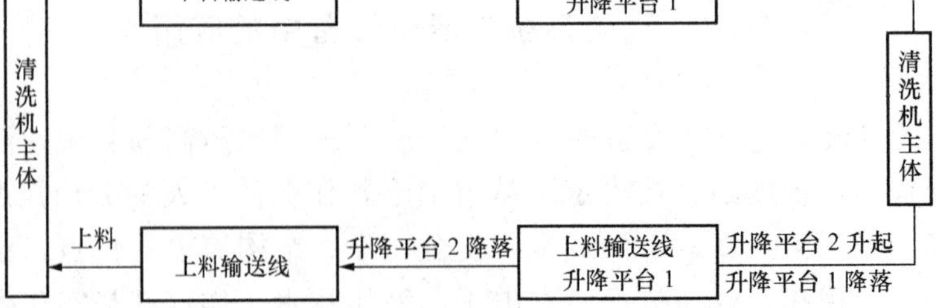

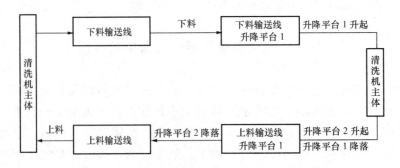

图 11-31 上下料输送系统工件筐的流程路线图

上下料输送系统中，气动装置的性能直接决定了升降平台的可靠性。升降平台要求气缸到位精确，在升降过程中平稳可靠。为此，我们按照气路原理来布置上下料输送系统的气路，如图 11－32 所示。压缩空气经过截止阀进入空气过滤组合三联件，然后流入一个控制阀（该设备采用的是二位五通双电拉滑阀），再经两个单向节流阀进入升降磁性气缸。通过调整气缸进出口的两个单向节流阀，可以调节进出口压缩空气的流速，从而控制升降平台的速度；同时，在结构上，增加气缸升降导向杆，提高气缸升降的稳定性，进而满足上下料输送系统整体运行过程中的顺利衔接。

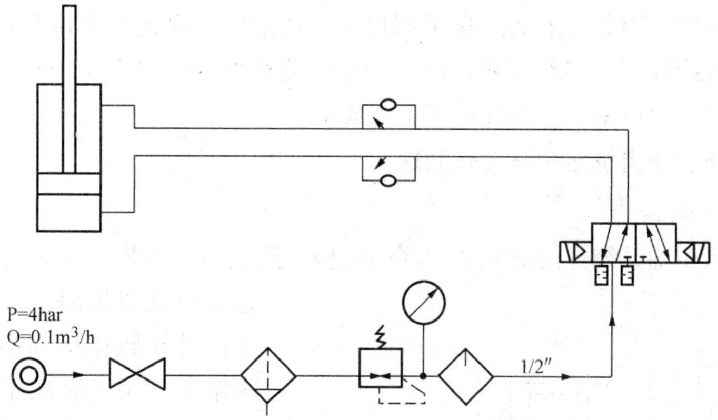

图 11－32　上下料输送系统的气动装置原理图

11.7.3　需要解决的难题及措施

上下料输送系统在设计过程中，需要解决以下难题。

(1) 清洗设备的宽度受用户车间厂房限制，不能超过 3.7 米。因此，上下料输送线的中间环节转弯半径不能过大，采用传统的动力滚筒不能够满足要求。

(2) 由于升降平台起升时，其精度要与中间输送线保持平齐。因此，气缸升降的到位精度必须控制在小于或等于 3mm 的范围内。

(3) 为防止气缸在负重状态下产生歪斜，升降机构要求有精确的导向装置。

(4) 为防止气缸在升降过程中速度过快，造成冲击，毁坏设备，要求升降气缸的升降速度可调。

在设计过程中采用这种链传动和气动辅助的方式，解决了设备上下料输送线的转弯半径问题。采用磁性气缸，外加磁性开关辅以 PLC 自动控制，解决了气缸的到位精度问题。在结构上，利用导向杆保证了气缸的垂直升降。在气路设备中，利用两个单向节流阀可以改变气缸进出口压缩空气的流量，调节气缸的升降速度。

现在清洗设备的输送装置有很多是采用动力滚筒，但动力滚筒占地面积较大，成本较高，同时转弯时需要有较大的转弯半径。在设计时，采用这种气动设备加上链传动，可以轻松实现输送系统 90°转角，即零转弯半径，这样就可以大大减小设备的宽度，减少设备的占地面积。

11.8　气动系统在数控螺旋锥齿轮研齿机中的应用

国内研齿机依靠液压系统完成各种辅助动作，易在机床附近出现大量油污，甚至出现油池现象，导致工人操作环境恶劣，浪费大量液压油。采用液压系统的机床，一般需要多为机床配备一个特定的复杂的液压站，而液压站是导致机床漏油的罪魁祸首。

YK2560 型数控螺旋锥齿轮研齿机的一个特点是采用气动系统来实现各种辅助功能，而不是采用传统的液压系统，该气动系统布局比较紧凑，结构简单。该机床没有要求特殊的入口过滤装置。因为一般的厂房里都接入了压缩空气系统，所以只需要一根管道将压缩空气接入机床即可。实践证明，该气动系统能很好地满足 YK2560 各种辅助功能要求，并具有较高的生产率，大大降低了生产成本。

11.8.1　新型研齿机结构与工作原理

1. 新型研齿机结构

新型研齿机主轴系统是两套完全相同的结构，两主轴上安装工件（齿轮），作高速稳态旋转是研齿时的主运动。横向工作台沿导轨作横向运动，用来调整两轮中心距。纵向工作台在横向工作台之上并固定有伺服电机，研齿时通过伺服电机在数控装置控制下，沿横向工作台上面的导轨作纵向往复运动，以便周期性改变两齿轮中心距。床身的后面固定有立柱。上电动机固定在研齿机的滑鞍上，研齿时，滑鞍通过滚珠丝杠装置沿立柱导轨作上下微行程（2～3mm）往复运动，滑鞍上边有弹簧和立柱相连，以使滑鞍运动平稳，如图 11 - 33 所示。

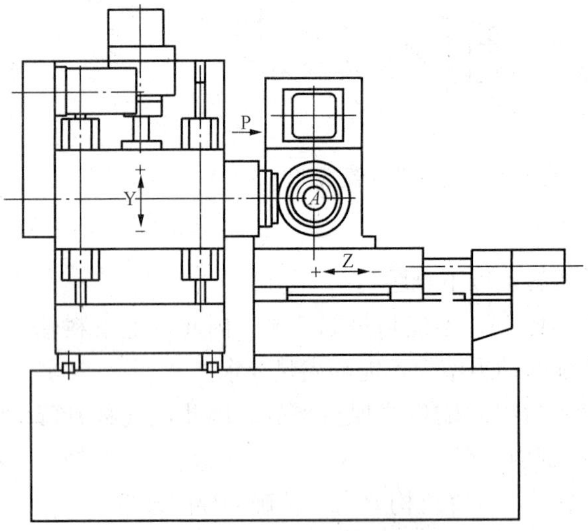

图 11 - 33　YK2560 型数控螺旋锥齿轮研齿机

2. 研齿机工作原理

螺旋锥齿轮研磨是在齿间注入研磨剂，通过齿轮对跑，依靠游粒微细切削，研合齿面，均化误差，达到降低齿面粗糙度、提高轮齿啮合性能与质量的目的。研磨时通过 3 个方向 ***V***、***H***、***J***（简称 ***V***/***H***）调整齿轮的相对位置来控制齿面接触点的位置，使齿面得到均匀研磨。为了提高研磨效率，被动轮（大齿轮）施加一制动扭矩，调节力矩大小可控制齿面压力。研磨的切削运动主要依靠两齿轮啮合运动，在齿面上形成相对滑动。另外很大程度上还依赖于 ***V***、***H***、***J*** 这 3 个方向的复合移动，因此是一种复合加工方法。接触点的位置必须严格控制。

11.8.2 新型研齿机气动系统

1. YK2650研齿机气动系统原理

YK2650研齿机所有辅助动作全部由气动系统来完成。辅助动作有：①Z轴光栓尺编码器的清洁；②大齿轮安装主轴的锁紧；③小齿轮安装主轴的锁紧；④大齿轮安装心轴气压密封；⑤小齿轮安装心轴气压密封；⑥Z轴滑台锁紧；⑦研磨剂喷管臂的前进和后退；⑧连接研磨剂泵气动隔膜阀的控制；⑨防护门的打开与关闭；⑩研磨加工或研磨液循环时，研磨剂泵所需不同压力的控制。

(1) 所有辅助动作存在逻辑上的时间顺序。所有辅助动作需按以下顺序动作，由基于sinumerik 840D西门子系统的PLC控制。

1) 驱动齿面研磨或倒车齿面研磨循环开始前。大小轮安装主轴锁紧，大小轮心轴气压密封，安装大、小轮工件齿轮，大小轮安装主轴松开（不锁紧），大小轮心轴气压不密封（大小轮心轴带动工件退回），主防护门关上，大、小工件齿轮进入啮合状态，Z轴滑台锁紧，研磨剂喷管臂前进，研磨泵研磨起动。

2) 驱动齿面研磨或倒车齿面研磨循环工作。

① 驱动齿面研磨：连接研磨剂管（驱动齿面研磨）的气动阀接通，研磨剂由第一支喷管流向驱动齿面研磨时的两齿轮啮合区。

② 倒车齿面研磨：连接研磨剂管（倒车齿面研磨）的气动阀接通，研磨剂由第二支喷管流向两齿轮啮合区。

3) 驱动齿面研磨或倒车齿面研磨循环结束。研磨泵循环状态工作研磨剂由第三支喷管循环流动Z轴滑台不锁紧（松开），大小轮安装主轴锁紧，大小轮心轴气压密封，主防护门打开。

(2) 气动元件动作循环控制设计。所有换向阀均采用电磁控制，24V直流低压电，由PLC编程控制。为了保证系统气压安全，在Z轴光栓尺清洁管路中、大小轮主轴气压密封管路中以及系统气压主进气管路中，分别设置压力继电器来发出报警装置的压力控制信号。其调整控制压力分别为：0.1MPa、0.1MPa、0.8MPa。

11.8.3 气动元件的选择及安装布局

在研齿机的气动系统设计中，合理地选择气动元件参数及安装布局，对提高齿轮精度和研齿效率至关重要。

1. 气动元件的主要组成与参数

该气动系统全部采用SMC公司的产品。SMC公司是世界知名气动元件专业生产厂家，其品种规格齐全，价格合理，在中国有着良好的销售及售后服务网络。

其主要特色如下。

(1) 过滤调压阀AW30000—03D为一组合元件，既具有粗过滤的功能（过滤精度为5μm），又能作为减压阀调整系统总的气压。

(2) 为了防止压缩空气的急剧压力上升而对系统造成冲击，而设置一稳定起动电磁阀AV3000—F—03—5—D—Z。对三位五通阀VQZ3351—5M—02也设置了管道型限流器AS2051FM—08，从而避免了换向时的冲击。

(3) 对相同的方向控制阀，可采用汇流板VV3KF3—20—4装置，从而起到集约优化的作用。

(4) 选用气动隔膜阀，控制研磨剂流向不同的喷管。气动隔膜阀由相应的二位二通阀来控制。

(5) 采用两个消声器 AN400—04 来消除气体噪声。

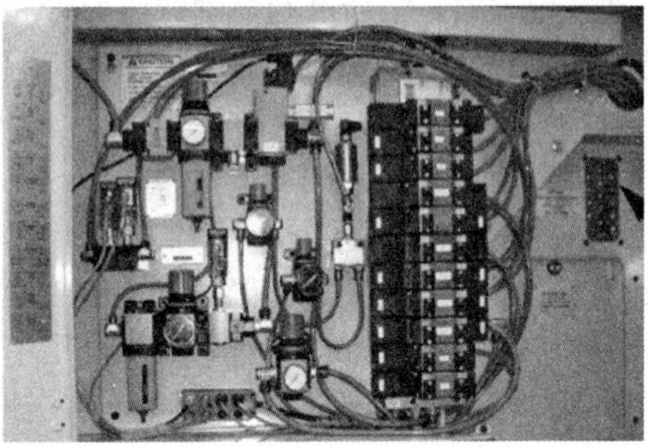

图 11-34　YK2650 研齿机气动系统安装外形图

6) 两个薄形气缸 CDQ2A40—300DCA73 自带行程开关，从而能准确控制换向。

2. 气动元件的布局

采用一块大的面板来集中安装气动元件（见图 11-34），结构紧凑，便于安装。

通过现场运行证明，采用气动系统研齿加工的质量效率明显高于传统的液压系统，具有显著的经济效益和良好的社会效益。

11.9　气动系统在全自动灌装机中的应用

11.9.1　压力灌装机应用原理及特点

压力灌装主要适用于黏稠物料的灌装，可以提高灌装速度。如食品中的番茄沙司、肉糜、炼乳、糖水、果汁等；日用品中的冷霜、牙膏、香脂、发乳、鞋油等；医药中的软膏以及工业上用的润滑脂、油漆、油料胶液等。另外，某些液体如医药用的葡萄糖液、生理盐水、袋血浆等，因采用软性无毒无菌塑料袋或复合材料袋包装，其注液管道软细，阻力大，也要采用压力灌装，因此，压力灌装应用场合十分广泛。

由于采用的压力和计量方法的不同，压力灌装有多种形式。其中应用最广的是容积式压力灌装。容积式压力灌装又称机械压力灌装，由各种定量泵（如活塞泵、刮板泵、齿轮泵等）施加灌装压力，并进行灌装计量。而其中采用活塞泵的容积式灌装方法应用最广泛，其工作原理如图 11-35 所示，旋转阀 3 上开有夹角为 90°的两个孔，其中一个为进料口，另

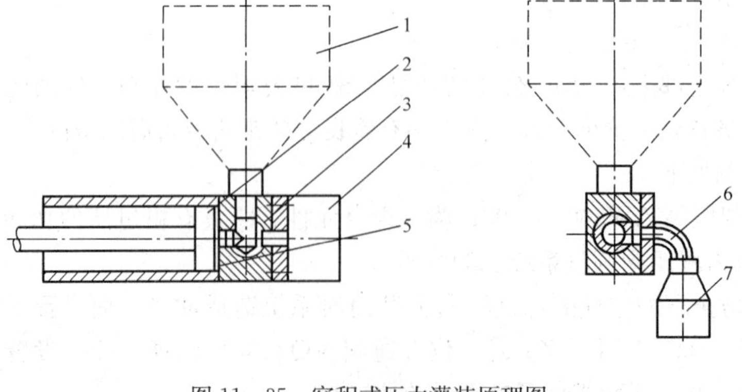

图 11-35　容积式压力灌装原理图

1—料斗；2—活塞；3—旋转阀；4—旋转气缸；5—计量室；6—下料管；7—包装容器

一个为出料口。旋转阀 3 作往复转动。当其进料口与料斗 1 的料口相通时，出料口与下料管 6 隔断，活塞 2 向左移动，将物料吸入计量室 5，当旋转阀 3 转动使其出料口与下料管 6 相通时，进料口与料斗 1 隔断，活塞 2 向右移动，物料在活塞 3 的推动下经下料管 6 流入包装容器 7。灌装容积为计量容积，通过调节活塞行程的大小即可调节灌装容积。

活塞泵的两个主要动作通常需要通过机械传动来实现，为了控制运动速度及保证整个灌装动作协调完成，机构比较复杂。另外，还需设计电气控制系统，以实现灌装的自动化，因此制造成本较高。如采用气动技术则可以很方便地完成前述活塞容积式灌装的两个动作。

11.9.2　气动技术在全自动灌装机中的应用

气动控制回路原理如图 11－36 所示。首先，按下复位按钮，19 口得气，同时 38 口得气，使整个气动回路复位致如图示位置，旋转气缸转动 90°角，带动转阀 3 转动，使转阀的进料口与料 1 的料口相通时，出料口与下料管 6 隔断，同时气阀 32 得气，使气缸活塞 2 向左移动，将物料吸入计量 5，然后，按下起动按钮，11 口得气，使气阀换向，旋转气缸又回转 90°角，带动旋转阀 3 转动，使转阀出料口与下料 6 相通时，进料口与料斗

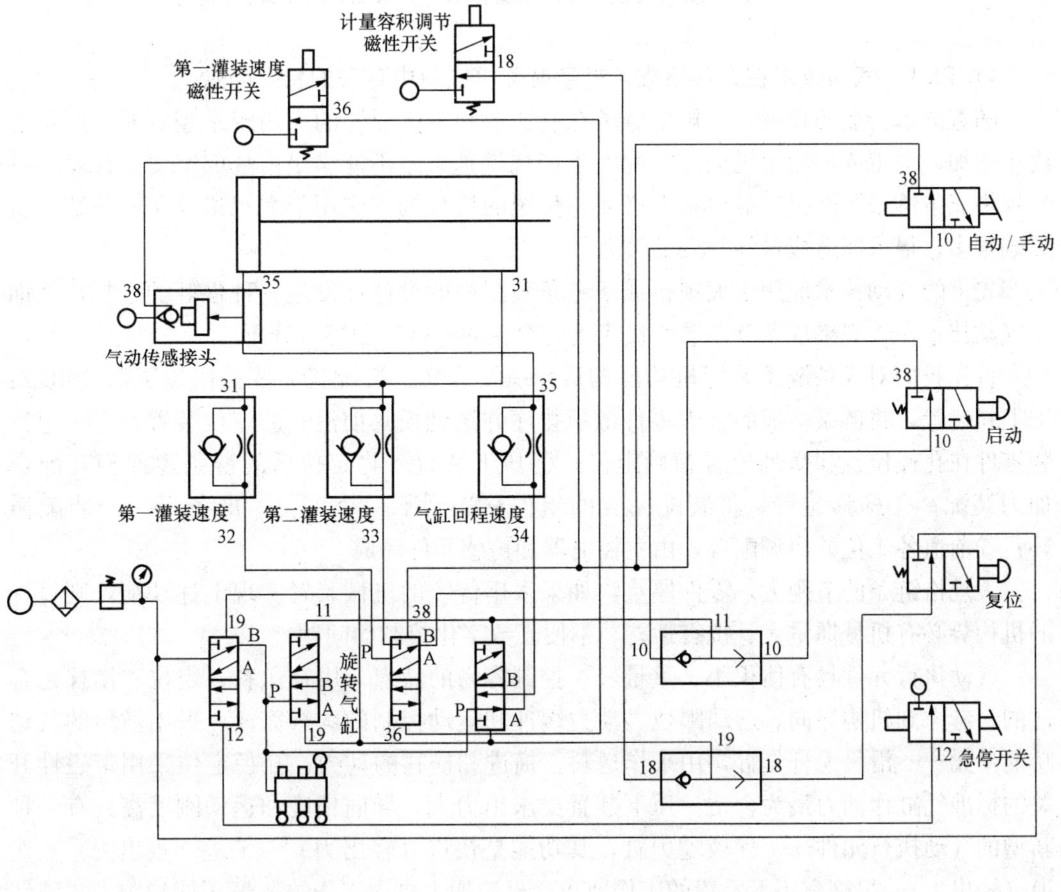

图 11－36　气动控制回路原理

1隔断，同时气阀34口得气，气缸活塞2向右移动，物料在气缸活塞3的推动下经下料管6流入包装容器7，气缸活塞移动致容积调节磁控开关时，磁控开关动作，使18口得气，然后19口得气，整个气动回路复位。第二次按起动按钮，则重复上述动作。该气动回路设有自动和急停开关，当自动开关闭合时整个气动回路自动运行，若此时遇到紧急情况，可立即按下急停按钮，让系统停止工作。

本气动控制回路全部采用气控信号控制，双气控滑阀、分水减压阀选用日本SMC产品，起动、自动/手动、复位、急停按钮、节流调速阀、或阀、磁控开关、直线气缸、旋转气缸等选用英国Norgren Martonair公司产品；气动传感接头选用Sanwo series产品，这种传感接头当气缸到达行程末端时，它依靠探测到的排气压降而工作，用来提供一个气信号，它提供一种全气动选用，可取代磁性开关。

该气动控制回路实现了容积式灌装方法中对活塞泵的两个主要动作的协调完成，完成了压力灌装的自动化，并通过控制气缸压力及行程对灌装压力及灌装容积实行无级调节，该气动回路实现变速灌装，同时灌装速度和吸料速度也是无级调节的。因此，气动技术实现包装机械的自动化是具有显著优势的。

11.10　气动技术在大规格成条链条装配机中的应用

11.10.1　气动技术在大规格成条链条装配机应用中存在的特殊问题

随着链条行业的发展，大规格链条在制造业和服务业中的应用越来越普遍，产量也逐年增加，手工或冲床半机械化装配的生产规模越来越不能满足市场的需要。开发一种大规格成条链条装配机就显得很有必要。传统的机械构件应用于大规格成条链条装配机弊端很多，很可能造成最终开发的失败。

先进的气动技术应用于大规格成条链条装配机的设计开发是一种很好的选择，下面就气动技术在大规格成条链条装配机应用时存在的特殊问题进行分析。

首先我们对成条链条装配机功能构成作一个介绍。装配机主要是由以下部分组成：①上料装置，将链条构成的五大零件散料排序并送到模具前沿；②定位装置，将一组待装零件在孔径位置和横列位置精确定位；③压下装置，将定位后的链条零件相互配合加力装配；④横移装置，将装配完成的组件移送到下一个工位，准备下一个装配循环；⑤前道各工位的协调配合，由主控电器和传感元件完成。

大规格链条的节距大，零件厚重，如果采用传统的机械装置实现上述功能，则设计的机构势必有机械惯量大、抗震性差、不便于数字化控制的问题。

气动执行元件具有体积小、重量轻、控制容易的特点，用在送料、定位和横移是合适的。考虑到机构导向、运动限位、动力缓冲和运动控制的综合需要，采用新型的气动功能单元——滑尺无杆气缸，用来作送料、横进和横移的动力，孔径定位采用带磁性开关的标准气缸作动力最为合适。压下装置要求出力大，导向精度和运动刚度高，有一种新型的气动执行元件——气液增力缸，其功能是快进（轻出力）—工进（重出力）—快退（轻出力），很符合压下装置的工作要求。气液增力缸由工作缸、恒压储油腔、气液转换增力缸三部分组合为一个完整的驱动系统。工作时：①压轴上的压头接触工件后自动起动力行程；②气液增力缸进行气液动力转换并全力冲压；③冲压到位后又转为气动的快速返回行程。气液增力缸带动的压轴座还必须有一个强有力的导向机构。

11.10.2 气动技术在大规格成条链条装配机应用实例

大规格成条链条装配机由床身部件、输料部件、压轴部件、模具部件、送料部件和电气系统等组成，如图 11-37 所示。

1. 高刚性的 H 形上座

床身台面上装有高刚性的 H 形上座，为料斗部件提供支架；为气液增力缸提供强力支撑；H 形上座上还设有两根平行的高强度滚动直线导轨，为压轴座提供精密导向。

2. 弹簧拨爪式输料机构

大规格链条零件输料机构由料仓、拨料器和减速电动机（动力）三部分组成，拨料器转动，带动弹簧拨爪分别将滚子、套筒和销轴拨入各自的落料口，工件沿各自的输送管道由重力输送到送料起始位置。

3. 增强型滚动直线导轨导向

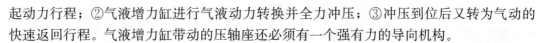

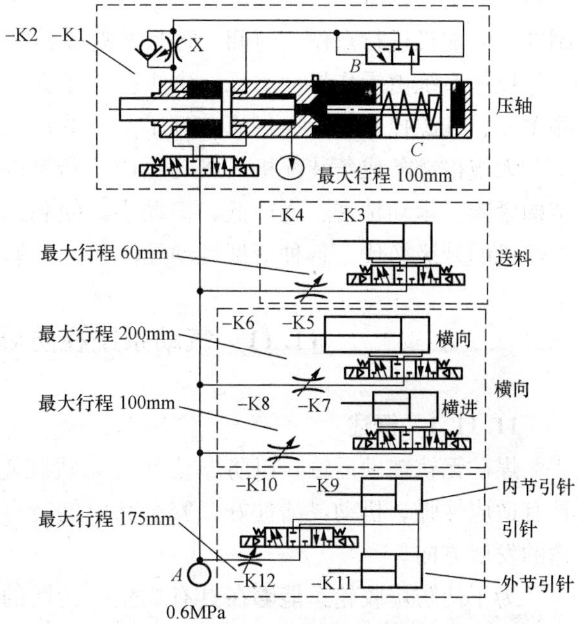

图 11-37 链条装配机的模块图

压轴部件由压轴座和装在压轴座上的一组冲头组成，与 H 形上座导轨组成压轴运动副，该运动副借鉴数控加工机床工作台与床身之间常用的滚动直线导轨副，其特点是：超强的承载能力，超高的运动精度，超长的运动寿命，紧凑的结构布局。

4. 气液增力缸作为装配主动力

气液增力缸的活塞杆通过横担与压轴座相连，由工作缸、恒压储油腔、气液转换增力缸三部分有机结合为一个完整的驱动系统。

活塞杆出力和工作阻力设计在同一竖直平面上，该结构的好处是，大幅缩减了整机空间尺寸，减少装配时的动力偏载，加快非工作环节的行程，提高链条的装配精度，方便维护和保养。

5. 孔径定位的气动引针组件

套筒与内底片、销轴与外底片的孔径定位是采用引针底定位结构。引针的工作行程较小，引针杆的推动气缸可将导针从模具内全部拉出，以利于排屑、换针，链条装配时的故障会减少。

6. 送料、横移、横进均采用滑尺气缸

送料、横移、横进的推送动力均采用了滑尺无杆气动单元作动力。该单元主要构件采用轻质的铝合金，带双导柱导向，设有油压缓冲、机械限位，并在起始和终了位置设有磁性开关，是一个运动和导向合为一体的完整的精密运动机构。滑尺无杆气缸的使用使整机结构简化，反应灵敏，运动精度高，负载轻，惯量小，整个部件制造简单，便于实现数字控制，装配调试和使用维护方便。

7. 编制运行程序对整机的运动协调配合控制

本机采用触摸控制屏、可编程控制器（PLC）组合的方案，实现对各分步动作按预定行程进行机电液气一体化的协调控制。当今的可编程控制器（PLC）功能多，运算能力强，速度快，可靠性好，价格低。本机采用可编程控制器（PLC）作为整机的中央控制器对装配机进行点位、时间、数量及故障控制。

控制系统由操作界面单元、中央控制单元、缺料检测单元、缺件和运动构件位置检测单元、气源控制单元、过流、过压保护单元、故障报警单元组成。

大规格链条成条装配机上成功运用了新型的气动功能单元和气动辅助元件，使整机结构紧凑、运动精密、噪声低、振动小，便利地实现了数字控制。展望链条设备中各种主辅机的升级换代，各种新型气动元件和气动单元都可以用来改进和提高其性能。

11.11 气动系统在防爆胶轮车上的应用

11.11.1 概述

煤矿无轨辅助运输，以防爆柴油机无轨胶轮车为运输主体，由于它无轨道的限制，具有适应性强、机动灵活性好、安全高效的特点，成为我国煤矿高产、高效矿井辅助运输的发展方向。

为了使防爆胶轮车能够在具有煤尘、瓦斯的爆炸性气体井下环境中安全作业，必须使用安全可靠的系统来达到上述要求。压缩空气本身属于本质安全型介质，加之由其组成的控制系统在起动发动机、保证发动机良好工况和保护车辆、人员安全等方面的重要作用，使气动系统在防爆胶轮车上得到了普遍应用。

11.11.2 气动系统的组成及工作原理

防爆胶轮车气动系统主要由防爆柴油机起动单元、车辆操控单元和状态监测安全保护单元等三部分组成。

1. 防爆柴油机起动单元

普通柴油机仅依靠切断柴油供给一种停机途径，但防爆柴油机的工况特殊，为了在遇到紧急情况时能够可靠停机，不致危险情况的发生，防爆安全规范要求除断油停机以外，还需补充切断进气的停机方式。起动时必须首先打开柴油断油开关和进气关断开关。柴油机气起动单元的工作流程如下（见图 11-38）。

（1）储气罐→储气罐开关阀：

空气单元→开关阀→Ⅰ气控阀控制端（打开起动回路）→Ⅱ柴油关断缸/进气关断缸（柴油机起动准备就绪）→Ⅲ起动阀→气控阀→起动马达（起动马达齿轮与柴油机飞轮齿啮合）→延时阀控制端（打开气马达进气通道）

（2）延时阀→起动马达（柴油机起动）：

防爆胶轮车气动系统必须装备两套充气装置，即内部补气装置和外接充气装置，内部补气依靠柴油机自带的空压机来完成，其作用是保证车辆运行时各用气机构的用气需

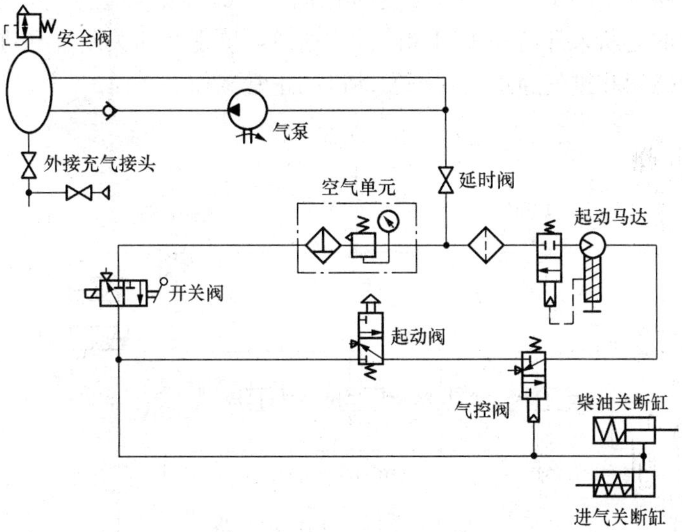

图 11-38　气起动回路

求，同时在车辆停机前使气罐留有足够压力的气体，保证下次顺利起动；外接充气的功用是车辆连续起动数次仍无法进入正常工作状态（尤其是寒冷季节），导致内部补气装置无法起动，气罐内气体耗尽，此时必须借助外部的气源才能实现柴油机重新起动。

2. 车辆操控单元

防爆胶轮车操控单元主要包括：喇叭警示（前进/倒车）、驱动桥差速锁、油门控制、方向控制（前进/后退）、挡位控制、液压系统控制（驻车/紧急制动）等。该部分使用气动系统，相比传统的机械式控制，优点非常突出，首先是节省安装空间，这对提高防爆胶轮车在煤矿井下狭窄空间的适应性非常有利；其次维护难度和强度大大降低，使用寿命延长。

3. 安全保护单元

该单元是气动系统在防爆胶轮车中重要的应用之一。当胶轮车在工作过程中发生以下任何一种情况时（见表 11-1），它都能起到维护整机良好工况、保护车辆与人员安全的作用。

表 11-1　　安全保护单元表

序　号	名　　称	内　　容
1	发动机冷却水	短缺保护
2	发动机机油	短缺保护
3	发动机表面温度	超温保护 150℃
4	发动机冷却水温度	超温保护 95℃
5	发动机排气温度	超温保护 70℃
6	空压机温度	超温保护 160℃
7	补水箱水位	短缺保护
8	车门开启（行驶中）	停机制动保护

气动保护回路（见图 11－39）主要是利用温度传感器中热敏元件的热胀冷缩效应和压力控制方向阀的通断来开启和关闭阀体排气通道，使得柴油关断缸和进气关断缸动作，从而关闭柴油机燃油和进气通道，保证发动机的正常工作。

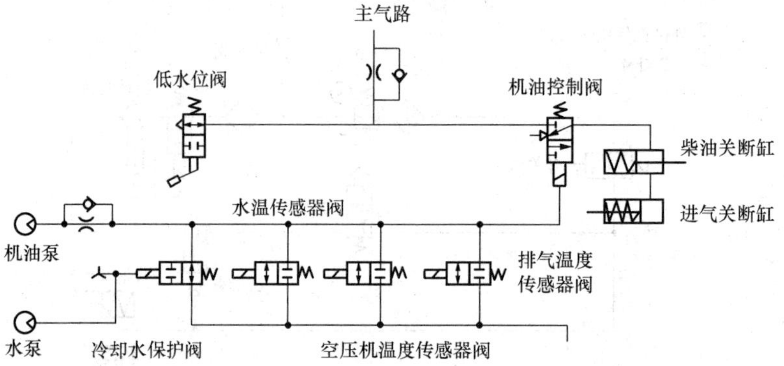

图 11－39　气动保护回路

这种形式的保护装置所需元件少、布置简单。但直观性较差，对驾驶员的要求较高，必须熟知导致保护失灵的各种原因，这样才能采取正确措施解除保护，重新起动车辆。同时由于这种温度传感器的设定保护值是定值，不能时时反映车辆的运行状况，不具备提前警示功能，仍会造成一定程度的损失。另外瓦斯浓度保护必须依靠手动才能完成停机。

基于以上问题，后期逐步发展到电子保护系统（见图 11－40），即在各个需要保护的位置安装电气传感器，将它们采集到的运行参数传输给一个由单片机原理制成的集检测、显示、报警和保护控制为一体的处理器主机。当取样参数超过保护指标允许值时主机发出声光报警信号，并驱动电磁阀换向切断柴油机进油及进气通道实现自动停机。

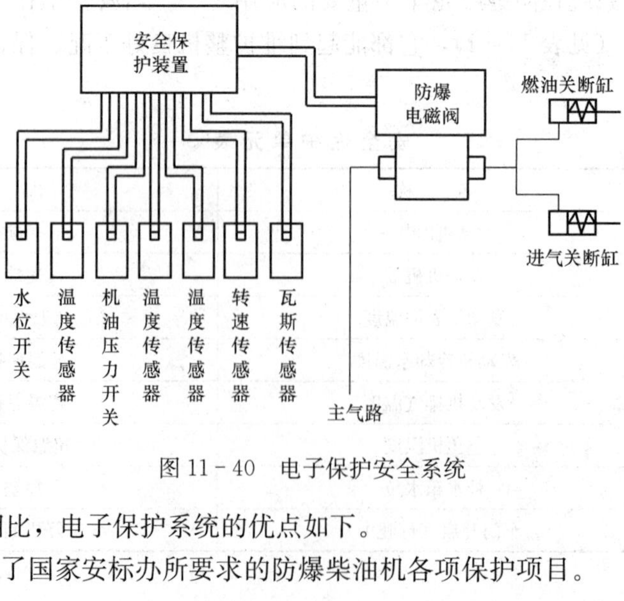

图 11－40　电子保护安全系统

与气动保护相比，电子保护系统的优点如下。

(1) 全部涵盖了国家安标办所要求的防爆柴油机各项保护项目。

(2) 电子传感器反应灵敏，误差率低，保护准确、及时、到位。

(3) 采用了液晶屏中文显示，方便了驾驶员和维修人员及时判断故障原因，降低了劳动强度。

(4) 功能高度集成，使得装置安装灵活，位置节省，接线简单，使用维护方便。

(5) 还可在不增加设备尺寸的前提下，通过软件设计即可增加后续保护项目，完成产品升级，减少了对硬件设备的依赖，降低了成本。

当然，电子保护也有一些不足和缺点，主要是由于无法准确选择定位警戒点，致使柴油机的保护不能在正确的时刻起作用，影响了车辆的正常工作，还有就是还需要进一步提高电子元器件在潮湿、灰尘环境下的可靠度和耐用性，减少误动作发生的几率。

11.12 气动技术在落板机上的应用

我国的砖瓦工业，早在十多年前就开始使用气动离合器，人们对这种气动技术从最初的怀疑观望，发展到现在的认同并广泛应用。大家在实践中看到了它的优点，就逐步接受和采纳。目前，气动离合器广泛应用于真空挤出机，而且逐步扩展到普通砖机及双轴搅拌机上，大有逐步替代传统的由机械操纵的摩擦离合器的趋势。

在气动离合器逐步推广的同时，使用气动技术的落板机近年来在砖瓦厂也开始使用。

落板机在砖坯成型工段是一个不起眼的设备，但是它的性能与可靠性对砖坯生产流水线影响很大。对其要求就是要迅速准确地将砖坯转移到运坯车上，既要操作方便又不能损坏砖坯，同时还要节省人工。由于可以与气动离合器采用共同气源，使用气动技术的落板机也开始受到砖瓦厂的欢迎，其结构简单、操作方便、节省人力及适应性强的优点逐步显示出来。

11.12.1 气动系统的组成

气动系统主要由以下几部分组成，如图11-41所示。

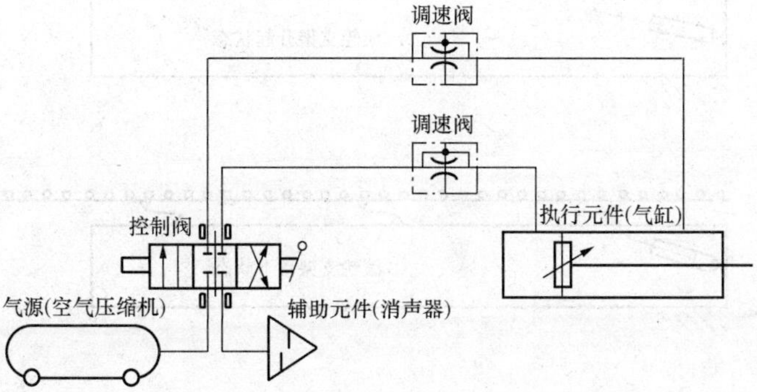

图11-41 气动系统的组成

压缩空气气源（砖瓦厂一般为空气压缩机）以压缩空气为工作介质，由产生机械运动的执行元件（如气缸）控制压缩空气的压力、流量、流动方向，使执行机构的执行元件（如控制阀等）、辅助元件（如消声器等）完成特定动作。

11.12.2 传统落板机的基本结构

落板机的功能主要是储存切坯机传送过来的砖坯（当然，砖坯是放置在标准化尺寸的坯板上），然后将一定数量的砖坯平稳安全地转移到运坯车上。所以一般来说落板机由回板机构、输板机构、落板机构及控制机构组成，如图 11-42。回板机构可将运坯车运回的空坯板输送到切坯机附近供接砖坯用，输板机构可以储存一定数量的满载砖坯的坯板，落板机构可以将输板机构转来的坯板安全准确地转到运坯车上。

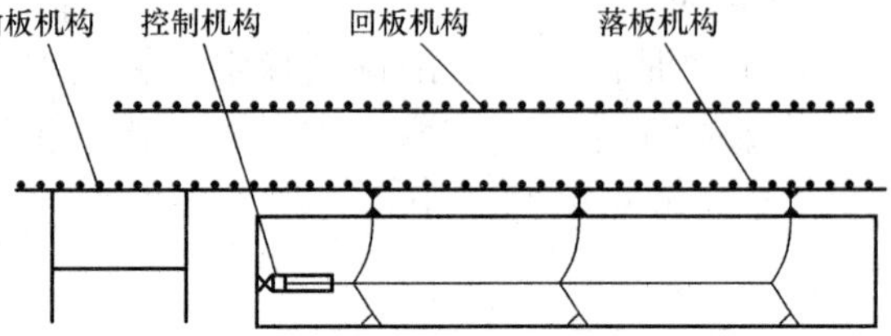

图 11-42 落板机的基本组成

11.12.3 应用气动技术的落板机

气动技术主要用在落板机构部分，利用气缸的往复动作提供动力，通过一定的机构，实现落板机构的升降。

落板机构的升降，一般采用复合的四连杆机构。目前国内常见的有下列几种基本形式：①摇杆滑块机构，如图 11-42 所示；②平行四边形机构与滑块机构组成的复合机构，如图 11-43 所示。滚轮支架升起时，上面是空的，负载较小，过去一般是靠弹簧的拉力，或靠运坯车退出时滚压过一个踏板，踏板转动时通过杠杆产生力量升起支架。而滚轮支架下降时，因为上面已放满数百斤重的砖坯，只要通过一个操纵机构，在重力的作用下，滚轮支架就可以迅速下降，将放满砖坯的坯板转移到运坯车上。传统落板机落下时速度无法控制，滚轮支架下降时没有缓冲，振动较大，常常损坏砖坯。目前较为流行的气动落板机落板部分结构示意图如图 11-43 所示。

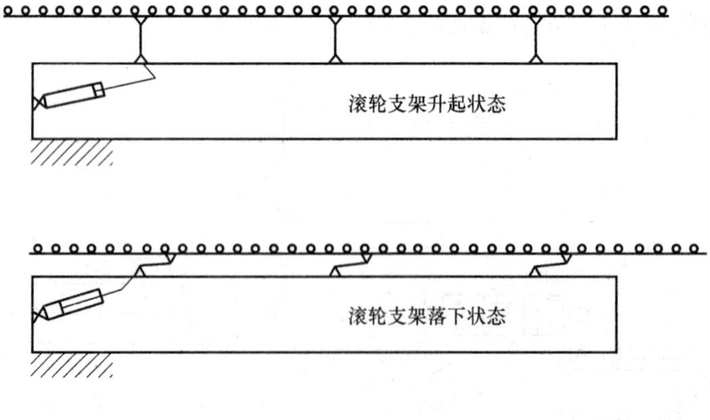

图 11-43 气动落板机落板部分结构示意图

采用气动技术后，滚轮支架的升降皆由气缸提供动力，只要转动控制阀，气缸活塞来回运动时，就可以实现升降动作。活塞运行速度可以通过减速阀调整，这样滚轮支架升降的速度可以根据需要调整到最佳状态。使用实践表明，气动落板机性能优于传统的落板机，其主要优点如下。

1）与气动离合器共用气源，无须另购空气压缩机。

2）操作十分方便，控制升降的手动阀可以安装在所需要的任何位置。

3）滚轮支架升起迅速，下降缓和无振动，砖坯准确落在运坯车上，不易损坏。

4）升降速度可以根据需要进行调整。

5）工作时动作可靠，性能稳定，优于传统落板机。

6）操作简便，节省劳力，工人劳动强度低。

总之，应用气动技术的落板机由于上述优点，越来越受到用户的欢迎。可以断言，随着我国砖瓦工业整体技术水平的不断提高，气动技术会越来越广泛地应用在砖瓦设备上，从而推动我国砖瓦机械技术水平迈上一个新台阶。

11.13 气动技术在汽车车身焊装生产线上的应用

在现代汽车制造业中，气动技术大量用于汽车自动化生产线，尤其是汽车车身的焊装生产线，几乎无一例外地采用了气动技术，如：车身冲压件的夹紧和定位、自动焊钳快速接近焊点部位、车身外壳被真空吸盘吸起和放下、车身在各工位之间和各线之间的运送等，都是通过各种气动回路及相应的电气控制系统控制气动执行器来完成的。

11.13.1 汽车车身焊装生产线气动系统的组成

一辆现代轿车车身一般由400～500个薄板冲压件经过各种焊接及其他工艺连接而成。汽车车身的焊装过程是：各车身冲压件在各焊装线的子线上的某一工位经过夹具定位和夹紧，然后焊接在一起，焊接完毕再送到下一工位，直至车身分总成焊接完毕，将分总成运送到主线上焊接成白车身总成。气动系统的基本组成如图11-44所示。

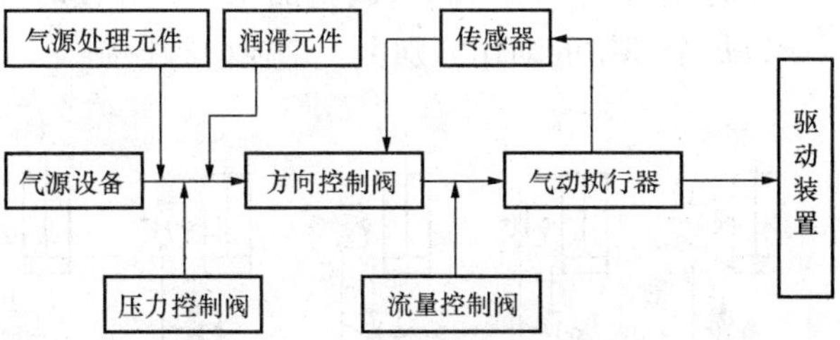

图11-44 气动系统的基本组成

车身焊装生产线的气动系统是由气源处理元件、压力控制阀、方向控制阀、流量控制阀和气动辅助元件（管路、消声器等）组成的各种气动回路，用来控制各种气动夹具、气动焊钳、气动提升装置、气动移送装置去实现工件的定位和夹紧、焊接以及工件在工位之间和各线之间运送。

1. 气动夹具

气动夹具包括定位元件和夹紧元件。定位元件有定位板和定位销之分，定位板和定位销一般为固定式，在特殊（避免落料和取料干涉）情况下需要移动或转动。车身零件定位后，压板由气缸驱动夹紧工件。一般同一工件或同一动作顺序的夹紧气缸由同一电磁换向阀控制，同时动作，不过由于供气的原因，1个电磁换向阀最好只控制8个气缸。图11-45是某工位的夹具气动回路，该工位有8套夹具，3个移动销。当3个移动销PIN1～PIN3定位完毕后，夹具U1～U4和U5～U8一起夹紧。由于出口节流调速与进口节流调速相比，具有起动加速度大、运行平稳以及缓冲能力大等特点，所以控制气动夹具的气动回路大多采用出口节流调速。夹具的加压力以夹紧部位的冲压件不产生压痕为极限，根据经验，夹具气缸直径一般为63mm，也有用直径50mm的。移动销用气缸的直径为50mm。

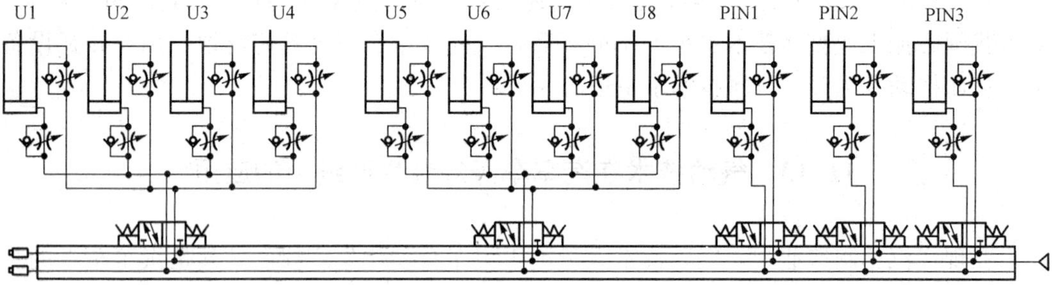

图11-45　控制气动夹具的气动回路

2. 气动焊钳

气动焊钳分固定式和移动式，由专业制造厂家生产，气缸直径为63～200mm不等，同夹具一样，焊钳的加压力以焊点部位的冲压件不产生压痕为极限，同时又要焊接牢靠，设计时根据焊点部位的工件厚度，合理选用焊钳的形式，包括气缸直径的大小。图11-46为某工位控制气动焊钳的气动回路，其中焊钳2和4为固定式，焊钳1和5先移动到焊点位置再焊接，焊钳3需要旋转后再焊接。由于焊接加压力因焊点处板金件的厚度不同而不同，所以进口气压力需要一个减压阀来调整加压力。焊接时各焊钳按事先预定的动作顺序单独动作，所以每个焊钳的动作分别由一个换向阀控制。

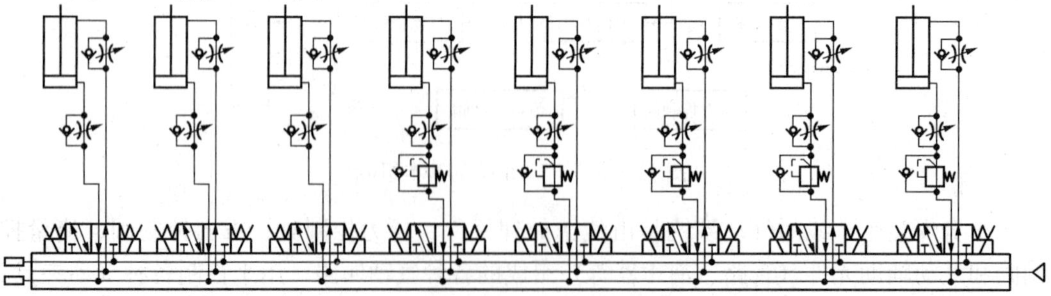

图11-46　控制气动焊钳的气动回路

3. 气动提升装置

车身零部件（如顶棚、左右侧围、车门等）在线与线之间搬运时，需要用到气动提升装置。汽车焊装线多为空间立体布局，有时需要在不同的高度上实现工件的搬运，如从某高度的工作台上抓取工件，送到另一高度的工作台上，这就需要中位准确停止。由于气体的可压缩性，气缸活塞很难准确定位。为此需采用一些特殊的气动元件来实现这一目的。如图 11－47 所示，采用制动气缸和中位加压式三位五通阀组成的气动回路来实现任意位置的准确停止（只要有开关信号）。气缸运动到位时，二位五通阀动作，气缸内的抱闸机构迅速将活塞杆锁住，从而实现迅速准确停止，定位准确度可达 0.15mm。

图 11－48 是真空吸盘提升机构用气动回路。一般一个真空发生器带一个真空吸盘最理想，若带多个吸盘，其中有一个吸盘有泄漏，会减小其他吸盘的吸力。为克服此缺点，必须给每个吸盘配备一个真空压力开关。这样若其中一个吸盘有泄漏，其他吸盘仍能正常工作。

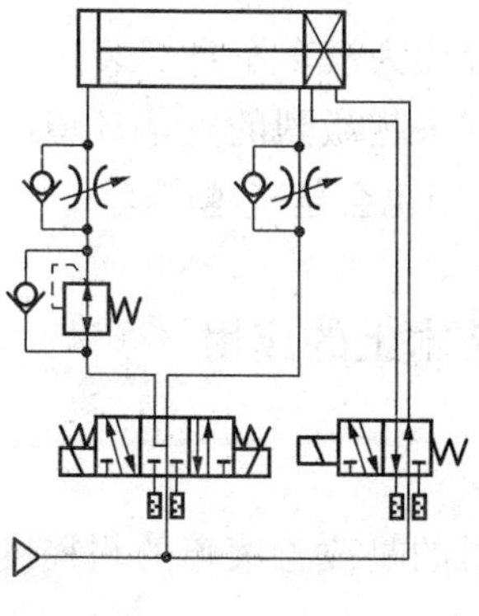

图 11－47　利用制动气缸的位置控制回路

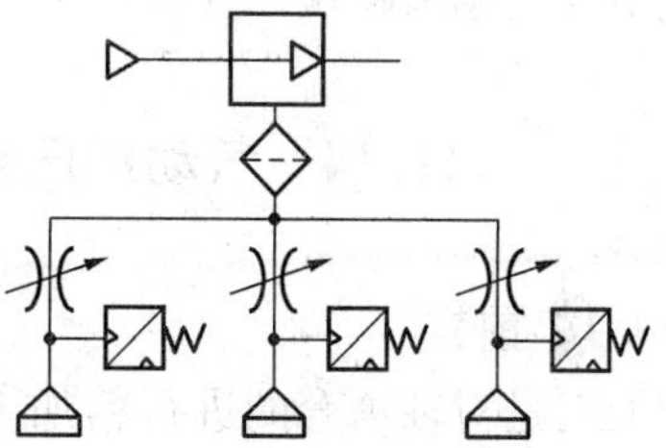

图 11－48　真空吸盘提升机构

4. 气动同步装置

车身零部件一般比较长，刚性差，车身在工位之间的移送一般是先将工件举起到一定高度（脱开夹具）后，再由机电装置拖动至下一工位，如果用一个气缸来完成举起的动作，不但要用较大的缸径，而且会因为受力不均卡死。所以在生产线上大多数采用如图 11－49（a）的形式，将两个气缸连起来，由齿轮齿条机构保证两气缸同步上升下降。在单工位的情况下，也有采用如图 11－49（b）所示的连杆机构保证两气缸同步动作的。

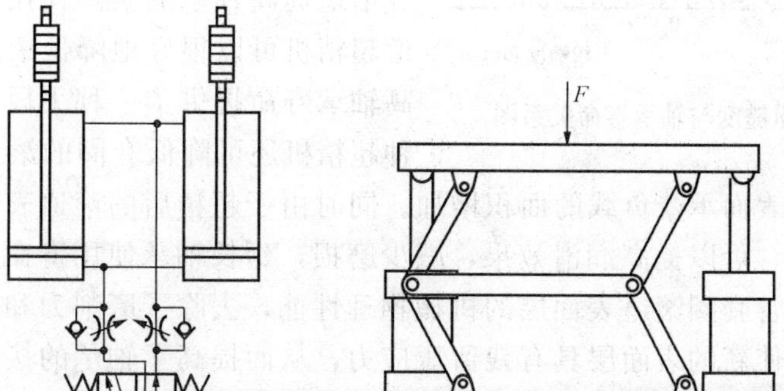

图 11－49　实现同步提升动作情况

（a）利用齿轮齿条机构；（b）利用连杆机构

11.13.2 气动系统的控制

气动系统的控制方式各式各样，有气动逻辑元件或气控阀组成的全气动控制，也有利用电气技术的电气控制。现代汽车车身焊装生产线的气动系统绝大多数由中大型可编程控制器（PLC）控制。进行可编程控制系统设计时，首先应对焊装线整个气动系统进行分析，确定整个系统的输入、输出设备的数量，从而确定 PLC 的 I/O 点数，包括开关量 I/O，模拟量 I/O 以及特殊功能的模块等，并使所选 PLC 的 I/O 点数留有一定的余量；然后确定选用 PLC 机型，建立 I/O 地址分配表，绘制 PLC 控制系统的输入、输出接线图；编制和调试程序，进行现场联机调试。

从上可以看出，小到夹具，大到移送装置，气动装置成为汽车车身焊装生产线的主体。我国加入 WTO 后，各行业特别是汽车行业为适应越来越激烈的竞争环境，产品的更新换代步伐会越来越快，气动技术在汽车制造业中的应用也会越来越广泛。

11.14 气动加压系统在轴承超精技术上的应用

11.14.1 前言

超精加工是对轴承套圈进行精加工的方法之一，其目的是改善滚道的粗糙度、几何形状精度和表面应力，从而提高轴承的实际使用寿命。

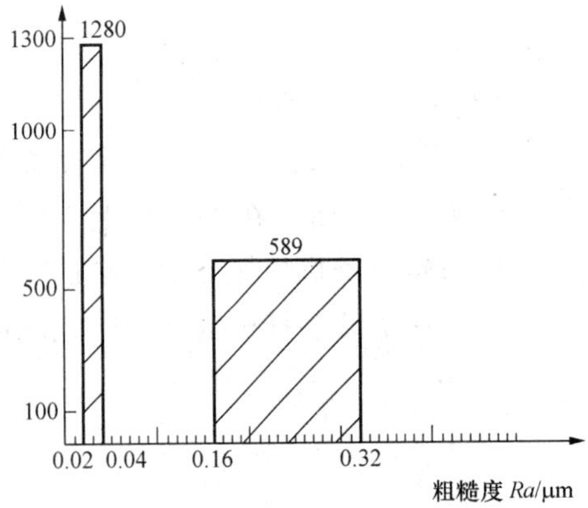

图 11-50 粗糙度与轴承寿命关系图

套圈滚道表面的粗糙度对轴承的使用寿命有很大的影响。粗糙度越低，轴承寿命越长，如图 11-50 所示。当套圈滚道的粗糙度 Ra 值为 0.16～0.32μm 时，轴承的实际使用寿命平均值为其额定寿命的 589%，而当 Ra 值降至 0.02～0.04μm 时，轴承的实际使用寿命的平均值为其额定寿命的 1280%，由此可见，通过精加工改善套圈滚道的粗糙度可成倍地提高轴承的实际使用寿命。为此，滚道超精机可以很好地降低滚道粗糙度，为提高轴承寿命提供了一种手段。另外，采用此种超精机还可降低套圈的滚道表面微观不平度，从而将滚道表面承受负载的面积增加。同时由于超精后的滚道表面产生的交叉纹络容易形成油膜，可以提高润滑效果，减少磨损，延长轴承使用寿命；此外，超精后的滚道还可以改善套圈滚道表面层的机械物理性能，去除了磨削力和磨削热带来的各种磨削缺陷，并使新的表面层具有残留压应力，从而提高了轴承的接触疲劳强度和使用寿命。

11.14.2 气动加压系统

如图 11-51 所示是这台超精机的油石加压气路的气动原理图。该回路使用了两个梭阀 VO_1 和 VO_2，气源经过滤器、减压阀、两位三通残压释放阀、二次过滤器和缓起阀到达分配器 F_5，D 路和 F 路气是由分配器 F_5 分流的气路，B 路气是由分配器 F_5 经减压阀

F_6 减压所得气流，因而 B 路气为低压气，D 路和 F 路相对 B 路为高压气，而 D 路气经比例阀 F7 控制，气压发生变化，具体数值由比例阀提供的电信号决定，数值可调。因而 B 路 D 路 F 路气压值均不同，梭阀 VO_1 和 VO_2 的两个进气路气压不同，为典型的高低压转换回路，如 VO_1 梭阀 X 方向进气为低压进气，Y 方向进气为高压进气；VO_2 梭阀 X 方向进气为低压气，Y 方向进气为高压气，此气路可对油石进行不同压力加压，也可对轴承内圈、外圈的沟道进行两个方向的加压，同时可实现轴承滚道表面粗、精超加工。操作者根据产品精度要求通过程序对比例阀进行参数设定，使加工后的产品因压力不同精度不同。

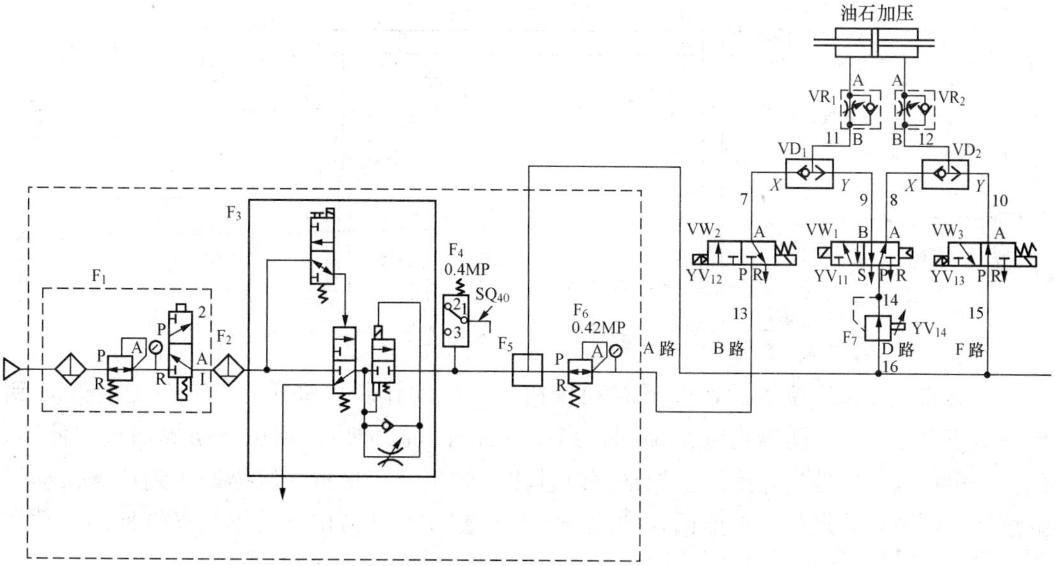

图 11 - 51　油石加压系统的气动原理图

油石加压是超精加工技术的关键，气动控制系统的运用使油石压力实现了无级调压。油石压力的可控性和平稳性是设计中的难点。粗超油石压力为 392～588kPa，精超 196～294kPa。在超精机的调试阶段，对不同的油石压力及振荡频率进行工艺对比，在不同的油石压力和振荡频率下超精效果不同。

11.15　气动控制技术在雷管装药机上的应用

装药机是雷管生产中的关键设备，也是生产过程中比较危险的部位。在传统的装药操作中，人工把模具放置在进模位置，拉开防爆门后把模具推入装药位置，关闭防爆门，然后拉动定量板，手摇振动手柄后，再把定量板复位，拉开防爆门，拉出模具，关闭防爆门，完成装药过程。在大批量的生产中，操作者的劳动强度较大，并且人工操作受各种因素的影响，随意性较大，而且效率较低，因而考虑把手工操作改为自动控制，用气缸运动代替人工动作，为保证生产的安全性，整个自动控制不引入电气信号，为全气控系统。

改进后机械布置示意如图 11 - 52 所示，送模气缸用于模具定位，伸出后把模具送至无杆气缸，无杆气缸带动模具进入装药位置；定量板控制加药；振动气缸伸出振动把定量板中的残留药振到管中，缩回振动把药斗中药填满定量板；防爆门气缸在模具进出防爆门时缩回，打开防爆门，其余为伸出状态，关闭防爆门。

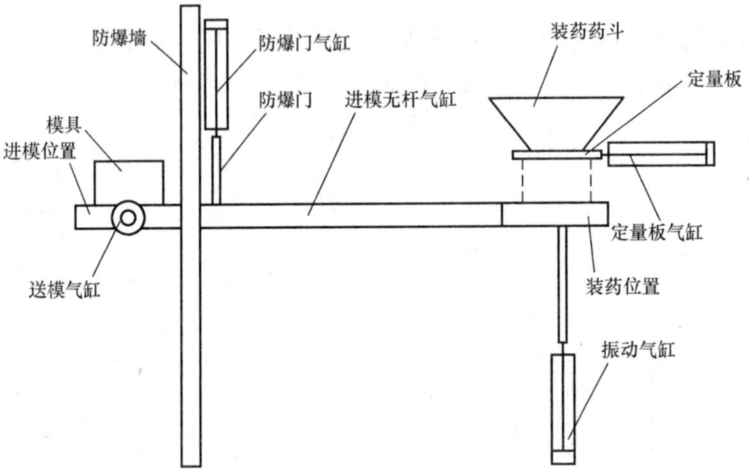

图 11 - 52　改进后机械布置示意图

模具放置在指定位置后，按下起动按钮，气缸动作步骤如下：送模气缸伸出，到位→送模气缸缩回，防爆门气缸缩回，到位→无杆气缸伸出，到位→防爆门气缸伸出，到位→定量板气缸伸出，到位→振动气缸伸出，到位→定量板气缸缩回，到位→振动气缸缩回，到位→防爆门气缸缩回，到位→无杆气缸缩回，到位→防爆门气缸伸出，动作完成。

系统位移步骤图如图 11 - 53 所示。该图是分析、设计气动系统的重要手段，它直观的反映出气动系统执行元件的状态、执行步骤以及执行元件之间动作关系。图中，水平线 1 表示气缸伸出状态，0 表示气缸缩回状态；垂直线表示气缸动作步骤。

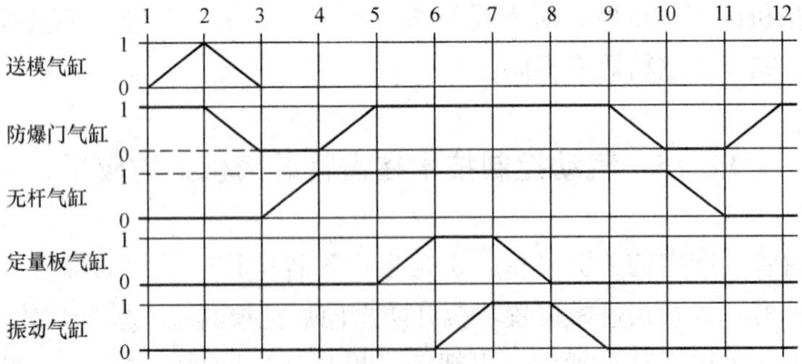

图 11 - 53　气动系统位移步骤图

气动回路图如图 11 - 54。图中，元件 1 为节流阀，用以调节出气流量，从而调节每个气缸伸出、缩回运行速度；元件 2、5 为二位五通双气控阀，元件 2 双向控制气缸，并可锁定气缸位置，防止突然停气造成气缸误动作，元件 5 用于控制气路流通方向；元件

6、7、8、9、10、11、12、13、14 为行程开关，是带有复位功能的二位三通阀，分别安装在气缸两端对应位置，作为判断气缸所处位置的依据；元件 3、4 为或阀，当两进气口中有一个有输入时，出口就有输出；元件 15、16、17 为二位三通双气控阀，作为控制元件，控制气流方向；元件 18 为起动按钮，不带锁定，按下后气路接通，松开后自复位；元件 19 为气源处理，选用二联件，带过滤、排水功能；元件 20 为球阀，用以接通、关闭气源。

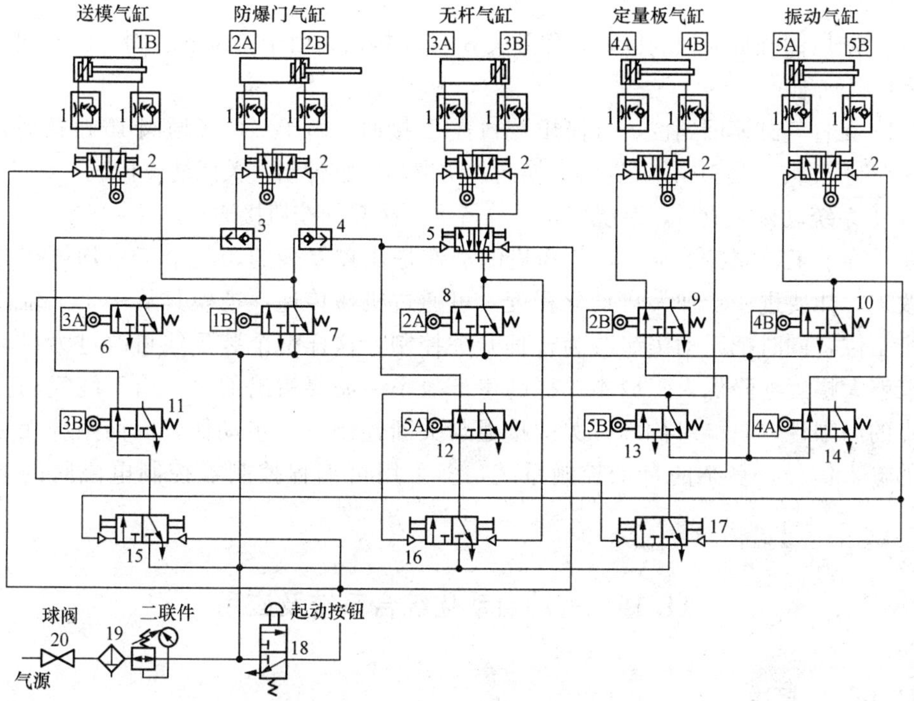

图 11-54　气动回路示意图

气路运行过程如下。

(1) 打开球阀 20，按下起动按钮 18，送模气缸二位五通阀 2 换向，送模气缸伸出。

(2) 送模气缸伸出到位，行程开关 7-1B 接通，送模气缸二位五通阀 2 换向，送模气缸缩回，同时或阀 4 接通，防爆门气缸二位五通阀 2 换向，防爆门气缸缩回，打开防爆门。

(3) 防爆门气缸缩回到位，行程开关 8-2A 接通，通过二位五通阀 5 控制无杆气缸二位五通阀 2 换向，无杆气缸伸出。

(4) 无杆气缸伸出到位，行程开关 6-3A 接通，通过或阀 3 控制防爆门气缸二位五通阀 2 换向，防爆门气缸伸出，同时接通二位三通阀 17。

(5) 防爆门气缸伸出到位，行程开关 9-2B 接通，由于二位三通阀 17 已接通，因而定量板气缸二位五通阀 2 换向，定量板气缸伸出。

(6) 定量板气缸伸出到位，行程开关 10-4B 接通，控制振动气缸二位五通阀 2 换向，振动气缸伸出，同时接通二位三通阀 15，断开二位三通阀 17。

（7）振动气缸伸出到位，13-5B行程开关接通，控制定量板气缸二位五通阀2换向，定量板气缸缩回，同时接通二位三通阀16。

（8）定量板气缸缩回到位，行程开关14-4A接通，控制振动气缸二位五通阀2换向，振动气缸缩回。

（9）振动气缸缩回到位，行程开关12-5A接通，由于二位三通阀16已接通，通过或阀4控制防爆门气缸二位五通阀2换向，防爆门气缸缩回，打开防爆门，同时二位五通阀5换向。

（10）防爆门气缸缩回到位，行程开关8-2A接通，由于二位五通阀5已换向，因而控制无杆气缸缩回。

（11）无杆气缸缩回到位，行程开关11-3B接通，由于二位三通阀15已接通，通过或阀3控制防爆门气缸二位五通阀2换向，防爆门气缸伸出，关闭防爆门。

（12）系统动作完成后，系统停止，等待下一次起动按钮接通。

在雷管手工装配各工位上，装药机的动作是比较复杂的，其余工位均可按此思路进行改进。如要进一步加大自动化程度，可通过机械传递，把模具从一个工位传递到下一个工位，同时把起动按钮改为行程开关控制，这样整个装配线可改进为自动流水线，能够大幅度地降低人工成本，提高生产效率。需要指出的是，由于纯气动控制本身特点的局限性，只能靠行程开关的接通与关断控制下一步动作，因而系统无法处理复杂的输入信号。复杂的自动控制系统，多采用可编程控制器控制电磁阀的方式来实现。

11.16 气动自动化综合系统及应用

11.16.1 概述

气动自动化生产教学系统（MPS）是为提高学生动手能力和实践技能而设计、生产的一套实用性实验设备，由6套各自独立而又紧密相连的工作站组成（见图11-55），分别为：上料检测站、搬运站、加工站、安装站、安装搬运站和分类站，涵盖了电动机驱动、气动、PLC、传感器等机电一体化系统中的多种技术，提供了一个典型的综合学习和实训环境。

图11-55 6站拼合在一起的实物图

该实验装置的一大显著特点是具有较好的柔性，即每站各由一套PLC控制系统独立控制。将6个组成模块分开，可以分别单独构成系统，供学生分组学习。在各个基本单元模块学习完毕以后，又可以将相邻的站一、站二、站三、……

直至站六连在一起，学习复杂系统的控制、编程、装配和调试技术。

图 11-56 为 PLC 输入/输出控制的控制框图。

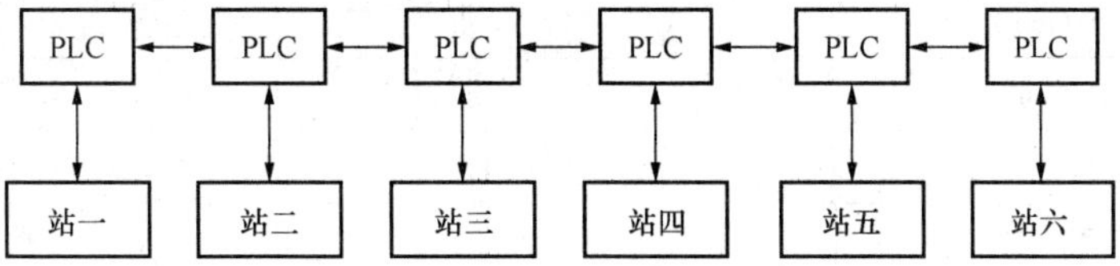

图 11-56　各站 PLC 输入/输出控制结构框图

1. 各站功能

(1) 站一：上料检测站。

1) 回转上料台将工件依次送到检测工位。

2) 提升装置将工件提升并检测工件颜色。

(2) 站二：搬运站。

将工件从第一站搬至第二站。

(3) 站三：加工站。

1) 用回转工作台将工件在 4 个工位间转换。

2) 钻孔单元打孔。

3) 检测打孔深度。

(4) 站四：安装站。

1) 选择要安装工件的料仓。

2) 将工件从料仓中推出。

3) 将工件安装到位。

(5) 站五：安装搬运站。

1) 将上站工件拿起放入安装工位。

2) 将装好工件拿起放下站。

(6) 站六：分类站。

1) 按工件类型分类。

2) 将工件推入库房。

2. 加工工件类型

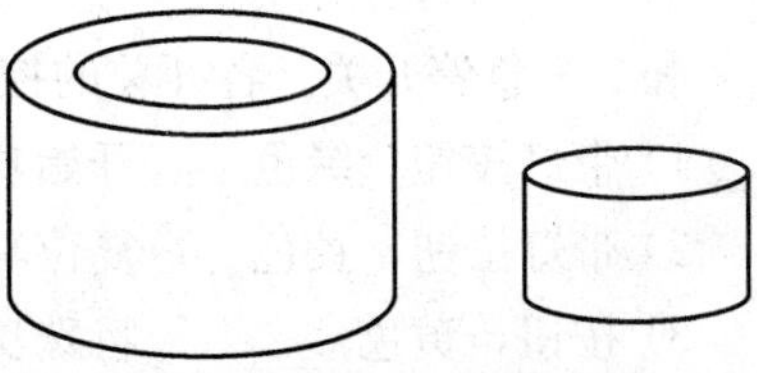

图 11-57　加工工件类型

如图 11-57 所示，该实验装置中有两种模拟加工工件，其规格尺寸见表 11-2。

表 11-2　　加工工件规格尺寸

特性 \ 工件	工件 1	工件 2
直　径 ϕ (mm)	32	22
高　度 (mm)	22	10

续表

特性 \ 工件	工件 1	工件 2
内孔直径 ϕ（mm）	22	
内孔深度（mm）	10	
材　料	塑料	塑料
颜　色	黑、白	黑、白

3. 系统物流

图 11－58 给出了系统中工件从一站到另一站的物流传递过程：上料检测站将大工件按顺序排好后提升送出，搬运站将大工件从上料检测站搬至加工站，加工站将大工件加工后送出工位，安装搬运站将大工件搬至安装工位放下，安装站再将对应的小工件装入大工件中。最后，安装搬运站再将安装好的工件送至分类站，分类站负责将工件送入相应的料仓。

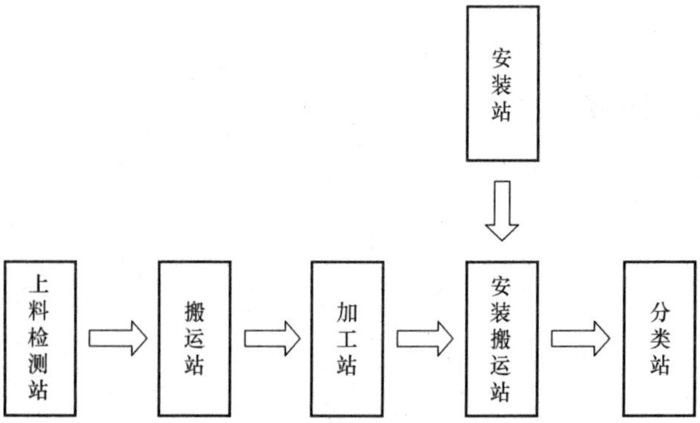

图 11－58　系统物流组成与结构示意图

4. 控制技术

（1）PLC 接口。在各站与 PLC 之间是由一个标准电缆进行连接的，通过这个电缆可连接 8 个传感器信号和 8 个输出控制信号。通过该电缆各站的传感器和输出控制器可得到 24V 电压（包括 24V 接地线）。

（2）控制面板。各站都可在 PLC 程序的统一控制下，通过一控制面板进行相应的操作。一个控制面板上有 5 个按钮开关，2 个选择开关和 1 个急停开关。各开关的控制功能定义如下。

1）带灯按钮，绿色　开始功能　按钮对应端子 X10，灯对应端子 Y10
2）带灯按钮，黄色　复位功能　按钮对应端子 X11，灯对应端子 Y11
3）按钮，黄色　特殊功能按钮　按钮对应端子 X12
4）两位旋钮，黑色　自动/手动选择功能　按钮对应端子 X13
5）两位旋钮，黑色　单站/联网选择功能　按钮对应端子 X14
6）按钮，红色　停止功能　按钮对应端子 X15
7）带灯按钮，绿色　上电功能　按钮对应端子 X16，灯对应端子 Y16
8）急停按钮，红色　急停功能　按钮对应端子 X1

5. 控制系统联网与通信

为保证系统中各站能联网运行，必须将各站的 PLC 连接在一起使独立的各站间能交换信息。而且，在加工过程中所产生的数据，如工件颜色装配信息等，也需要能向下站传送，以保证后续动作正确（如分类正确、安装正确等）。

(1) 独立各站间的通信。联网后的各站间运动将相互影响，为使系统安全、可靠运行，每一站与前后各站需要交换信息，而各站只有运行正常工作程序后，才能相互通信，交换信息。每一站要开始工作运行，需由前站给出信号，只有第一站（上料检测站）是通过“开始”按钮起动工作过程的，因为第一站没有前站。

工件信息作为重要的加工数据也需要在各站间进行传递。表示工件信息的数据，是根据不同的工件颜色在不同站产生。工件的信息可用两个二进制数表示：D0、D1，见表 11-3。

表 11-3　　工件颜色信息表

项　　目		D0	D1
工件 1（黑）	工件 2（黑）	0	0
工件 1（白）	工件 2（黑）	1	0
工件 1（黑）	工件 2（白）	0	1
工件 1（白）	工件 2（白）	1	1

这些数据从上站传送到下站，最后分类站根据数据将工件分类推入库房。

(2) 各站通信信号地址表（见表 11-4）。除工件颜色信息外，各站可通过 4 根 I/O 线与前后站间进行通信，互相交换工作状态信息（向前两根通信线，一输出一输入；向后两根通信线，一输出一输入）。

表 11-4　　各站通信信号地址表

PLC 输入/输出地址	符号地址	注　释
X20	Di0	从前站读入的数据 d0
X21	Di1	从前站读入的数据 d1
X22	Di2	从前站读入的数据 d2（备用）
X23	Ciq	通信，从前站读入前站状态
X24	Cih	通信，从后站读入后站状态
Y20	Do0	向后站输出的数据 d0
Y21	Do1	向后站输出的数据 d1
Y22	Do2	向后站输出的数据 d2（备用）
Y23	Coq	通信，向前站输出本站状态
Y24	Coh	通信，向后站输出本站状态

(3) 各站联网后操作过程。

1) 按下“上电”按钮，系统上电。

2) 从第一站开始依次向后按下“复位”按钮，确保各站全部复位。

3) 从第六站开始依次向前按下“开始”按钮，分别起动各站。

当任一站出现异常时，按下该站“急停”按钮，该站立刻会停止运行。当排除故障后，再按下“上电”按钮，复位灯和开始灯同时闪动，此时按下“开始”按钮，该站可接着从刚才的断点继续运行。

如工作时突然断电，来电后可先按“上电”按钮，而后由第六站依次向前按下“开始”按钮，系统就可以从刚才的断点继续向下运行。当然也可全部复位，系统重新开始运行。

11.16.2 上料检测站

1. 上料检测站外观图

如图 11－59 所示，上料检测站完成将大工件从料盘中取出的任务。

2. 气动回路图

如图 11－60 所示，上料检测站中气动执行元件是一个双作用气缸，由一个单电控两位五通阀控制。该气缸的作用是从送料轨道的终端将大工件取走并上提，以便于第二站（搬运站）的机械手前来抓取。

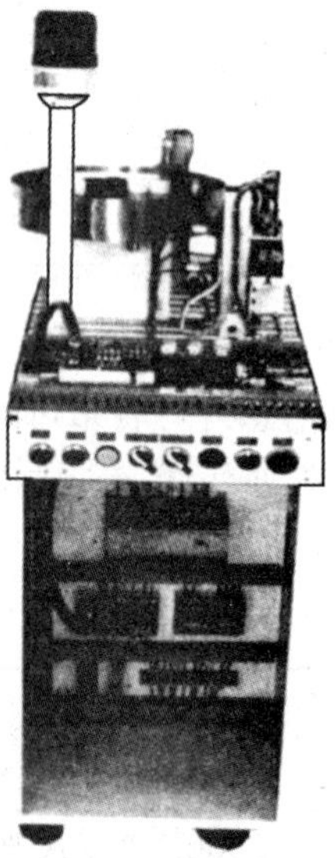

图 11－59 上料检测站外观图

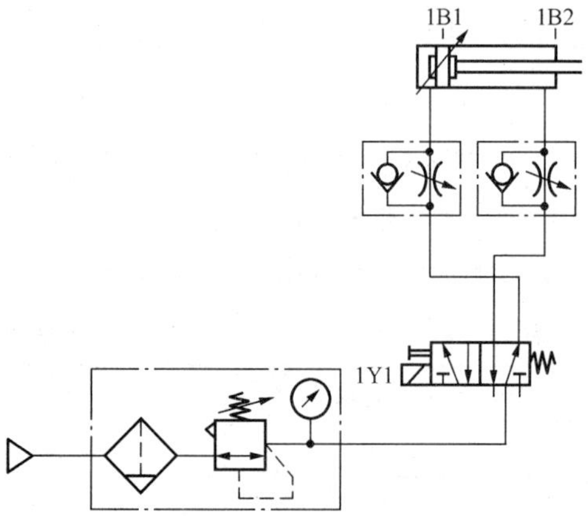

图 11－60 上料检测站气动执行元件的原理图

3. PLC 输入/输出关系（见表 11－5）

表 11－5　　PLC 的 I/O 端子分配表

I/O 类型	PLC 端子名称	连接对象	含　义
输入端子	X0	B1	大工件从料盘到取料口
	X1	B2	大工件颜色
	X5	1B1	气缸末端传感器（气缸杆全缩回检测）
	X6	1B2	气缸首端传感器（气缸杆全伸出检测）
输出端子	Y0	K1	直流电机（带动料盘旋转送料）
	Y1	K2	报警灯
	Y2	K3	喇叭
	Y3	1Y1	气缸对应单电控电磁阀

上料检测站共占用 PLC 的 4 个输入端子，其中 X5、X6 对应于气缸上的两个传感器；还有两个对应于对大工件进行检测的两个光电传感器，即 X0 用于检测大工件是否已到达轨道终端取料口，X1 用于检测大工件的颜色。

上料检测站共占用 PLC 的 4 个输出点，其中，Y3 控制单电控两位五通阀，Y0 控制直流电机（带动料盘旋转送料），Y1 控制报警灯，Y2 控制喇叭。

4. 程序功能表图（见图 11－61）

11.16.3　搬运站

(1) 搬运站外观图。如图 11－62 所示，搬运站完成将大工件从上料检测站搬运到加工站的任务。

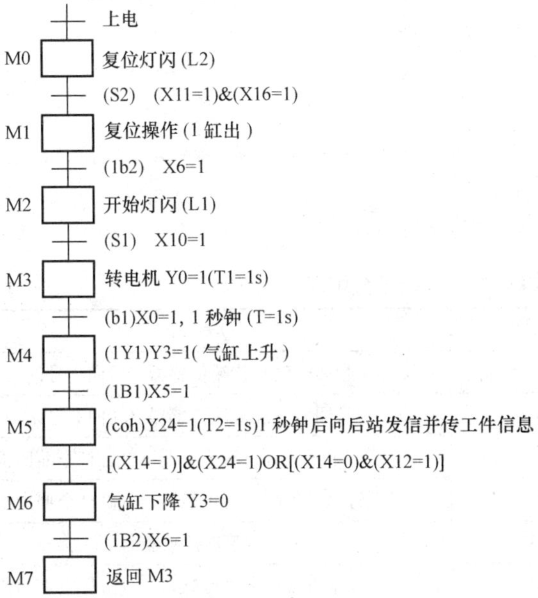

图 11－61　上料检测站程序功能表图

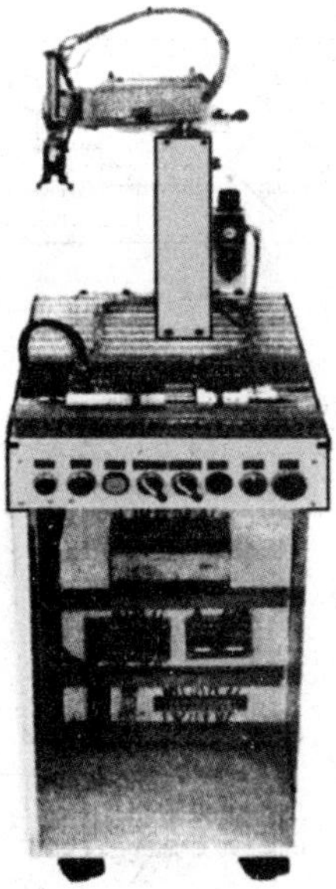

图 11－62　搬运站外观图

(2) 气动回路图。如图 11－63 所示，搬运站的气动执行元件共有 4 个，分别为机械手的上臂水平方向气缸（2＃缸）、前臂垂直方向气缸（4＃缸）、手爪气缸（3＃缸）以及腰部回转气缸（1＃缸）。除了前臂垂直气缸采用单电控两位五通阀控制外，其余均采用双电控电磁阀。

(3) PLC 输入/输出关系（见表 11－6）。

搬运站共占用 PLC 的 7 个输入端子。其中 X0、X1 对应于 1 号回转气缸上两个传感器；X2、X3 对应于 2 号水平气缸上两个传感器；X5、X6 对应于 4 号前臂气缸上的两个位置传感器；X4 对应于 3 号手爪气缸上的传感器。

该站同时占用 PLC 的 7 个输出端子。其中，Y0、Y1 控制 1 号回转气缸对应的电磁换向阀；Y2、Y3 控制 2 号水平手臂气缸对应的电磁换向阀；Y4、Y5 控制 3 号垂直手臂气缸对应的电磁换向阀；Y6 控制 4 号手爪气缸对应的电磁换向阀。

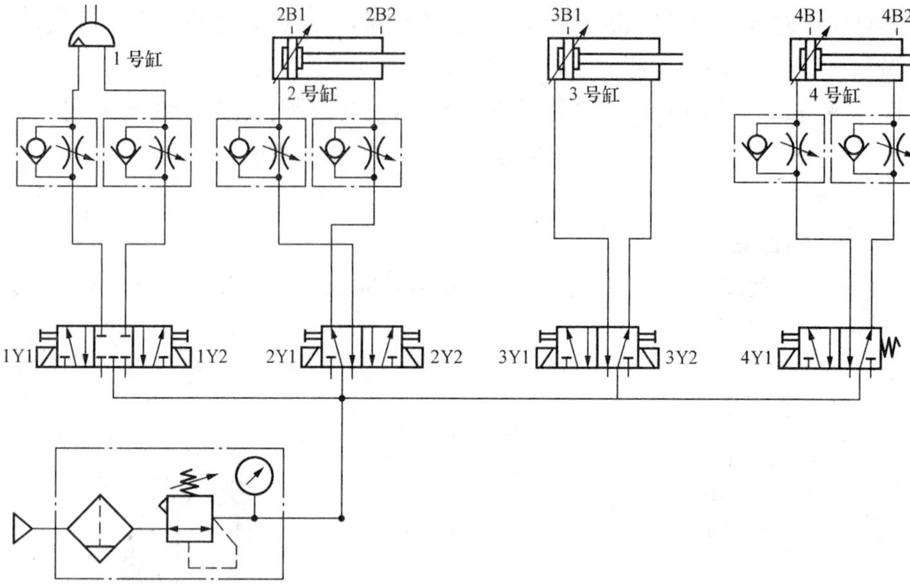

图 11-63　搬运站气动原理图

表 11-6　　搬运站 PLC 的 I/O 端子分配表

I/O 类型	PLC 端子名称	连接对象	含　义
输入端子	X0	1B1	1 号回转气缸首端传感器（转向 1 号站）
	X1	1B2	1 号回转气缸末端传感器（转向 2 号站）
	X2	2B1	2 号上臂水平气缸末端传感器（气缸杆全缩回检测）
	X3	2B2	2 号上臂水平气缸首端传感器（气缸杆全伸出检测）
	X4	3B1	手爪传感器
	X5	4B1	4 号前臂垂直气缸末端传感器（气缸杆全缩回检测）
	X6	4B2	4 号前臂垂直气缸首端传感器（气缸杆全伸出检测）
输出端子	Y0	1Y1	1 号气缸对应双电控电磁阀
	Y1	1Y2	1 号气缸对应双电控电磁阀
	Y2	2Y1	2 号气缸对应双电控电磁阀
	Y3	2Y2	2 号气缸对应双电控电磁阀
	Y4	3Y1	3 号气缸对应双电控电磁阀
	Y5	3Y2	3 号气缸对应双电控电磁阀
	Y6	4Y1	4 号气缸对应单电控电磁阀

（4）程序功能表图如图 11-64 所示。

11.16.4　加工站

（1）加工站外观图。如图 11-65 所示，加工站完成对大工件的打孔、检测和传输任务。

（2）气动回路图。如图 11-66 所示，加工站的气动执行元件共有 3 个，分别为打孔气缸（1 号缸）、检测气缸（2 号缸）、夹紧气缸（3 号缸）。这 3 个气缸均采用单电控两

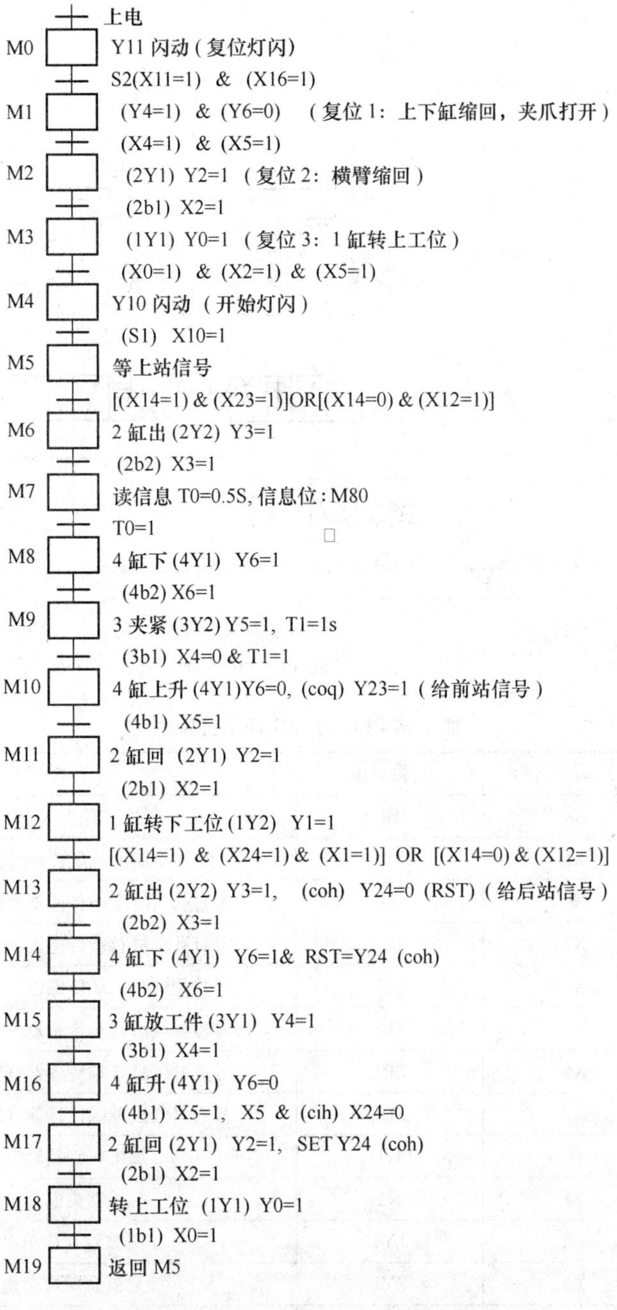

图 11－64　搬运站程序功能表图

位五通阀控制。

(3) PLC 输入/输出关系（见表 11－7）。加工站共占用 PLC 的 8 个输入端子。其中 X0 用于检测大工件是否放入加工站；X21 用于检测加工料盘是否转动到位；X2、X3 对应于 1 号打孔气缸上的两个传感器；X4、X5 对应于 2 号检测气缸上的两个传感器；X6、X7 对应于 3 号夹紧气缸上的两个传感器。

图 11 - 65　加工站外观图

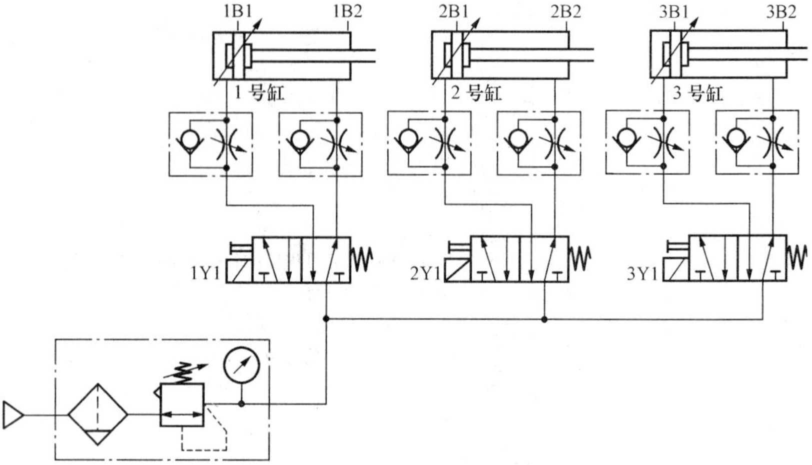

图 11 - 66　加工站气动原理图

表 11 - 7　　加工站 PLC 的 I/O 端子分配表

I/O 类型	PLC 端子名称	连接对象	含　义
输入端子	X0	B1	大工件进入本站传感器
	X1	B2	加工料盘转动到位传感器
	X2	1B1	1 号打孔气缸末端传感器（气缸杆全缩回检测）
	X3	1B2	1 号打孔气缸首端传感器（气缸杆全伸出检测）
	X4	2B1	2 号检测气缸末端传感器（气缸杆全缩回检测）
	X5	2B1	2 号检测气缸首端传感器（气缸杆全伸出检测）
	X6	3B1	3 号夹紧气缸末端传感器（气缸杆全缩回检测）
	X7	3B1	3 号夹紧气缸首端传感器（气缸杆全伸出检测）
输出端子	Y0	K1	加工料盘旋转电动机 M1
	Y1	K2	钻头电动机 M2
	Y2	1Y1	1 号气缸对应单电控电磁阀
	Y3	2Y1	2 号气缸对应单电控电磁阀
	Y4	3Y1	3 号气缸对应单电控电磁阀

该站同时占用 PLC 的 5 个输出端子。其中，Y2 控制 1 号打孔气缸对应的电磁换向阀；Y3 控制 2 号检测气缸对应的电磁换向阀；Y4 控制 3 号夹紧气缸对应的电磁换向阀；Y3 控制 2 号检测气缸对应的电磁换向阀；Y4 控制 3 号夹紧气缸对应的电磁换向阀。另外，PLC 的 Y0 控制加工料盘旋转电动机运转，Y1 控制钻头号电动机运转。

（4）程序功能表图（见图 11－67）。

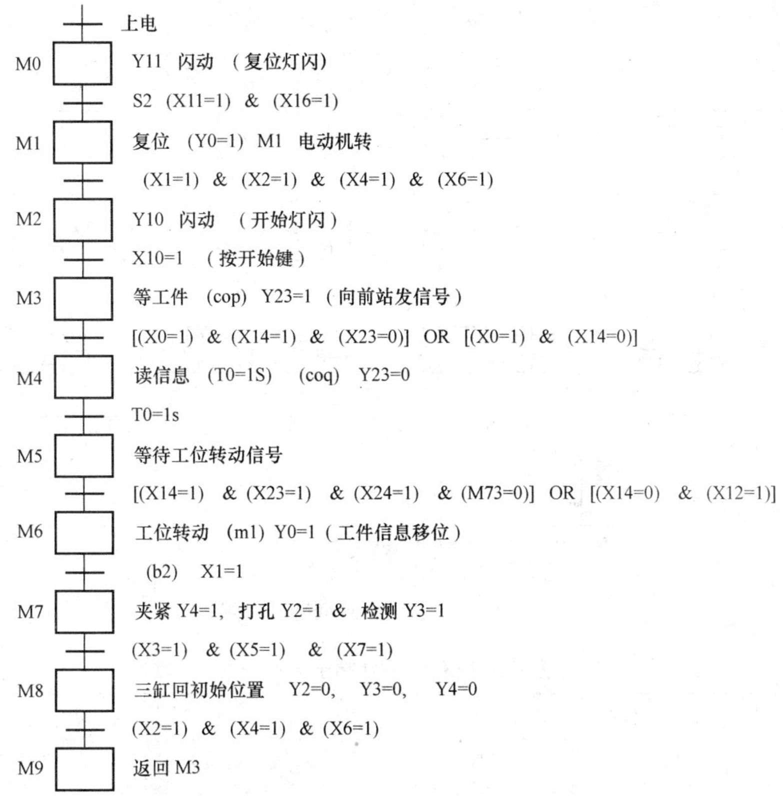

图 11－67　加工站程序功能表图

11.16.5　安装站

（1）安装站外观图。如图 11－68 所示，安装站的任务是从料斗中将小工件取出，并输送给“安装搬运站”进行装配。

（2）气动回路图。如图 11－69 所示，安装站的气动执行元件共有 4 个，分别为推料斗气缸（2 号缸）、机械手运动气缸（1 号缸）、真空吸盘（3 号吸盘）、推工件气缸（4 号缸）。除 4 号推工件气缸采用单电控两位五通阀控制外，其余气动执行元件均采用双电控两位五通阀控制。

（3）PLC 输入/输出关系（见表 11－8）。

安装站共占用 PLC 的 7 个输入端子。其中 X0、X1 对应于 1 号推料斗气缸上的两个传感器；X2、X3 对应于 2 号机械手运动气缸上的两个传感器；X4 对应于真空开关；X5、X6 对应于 4 号推工件气缸上的两个传感器。

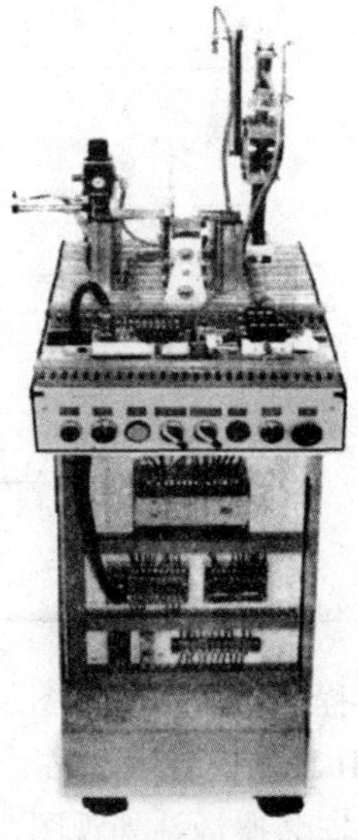

图 11－68　安装站外观图

该站同时占用 PLC 的 7 个输出端子。其中，Y0、Y1 控制 1 号推料斗气缸对应的电磁换向阀；

Y2、Y3 控制 2 号机械手运动气缸对应的电磁换向阀；Y4、Y5 控制 3 号真空吸盘对应的真空发生装置；Y6 控制 4 号推工件气缸对应的电磁换向阀。

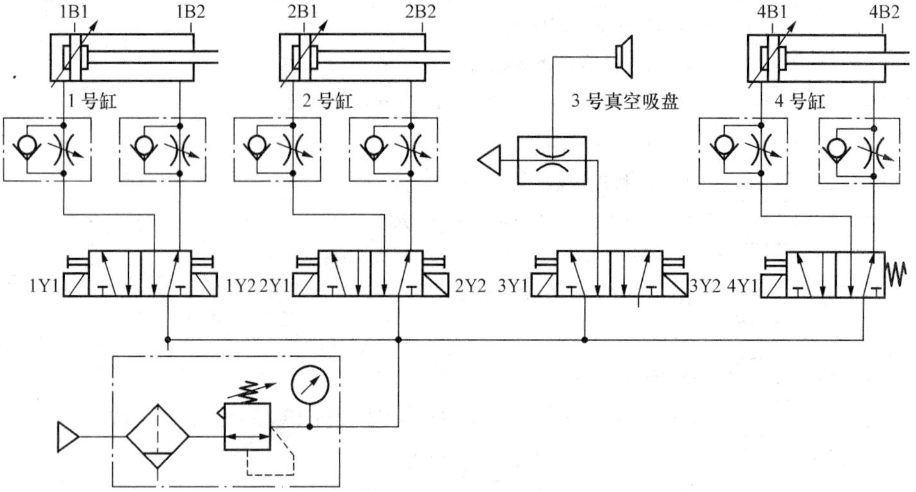

图 11-69　安装站气动回路原理图

表 11-8　　**安装站 PLC 的 I/O 端子分配表**

I/O 类型	PLC 端子名称	连接对象	含　义
输入端子	X0	1B1	1 号机械手气缸摆向大工件传感器
	X1	1B2	1 号机械手气缸摆向小工件传感器
	X2	2B1	2 号推料斗气缸末端传感器（气缸杆全缩回检测）
	X3	2B2	2 号推料斗气缸首端传感器（气缸杆全伸出检测）
	X4	3B1	真空开关
	X5	4B1	4 号推工件气缸末端传感器（气缸杆全缩回检测）
	X6	4B2	4 号推工件气缸首端传感器（气缸杆全伸出检测）
输出端子	Y0	1Y1	1 号气缸对应双电控电磁阀
	Y1	1Y2	1 号气缸对应双电控电磁阀
	Y2	2Y1	2 号气缸对应双电控电磁阀
	Y3	2Y2	2 号气缸对应双电控电磁阀
	Y4	3Y1	3 号气缸对应双电控电磁阀
	Y5	3Y2	3 号气缸对应双电控电磁阀
	Y6	4Y1	4 号气缸对应单电控电磁阀

（4）程序功能图（见图 11-70）。

11.16.6　安装搬运站

（1）安装搬运站外观图。如图 11-71 所示，安装搬运站的任务是将分拣出的小工件搬运并装配到大工件中，同时为把装配好的部件放入仓库作准备。

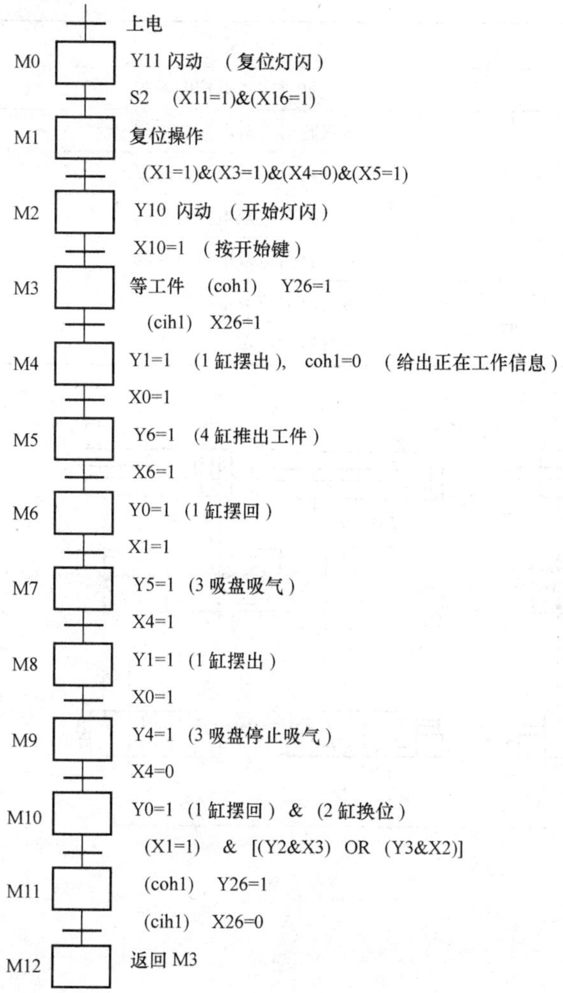

图 11－70　安装站程序功能表图

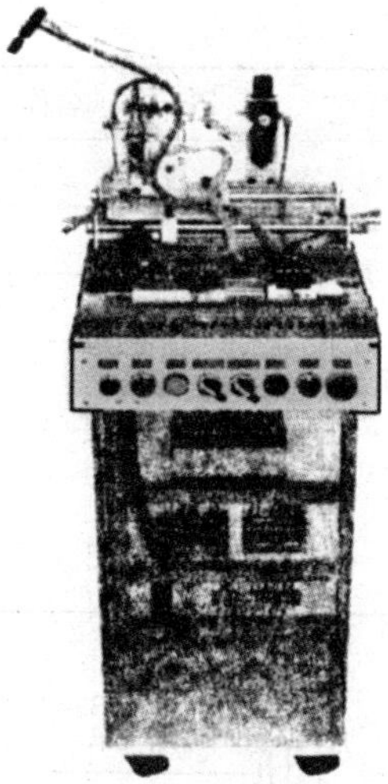

图 11－71　安装搬运站外观图

（2）气动回路图。如图 11－72 所示，安装搬运站的气动执行元件共有 4 个，分别为机械手转下工位控制气缸（1 号缸）、机械手转上工位控制气缸（2 号缸）、夹爪气缸（3 号缸）、机械手臂抬放控制气缸（4 号缸）。1 号缸采用双电控三位五通阀控制，具有中位保持功能。4 号缸采用单电控两位五通阀控制，2 号缸和 3 号缸采用双电控两位五通阀控制。

（3）PLC 输入/输出关系（见表 11－9）。

表 11－9　　安装搬运站 PLC 的 I/O 端子分配表

I/O 类型	PLC 端子名称	连接对象	含　义
输入端子	X0	1B1	1 号气缸末端传感器（气缸杆全缩回检测）
	X1	1B2	1 号气缸首端传感器（气缸杆全伸出检测）
	X2	2B1	2 号气缸末端传感器（气缸杆全缩回检测）
	X3	2B2	2 号气缸首端传感器（气缸杆全伸出检测）
	X4	3B1	夹爪气缸夹紧状态传感器
	X5	4B1	4 号机械手俯仰气缸末端传感器（气缸杆全缩回检测）
	X6	4B2	4 号机械手俯仰气缸首端传感器（气缸杆全伸出检测）

续表

I/O类型	PLC端子名称	连接对象	含　义
输出端子	Y0	1Y1	1号气缸对应双电控电磁阀
	Y1	1Y2	1号气缸对应双电控电磁阀
	Y2	2Y1	2号气缸对应双电控电磁阀
	Y3	2Y2	2号气缸对应双电控电磁阀
	Y4	3Y1	3号气缸对应双电控电磁阀
	Y5	3Y2	3号气缸对应双电控电磁阀
	Y6	4Y1	4号气缸对应单电控电磁阀

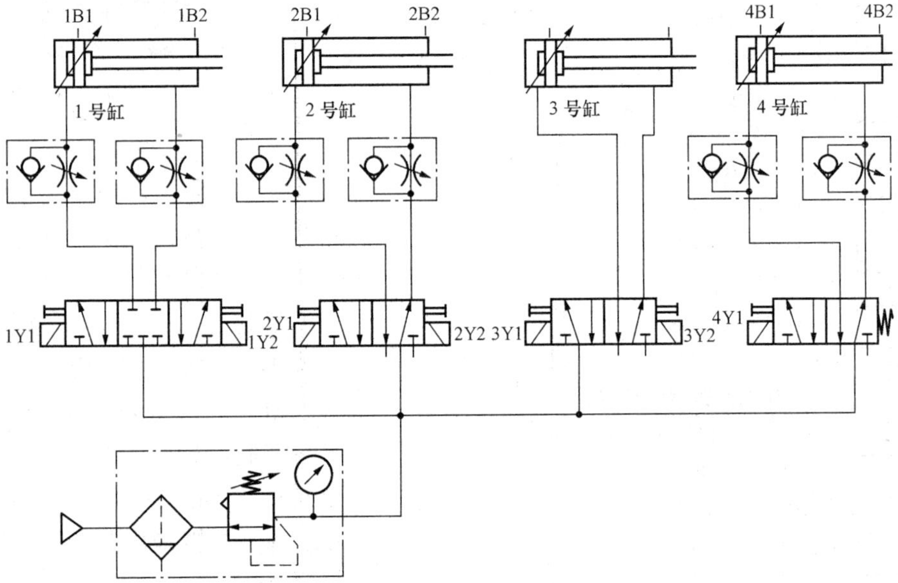

图11-72　安装搬运站气动回路原理图

安装搬运站共占用PLC的7个输入端子。其中X0、X1对应于1号机构手转下工位气缸上的两个传感器；X2、X3对应于2号机械手转上工位控制气缸上的两个传感器；X4对应于3号夹爪气缸上的传感器；X5、X6对应于4号机械手臂抬放控制气缸上的两个传感器。

该站同时占用PLC的7个输出端子。其中，Y0、Y1控制机械手转下工位气缸对应的电磁换向阀；Y2、Y3控制机械手转上工位控制气缸对应的电磁换向阀；Y4、Y5控制3号夹爪气缸对应的电磁换向阀；Y6控制4号机械手臂抬放控制气缸对应的电磁换向阀。

本站中，1号气缸和2号气缸通过齿轮齿条机构的共同作用，可以使机械手产生4个转动工位，分别是：转向第三站取工件工位、本站安装工位、放置次品工位、转向第六站放合格品工位。通过1Y1、1Y2、2Y1和2Y2 4个电磁线圈对应的PLC输出端子Y0、Y1、Y2和Y3进行控制，就能够达到控制上述4个工位的目的。具体控制方法如下。

1）Y0和Y2同时输出。1号和2号气缸均伸出，机械手转向第三站取工件工位。

2）Y3输出。1号气缸保持伸出状态，2号气缸缩回，机械手转向本站安装工位。

3）Y1 输出。1 号气缸缩回，2 号气缸保持伸出状态，机械手转向放置次品工位。

4）Y1 和 Y3 同时输出。1 号和 2 号气缸均缩回，机械手转向第六站放合格品工位。

（4）程序功能图（见图 11－73）。

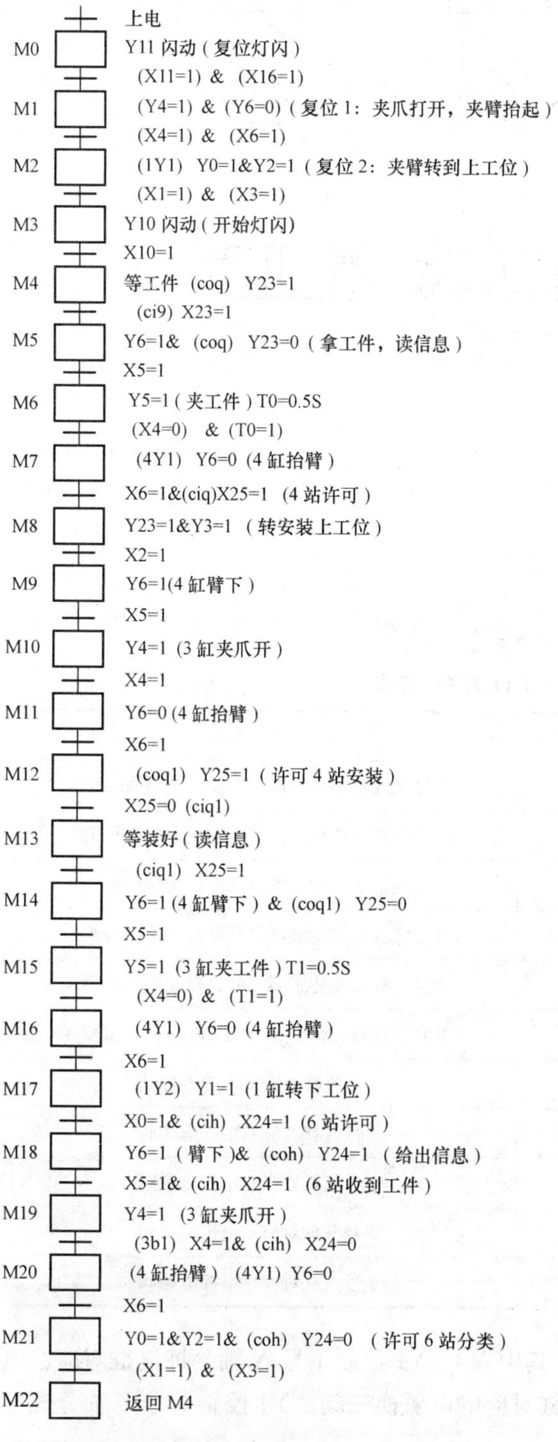

图 11－73　安装搬运站程序功能表图

11.16.7　分类站

（1）分类站外观图。如图 11－74 所示，分类站的任务是实现对 4 种类型的装配工件（黑色大工件、白色小工件；黑色大工件、黑色小工件；白色大工件、白色小工件；白色大工件、黑色小工件）的分类存放。

（2）气动回路图。如图 11－75 所示，分类站的气动执行元件共有 3 个，分别为 X 轴分拣气缸（1 号缸）、Y 轴分拣气缸（2 号缸）、Z 轴分拣气缸（3 号缸）。1 号缸和 2 号缸采用双电控两位五通阀控制，3 号缸采用单电控两位五通阀控制。

（3）PLC 输入/输出关系（见表 11－10）。

分类站共占用 PLC 的 6 个输入端子。其中 X0、X1 对应于 1 号 X 轴分拣气缸上的两个传感器；X2、X3 对应于 2 号 Y 轴分拣气缸上的两个传感器；X4、X5 对应于 3 号 Z 轴分拣气缸上的两个传感器。

图 11－74　分类站外观图

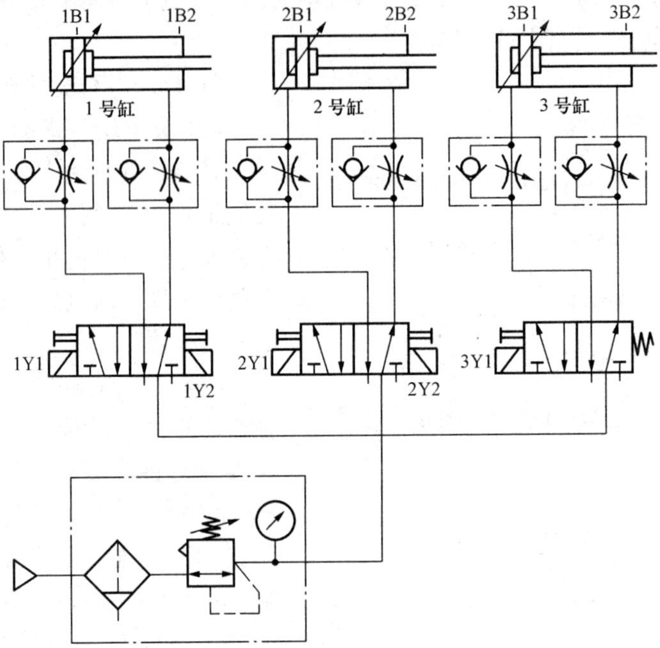

图 11-75　分类站气动原理图

表 11-10　分类站 PLC 的 I/O 端子分配表

I/O 类型	PLC 端子名称	连接对象	含　义
输入端子	X0	1B1	1 号气缸末端传感器（气缸杆全缩回检测）
	X1	1B2	1 号气缸首端传感器（气缸杆全伸出检测）
	X2	2B1	2 号气缸末端传感器（气缸杆全缩回检测）
	X3	2B2	2 号气缸首端传感器（气缸杆全伸出检测）
	X4	3B1	3 号气缸末端传感器（气缸杆全缩回检测）
	X5	3B2	3 号气缸首端传感器（气缸杆全伸出检测）
输出端子	Y0	1Y1	1 号气缸对应双电控电磁阀
	Y1	1Y2	1 号气缸对应双电控电磁阀
	Y2	2Y1	2 号气缸对应双电控电磁阀
	Y3	2Y2	2 号气缸对应双电控电磁阀
	Y4	3Y1	3 号气缸对应单电控电磁阀

该站同时占用 PLC 的 5 个输出端子。其中 Y0、Y1 控制 1 号 *X* 轴分拣气缸对应的电磁换向阀；Y2、Y3 控制 2 号 *Y* 轴分拣气缸对应的电磁换向阀；Y4 控制 3 号 *Z* 轴分拣气缸对应的电磁换向阀。

（4）程序功能图（见图 11－76）。

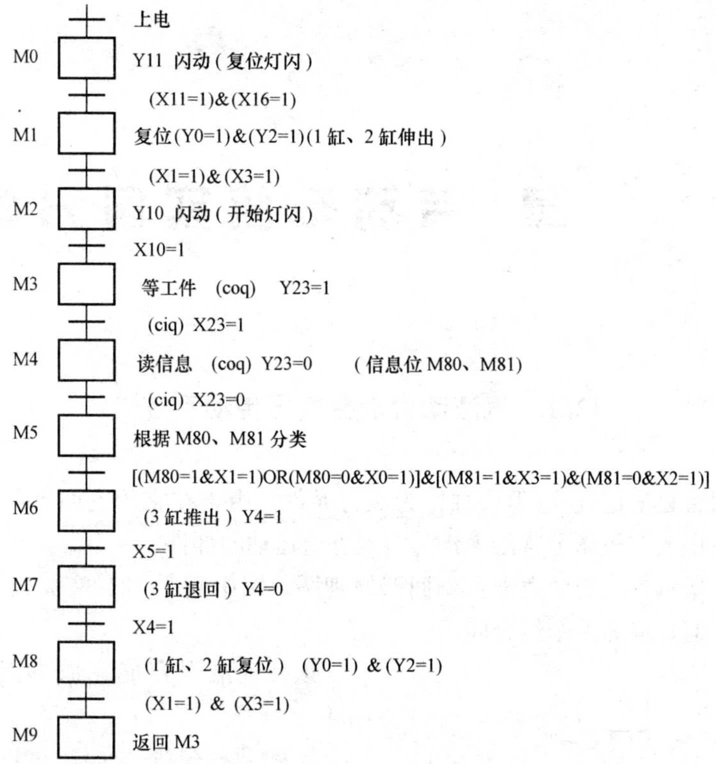

图 11－76　分类站程序功能图

第12章 气动系统实例分析

12.1 气液动力滑台气压传动系统

气液动力滑台是采用气-液阻尼缸作为执行元件。由于在它的上面可以安装单轴头、动力箱或工件，因而在机床上常用来作为实现进给运动的部件。

如图 12-1 所示为气液动力滑台的回路原理图。图中阀 1、2、3 和 4、5、6 实际上分别被组合在一起，成为两个组合阀。

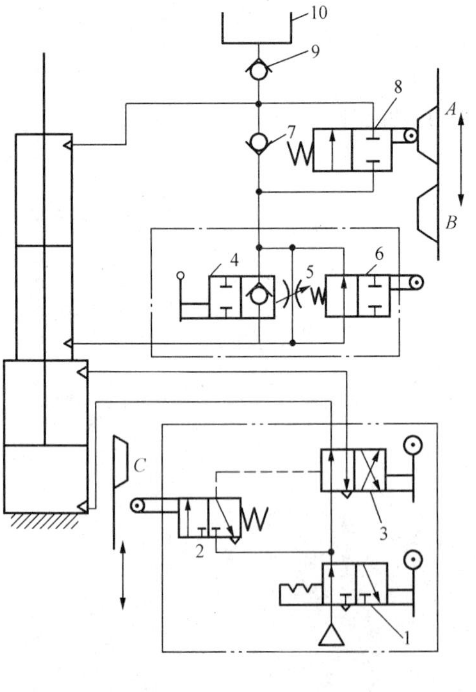

图 12-1 气液动力滑台的回路原理图

1、3、4—手动换向阀；2、6、8—行程阀；5—节流阀；7、9—单向阀；10—补油箱

该种气液滑台能完成下面的两种工作循环。

1. 快进—慢进—快退—停止

当图中手动换向阀 4 处于图示状态时，就可实现上述循环的进给程序。其动作原理为：当手动换向阀 3 切换至右位时，实际上就是给予进刀信号，在气压作用下，气缸中活塞开始向下运动，液压缸中活塞下腔油液经行程阀 6 的左位和单向阀 7 进入液压缸活塞的上腔，实现了快进；当快进到活塞杆上的挡铁 B 切换行程阀 6（使它处于右位）后，油液只能经节流阀 5 进入活塞上腔，调节节流阀的开度，即可调节气-液阻尼缸运动速度。所以，这时开始慢进（工作进给）。当慢进到挡铁 C 使行程阀 2 切换至左位时，输出气信号使手动换向阀 3 切换至左位，这时气缸活塞开始向上运动。液压缸活塞上腔的油液经行程阀 8 至图示位置而使油液通道被切断，活塞就停止运动。所以改变挡铁 A 的位置，就能改变"停"的位置。

2. 快进—慢进—慢退—快退—停止

把手动换向阀 4 关闭（处于左位）时就可实现上述的双向进给程序，其动作原理为：动作循环中的快进—慢进的动作原理与上述相同。当慢进至挡铁 C 切换行程阀 2 至左位时，输出气信号使手动换向阀 3 切换至左位，气缸活塞开始向上运动，这时液压缸上腔的油液经行程阀 8 的左位和节流阀 5 进入液压活塞缸下腔，亦即实现了慢退（反向进给）；当慢退到挡铁 B 离开行程阀 6 的顶杆而使其复位（处于左位）后，液压缸活塞上腔的油液就经阀 8 的左位、再经阀 6 的左位进入液压塞活缸下腔，开始快退；快退到挡铁 A 切换阀 8 至图示位置时，油液通路被切断，活塞就停止运动。图中补油箱 10 和单向阀 9 仅仅是为了补偿系统中的漏油而设置的，因而一般可用油杯来代替。

12.2　气动机械手

气动机械手具有结构简单和制造成本低等优点，并可以根据各种自动化设备的工作需要，按照设定的控制程序动作。因此，它在自动生产设备和生产线上被广泛采用。

如图 12－2 所示是用于某专用设备上的气动机械手结构示意图，它由 4 个气缸组成，可在三个坐标内工作。图中 A 缸为夹紧缸，其活塞杆退回时夹紧工件，活塞杆伸出时松开工件。B 缸为长臂伸缩缸，可实现伸出和缩回动作。C 缸为立柱升降缸。D 缸为立柱回转缸，该气缸有两个活塞，分别装在带齿条的活塞杆两头，齿条的往复运动带动立柱上的齿轮旋转，从而实现立柱的回转。

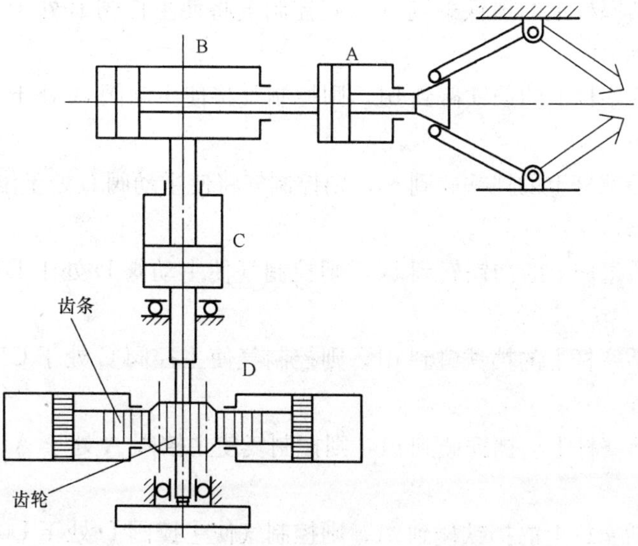

图 12－2　专用设备上气动机械手结构示意图

图 12－3 是气动机械手的回路原理图，若要求该机械手的动作顺序为：立柱下降

C0—伸臂 B1—夹紧工件 A0—缩臂 B0—立柱顺时针转 D1—立柱上升 C1—放开工件 A1—立柱逆时针转 D0，则该传动系统的工作循环分析如下：

（1）按下起动阀 q，主控阀 C 将处于 C0 位，活塞杆退回，即得到 C0。

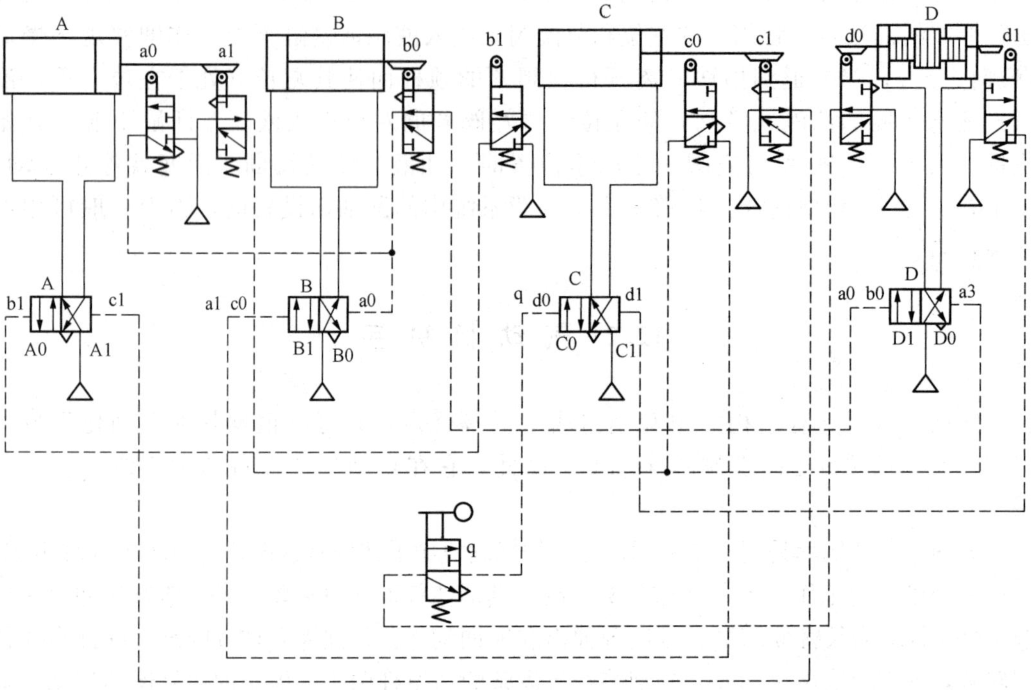

图 12-3 气动机械手控制回路原理图

（2）当 C 缸活塞杆上的挡铁碰到 c0，则控制气将使主控阀 B 处于 B1 位，使 B 缸活塞杆伸出，即得到 B1。

（3）当 B 缸活塞杆上的挡铁碰到 b1，则控制气将使主动阀 A 处于 A0 位，A 缸活塞杆退回，即得到 A0。

（4）当 A 缸活塞杆上的挡铁碰到 a0，则控制气将使主动阀 B 处于位 B0 位，B 缸活塞杆退回，即得到 B0。

（5）当 B 缸活塞杆上的挡铁碰到 b0，则控制气使主动阀 D 处于 D1 位，D 缸活塞杆往右，即得到 D1。

（6）当 D 缸活塞杆上的挡铁碰到 d1，则控制气使主控阀 C 处于 C1 位，使 C 缸活塞杆伸出，得到 C1。

（7）当 C 缸活塞杆上的挡铁碰到 c1，则控制气使主控阀 A 处于 A1 位，使 A 缸活塞杆伸出，得到 A1。

（8）当 A 缸活塞杆上的挡铁碰到 a1，则控制气使主控阀 D 处于 D0 位，使 D 缸活塞杆往左，即得到 D0。

（9）当 D 缸活塞杆上的挡铁碰到 d0，则控制气经启动阀 q 又使主控阀 C 处于 C0 位，于是又开始新的一轮工作循环。

12.3　工件夹紧气压传动系统

如图 12－4 所示为机械加工自动线、组合机床中常用的工件夹紧气压传动系统原理图。其工作原理是：当工件运行到指定位置后，垂直缸 A 的活塞杆首先伸出（向下）将工件定位锁紧后，两侧的气缸 B 和 C 的活塞杆再同时伸出，对工件进行两侧夹紧，然后进行机械加工，加工完成后各夹紧缸退回，将工件松开。

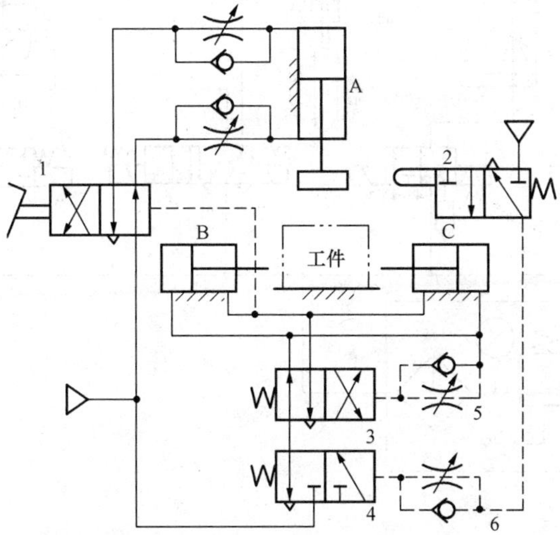

图 12－4　机床夹具的气压夹紧系统原理图

1—脚踏换向阀；2—行程阀；3、4—换向阀；5、6—单向节流阀

具体工作原理如下：当用脚踏下阀 1，压缩空气进入缸 A 的上腔，使夹紧头下降夹紧工件，当压下行程阀 2 时，压缩空气经单向节流阀 6 进入二位三通气控换向阀 4 的右侧，使阀 4 换向（调节节流阀开口可以控制阀 4 的延时接通时间）。压缩空气通过主控阀 3 进入两侧气缸 B 和 C 的无杆腔，使活塞杆伸出而夹紧工件。然后开始机械加工，同时流过主阀 3 的一部分压缩空气经过单向节流阀 5 进入主控阀 3 右端，经过一段时间（由节流阀控制）后，机械加工完成，主控阀 3 右位接通，两侧气缸后退到原来位置。同时，一部分压缩空气作为信号进入脚踏阀 1 的右端，使阀 1 右位接通，压缩空气进入缸 A 的下腔，使夹紧头退回原位。

夹紧头上升的同时使机动行程阀 2 复位，气控换向阀 4 也复位（此时主控阀 3 仍为右位接通），由于气缸 B 和 C 的无杆腔通大气，主控阀 3 自动复位到左位，完成一个工作循环。该回路只有再踏下脚踏阀 1 才能开始下一个工作循环。

12.4　数控加工中心气动换刀系统

如图 12－5 所示为某数控加工中心气动换刀系统原理图，该系统在换刀过程中实现主轴定位、主轴松刀、拔刀、向主轴锥孔吹气和插刀动作。

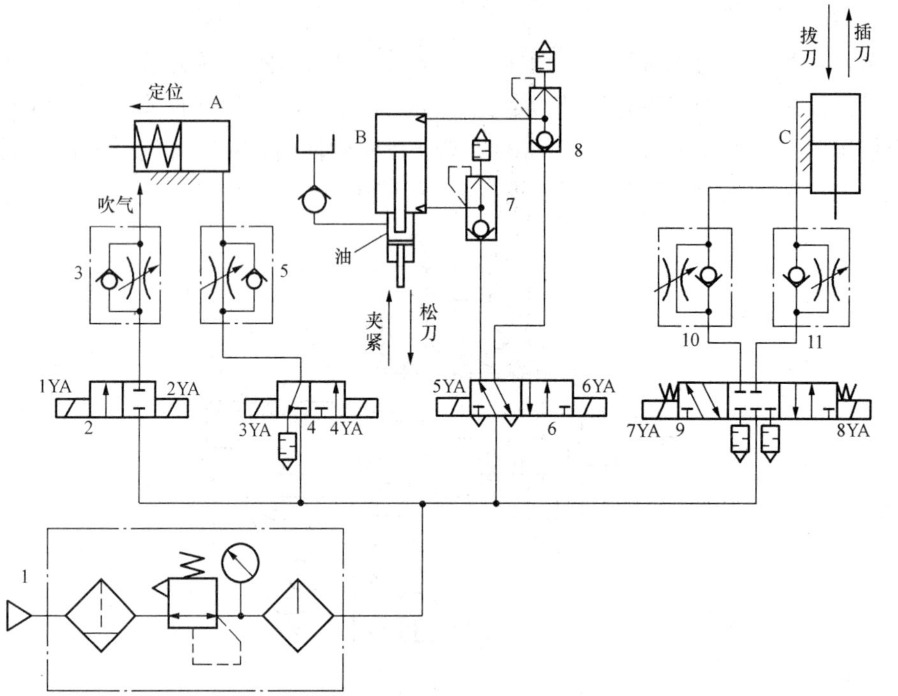

图 12-5　数控加工中心气动换刀系统原理图

1—气动三联件；2、4、6、9—换向阀；3、5、10、11—单向节流阀；7、8—快速排气阀

动作过程如下：当数控系统发出换刀指令时，主轴停止旋转，同时4YA得电，压缩空气经气动三联件1、换向阀4、单向节流阀5进入主轴定位缸A的右腔，缸A的活塞左移，使主轴自动定位。定位后压下无触点开关，使6YA得电，压缩空气经换向阀6、快速排气阀8进入气液增压缸B的上腔，增压腔的高压油使活塞伸出，实现主轴松刀，同时使8YA通电，压缩空气经换向阀9、单向节流阀11进入缸C的上腔，缸C下腔排气，活塞下移实现拔刀。由回转刀库交换刀具，同时1YA通电，压缩空气经换向阀2、单向节流阀3向主轴锥孔吹气。稍后1YA失电、2YA得电，停止吹气，8YA失电、7YA得电，压缩空气经换向阀9、单向节流阀10进入缸C的下腔，活塞上移，实现插刀动作。6YA失电、5YA得电，压缩空气经阀6、快速排气阀7进入气液增压缸B的下腔，使活塞退回，主轴的机械机构使刀具夹紧。4YA失电、3YA得电，缸A的活塞靠弹簧力作用复位，回复到开始状态，换刀结束。

12.5　汽车车门的安全操作系统

如图12-6所示为汽车车门的安全操作系统原理图。它是用来控制汽车车门开关，且当车门在关闭中遇到障碍时，能使车门再自动开启，起安全保护作用。车门的开关靠气缸 12 来实现，气缸由气控换向阀 9 来控制。而气控换向阀又由 1、2、3、4 四个按钮式换向阀操纵，气缸运动速度的快慢由单向节流阀 10 和 11 来调节。通过阀 1 或阀 3 使车门开启。通过阀 2 或阀 4，使车门关闭。起安全保护的机动控制换向阀 5 安装在车门上。

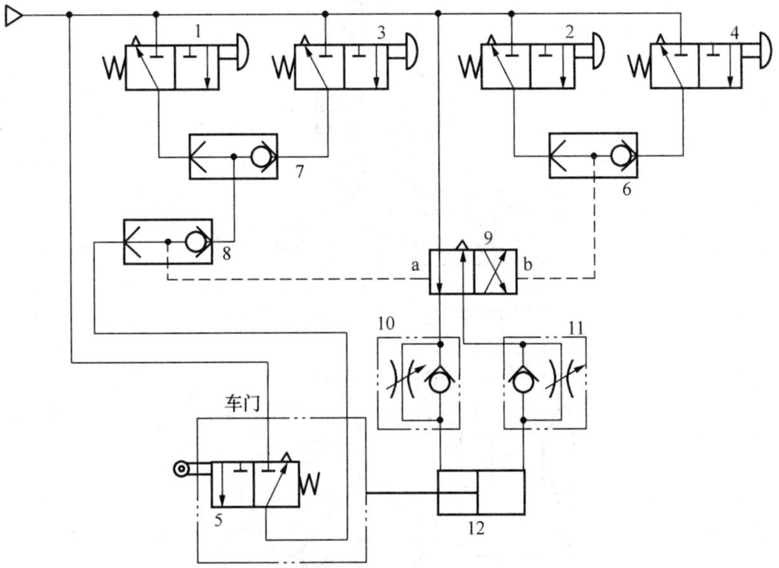

图 12－6　车门的安全操作回路系统原理图

1、2、3、4—按钮式换向阀；5—机动换向阀；6、7、8—梭阀；9—气控换向阀；10、11—单向节流阀；12—气缸

当操纵手动换向阀 1 或 3 时，压缩空气便经阀 1 或阀 3 到梭阀 7 和 8，把控制信号送到阀 9 的 a 侧，使阀 9 向车门开启方向切换。压缩空气便经阀 9 左位和阀 10 中的单向阀到气缸有杆腔，推动活塞而使车门开启。当操纵阀 2 或阀 4 时，压缩则经阀 6 到阀 9 的 b 侧，使阀 9 向车门关闭方向切换，压缩空气则经阀 9 右位和阀 11 中的单向阀到气缸的无杆腔，使车门关闭。车门在关闭过程中若碰到障碍物，便推动机动阀 5，使压缩空气经阀 5 将控制信号经阀 8 送到阀 9 的 a 端，使车门重新开启。但是，若阀 2 或阀 4 仍然保持按下状态，则阀 5 起不到自动开启车门的安全作用。

12.6　东风 EQ1092 型汽车主车气压制动回路

如图 12－7 所示为东风 EQ1092 型汽车主车气压制动回路。空气压缩机 1 由发动机通过皮带驱动，将压缩空气经单向阀 2 压入储气筒 3，然后再分别经两个相互独立的前桥贮气筒 5 和后桥贮气筒 6 将压缩空气输送到制动控制阀 7。当踩下制动踏板时，压缩空气经控制阀同时进入前轮制动缸 11 和后轮制动缸 10（实际上为制动气室）使前后轮同时制动。松开制动踏板，前后轮制动室的压缩空气则经制动阀排入大气，解除制动。

该车使用的是风冷单缸空气压缩机。缸盖上设有卸荷装置。压缩机与储气筒之间还

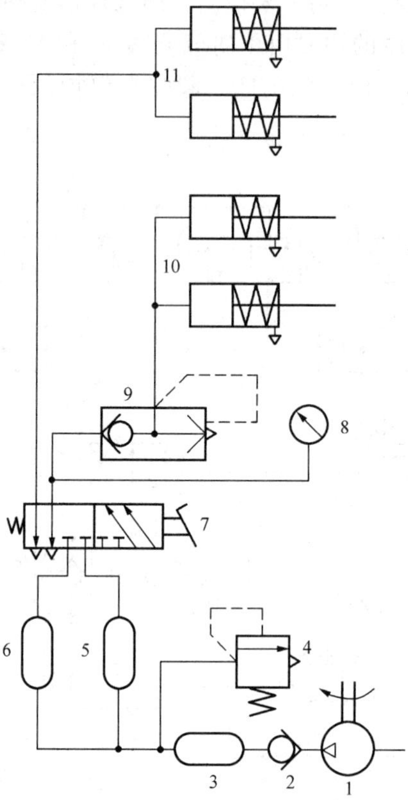

图 12-7　东风 EQ1092 型汽车主车气压制动回路

1—压缩机；2—单向阀；3—储气筒；4—安全阀；5—前桥贮气筒；6—后桥储气筒；7—制动控制阀；8—压力表；9—快速排气阀；10—后轮制动缸；11—前轮制动缸

装有调压阀和单向阀。当储气筒气压达到规定值后，调压阀就将进气阀打开，使空气压缩机卸荷，一旦调压阀失效，则由安全阀起过载保护作用。单向阀可防止压缩空气倒流。该车采用双腔膜片式并联制动控制阀（踏板式）。踩下踏板，使前、后轮制动。当前、后桥回路中有一回路失效时，另一回路仍能正常工作，实现制动。在后桥制动回路中安装了膜片式快速放气阀，可使后桥制动迅速解除。压力表 8 指示后桥制动回路中的气压。该车采用膜片式制动室，利用压缩空气的膨胀力推动制动臂及制动凸轮，使车轮制动。

12.7　气动搬运机械手

爆破器材行业作为基础性产业，肩负着为国民经济建设服务的重要任务。同时，爆破器材具有易燃易爆危险属性，确保安全生产和保障社会公共安全十分重要。随着科学技术的发展，有必要提升爆破器材行业产品的技术含量和质量水准、采用现代成熟技术及自动化生产和包装设备，从而增强产品竞争能力。电雷管是爆破工程的主要起爆材料，它的作用是引爆各种炸药及导爆索、传爆管。电雷管自动包装生产线是集机、电、液和气于一体的爆破器材行业装备。在 PLC 程序控制下，整套包装生产设备可自动完成电雷管的包装、打包和成品运输等生产工序。

12.7.1 系统概况

电雷管自动包装系统作用是将检验合格的产品装盒并打包。控制检测对象包括搬运机械手、装盒机械手、捆扎机等，如图 12-8 所示。

12.7.2 气动搬运系统的结构分析

机械手动作示意图，如图 12-9 所示。其全部动作由气缸驱动，而气缸又由相应的电磁阀控制。其中，上升或下降、伸出或缩回、左旋或右旋分别由双线圈二位电磁阀控制。下降电磁阀得电时，机械手下降；下降电磁阀失电时，机械手下降停止。只有上升电磁阀通电时，机械手才上升；上升电磁阀失电时，机械手上升停止。同样，伸出或缩回、左旋或右旋分别由伸出电磁阀和缩回电磁阀控制。机械手的放松或夹紧由一个单线圈（称为夹紧电磁阀）控制。该线圈得电，机械手夹紧；该线圈失电，机械手放松。

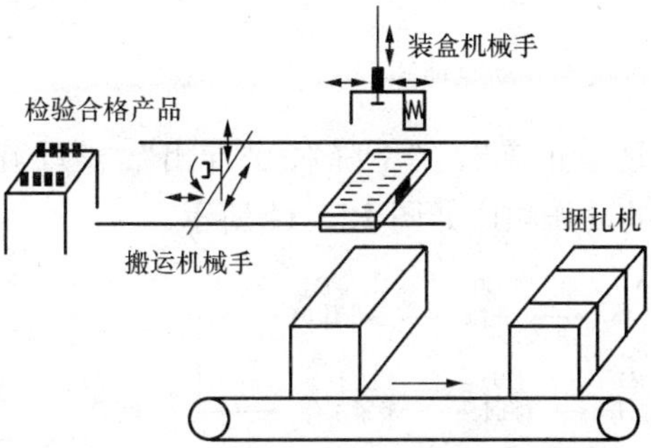

图 12-8 电雷管自动包装生产线示意图

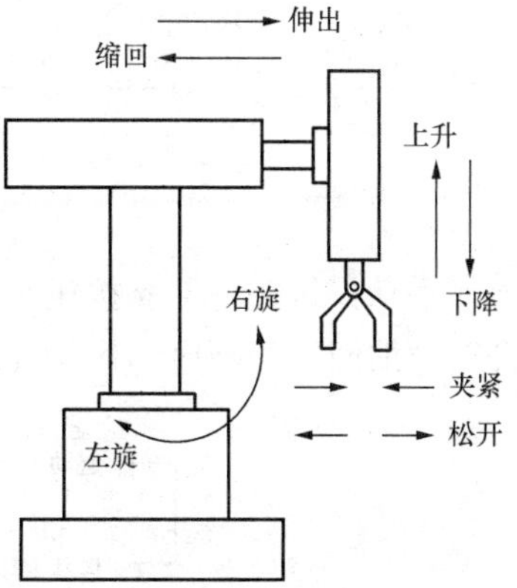

图 12-9 机械手动作示意图

当机械手伸出到位并准备下降时，为确保安全，必须在右工作台上无工作时才允许机械手下降。也就是说，若上一次搬运到右工作台上的工件尚未搬走时，机械手自动停止下降。

12.7.3 气动系统原理

根据机械手的动作要求和 PLC 所具有的控制特点，整个气动系统就是要对 4 个气缸的动作进行顺序控制，这里采用了 4 个双电控先导式电磁阀作为驱动气缸的主控阀。另外，为便于控制各动作的速度，各气路安装了可调单向节流阀进行调速。机械手的气动原理图，如图 12-10 所示。

12.7.4 控制系统分析

气动搬运系统采用以 FX2 系列 PLC 为核心的控制系统，通过对 4 个二位五通电磁换向阀和 4 个二位三通换向阀的控制，实现气动搬运系统的动作循环。根据系统工作环境的特殊要求，所有的电气驱动器件均采用 24V 直流驱动器件，并采用本方案设计，以保证系统的安全防爆要求。

1. 气动搬运系统的动作顺序

该机械手在 PLC 控制下可实现手动、自动循环、单步运行、单周期运行和回原点 5 种执行方式。

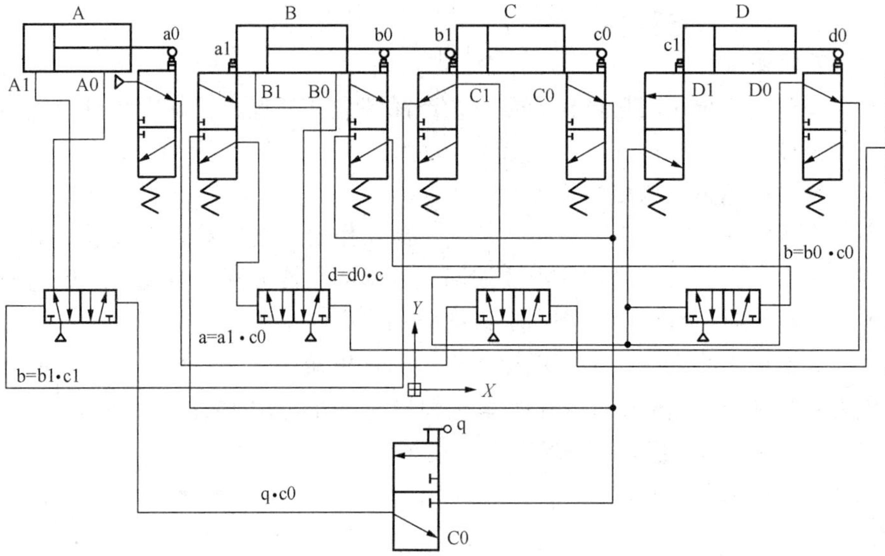

图 12-10　机械手气动原理图

手动：每按一下 g 按钮，机械手可实现“正旋”、“下降”、“伸出”、“反旋”、“上升”、“缩回”等顺序动作；气动搬运系统的动作顺序如图 12-11 所示。

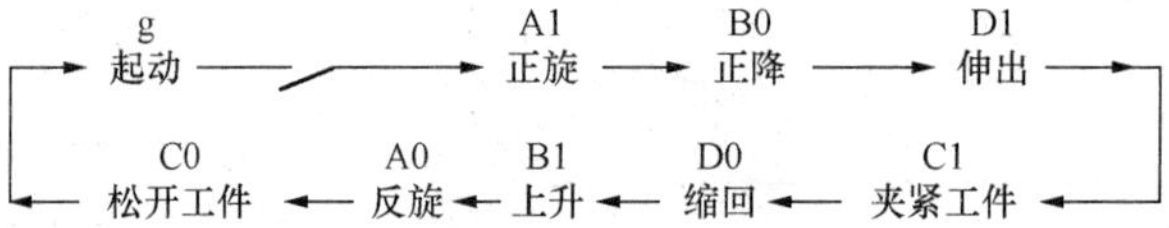

图 12-11　气动搬运系统动作顺序图

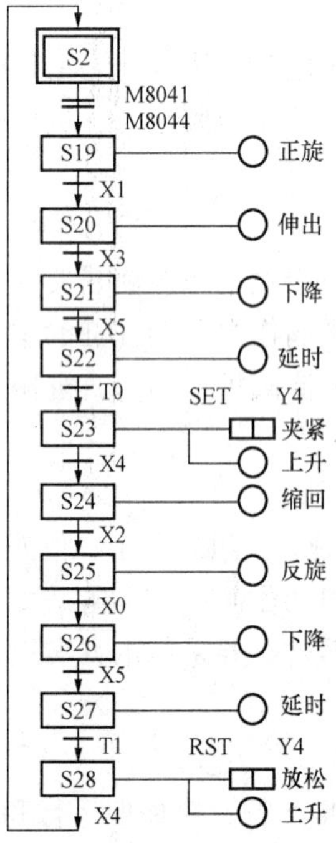

图 12-12　自动循环控制状态流程图

自动循环：按下“起动”按钮后，机械手从第一个动作开始自动延续到最后一个动作，然后重复循环以上过程，如图 12-12 所示。

手动控制功能主要是为了进行工艺参数的摸索研究，程序简单。当然，正常生产中采用的是自动控制方式。

2. 控制系统软件应用分析

采用 FXGP/WIN-C 软件进行编程，它支持梯形图、指令表、顺序功能图等多种编程语言。

I/O 点的确定。该机械手中，需要以下输入信号端：8 个行程开关发出的信号，分别用来检测机械手的升降极限、伸缩极限和转动极限。另外根据系统控制的要求，需要 START、RESET 和 POSITION 3 个按钮信号，1 个 STOP 按钮信号，还需要 1 个用来控制机械手运行方式的

AUTO/MAN 旋动开关。

PLC 所需要的输出信号端：用来驱动 4 个气缸的电磁阀需要 8 个输出信号，3 个用来显示工作状态的 START，RESET，POSITION 信号指示灯。所以选用输入点的个数≥13、输出点的个数≥11 的 PLC。

3. 控制面板的应用

搬运机械手 PLC 控制面板如图 12－13 所示。接通 PLC 电源，特殊辅助继电器 M8000 闭合。

（1）将选择开关 SA1 扳到手动方式分别按下点动按钮上升、伸出、左旋、夹紧，机械手分别执行上升、伸出、左旋、夹紧动作。

（2）将选择开关 SA1 扳回到原点方式，完成特殊继电器 M8043 的置位和机械手回原点的动作。

（3）将选择开关 SA1 扳到自动循环方式，初始状态 IST 指令使转移开始辅助继电器 M8041 一直保持 ON 状态，机械手回原点后，M8044＝ON，所以自动循环工作能一直连续运行。

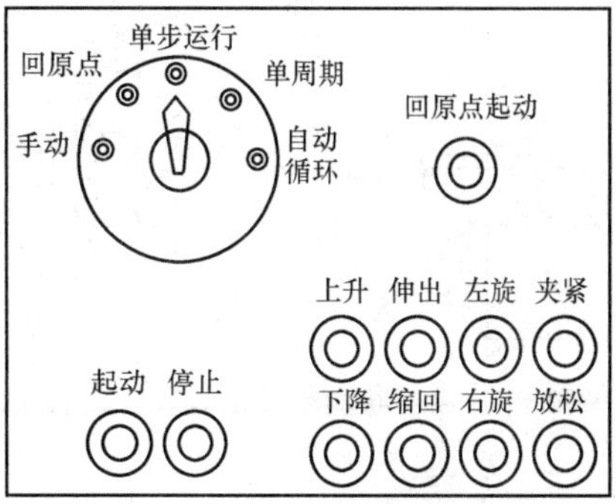

图 12－13　搬运机械手 PLC 控制面板

基于 PLC 控制的气动机械手能够实现物体的自动循环搬运，而且 PLC 有着很大的灵活性，易于模块化。当机械手工艺流程改变时，只对 I/O 点的接线稍作修改，或 I/O 继电器重新分配，程序中作简单修改，补充扩展即可。气动机械手提高了电雷管包装的自动化程度和生产安全性。

12.8　包装机械气动系统

物料包装在现代工业中的应用范围极广泛，有固体、液体、气体的包装；食品、药品、化妆品的包装；硬包装、软包装；普通包装、真空包装等多种类型。包装机械是气动技术最为典型的应用领域，此类设备主要利用气动技术，具有动作迅速、反应快、不污染环境和被包装物、防爆、防燃等独特优点。

12.8.1　计量装置气动系统的主机功能机构及工作原理

在工业生产中，经常要对传动带上连续供给的粒状物料进行计量，并按一定质量进行分装。如图 12－14 所示，就是这样一套气动计量装置。当计量箱中的物料质量达到设定值时，要求暂停传送带上物料的供给，然后把计量好的物料卸到包装容器中。当计量箱返回到图示位置后，物料再次落入计量箱中，开始下一次计量。

该装置的工作原理是：气动装置在停止工作一段时间后，因泄漏，计量气缸 A 的活塞会在计量箱重力作用下缩回，故首先要有计量准备动作使计量箱到达图示位置。随着物料落入计量箱中，计量箱的质量不断增加，计量气缸 A 慢慢被压缩。计量的质量达到设定值时，止动气缸 B 伸出，暂时停止物料的供给；计量气缸换接高压气源后伸出，把物料卸掉。经过一段时间的延时后，计量气缸缩回，为下一次计量做好准备。

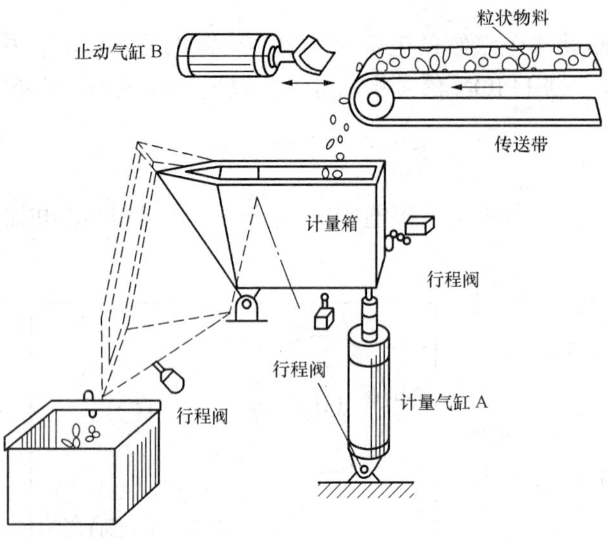

图 12-14　粒状物料计量装置气动系统的主机功能机构

12.8.2　计量装置气动系统的工作原理

如图 12-15 所示，为这个粒状物料计量装置的气动系统原理图。工作原理是：计量装置起动时，先将手动换向阀 14 切换至左位，减压阀 1 调节的高压气体使计量气缸 A 外伸，当计量箱上的凸块（见图 12-14）通过设置于行程中间的行程阀 12 的位置时，手动阀切换至右位，计量气缸 A 以排气节流阀 17 所调节的速度下降。当计量箱侧面的凸块切换行程阀 12 后，行程阀 12 发出的信号使换向阀 6 换至图示位置，使止动气缸 B 缩回。然后把手动阀换至中位，计量准备工作结束。

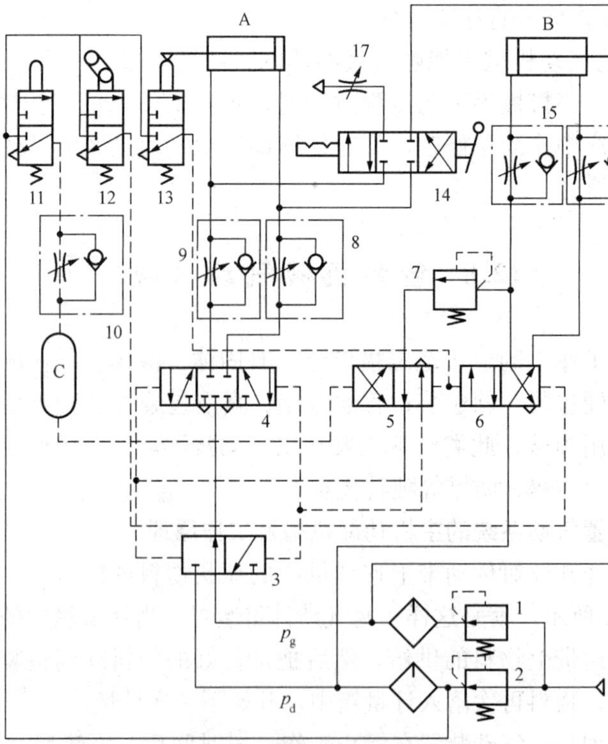

图 12-15　粒状物料计量装置气动系统原理

1—高压减压阀（调压值 p_g=0.6MPa）；2—低压减压阀（调压值 p_d=0.3MPa）；3—两位三通气压换向阀；4—三位四通气压换向阀；5、6—两位四通气压换向阀；7—顺序阀；8、9、10、15、16—单向节流阀；11、12、13—行程阀；14—三位四通手动换向阀；17—排气节流阀

A—计量气缸；B—止动气缸；C—气容

随着来自传送带的粒状物料落入计量箱中，计量箱的质量逐渐增加，此时计量气缸A的主控换向阀4处于中位，缸内气体被封闭住而呈现等温压缩过程，即计量气缸A活塞杆慢慢缩回。当质量达到设定值时，切换行程阀13。行程阀13发出的气压信号使换向阀6切换至左位，使止动气缸B外伸，暂停被计量物料的供给。同时切换换向阀5至图示右位。止动气缸外伸至行程终点时，其无杆腔压力升高，顺序阀7打开。计量气缸A的主控阀4和高低压换向阀3被切换至左位，0.6MPa的高压空气使计量气缸A外伸。当计量气缸A行至终点时，行程阀11动作，经过单向节流阀10和气容C组成的延时回路延时后，换向阀5被切换至左位，其输出信号使阀4和阀3换向至右位，0.3MPa的压缩空气进入计量缸A的有杆腔，计量气缸A活塞杆以单向节流阀8调节的速度内缩。单方向作用的行程阀12动作后，发出的信号切换气压换向阀6，使止动气缸B内缩，来自传送带上的粒状物料再次落入计量箱中。

12.8.3 计量装置气动系统的技术特点

计量装置气动系统技术特点如下。

(1) 止动气缸安装行程阀有困难，因此采用了顺序阀的方式发信号。

(2) 在整个动作过程中，计量和倾倒物料都是由计量气缸A来完成的，所以系统采用了高低压切换回路，计量室用低压，计量结束倾倒物料时用高压，计量质量的大小可以通过调节低压减压阀2的调定压力或调节行程阀12的位置来实现。

(3) 系统中采用了由单向节流阀10和气容C组成的延时回路。

12.9 气动拉门自动、手动开闭系统

如图12-16所示，利用超低压阀来检测人的踏板动作。在拉门内、外装踏板6和11，踏板下方装有完全封闭的橡胶管，管的一端于超低压气动阀7和12的控制口连接。当人站在踏板上时，橡胶管内压力上升，超低压气动阀产生动作。

首先使手动换向阀1上位接入工作状态，空气通过气动换向阀2、单向节流阀3进入主缸4的无杆腔，将活塞杆推出（门关闭）。当人由内向外时，踏在内踏板6上，气动控制阀7动作，使梭阀8下面的通口关闭，上面的通口接通，压缩空气通过梭阀8、单向节流阀9和气罐10使气动换向阀2换向，进入气缸4的有杆腔，活塞左退，门打开。

当人站在外踏板11上时，超低压控制阀12动作，使梭阀8上面的通口关闭，下面的通口接通，压缩空气通过梭阀8、单向节流阀9和气罐10使气动换向阀2换向，进入气缸4的有杆腔，活塞左退，门打开。

人离开踏板6、11后，经过延时（由节流阀控制）后，气罐10中的空气经单向节流阀9、梭阀8和阀7、12放气，阀2换向，气缸4的无杆腔进气，活塞杆外伸，拉门关闭。

该回路利用逻辑“或”的功能进行控制，回路比较简单，很少产生误动作。人们不论从门的哪一边进出都可以。减压阀13可使关门的力度自由调节，十分便利。如将手动阀复位，则可变为手动门。

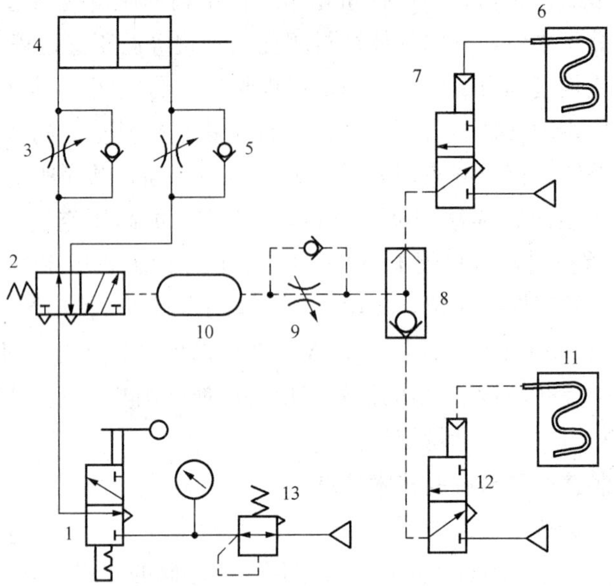

图 12－16　气动拉门开、关气动系统

1—手动换向阀；2—气动换向阀；3、5、9—单向节流阀；4—主缸；6、11—外踏板；7、12—气动换向阀；8—梭阀；10—气罐；13—减压阀

12.10 机床气动系统

随着我们生活水平的不断提高，土木机械的结构越来越复杂，自动化程度也在不断提高。由于土木机械在加工时转速高、噪声大，木屑飞溅十分严重，在这样的条件下采用气动技术非常合适。下面针对八轴仿形铣加工机床分析其气动系统的组成和工作原理。

12.10.1 八轴仿形铣加工机床简介

八轴仿形铣加工机床是一种高效专用半自动加工木质工件的机床。其主要功能是仿形加工，如梭柄、虎形退等异型空间曲面。工件表面经过粗、细铣，砂光和仿形加工后，可得到尺寸精度较高的木质构件。

八轴仿形铣加工机床一次可加工 8 个工件。在工件加工时，把样品放在居中的位置，铣刀主轴转速一般为 8000r/min 左右。由变频调速器控制的三相异步电动机，经蜗杆/蜗轮传动副控制降速后，可得工件的转速范围为 15～735r/min，纵向进给由电动机带动滚珠丝杠实现，其转速根据挂轮变化为 20～1190r/min 或 40～2380r/min，工件转速、纵向进给速度的改变，都是根据仿形轮的几何轨迹变化，反馈给变频调速器后，再控制电动机来实现的。该机床的接料盘升降，工件的夹紧松开，粗、精铣加工，砂光和仿形加工等工序是由气动控制与电气控制配合来实现的。

12.10.2 气动控制回路的工作原理

八轴仿形铣加工机床使用夹紧缸 B（共 8 只），接料盘升降缸 A（共 2 只），盖板升降缸 C，铣刀上、下缸 D，粗、精铣缸 E，砂光缸 F，平衡缸 G 共计 15 只气缸。其动作程序如下：

起动→工件夹紧（B1）→托盘降（A0）→ 盖板下 / 铣刀下(D0)→粗铣(E0)→精铣(E1) / 平衡缸

→砂光进→砂光退→铣刀上→ 盖板下 / 托盘升→工件松开 / 平衡缸

该机床的气控回路如图 12－17 所示。先把动作过程分如下 4 方面进行说明。

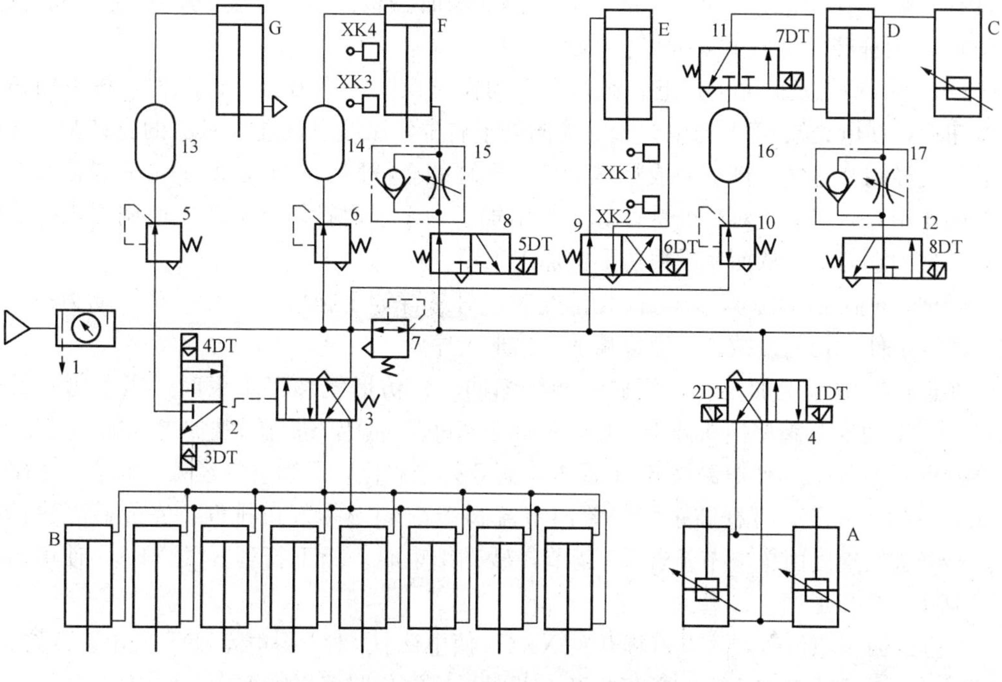

图 12－17　八轴仿形铣加工机床气控回路图

1—气动三联件；2、3、4、8、9、11、12—气控阀；5、6、7、10—减压阀；

13、14、16—气容；15、17—单向节流阀

A—托盘缸；B—夹紧缸；C—盖板缸；D—铣刀缸；E—粗、精铣缸；F—砂光缸；G—平衡缸

（1）接料托盘升降及工件夹紧。按下接料托盘升按钮开关（电开关）后，电磁铁 1DT 得电，使阀 4 处于右位，A 缸无杆腔进气，活塞杆伸出，有杆腔余气经阀 4 排气口排空，此时接料托盘升起。托盘升至预定位置时，由人工把工件毛坯放在托盘上，接着按工件夹紧按钮使电磁铁 3DT 得电，阀 2 换向处于下位。此时，阀 3 的气控信号经阀 2 的排气口排空，使阀 3 复位处于右位，压缩空气分别进入 8 只夹紧气缸的无杆腔，有杆腔余气经阀 3 的排气口排空，实现工件夹紧。

工件夹紧后，按下接料托盘下降按钮，使电磁铁 2DT 得电，1DT 失电，阀 4 换向处于左位，A 腔有杆腔进气，无杆腔排气，活塞杆退回，使托盘返至原位。

（2）盖板缸、铣刀缸和平衡缸的动作。由于铣刀主轴转速很高，加工木质工件时，木屑会飞溅。为了便于观察加工情况和防止木屑向外飞溅，该机床有一透明盖板并由盖板 C 控制，实现盖板的上、下运动。在盖板中的木屑由引风机产生负压，从管道中抽

吸到指定地点。

为了确保安全生产，盖板缸与铣刀缸同时动作。按下铣刀缸向下按钮时，电磁铁7DT通电，阀11处于右位，压缩空气进入D缸的有杆腔和C缸的无杆腔，D缸无杆腔和C缸有杆腔的空气经单向节流阀17、阀12的排气口排空，实现铣刀下降和盖板下降的同时动作。在铣刀的安装位置上，铣刀下降的同时，悬臂将绕一个固定轴按逆时针方向转动。而C缸无杆腔有压缩空气作用且对悬臂产生绕该轴的顺时针转动力矩，因此G缸具有平衡作用。由此可知，在铣刀缸动作的同时盖板缸及平衡缸的动作也是同时的，平衡缸G无杆腔的压力由减压阀5调定。

(3) 粗、精铣及砂光的进退。铣刀下降动作结束时，铣刀已接近工件，按下粗仿形铣按钮后，使电磁铁6DT通电，阀9换向处于右位，压缩空气进入E缸的有杆腔，无杆腔的余气经阀9排气口排空完成粗铣加工。E缸的有杆腔加压时，由于对下端盖有一个向下的作用力，因此，对整个悬臂等于又增加了一个逆时针转动力矩，使铣刀进一步增加对工件的吃刀量，从而完成粗仿形铣加工工序。

同理，E缸无杆腔进气，有杆腔排气时，对悬臂等于施加一个顺时针转动力矩，使铣刀离开工件，切削量减少，完成精加工仿形工序。

在进行粗仿形铣加工时，E缸活塞杆缩回，粗仿形铣加工结束时，压下行程开关XK1，6DT通电，阀9换向处于左位，E缸活塞杆又伸出，进行粗铣加工。加工完毕时，压下行程开关XK2，使电磁铁5DT通电，阀8处于右位，压缩空气经减压阀6、气容14进入F缸的无杆腔，有杆腔余气经单向节流阀15、阀8排气口排气，完成砂光进给动作。砂光进给速度由单向节流阀15调节，砂光结束时，压下行程开关XK3，使电磁铁5DT通电，F缸退回。

F缸返回至原位时，压下行程开关XK4，使电磁铁8DT得电，7DT失电，D缸、C缸同时动作，完成铣刀上升，盖板打开，此时平衡缸仍起着平衡重物的作用。

(4) 托盘升、工件松开。加工完毕时，按下起动按钮，托盘升至接料位置。再按下另一按钮，工件松开并自动落到接料盘上，人工取出加工完毕的工件。接着再放上被加工工件至接料盘上，为下一个工作循环做准备。

12.10.3 气控回路的主要特点

(1) 该机床气动控制与电气控制相结合，各自发挥自己的优点，互为补充，具有操作简便、自动化程度较高等特点。

(2) 砂光缸、铣刀缸和平衡缸均与气容相连，稳定了气缸的工作压力，在气容前面都设有减压阀，可单独调节各自的压力值。

(3) 用平衡缸通过悬臂对吃刀量和自重进行平衡，具有气弹簧的作用，其柔韧性较好，缓冲效果好。

(4) 接料托盘缸采用双向缓冲气缸，实现终端缓冲，简化了气控回路。

12.11 清棉机气动系统

在SW型清棉机中，棉卷压钩上升和对棉卷加压、紧压罗拉对棉层加压、滤尘器的间歇传动及自动落卷等，都是依靠气动系统完成的。自动落卷过程操作简便，工作安全可靠，气动加压的压力大，避免了棉层黏连。尤其是棉卷压钩的加压力在制卷过程中能随棉卷直径的逐渐变大而自动升高，改善了大小卷加压力量的差异。

SW 型清棉机气动系统如图 12－18 所示。

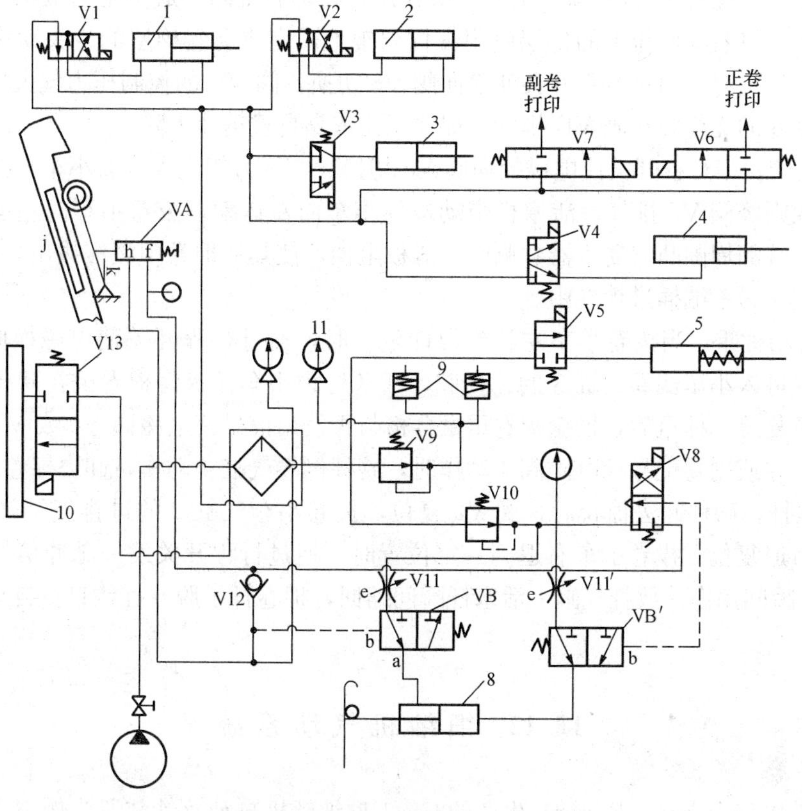

图 12－18　SW 型清棉机气动系统

下面以其中的自动落卷回路为例进行说明。SW 型清棉机的自动落卷过程是在不停车的情况下进行的。当棉卷达到规定的长度后，满卷测长装置计数器发出自动落卷信号，接着便依次完成下述动作（其中有些动作是同时进行的）：棉卷压钩释压；棉卷罗拉加速，使棉层断裂；棉卷压钩上升，上升到一定高度时，依靠棉卷压钩上推辊板的斜面把棉卷及棉卷辊推到拔卷小车上；棉卷压钩升到上限位置时，棉卷罗拉终止加速，同时棉卷压钩下降，放入预备的棉卷辊；新卷棉层生头；棉卷压钩降到最低位置后开始加压；拔卷小车向左移动拔卷，同时插入棉卷扦子；拔卷小车左移到一定位置时，将棉卷倒在称重托盘上称重，并喷印正卷或付卷记号；磅秤例卷及拔卷小车返回；拔卷小车返回到位后，放扦机构动作，放置预备用扦子。

上述动作完成后，各部分恢复原状，等待下次落卷。

(1) 棉卷压钩上升。满卷后，测长装置计数器复位发出的信号使电磁换向阀 V8 切换。控制压力气经阀 V8 到气控换向阀 VB′的控制腔，使阀 VB′切换，减压阀 V10 输出的压力气通过节流阀 V11 和阀 VB′进入棉卷压钩加压气缸 8 的无杆腔。此时，由于阀 VB

的控制压力气失压使阀 VB 复位，气缸 8 有杆腔便经阀 VB 排气，气缸活塞杆伸出，驱动棉卷压钩上升。棉卷压钩升到一定高度后再继续上升时，通过推辊板的斜面将棉卷辊连同棉卷一起推到拔卷小车上。

（2）新棉卷生头。满卷后，在棉卷压钩上升的同时，机械机构使机控换向阀 V13 动作，依靠压力气经管 10 高速排气时的卷吸作用，在棉卷辊内形成一定的负压。通过棉卷辊上的补气孔将卷棉罗拉上的棉层吸附在棉卷辊上，完成新卷棉层的生头动作。棉卷压钩升到上限位置时，通过行程开关使换向阀 V8 切换，阀 VB′的控制压力气失压，阀 VB′复位，气缸 8 的无杆腔经阀 VB′排气，棉卷压钩依靠自重迅速下降。

（3）拔卷。当行程开关使电磁换向阀 V2 切换后，压力气进入拔卷小车气缸 2 的无杆腔，有杆腔则经阀 V2 排气，活塞杆带动拔卷小车向左运动。拔卷小车向左运动时，棉卷辊因其一端的周围凸肩受机器右侧固定滑板阻挡，使其从棉卷中缓缓拔出，与此同时，棉卷扦子则从另一端插进棉卷中。

（4）自动称重。当拔卷小车左移到设计位置时，通过行程开关使电磁换向阀 V3 切换，压力气进入小车倒卷气缸 3 的无杆腔，活塞杆顶小车托盘将棉卷倒在磅秤托上，气缸 3 靠弹簧复位。称重后，根据棉卷重量合格与否发出信号使电磁阀 V6 或 V7 动作，给棉卷喷印正卷或副卷记号。电磁阀 4 动作时，磅秤倒卷气缸 4 动作，卸去棉卷。

（5）放扦。磅秤卸去棉卷后，阀 V2 复位，拔卷小车气缸 2 的进排气经阀 V2 换向，拔卷小车右退复位。拔卷小车右退到一定位置时，通过行程开关发一脉冲信号，使电磁换向阀 V1 瞬间动作，放扦气缸 1 活塞杆瞬间缩回，棉卷扦子脱开挂钩自重自动滚到固定位置。

12.12 细纱机气动系统

下面是以瑞士立达（Rieter）生产的 G5/1 型细纱机自动落纱装置为例来介绍细纱机气动系统。G5/1 型细纱机自动落纱装置是由理管机构和落纱机构组成，理管机构的作用是将空管整理成大小头方向，使大头往下插入下插管销钉（在传动钢带下），当机台上的管纱纺至满管的 75%时开始装管。同时传送带将已插入下插管销钉上的空管运出，直到空管插满时，传送带停止运动，等待落纱。

落纱机构是由横梁、人字臂和传送钢带所组成，其作用是拔下满管并放置在下插管销钉上，再从下插管销钉上取下空管，并套入锭子。落纱机的横梁上每隔一个锭距安装一个上插管销钉，每锭一个气囊，横梁靠人字臂连杆机构上下升降和内外摆动，一根横梁由 6 个气缸推动。传动钢带上每隔一个锭距安装一个下插管销钉。落纱时横梁升到锭子上部，当上插管销钉插入筒管天眼后，气囊充气，夹持并拔下管纱。横梁下降将管纱放置在传动钢带的空管间（管纱和空管间隔放置），气囊放气后横梁又上升到一定高度，传送钢带向车头方向前移半个锭距，上插管销钉对准空管天眼并插入之，气囊充气。当横梁上升到一定高度时，传动钢带后移半个锭距，使管纱头端向车尾倾斜。当空管插入锭子后，横梁下降到原位，同时传动钢带将管纱送入纱装。

G5/1 型细纱机自动落纱装置气动系统如图 12-19 所示。

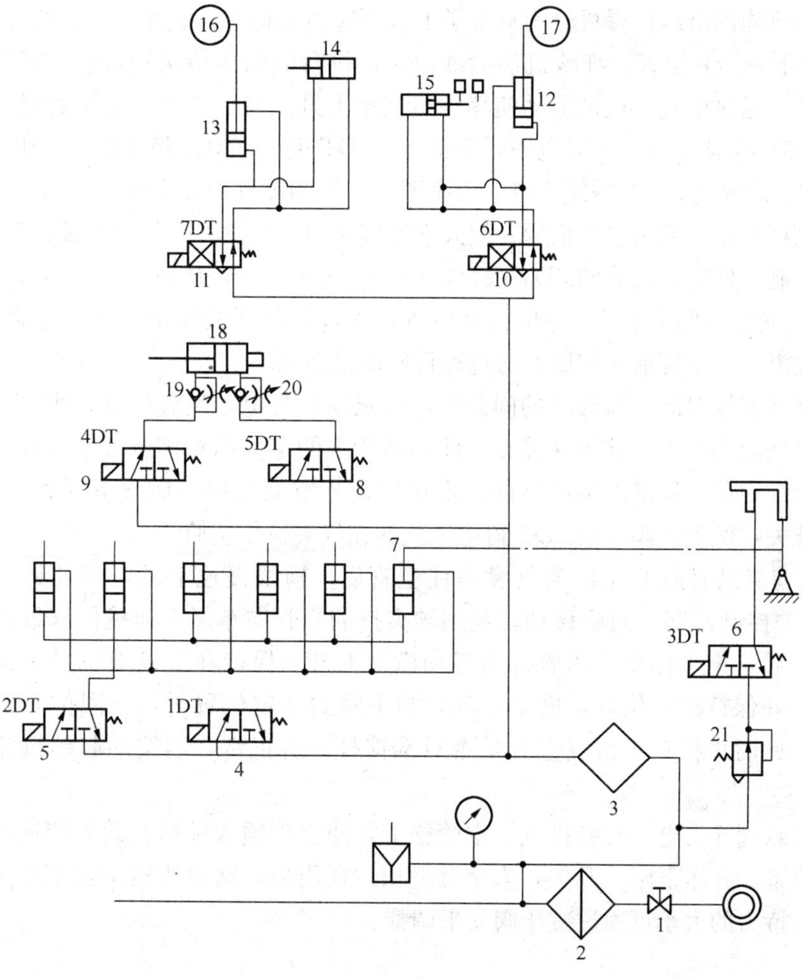

图 12-19 G5/1 型细纱机自动落纱装置气动系统原理图

1—截止阀；2—过滤器；3—油雾器；4～6、8～11—电磁阀；

7、12～15、18—气缸；19、20—单向节流阀；21—减压阀

12.12.1 理管机构气路

当管纱纺至 75%时开始装空管，此时限位开关（图 12-19 中未表示）被压下，接通两只转动钢带马达。钢带起动后，理管机构开始运转，这时电磁阀 8 的 5DT 得电吸合，电磁阀 9 的 4DT 失电，压缩空气经电磁阀 8、单向节流阀 20 进入装管机。打开缸 18 的无杆腔，有杆腔的气体经单向节流阀 19、电磁阀 9 排出，活塞杆伸出，准备装管。

此时左右送管电磁阀 10、11 失电，压缩空气分别进入送管缸 14、15 的无杆腔，使活塞杆伸出，开始送管。并且筒管输送轮油缸 12、13 的活塞缩回之后限位开关 22 被压下，则左右送管电磁阀 10、11 得电，送管缸活塞缩回，送管轮缸的活塞伸出，准备第二次送管。再压下另一个限位开关 21，送管缸活塞伸出第二次送管，送管轮缸 12、13 活塞又缩回……如此反复动作直到插满空管为止。此时钢带停止转动，等待落纱。

12.12.2 落纱机构气路

该落纱机构的落纱过程可分为从锭子上取下管纱和将空管装在锭子上两个阶段。

(1) 取下管纱和空管。细纱机纺满纱停车，机台的两侧传送钢带上装满空管后，按下手动按钮，通过电气—机械传动使落纱机横梁上升。当上升到一定位置时（由限位开关控制），横梁快速下降，此时电磁阀 5 得电，2DT 吸合，电磁阀 4 失电，压缩空气经分水过滤器 2、油雾器 3、电磁阀 5 进入人字臂气缸 7 的无杆腔，有杆腔的气体经电磁阀 4 排出，活塞杆伸出。通过连杆机构，使人字臂摆动到一定位置（限位开关控制），通过限位开关的控制，使电磁阀 6 的 3DT 吸合，使夹持气囊充气，从而夹住满纱管上端。这时横梁快速上升到上极限位置，并保持其位置，通过限位开关发出信号，电磁阀 4 得电，电磁阀 5 失电，人字臂活塞缩回，通过连杆使横梁下降。

当下降到管纱对准空筒管间的间隙时，电磁阀 6 失电，气囊排气，满管纱落下。同时起动钢带向前移动 1/2 锭距并停止，此刻横梁上的定位销对准全部的空筒管。钢带完成移动 1/2 锭距后，使横梁缓慢下降，定位销插入空筒管中。横梁下降到下极限位置，压下限位开关，使电磁阀 6 的 3DT 得电，气囊充气夹持住空筒管。

(2) 将空管装在锭杆上。当气囊夹住空管后，横梁慢速上升，当升到一定位置时（由限位开关控制）钢带向后移动，利用被夹持的空管向车尾方向拨倒满纱管。移至压下限位开关后，钢带停止，然后自动起动横梁上升，保持在上极限位置，此时人字臂再次摆进，并保持摆进位置，横梁下降，当下降到一定位置时，在限位开关的控制下停止下降。此时由挡车工检查空管是否对准锭杆，若正常，则按动起动按钮，使横梁慢速下降。

同时电磁阀 6 失电，气囊排气，空管松卡，使空管插入锭杆。此后使横梁快速上升到上极限位置，并压下限位开关，人字臂摆出。摆出后，横梁快速下降至正常的停止位置，气囊夹持力的大小可通过减压阀 9 来调整。

12.13 织机气动系统

喷气织机的气动控制系统是喷气引纬中的关键系统，它的功能和作用直接关系到喷气织机的织造效率和生产质量。Delta 型喷气织机是比利时毕加诺（Plcanol）公司近年来推出的一种比较先进的机型，其气动控制系统结构紧凑，功能较多，在诸多喷气引纬的气动控制中较具典型性。

如图 12－20 为气动控制系统示意图，其主要功能如下。

(1) 为断纬自动修补系统（PRA）提供压力空气。Delta 型喷气织机的纬纱自动修补系统称为 PRA，其工作过程为：当断纬时，织机自动将综框开到全开梭口位置，微处理器可防止把来自储纬器的纬纱切断。储纬器释放一组纬纱，借喷嘴吹入梭口，并将断纬从织口中带出，再由机器右侧抽吸装置吸出，然后织机自动恢复正常运转，其中 PRA 系统的抽吸装置实际上是个吸嘴，即图 12－20 中的 44。气动系统的气流先进入储气罐 45 的左腔，然后通过电磁阀 7 进入 45 的右腔，直接通向 PRA 的吸嘴并形成负压，完成抽取不良纬纱的任务。

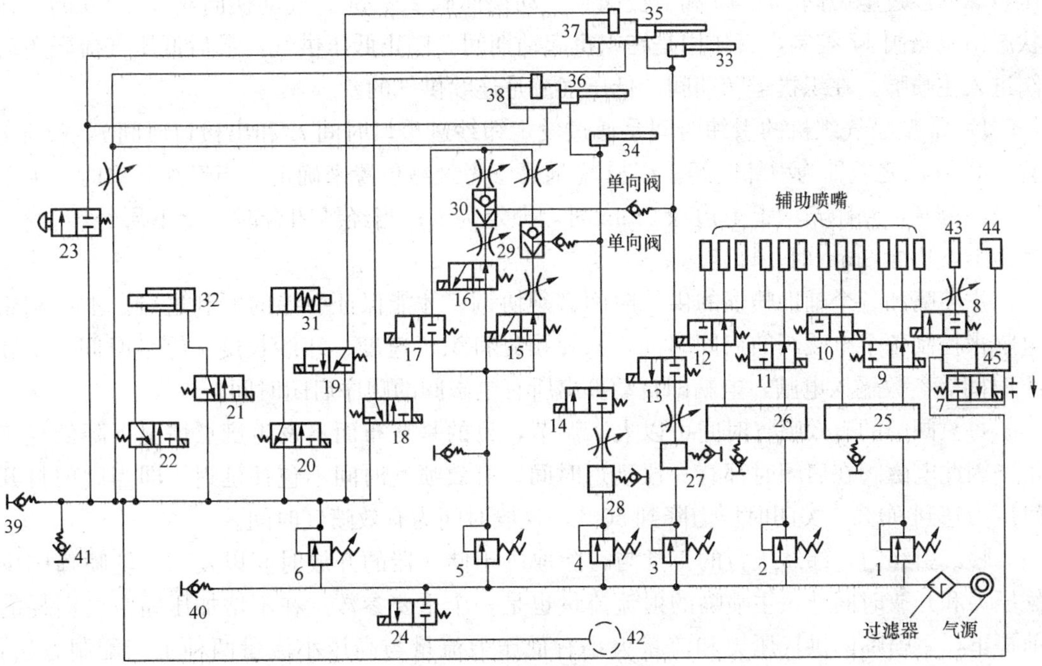

图 12－20 毕加诺 Delta 喷气织机气动控制系统示意图

快速接头；可调节流阀

（2）为张力延伸喷嘴供气。张力延伸喷嘴又称为拉伸喷嘴，一般安装在最末一只辅助喷嘴之后，当纬纱飞出梭口时，主辅喷嘴先后关闭，这时便借助张力延伸喷嘴使纬纱继续保持平直，以免要综平之前纬纱产生扭结弯曲形成萎缩疵点。气流进入储气罐 45 左腔，再经过电磁阀 8 通向喷嘴 43。

另外，以上两个功能的压力空气经过调压阀 6 调节，其压力低于气源供气压力（6bar），但比主、辅喷嘴的供气压力高。

（3）为辅助喷嘴供气。辅助喷嘴由两个储气缸 25、26 分别供气，储气缸 25 供应 4 组；储气缸 26 供应 5 组，其压力由调节阀 1 和 2 调节，一般要求储气缸 25 的供气压力（靠近出纬侧）高于储气缸 26 的供气压力（靠近入纬侧），辅助喷嘴的供气时间由电脑控制的电磁阀 9、10、11、12（或更多）进行控制。

（4）为固定和摆动主喷嘴供气。Delta 喷气织机上的主喷嘴分为固定和摆动主喷嘴（图 12－20 中的 33、34）两种。固定主喷嘴对准储纬器中心，使纬纱从储纬器上退绕时气圈稳定，张力波动小，断纬减少，同时由于纬纱与气流接触部分增加，摩擦牵引力也增加，有利于提高纬纱的初速：摆动主喷嘴装在筘座上随筘摆动，喷嘴始终对着筘槽中心，纬纱飞行角可以加大，纬纱飞行速度可以降低，供气压力也相应减少，可以节约耗气量。由于该机型采用单色混纬，引纬有两个通道，因而有两套固定、摆动主喷嘴。主喷嘴的供气分两个通道，一为正常引纬时的高压气流通道，即图 12－20 中气流经调节阀 3、4 进入缓冲储气缸 27、28，电磁阀 13、14 通向固定主喷嘴 35、36、摆动主喷嘴 33、34；另一路是主喷嘴停止引纬时的低压供气，即图 12－20 中气流经调节阀 5，调节成低压，然后经过电磁阀15、16和节流阀到气动换向阀29、30。气动换向阀29、30的工作状态由电磁阀17控制，其作用是在织机起动期间，停止低压供气，最后低压气流经单向阀进入主喷嘴。在织机运转期间，低压气流是连续供气的。

Delta型喷气织机的引纬时间是通过设定纬纱进梭口时间 t_s 和出梭口时间 t_A 来确定的，t_A 与 t_s 之差即为引纬时间。t_s 与 t_A 通常参考经纱位置来确定，当经纱开口时，上下层经纱分开，到距筘槽上下边缘3mm时，即定为 t_s；当经纱闭合时，上下层经纱合拢，到距上下边缘3mm时，即定为 t_A。

主喷嘴和各个辅助喷嘴的供气时间必须协调，才能保证引纬的顺利进行。本机利用电脑来控制各个电磁阀的启闭时间，只要预先将织机速度、纬纱长度、综平时间、t_s 和 t_A 时间等参数输入电脑，电脑即自动算出所有电磁阀的顺序启闭时间。

每只阀门的有效喷气时间可以人工调节，目的是在布面不发生疵点情况下降低耗气量。因此电磁阀在启闭时都有一段延迟时间，有效喷气时间不包括延迟，即当阀门打开时压力达到90%，关闭时压力降到50%，这段时间为有效喷气时间。

喷气引纬时，纬纱飞行的正常与否除取决于储纬器的开放时间以及主、辅喷嘴的供气压力和开放时间外，主喷嘴的射流流量也是一个重要参数。在不增加压缩空气消耗的前提下，主喷嘴的供气压力和流量大小有低压大流量与高压小流量两种工艺配制方法。低压大流量的射流流速较低，但引纬气流有效区域长，气流作用于纬纱的距离较大，采取这种方法，在引纬开始时，能减少瞬时高速气流对纬纱的冲击力度、因而纬纱被吹断的现象较少。在表面粗糙毛羽较多的短纤纱引纬时，这种方式比较适合。高压小流量射流流速较高，流速衰减较快，有利于纬纱起动，在获得较大的初速后依靠惯性前进。适宜于表面光滑的长丝引纬。因此，压力和流量的工艺调整应根据不同的纤维性质和纱线表面特性来进行。

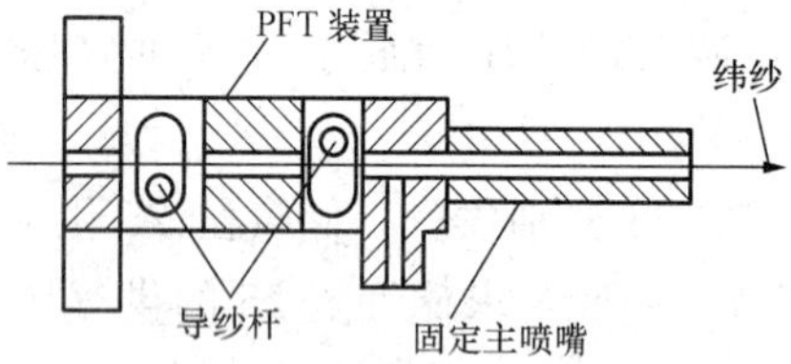

图12-21　PFT装置示意图

(5) 纬纱张力程序控制系统（PFT）用气。在Delta喷气织机的引纬系统中，特别配置了两套（配合两组喷嘴）被称为PFT的纬纱张力程序控制装置，如图12-21所示。PFT装置一般同固定主喷嘴装在一起。纬纱的张力调节主要由两个导纱杆变化上下位置进行控制，而PFT装置的主要特点就是两个导纱杆的位置变化由一专门的气动装置控制，并且可由微处理器设定监控。

加装PFT后，纬纱引纬时的最大张力可降低50%，特别适用于纬纱质量较差的情况。在图12-20中PFT装置即37、38，工作主气流由调节阀调整后经电磁阀18、19进入PFT装置，其中电磁阀18、19在织机运转时不断供气。另外，用于清洁PFT装置和穿纱用气（停车时用）则如图12-20所示，清洁用气由调节阀6，经节流阀（图12-20的左侧）直接进入37、38，穿纱用气也是由调节阀6，经手动二位二通换向阀23进入37、38，即穿纱时由人工进行控制。

(6) 打纬机构停车制动和综框制动。压力空气经调节阀6一路通过电磁阀20进入打纬制动气缸，对打纬机构进行停机时的制动，另一路是通过电磁阀21、22进入综框制动

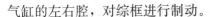

气缸的左右腔，对综框进行制动。

(7) 主电机冷却。压缩空气经电磁阀 24 进入主电机冷却系统 42。

(8) 快速接头。在该气动系统中有很多快速接头。其中，39 用于储纬器穿纱用气。40 用于接气动清洁工具等，41 等其他快速接头用于测试气动系统中相应功能的气压。

综上所述，Delta 型喷气织机的气动系统结构紧凑，性能优良，除了可控制引纬系统的主、辅喷嘴的喷气压力和时间外，还可控制纬纱张力，纬纱自动修补、打纬机构制动、综框制动、主电机冷却等。引纬工艺可由电脑监控，工艺参数的设计与调整非常方便和准确，并为引纬质量提供了可靠的保证。

12.14　气动自动冲饮线系统

随着气动技术的发展，气动技术在自动线上的应用越来越广泛。气动系统具有快速、安全、可靠、低成本等特点，同时还具有卫生、无污染等一系列得天独厚的优势，因而，气动系统在许多自动化生产线上显示了不可替代的重要作用。气动自动冲饮线是一条饮料自动冲调线，能够根据用户的要求调制多种饮料，用户只需在计算机上进行简单的操作，即可完成饮料的定制过程，它以气动技术为基础，并集成了自动控制技术、传感器技术和计算机控制技术。

12.14.1　气动自动冲饮线的工作原理及结构

气动冲饮线按照模块化原则设计，每一模块都是一个独立的功能部件，各模块的有机组成即构成一条自动线。系统由气动分杯模块、气动取杯手、比例放大直线运动单元、气动步进送杯模块、链式传递模块、配料模块、气动关节型机器人、多位回转工作台、注水器、气动给棒模块、气动安全门等 11 个功能模块组成，呈 U 字形分布在两块组合式基础板上。根据杯子的流送过程，冲饮线可分成分杯、配料和冲制 3 部分。

(1) 分杯过程。杯子为一次性普通塑料口杯，层叠置于垂直布置的杯库中。气动分杯模块将位于杯库底部的杯子从杯库中分离，由气动取杯机械手将杯子取出送至配料平台上进行配料。气动分杯装置有两对上下布置的气动卡爪。常态下卡爪伸出，杯子不能下落；工作时两对卡爪交替伸缩将杯库底部的杯子让出，位于杯库下方的真空吸附装置吸附于杯子底面，将杯子从杯库中分离出来。然后，气动取杯机械手从杯库中将杯子取走，并送至配料平台。

(2) 配料过程。饮料原料采用市购的果汁结晶颗粒、奶粉及绵白糖等共 10 种。取杯机械手将杯子平放在配料平台上，杯子依次由比例放大直线运动单元、气动步进送杯模块、链式传递模块等沿配料平台送至各个料仓出口，系统根据用户定制的调配方案往杯子里添加原料，最后由链式传递模块将杯子送至配料平台末端，等候关节型机器人提走，进入冲制阶段。

(3) 冲制过程。气动关节型机器人将杯子从配料平台末端提至多位回转工作台上，多位回转工作台旋转一个工位将杯子送至注水器出口，加好水后将杯子送至棒塔下，添加好搅拌棒，最后，杯子到达气动自动冲饮线出口位置，气动安全门打开。用户将饮料取走，至此，整个自动工作过程完成。

12.14.2 气动系统的工作原理

冲饮线大部分功能部件由气动系统构成，充分发挥气动系统结构紧凑、体积小、模块化、功能性强、无环境污染等特点，有效地降低了系统的复杂程度，提高了系统的可靠性和稳定性。气动元件均选用德国 Festo 公司的产品，图 12－22 是气动系统原理图。气动系统主要构成如下。

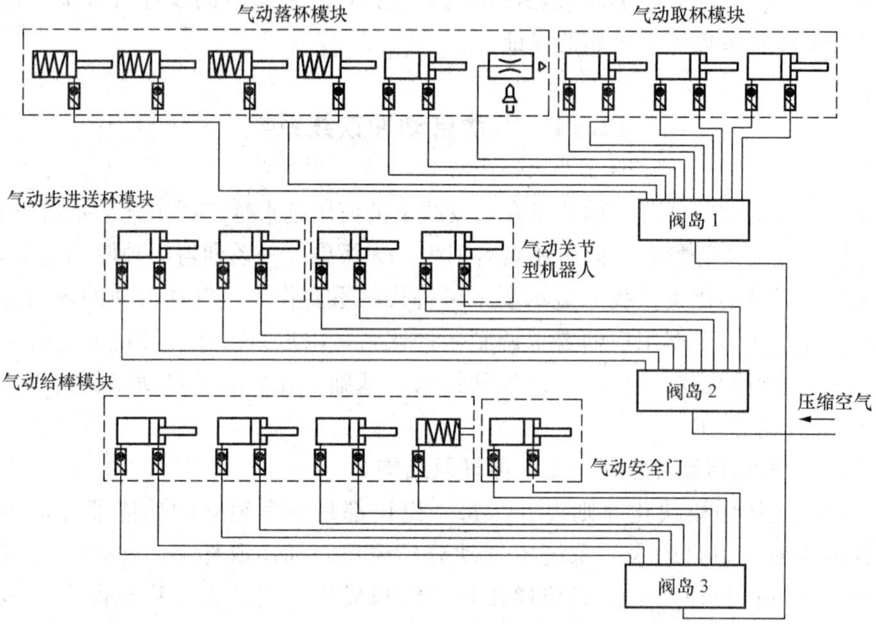

图 12－22　气动系统原理图

（1）阀岛。气动系统控制主框架由 3 个 MIDI/MAXI 型阀岛构成。阀岛集成了各种电磁阀，既可以包含单电控阀、双电控阀，也可以包含二位五通阀和二位三通阀。这种模块化的结构方式，有效地简化了管路布置。阀岛还配置了具有电路保护、可与 PLC 直接连接的电缆接口，这种接口只有一个接地 COM 端，减少了端子数量，不但使气动系统结构紧凑，而且提高了系统的可靠性。

（2）执行件。

1）分杯模块。由两对短行程单作用气缸、标准气缸和真空吸附装置等组成，短行程气缸适用于狭小空间的场合，真空发生器产生真空高达－88kPa。

2）气动取杯机械手。由摆动气缸、气动直线单元和摆动手指等组成。摆动缸的摆角在 180°内可调，内置双端缓冲装置。

步进送杯模块。由无杆气缸和带导向架的标准气缸等组成。

3）关节型机器人。由摆动气缸和三点手指等组成。三点手指可以内抓和外抓圆柱形的物体。合理调节气压，可以得到合适的夹持力。

4）给棒模块。由直线摆动组合气缸、平行手指和单作用扁平气缸等组成。直线摆动组合缸是由叶片式摆动马达和直线缸组合模块化而成，可以实现翻转和直线运动。

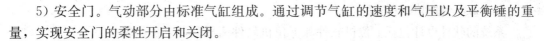

5）安全门。气动部分由标准气缸组成。通过调节气缸的速度和气压以及平衡锤的重量，实现安全门的柔性开启和关闭。

12.14.3 控制系统的结构

控制系统硬件结构如图 12－23 所示。上位机由两台基于以太网的 PC 机构成，是系统的管理级，一台作为客户机，完成用户与系统的交互，以及与下位机的通信联系；另一台作为服务器，用于管理人员对系统进行实时监控和密码管理等。下位机包括两台可编程控制器（PLC），是系统的控制级，下位机采用基于 RS232/485 总线的 LAN 结构，这种结构适应了整个系统的模块化要求，方便且减少了系统的布线，从而简化了控制系统。PLC 的运算速度快，功能强大，独特的批处理方式使系统更加稳定可靠，另一方面，采用以太网框架和 LAN 结构便于系统扩展和进一步开发，如接入互联网实现远程控制以及实现多级联动等。

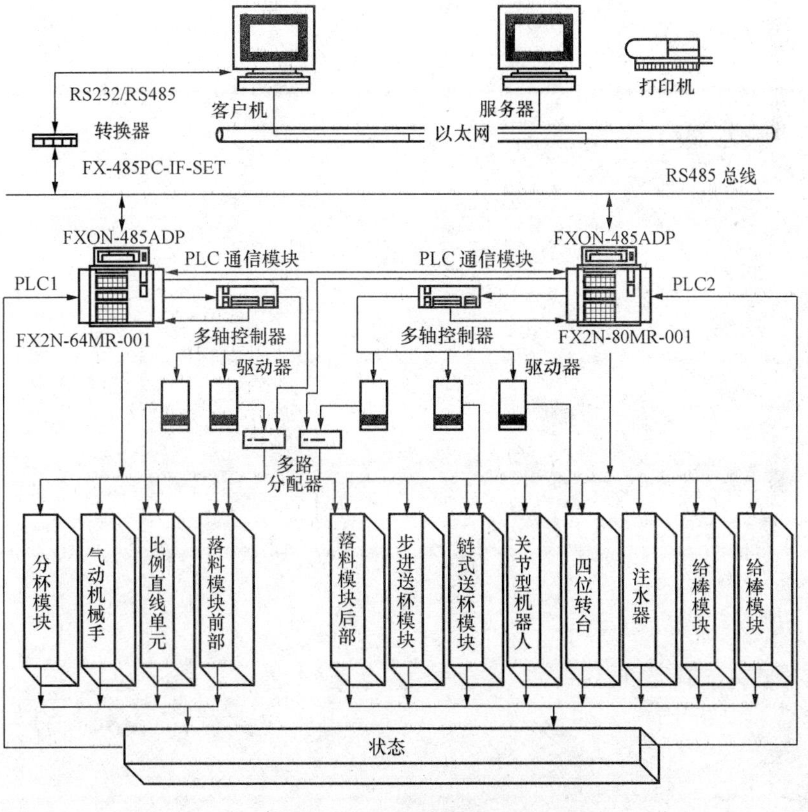

图 12－23 控制系统框图

用户在客户机上输入密码，客户机与服务器交换信息，通过后进入用户界面，定制饮料。两台并行布置的三菱 PLC 构成系统的核心控制系统，PLC 并联接入 RS435 总线，构成系统的控制级。管理级与控制级通过专用协议通信，按 PLC 站号寻址；采用这种结构方式最多可并行连接 16 台 PLC。多轴控制器是基于 89C2051 单片机的步进电动机控制器，可以同时控制 2～3 个轴的步进电动机独立运动。系统含有大量传感器，主要类型为漫反射式传感器、电感式传感器、电容式传感器和磁性开关等。

12.14.4 软件设计方法

系统的软件设计包括上位机软件和下位机软件两部分，上位机软件主要包括人机界面、系统管理界面及数据库系统。下位机软件主要用于系统自动运行和安全监控。

（1）上位机软件设计。上位机由客户机和服务器组成。客户机是用户与系统直接交流的窗口，对软件的要求是界面友好，醒目大方，具有向导性。客户机软件是用 Visual Basic（VB）语言编制，操作系统为 Windows 98。服务器用于系统管理和监控，并链接了密码和资源数据库。软件功能包括监控、查询、打印、产生密码以及系统资源管理等。服务器软件也用 VB 语言编制，数据库平台是 SQL，操作系统为 Windows 2000。

（2）下位机软件设计。下位机主要包括两个 PLC，为了提高系统的可靠性和安全性，以及协调好两个 PLC 的程序关系，下位机软件设计应用了面向对象程序设计的方法。这样使下位机程序具有模块化、封装特性、接口特性等特点。

第13章 基于PLC控制的机械手应用实例

工业机械手是集机械、电子、控制、计算机、传感器、人工智能等多学科先进技术于一体的现代制造业重要的自动化装备。自从1962年美国研制出世界上第一台工业机械手以来，机械手技术及其产品发展很快，已成为柔性制造系统（FMS）、自动化工厂（FA）、计算机集成制造系统（CIMS）的自动化工具。工业机械手作为现代制造业主要的自动化设备，已经广泛应用于汽车、工程机械、电子信息、家电等各个行业，进行焊接、装配、搬运、加工等复杂作业。在日本、欧美等国得到了广泛的应用，我国的工业机械手技术及其工程应用的水平和国外相比还有一定的距离，因此迫切需要解决产业化前期的关键技术，对产品进行全面规划，进行系列化、通用化、模块化设计，积极推进产业化进程。从近几年国外机械手推出的产品来看，机械手技术正在向智能化、模块化和系统化的方向发展，其发展趋势主要为：结构的模块化和可重构化；控制技术的开放化、PC化和网络化；伺服驱动技术的数字化和分散化；系统的网络化和智能化等方面。

13.1 关节型搬运机械手

13.1.1 搬运机械手机构分析

工业机械手由操作机（机械本体）、控制器、伺服驱动系统和检测传感装置构成，是一种仿人操作、自动控制、可重复编程、能在三维空间完成各种作业的机电一体化自动化生产设备。本设计的搬运机械手机构主要由机座、腰部、大臂、小臂、腕部及手部等6个部分组成。如图13-1所示。

机械手具有4个自由度，分别是腰部转动、臂部的伸缩运动及手腕的回转和俯仰运动。手部，亦称末端执行器，功能是用来直接抓取工件，其结构有吸盘式、手爪抓取式、卡钳式等多种形式，搬运机械手选择卡钳式的平移型抓取方式，由齿轮齿条作为传动机构，适用于不规则工件和非金属工件的抓取；手腕是连接手臂和末端执行器的部件，其功能取决于自由度的多少，自由度越多则其动作越灵活，但随着自由度的增多，结构和控制也越复杂，在这个搬运机械手中，手腕应该具有两个自由度，即能实现手腕的回转和俯仰运动；手臂结合了PUMA机械手结构并进行了改进，臂部的结构形式需根据机械手的运动形式、抓取重量、运动自由度、运动精度等因素来确定，

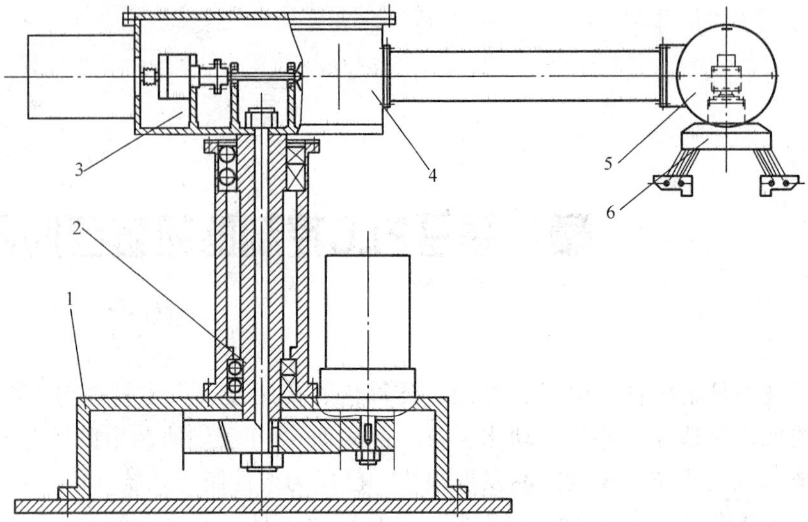

图 13－1　搬运机械手结构简图

1—机座；2—腰部；3—大臂；4—小臂；5—腕部；6—手部

为了实现伸缩运动的平稳和动作的精确，采用了谐波减速器，利用一个构件可控制的弹性变形实现机械运动的传动；回转机座又叫机械手的腰座，除了对机械手起到固定和支撑作用外，还要确保机械手腰部的回转运动。

13.1.2　控制系统分析

选择可编程控制器 PLC 来实现对机械手的控制，采用三菱公司生产的 FX2N－40MR 型号的 PLC。

1. 控制系统原理

(1) 机械手搬运示意图如图 13－2 所示。

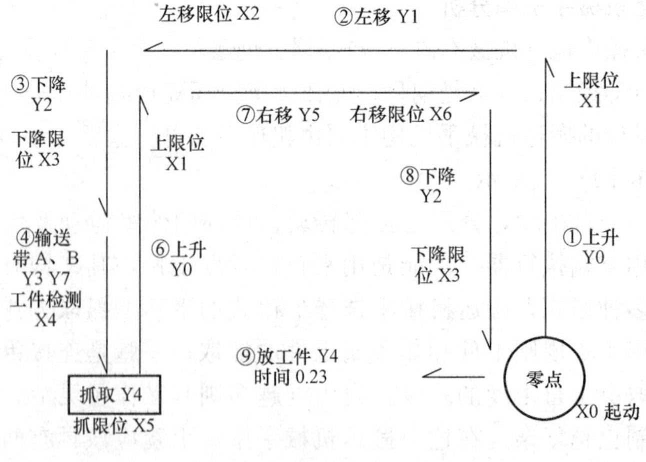

图 13－2　机械手搬运示意图

(2) 机械手搬运系统输入、输出点分配见表 13-1。

表 13-1　　　　I/O 分 配 表

名称	代号	输入	名称	代号	输入	名称	代号	输出
起动	SB1	X0	手动操作	SB6	X10	电磁阀上升	YV1	Y0
上升限位	SQ1	X1	连续操作	SB7	X11	电磁阀左移	YV2	Y1
左移限位	SQ2	X2	单步上升	SB7	X12	电磁阀下降	YV3	Y2
下降限位	SQ3	X3	单步下降	SB8	X13	输送带 A 转动	YV4	Y3
工件检测	SQ4	X4	单步左移	SB9	X14	抓取	YV5	Y4
抓限位	SB2	X5	单步右移	SB10	X15	电磁阀右移	YV6	Y5
右移限位	SB3	X6	夹紧	SB11	X16	原点指示	EL	Y6
停止	SB4	X7	放松	SB12	X17	输送带 B 转动	YV7	Y7
回原点	SB5	X20	输送带转动	SB13	X21			

(3) PLC 输入、输出连接电路如图 13-3 所示。

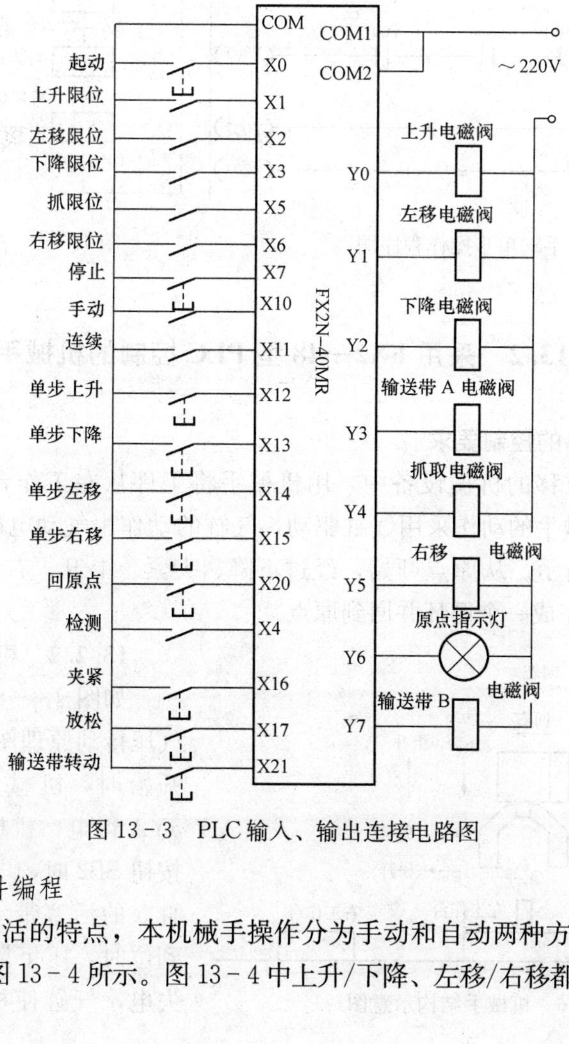

图 13-3　PLC 输入、输出连接电路图

2. 控制系统软件编程

为了满足操作灵活的特点，本机械手操作分为手动和自动两种方式。

(1) 手动操作如图 13-4 所示。图 13-4 中上升/下降、左移/右移都有连锁和限位保护。

（2）自动操作程序（状态转移图）如图 13－5 所示。

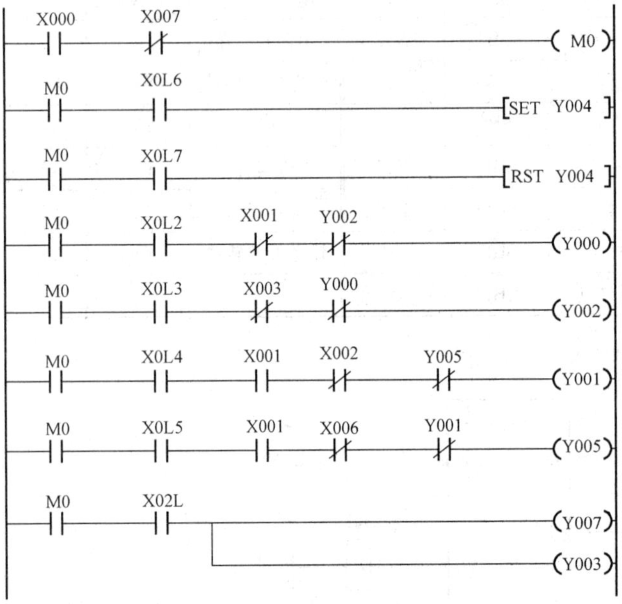

图 13－4　手动单步操作程序图

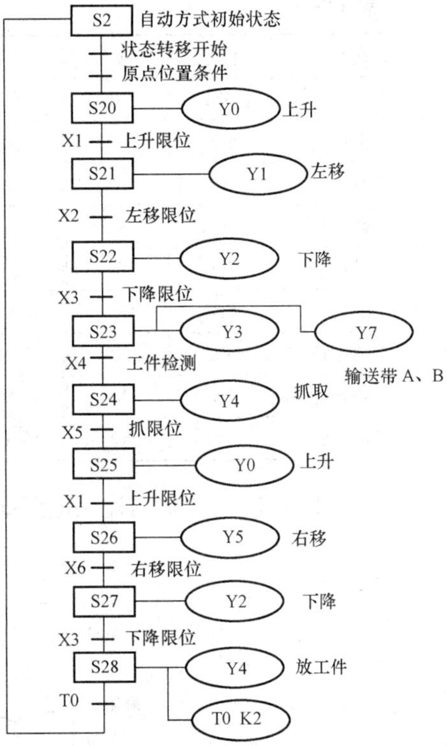

图 13－5　自动操作状态转移图

13.2　采用 FX2—48 型 PLC 控制的机械手

13.2.1　机械手的控制要求

在水平、垂直位移的机械设备中，用机械手将工件从左工作台搬至右工作台，如图 13－6 所示，机械手的动作采用气缸驱动，气缸的动作由气动电磁换向阀控制，其动作过程如图 13－7 所示。从原点开始，经过下降、夹紧、上升、右移、下降、放松、上升、左移 8 个动作完成一个循环并回到原点。

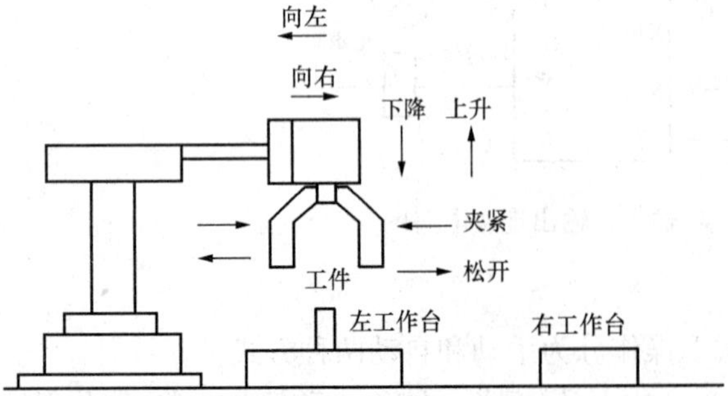

图 13－6　机械手结构示意图

13.2.2　机械手的工作原理

如图 13－8 所示，为机械手的气压传动原理图。其工作原理如下：开始时，机械手停在原位，此时 5YA 得电，机械手松开，按下起动按钮 SB2 时，电磁铁 2YA 得电，气缸 5 的活塞带动机械手下降，下降到位时，压下限位开关 SQ1，2YA 失电，气缸使机械手停止下降；同

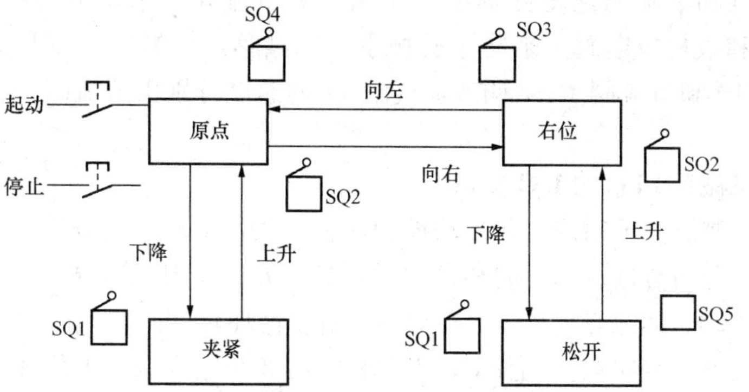

图 13 - 7 机械手动作示意图

时使电磁铁 5YA 失电，气缸 17 的活塞带动机械手夹紧工件。夹紧后，电磁铁 1YA 得电，气缸 5 的活塞带动机械手上升。上升到位时，压下限位开关 SQ2，使电磁铁 1YA 失电，上升停止；同时使电磁铁 3YA 得电，气缸 11 的活塞带动机械手右移。右移到位时，压下限位开关 SQ3，使 3YA 失电，机械手右移停止。若此时在工作台上没有工作，则光电开关 SQ5 接通，使电磁铁 2YA 得电，气缸 5 的活塞带动机械手下降。下降到位时，压下限位开关 SQ1，使 2YA 失电，机械手停止下降；同时 5YA 得电，气缸 17 的活塞带动机械手松开。放松后，1YA 得电，气缸 5 的活塞带动机械手上升，上升到位时，压下限位开关 SQ2，使 1YA 失电，机械手停止上升，同时使电磁铁 4YA 得电，气缸 11 的活塞带动机械手左移。移动至原点时，压下限位开关 SQ4，使电磁铁 4YA 失电，机械手左移停止，一个周期的工作循环结束。

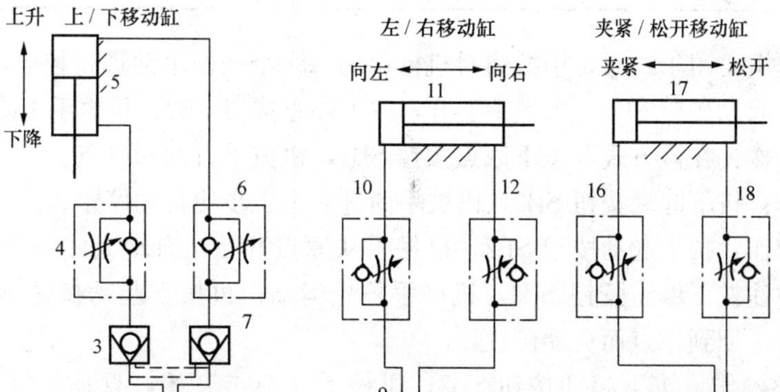

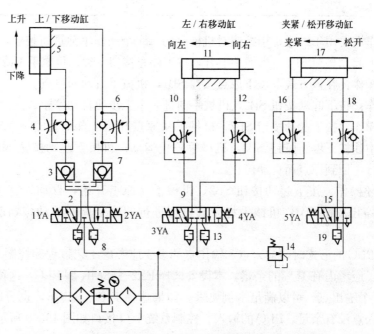

图 13 - 8 机械手的气压传动原理图

机械手上升和下降的速度分别由节流阀 4 和节流阀 6 来调节，在机械手停止时，液控单向阀 3 和液控单向阀 7 来防止机械手上下漂移。机械手向左和向右运动的速度分别由节流阀 10 和节流阀 12 来调节，气缸 17 的速度分别由节流阀 16 和节流阀 18 来调节。

13.2.3 机械手 PLC 的 I/O 接口

机械手的控制分为手动控制和自动控制两种方式。手动控制分为手动和回原点两种操作。自动操作分为步进、单周期和自动循环操作方式，因此需要设置一个工作方式选择开关 SA1（手动、回原点、步进、单周期、自动循环），占 5 个输入点，手动时设置一个运动选择开关 SA2（左/右、上/下、夹/松），占 3 个输入点，限位开关 SQ1～SQ4 占 4 个输入点，一个光电无工件检测开关 SQ5，占 1 个输入点，回原点按钮 SB1、起动按钮 SB2、停止按钮 SB3 占 3 个输入点，共需 16 个输入点。输出设备有电磁铁 1YA、2YA、3YA、4YA、5YA，共占 5 个输出点，设原点指示灯 1 个，占 1 个输出点，共需 6 个输出点，其输入、输出端子分配情况如表 13-2 所示。

表 13-2　　PLC 输入、输出端子分配表

输入设备	SQ1	SQ2	SQ3	SQ4	SQ5	SA1—1	SA1—2	SA1—3
输入端子	X0	X1	X2	X3	X4	X5	X6	X7
输出设备	1YA	2YA	3YA	4YA	5YA	原点指示灯		
输出端子	Y0	Y1	Y2	Y3	Y4	Y10		
输入设备	SA1—4	SA1—5	SA2—1	SA2—2	SA2—3	原点：SB1	SB2	SB3
输入端子	X10	X11	X12	X13	X14	X15	X16	17
输出设备								
输出端子								

手动操作主要用于维修，用按钮对机械手的每一个动作单独进行控制，如选择上/下运动时，按下起动按钮 SB2，机械手上升，按下停止按钮 SB3，机械手下降。

回原点操作：在该方式下按下原点按钮 SB1，机械手自动回原点。

步进操作：按下起动按钮 SB2，机械手前进一个工步便自动停止。

单周期操作：按下起动按钮 SB2，机械手从原点开始，自动完成一个周期的动作而停止。若在中途按下停止按钮 SB3，机械手停止运动；再按下起动按钮 SB2，从断点处开始继续运行，回到原点而自动停止。

自动循环操作：按下起动按钮 SB2，机械手从原点开始，自动地、连续地循环工作，若按下停止按钮 SB3，机械手将完成正在进行的这个周期的动作，返回原点自动停止。

在选择 PLC 的形式时，输入点和输出点的多少应考虑工艺过程和控制要求变动对输入点的需要，应考虑有 15%的余量，本设备选择 FX2—48MR 型 PLC，这种机型有 24 个输入点和 24 个输出点，可以满足本例要求。如果选择 FX2—32MR，也可以满足本例要求，但是输入点没有余量，PLC 的输入、控制系统 I/O 接口如图 13-9 所示。

13.2.4 PLC 控制程序

根据机械手的工作过程要求，确定各动作的先后顺序和相互关系，得出机械手控制

流程图，如图 13－10 所示。PLC 控制程序主要由手动操作和自动操作两部分组成，自动操作程序包括步进操作、单周期操作和连续循环程序。根据流程图画出机械手 PLC 梯形图程序，再编写程序。

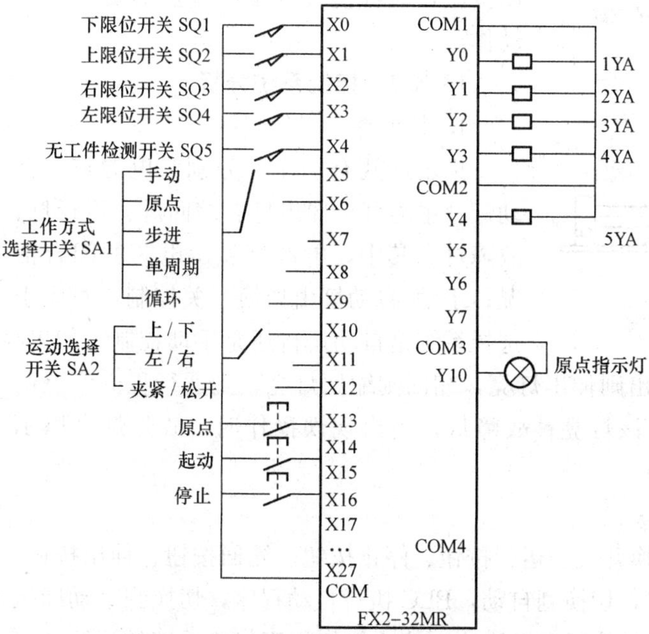

图 13－9　机械手 PLC 控制系统 I/O 接线图

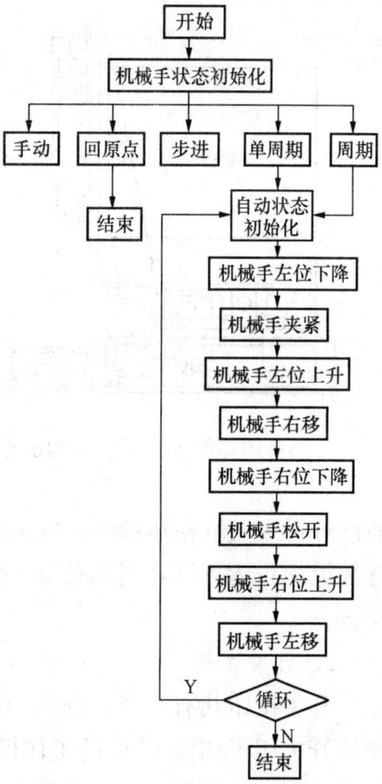

图 13－10　机械手控制流程图

机械手是生产线中主要的辅助设备之一，用 PLC 对其进行控制，简化了繁杂的硬件接线线路，节省了空间，降低了设备的故障率，使控制具有很强的柔性和功能的可拓展性，使设备具有性能稳定、工作可靠、操作简单、调节方便、显示直观、自动保护等特点，同时 PLC 输出有发光二极管显示，可清楚地监控其动作过程，以判断机械手动作的正确性，有利于机械手安全运行，便于机械手故障的诊断与排除。

13.3　PLC 控制的机械手演示模型三维运动系统

机械手演示模型正是为了满足这一学科的需求，将机电有机地结合起来，更好地培养学生的创新能力、动手能力。演示模型由机械手和控制柜两大部分组成。

13.3.1　机械系统的组成及工作过程

机械手演示模型由拆垛机、输送机、机械手、冲压机 4 部分组成，拆垛机是把钢板拿到输送机上，输送机负责把钢板送到机械手下面，而机械手把输送机送来的钢板放到冲压机下面，然后冲压机进行冲压。机械手由面板、气缸和控制气缸运行的电磁阀、节流阀等组成，主要完成取物体并放回的一系列动作。3 个驱动气缸，如图 13－11 所示。分别为：水平气缸、小行程气缸和垂直气缸。3 个气缸的停止位均设为缩回状态，零位同停止位。水平气缸在右位，小行程气缸在后位，垂直气缸在上位；气缸的运动分手动和自动两种控制。手动时，按伸出按钮，气缸响应作出伸出动作，要使其缩回时按下相应按钮即可。自动时，按下起动按钮，即可使气缸按照既定的要求连贯动作。

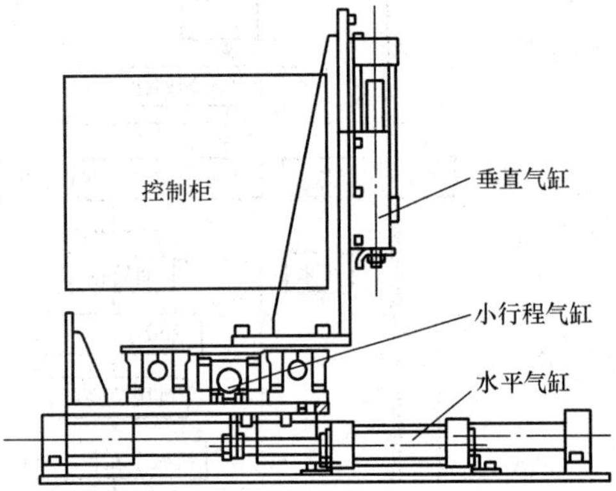

图 13-11 系统结构示意图

13.3.2 控制系统分析

1. 指示灯

指示灯共有 7 个，分别为电源灯、自动灯、手动灯、伸出灯、缩回灯、运行灯、故障灯。其中，电源灯显示电源的闭合情况；手动/自动灯由切换开关控制，对应于选择系统是自动运行还是手动控制；伸出/缩回灯，当气缸在运动时，气缸伸出则伸出灯亮，缩回则缩回灯亮，到达行程的终点两灯都熄灭；运行灯，当系统运行时该灯亮；故障灯，当出现误操作时，故障灯亮以示警告。

2. 开关按钮

开关按钮共有 5 个，分别为切换开关、运行按钮、停止按钮、缩回按钮、伸出按钮。切换开关用于切换 PLC 的工作模式，切换到自动，PLC 执行自动程序，切换到手动即执行手动程序；起动按钮用于起动 PLC 执行自动程序；停止按钮用于停止系统的运行，气缸回停止位；伸出按钮/缩回按钮用于手动控制垂直气缸地伸出或缩回。

3. 控制元件

本系统采用的是 Omron 公司的 CPM2A60 点的 PLC 对三维实验台进行动作控制。PLC 的硬件配置与一般的微机装置类似，主要由中央处理单元（CPU）、存储器、输入/输出接口电路、编程单元、电源及一些其他电路组成。系统的输入设备为指示按钮和气缸的磁性开关，输出设备为系统运行的指示灯和电磁阀，或其他能被 PLC 输出信号所控制的设备。外部接线如图 13-12 所示。

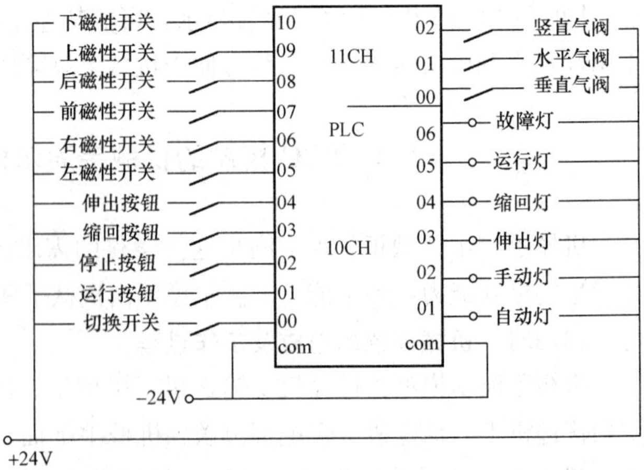

图 13-12 外部 PLC 接线图

13.3.3 软件的使用

PLC 的梯形图程序编制采用 Omron 自带的编程软件 CX-Programmer（CX-P）来实现。按照气缸的运动要求进行编程，程序中所涉及的各输入输出地址如下表所示，部分梯形图如图 13－13 所示。

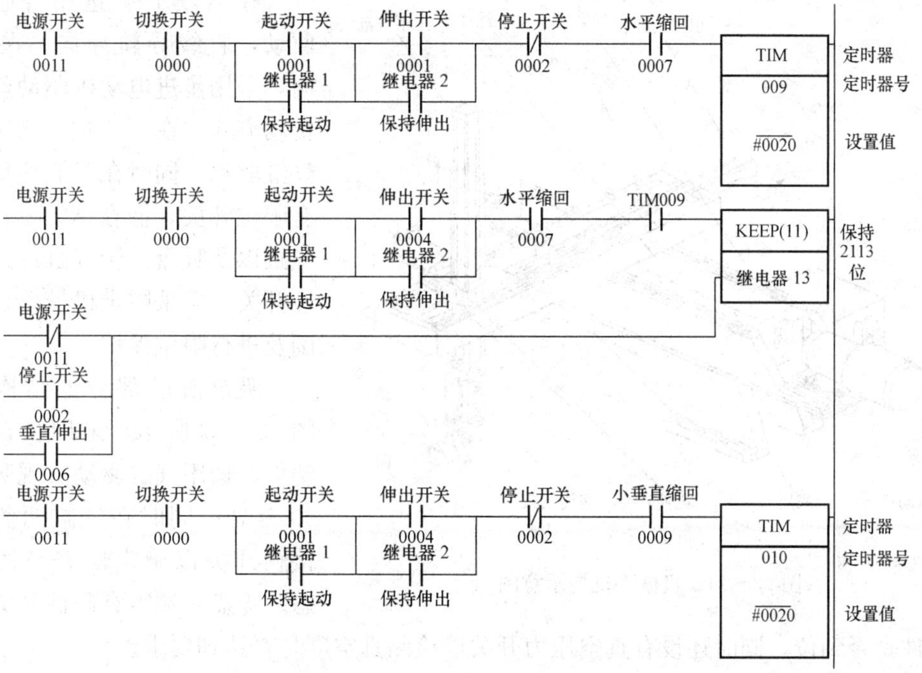

图 13－13　PLC 梯形图

编程注意事项如下。

(1) 选择编程方法。编程方法的选择对程序的正确度和编程的速度有很大的影响，如果采用按照气缸运动顺序对其编程，虽然思路比较简单但还是花费了好多时间。若采用对每个输出单独编程的方法，也就是只要满足伸出条件它就伸出，对每个输出都这样编程，最后把它们合起来即可，这样编程不仅缩短了编程时间、提高了编程质量，也很方便以后的调试。

(2) 自动运行一次完成之后，当再按下起动按钮时，程序需采用复位计数器来实现，因为自动运行停止是因为计数器计数完毕了，但没有复位。并且 CX－P 程序运行时是顺序扫描，从上至下，所以当另一个计数器或其他需要复位时，必须把计数器放到所有要复位的后面，否则无法复位。

(3) 调试之前要检查程序的编写对某些可能发生的危险动作是否限制住，调试时首先消除语法错误，才查找运行中的错误，先手动，后自动。调试时使用 Omron 公司的编程工具 CX－P 和在线编辑工具 On－line Manuals，另外，还可以使用 Omron 公司辅助编程和监控的最新软件 SSS（SYSMAC Support Software）（中文版）对以上程序进行调试。调试通过后，将程序写入 PLC 中。

13.4　基于 PLC 的工业取料机械手

13.4.1　机械手的结构及工作原理

该机械手由机械手臂、电动机、联轴器、气缸、丝杠、导轨、吸盘、底座组成，如

图 13-14 所示。

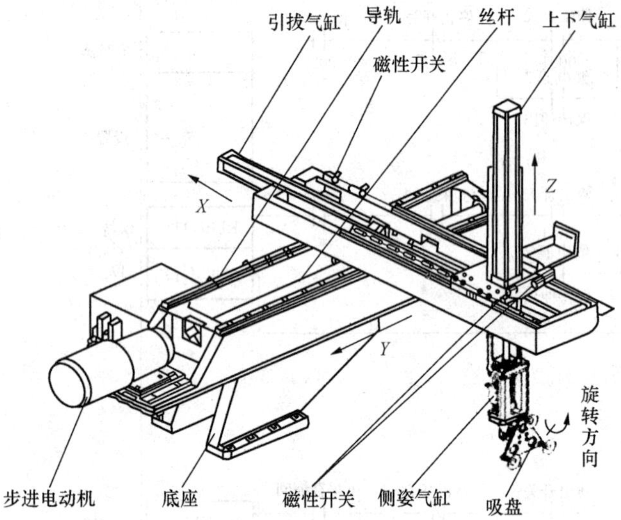

图 13-14　机械手机构示意图

在 X 方向，选用普通气缸驱动，直线导轨导向。在 Y 方向，采用步进电动机驱动丝杆的传动方式。在 Z 方向，选用高速气缸驱动。同时在 Y 自由度上设有限位开关，而在 X、Z 自由度气缸以及吸盘旋转气缸都设有磁性开关，用来限定机械手移动范围及进行限位保护。

吸盘旋转部分的结构，如图 13-15 所示。采用吸盘吸取塑件，选用气缸驱动实现吸盘架90°旋转。同时在气缸两侧需有接触开关以确定侧姿或回正状态。吸盘末端需有磁性开关以确定塑件是否到位，同时还设有真空压力开关以检测真空度是否达到要求。

机械手的工作流程为：机械手在初始位置，由电动机配合联轴器带动丝杠使机械手臂沿 Y 方向作横入运动，到达限位开关即停止，然后由气缸推动竖直方向手臂沿 X 方向作引拔进运动，到达磁性开关即停止，然后由高速气缸推动竖直方向手臂沿 Z 方向作下行运动，碰到磁性开关即停止，然后吸取塑件，上行，引拔退，横出，下行，吸盘旋转，放塑件，吸盘回正，上行回到原点。

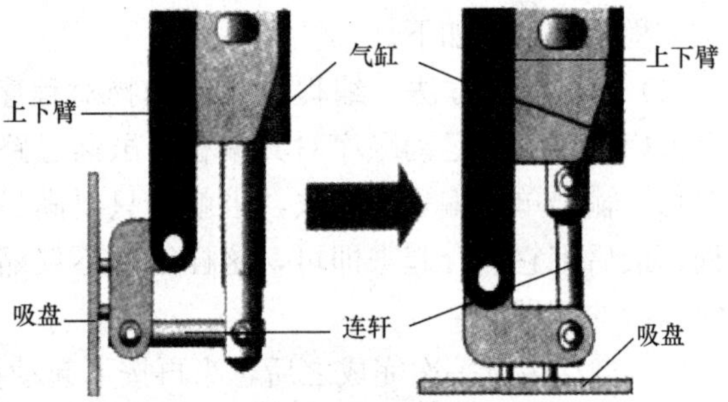

图 13-15　机械手侧姿结构图

13.4.2　机械手的气动控制系统

如图 13-16 所示，根据机械手的工作流程设计的气动原理图，为了使气缸运行速度比较平稳，提高机械手的稳定性及工作效率，在每一个独立的气动回路都配有单向节流阀。由于运动的惯性和气体具有可压缩性，如果在气缸运动到满量程时停止气缸，则会产生较大的冲击和噪声，因此在每个气缸上接近满量程时都配有磁性开关，当气缸运行接触到磁性开关时，电磁阀失电，气缸由于惯性作用继续运动，当到达满量程时速度减为零，这样可以实现较好的缓冲效果，减小冲击和噪声。

对于抓取物体的真空吸盘部分，必须配备真空发生器，由于真空吸盘是抓取物体的关键部分，为了防止物体脱落，真空发生器所产生的吸力必须大于或者等于所抓取物体的重力。真空发生器的吸力公式为

$$F = pAn/\alpha$$

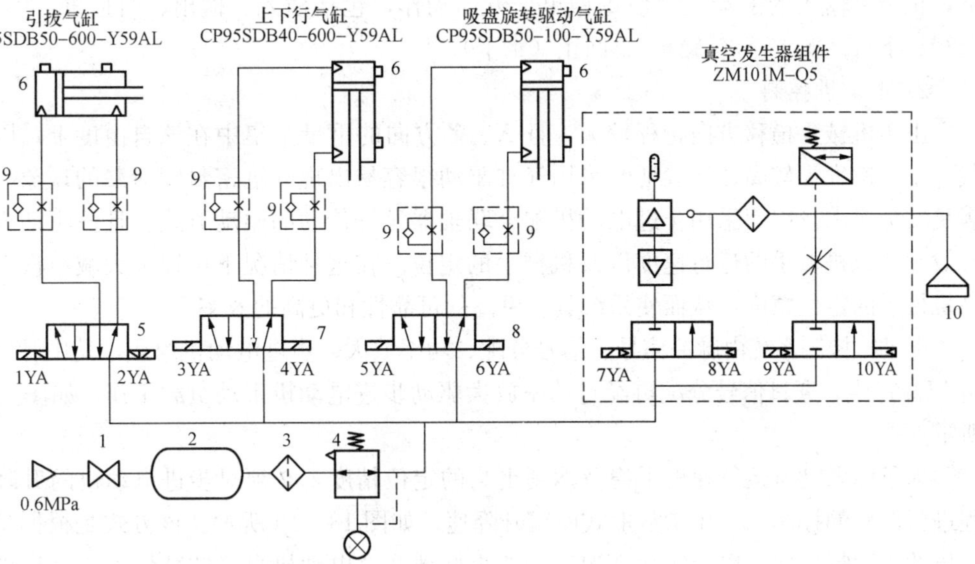

图 13-16 机械手气动控制系统原理图

1—手动截止阀；2—储气罐；3—分水滤气器；4—过滤减压阀；
5、7、8—二位五通电磁阀；6—磁性开关；9—单向节流阀；10—真空吸盘

式中：F 为真空发生器产生的吸力；p 为真空度；A 为吸盘的有效面积；n 为吸盘个数；α 为安全系数，一般来说，采用标准吸盘时，$\alpha=6$。

假设吸盘所抓取的物体最大重量为 3kg，吸盘个数为 $n=4$，吸盘直径 32mm，则有效面积为 $A=8\times10^{-4}\text{m}^2$，则通过上述公式计算出 $p=0.055$MPa。此时真空发生器的真空度最小应为 0.055MPa。

13.4.3 机械手控制系统的组成

1. 控制系统整体方案

如图 13-17 所示，系统采用 PLC 进行控制，其中横入横出部分选用电动机进行控制，为了达到机械手的精确定位，采用步进电机进行控制。另外，为实现快速平稳控制电动机起停，设计出步进电动机的速度控制步骤及相关算法，实现了对步进电动机的升降速度控制。电动机通过联轴器带动丝杠从而带动机械臂沿直线导轨横入横出。而引拔、上下行、旋转、抓取部分全部采用气动控制，同时采用触摸屏进行人机对话十分直观。

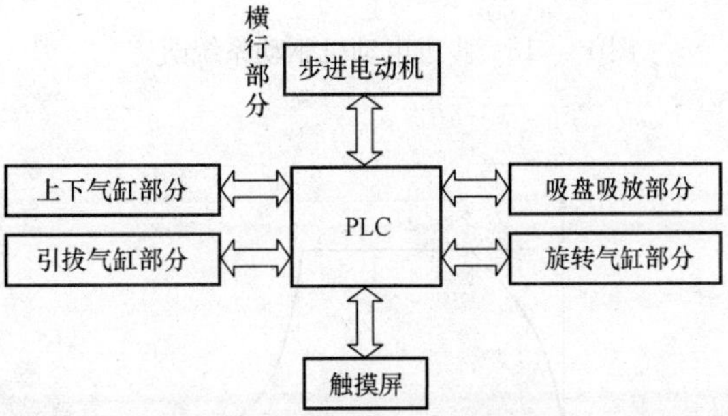

图 13-17 机械手控制系统框架

系统工作模式分为全自动模式、单循环模式、手动模式，用户可以根据实际需要选择，非常方便。在全自动模式下，机械手每隔 10s 完成一次取料，不停往复；在单循环模式下，机械手完成一次取料后停在原点，等待下一次命令到来；在手动模式

下，机械手输入的手动按键命令做单个方向动作，包括横入、横出、引拔进、引拔退、上行、下行、侧姿（90°旋转）、回正（水平）。

2. 电动机控制

由于机械手横移方向行程较大，且 X、Z 方向的重量全集中在该自由度上，因而负载较重，速度也较高，实验证明采用气缸驱动很容易出现气缸密封圈泄漏的现象，无法满足实际要求，因而采用步进电动机配合联轴器丝杆传动的驱动方式，且该驱动方式能有效地调节机械手的运行速度以及机械手的定位。在这种情况下可以大大减小误差，提高机械手的定位精度，从而使系统具有更高的可靠性和更高的效率。

电动机控制系统由脉冲信号、信号分配、功率放大、步进电动机组成，其中脉冲信号由 PLC 产生，通过信号分配再经过功率放大驱动步进电动机带动负载工作，如图 13－18 所示。

为了使电动机运行速度平稳及达到更高的定位精度，必须对步进电动机的升降速过程进行严格的控制。采用指数形式曲线升降速，如图 13－19 所示。该方式是根据步进电动机的矩频特性曲线以及实际情况，能够更好地迎合电动机自身的特性，符合步进电动机加减速运动的规律，能够充分利用电动机的有效转矩，快速响应性能较好，升降速时间较短，能够获得很好的实际效果。

3. 气动控制

气动控制系统 I/O 接线图如图 13－20 所示，由 PLC 控制电磁阀的通断实现机械手在各自由度的运动。为了实际需要，由于 X 方向运动行程较小，运动速度较低，中间行程不可调，选用普通气缸驱动，直线导轨导向；而在 Z 方向，为提高生产效率，需尽量缩短在该自由度方向的运动时间，因而选用高速气缸。

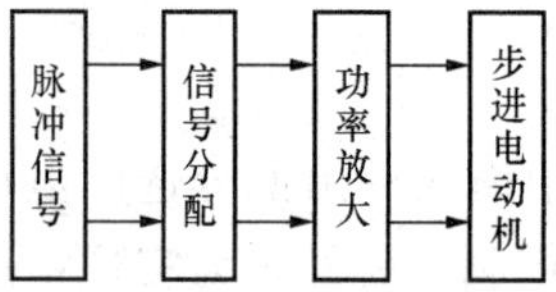

图 13－18　步进电动机驱动系统图

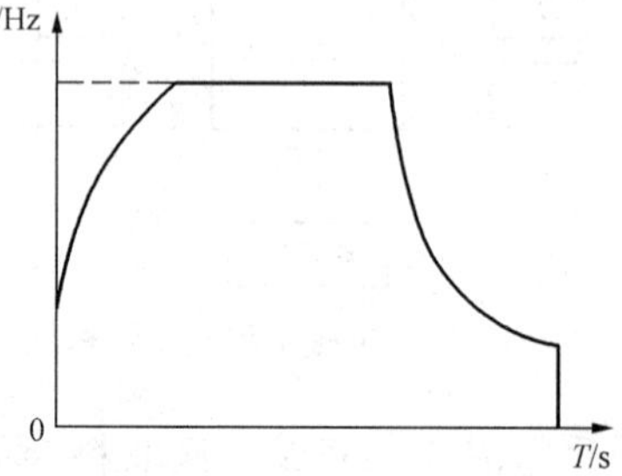

图 13－19　步进电动机升降速曲线图

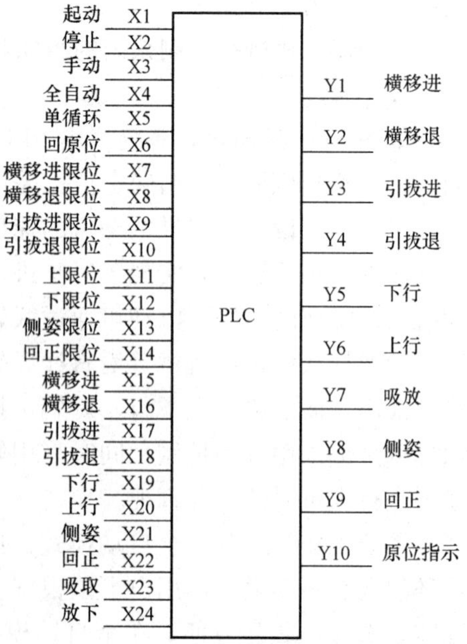

图 13－20　PLC 的 I/O 接线图

13.4.4 软件的实施

1. PLC程序的实施

如图13-21所示为PLC梯形图的总体结构图，包括公用程序、自动程序、手动程序、回原位程序4个部分，其中自动程序包括系统工作在全自动模式下的程序和系统工作在单循环模式下的程序。当选择手动工作模式时，X3接通，跳过自动程序执行手动程序；当选择自动工作模式时，X3断开，执行自动程序。

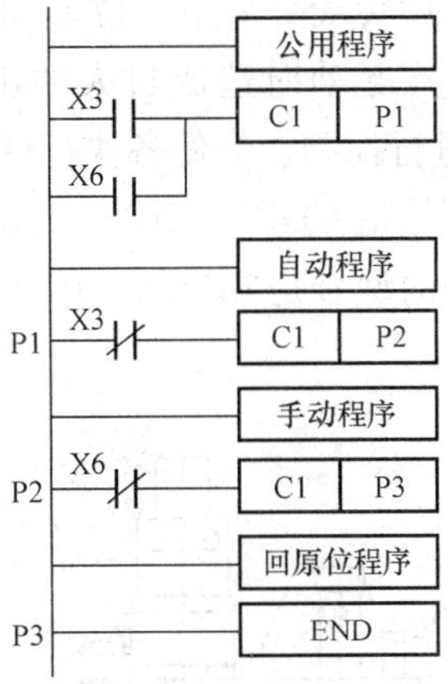

图13-21 PLC总体梯形图程序

2. 触摸屏的实施

触摸屏的软件设计包括创建画面和设定变量，并将它们与PLC连接。创建画面涉及输入/输出区域组态，指示灯组态，功能键组态及文本显示等格式，具体设计要根据机械手的控制要求设计不同的画面；设定变量就是把触摸屏的组态功能与PLC的相应I/O接点及存储单元之间建立联系，实现触摸屏敏感元件对PLC参数的输入，PLC当前值及报警系统向触摸屏的输出。

触摸屏画面如图13-22所示，它由初始页面、单循环操作页面、手动操作页面和全自动操作页面组成。全自动操作页面包括循环次数；手动状态页面包括横入、横出、引拔进、引拔退、上行、下行、侧姿（90°旋转）、回正（水平）。以上每个页面都设有返回、向上、向下箭头。

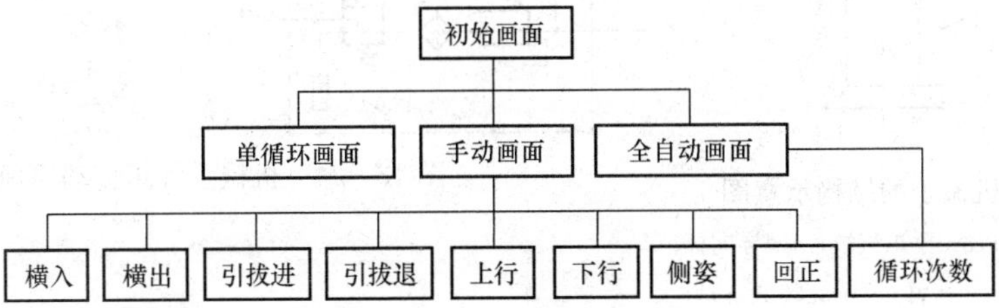

图13-22 触摸屏画面图

13.5 基于PLC的气动搬运机械手

13.5.1 机械手的结构和工作原理

该气动机械手属四自由度机械手，可以完成机械手转臂旋转、机械手升降、机械手夹紧及松开工件和机械手转臂在卸料处停转4个自由度的运动，气动机械手由机械系统、位置检测系统、气压传动系统和电气控制系统4部分组成。图13-23为气动机械手的结构示意图。

两个向心球轴承支撑转轴，旋转气缸通过转轴带动转臂旋转。转臂可在上料位、卸料位和取料位3个位置间旋转、停留。挡铁可调节转臂的极限停止位。转臂一端与转轴连接，另一端安装手爪的升降气缸和导向轴座。升降气缸使机械手升降，实现提起和放下工件的动作。为使转臂在卸料处停转，采用卸料阻挡气缸限位。

13.5.2 气压传动系统的分析

机械手的气动原理如图13-24所示，气动系统由气源、气动三联件、气动系统控制阀及各种气缸等组成。气动控制元件均选用日本SMC的产品，电磁阀组采用SY系列电磁阀。旋转气缸采用三位五通电磁阀，中位机能使转臂在卸料位时，气缸两腔通大气，避免再次起动时造成过大冲击，其他3个回路都用二位五通电磁阀，4个电磁阀都由PLC进行控制。为使各执行件运动平稳，各气缸二个气口装有单向节流阀。旋转气缸选用的型号是CDRB—20X—180S。手爪升降气缸选用的型号是CDJ2B16－15－A。爪形气缸选用的型号是MH02—16。手爪阻挡气缸选用的型号是CDQ2B20－15DM。

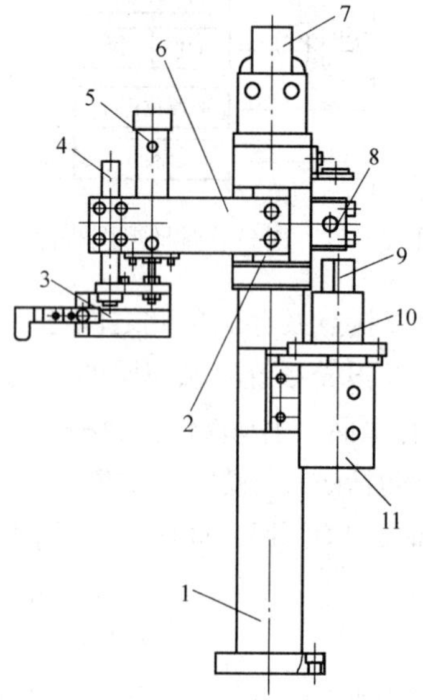

图13－23　机械手的结构示意图

1—支柱；2—转轴；3—手爪气缸；4—导向杆；5—升降气缸；6—转臂；7—旋转气缸；8—转臂挡铁；9—挡轴；10—挡轴套；11—手爪阻挡气缸

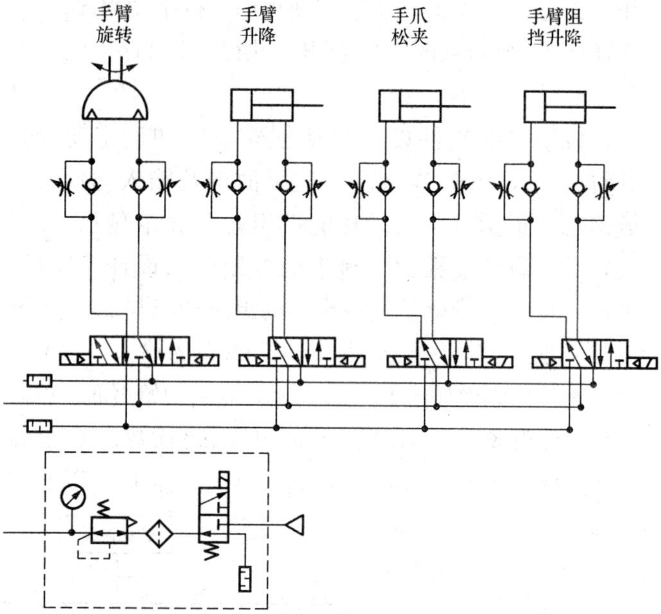

图13－24　机械手气压传动原理图

13.5.3　电气控制系统及程序

1. PLC选型与I/O分配

机械手电气控制系统的核心是可编程控制器。根据前述控制要求可知PLC有17个输入信号，10个输出信号，输入/输出信号具体作用见地址分配见表13－3。所以选用输入点的个数≥17、输出点的个数≥10的PLC，本机械手控制选用的是西门子S7系列226型产品，该型号PLC共有24个输入点及16个输出点，PLC由专用电源供电。

表13－3　PLC的输入/输出地址分配表

名　称	代　号	PLC I/O口
手/自动	SA2	I0.0
启动操作	SB1	I0.1
急停操作	SB2	I0.2
复位操作	SB3	I0.3
手指开闭操作	SA3	I0.4

续表

名　称	代　号	PLC I/O 口
手臂升降操作	SA4	I0.5
手臂阻挡操作	SA5	I0.6
手臂旋转操作	SA6	I0.7
手臂旋转放料	ST1	I1.0
手臂旋转中位	ST2	I1.1
手臂旋转取料	ST3	I1.2
手臂升降上位	ST4	I1.3
手臂升降下位	ST5	I1.4
手指松夹松位	ST6	I1.5
手指松夹夹位	ST7	I1.6
手臂阻挡下位	ST8	I1.7
手臂阻挡上位	ST9	I2.0
手指松开	YA1	Q0.0
手指夹紧	YA2	Q0.1
手臂上升	YA3	Q0.2
手臂下降	YA4	Q0.3
手臂顺转	YA5	Q0.4
手臂逆转	YA6	Q0.5
手臂阻挡上升	YA7	Q0.6
手臂阻挡下降	YA8	Q0.7
起动指示灯	HL2	Q1.0
复位操作指示灯	HL3	Q1.1

2. I/O 电气接口图

气动机械手 PLC 的 I/O 电气接口如图 13-25 所示。把气动机械手的插头接到交流 220V 的电源上，合上 Q1，24V 电源供电，输出直流 24V 电压。接通 Q2 和操作台面上的总开关 Q3，则 PLC 带电，电源显示灯 HL1 点亮，表明系统已处于待机状态。

3. PLC 控制程序软件

机械手的工作是将已加工好的工件从上料位放到卸料位，然后到取料位抓取未加工工件放到上料位。机械手的全部动作由气缸驱动，气缸又由相应的电磁阀控制。机械手设置手动和自动方式。选择手动方式时，分别设置手动按钮对应机械手的各个动作。机械手在上料位、手臂在最上位且手指松开时，称系统处于原点状态。机械手自动工作一个周期为：当机械手处于原点状态，按下起动按钮 SB1，首

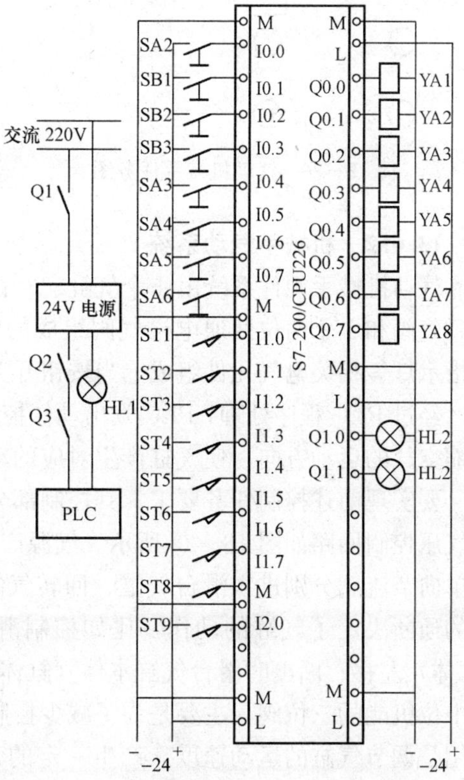

图 13-25　气动机械手 PLC 的 I/O 电气接口图

先手臂挡块升起到位→手臂下降到位→手指夹紧已加工好的工件到位→手臂上升到位→手臂逆时针旋转到卸料位（挡块中位）→手臂下降到位→手指松开到位→手臂上升到位→手臂挡块下降到位→手臂按逆时针旋转到取料位→手臂下降到位→手爪夹紧未加工工件到位→手臂上升到位→手臂按顺时针旋转到上料位→手臂下降到位→手爪松开到位→手臂上升到位→原点。

13.6 基于PLC的四自由度机械手控制系统

13.6.1 机械手基本结构与控制任务

如图13-26所示，光盘放置于位置1，气动机械手的初始位置处于位置9，要实现将光盘根据要求从位置1搬运至位置2、3…7、8时，则机械手的自由度要一定的要求。根据任务要求，机械手要实现X方向与Y方向的运动（$\overline{X}$、$\overline{Y}$）绕Z方向的旋转（$\overline{Z}$），同时在抓取过程中要实现手臂的升降（$\overline{Z}$）和吸放光盘的过程，该机械手具有4个自由度。机械手硬件如图13-27所示。

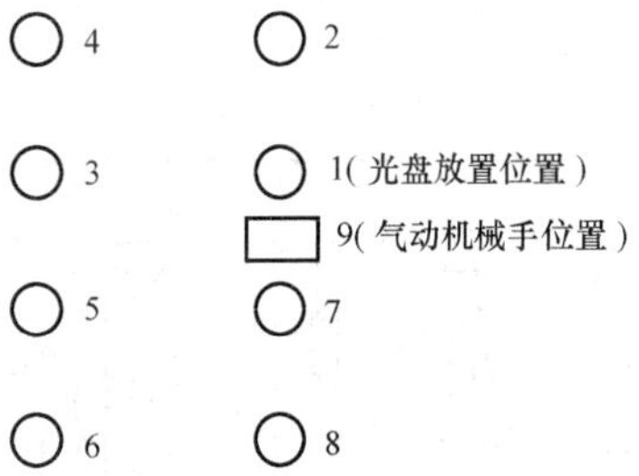

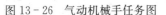

图13-26 气动机械手任务图

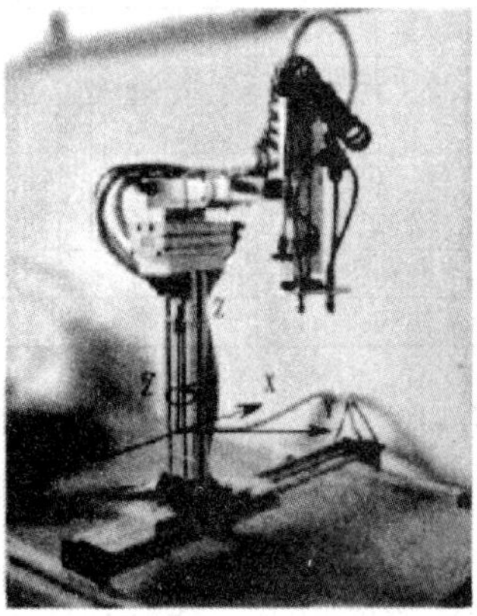

图13-27 机械手硬件结构图

13.6.2 机械手气动系统

气动机械手硬件系统由4个气缸、3个真空吸盘、限位磁性接近开关、5个二位五通电磁气阀和1个两位两通电磁气阀组成的阀岛、控制面板、接线端子、PLC、按钮开关及指示灯等相关电气元件组成。当按钮开关或磁性接近开关发出信号传递到PLC输入端子，经过PLC程序处理，PLC发出动作控制信号驱动相应主控阀电磁线圈的通断，控制压缩空气的运动方向，使气缸产生对应的动作。

要实现前述控制任务要求，其控制部分包括气动回路与PLC控制部分。气动机械手的气压控制回路如图13-28所示。气源产生压缩空气，经三联件处理后，经两位五通阀和单向节流阀分别进入滑台气缸、回转气缸、悬臂气缸、升降气缸。两位五通阀电磁线圈的通断决定了气缸的动作，比如控制滑台气缸的二位五通阀通电时，滑台气缸本体（缸体）左移；断电时滑台气缸本体（缸体）右移。本机械手选择两位阀，而没有选择具有中位机能的三位阀，主要是为了减少控制信号，减少PLC的输出点数。单向节流阀的作用是调节气缸的运动速度，产生一定的背压缓冲。对于真空吸盘吸光盘的过程，当真空发生器通过高压气体时，产生一定的真空度，实现吸光盘，此时，两位五通阀处于得电状态，两位两通阀处于断电状态。对放光盘的过程，要求高压气体先经两位两通阀，通过真空吸盘将吸附的光盘吹落，延迟一段时间后断开真空吸盘的气路，以节约用气量，故要求在两位五通阀通电、两位两通阀断电状态下，两位两通阀先得电，延迟一段时间后，两位五通阀再失电，然后两位两通阀再失电。

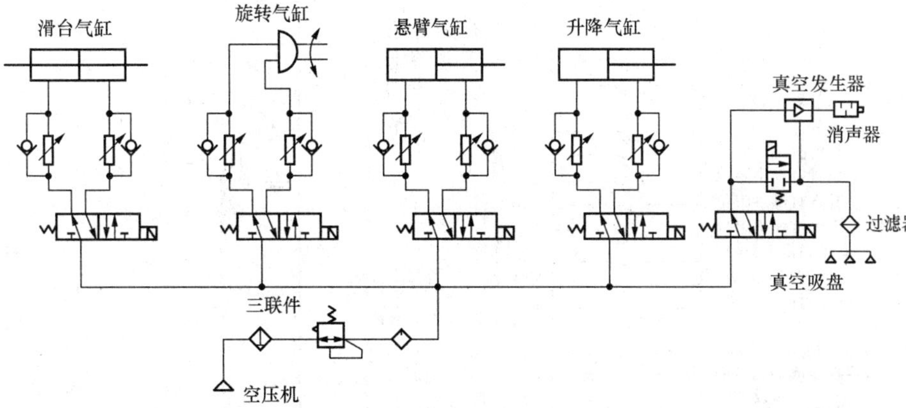

图 13-28　机械手气动回路原理图

13.6.3　机械手电气系统

应用 PLC 作为电气控制，可以简化控制线路，降低故障率，实现机械手多种动作线路，具有一定的柔性，也适于教学演示。

一般机械手有手动、自动控制之分，手动控制主要用来硬件调试。自动控制中也分单步、单周期、周期循环等工作状态。其控制要求为：按下起动按钮，检测气动机械手是否处于原位，如果不是，按下复位按钮回到原位，如果是，则检测气动机械手处于何种工作状态下，单步意味着每按下一次起动按钮，机械手执行一步动作；单周期指执行一次动作循环，最后回到初始位置；周循环则是机械手重复不断地执行动作，直到按下复位或停止按钮为止。

根据机械手的硬件结构，PLC 输入信号有：工作状态选择开关输入、起动停止按钮输入、磁性接近开关信号输入、手动开关输入及程序选择开关输入共 22 个输入点；机械手的输出信号有：驱动 4 个气缸的电磁阀线圈 4 个，控制真空吸盘的电磁阀线圈 2 个，原点指示灯 1 个，共 7 个输出点。选择输入点大于 22 点，输出点大于 7 点的 PLC，可选择三菱的 FX2n—48MR，其电气接线如图 13-29 所示。

13.6.4　机械手 PLC 程序

气机械手的控制及动作路线由 PLC 的程序来实现，根据前述要求，该程序框架采用调用子程序方法，在主程序中实现机械手工作状态的选择，子程序实现机械手的复位和动作路线的实现，这种程序框架逻辑清晰，便于阅读与修改扩展，其程序框架如图 13-30 所示。

其中，机械手动作子程序是控制程序的核心部分，针对气缸顺序控制要求，采用顺序功能图（Sequential Function Chart，SFC）的设计方法，运用 FX2n 系列 PLC 中的

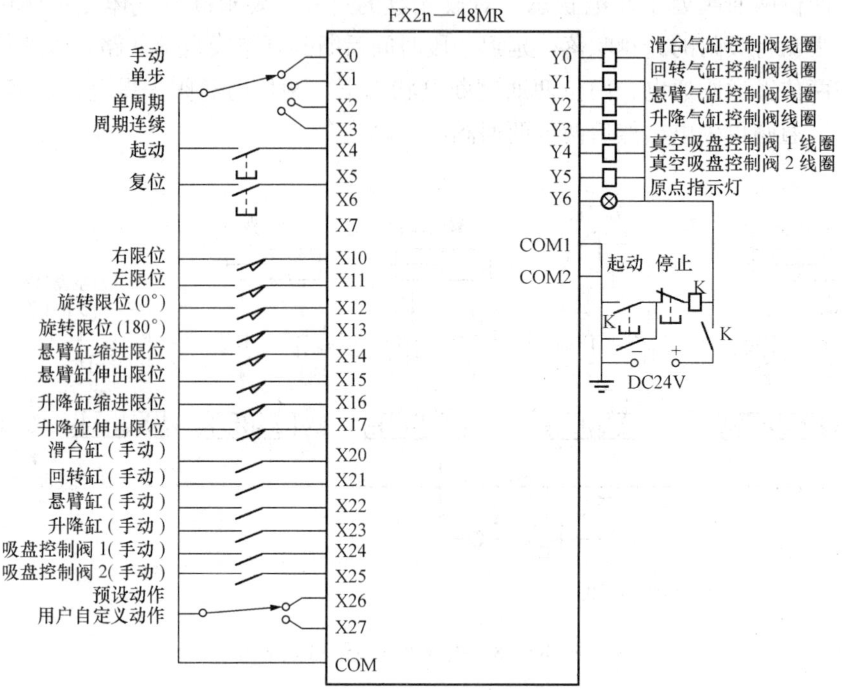

图 13-29　PLC 电气接线图

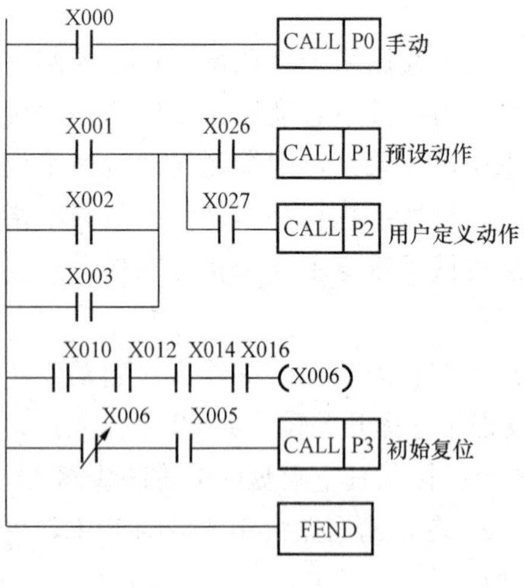

图 13-30　PLC 主程序框架图

STL 指令来实现。假设机械手要实现将光盘从初始位置 1 搬至位置 6，开始时机械手处于初始位置，即要实现动作如图 13-31 所示，其顺序功能图如图 13-32 所示。

在搬运光盘的过程中，光盘会越搬越少，故选择循环动作工作状态时，每次机械手下降的行程会逐渐增长，故程序中没有使用升降气缸地伸出限位开关来反馈位置信号，而是以 PLC 的软时间继电器设置合适的延迟时间来代替，当光盘被搬空时，升降气缸伸出限位开关被触动时，机械手就自动复位，回初始位置。

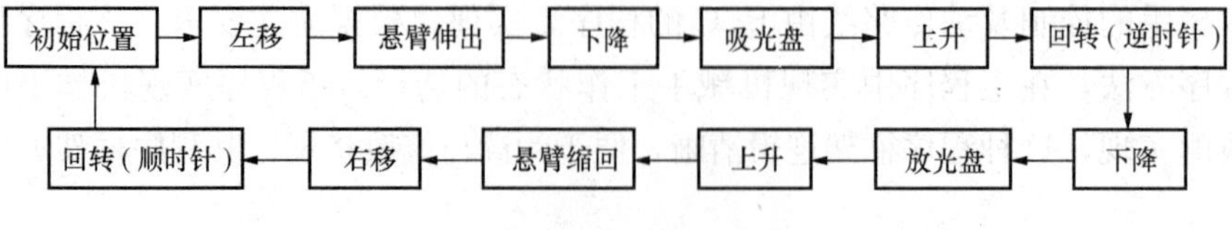

图 13-31　气动机械手动作顺序图

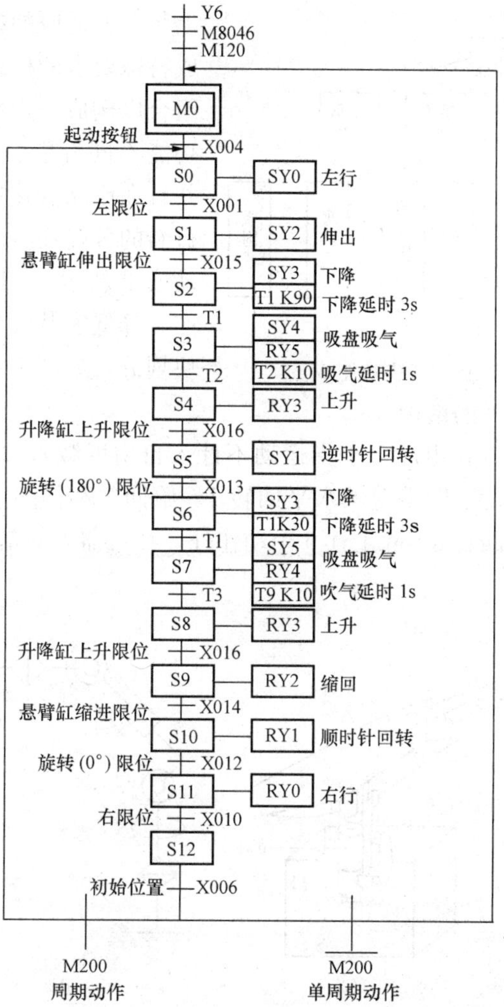

图 13－32　机械手顺序功能图

13.7　基于PLC的五自由度模块化气动搬运机械手

机械手主要由手部和运动机构组成。手部是用来抓持工件（或工具）的部件，运动机构使手部完成各种转动（摆动）、移动或复合运动来实现规定的动作，改变被抓持物件的位置和姿势。运动机构的升降、伸缩、旋转等独立运动方式，称为机械手的自由度。为了抓取空间中任意位置和方位的物体，需有6个自由度。自由度是机械手设计的关键参数。自由度越多，机械手的灵活性越大，通用性越广，其结构也越复杂。一般专用机械手有（2～3）个自由度。下面介绍一个五自由度工件搬运气动机械手。

13.7.1　模块式机械手及其组成

模块式机械手是将一些通用部件，根据作业的要求，选择必要的能完成预定机能的

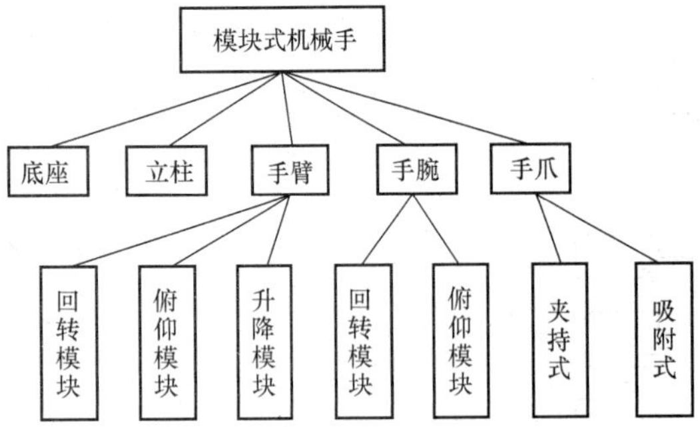

图 13－33　气动机械手各模块组成

单元部件，以底座为基础进行组合，配上与其相适应的控制部分，即成为能完成特殊要求的机械手。通过模块选择与组合以构成一定范围内的不同功能或同功能不同性能、不同规格的系列产品。并且在产品变化或临时需要对机械手进行新的分配任务时，可以允许方便地改动或重新设计其新部件，能很快地投产，降低安装和转换工作的费用。各模块划分，如图 13－33 所示。

13.7.2　气动机械手的结构

该气动机械手具有五自由度（手指运动不计入自由度数），结构示意图如图 13－34 所示。臂部有 3 个自由度，即手臂的水平回转 1、俯仰 2 和伸缩 3；腕部有 2 个自由度，即手腕的上下摆动 4 和回转 5。除上述 5 个动作外，在机器人的基本动作中还有手爪的夹紧动作 6。

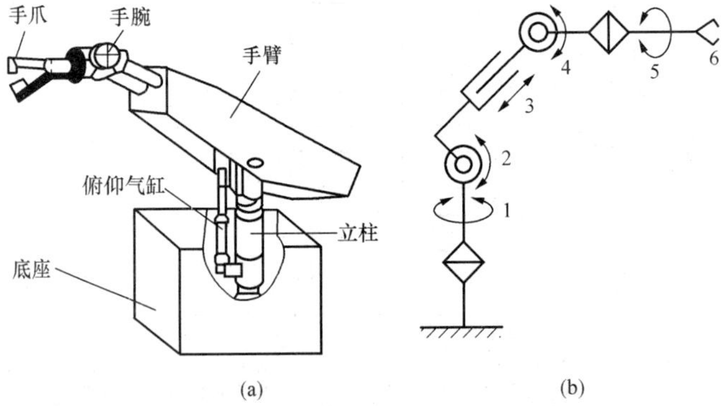

图 13－34　气动机械手结构示意图

(a) 外形图；(b) 运动机能符号图

1—水平回转；2—俯仰；3—伸缩；4—腕摆动；5—腕回转；6—手爪

它的动作循环为：底座顺时针旋转（90°）→俯仰气缸上升→手臂伸出→手腕俯下→手腕回转→手爪张开→手爪夹紧→底座逆时针旋转→手爪张开→手腕仰起→手腕回转→手臂缩回→俯仰缸下降的预定的程序和轨迹等要求实现自动抓取、搬运及操作。机械手主要由驱动系统、控制系统、检测装置和机械执行机构组成。

13.7.3　参数化图库的选取

在 Pro/E 环境下，建立参数化图库通常有以下方法。

（1）利用用户自定义特征（UDF）生成 gph 文件，即在 Pro/E 软件环境中通过 Create Local Group 生成用户自定义特征后，再进入 Pro/E 中调用这些文件造型。

（2）利用 Pro/Toolkit 工具编制程序来造型。

（3）以人机对话方式调用族表，对族表中的相关变量赋值后，模型将依据输入参数重新生成。

(4) 在 Pro/Program 中将参数放在 Input 模块中，要求用户在更新的时候输入参数，从而根据这些参数重新生成模型。

系统综合采用了族表和 Pro/Program 这两种方法。族表方法和 Pro/Program 生成的特征模型库在 Pro/Toolkit 函数调用时更为简单，根据零部件各自的特点，采用其中的一到两种方法，可以快速生成所需要的特征模型库，同时避免了采用 Pro/Toolkit 建模复杂的弊病。零件库组成结构，如图 13－35 所示。

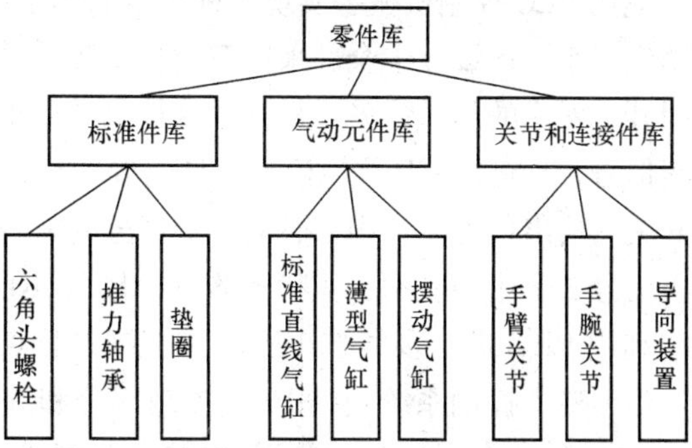

图 13－35　零件库组成结

13.7.4　气动机械手的气动系统原理图

气动机械手的气动系统图，如图 13－36 所示。

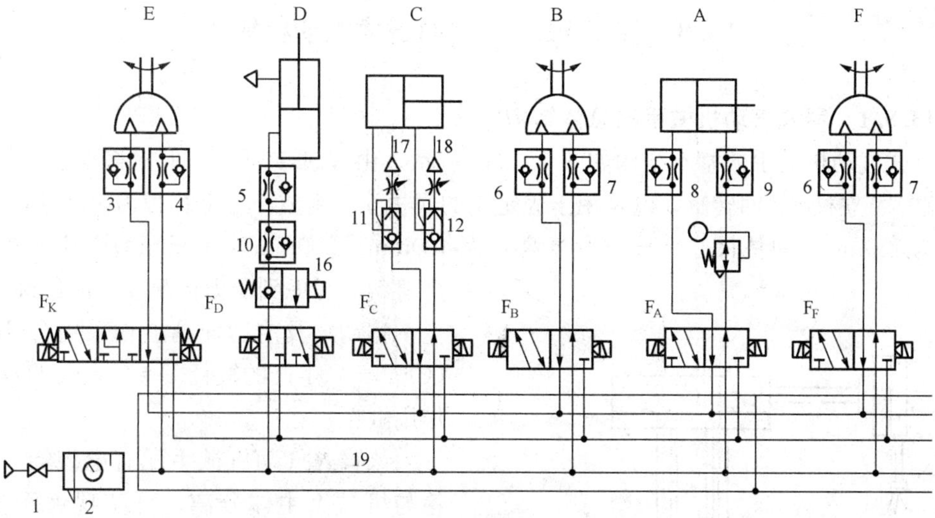

图 13－36　气动机械手气动系统图

A—手指开合气缸；B—手腕摆动气缸；C—伸缩气缸；D—升降气缸；

E—手臂摆动气缸；F—手腕回转气马达；F_A～F_E—电磁换向阀；

1—截止阀；2—气源调节装置；3～10—单向节流阀；11、12—快速排气阀；

13—减压阀；16—两通电控换向阀；17、18—排气节流阀；19—气路板

双电控换向阀可以保证电气系统发生故障时，机械手的动作不变。气缸 D 靠自重下落，上升和下降分别为进气节流调速和排气节流调速。电磁阀 16 与 F_D 的线圈互锁，用来防止气路突然失压时，升降气缸 D 的立即下落。三位五通阀 Fe 可以使手臂回转实现多点定位。减压阀 13 可以精确调整手指的夹持力，防止夹持时工件或手指受损。两个快速排气阀 11、12，既可加快气缸 C 起动速度，又可全程调速。

各气缸的到位信号由磁性开关产生，PC 控制器检测到信号后控制电磁阀做出下一步

动作。

13.7.5 气动机械手 PLC 控制

应用 PLC 控制机械手实现各种规定的预定动作，可以简化控制线路，节省成本，提高劳动生产率，该设计中全部采用双电控电磁阀作为驱动气缸的主控阀。输入信号端：12 个行程开关发出的信号，另外根据系统控制的要求，需要 START，POSITION 和 RESET3 个按钮信号，1 个 STOP 按钮信号，还需要 1 个用来控制机械手运行方式的 AUTO/MAN 旋动开关。输出信号端：用来驱动 6 个气缸的电磁阀需要 12 个输出信号，电磁阀 16 需要 1 个输出信号 3 个用来显示工作状态的 START，RESET，POSITION 信号指示灯。

利用 PLC 进行多气缸顺序动作控制的特点如下。

(1) 整个控制系统包括 PLC 控制部分和气动控制部分。

(2) 可用双电控电磁阀或单电控电磁阀或采用阀岛进行气路转换，结构紧凑。

(3) 信号控制可用行程开关，也可根据需要用非接触式传感器接收信号。

(4) 工作可靠性高，大大提高了生产率。

(5) 运用 PLC 控制与计算机通信可实现远程控制，因而在生产中运用广泛。

13.8 基于 PLC 控制的臂式气动机械手

13.8.1 臂式气动机械手的总体结构

臂式气动机械手的基本结构如图 13－37 所示，由 V 形夹手 1、上下移动缸 2、前后伸缩缸 3、立柱 4、回转缸 5 以及用于固定用的底板 6 等组成。上下行程为 100mm，左右行程为 150mm，总体尺寸（长×宽×高）为 400mm×200mm×600mm，立柱采用铝合金材料。考虑到受力情况及产品的性价比，上下移动缸及前后伸缩缸均采用台湾长拓（Chanto）生产的缸径 D=10mm 的双轴单作用缸。

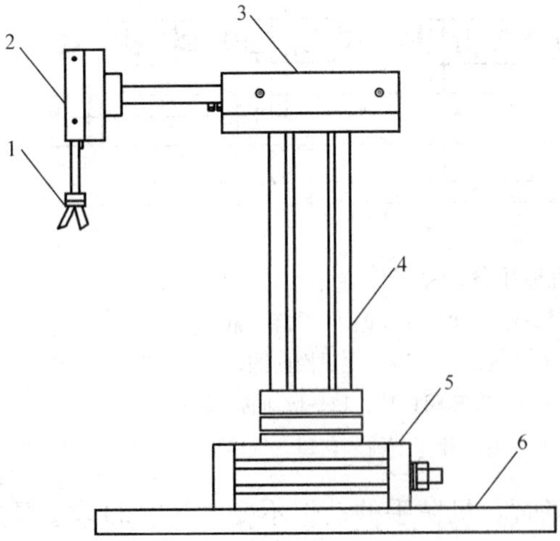

图 13－37 臂式气动机械手结构图

1—夹手；2—上下移动缸；3—前后伸缩缸；4—立柱；5—回转缸；6—底座

该臂式气动机械手配有电控箱，电控箱与机械手主体分离，可实现远程控制。操作面板、电磁阀、PLC 可编程控制器等均安装在电控箱上。

13.8.2 臂式气动机械手的功能要求

该气动机械手功能：夹手 1 可以夹住物品，在上下移动缸 2 的作用下可实现上下移动，而在前后伸缩缸 3 作用下可实现前后移动，在回转缸 5 作用下可实现绕 Z 轴作 90°旋转运动。机械手具有一定的开放性，可根据不同的要求实现不同的运动组合，从而实现不同的应用功能。当机械手处于如图 13－37 所示状态，夹头打开，上下移动缸处于最顶端，前后伸缩缸处于最后端时为原始状态。机械手典型动作过程：将左下方的物品夹住，顺时针旋转 90°，搬往右前下方，并回到原点。一个工作周期如下：当按下起动按钮，上下移动缸 2 向下伸出并延时 2s→V 形夹手 1 夹紧物品并延时 1s→上下移动缸 2 向上缩回并延时 2s→回转气缸 5 将顺时针转过 90°并延时 2s→前后伸缩缸 3 将向前伸出并延时 2s→上下移动缸 2 将向下伸出并延时 2s→V 形夹手 1 将松开放下物品并延时2s→上下移动缸 2 将向上移动并延时 2s→前后伸缩缸 3 将向前伸出延时 2s→回转气缸 5 逆时针转过 90°→回到初始状态，等待下一次指令。

13.8.3　臂式气动机械手的气动系统

气动原理如图 13－38 所示，实现对 2 个直动气缸、1 个回转气缸及 1 个夹手的动作控制。气动系统由 1 个二位二通的电磁阀、3 个二位五通双线圈电磁阀、1 个回转气缸、2 个双轴作用直动气缸、1 个夹手、6 个调速阀、若干个消音器以及其他的元件组成。调速阀 11 的作用是调整各气缸运行速度，以防止因速度过大对物料及机械手的冲击，保持机械手的各个动作协调；3 个二位五通双线圈电磁阀 12 控制气动回路的换向，从而实现双轴作用直动气缸上升和下降、往前和往后，以及回转气缸的回转运动；二位二通的电磁阀用以实现夹手 9 的夹紧与放松功能。

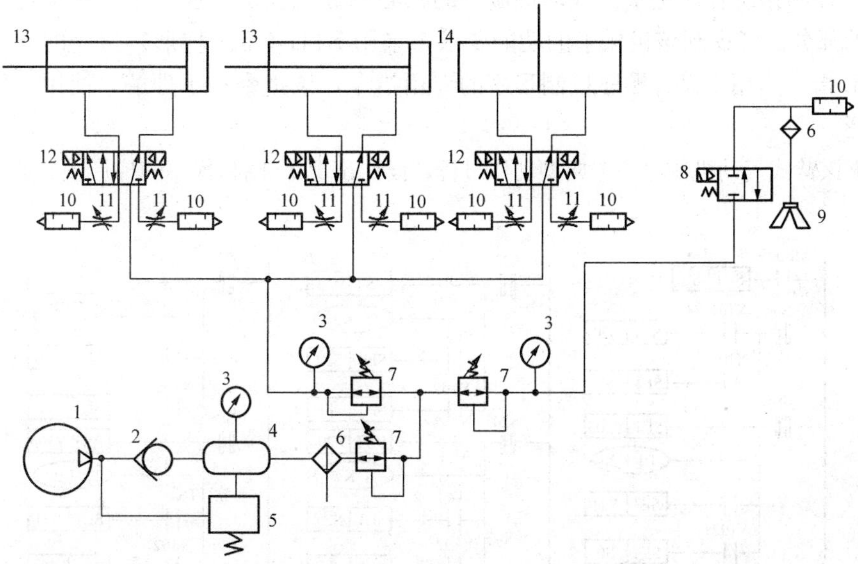

图 13－38　气动原理图

1—空气压缩机；2—单向阀；3—压力表；4—储气罐；5—溢流阀；6—分水滤器；7—减压阀；8—两位两通双线圈电磁阀；9—夹手；10—消声器；11—调速阀；12—二位五通双线圈电磁阀；13—直动双轴作用气缸；14—回转气缸

13.8.4　臂式气动机械手 PLC 控制系统

1. PLC 型号的选择

由该气动机械手的基本功能要求可以知道，有起动、停止两个输入点、有用于控制 3 个二位五通双线圈电磁阀及 1 个二位二通的电磁阀的 4 个输出点。考虑到在实际安装、调试和应用中，还可能会发现一些估算中未预见到的因素，根据实际情况增加一些输入、输出信号，在选型中应多预留一些点数，以备将来调整、扩充使用。因此 PLC 选用了三 菱的 FX 系列的 FX2N—24MR，直流 24V 稳压电源，输入与输出点数均为 12，符合要求。

2. PLC 的外部接线图（安装图）

根据该臂式气动机械手一个典型动作过程，将各电磁阀及按钮的接线分别接到电控箱上 PLC 控制器相应的输出、输入接口上。PLC 的外部接线图如图 13－39 所示。起动按钮 X1、停止按钮 X2 分别接 PLC 的输入点 X101、X102；而 PLC 的输出点 Y201、Y202、Y203、Y204 分别接电磁阀 YA1（回转缸）、电磁阀 YA2（夹头）、电磁阀 YA3（上下移动缸）、电磁阀 YA4（前后伸缩缸）。

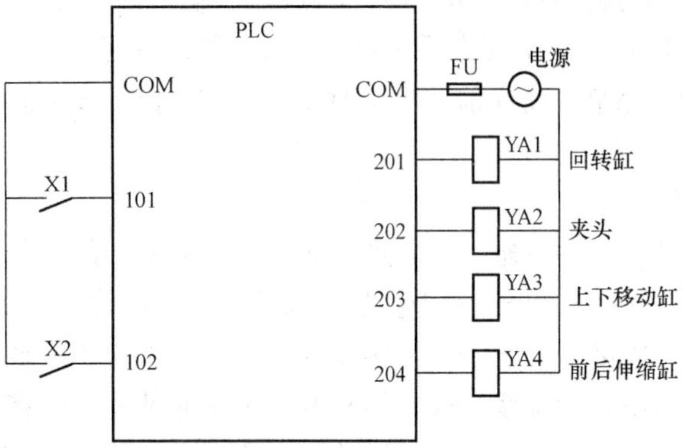

图 13－39 PLC 的外部接线

3. PLC 控制系统程序

PLC 控制系统程序是整个气动机械手的核心部分，也是实现整个系统预定功能的至关重要的部分。考虑到该机械手的功能要求，采用 STL（步进梯形）指令的方法进行编程。STL 指令是用于设计顺序控制程序的专用指令，该指令易于理解，使用方便，运用相当广泛。

根据该臂式气动机械手一个典型动作过程，设计出 PLC 控制程序的梯形图，如图 13－40 所示。

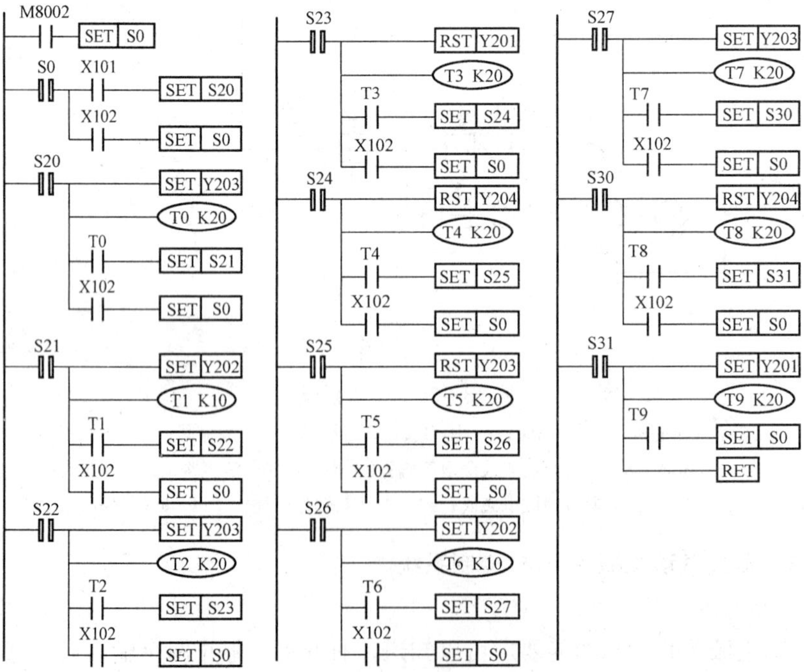

图 13－40 PLC 控制程序梯形图

13.9　生产线组装单元气动搬运机械手

13.9.1　气动搬运机械手简介

1. 机械手的结构

气动机械手的结构如图 13-41，该机械手采用圆柱坐标式，各气缸使相应的机械手具有 3 个自由度（手爪开合不计入自由度数），为了弥补升降运动行程较小的缺点，增加手臂摆动机构，从而增加一个手臂左右摆动的自由度。4 个自由度各关节与导向装置的约束，使各气缸只承受自己施力方向上的力或力矩，从而保证了气缸的寿命、精度及可靠性。

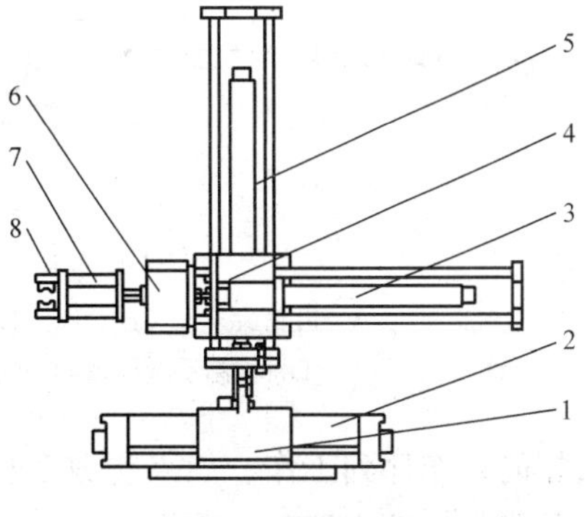

图 13-41　气动搬运机械手总体结构图

1—底座；2—大臂回转气缸；3—小臂水平移动气缸；4—导向装置；5—大臂竖直移动气缸；6—手腕摆动气缸；7—手爪夹紧气缸；8—夹持式手爪

2. 机械手的基本参数

机械手平均移动速度为 1m/s，平均回转速度为 90°/s。除了运动速度以外，手臂的基本参数还有伸缩行程和工作半径。本机械手设计成相当于人工坐着或站着且略有走动操作的空间。该机械手手臂在水平方向的伸缩移动行程为 300mm，手臂回转运动行程范围为 270°，垂直方向升降行程为 300mm，最大工作半径为 1300mm。

3. 通气软管的连接

机械手用固定点将软管分为数段，在各点上将软管固定，每段内有 1 或 2 个气缸。当气缸运动时，两固定点的间距也在变化，连接时将该段软管的总长度比两点最大间距长时，就可满足运动时气管的伸缩要求。气管走向确定后，将各气管及各磁性开关线捆扎在一起，减少软管与其他物体的干涉。

13.9.2　电气气动控制（PLC 控制）

1. 机械手的气动回路

机械手动作由气缸驱动，PLC 控制。图 13-42 是气动控制回路原理图，图中 A 为控制大臂旋转的齿轮齿条式气缸，使直线运动转化为手臂的旋转运动；B 为控制大臂上下升降的气缸；C 为控制小臂左右运动的气缸；D 为控制手腕摆动的马达；E 为控制手爪张开和抓紧的气缸。各执行机构的调速，凡是能采用排气口节流方式的，都在电磁阀的排气口安装节流阻尼螺钉进行调速，这种方法结构简单，效果好。

采用 5 个双控式三位四通电磁阀分别控制气缸和气动马达，使机械手完成上述各种动作。电磁阀作为驱动气缸的主控阀，用 PLC 控制动作顺序，首先确定输入、输出信号，图 13-42 所示的输入信号为行程开关发出的信号 A1、A0、B1、B0、C1、C0、D1、D0、E1、E0，输出信号为驱动电磁阀的信号 1DT、2DT、3DT、4DT、5DT、6DT、7DT、8DT、9DT、10DT。通过控制 PLC，使电磁阀按一定序列激励，从而使机械手按

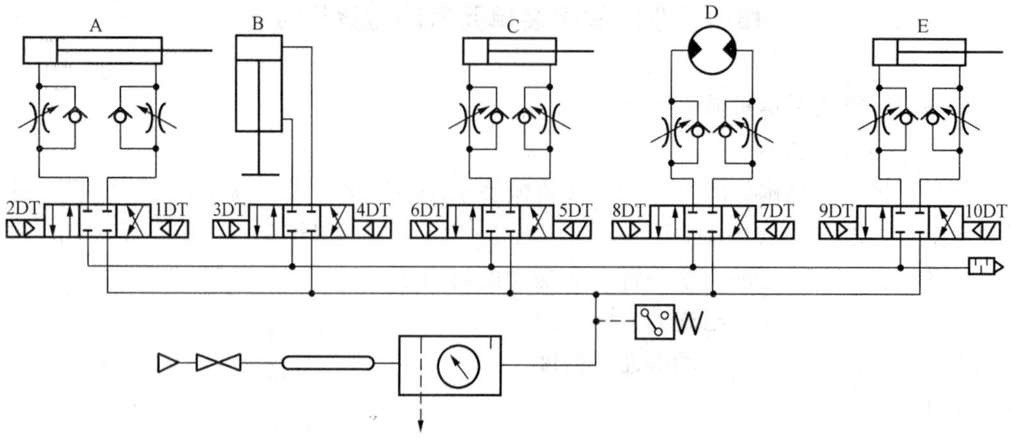

图 13-42　气动系统控制回路图

A—齿轮齿条式气缸；B—升降气缸；C—控制小臂左右运动的气缸；

D—控制手腕摆动的马达；E—控制手爪张开和抓紧的气缸

预先安排的动作序列工作。如果想改变机械手的动作，不需改变接线，只需修改控制程序中动作代码及顺序即可。除抓放外，其余 6 个动作末端均安装了磁性开关用于极限位置检测；在底座上安装了一个微动开关用于物料块下限位置检测。如果某动作没有到位，则出错指示灯亮。

2. I/O 地址分配

根据系统输入输出点的数目，选用 Omron C28P 型 PC，它有 16 个输入点，标号为 0000～0015；12 个输出点，标号为 1000～1011。地址分配见表 13-4。

表 13-4　I/O 地 址 分 配 表

输　入		输　出	
启　动	00000	手臂左转	01000
停　止	00001	手臂右转	01001
手爪抓紧	00002	手臂伸长	01002
左转限位开关	00003	手臂收缩	01003
右转限位开关	00004	手臂上升	01004
伸长限位开关	00005	手臂下降	01005
收缩限位开关	00006	手臂逆转	01006
上升限位开关	00007	手臂顺转	01007
下降限位开关	00008	手爪抓紧	01100
手逆转限位开关	00009	手爪放松	01101
手顺转限位开关	00010		
物品检测	00011		

3. 机械手的工作流程

在PLC控制下可实现单步、连续动作两种工作方式。另外，工件被机械手搬运完成以后，为满足连续动作需要，必须将另一个工件放倒原点位置，以供下次搬运需要。系统得电后，通过旋转按钮选择是单动还是连动。

单步：利用按钮对机械手每一动作单独进行控制。可实现左转、右转、上升、下降、左移、右移、逆转、顺转、夹紧、放松多种点动操作。

连续：按下起动按钮，机械手从原点开始，按工序自动循环工作，直到按下停止按钮，机械手在完成后一个周期的工作后，退回原点，自动停机。

机械手实现的动作如下。

(1) 抓取工件。先右转至右限位开关动作（1DT得电）→下降至下限位开关（4DT得电）→手腕逆时针转动到位（7DT得电）→手臂伸长至限位开关（5DT得电）→检查有无物品，若有物品，手爪抓紧工件（9DT得电）。

(2) 搬运工件。手臂收缩至限位开关（6DT得电）→上升至上限位开关（3DT得电）→左转至左限位开关动作（2DT得电）→手腕顺时针转动（8DT得电）→手臂伸长至最长（5DT得电）→手爪松开（10DT得电），放下工件。

(3) 退回原位。延时T（50s）→手臂收缩最短（6DT得电）。在这个过程中，实现一个工件的循环动作。

4. 计算机数字程序控制系统

换向阀为10个开关量，计算机数字程序控制系统框图如图13-43所示。

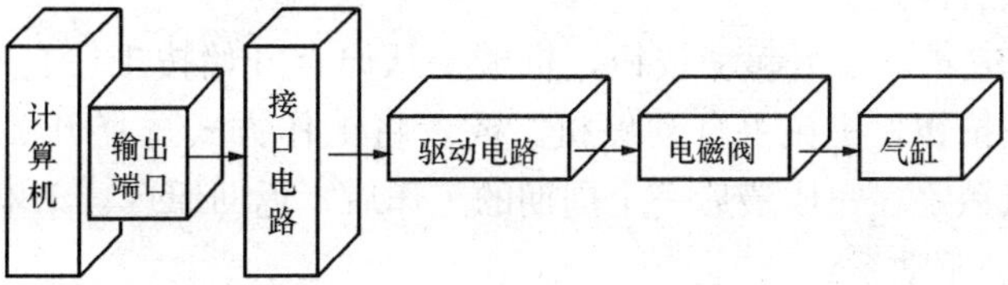

图13-43　计算机数字程序控制系统框图

13.10　PLC控制的实验用气动机械手

PLC控制实验机械手是可编程控制器相关课程中的实验内容之一，它对于可编程控制器的原理及控制应用的理解具有非常重要的意义。在教学中常常使用机械手实验设备，课程设计以及科技创新设计也常采用。为满足教学、实验和科技创新需要，设计该实验机械手。实验机械手选用S7—200 CPU226控制器，用气源作驱动，能很好地满足教员和学员实验、课程设计与科技创新设计需要，使用效果良好。

13.10.1　工作过程与控制要求

1. 工作过程

实验机械手的工作过程是将工件从左工作台搬往右工作台，如图13-44所示。机械手的初始位置停在原点，按下起动按钮后，机械手将依次完成下降→夹紧→上升→右移→再下降→放松→再上升→左移 8 个动作，机械手的下降、上升、右移、左移等动作的转换，是由相应的限位开关来控制的，而夹紧、放松动作的转换是由时间来控制的。机械手所有的动作均由气压驱动，它的上升与下降、左移与右移等动作均由三位五通电磁换向阀控制，即当下降电磁线圈 CY2－0 得电时，机械手下降；下降电磁线圈 CY2－0 失电时，机械手停止下降；只有当上升电磁 CY2－1 得电时，机械手才上升。机械手的夹紧和放松用一个二位五通电磁换向阀来控制，线圈得电时夹紧，线圈失电时放松。

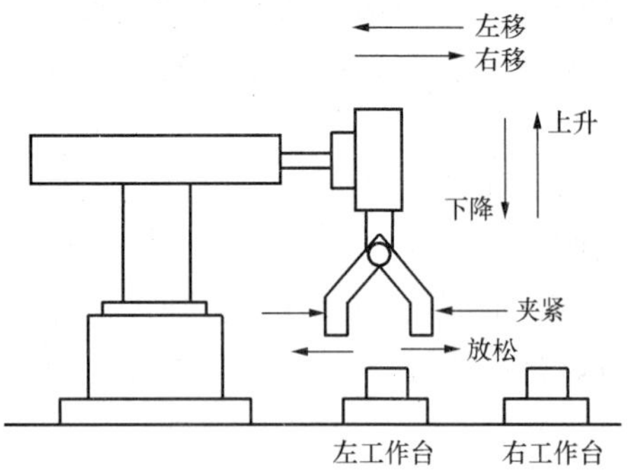

图 13－44　机械手工作时的动作示意图

2. 控制要求

机械手的控制要求分为以下几项。

（1）手动工作方式。利用按钮对机械手每一动作单独进行控制。譬如，按“下降”按钮，机械手下降，按“上升”按钮，机械手上升。用手动操作可以使机械手置于原点位（机械手在最左边和最上面，且夹紧装置松开），还便于维修时机械手的调整。

（2）单步工作方式。从原点开始，按照自动工作循环的步序，每按一下起动按钮，机械手完成一步的动作后自动停止。

（3）单周期工作方式。按下起动按钮，从原点开始，机械手按工序自动完成一个周期的动作，返回原点后停止。

（4）连续工作方式。按下起动按钮，机械手从原点开始按工序自动反复连续循环工作，直到按下停止按钮，机械手自动停机。或者将工作方式选择开关转换到“单周期”工作方式，此时机械手在完成最后一个周期的工作后，返回原点自动停机。

13.10.2　气动驱动系统

机械手的气动驱动系统是驱动执行机构运动的传动装置，主要实现机械手垂直、水平和手爪的夹紧动作。气动原理如图 13－45 所示。

1. 垂直、水平运动部分

电磁阀 2 的电磁线圈 CY2－1 得电，压缩空气经电磁换向阀 2 和节流阀 5 进入垂直气缸 8 下缸体，机械手上升，气缸 8 伸出到 ST2 位置，机械手上升停止，电磁阀 2 的电磁线圈 CY2－0 得电，压缩空气进入气缸 8 上缸体，则机械手下降，气缸 8 缩回到 ST1 位置，机械手下降停止；电磁阀 1 的电磁线圈 CY1－1 得电，压缩空气经电磁换向阀 1 和节流阀 4 进入水平气缸 7 右缸体，机械手左移，气缸 7 缩回到 ST4 位置，机械手左移停止，电磁阀 1 的电磁线圈 CY1－0 得电，压缩空气进入气缸 7 左缸体，则机械手右移，气缸 7 伸出到 ST3 位置，机械手右移停止。

2. 夹紧、松开运动部分

机械手下降到左工作台后，电磁换向阀 3 的电磁线圈 CY3－1 得电，压缩空气经电磁换向阀 3 和节流阀 6 进入夹紧气缸 9 下缸体，机械手夹紧物体，当机械手按控制要求运动右工作台后，电磁换向阀 3 的电磁线圈 CY3－1 失电，压缩空气进入夹紧气缸 9 上缸

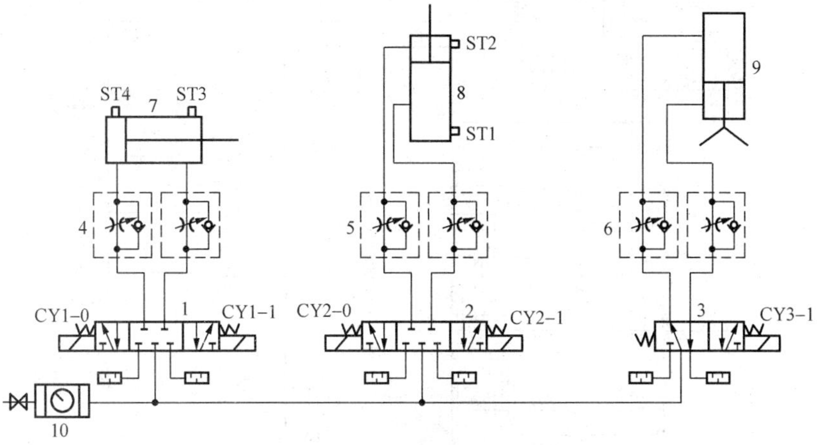

图 13-45　气动系统工作原理图

1、2—三位五通电磁换向阀与消音器；3—二位五通电磁换向阀与消音器；

4、5、6—单向节流阀；7—水平气缸与磁性行程开关；8—垂直气缸与磁性行程开关；

9—夹紧气缸；10—气源调节装置与截止阀

体，夹紧气缸 9 松开物体。

13.10.3　PLC 控制系统

1. PLC 的选择和 I/O 地址分配

机械手的工作状态和操作的信息需要 18 个输入端子。具体分配为：位置检测信号有下限、上限、右限、左限位共 4 个行程开关，需要 4 个输入端子；“无工件”检测信号采用光电开关作检测元件，需要 1 个输入端子；“工作方式”选择开关有手动、单步、单周期和连续 4 种工作方式，需要 4 个输入端子；手动操作时，需要有下降、上升、右移、左移、夹紧、放松、回原点 7 个按钮，需要 7 个输入端子；自动工作时，尚需起动按钮、停止按钮，需占 2 个输入端子。

控制机械手的输出信号需要 6 个输出端子。具体分配为：机械手的下降、上升、右移、左移和夹紧 5 个电磁阀线圈，需要 5 个输出点；机械手从原点开始工作，需要有 1 个原点指示灯，需用 1 个输出点。因此需要 6 个输出端子。

根据控制要求及端子数，此处选用直流电型 S7—200 CPU226 DC/DC/DC。它共有输入 24 点，输出 16 点，满足控制所需端子数，分配 PLC 的 I/O 端子接线如图 13-46 所示。此处，为保护 PLC 正常运行，接 24V 外部直流时，需要进行过流保护、短路保护和接地处理。未接地的直流电源公共端 M 与保护地 PE 之间用 *RC* 并联电路连接，电容和电阻值分别为 4700pF 和 1MΩ，电阻提供静电释放通路，电容提供高频噪声通路。

2. 控制程序

该机械手控制程序较复杂运用模块化设计思想，采用“化整为零”的方法，将机械手控制程序分为：公用程序、手动程序和自动程序，分别编出这些程序段后，再“积零为整”，用条件跳转指令进行选择，该控制程序运行效率高，可读性好。

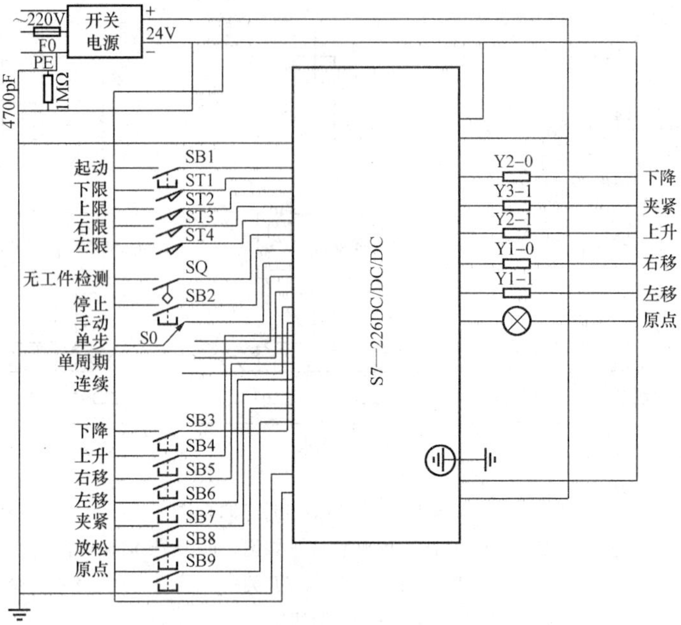

图 13－46　机械手 PLC 控制外部接线图

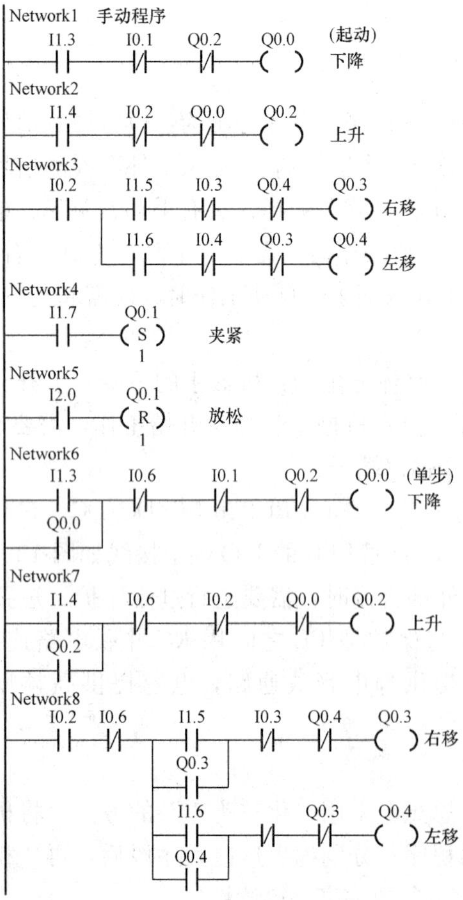

图 13－47　手动操作的梯形图

（1）公用程序。公用程序用于处理各种工作方式都要执行的任务，以及不同的工作方式之间相互切换的处理。

（2）手动程序。手动程序分为点动控制和单步控制两部分，手动操作不需要按工序顺序动作，按普通继电器程序来设计即可。手动操作的梯形图如图 13－47 所示。手动按钮 I0.7、I1.3～I2.1 分别控制下降、上升、右移、左移、夹紧、放松和回原点各个动作。为了保证系统的安全运行设置了一些必要的连锁。其中在左、右移动的梯形图中加 入了 I0.2 作为上限连锁，因为机械手只有处于上限位置时，才允许左右移动。由于夹紧、放松、动作是用二位五通电磁换向阀的 CY3－1 电磁线圈控制，故在梯形图中用“置 位”、“复位”指令，使之有保持功能。

（3）自动程序。由于自动操作的动作较复杂，采用顺序功能图设计法设计程序，用以表明动作的顺序和转换条件，矩形框表示“工步”，相邻两工步用线段连接，表明转换的方向。横线表示转换的条件。若转换条件得到满足则程序从上一工步转到下一工步。其顺序功能图如图 13-48 所示，根据顺序功能图可以方便地转换为梯形图程序。

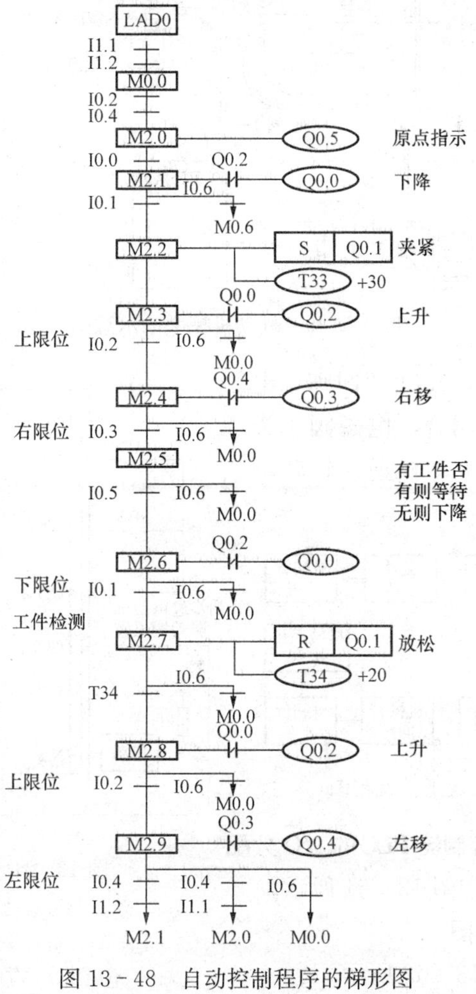

图 13-48　自动控制程序的梯形图

13.11　四自由度气动机械手的程序分析

13.11.1　气动机械手动作循环

1. 运动功能说明

机械手气动系统见图 13-49。

根据动作要求得出流程图，如图 13-50 所示。在运用中可根据实际需要修改电路和程序。

2. 机械手循环动作说明

电磁阀 3 得电，气动手爪张开；延迟 2s 后电磁阀 2 得电，气缸 2 伸长；延迟 2s 后电磁阀 3 失电，气动手爪闭合夹紧工件；延迟 2s 后电磁阀 1 得电，气缸 1 上升；延迟 2s 后步进电动机顺时针转动 2s 刚好转 90°；停顿 1s 钟后电磁阀 3 得电，气动手爪张开松开工

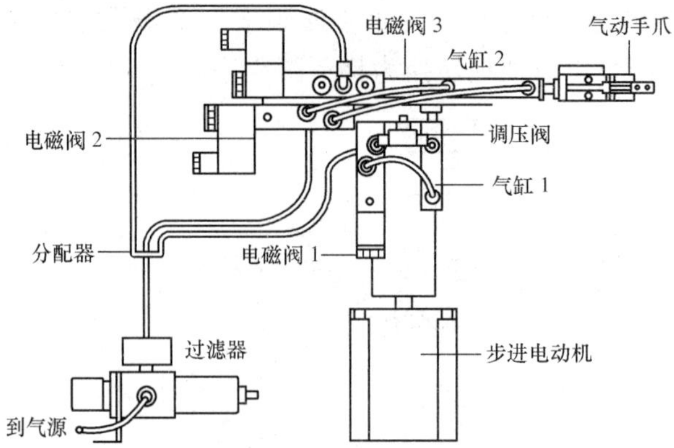

图 13-49　气动机械手的示意图

件；然后电磁阀 2 失电，气缸 2 回缩，电磁阀 3 失电，气动手爪闭合，电磁阀 1 失电，气缸 1 下降，步进电动机逆时针转动转 90°回原点。

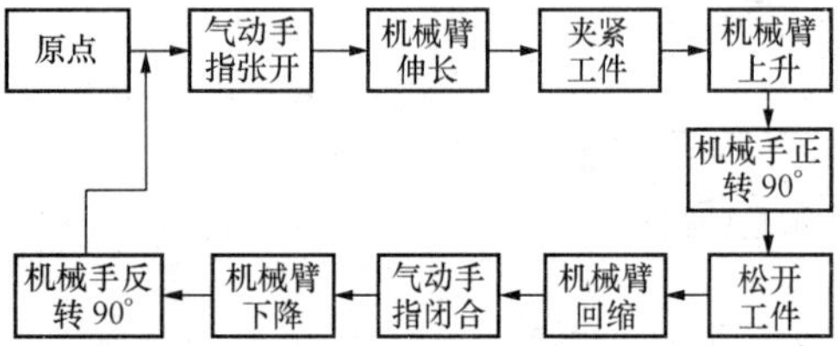

图 13-50　机械手搬运工件流程图

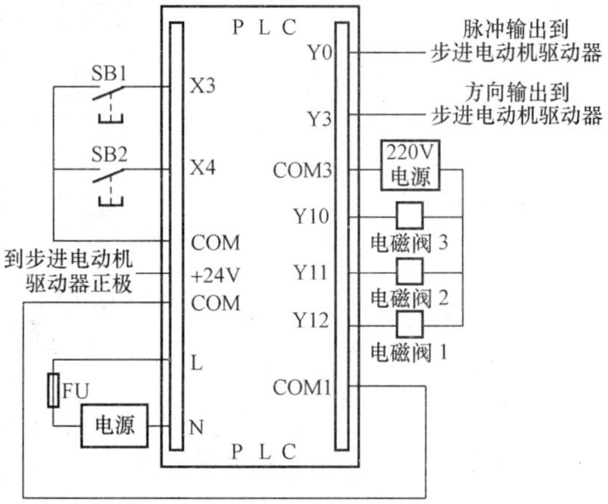

图 13-51　PLC 外部接线图

X3—展开起动；X4—工作循环起动；

Y0—脉冲输出；Y3—方向输出；

Y10—电磁阀；3Y11—电磁阀；2Y12—电磁阀 1

13.11.2　可编程序控制器 PLC 的 I/O 分配

PLC 外部接线图，如图 13-51 所示。

13.11.3　系统梯形图

系统梯形图，如图 13-52 所示。

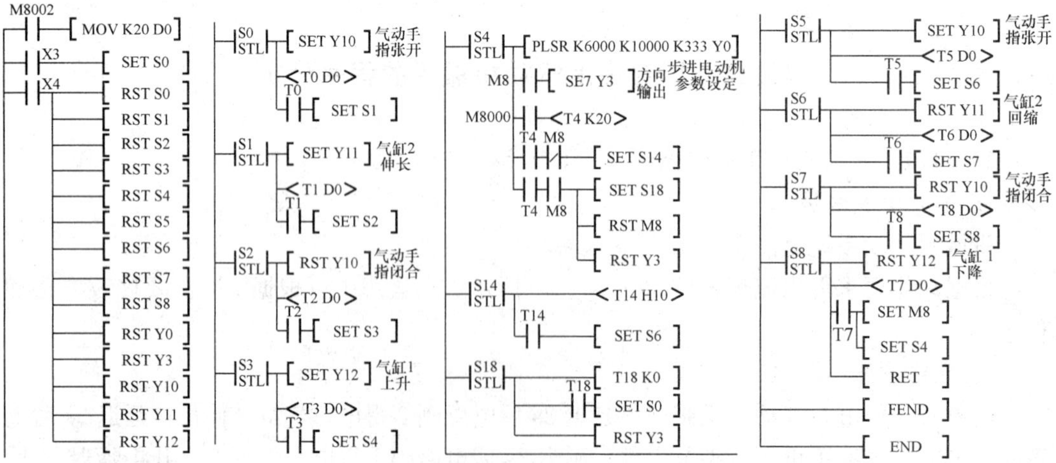

图 13-52　系统梯形图

第14章 气动系统的使用与维护

14.1 气动的安装与调试

14.1.1 气动系统的安装

气动系统的安装并不是简单地用管子把各种阀连接起来，其实质是设计的延续。作为一种生产设备，它首先应保证运行可靠、布局合理、安装工艺正确、维修及检测方便。其次，还应注意一些事项。

1. 管道的安装

安装前要彻底清理管道内的粉尘及杂物；管子支架要牢固，工作时不得产生振动；接管时要充分注意密封性，防止出现漏气，尤其注意接头处及焊接处；管路尽量平行布置，减少交叉，力求最短，转弯最少，并考虑到能自由拆装。安装软管要有一定的转弯半径，不允许有拧扭现象，且应远离热源或安装隔热板。

2. 元件的安装

应严格按照阀的推荐安装位置和标明的安装方向进行安装施工；逻辑元件应按照控制回路的需要，将其成组地装在底板上，并在底板上开出气路，用软管接出；可移动缸的中心线应与负载作用力的中心线重合，否则易产生侧向力，使密封件加速磨损、活塞杆弯曲；对各种控制仪表、自动控制器、压力继电器等，在安装前要先进行效验。

14.1.2 气动系统的调试

1. 调试前的准备

调试前，要熟悉说明书等有关技术资料，力求全面了解系统的原理、结构、性能和操作方法；了解元件在设备上的实际位置、元件调节的操作方法及调节旋钮的旋向；还要准备好相应的调试工具等。

2. 空载运行

空载时，运行时间一般不少于2h，且注意观察压力、流量、温度的变化，如发现异常应立即停车检查，待排除故障后才能继续运转。

3. 负载试运转

负载试运转应分段加载，运转一般不少于4h，分别测出有关数据，记入试运转记录。

14.2　气动系统的使用与维护

气动设备如果不注意维护保养，就会频繁发生故障或过早损坏，使其使用寿命大大降低。因此必须进行及时的维护保养工作，在对气动装置进行维护保养时，应针对发现的事故苗头及时采取措施，这样可减少和防止故障的发生，延长元件和系统的使用寿命。

气动系统维护保养工作的中心任务主要有：①保证供给气动系统清洁干燥的压缩空气；②保证气动系统的气密性；③保证使油雾润滑元件得到必要的润滑；④保证气动元件和系统在规定的工作条件（如使用压力、电压等）下工作和运转，以保证气动执行机构按预定的要求进行工作。

维护工作可以分为经常性维护工作和定期维护工作。维护工作应有记录，以利于以后的故障诊断和处理。

14.2.1　气动系统使用时的注意事项

(1) 开车前后要放掉系统中的冷凝水。冷凝水排放涉及整个气动系统，从空压机、后冷却器、气罐、管道系统直到各处的空气过滤器、干燥器和自动排水器等。在作业结束时，应当将各处的冷凝水排放掉，以防夜间温度低于 0℃时导致冷凝水结冰。由于夜间管道内温度下降，会进一步析出冷凝水，故气动装置在每天运转前，也应将冷凝水排出。并要注意察看自动排水器是否工作正常，水杯内不应存水过量。

(2) 定期检查润滑油，需要时及时给油雾器注油。在气动装置运转时，应检查油雾器的滴油量是否符合要求，油色是否正常，即油中不要混入灰尘和水分。补油时，要注意油量减少的情况。若耗油量太少，应重新调整滴油量；调整后滴油量仍少或不滴油，应检查油雾器进出口是否装反，油道是否堵塞，所选油雾器的规格是否合适。

(3) 空压机系统的管理。空压机系统的日常管理工作是：检查空压机系统是否向后冷却器供给了冷却水（指水冷式）；检查空压机是否有异常声音和异常发热现象，检查润滑油位是否正常。

(4) 开车前要检查各调节手柄是否在正确位置，机控阀、行程开关、挡块的位置是否正确、牢固。

(5) 对导轨、活塞杆等外露部分的配合表面进行擦拭。

(6) 随时注意压缩空气的清洁度，对空气过滤器的滤芯要定期清洗。

(7) 设备长期不用时，应将各手柄放松，防止因弹簧发生永久变形而影响各元件的调节性能。

14.2.2　压缩空气的污染及防治方法

压缩空气的质量对气动系统的性能影响极大，如被污染将使管路和元件锈蚀、密封件变形、堵塞喷嘴，使系统不能正常工作。压缩空气的污染主要来自水分、油分和粉尘三个方面。其污染原因及防止方法如下。

1. 水分

压缩空气吸入的是含有水分的湿空气，经压缩后提高了压力，当再度冷却时就要析

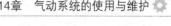

出冷凝水，冷凝水侵入到压缩空气中致使管道和元件锈蚀，影响其性能。

防止冷凝水侵入压缩空气的方法是：及时排除系统各排水阀中积存的冷凝水。注意经常检查自动排水器、干燥器的工作是否正常，定期清洗空气过滤器、自动排水器的内部元件等。

2. 油分

这里是指使用过的受热而变质的润滑油。压缩空气机使用的一部分润滑油成雾状混入压缩空气中，受热后引起汽化随压缩空气一起进入系统，将使密封件变形，造成空气泄漏，摩擦阻力增大，阀和执行元件动作不良，而且还会污染环境。

清除压缩空气中的油分的方法有：对较大的油分颗粒，通过除油器和空气过滤器的分离作用可将其与空气分开，并经设备底部的排污阀排除；较小的油分颗粒，则可通过活性碳的吸附作用加以清除。

3. 灰尘

大气中含有的粉尘、管道内的锈粉及密封材料的碎屑等进入到压缩空气中，将引起元件中的运动件卡死、动作失灵、堵塞喷嘴、加速元件磨损，降低使用寿命，导致故障发生，严重影响系统性能。

防止粉尘侵入压缩机的主要方法是：经常清洗空气压缩机前的预过滤器、定期清洗空气过滤器的滤芯，及时更换滤清元件等。

14.2.3 气动系统的日常维护

气动系统日常维护的主要是指对冷凝水的管理和系统润滑的管理。对冷凝水管理的方法在前面已讲述，这里仅介绍对系统润滑的管理。

气动系统中从控制元件到执行元件，凡有相对运动的表面都需要进行润滑。如润滑不当，将会使摩擦阻力增大而导致元件动作不良，因密封面磨损会引起系统泄漏等危害。

润滑油粘度的高低直接影响润滑的效果。通常，高温环境下用高黏度润滑油，低温环境下用低黏度润滑油。如果温度特别低，为克服其雾化困难可在油杯内装加热器。供油量是随润滑部位的形状、运动状态及负载大小而变化的，而且供油量总是大于实际需要。一般以每 $10m^3$ 自由空气供给 1mL 的油量为基准。

平时要注意油雾器的工作是否正常，如果发现油量没有减少，需及时检修或更换油雾器。

14.2.4 气动系统的定期检修

定期检修的时间通常为 3 个月。其主要内容如下。

(1) 查明系统各泄漏处，并设法予以解决。漏气检查应在白天车间休息的空闲时间或下班后进行。这时气动装置已停止工作，车间内噪声小，但管道内还有一定的空气压力，根据漏气的声音便可知何处存在泄漏。严重泄漏处必须立即处理，如软管破裂，连接处严重松动等；其他泄漏应做好记录。

(2) 通过对方向控制阀排气口的检查，判断润滑油是否适度，空气中是否有冷凝水。如果润滑不良，检查油雾器规格是否合适，安装位置是否恰当，滴油量是否正常等。如果有大量冷凝水排出，检查过滤器的安装位置是否恰当，排除冷凝水的装置是否合适，冷凝水的排除是否彻底。如果方向控制阀排气口关闭时，仍有少量泄漏，往往是元件损伤的初期阶段，检查后，可更换受磨损元件以防止发生动作不良。

(3) 检查安全阀、紧急安全开关动作是否可靠。定期检修时，必须确认它们动作的可靠性，以确保设备和人身安全。

(4) 观察换向阀的动作是否可靠。根据换向时声音是否异常，判断铁心和衔铁配合处是否夹有杂质。检查铁心是否有磨损，密封件是否老化。

(5) 反复开关换向阀观察气缸动作，判断活塞上的密封是否良好。检查活塞外露部分，判断前盖的配合处是否有泄漏。

上述各项检查和修复的结果应记录下来，以作为设备出现故障查找原因和设备大修时的参考。

气动系统的大修间隔期为一年或几年。其主要内容是检查系统各元件和部件，判定其性能和寿命，并对平时产生故障的部分进行检修或更换元件，排除修理间隔期内一切可能产生故障的因素。

14.3 气动系统主要元件常见的故障及排除方法

在气动系统的维护过程中，常见故障都有其产生原因和相应排除方法。了解和掌握这些故障现象及其原因和排除方法，可以协助维护人员快速解决问题。气动系统主要元件常见的故障及其排除方法见表 14-1～表 14-6。

表 14-1　减压阀常见故障及其排除方法

故　障	原　因	排除方法
二次压力升高	① 阀弹簧损坏。 ② 阀座有伤痕，或阀座橡胶（密封圈）剥落。 ③ 阀体中夹入灰尘，阀芯导向部分黏附异物。 ④ 阀芯导向部分和阀体 O 形密封圈收缩、膨胀	① 更换阀弹簧。 ② 更换阀体。 ③ 清洗、检查过滤器。 ④ 更换 O 形密封圈
压力降过大（流量不足）	① 阀口通径小。 ② 阀下部积存冷凝水；阀内混有异物	① 使用大通径的减压阀。 ② 清洗、检查过滤器
溢流口总是漏气	① 溢流阀座有伤痕（溢流式）。 ② 膜片破裂。 ③ 二次压力升高。 ④ 二次侧背压增高	① 更换溢流阀座。 ② 更换膜片。 ③ 参看“二次压力上升”栏。 ④ 检查二次侧的装置、回路
阀体漏气	① 密封件损伤。 ② 弹簧松弛	① 更换密封件。 ② 张紧弹簧，或更换弹簧
异常振动	① 弹簧的弹力减弱、弹簧错位。 ② 阀体的中心、阀杆的中心错位。 ③ 因空气消耗量周期变化使阀不断开启、关闭，与减压阀引起共振	① 把弹簧调整到正常位置，更换弹力减弱的弹簧。 ② 检查并调整位置偏差。 ③ 改变阀的固有频率

表 14－2 溢流阀的常见及其排除方法

故障	原因	排除方法
压力虽上升，但不溢流	① 阀内的孔堵塞。 ② 阀芯导向部分进入异物	① 清洗。 ② 清洗
压力虽没有超过设定值，但在二次侧却溢出空气	① 阀内进入异物。 ② 阀座损伤。 ③ 调压弹簧损伤	① 清洗。 ② 更换阀座。 ③ 更换调压弹簧
溢流时发生振动（主要发生在膜片式阀，启闭压力差减小）	① 压力上升速度很慢，溢流阀放出流量多，引起阀振动。 ② 因从压力上升源到溢流阀之间被节流，阀前部压力上升慢而引起振动	① 二次侧安装针阀微调溢流量，使其与压力上升量匹配。 ② 增大压力上升源到溢流阀的管路通径
从阀体和阀盖向外漏气	① 膜片破裂（膜片式）。 ② 密封件损伤	① 更换膜片。 ② 更换密封件

表 14－3 换向阀的常见故障及其排除方法

故障	原因	排除方法
不能换向	① 阀的滑动阻力大，润滑不良。 ② O形密封圈变形。 ③ 粉尘卡住滑动部分。 ④ 弹簧损坏。 ⑤ 阀操纵力小。 ⑥ 活塞密封圈磨损	① 进行润滑。 ② 更换密封圈。 ③ 消除粉尘。 ④ 更换弹簧。 ⑤ 检查阀操纵部分。 ⑥ 更换密封圈
阀产生振动	① 空气压力低（先导阀）。 ② 电源电压低（电磁阀）	① 提高操纵压力，或采用直动型。 ② 提高电源电压，或使用低电线圈
交流电磁铁有蜂鸣声	① H形活动铁心密封不良。 ② 粉尘进入T形铁心的滑动部分，使活动铁心不能密切接触。 ③ 短路环损坏。 ④ 电源电压低。 ⑤ 外部导线拉得太紧	① 检查铁心接触和密封性，必要时更换铁心组件。 ② 清除粉尘。 ③ 更换活动铁心。 ④ 提高电源电压。 ⑤ 引线应宽裕
电磁铁动作时间偏差大，或有时不能动作	① 活动铁心锈蚀，不能移动；在湿度高的环境中使用气动元件时，由于密封不完善而向磁铁部分泄漏空气。 ② 电源电压低。 ③ 粉尘进入活动铁心的滑动部分，使运动恶化	① 铁心除锈，修理好对外部的密封更换坏的密封件。 ② 提高电源电压或使用符合电压的线圈。 ③ 清除粉尘
线圈烧毁	① 环境温度高。 ② 快速循环使用时。 ③ 因为吸引时电流大，单位时间耗电多，温度升高，使绝缘损坏而短路。 ④ 粉尘夹在阀和铁心之间，不能吸引活动铁心。 ⑤ 线圈上有残余电压	① 按产品规定温度范围使用。 ② 使用高级电磁阀。 ③ 使用气动逻辑回路。 ④ 清除粉尘。 ⑤ 使用正常电源电压，使用符合电压的线圈
切断电源，活动铁心不能退回	粉尘夹入活动铁心滑动部分	清除粉尘

表 14-4　　气缸的常见故障及其排除方法

故　障	原　因	排除方法
外泄漏（主要有：活塞杆与密封衬套间漏气；气缸体与端盖间漏气；从缓冲装置的调节螺钉处漏气）	① 衬套密封圈磨损。 ② 活塞杆偏心。 ③ 活塞杆有伤痕。 ④ 活塞杆与密封衬套的配合面内有杂质。 ⑤ 密封圈损坏	① 更换密封圈。 ② 重新安装，使活塞杆不受偏心负载。 ③ 更换活塞杆。 ④ 除去杂质。 ⑤ 更换密封圈
内泄漏（活塞两端串气）	① 活塞密封圈损坏。 ② 润滑不良。 ③ 活塞被卡住。 ④ 活塞配合面有缺陷，杂质挤入密封面	① 更换活塞密封圈。 ② 改善润滑。 ③ 重新安装，使活塞杆不受偏心负载。 ④ 缺陷严重者更换零件，除去杂质
输出力不足，动作不平稳	① 润滑不良。 ② 活塞或活塞杆卡住。 ③ 气缸体内表面有锈蚀或缺陷。 ④ 进入了冷凝水、杂质	① 调节或更换油雾器。 ② 检查安装情况，消除偏心。 ③ 视缺陷大小再决定排除故障的办法。 ④ 加强对空气过滤器和除油器的管理，定期排放污水
损伤（主要有：活塞杆折断；端盖损坏）	① 有偏心负载。 ② 摆动气缸安装轴销的摆动面与负载摆动面不一致；摆动轴销的摆动角过大，负载很大，摆动速度又快，有冲击装置的冲击加到活塞杆上；活塞杆承受负载的冲击；气缸的速度太快。 ③ 缓冲机构不起作用	① 调整安装位置，消除偏心。 ② 使轴销摆角一致；确定合理的摆动速度；冲击不得加在活塞杆上，设置缓冲装置。 ③ 在外部回路中设置缓冲机构
缓冲效果不好	① 缓冲部分的密封性能差。 ② 调节螺钉损坏。 ③ 气缸速度太快	① 更换密封圈。 ② 更换调节螺钉。 ③ 研究缓冲机构的结构是否合适

表 14-5　　空气过滤器的常见故障及其排除方法

故　障	原　因	排除方法
压力过大	① 使用过细的滤芯。 ② 过滤器的流量范围太小。 ③ 流量超过过滤器的容量。 ④ 过滤器滤芯网眼堵塞	① 更换适当的滤芯。 ② 更换流量范围大的过滤器。 ③ 更换大容量的过滤器。 ④ 用净化液清洗（必要时更换）滤芯
从输出端溢流出冷凝水	① 未及时排出冷凝水。 ② 自动排水器发生故障。 ③ 超过过滤器的流量范围	① 养成定期排水习惯或安装自动排水器。 ② 修理（必要时更换）。 ③ 在适当流量范围内使用或者更换大容量的过滤器
输出端出现异物	① 过滤器滤芯破损。 ② 滤芯密封不严。 ③ 用有机溶剂清洗塑料件	① 更换滤芯。 ② 更换滤芯的密封，紧固滤芯。 ③ 用清洁的热水或煤油清洗
塑料水杯破损	① 在有有机溶剂的环境中使用。 ② 空气压缩机输出某种焦油。 ③ 压缩机从空气中吸入对塑料有害的物质	① 使用不受有机溶剂侵蚀的材料（如使用金属杯）。 ② 更换空气压缩机的润滑油，使用无油压缩机。 ③ 使用金属杯

续表

故　障	原　因	排除方法
漏气	① 密封不良。 ② 因物理（冲击）、化学原因使塑料杯产生裂痕。 ③ 泄水阀、自动排水器失灵	① 更换密封件。 ② 采用金属杯。 ③ 修理（必要时更换）

表 14-6　　油雾器的常见故障及其排除方法

故　障	原　因	排除方法
油杯未加压	① 通往油杯的空气通道堵塞。 ② 油杯大，油雾器使用频繁	① 拆卸修理。 ② 加大通往油杯空气通孔，使用快速循环式油雾器
油不能滴下	① 没有产生油滴下所需的压力差。 ② 油雾器反向安装。 ③ 油道堵塞。 ④ 油杯未加压	① 加上文丘里管或换成小的油雾器。 ② 改变安装方向。 ③ 拆卸、检查、修理。 ④ 因通往油杯的空气通道堵塞，需拆卸修理
油滴数不能减少	油量调整螺栓失效	检修油量调整螺栓
空气向外泄漏	① 油杯破坏。 ② 密封不良。 ③ 观察玻璃破损	① 更换油杯。 ② 检修密封。 ③ 更换观察玻璃
油杯破损	① 用有机溶剂清洗。 ② 周围存在有机溶剂	① 更换油杯，使用金属杯或耐有机溶剂油杯。 ② 与有机溶剂隔离

14.4　气动技术故障诊断与处理

14.4.1　气动技术故障的基本特征

在构造上，气动装置系统由多个子系统作为其元素组合而成，这种组合是多层次的，在子系统内，层次之间的联系有可能是不确定的；在功能上，气动装置系统的输入与输出之间存在着由构造所决定的一般并非严格的、定量的或逻辑的因果关系，所以它的故障与征兆之间不存在一一对应的简单关系，从而使故障诊断问题复杂化。不过，任何事情的变化都是万变不离其宗的，一般地来讲，气动装置系统的故障会具有以下的一些特征。

1. 层次性

气动装置系统的结构可划分为系统、子系统、部件、元件等各个层次，从而形成其功能的层次性，因而其故障与征兆也有不同的层次。

2. 传播性

气动装置系统的故障有两种传播方式：横向传播，即同一层次内的故障传播；纵向传播，即元件的故障会相继引起部件、子系统、系统的故障。

3. 相关性

即某一故障可能会对应若干征兆，而某一征兆又可能会对应若干故障。

4. 放射性

即某一部位的故障本身征兆并不明显，却引起其他部位的故障。

5. 延时性

即气动装置系统的故障发生、发展和传播时间的延迟。

6. 不确定性

即气动装置系统的故障和征兆信息的随机性、模糊性及某些信息的不确知性。

14.4.2　故障诊断的基本原理

一般气动装置系统故障诊断的基本原理就是采用对比检测法，即根据实际气动装置系统输出与参考数值或与标准值的比较，来判断气动装置系统是否存在故障。若存在故障，则从检测到的故障信息中分离出故障征兆，据此识别故障原因，将故障源定位，并采取相应的处理措施。图 14－1 所示为一般气动装置系统故障诊断基本原理。

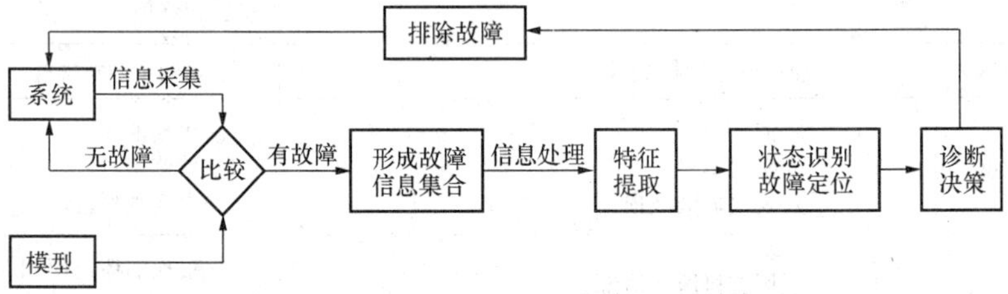

图 14－1　一般气动装置系统故障诊断基本原理图

由于气动装置系统的故障是多种多样的，而且其故障和征兆之间并不存在一一对应的简单关系，因此其故障诊断往往是一种探索的过程，这一过程可用图 14－2 来表示。

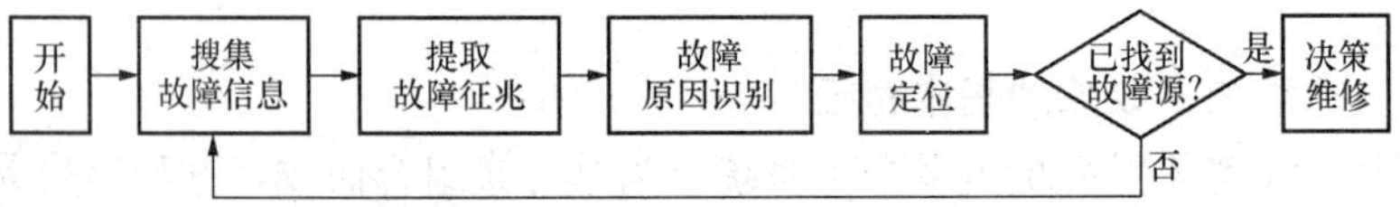

图 14－2　气动装置系统故障诊断过程流程图

可见，故障诊断应包括 4 个方面的内容：信息采集、信息处理及故障原因识别和诊断决策。具体地说，信息采集技术目前已从接触式信息获取方式向非接触式信息获取方式发展，为在线故障诊断提供了条件；而诊断决策也从人工方式向自动方式过渡。应当说，随着故障诊断技术的发展，信息处理和故障原因识别获得到了相当成功的应用。当然，一些经验丰富者在气动装置系统故障诊断中成功尝试的“望、闻、问、切”之手段，也不失为一种高效、快速的逻辑故障排除法，这种诊断故障的逻辑推理如图 14－3 所示。

虽然这种“阀控气缸不动作的故障诊断逻辑推理”有一定的局限性，但它确实是故障诊断技术中的一门绝活。不可否认，在气动装置系统发生故障时，有实践经验者往往会凭五官感觉到一些难以由数据描述的事实，根据气动装置系统的结构和故障发生的历史，就能很快地作出判断。这种专家经验的运用，对气动装置系统的故障诊断尤其见效。当然，随着计算机科学的发展，计算机也运用到了气动装置系统的工程实践，虽然当前的计算机在故障诊断中还缺乏联想、容错、自学习、自适应及自组织的自我完善功能，智能化、人性化并不理想，且知识库的组织和维护十分复杂、困难，推理的效率也受到限制，不过它还是能成功地应用在故障诊断中，并带来巨大的经济效益。不管怎么说，对气动装置系统的故障诊断之手段，我们还是应该根据具体情况来选择合适的故障信息处理技术和故障原因识别技术，力求在能利用现有的科学手段去实现的前提下，尽可能准确地诊断故障，并使故障诊断的代价较低；而不能固定在一个故障诊断的模式上。

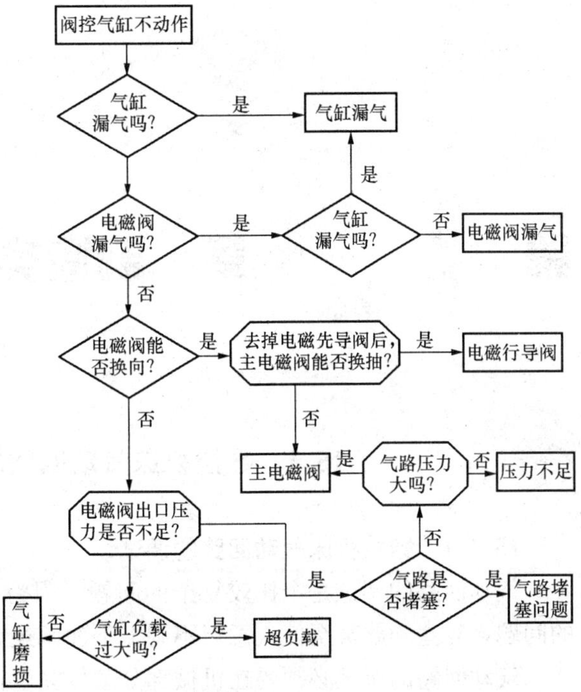

图 14-3　阀控气缸不动作的故障诊断逻辑推理图

14.4.3　故障诊断后的处理

故障一旦得到了诊断，就一定要及时处理。当我们需要拆卸气动装置并排除故障时，首当其冲的应是彻底切断电源、气源。而分解气动元件前，就应注意到截至阀关闭后，气路管道内仍会有余气压，此时可通过调节电磁先导阀的手柄调节杆，把气路管道内的余气压排除掉。对分解下来的气动元件，应仔细地查找其零件是否损坏、锈蚀，密封件是否老化，喷嘴节流孔、滤芯是否堵塞，电磁阀工作线圈是否短路或断路，气动弹簧是否折断等具体原因，并尽快排除之。在确认气动装置系统故障被排除之后交付使用之前，一定要认真地检查其油雾器内的储油量是否符合要求，对换向阀排气的质量、各调节气阀的灵活性、仪表指示的正确性、电磁阀切换动作的可靠性、气缸动作的准确性，应有一个清晰明确的结论。当然，在组装气动装置时，也必须注意如下几点。

(1) 不能漏装密封组件。

(2) 不能把安装方向搞反，以免重复拆卸，增添新的麻烦，浪费时间和增加维修费用。

总之，只要我们在工作上做到了冷静思考、认真求细，就能迅速、准确地发现情况，解决问题。

第15章 制造类气动机械使用与维修

15.1 数控机床气动回路的调试与故障排除

15.1.1 数控机床气动回路的调试

气动回路的调试是个比较复杂的问题，因为在调试气动回路时可能会出现各种各样的问题，有些问题甚至使人意想不到。下面阐述调试气动回路的一般方法和步骤。

气动回路的调试必须要在机械部分动作完全正常的情况下进行。在调试气动回路前，首先要仔细阅读气动回路图（先阅读程序框图；气动回路图中表示出的位置均为停机时的状态；详细检查各管道的连接情况，在绘制气动回路图时，为了减少线条数目，有些管路在图中并未表示出来；在气控回路图中，管径大小一般不予标注，图中的线条也不代表管路的实际走向，它仅代表元件与元件之间的联系与制约关系；要熟悉换向阀的换向原理、接通气源、向气动系统供气时，首先要把压力调整至工作压力范围）。

15.1.2 故障检测和排除方法

数控机床气动控制系统发生的故障，有些故障可能产生在机械部分，也可能产生在控制部分和机械部分的故障交织在一起的地方。发生故障后，应首先分析属于何种故障，找出发生故障的原因，然后对症下药，才能起到事半功倍的效果。

1. 故障分析与排除

(1) 漏步。所谓漏步是指应该发出的信号未发出，造成某一步动作被漏掉。例如，当推桶动作完成以后，推桶缸已返回原处，但计量灌装或压盖动作之中发现漏掉一步的现象。出现漏步时，就会出现未灌装液体的一个空桶或漏压一个盖等。以上情况往往没有明显的规律性，但在实际生产中也是不允许存在的。

(2) 圆盘不转动。圆盘的气控部分比较简单，很少发生故障。但曾发现过气缸在动作，圆盘却不转动的故障。经检查供气及发信部分无任何问题，但发现套在活塞杆上的机械挡块的径向固定螺栓松动，挡块在活塞杆上滑动，因压不下行程阀，故发不出行程信号，使转盘停转。螺栓紧固后，圆盘立即开始转动。

(3) 增步。所谓增步是指比按程序要求的动作增加了一步。例如发出信号后，分别完成一次计量灌装和压盖动作。但有时出现增步现象，即计量灌装或压盖动作增加了一步。

(4) 其他问题。

1）机控行程阀。机控行程阀是用得较多，且较易损坏的元件。因气控回路采用的执行元件均为无缓冲气缸，当运动速度调得不合适时，其到达行程终端时的撞击力很大。如果行程阀安装位置不当，就容易损坏。行程阀的损坏情况主要有以下几种：一种是因撞击力过大而造成阀芯“墩粗”而失灵；另一种是密封圈损坏（多数被阀体内腔沟槽锐边或毛刺啃坏）；还有一种是弹簧变形或疲劳损坏。

2）逻辑元件。逻辑元件有许多优点，只要熟悉它的功能及使用方法，在回路中使用是十分方便的，逻辑元件具有外形尺寸小、排列整齐、功能齐全、动作灵敏等特点。其可能出现的问题如下：顶杆尺寸变化引起失灵；压紧螺栓松动，形成膜片位置移动，引起密封腔之间窜气；双稳元件切换压力过高，使之换向困难。

3）气缸和气控阀出现的问题较少，如果有问题，大多数是密封件损坏。对于气缸来说，活塞上的密封件损坏会引起推力不足，甚至丧失推力，对于换向阀来说，如果阀芯上的密封件损坏，则通道之间就会“窜气”。如果是控制活塞上的密封件损坏，会使换向困难或换向不到位，遇到这种情况，一般应更换密封件。

2. 气动系统故障的几个共性问题

在气控回路调试中，可能出现的一些共同性问题。

(1) 气源系统压力波动大。如果空压机容量过小，出现供小于求的情况时，就会产生较大的压力波动。设备运转时，压力稍有波动，如波动范围为0.03～0.05MPa内，属正常情况。但有时并非属于这种情况，例如，某设备估算耗气量后采用0.5m^3/min的空压机就足够了，现采用0.9m^3/min的空压机，供气仍然不足。设备运转时间不久，压力就降至允许工作压力范围以下。查找其原因，除供气系统管路有少量泄漏外，主要是因供气管内径过小（内径为10mm）、过长（50m左右），产生了过大压力降所致。解决的办法是增大管径，减小压降。最好增设一个容量较大的储气罐。它一方面能够协调压缩空气供需气量，同时还能起稳压作用，可以较好地解决压力波动问题。

(2) 常用的发信方式。机控行程发信器、非门发信、微压发信、磁力发信，另外，还有一些发信方式如压力发信、卸压发信等也有使用，但应用不够广泛。

(3) 执行元件的调速。

1）采用单向节流阀调速。采用单向节流阀调速可实现进气节流调速和排气节流调速。在气动系统采用排气节流调速较为普遍，因其运动的平稳性好于进气节流调速。

2）采用气-液转换器调速。采用气-液转换器的调速回路，这种调速方案同样可以获得像液压传动那样平稳的运动速度。由于气-液转换器制造比较简单，又不受安装位置的限制，因此，使用比较广泛。

3）采用气-液阻尼缸调速。这种调速方法应用注意事项是：采用气-液阻尼缸调速时，可以获得像液压传动那样的速度平稳性。一般可以实现慢进快退动作，中间要变速时可用增加行程阀来实现。在应用气-液阻尼缸调速时，切忌在油液中混入空气，若混入少量空气，则速度平稳性会受到严重影响。因此，必须在阻尼缸的高处设置放气阀，若有混入空气应立即排除，以确保运动速度的平稳性。气-液阻尼缸的气缸和液压缸无论采取串联还是并联连接，其外形尺寸都比较大。这种调速方案适用于金属切削加工等要求速度平稳性高的场合。

4）采用排气节流阀调速。这种调速是将排气节流阀直接连接在换向阀的排气口上，来实现调速的一种方法。与采用单向节流阀的排气节流调速相同，这种调速也只能实现全行程调速，且其调速效果受换向阀至执行元件之间的管道容腔的影响，因此，调速的平稳性也不高，同样只能应用于对速度平稳性要求不高的场合。

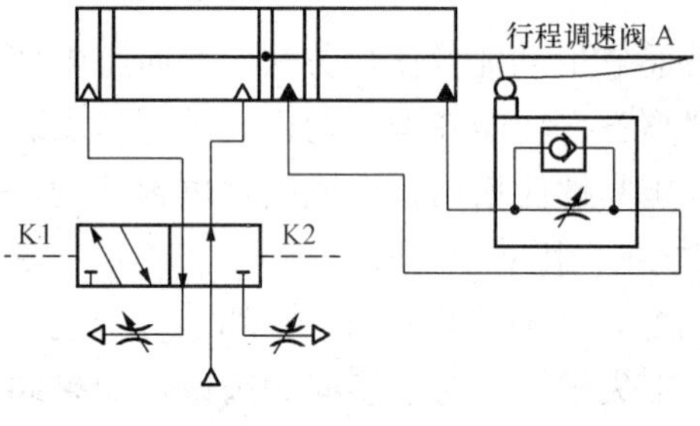

图 15-1　终端缓冲调速

5）终端缓冲调速。如图 15-1 所示为液体灌装生产线上的一个单元气动回路。它用一只气-液阻尼缸通过齿条齿轮，驱动回转工作台作间歇回转运动，在回转工作台上设有计量灌装、启盖、压盖等工位。生产工艺要求：工作台起动和停止时运动平稳，以免液体溢出。由于气-液阻尼缸安装在回转工作台的下面，其工作情况未引起注意。在调试设备时，其他部分一切都已正常，只有工作台起动及停止时冲击过大而无法正常工作，调试人员反复调试排气节流阀后仍无济于事。因为这种调速属于全行程调速，要快全行程都快，要慢全行程都慢，对终端缓冲不起作用。后来，经反复研究发现，阀 A 是一只行程调速阀，于是对该阀的初始位置进行了调节，才使问题圆满解决。由此可见，在探测和排除故障时要非常仔细，并应熟悉各种元器件的性能与用途。

（4）控制阀的早期故障。控制阀（包括逻辑元件）都存在早期故障（失效）的问题。为了更好地说明问题，以气动系统中用得较广的电磁换向阀为例，简要说明控制阀的早期故障问题。控制元件的失效大致有两种形式：一种为功能性失效，即元件失去了规定的功能；另一种是技术性能失效，指某技术性能指标下降超过规定的值。根据经验推断和实验验证，得出如图 15-2 所示规律。由图可知，气动产品的失效率曲线，可分为三个阶段。第一个阶段为早期失效阶段，它的特点是时间短，失效率随时间的增加而迅速下降。第二个阶段为偶然失效阶段，特点是失效率较低且比较稳定。第三个阶段是耗损失效阶段，主要出现在气动产品使用的后期，其特点是失效率随时间增加而迅速上升。

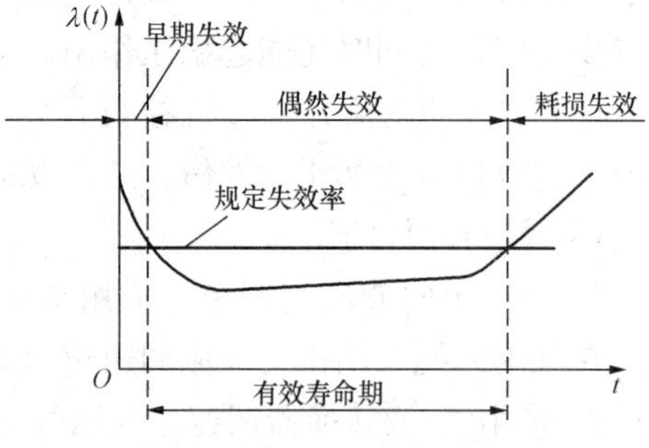

图 15-2　失效规律曲线

根据试验和现场调查，对电磁换向阀来说其失效的形式主要有以下几种。

1）先导阀线圈烧坏，隔磁管焊缝拉断和得电后发出蜂鸣声。换向阀密封件损坏导致泄漏和换向不灵敏。这种失效约占失效总数的 56%。

2）在全部失效中，先导阀失效的约占 61.1%，换向阀失效的占 38.9%。这说明在实际使用中，先导阀失效是主要方面。

3）用户使用不当，现场条件不符合使用要求。生产厂提供的使用说明书不配套，用户不知如何使用。甚至一些不合格的产品流入市场，这些都会造成气动产品过早失效。

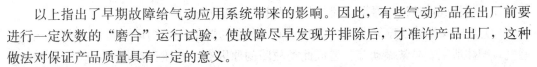

以上指出了早期故障给气动应用系统带来的影响。因此，有些气动产品在出厂前要进行一定次数的“磨合”运行试验，使故障尽早发现并排除后，才准许产品出厂，这种做法对保证产品质量具有一定的意义。

上面介绍的故障检测及排除方法，都是从特定的条件和场合下分析讨论的，但在实践中，故障发生的原因可能是错综复杂的。因此，遇到问题时一定要仔细分析，先按图纸弄清楚气动系统中各元器件之间的关系，结合现场实际，由表及里地寻找产生问题的原因，切忌在没有搞清楚故障原因时，就随便调节、拆卸管道或元件。因为这样不但不能排除故障，反而会使设备产生更大的故障和损坏。

15.2 数控机床气动系统常见故障分析及排除

各种气动元器件在数控机床工作过程中的状态直接影响着机床的工作状态。由于数控机床上的气压系统元、辅件质量不稳定和使用、维护不当，且系统中各元件和工作介质都是在封闭管路内工作，不像机械设备那样直观，也不像电气设备那样可利用各种检测仪器方便地测量各种参数，而且一般故障根源有许多种可能，这都给数控机床气动系统故障诊断带来困难。因此，气动部件的故障诊断及维护、维修对数控机床的影响是至关重要的。气动系统在数控机床的机械控制与系统调整中占有很重要的位置，气动系统主要用在对工件、刀具定位面（如主轴锥孔）和交换工作台的自动吹屑、封闭式机床安全防护门的开关、加工中心上机械手的动作和主轴松刀等。

15.2.1 数控机床气动系统故障分析

1. 气缸故障现象及排除

(1) 气缸主要故障。气缸主要故障是：气缸泄漏，输出力不足，动作不平稳，缓冲效果不好及气缸损伤。产生上述故障的原因有以下几类：润滑不良，密封圈损坏，活塞杆偏心或有损伤，缸筒内表面有锈蚀或缺陷，进入了冷凝水杂质，缓冲部分密封圈损坏或性能差，活塞或活塞杆卡住，气缸速度太快，调节螺钉损坏，由偏心负载或冲击负载引起的活塞杆折断等。

(2) 排除方法。排除上述故障的方法通常是：更换密封圈，加润滑油，清除杂质；重新安装活塞杆使其不受偏心载荷；清洗或更换过滤器；更换缓冲装置调节螺钉或其密封圈；避免偏心载荷和冲击载荷加在活塞杆上，在外部或回路中设置缓冲机构。

2. 各种阀的故障现象及排除方法

(1) 方向控制阀常见故障与排除。方向控制阀常见故障主要有：不能换向，阀产生振动，阀泄漏等。造成的原因：润滑不良、始动摩擦和滑动阻力大，密封圈压缩量大或膨胀变形，杂质被卡在滑动部分或阀座上，弹簧卡住或损坏等。排除方法：针对故障现象，有目的地进行清洗，更换损坏零件和密封件，改善润滑条件等。

(2) 溢流阀常见故障与排除。溢流阀常见故障主要有：压力量已上升但不溢流，压力未超过设定值却溢流，有振动、漏气等。故障原因：阀内部有杂质或异物，将孔堵塞或将阀的移动件卡住、压力上升速度慢、调压弹簧损坏、阀座损伤、密封件损坏、膜片破裂、阀放出流量过多引起振动等。排除方法比较简单，更换损坏的零件、密封件、弹簧；注意保持阀内清洁，微调溢流量与压力上升速度匹配。

(3) 减压阀常见故障与排除。减压阀常见故障主要有：二次压力升高，压力差很大，漏气，阀体泄漏，异常振动等。造成此类故障的原因有：调压弹簧损坏，阀座有划伤或阀座橡胶剥离，阀体中进入灰尘，活塞导向部分摩擦阻力大，阀体接触面有伤痕等。排除方法比较简单，首先找准故障部位，查清原因，然后对出现故障的地方进行处理，如更换弹簧、阀座、阀体、密封件；同时清洗过滤器，做好防尘措施。

15.2.2 数控机床气动系统维护的要点

1. 保持气动系统的密封性

漏气不仅增加了能量的消耗，也会导致供气压力的下降，甚至造成气动元件工作失常。严重的漏气在气动系统停止运行时，由漏气引起的响声很容易发现；轻微的漏气则利用仪表，或用涂抹肥皂水的办法进行检查。

2. 保证气动装置具有合适的工作压力和运动速度

调节工作压力时，压力表应当工作可靠，读数准确。减压阀与节流阀调节好后，必须紧固调压阀盖或锁紧螺母，防止松动。

3. 保证空气中含有适量的润滑油

大多数气动执行元件和控制元件均要求适度的润滑。如果润滑不良将会发生以下故障：密封材料磨损造成空气泄漏；生锈造成元件的损伤及动作失灵；摩擦阻力增大造成气缸推力不足，阀芯动作失灵。

润滑的方法一般采用油雾器进行喷雾润滑，油雾器一般安装在过滤器和减压阀之后。油雾器的供油量一般不宜过多，通常每 $10m^3$ 的自由空气供 1mL 的油量（即 40 滴到 50 滴）。检查润滑是否良好的一个方法是：找一张清洁的白纸放在换向阀的排气口附近，如果阀在工作三到四个循环后，白纸上只有很轻的斑点时，表明润滑是良好的。

4. 保证气动元件中运动零件的灵敏性

从空气压缩机排出的压缩空气，包含有粒度为 0.01～0.08μm 的压缩机油微粒，在排气温度为 120～220℃的高温下，这些油粒会迅速氧化，氧化后油粒颜色变深，黏性增大，并逐步由液态变成油泥。这种微米级以下的颗粒，一般过滤器无法滤除。当它们进入到换向阀后便附着在阀芯上，使阀的灵敏度逐步降低，甚至出现动作失灵。为了清除油泥，保证灵敏度，可在气动系统的过滤器之后，安装油雾分离器，将油泥分离出来。此外，定期清洗阀也可以保证阀的灵敏度。

5. 保证供给洁净的压缩空气

压缩空气中通常都含有水分、油分和粉尘等杂质。油分会使橡胶、塑料和密封材料变质；水分会使管道、阀和气缸腐蚀；粉尘造成阀体动作失灵。选用合适的过滤器，可以清除压缩空气中的杂质，使用过滤器时应及时排除积存的液体，否则，当积存液体接近挡水板时，气流仍可将积存物卷起。

15.2.3 数控机床气动系统的点检与定检

1. 管路系统点检

主要内容是对冷凝水和润滑油的管理。冷凝水的排放，一般应当在气动装置运行之前进行。但是当夜间温度低于 0℃时，为防止冷凝水冻结，气动装置运行结束后，就应开启放水阀门将冷凝水排放。补充润滑油时，要检查油雾器中油的质量和滴油量是否符合要求。此外，点检还应包括检查供气压力是否正常，有无漏气现象等。

2. 气动元件的定检

（1）油雾器的定检。定期检查油杯油量是否足够，润滑油是否变色、浑浊，油杯底部是否沉积有灰尘和水；油量是否适当。

（2）过滤器的定检。定期检查储水杯中是否积存冷凝水；滤芯是否应该清洗或更换；冷凝水排放阀动作是否可靠。

（3）减压阀的定检。定期检查压力表读数是否在规定范围内；调压阀盖或锁紧螺母是否锁紧；有无漏气。主要内容是彻底处理系统的漏气现象，定期检验测量仪表、安全阀和压力继电器等。

（4）电磁阀的定检。定期检查电磁阀外壳温度是否过高；电磁阀动作和阀芯工作是否正常；紧固螺栓及管接头是否松动；气缸行程到末端时，通过检查阀的排气口是否有漏气来确诊电磁阀是否漏气；电压是否正常，电线是否有损伤；通过检查排气口是否被油润湿或排气是否会在白纸上留下雾斑点来判断润滑是否正常。

（5）气缸的定检。定期检查活塞杆是否划伤；活塞杆与端盖之间是否漏气；管接头、配管是否松动、损伤；缓冲效果是否合乎要求；气缸动作时有无异常声音。

（6）安全阀及压电继电器的定检。定期检查再调定压力下动作是否可靠；校验合格后，是否有铅封或缩紧；电线是否损伤，绝缘是否合格。

15.3　HT6350 卧式加工中心的气动系统故障维修两例

15.3.1　HT6350 卧式加工中心的气动原理

如图 15-3 所示为 HT6350 卧式加工中心的气动原理图。气动系统用于刀具或工件的夹紧、安全防护门的开关以及主轴锥孔的吹屑。

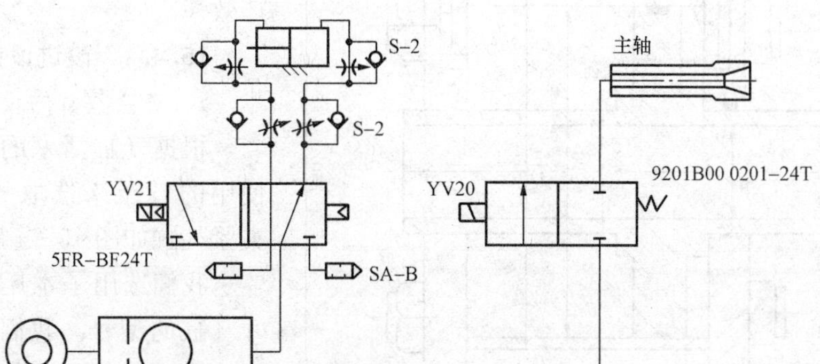

图 15-3　HT6350 卧式加工中心气动控制原理图

15.3.2　案例 1：刀柄和主轴的故障诊断与维修

故障现象：HT6350 卧式加工中心换刀时，主轴锥孔吹气，把含有铁锈的水分子吹出，并附着在主轴锥孔和刀柄上。刀柄和主轴接触不良。

分析及处理过程：HT6350 卧式加工中心气动控制原理图如图 15－3 所示。故障产生的原因是压缩空气中含有水分。如采用空气干燥机，使用干燥后的压缩空气问题即可解决。若受条件限制，没有空气干燥机，也可在主轴锥孔吹气的管路上进行两次分水过滤，设置自动放水装置，并对气路中相关零件进行防锈处理，故障即可排除。

15.3.3　案例 2：松刀动作缓慢的故障诊断与维修

故障现象：HT6350 卧式加工中心换刀时，主轴松刀动作缓慢。

分析及处理过程：根据图 15－3 所示的气动控制原理图进行分析，主轴松刀动作缓慢的原因有：①气动系统压力太低或流量不足；②机床主轴拉刀系统有故障，如碟型弹簧破损等；③主轴松刀气缸有故障。根据分析，首先检查气动系统的压力，压力表显示气压为 0.5MPa，压力正常；将机床操作转为手动，手动控制主轴松刀，发现系统压力下降明显，气缸的活塞杆缓慢伸出，故判定气缸内部漏气。拆下气缸，打开端盖，压出活塞和活塞环，发现密封环破损，气缸内壁拉毛。更换新的气缸后，故障排除。

15.4　气动夹紧与气动送料在数控车床的改进

某工厂内的 6 台数控车床都采用旧的普通车床 6132A 来改装的。工件的夹紧全采用卡盘夹紧，平均每次装夹工作所用的时间需要 20～30s。而数控车床所加工的产品都是：电磁阀通用的动、静铁心导磁环几种产品，加工产品所用的材料都是 ϕ20mm 以下（包括 ϕ20mm）的棒料，每件的加工时间在 1～2.5min 完成。反复的人手操作装夹工件，结果每天用于装夹工件所用的时间占了加工时间的 1/3，而且每一个人只能操作一台机床，常常都要加班加点，才能达到产量的要求。如果机床的装夹问题不解决好，将影响到该工厂的生产效率。

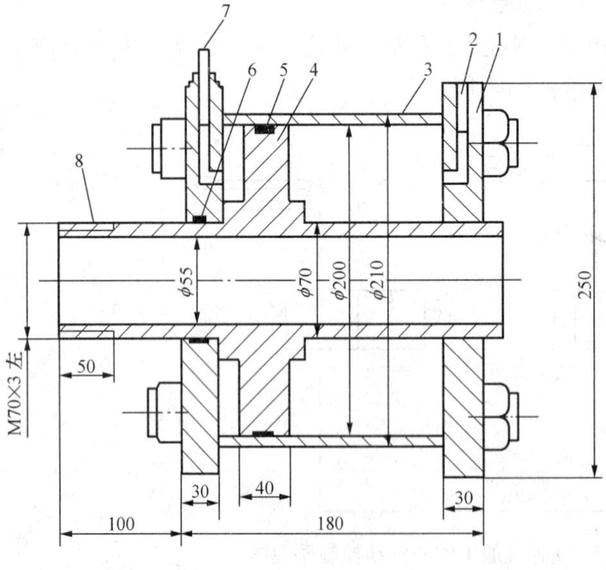

图 15－4　夹紧气缸

1—缸盖；2—夹紧进气孔；3—缸体；4—活塞；5、6—密封圈；7—松夹进气孔；8—活塞杆

15.4.1　改进设计

1. 夹紧气缸的设计

根据气缸活塞的有效面积和使用的气压来选取气缸的型号。夹紧气缸如图 15－4 所示。

我们选用了本厂生产的 8 英寸气缸的型号。我们把气缸的推杆改成空心推杆，其他构造没有改变。该气缸的有效面积 449mm²，如果选用 0.4MPa 空气压力，气缸的推力或拉力为 0.4×40×449/100＝71.843N，气缸在正常使用的压力 0.25～0.6MPa

之间控制夹紧气缸动作。根据数控机床的系统，本厂使用的系统是GSK980T，卡盘夹紧指令M12输出电压24V，卡盘松开指令M13输出电压24V，选用本厂生产的24V三通电磁阀来控制夹紧气缸动作，如图15-5所示。

控制过程如下。

1）“1”电磁线圈得电时（M13输出），“2”与“3”导通，“4”与“6”导通。气缸活塞往床头方向移动，松开工件。

2）“5”电磁线圈得电时（M12输出），“3”与“4”导通，“2”与“7”导通气缸活塞远移床头方向移动，夹紧工件。

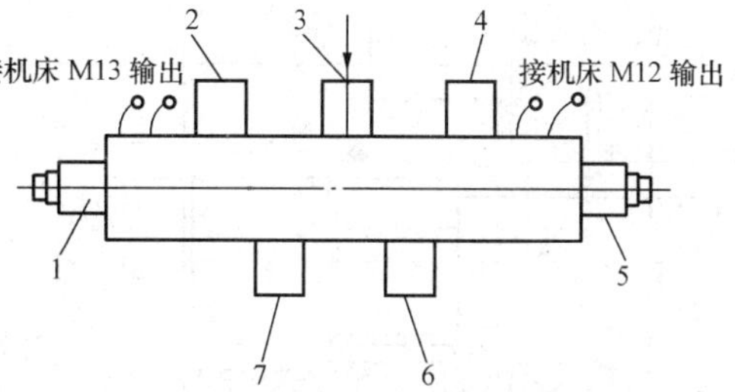

图15-5 电磁阀

1、5—电磁铁；2、4—排气口；3—进气口；6、7—接气缸

2. 送料气缸的设计

选用本厂生产的1.5英寸、行程为1000mm的气缸来作为送料气缸。送料气缸的选用要求不高，而且送料气缸送料时所用的气压不高。送料气缸必须安装在夹紧气缸的后面，中间还有轴承座。送料气缸伸出长度只有1000mm，那么送料气缸前面有轴承长度140mm，夹紧气缸280mm，支架180mm，床身600mm，夹头90mm，总长度1290mm，送料气缸伸出1000mm，剩下300mm。要用外接一条送料杆，才能将工件棒料完全送出。如图15-6所示。

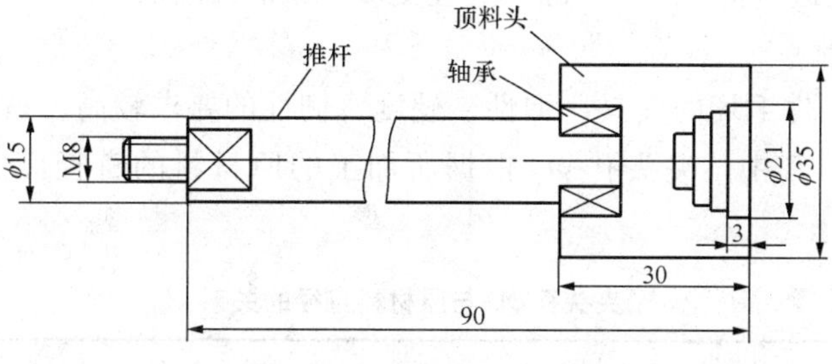

图15-6 送料杆

3. 轴承座与轴承轴的设计

轴承座与轴承轴如图15-7所示。根据选用轴承的型号设计如下。

（1）单列圆锥滚子轴承型号：2007112EGB297—84，大径$D=95$mm，小径$d=60$mm，总宽度$T=23$mm。

（2）单向推力球轴承的型号：8212GB301—84，大径$D=95$mm，小径$d=60$mm，总宽度$H=260$mm。

（3）轴承座的设计。根据轴承座是承受控力的重要部件，选用优质碳素结构钢40＃。加工时要保证轴承连接部分和配合部分精密配合，同轴度要求高。

（4）轴承轴的设计。根据轴承轴是承受扭力的主要部件选用45＃钢加工同轴度，轴承配合部分要求高。

4. 夹头座的设计

夹头座如图 15－8 所示。

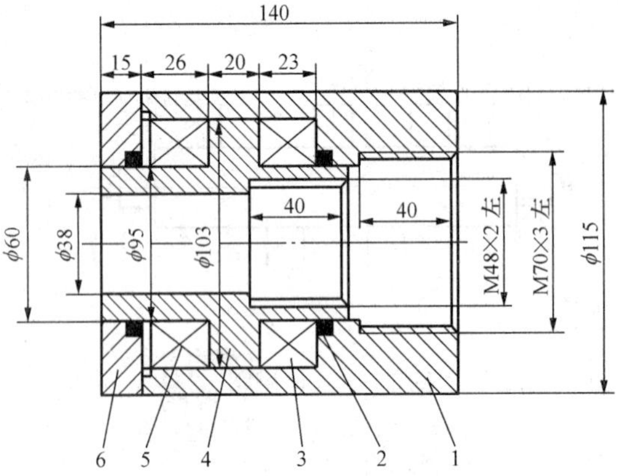

图 15－7　轴承座与轴承轴设计图

1—轴承座；2—密封圈；3—单列圆锥滚子轴承；
4—轴承轴；5—单向推力球轴承；6—密封盖

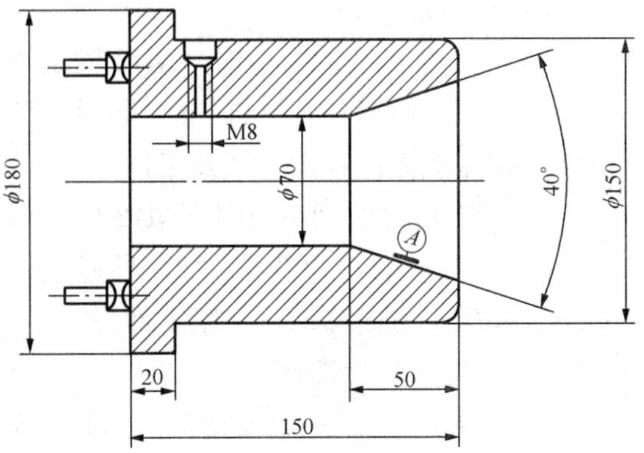

图 15－8　夹头座

夹头座是与车床主轴法兰配合的部件配合精度要求高，而且主轴转动时与主轴同步旋转。材料选择：45＃钢。加工时 A 面要留余量，A 面必须进行表明热处理。热处理完之后在数控车床上进行精加工，消除热处理变形，保证其同轴度。

5. 夹头的设计

夹头是夹紧工件毛坯的夹具。弹性、硬度、韧性的要求较高。材料选用 60Mn，强度和弹性相当高。其中，夹头孔 ϕD 根据所加工的原材料的直径而定，见下表 15－1 所示。

表 15－1　　夹头孔 ϕD 与原材料直径的关系

材料毛坯（ϕ）	ϕD	材料毛坯（ϕ）	ϕD
20	20.5	10	10.5
18	18.5	8	8.5
16	16.5	6	6.5
12	12.5	—	—

表 15－1 说明数控车床要加工上表中任何一种材料时，只要换上对应该种材料 ϕD 值的夹头即可。其中夹头的设计如图 15－9 所示。

夹头 A 面必须留余量。夹头要进行淬火＋中温回火的热处理才能满足强度和弹性要求。热处理完毕才能精加工 A 面，消除热处理变形。

其中 ϕD 处宽度 3mm 处本来分为 3 等分，夹紧和自定心效果都是非常好的，但在热处理后，硬度高，弹性高，用铣床加工难度高。为了加工方便，实验时选用线切割加工成四等分，经试用完全能满足使用要求。

15.4.2 装配及调试

1. 系统安装

按照总装图，把各零部件连接起来，先安装支架与机床连接→装夹紧缸→轴承座→空心拉杆→送料杆→夹头座→各气路的接头连接好。电磁三通阀：夹紧控制、松夹控制与夹紧气缸各接口要连接好。确认各零部件的连接准确无误。

总装配如图 15－10 所示。

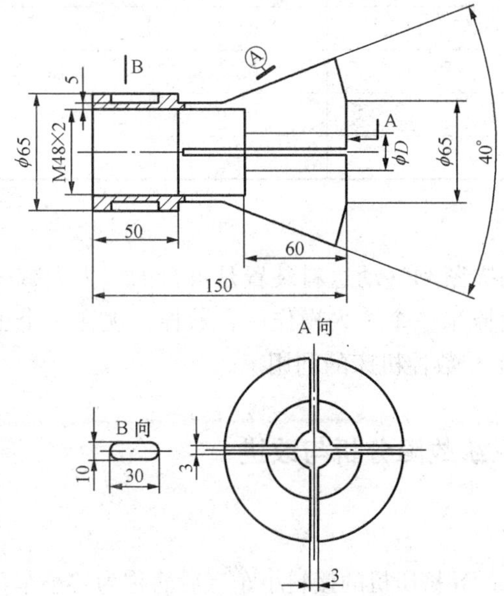

图 15－9 夹头

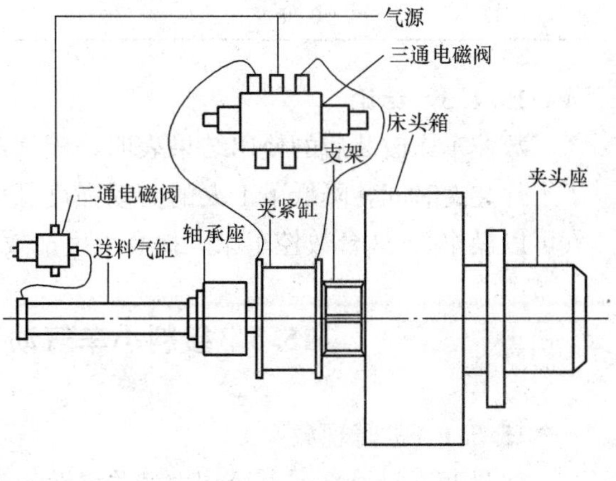

图 15－10 总装配图

2. 调试

(1) 调整夹紧气缸的工作压力，把减压阀的压力调至 0.3MPa。

(2) 在数控车床（GSK980T 系统）的“录入方式”下→程序段值页面下→“M12”→输入→运行→看夹紧气缸的运动方向，必须是往远离床头箱的方向移动。接着“M13”→输入→运行→看夹紧气缸的运动方向，必须是往接近床头箱方向移动。如果运动方向不是上述所作的运动，则三通电磁阀的绕组线圈反接所致。

(3) 安装夹头。根据这台设备正准备加工的零件所用的棒料直径选用夹头（以 ϕ10 棒料为例）。

安装夹头之前：先“录入方式”→程序段值页面→“M13”→输入→运行保证夹紧气缸。在松夹的状态下→把夹头旋进夹头座内与空心拉杆连接旋到夹头与夹头座之间配合有一点间隙为度。夹头的槽位要与夹头座 M8 的螺孔对齐装上 M8 的内六角螺钉防止打滑。

(4) 棒料的装夹。在夹紧气缸处于松夹的状态下，送料气缸的电磁阀处于常态下直接把棒料从夹头的孔中推进去 →“录入方式 ”→程序段段值页面→“M12”→输入→运行。送料气缸的电磁阀选择处于工作状态。

(5) 如何在数控车床上实现自动夹紧与送料。数控车床刀架都是 4 位刀架只能安装 4 把刀，通常习惯上是用 1 号刀作为基准刀。通常基准刀都是外圆车刀，那么用 1 号刀的刀杆作为控制每次自动送料时送出的长度。

根据上述程序的编制工件装夹时间只需要大约 5s 全部可以完成。而且安全可靠，大大减轻了工人的劳动强度。根据我们多次实验和实践，得出夹紧气压、送料气压与棒料直径之间的关系见表 15－2。

表 15－2　　夹紧气压、送料气压与棒料直径之间的关系

棒料直径（ϕ）	夹紧气压/MPa	送料气压/MPa	棒料直径（ϕ）	夹紧气压/MPa	送料气压/MPa
6	0.30	0.08	16	0.40	0.11
8	0.32	0.09	18	0.45	0.13
10	0.35	0.10	20	0.50	0.15
12	0.38	0.10	—	—	—

15.4.3　结论

数控车床改装后的使用结果表明，该气动夹紧和气动送料装置是可行的。大大减少了工件装夹时间，降低了工人的劳动强度。由原来一个工人操作一台数控，现在一个工人可以操作 2～3 台数控车床。提高了生产效率和数控机床的利用率。

15.5　接料小车气动系统故障分析与改进

15.5.1　故障现象

如图 15－11 所示是某公司大型关键设备 35MN 挤压机的接料小车（后简称为“小车”）气动系统图。小车的动作程序见表 15－3。1DT 得电小车进至接料位置后，1DT 失电小车停下等待接挤出的物料，物料到定尺后，小车上的液压剪刀开始剪料，此时设计者的原意是让 3DT、4DT 得电，使阀 2、阀 3 换向后处于自由进排气状态，这样，可使小车在剪切物料的同时，挤压物料的程序不中停，对提高该挤压工序产品成品率以及最终成品率均有积极的作用，这是该挤压机接料小车气动系统设计的一大特点——“随动”剪切。但在调试中我们发现，小车在“随动”剪切过程中未按预定的程序运行。

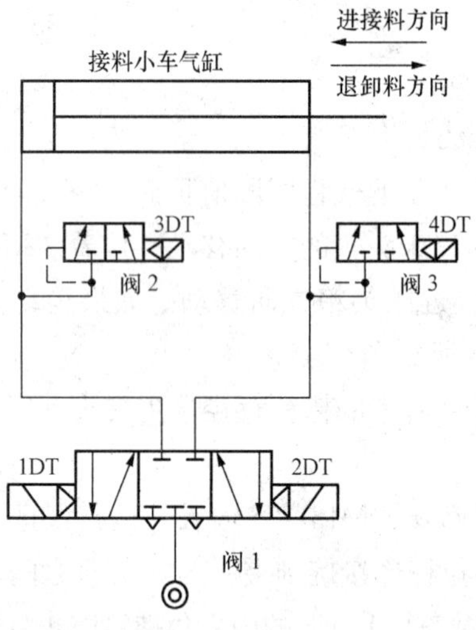

图 15－11　接料小车气动系统图

表 15－3　　小车的动作程序表

动作 \ 电磁铁	1DT	2DT	3DT	4DT
小车进接料	＋	－	－	－
随动剪切	－	－	＋	＋
小车退卸料	－	＋	－	－

故障现象如下。

(1) 阀 2 在随动剪切时得电后不换向。

(3) 阀 3 在随动剪切时得电虽换向，但动作不可靠。

15.5.2 故障原因分析

(1) 初步分析。由于该系统看起来很简单，所以在一开始的调试中并未重视，只是按常规去处理，认为是新系统元件不洁所致。虽拆下多次检查清理，但故障仍未解决。后来我们对阀 2、阀 3 进行了简单的试验，结果阀 2、阀 3 本身无问题，重新安装后故障依旧，问题到底出在哪里？我们针对小车动作程序各过程以及阀 2、阀 3 的工作原理进行了深入的分析，认为这是一个由设计选型不合理引起的故障。

(2) 阀 2、阀 3 的工作原理分析。该系统所用的阀 2、阀 3 为 80200 系列二位三通电磁换向（德国海隆公司基型），它是一个两级阀，即一个微型二位三通直动电磁阀和气控式的主阀，该阀对工作压力的要求为 0.2～1.0MPa，其中该阀的最低工作压力为 0.2MPa，低于该值，其主阀芯就无法保证可靠的换向及复位。

(3) 小车气缸两腔中的压力分析。阀 1 的 1DT 得电，小车气缸有杆腔进气，无杆腔排气，小车进到接料位置后，1DT 失电，阀 1 复位。这时，有杆腔中因阀 1 复位前处于进气状态，所以有一定的余压（压力大小不定），无杆腔中因阀 1 复位前处于排气状态，所以几乎没有余压。

通过上述对阀 2、阀 3 工作原理及小车气缸腔中压力的分析可知，在随动剪切时，阀 2 虽得电却因所在的无杆腔中不足以使阀 2 换向的余压而无法实现其主阀芯换向，阀 3 因有杆腔中有一定的余压而可能实现换向，但由于其压力值不定，所以阀 3 虽得电可能换向，但却不可靠。

15.5.3 故障解决方法

从以上分析来看，在该小车气动系统中选用这种主阀为气控的两级式的元件是不合适的。解决方法有以下两种。

(1) 换用直动式的元件。把原来阀 2、阀 3 改换为 23ZVD—L15（常闭型）即可。但因原阀 2、阀 3 的工作电压为直流 DC24V，该阀的工作电压为交流 220V，所以需增加中间继电器来解决。

(2) 改进小车气动系统。选用一只 K35K2-15 的气控滑阀代替原阀 2、阀 3，利用阀 2、阀 3 中的一只作为其先导控制阀（需把原来的常闭型改装成常通型），具体工作原理如图 15-12 所示，虽然此法管路更改稍繁琐，但从“随动剪切”的效果及可靠性方面来分析优于方法（1），另增加两只单向节流阀来调整小车速度。

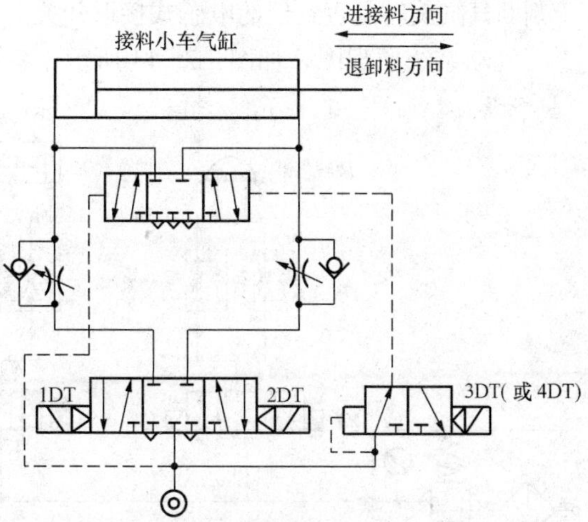

图 15-12 改进后的接料小车气动系统原理图

国内外气动元件生产商提供的电磁换向阀多数为先导级加主级两级式的元件，为保证其正常工作，一般都有一个最低、最高的工作压力范围，设计选用或现场处理问题时，应结合生产工艺特点，结合元件性能进行综合分析。

15.6 基于更换法的气动操作手的故障诊断

气动机械手是集机械、电气和控制于一体的典型的机电一体化产品，空气压缩机提供动力源，压缩空气作为工作介质，传递能量或信号，执行系统和控制系统是其核心部分。某学校教学用的自动生产线中操作手单元，在一次提取物件时，突然不工作。操作单元主要由提取模块、气源处理组件、阀组、I/O 接线端口、滑槽模块等组成，该工作单元的执行机构是气动控制系统，其方向控制阀的控制方式为电磁控制，各执行机构的逻辑控制功能是通过 PLC 控制实现的。检查 PLC 接线与程序设计部分均正常，鉴于上述诊断方法，所有机构的动作均由气动系统驱动，显然是气动系统即提取模块与阀组可能出现故障，对故障进行分析和处理。

15.6.1 系统原理分析

提取模块，该模块实际上是一个“气动机械手”，主要由两个直线气缸（提取气缸和摆臂气缸）、一个转动气缸及气动夹爪等组成，如图 15-13 所示。提取气缸安装在摆臂气缸的气缸杆的前端，实现垂直方向的运动，以便于提取工件。摆臂气缸构成了气动机械手的“手臂”，是一个双联气缸（也称倍力缸），有两个压力腔和两个活塞杆，在同等压力下，其输出力是一般气缸的两倍，用于实现水平方向地伸出与缩回动作。在气缸的两个极限位置上分别安装有磁感应式接近开关，用于判断气缸动作是否到位。转动气缸可以实现摆臂气缸 180°的旋转，但须在气缸的两个极限位置上分别安装一个用于缓冲旋转冲击的阻尼缸和一个用于判断气缸旋转是否到位的电感式接近开关。气动夹爪则用于工件的抓取与松开。

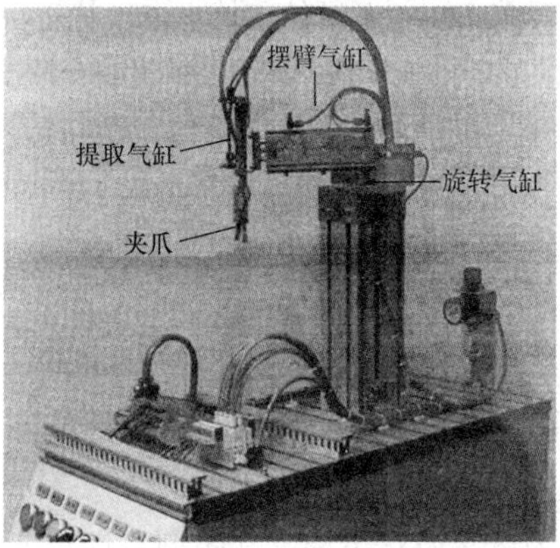

图 15-13 操作手单元

气动系统原理图，如图 15-14 所示。各电气元件的用途见表 15-4。

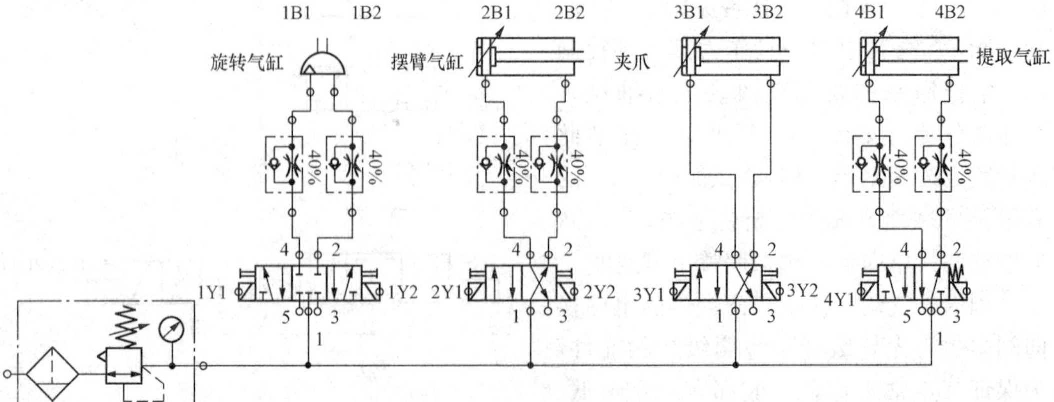

图 15-14 气动系统原理图

表 15-4 各电气元件的用途

序号	设备符号	设备名称	设备用途	信号特征
1	1B1	电磁式传感器	判断摆臂的左右位置	信号为1：摆臂在最左端
2	1B2	电磁式传感器	判断摆臂的左右位置	信号为1：摆臂在最右端
3	2B1	磁感应式接近开关	判断摆臂的伸缩情况	信号为1：摆臂缩回到位
4	2B2	磁感应式接近开关	判断摆臂的伸缩情况	信号为1：摆臂伸出到位
5	3B1	磁感应式接近开关	判断夹爪开闭情况	信号为1：夹爪打开 信号为0：夹爪夹紧
6	4B1	磁感应式接近开关	判断夹爪上下位置	信号为1：夹爪下降到位
7	4B2	磁感应式接近开关	判断夹爪上下位置	信号为1：夹爪上升返回到位
8	1Y1	电磁阀	控制旋转气缸左右动作	信号为1：旋转缸左转
9	1Y2	电磁阀	控制旋转气缸左右动作	信号为1：旋转缸右转
10	2Y1	电磁阀	控制摆臂气缸伸缩动作	信号为1：摆臂缩回
11	2Y2	电磁阀	控制摆臂气缸伸缩动作	信号为1：摆臂伸出
12	3Y1	电磁阀	控制夹爪开闭的动作	信号为1：夹爪打开
13	3Y2	电磁阀	控制夹爪开闭的动作	信号为1：夹爪闭合
14	4Y1	电磁阀	控制提取缸上下的动作	信号为1：夹爪下降 信号为0：夹爪上升

15.6.2 故障诊断的方法

根据经验法，按照先易后难、先外后内、积极假设、认真论证的故障排除原则，找出故障可能性大的元件，再利用更换法验证怀疑对象是否真有故障。所谓更换法，就是在现场对设备的故障症状作了初步诊断之后，怀疑故障原因出在某一组件之上，可将其拆下，另装一正常组件试运行。例如，现有一个电磁换向阀，它在换向时换向动作缓慢甚至不能换向，一般电磁铁被损坏或阀内弹簧被卡住、密封圈磨损等原因均能引起此种故障现象的产生。这时，可用一个好的电磁铁将故障电磁阀上的电磁铁换下来，然后观察其换向情况，由此就能判断电磁铁是否损坏。也可以将怀疑的电磁铁装在无故障的电磁换向阀上。这时，若电磁换向阀出现故障，就表明电磁铁是其故障原因；反之，则不是。

15.6.3 故障诊断的步骤

(1) 检查气源装置（即空气压缩机）的压力。

(2) 检查气管连接处是否存在漏气。若听到“扑哧扑哧”的漏气声或用手触摸气管连接处感到有风吹过，说明存在漏气。或用压力表测量其压力。

(3) 检查接近开关是否损坏。若怀疑接近开关出现故障，可以将其拆下安装在正常工作的操作手单元，看操作手是否正常工作来判定接近开关是否有问题。也可以更换一个正常的接近开关试操作，如果操作手能正常工作就说明接近开关有问题，如果操作手不能正常工作则需要进一步检查换向阀或其他元件。本实验室旁有个气动与 PLC 的综合试验台，也可利用它来简单的测试接近开关是否正常，将接近开关的正极接在＋24V 上，负极接在 0 上，信号端接在 PLC 面板红色指示灯上，若将钥匙放在接近开关上，红色指示灯亮，拿开钥匙，红色指示灯不亮，说明接近开关正常，否则说明接近开关不正常。

（4）检查电磁换向阀是否损坏。若怀疑电磁换向阀出现故障，可以将其拆下安装在正常工作的操作手单元，也可以用手动换向阀替换电磁换向阀，看操作手是否正常工作来判定电磁换向阀是否有问题。

若换向阀上的消声器太脏或被堵塞时，则会影响换向阀的灵敏度和换向时间，故需要经常清洗消声器。

对于电磁换向阀的故障应该大体分为两部分，一是电磁阀机械故障，二是电路故障（包括电磁阀故障和电磁线圈）。因此，在检查电磁阀故障前，首先应先将换向阀的手动旋钮转动几下，看换向阀在额定的气压下是否能正常换向，若能正常换向，则是电路或电磁线圈故障，否则就是电磁阀阀体与阀芯出现机械故障。例如润滑不良、油污或杂质卡住滑动部分、若弹簧被卡住或损坏、阀芯密封圈磨损、阀杆和阀座损伤等则会引起阀不能换向或换向动作缓慢，这时，应检查油雾器的工作是否正常，润滑油的黏度是否合适（必要时应更换润滑油），清洗换向阀的滑动部分，更换弹簧、密封圈、阀杆和阀座甚至更换向阀。若电磁先导阀的进、排气孔被油泥等杂物堵塞，封闭不严，活动铁心被卡死等则会导致换向阀不能正常换向，这时，应首先清洗先导阀及活动铁心上的油泥和杂质。而对于电路故障，则按照控制电路故障和电磁线圈故障两类来处理。在检查时，可用仪表测量电磁线圈的电压，看是否达到了额定电压，如果电压过低，应进一步检查控制电路中的电源和相关联的行程开关电路。如果在额定电压下换向阀不能正常换向，则应检查电磁线圈的接头（插头）是否松动或接触不良。方法是拔下插头，测量线圈的阻值，如果阻值太大或太小，说明电磁线圈已损坏，应更换。

（5）上述工作都做完，若还没有排除故障，那么可能是气缸出现故障。此时，不宜急于拆卸气缸，而应先将其拆下安装在正常工作的操作手单元，或用正常的气缸替换，看操作手是否正常工作来判定气缸是否有问题。在确定气缸出现故障的基础上，再对气缸进行拆卸与检测。一般若密封圈和密封环磨损或损坏，气缸内存在杂质，润滑油供应不足及活塞杆安装偏心或出现伤痕等就会引起气缸内、外泄漏。所以，当发现气缸出现内、外泄漏时，更换磨损的密封圈、密封环和有伤痕的活塞杆，清除气缸内存在的杂质，检查油雾器工作是否可靠，保证气缸润滑良好，重新调整活塞杆的中心，保证活塞杆与缸筒的同轴度。若活塞或活塞杆被卡住、润滑不良、供气量不足，或缸内有冷凝水和杂质等均能引起气缸的输出力不足和动作不平稳。所以，当发现气缸输出力不足和动作不平稳时，应调整活塞杆的中心，检查油雾器的工作是否可靠，供气管路是否被堵塞，清除气缸内存有的冷凝水和杂质。若缓冲密封圈磨损或调节螺钉损坏则会引起气缸的缓冲效果不良，此时，应更换密封圈和调节螺钉。若活塞杆安装偏心或缓冲机构不起作用则会造成气缸的活塞杆和缸盖损坏，对此，应调整活塞杆的中心位置，更换缓冲密封圈或调节螺钉。

15.6.4　现场诊断实际过程

（1）按照先易后难、先外后内的顺序，首先检查空气压缩机的压力是否正常，气管连接是否漏气。经检查空气压缩机的压力充足，气管连接良好，没有漏气。

（2）检查接近开关的故障。由于操作手由 B 处回到 A 处就不再进行循环动作，接近开关没有感应，采用更换法检查接近开关的故障。更换接近开关，但是机械手的摆臂气缸伸缩时出现走走停停的现象，现怀疑可能电磁换向阀或气缸出现问题。

(3) 检查电磁换向阀的故障。拆下电磁换向阀将其安装在另一台正常工作的操作单元上，机械手能正常工作，说明电磁换向阀无故障。

(4) 检查气缸的故障。重新安装一个正常的气缸，机械手故障排除。这说明故障就出在气缸上，现将坏了气缸拆开，把里面的杂质清理干净，更换损坏的密封圈，再重新安装上去，故障排除。

15.6.5 结论

综合以上故障原因和排除过程，得到以下结论。

(1) 出现故障应首先分析故障原因，研究气动系统原理图，理清思路。

(2) 检查时切忌急于盲目的拆卸元器件和气动回路，应按照先易后难、先外后内、积极假设、认真论证的故障排除原则，综合利用经验法、更换法、参数诊断法等故障诊断方法，逐步缩小故障范围，确定故障点之后，再对元器件进行拆卸。

(3) 拆卸分解元器件时，要在干净、清洁、通风的场地进行，而且要求与零件接触的手、测量仪器、擦布、清洗液等物件都要保持清洁，防止装配时混入灰尘、杂质而引起二次故障。

15.7 气动摩擦式飞剪常见故障处理

ϕ300mm 棒材机组，倍尺飞剪采用气动摩擦式，使用中出现不剪、连剪、剪切位置不稳（或剪切堆钢）、剪不断或剪切弯头等不正常现象。

15.7.1 飞剪不剪

制动器不退出或离合器无法投入，造成不剪。检查高压气和电磁阀控制是否正常。检查气源（包括气动三大件），确认气包是否有压力，气动三联件是否堵塞。离合器阀体有无窜气现象，若窜气应及时更换电磁阀。检查快排阀风管、阀芯是否脱落损坏。旋转接头是否脱落、气囊是否严重漏气。离合器外圈联结螺栓是否切断。制动器是否常制动或抱死。确认电磁阀是否常得电、冷却制动器或调整制动器间隙。离合器间隙是否太大，或损坏打齿，若间隙过大应调整离合器间隙、更换打齿部件。

热金属检测器故障，检查 PLC 输入 M8 模块 A8 有无信号，检测 M8—08 有钢时输入有无 24V 电压，若无则更换热金属检测器。制动阀、离合器阀故障，检查剪切时 M3 模块有无制动器和离合器动作信号输出。测量制动器、离合器输出 24V 电压。无输出电压则更换 M3 模块；有 24V 电压输出则更换制动快排阀、离合器快排阀。成品主机编码器及脉冲分路器故障会造成飞剪高速计数器 HSC 计数不准，引起不切，若确定则更换编码器及脉冲分路器。

15.7.2 飞剪连剪

检查制动器阀体是否有气，有无窜气现象，阀体是否常开，确认电磁阀是否常得电，若无则更换电磁阀。检查离合器间隙是否太小，若太小则调整间隙。快排阀是否排气顺畅，若排气不畅则更换快排阀芯。制动器、离合器气囊是否漏气或变形，若漏气则更换气囊。摩擦盘外圈、内齿是否断裂掉齿，扇形块是否脱落。飞剪限位开关故障，检查PLC飞剪限位接近开关输入信号指示灯，测M7—B5信号电压。无24V输入，则更换接近开关。制动器不投入或离合器无法退出，检查高压气，用万用表量电磁阀的电压值是否正常，电缆有无故障，如果电压不正常，可查控制柜内的故障，电压正常则更换电磁阀。

15.7.3　剪切位置不稳（或剪切堆钢）

检查离合器、制动器间隙是否合适，有无进水、进油导致打滑现象。若确定，则调整间隙或撒松香粉以增加摩擦力。电磁换向阀是否窜气，快排阀是否排气顺畅，若确定，则更换损坏的电磁阀和快排阀芯。皮带是否打滑，若打滑，则撒松香粉增加摩擦力或更换皮带。制动器、离合器气囊是否漏气或变形。若漏气则更换气囊。检查感光板（码盘）是否位置不准，接近开关是否失灵，若确定，则调整感光板或更换接近开关。检查摩擦盘外圈、内齿是否断裂掉齿，扇形块是否脱落。检查剪刃侧间隙是否增大，重合度是否减小，若确定，更换磨损刀片并调整剪刃侧间隙和重合度。检查胀紧套是否松动，上剪臂是否自由摆动，若确定，要重新设定上剪臂正确位置，然后紧固剪臂螺钉。检查电动机转速是否正常，不正常应更换电动机。

15.7.4　剪不断或剪切弯头

检查剪刃螺栓是否松动或断裂，确定则紧固或更换剪刃螺栓。检查剪刃侧间隙是否增大，重合度是否减小，或剪刃崩坏，确定则调整或更换剪刃。检查导槽位置是否到位，或存在高低不平或倾斜现象。制动器相对离合器的电磁阀的延时时间是否正常，若确定则调整延时时间。检查超前率是否正常，若确定则调整超前率。

第16章 冶金气动设备使用与维修

16.1 DDS开铁口机气动系统的改进

某炼铁厂3#高炉开炉以来，炉前使用DDS气动开铁口机，取代了原来的电动平衡式开铁口机。由于使用压缩空气作为动力，相比之下，DDS开铁口机比电动平衡式开铁口机安全、可靠。在性能方面，DDS开铁口机增加了振打功能，开铁口的速度快了很多。经调查，在开炉初期，炉前工对其评价很高。

但使用一段时间后，DDS开铁口机频繁发生下述两个故障：其一，在开铁口时，振打小车不能进退，导致振打空打；只有停开振打后，小车才能够进退。这一故障严重影响了开铁口机的性能，操作工无法正常打开铁口，只能停开振打后，用转杆将铁口钻出一定深度，而后用氧气烧开铁口。其二，振打能力有所下降，经常不能打开铁口。通过对气动系统进行了一系列的改进，彻底杜绝了上述两个故障。

16.1.1 第一种故障的处理

1. 故障分析

当第一种故障发生时，现场同时出现了以下3个现象：①开振打时进退小车不动；②现场两个进退快排阀排气口同时排气；③单开振打时，系统的总排气管向外排气。现象第3点说明开口机振打主阀K23JK-L25的P、T口出现了窜气。现场维修时，只要将振打主阀更换，故障就消除了。通过对系统图的分析可以得出：振打主阀窜气影响到小车进退回路的原因是两个回路共用了一根排气管，相互之间没有用单向阀隔开。振打主阀窜气时排气管内的背压可以影响到小车进退回路。如果振打主阀P、T口窜气，那么T口的压缩空气要经过2m长的4寸无缝管才能排到大气，而且排气管还有两个90°弯头。根据管路中气体流动所产生的沿程损失和局部损失，结合现场排气管中的排气量，可以断定，振打主阀T口有一定的压力，设这一压力为p。所有与排气管相通的管路内如果没有气体流动，就属于静压范畴，即压力与T口压力基本相等，现场两个进退快排阀气控腔的压力就等于p。

同时设系统压力为p。进退快排阀型号为K23JK—L40，其结构与K23JK—L25相同。阀芯的一端为气控活塞，另一端是复位弹簧。目前开口机系统压力大约维持在$7kgf/cm^2$。

查手册得：当 $p=7\text{kgf/cm}^2$ 时，$p'\approx 4\text{kgf/cm}^2$。也就是说，当系统压力 $p=7\text{kgf/cm}^2$时，备压 $p'=4\text{kgf/cm}^2$ 就可打开两个排气阀，使其工作在气控位，结合本次故障，如果 T 口的排气压力达到 4kgf/cm^2 时，正常开铁口时进退小车的两个排气阀阀芯已经动作，而且排气口都在排气，小车就不能动作了。为了证实推断的正确性，由钳工在系统中 J 点（见图 16－1）接装压力表，开振打时显示压力 500kPa，这就肯定了上述推断。

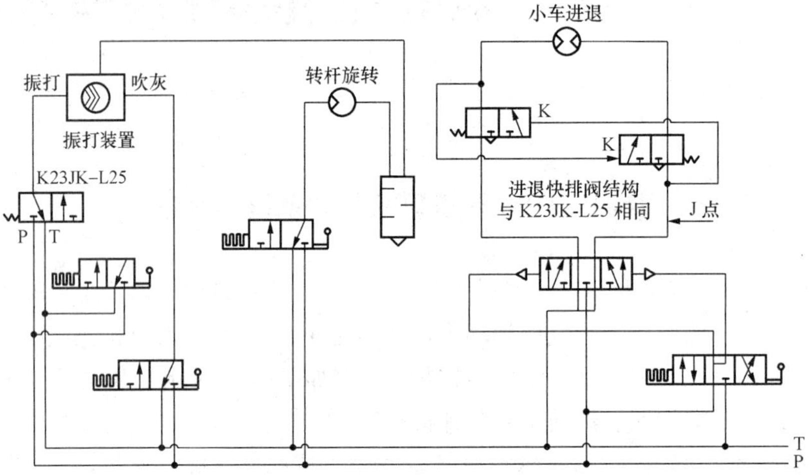

图 16－1　改进前的开铁口机气动系统图

2. 故障处理

由于是振打主阀窜气，虽然更换振打主阀后问题即被解决。但是如果振打主阀再次窜气，很可能再度引起上述故障，经查阅设备病历卡，发现该阀更换较为频繁，在一年半的时间内，某区段铁口总共更换 4 次，更换理由全部是 P－T 口窜气。为了彻底解决这一故障，决定对系统进行改进。

3. 技术改进

这项技术改进必须完成以下两项任务。

(1) 不能让 K23JK－L25 窜气。

(2) 振打排气和系统的排气管路要彻底分开。

为了达到这一目的，直接将 K23JK－L25 的 T 口封掉。这样，振打主阀不排气，肯定不会影响小车进退回路，而且，即使 K23JK－L25 阀芯的密封有轻度损坏，阀芯不能完全到位，对振打也没什么影响。经过几年来的使用，效果非常令人满意。

16.1.2　第二种故障的处理

1. 故障分析

振打机构是 DDS 开铁口机的主体部分，振打机构挂在进退小车上。开铁口时，进退小车在进的状态下，振打机构中的滑锤来回振打钻杆，配合钻杆的旋转从而打开铁口。滑锤的动作频率和输出的冲击力是打开铁口的关键因素。但由于使用时间的延长，振打机构本身磨损增大，振打能力有所下降，造成经常打不开铁口，或者由于打铁口时间太长，钻杆在铁口内发生变形而拔不出来。这就满足不了开铁口的需要。对高炉稳产顺行产生了负面影响，为此对开铁口机进行了改进。

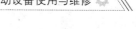

造成铁口打不开的原因主要是振打机构输出的冲击力下降，对振打机构拆检及对气动系统的分析发现以下现象。

(1) 振打机构磨损太大，主要包括滑锤与筒体及滑锤与吹灰管的间隙加大。

(2) 供给振打机构的流量偏小。

由于压力一般维持在0.7MPa左右，而且提高系统压力对整个管网都有影响，所以不能够从压力着手，因此，振打机构的输入流量偏小，以及本身流量的损失太大，是导致振打能力偏小的直接原因。

2. 对系统的改进

(1) 对磨损大的零件进行更换，这一措施能在一定程度上提高振打能力。

(2) 增加振打机构的输入流量。在输入压力不变的情况下，增加输入流量，可以提高振打频率和冲击力，从而提高振打性能，这一方案是完全可行的。针对此方案，对图纸及现场进行了研究，并提出了改进建议。

振打系统很简单，压缩空气通过一个二位三通气控阀K23JK－L25到达振打机构，K23JK—L25由一个二位三通手控阀控制（见图16－1）。通过观察发现，虽然接入振打机构的软管通径是ϕ38mm，但是控制阀K23JK－L25通径只有ϕ25mm，很明显这一设计是存在缺陷的。根据公式计算目前的公称通径

$$1/S_R^2 = 1/S_1^2 + 1/S_2^2 + 1/S_3^2 + \cdots + 1/S_N^2$$

式中 S_R——公称通径截面积；

S_N——管路中各部分的通径截面积。

令：S_1＝阀的通径截面积，S_2＝软管的通径截面积，那么

$$\begin{aligned} 1/S_R^2 &= 1/S_1^2 + 1/S_2^2 \\ &= 1/(12.5^2\pi)^2 + 1/(19^2\pi)^2 \end{aligned}$$

得$S_R=450\text{mm}^2$，所以公称通径等于ϕ24mm，如果选用通径40mm的控制阀，那么

$$\begin{aligned} 1/S_R^2 &= 1/S_1^2 + 1/S_2^2 \\ &= 1/(20^2\pi)^2 + 1/(9^2\pi)^2 \end{aligned}$$

得$S_R=840\text{mm}^2$，所以公称通径等于ϕ32mm，再根据公式

$$Q = C_d A\sqrt{\frac{2\Delta p}{\rho}}$$

式中 Q——通过管路的流量；

C_d、ρ、Δp——不变；

A——公称截面积。

所以改进后流量是改进前的840/450＝1.78，输入流量提高78%。基于这一理论基础，选用ϕ40mm的阀流量可以增加78%，但由于未考虑其他阻尼，实际值要比78%小。

重新排管并设计一个阀座，将原有两个控制阀换成230—40型手动转阀（公称通径ϕ40mm)，原有的控制阀和管道被拆除，新阀并入系统后改进即完成，并一次试车成功。改进后系统图，如图16－2所示。

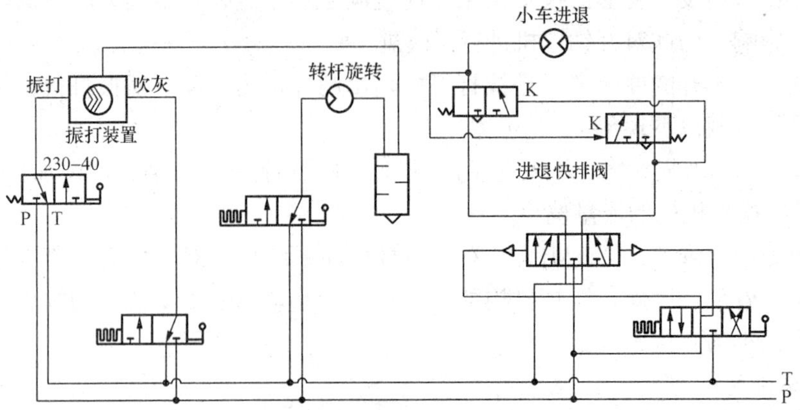

图 16－2　进后的开铁口机气动系统图

3. 改进效果

改进后开铁口时间大大缩短，振打的力量大大提高，炉前操作工反映非常好。由于振打能力的提高，基本上制止了以前钻杆拔不出，以及用氧气烧开铁口现象的发生。经粗略计算，一年节约的钻杆以及氧气的费用至少在 10 万元以上，并且改进后的开铁口机更好地保证了开铁口的准点性，降低了炉前操作工的劳动强度。

16.2　DDS 开铁口机小车进退回路的改进

16.2.1　存在的问题

DDS 气动开铁口机安全、可靠。并且由于增加了振打功能，开铁口的速度快了很多。但是由于设计上的失误，小车进退回路一直存在问题，即铁口打开后，如果立即将小车进退手柄拨至退的位置，小车会原地不动，现场有一个快排阀持续排气。操作工必须将小车进退手柄复中位停留大约 5s，听到操作室外排气声减弱后，方可退回小车。但是此时开铁口机振打机构已被喷了很多渣，气管必须经常更换。这对开口机设备的损害非常大。并且由于钻杆在铁口中时间过长铁水有可能将钻杆粘住。如果铁水将钻杆粘住，就必须用氧气将钻杆烧断，非常不利于高炉生产。

16.2.2　问题分析

1. 回路介绍

如图 16－3 所示，小车的进退由双向气动马达驱动，气动马达的正转使小车前进，气动马达反转使小车后退，气动马达由三位五通气控阀控制，该气控阀由三位四通手动阀控制。由于开铁口机的执行机构和操作室分列于铁钩的两侧，三位五通气控阀到气动马达的管路较长（过铁钩的管路从铁钩下方绕行），大约 20m 左右。并且三位五通阀的排气口接了一段管子到室外。这使得气动马达排气备压较高。为了减小气动马达的排气备压，在现场设置了两个快排阀，型号是 K23JK—L40（实际上是二位三通单气控换向阀）。正常工作时，小车进退是现场排气。

2. 原因分析

有经验的操作工操作程序是这样的：当小车需要前进时，将换向阀手柄拨到进的位置，小车立即前进，当触及铁口后，小车不动，进回路压力等于系统压力，当铁口被打开后，操作工应立即将手柄拨至中位，仔细听操作室外的排气声，当听到排气声明显减小时，立即将手柄拨至退的位置，小车开始退回。但是就在这，手柄在中间位置停留 5s 的期间内，铁口喷出的渣很多都打在了小车上。遇到炉况不好时，很可能将气管烧掉。设备点检人员要定期对开铁口机的振打机构和进退小车清渣。极大地影响了开铁口机机械设备的维护。

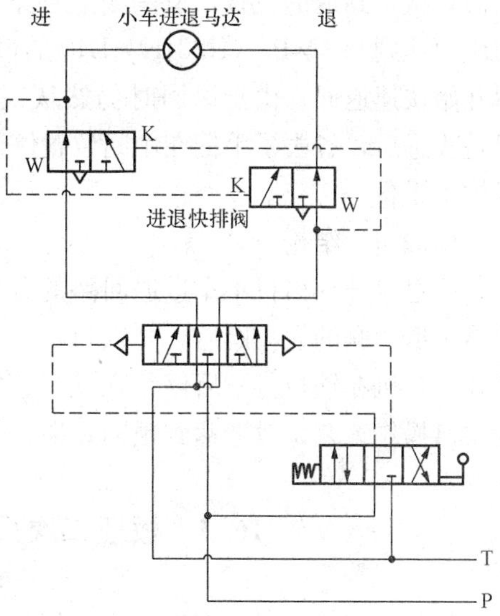

图 16－3　改造前的气动系统图

手柄必须在中间位置停留 5s。因为在这 5s 内要使进一侧的管路内的压力通过三位五通阀的 T 口卸掉，然后退一侧的快排阀阀芯才能完全复位。如果操作工在铁口打开后立即将手柄拨至退的位置，此时进一侧管路压力还没有来得及卸掉，退一侧快排阀气控腔仍有压力，快排阀阀芯没有完全复位，导致该阀 T 口、P 口和 A 口相通。虽然此时退一侧回路已经开始加压，但是压缩空气可以从 P 口到达 T 口，压力根本建立不起来。此时快排阀阀芯是浮在中间位置的，由于 K23JK—L40 阀芯是锥面密封，制造精度较低，在这种状态下通了压缩空气后阀芯由于受到一定的径向力，可能导致阀芯偏斜，卡在中间位置。这样退一侧压力始终建立不起来。现场看到的现象是退一侧快排阀持续排气。

16.2.3　改进措施

在对开铁口工艺进行详细的研究后，提出以下两条改进措施。

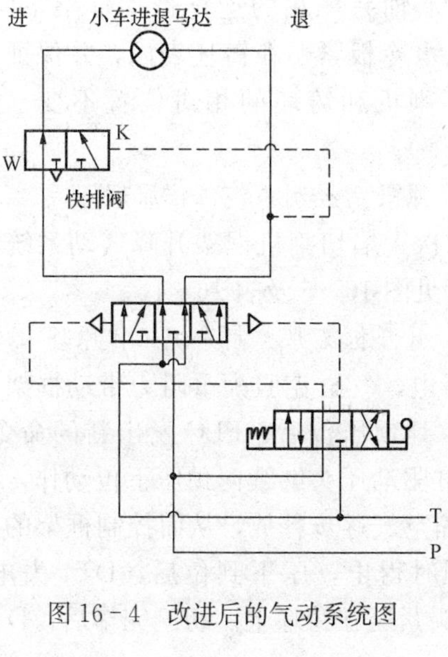

图 16－4　改进后的气动系统图

(1) 将三位五通阀的 T 口的排气管通径放大，并重新排管，尽量减小沿程损失。

(2) 将退一侧的快排阀取消。改进后的气动系统图如图 16－4 所示。经过综合考虑，由于第一条改进措施实施起来工作量较大，决定先实施工作量较小的第二条措施，将退一侧的快排阀取消。具体操作是将退一侧快排阀的气控管路拆掉，两头用闷头闷掉。改进后小车前进时从三位五通阀 T 口排气，前进的速度受到影响。试验时的现象是小车行进了行程的一半左右出现了停顿，而后继续前进，这是排气备压太高所致，但是在打铁口时，小车前进的速度非常慢，由于工艺上要求的是力而不是速度，所以前进时排气备压高并不影响开铁口，一旦铁口打开后，此时操作工可以将手柄直接拨到退的位置，退一侧的管路开始建立压力，进一侧管路开始卸压。当退一侧的压力达到 0.4MPa（K23JK—L40 的最小气控开启压力）左右时，快排阀打开，小车立即开始快速退回。由于退回时仍然从快排阀排气，所以小车退回的速度与改造前相同，但是改进后，省去了手柄在中间位置停留的过程，缩短了开铁口机在铁口正前方的时间，保护了设备。

16.2.4 结论

通过对开铁口机小车进退回路的分析以及对开铁口工艺的研究表明，取消小车进退回路中退一侧的快排阀后，开铁口机设备仍能够满足开铁口的工艺要求。但是大大缩短了开铁口机在铁口打开后停留在铁口正前方的时间，保护了设备。并且简化了操作工的开铁口操作工艺，改造达到预期效果。

16.3 板坯二次火焰切割机气动系统的改进

某厂立弯式多点矫直板坯连铸机自投产以来，二次火焰切割机气动系统暴露出了气动比例阀不适应现场环境、控制失灵、工作时升降框架动作缓慢或不动等不足之处，严重影响了二次火焰切割机的正常使用和生产的顺利进行，并且出现比例阀损坏频繁、问题处理时间长等问题。针对上述原因，我们对二次火焰切割机使用的工艺要求、气动系统的设计原理及现场环境进行了认真的分析，并提出了改进的方案，实施后，使用效果良好。

16.3.1 板坯二次火焰切割机简介

1. 概述

板坯二次火焰切割机是板坯连铸机的在线生产设备，把经过一次切割的铸坯切成三等分。框架升降动作的传动部分为气缸带动传动连杆克服配重阻力，绕着中心轴旋转，中心轴另一端的连杆带动框架下降，使压头水冷板紧贴在铸坯表面，并保证切割时切割机和铸坯的相对位置不变（见图 16-5）。

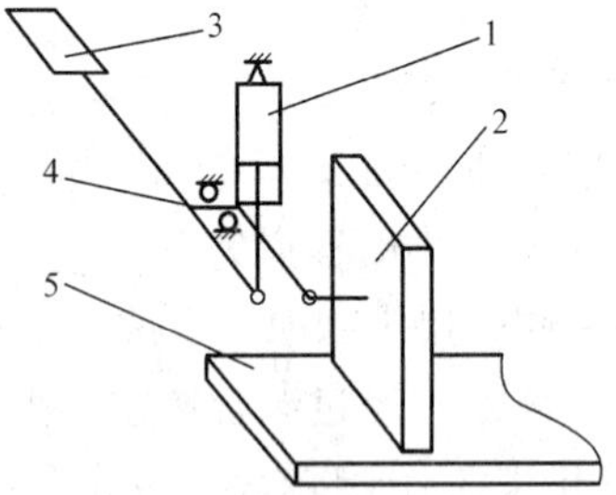

图 16-5 二次火焰切割机升降机构简图

1—气缸；2—升降框架；3—配重；4—旋转中心轴；5—铸坯

2. 原气动控制系统工作原理图

二次火焰切割机框架升降气动系统工作原理见图 16-6 及表 16-1。

3. 升降框架原控制系统工作原理

当铸坯到达而切辊道并定位后，DT2 和 DT4 得电，气缸克服配重阻力带动框架下降，下降的位置由装在旋转中心轴的编码器检测。到预压位后，PLC 发出新的命令，DT4 失电，DT2、DT3 得电，比例阀同时工作，气缸驱动压头继续向预压下位动作，比例阀调节气缸活塞有杆腔的背压，并将有杆腔的压缩空气逐步释放，从而控制框架的下降速度，延时 0.5～1s，DT3 失电，DT2、DT4 同时得电，压下到位后，DT4 失电，DT2 保持得电，气缸无杠腔保持一定的压力，使压头紧压在铸坯上。切割完毕后，DT2

失电，DT1、DT3 同时得电，比例阀调节活塞杆侧的进气压力驱动气缸动作，框架在配重和气缸的共同作用下抬升至最高位，完成一次切坯工作。

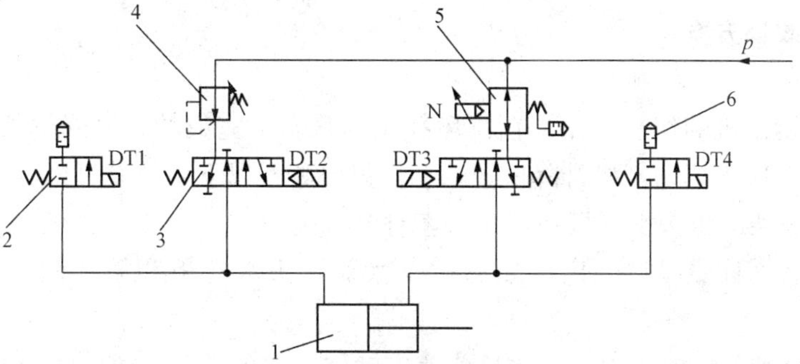

图 16－6 改造前气动系统原理图

1—气缸；2—二位二通电磁阀；3—二位五通电磁阀；
4—减压阀；5—气动比例阀；6—消声器

表 16－1 **电磁铁动作顺序表**

切割框架动作	DT1	DT2	DT3	DT4	N
最高位	－	－	－	－	×
从最高位到开始预压位	－	＋	－	＋	×
从开始预压位到预压位	－	＋	＋	－	×
预压位	－	－	＋	－	×
从预压位到压下位	－	＋	－	＋	×
压下位	－	＋	－	－	×
抬升	＋	－	＋	－	×

注 “＋”为得电；“－”为失电；“×”为有控制信号。

16.3.2 存在的问题

1. 框架在升降过程中动作缓慢或不动作

二次火焰切割机故障的主要问题就是切割框架在压下或抬升过程中动作缓慢或停止动作。造成这个问题的直接原因就是气动比例阀动作失灵。气动比例阀内安装的模板和其他电器元件发生故障，或者气动比例阀内的控制气路通气不畅，则气动比例阀就不能按照 PLC 的要求对有杆腔的压力进行调节，而无杆腔进气由 DT2 控制继续充压，有杆腔的背压不断增高，当背压不能及时从比例阀释放时，就会出现升降框架下降速度慢，甚至不动的现象。

2. 气动比例阀故障频繁、使用寿命短

为了保证气动比例阀的响应速度，系统的控制阀箱装在了火焰切割机上靠近气缸的位置。而铸坯在二切仍有 1000℃左右的高温，强烈的热辐射造成气动比例阀工作环境温度升高；经测量，气动比例阀电气部分的外表温度总是持续在 60～80℃左右。在这样的环境下，电气元件的稳定性很快就会降低，导致控制失灵。更换新的气动比例阀，价格昂贵，成本升高。另一方面，气动比例阀对压缩空气有较高的清洁度要求，通过对气动比例阀解体检查，其内部阀芯、控制薄膜上附着有明显的粉尘和水渍，而先导控制气路与先导阀芯的通径仅有 0.1mm 左右，这些杂质易使阀卡阻，造成故障。

16.3.3 改造方案

1. 具体措施

二次火焰切割机的切割工作是在铸坯静止的状态下完成的，升降框架压下时，铸坯并没有移动，二次火焰切割机升降框架的动作只要具备以下条件就可以满足工艺要求。

(1) 升降框架的压头水冷板在接触铸坯时要有缓冲。

(2) 压下后气缸要保持一定的压力，以保证压头水冷板和铸坯间产生足够的静摩擦力。

(3) 升降框架抬升时要以一个较慢的速度动作，避免升到顶位时的冲击。

改造方案如下。

(1) 将气缸有杆腔进气的减压阀改为一个节流阀。

(2) 将气缸无杆腔进气的气动比例阀改为一个减压阀。

(3) 不改变 PLC 的控制程序，将有杆腔排气控制阀的控制线并入无杆腔进气换向阀的控制信号上。得到新的气动控制系统，见图 16-7 及表 16-2。

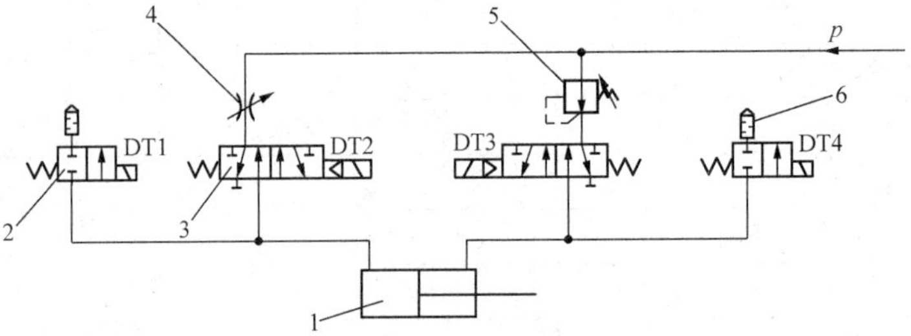

图 16-7 改造后气动系统原理图

1—气缸；2—二位二通电磁阀；3—二位五通电磁阀；4—节流阀；5—减压阀；6—消声器

表 16-2 改造后气动系统动作顺序表

切割框架动作	DT1	DT2	DT3	DT4
最高位	−	−	−	−
从最高位到开始预压位	−	+	−	+
从开始预压位到预压位	−	+	+	+
预压位	−	−	+	−
从预压位到压下位	−	+	−	+
压下位	−	+	−	+
抬升	+	−	+	−

注 "+"为得电；"−"为失电。

从表 16-2 中可以看出，改造后的气动系统把"从开始预压到预压下"这一故障率最高的行程由原来的气动比例阀控制改为普通的电磁阀控制。开始压下时，DT2、DT4得电动作，压下速度由设在无杆腔进气路上的节流阀来控制，使框架连续、匀速压下，在“从开始预压到预压下”这段行程中，DT2、DT3、DT4得电，有杆腔直接通过二位二通阀排气，同时，因为DT3得电打开，活塞杆侧也能保持一定的背压，保证压下动作的平缓；到达“预压位”后，DT2、DT4失电，DT3保持0.5～1 s的得电时间，活塞杆侧保持0.2～0.3 MPa的压力，抵销升降框架压下的惯性，起到良好的缓冲作用，随即DT2、DT4得电，气缸全压下，压下到位后，DT2、DT4保持得电，气缸活塞侧保持0.5～0.6MPa的压力，使压头水冷板和铸坯间产生足够的静摩擦力满足切割工作的需要。切割完毕，DT1、DT3得电，活塞杆侧的进气经过减压阀的减压以0.2～0.3MPa的压力和配重一同带动升降框架平缓抬升。

通过以上分析可以看出改造方案具有以下特点。

(1) 在完全满足工艺要求的前提下用减压阀替换了气动比例阀，原PLC控制程序不用进行修改，改造简便易行、成本低廉。

(2) 减压阀对现场环境和压缩空气质量的适应能力远远高于气动比例阀，大大降低了设备故障率，为生产创造了良好条件。

(3) 减压阀的价格远低于气动比例阀，同时，由于其故障率低，不需经常更换，节约了生产成本。

(4) 减压阀、节流阀结构简单，故障率低，发生故障后便于问题的判断和解决，降低了维修难度。

2. 改造后的效果

改造以后，二次火焰切割机气动系统的工作稳定性大大提高。原来新气动比例阀上线后最多使用一周就故障频发，必须进行检修，改造后，除了定期清理三联体外，每年只需进行1～2次常规检修，1～2年才更换一个减压阀，节流阀只需清理，可以使用2～3年。

16.4 板坯自动火焰切割机气动系统的改进

板坯自动火焰切割机是板坯连铸机主要在线设备之一，用于把铸坯切割成所需的定尺长度。切割机同步机构的压紧架一端与切割机车架铰接，另一端为压头，由气缸推动压紧铸坯。工作时由铸坯带动切割机同步运行，2台割枪小车作横向运动，分别带动一把割枪在板坯上方相对移动来完成切割。板坯自动火焰切割机气动系统用于切割机与铸坯同步机构上，如图16-8所示。

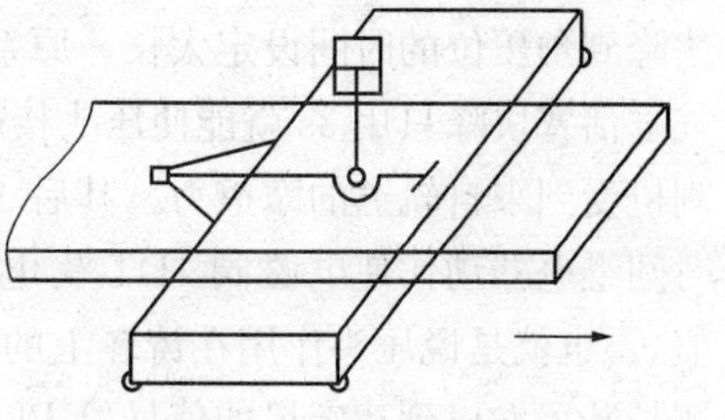

图16-8 切割机简图

16.4.1 板坯自动火焰切割机气动原理

同步机构气动系统工作原理，见图16-9及表16-3。

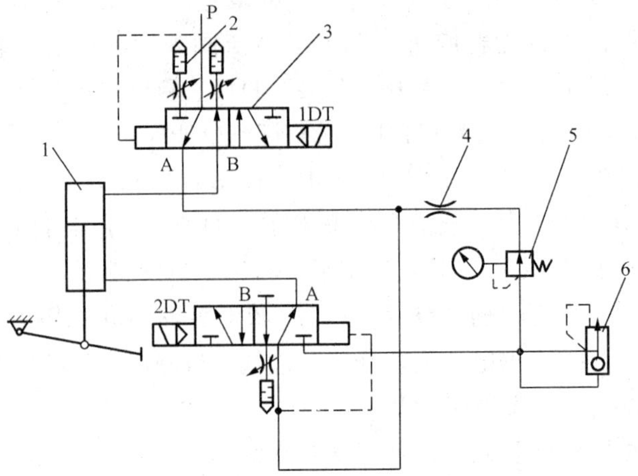

图 16－9　气动系统原理图

1—气缸；2—消声节流阀；3—电磁阀；4—固定式节流阀；5—背压阀；6—快速排气阀

表 16－3　　气动系统工作状态表

动　作	电磁阀 1DT	电磁阀 2DT
上升	失电	失电
快降	得电	失电
预压	失电	得电
压紧	得电	得电

16.4.2　铸坯测长的工作原理

当上一次切割完毕，同步机构的压紧架上升，切割机与铸坯脱离同步的同时，测长装置的增量式脉冲发生器开始计数。当铸坯到达定尺前 300mm 时，发出预压信号；铸坯到达定尺时，发出压紧信号。

为达到切割机具有任意点起切功能，上述信号不是仅由测长装置发出，而是与切割车位置测量装置配合，通过自动控制系统发出。

16.4.3　存在的问题及解决方案

1. 定尺不准的问题

存在的首要问题就是切割系统定尺不准，通常造成短尺。主要原因是气缸从原始位快降到预压位的时间设定太长。原系统由原位到预压位时间继电器设定的时间为 7s，而气缸活塞快降只用 3s 就能使压头接触到铸坯。压头作用在铸坯上的静摩擦力足以克服切割机受到来自轨道的摩擦力。其后 4s 时间内由铸坯通过压头带动切割机纵向移动，直至时间继电器动作使电磁阀 1DT 失电，2DT 得电，因压头对铸坯的压紧力变为零（理论值），也就是说压头作用在铸坯上的摩擦力变为零，而使切割机停止随铸坯的纵向移动。测长装置发出到达定尺的信号给 PLC，由 PLC 指令 1DT 得电、2DT 失电，压头压紧铸坯，切割机随铸坯同步纵向移动，横向移割枪→点火→预热→切割。

铸坯最低的拉速为零，最高的拉速可达 2m/min（出尾坯时的拉速）。当铸坯的拉速为 2m/min 时进行切割，4s 内切割车运行距离 $S=4\times2\times10^3/60=133\text{mm}$，也就是说短尺最大可达 133mm。

通过上面的分析，造成短尺的主要原因是只有一套传动装置的制动器在起作用和由时间继电器设定的由快降转为预压的时间太长。由于拉速是不断变化的，所造成的短尺也不尽相同，所以通过重新设定定尺长度来消除短尺是行不通的。针对这些客观情况，我们将该时间继电器设定时间由 7s 改为 1s，差不多取消了快降程序，使压头轻轻地压在铸坯上。通过这一改变，从根本上解决了由于该原因造成的短尺问题，取得了良好的效果。

2. 气动元件使用寿命短的问题

气压传动系统对其工作介质（压缩空气）的主要要求是：具有一定压力和足够的流量；并具有一定的净化程度，所含杂质（油、水及灰尘等）粒径一般不超过规定值。而常用空气压缩机多为油润滑，它排出的压缩空气温度一般达 40～170℃左右，使吸入空气中的水分和部分润滑油变成气态，与吸入的灰尘混合，形成了油气、水汽、灰尘的混合物，也就是杂质，这些杂质会给气动系统带来腐蚀、生锈、磨损，增大气阻或误动作等严重后果。

由于板坯自动火焰切割机气动系统所使用的压缩空气所含水分太多，致使该系统气源三联体使用寿命短、电磁阀动作不灵、气缸寿命短，1 个月就要更换 1 个气源三联体、2～4 个电磁阀、1～2 个气缸。湿空气被压缩后，单位体积中所含水蒸气的量增加，同时温度也上升，当压缩空气冷却时，其相对湿度升高，当温度降到露点后便有水滴产生。通过实际观察，气源三联体中的分水滤气器的存水杯如果不排水，2～3 天便是满杯。这样会使其滤芯被污水包围，使滤芯的过滤能力下降，造成气缸所需压缩空气的流量与压力不足，影响正常切割。即使是操作工及时排水，滤芯仍然会被压缩空气中的杂质、灰尘所堵塞，影响其使用寿命。

由于上述原因，使得气源三联体、电磁阀、气缸这些气动元件更换频繁，满足不了板坯连铸机快节奏、满负载的生产要求。针对这种情况，我们通过分析计算制订了改进措施。

根据气动系统的管道设计要求，车间内部干线管道应沿墙或沿柱子顺气流流动方向向下倾斜 3°～5°敷设，在干管和支管终点（最低点）设置集水管（罐），定期排放积水、污物，而板坯自动火焰切割机气动系统没有设置集水罐。

气缸的体积

$$V=\pi(D/2)^2L=7.86\text{dm}^3$$

我们选用了内径为 200mm，长 600mm 的压力容器作为集水罐，且设置在系统的最低点，其结构如图 16－10 所示。这样便可以使压缩空气中的水分及杂质在这里沉积，为气动元件提供更洁净的压缩空气。有了这么大的集水罐，1 个月不排水都可以。改造后通过 2 年的运行证明取得了良好的效果，1 年才更换 1 个气源三联体、1～2 个电磁阀、2 个气缸。

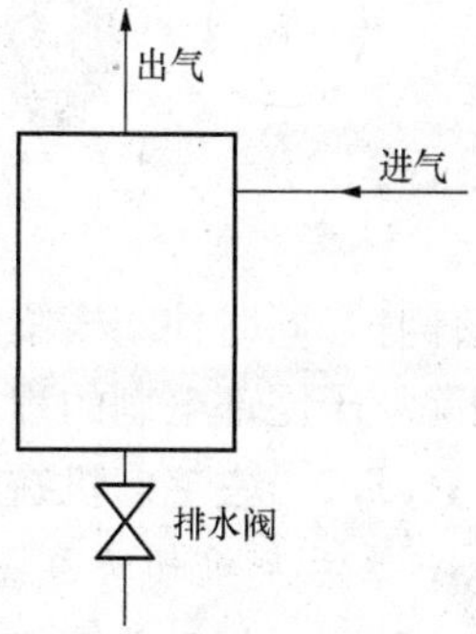

图 16－10　集水管（罐）简图

16.5　板坯去毛刺机的故障分析与处理

板坯连铸是一种新型的铸钢工艺，钢水经过连铸机直接形成半成品的板坯，板坯再被切割成一定长度的坯子。无论对何种介质进行切割（剪切除外），火焰切割时都会使钢坯切口下边粘连一条钢渣毛刺（简称毛刺），因而要用到去毛刺机。去毛刺机是板坯连铸机铸坯切割后的一种用于去除钢坯边缘残留毛刺的专用设备。某中厚板卷厂的连铸去毛刺机就是采用 GeGa Lotz GmbH 的机械式去毛刺机 K1267 型。去毛刺机 K1267 由机架、去毛刺机柱塞横梁、气动设备、水冷却系统、毛刺废物接收设备、电气系统设备及位置检测开关等组成。去毛刺机安装在出坯辊道中，与板坯的输送方向成 87°角。去毛刺机自上线使用 1 年多后，故障开始多起来，经常去不了毛刺，去毛刺率仅为 75%左右。在现代化生产中，连续化生产已经成为一种趋势，如果坯子毛刺去不干净，就要人工进行去除毛刺，这样坯子必须下线进行修理毛刺，这在很大程度上减慢了生产的节奏，满足不了高效率的生产要求。

16.5.1　去毛刺机的工作原理

去除坯子上毛刺有两个作用：提高坯子轧制的质量；减少对传送辊、轧辊的伤害。板坯在连铸机成形后，按定尺切割，再由传动辊道传送到去毛刺机（见图 16－11），进入去毛刺机的切割程序。去毛刺机初始状态：去毛刺机柱塞横梁在最低位，刀片被收回，刀片的上边缘位于辊道上边缘（图中虚线）的下面。当坯子被输送到光栅 LB1 时，坯子行走速度由传送速度 V_t 降到去除毛刺速度 V_e($V_t > V_e$)，以 V_e 速度运行到光栅 LB3，坯子传送停止，刀片和柱塞横梁同时上升，刀片压在坯子的下表面，坯子以速度 V_e 向右运动，完成去除毛刺动作；当坯子运行到光栅 LB2 时刀片和柱塞横梁同时下降，坯子传送停止，同时柱塞横梁翻转 90°完成清洁程序；然后坯子以传送速度 V_t 向左运动，进入去除坯子尾部毛刺的程序，去除尾部毛刺过程同上。

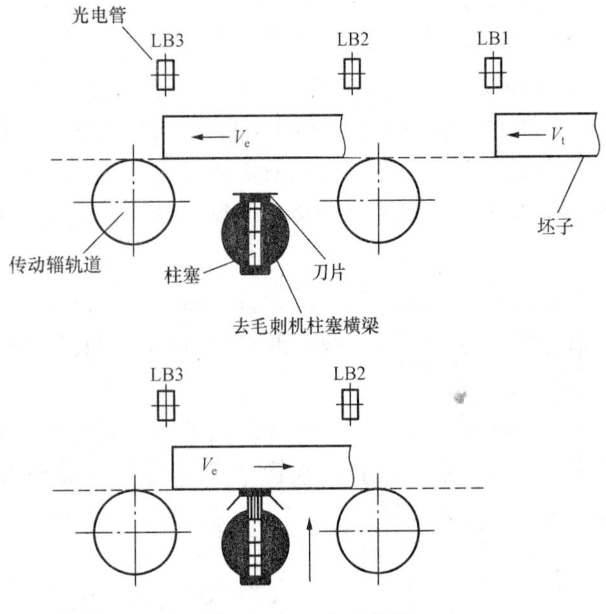

图 16－11　去毛刺机

16.5.2　去毛刺机在运行中存在的故障

1. 去毛刺机气动系统

去毛刺机气动系统包括控制去毛刺机柱塞横梁升降、去毛刺机柱塞横梁旋转、刀片的升降。下面我们主要介绍控制刀片升降气动系统（见图 16－12）。去毛刺机柱塞横梁上安装了34个柱塞气缸（简称柱塞），每个柱塞都是一个双作用气缸；每个柱塞上安装一个刀片，由柱塞控制刀片的升降。刀片升降气动系统主要由控制回路和柱塞升降回路两个基本回路组成。柱塞活塞在上升过程中为差动。

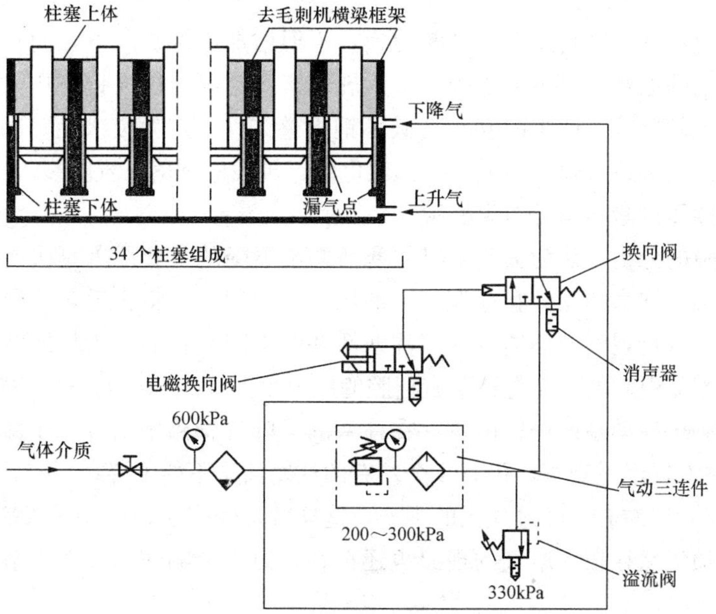

图16-12　刀片升降气动系统

气体介质的压力为600kPa，柱塞下降气的压力为600kPa，柱塞上升气的压力为200～300kPa，最大工作压力不超过330kPa，柱塞有杆腔始终有压力。当电磁阀换向阀得电时，控制回路打开，推动换向阀阀芯动作，活塞上升；当电磁换向阀失电时，控制回路关闭，换向阀阀芯在弹簧力的作用下退回原位，活塞下降。

2. 运行中存在的问题

去毛刺机自上线使用一年多后，故障开始多起来，主要故障为：部分柱塞上升下降不受控制，活塞一直处于上升位置。柱塞用的是进口的产品，使用时间较长，一直没有更换，柱塞下体内壁有磨损和剥落。柱塞下体内壁与活塞之间的间隙变大，且柱塞的密封圈也磨损较快，最终导致柱塞上下窜气，主要窜气点如图16-13所示。一个柱塞气缸上一共有5种密封圈，安装也较复杂，每次停机换组（平均十炉一组）60min，两个人只能更换4套柱塞密封圈，而且每天都安排更换；还有柱塞密封圈安装不好，密封圈磨损得更快；另外，拆开消声器（见图16-12）检查发现消声器内有许多杂物，长期的使用消声器堵塞严重，排气困难。柱塞上下窜气，消声器的排气不畅，使得柱塞的下腔形成一定的压力，由

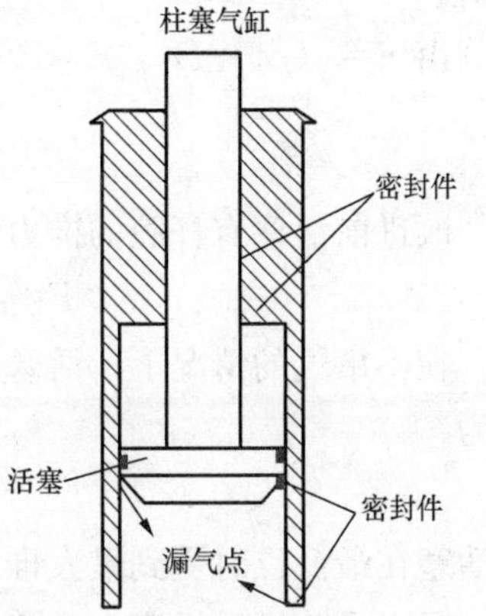

图16-13　柱塞缸上的主要窜气点

于柱塞的上下表面的面积差，导致柱塞活塞下表面的推力大于气压在上表面形成的推力与活塞的自身重力及摩擦力的和，活塞处于上升位。生产的管线钢每组最后一块坯子由于冷却不均匀，都有一定程度弯曲，如果柱塞不下降，坯子在输送过程中容易撞到刀片，损坏设备。

柱塞的密封不好，密封圈需要经常更换，不但增加了维护成本，而且去毛刺的效果也不好。坯子上的毛刺如果不清除掉，带入轧钢工序时可能嵌入钢坯中，导致钢板的表面质量不符合轧制要求，严重时甚至会破坏钢板整体性，产生废次品；同时，坯子毛刺也会对传送辊、轧辊造成较大的危害，如辊龟裂、辊表面剥落、辊断裂。

16.5.3 故障排除与运行效果检验

通过对故障的分析，认为去毛刺机柱塞活塞不下降的主要原因是去毛刺机柱塞密封不好，柱塞窜气，柱塞的无杆腔存在一定的压力。我们首先将去毛刺机所有的消声器都清理了一遍，再进行观察，仍然有许多柱塞活塞不下降。我们认为柱塞活塞不下降的主要原因不是消声器引起的，而是柱塞有杆腔的压力太大（600kPa）、柱塞窜气引起的。我们开始对去毛刺机气动系统进行改进，在柱塞的下降气管路中增加一个减压阀，将压力调到 300kPa 左右，经过观察，仍有 8 个左右的柱塞活塞不能下降；后来将去毛刺机下降气压力调到 100kPa 左右，经过几天的观察，这样效果较明显，柱塞活塞都能下降。虽然柱塞密封圈磨损仍然存在，窜气的现象也还存在，但不影响使用，而且节约了压缩空气的使用量。

柱塞下降气管路的改进肯定会使柱塞活塞的下降速度减小，这样会不会影响去除坯子毛刺呢？柱塞活塞在上升过程中受到的推力会不会过大？下面进行分析如下。

通过现场测绘可知，活塞的直径为 $D=80\text{mm}$，活塞杆直径为 $d=70\text{mm}$，行程为 $L=70\text{mm}$，活塞的重量 $M_1=2\text{kg}$，刀片的重量 $M_2=1\text{kg}$，活塞上升时受到的摩擦力一般小于活塞的重力，我们取 20N，活塞无杆腔的压强调节范围为 200～300kPa，取 250kPa，有杆腔压力取 600kPa。由于气缸活塞运动过程中的推力变化很复杂，我们现在只对气缸上升到最高位和下降到最低位两个状态进行分析。由图 16-12 中系统原理图可知，34 个柱塞气缸是并联连接的，其有效面积为各气缸有效面积的和，我们取单个柱塞进行受力分析。

由 $S=(1/4)\pi D^2$、$F=PS$ 得到改进前活塞无杆腔的推力为

$$F_1=(1/4)p_1\pi D^2=1256\text{N}$$

改进前活塞有杆腔的推力为

$$F_2=(1/4)p_2\pi(D^2-d^2)=706.5\text{N}$$

在不窜气的情况下，活塞上升到最高位受到的推力即刀片压在坯子下表面的最大压力为

$$F_{推}=F_1-F_2-G=520\text{N}$$

而活塞在最低位时受到最大推力为 706.5N。

考虑到改进后活塞上升速度较大，且刀片压在坯子下表面的压力较大，刀片损坏严重，以及柱塞窜气，我们适当降低了活塞无杆腔的进气压力，将压力调到 180kPa。

改进后活塞杆无杆腔的压力为

$$F'_1 = (1/4)P'_1\pi D^2 = 904.32\text{N}$$

改进后活塞的有杆腔压力为

$$F'_2 = (1/4)P'_2\pi(D^2 - d^2) = 117.75\text{N}$$

改进后活塞上升到最高位受到的推力即刀片压在坯子下表面的最大压力为

$$F'_{推} = F'_1 - F'_2 - G = 756.57\text{N}$$

而活塞在最低位时的最大推力为：117.75N，与改进前相比活塞下降的速度有所减小。活塞下降是发生在去完头部毛刺之后，去除坯子尾部毛刺之前，之间有一个坯子输送的过程，经过观察坯子输送时间 $T_{输}$ 远大于刀片下降时间 $T_{降}$，完全满足生产的需要。

在改进之前，柱塞密封经常需要更换，密封的使用时间平均为5天左右，改进后对柱塞密封性要求不高，柱塞密封使用时间提高到15天以上，光密封费用一年就节约10万元。去毛刺机需要经常维护，一些人为因素及其他因素，使得去毛刺机故障频繁出现，如限位、光电管经常损坏，柱塞横梁不翻转，柱塞横梁上升卡阻等，改进后故障就很少出现。另外，去毛刺机去除毛刺的效果极差，改进前去毛刺率仅为75%左右，改进后我们进行了统计，去除毛刺率能达到98%以上。

通过这次改进，大大降低了整套设备的故障率，减少了设备的维护成本，提高了铸坯的成材率和生产效率，取得了良好的经济效益。

第17章 其他常用气动设备使用与维修

17.1 混凝土搅拌站气动系统五故障的排除

17.1.1 气源故障

气源常见的故障发生在空压机、减压阀、管路、压缩空气处理组件等。

(1) 空压机常见故障。止逆阀损坏，活塞环磨损严重，进气阀片损坏和空气过滤器堵塞等。

在空压机自动停机十几秒后，将电源关掉，用手扳动大胶带轮，如果能较轻松地转动一周，则表明止逆阀未损坏，否则已损坏；也可根据自动压力开关下面排气口的排气情况进行判断，如果空压机自动停机后始终排气，直至空压机再次起动时才停止，则说明止逆阀已损坏，需更换。当空压机的压力上升缓慢并伴有窜油现象时，表明空压机的活塞环已严重磨损，应及时更换。当进气阀片损坏或空气过滤器堵塞时，也会使空压机的压力上升缓慢（但没有窜油现象）。将手掌放至空气过滤器的进气口上，如果有热气向外顶，则说明进气阀已损坏，需更换；如果吸力较小，一般是空气过滤器较脏所致，应清洗或更换过滤器。

(2) 减压阀故障。压力调不高，往往是调压弹簧断裂或膜片破裂所致，必须予以更换；压力上升缓慢，一般是过滤网堵塞，应拆下清洗。

(3) 管路故障。接头泄漏和软管破裂时可由声音判断漏气的部位，若管路中聚积冷凝水时易结冰而堵塞气路，应及时排除。

(4) 压缩空气处理组件故障。油水分离器滤芯堵暴、破损，排污阀的运动部件不灵活等。要经常清洗滤芯，除去排污阀内的油污等杂质。

油雾器不滴油、油杯底部沉积有水分、油杯口密封圈损坏等。应检查进气口的气流量是否低于起雾流量，是否漏气，油量调节针阀是否堵塞等。

17.1.2 气缸故障

(1) 气缸内、外泄漏，一般是因活塞杆安装偏心，润滑油供应不足，密封圈和密封环磨损或损坏，气缸内有杂质及活塞杆有伤痕等造成。应重新调整活塞杆的中心位置，需经常检查油雾器的可靠性，及时清除气缸内杂质；活塞杆上有伤痕时，应换新件。

(2) 气缸输出力不足和动作不平稳，一般是因活塞或活塞杆被卡住、润滑不良、供气量不足，或气缸内有冷凝水和杂质等。应调整活塞杆的中心位置；检查油雾器工作的可靠性；供气管路是否堵塞，应及时清除气缸内冷凝水和杂质。

（3）气缸缓冲效果不良，一般是因缓冲密封圈磨损或调节螺钉损坏，应更换密封圈和调节螺钉。

（4）活塞杆和气缸盖损坏，一般是因活塞杆安装偏心或缓冲机构不起作用，应及时调整活塞杆的中心位置，必要时更换缓冲密封圈或调节螺钉。

17.1.3 换向阀故障

（1）不能换向或换向动作缓慢。应先检查油雾器的工作是否正常；润滑油的乳度是否合适。必要时，更换润滑油，清洗换向阀的滑动部分或更换弹簧和换向阀。

（2）阀芯密封圈磨损、阀芯和阀座损伤，阀内气体泄漏，动作缓慢或不能正常换向，应更换密封圈、阀芯和阀座，必要时更换新换向阀。

（3）先导电磁阀的进、排气孔被油泥等杂物堵塞，封闭不严，活动阀芯被卡死以及电路故障等，均可导致换向阀不能正常换向。应及时清洗先导电磁阀及活动阀芯上的油泥等杂质。检查电路故障前，应先将换向阀的手动旋钮转动几下，看在额定的气压下换向阀是否能正常换向，若能正常换向，则是电路有故障。检查时，可用仪表测量电磁线圈的电压，看是否达到了额定电压，如果电压过低，应进一步检查控制电路中的电源和相关的行程开关电路。如果在额定电压下换向阀不能正常换向，则应检查电磁线圈的接头（插头）是否松动或接触不实。方法是，拔下插头，测量线圈的电阻值（一般应在几百至几千欧姆之间），如果阻值太大或太小，说明电磁线圈已损坏，应更换。

17.1.4 气动辅助元件故障

（1）油雾器的调节针的调节量太小，油路堵塞，管路漏气等都会使液态油滴不能雾化，应及时处理堵塞和漏气处，调整滴油量，使其达到 5 滴/min 左右。正常使用时，油杯内的油面要保持在上、下限范围之内。油杯底部沉积的水分应及时排除。

（2）自动排污器内的油污和水分有时不能自动排除，应拆下检查和清洗。

（3）当换向阀上安装的消声器太脏或被堵塞时，也会影响换向阀的灵敏度，要经常清洗消声器。

17.1.5 机械故障

在粉料计量料斗上的放料口常会出现气缸带动的料门轴被卡死的现象；由齿条式气缸带动的翻板碟阀被卡住，使之关合不到位或打不开。所以应经常清除翻板碟阀内壁上的粉料结块。

17.2 搅拌站气路系统日常维护保养要点

混凝土搅拌站中大部分料门是利用气压驱动的，气压驱动具有低成本、易操作的特点。搅拌站气路系统主要由气源装置、气路控制元件、执行元件和辅助元件组成。空气压缩机提供的气源，进入储气罐后，经除尘、滤水、调压、油雾化后进入各支气路，当电磁阀接到控制信号后，接通相应回路，压缩空气进入气路执行元件中，驱动机构完成摆动、回转等动作，如实现各料门的开与关、水泥仓破拱的启停等。下面将针对混凝土

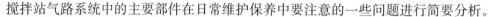

搅拌站气路系统中的主要部件在日常维护保养中要注意的一些问题进行简要分析。

17.2.1 气路附件的维护与保养

1. 油雾器

检查液面下降状况，观察油液颜色。气源处理三元件中油雾器的供油量可通过调节节流口的大小即调节侧面一字形螺钉来控制。油雾器用油必须清洁并及时补充。加油时不要太满，以免气腔被油充满，失去气压作用，建议加油高度至油杯2/3处为宜。

2. 过滤减压阀

及时检查并排空水杯内的积水，有自排水功能的气水分离器当压力低于0.15MPa时可自行排水。当系统压力降较大时，检查气水分离器的滤芯黏附的灰尘是否较多，如较多应予以清理或更换，建议每周检查压降情况。经常检查过滤减压阀的表头压力，以保证系统正常工作。气路系统中的工作压力要保证最低不小于0.4MPa，最高不超过0.7MPa，否则可能引起执行元件工作可靠性减低。

3. 气路中部分气动元件

如电磁阀等工作的环境温度为5～50℃，请注意设备工作环境温度的高低。

17.2.2 带阀气缸的维护和保养

气缸调速可通过DJF单向节流阀的调整帽进行调节，用螺钉旋具顺时针旋扭，单向节流阀流量加大，气缸速度快，反之减小。本单向节流阀为排气节流安装。气缸正常运行后，应该经常检查气缸管路连接处的密封情况，如果有泄漏应该及时修复。工作中，要保持气缸推杆的清洁。

17.2.3 电磁阀的维护和保养

电磁阀必须严格按技术要求使用，满足如工作电压、动作频率、工作压力等方面的要求，调试时，先手动换向再通电运行。使用时注意防尘、防水，排气口必须安装消声器并保证排气通畅，最低工作周期每30天至少动作一次。连接管路时，注意生料带缠绕不可超过接头牙端面，并清除管接头、管子内的金属颗粒、粉尘及油污等。

电磁阀一般不需要润滑，适当润滑可提高使用寿命，润滑油与油雾器用油一致。冬季注意保温和气水分离效果，电磁阀工作环境温度为5～50℃。

电磁阀在不工作的情况下（气压在标准范围内），进气口一侧的两个排气口有漏气现象，则表明电磁阀漏气。检查和修理漏气的电磁阀时须将电磁阀解体，用干净的柴油把各零件清洗干净，用干净的棉纱擦干并在其表面涂以少量的机油后组装。若阀内活塞杆磨损严重或密封圈破损，则需更换电磁阀。

17.2.4 空气压缩机的维护和保养

空气压缩机的供给压力严禁大于1.0MPa，气路或气动元件的维护及更换时，必须关闭气源，排空管路中的压缩空气。

搅拌站使用的第一周内每天检查空气压缩机自保护装置是否可靠，以后改为每周必检。建议在日常工作中注意观察空气压缩机的起动和停止与压力表的关系是否符合压力设定。

搅拌站使用的第一周内，每天检查气路连接是否可靠，有无泄漏现象，以后每周检查。

每天排放空气压缩机和储气罐内的冷凝水及气体。

1. 加油

空压机首次起动之前，请务必检查空气压缩机润滑油状况。冬季加 HS—13 号压缩机油，闪点不低于 215℃；夏季加 HS—19 号压缩机油，闪点不低于 240℃。其他牌号的油类一律不准使用。

加油方法：打开曲轴箱上的注油螺塞，放上加油漏斗，使用 160～170 目筛网对注入油进行过滤。加油时绝不允许把污油带进曲轴箱内，加油之后，要拧紧螺塞。

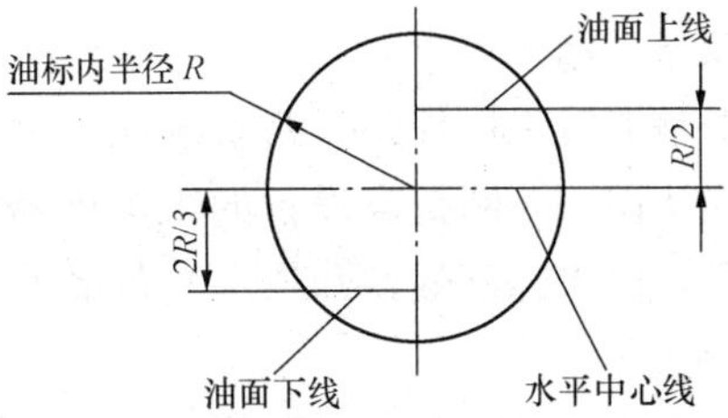

图 17－1　加油量界线

加油量：曲轴箱前有一油标，油标水平中心线向上 1/2 为上线，向下 2/3 水平线为下线，油面应在上、下线之间，如图 17－1所示。当油面接近下线时，应及时添加相同牌号的压缩机油，油镜应保持清洁透明。

2. 开车之前检查的内容（检修之后重新开车也要做相应的检查）

检查所有紧固件是否松动；检查所有阀门、仪表、电器是否处于正常状态；检查各系统并除去多余物；除去所有为运输或维修安装的附件或标识牌；检查并确保防护罩等安全保护装置处于正常状态；检查 V 形带张力是否合适。如果用于指轻压 V 形带，皮带下陷 10mm 左右，表明其张力是适宜的；否则应松开电动机固定螺栓，移动电动机调节皮带张力，调节后应保证两皮带轮外端面在同一铅垂面内；检查曲轴箱内油面是否在规定高度；打开并再次关闭排污阀。

3. 试验运行

先用手盘车数圈，确保无机械干涉。

试起动：首先将电闸断续接通 2～3 次，检查主机转向及机器有无异常，如果转向与安全罩上指示箭头方向相反，将三根电源线中任两相互换，机器进入空负载运行状态，风扇轮的风向应吹向空压机。

空运转一段时间待稳定后，将放气阀关闭，气压逐渐上升，当压力达到额定值时，气压开关应动作，切断电源，压缩机停转。

当储气罐中压力超过安全阀开启压力时，安全阀应开启放气。

4. 运行中注意事项

空压机在运行时，操作人员应坚守岗位，并经常按空压机技术参数检测各项数据，并做好记录，如发现异常现象，应及时排除。

空压机的工作压力不允许超过额定值，以免超负载运行造成压缩机损坏、烧毁电动机。

5. 应紧急停车的情况

曲轴箱、气缸和阀室内有异常的撞击响声时；自动调压系统和安全阀工作失灵，致使储气罐内压力超过额定压力时；排气温度超过允许的最大值时；电机的温升或额定电流超过允许的最大值以及电气线路发生火花现象时，应紧急停车。如果机器在运行中发生停电，不要忘记切断电源。否则，由于突然来电可能造成机器损坏或人身事故。进行紧急停车后，应仔细查明故障原因，并彻底消除后，方可起动空气压缩机。

6. 空压机压力开关调整方法

用螺钉旋具调节两只螺钉，使两边弹簧的压力一致，顺时针方向拧动螺钉，表压力上升，逆时针拧动时，表压力下降，调节后紧固螺母。

17.2.5 结论

以上是混凝土搅拌站气路系统在日常维护保养中的一些问题的探讨，通过分析，我们要加强认识，不断提高设备的维护保养水平，以最大限度发挥系统的性能，延长机械使用寿命，促进经济效益和技术装备水平的提高。

17.3 对引进自动旋木机气控系统的研究与改进

17.3.1 概述

自动旋木机是从国外引进的先进木材加工设备，其自动化程度较高，主要用来仿形加工具有回转外表面的工件。该加工设备可以实现的动作程序如图 17-2 所示。

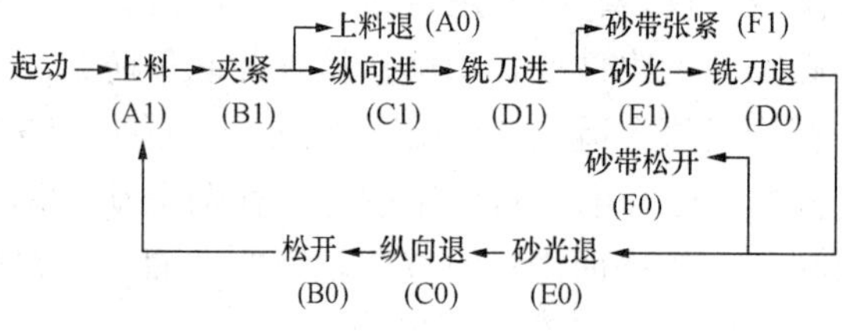

图 17-2 自动旋木机动作程序

其中纵向进给采用仿形切削加工，机床控制系统采用可编程序控制器发出指令，输出的数字信号经放大后驱动微型继电器，并控制电磁气动阀，再驱动执行器工作，从而实现上述预先设定的顺序动作。该机床具有程序预选方便、自动化程度高、生产率高等优点。

17.3.2 气动控制系统

1. 气动控制回路及工作原理

由于自动旋木机主轴的转速较高，木屑的飞溅对环境污染相当严重，导致加工环境恶劣，因此采用气动控制系统是非常适宜的，该设备采用气、电联合控制，重点介绍气动部分，其气动控制回路如图 17-3 所示。由于回路中所采用的缸、阀等元件均为无油润滑元件，所以该气动回路中未安装油雾器。电磁换向阀采用叠加式，节省了元件与元件之间的连接管道。另外，除 D 缸与 F 缸以外，其余 4 种气缸均为带有磁性开关的气缸。下面简要介绍其工作原理。

(1) 送料及夹紧工件。按下送料动作按钮后，电磁铁 1DT 得电，换向阀 4 处于左位，气源的压缩空气经节流阀 6 进入气缸 A 的无杆腔，活塞杆伸出，将工件毛坯送至主轴顶尖与夹紧缸 B 的中心线位置上；有杆腔余气经节流阀 5 及换向阀 4 的排气孔排出。当 A 缸活塞运行至磁性开关 CK2 位置时，发出信号使电磁铁 2DT 得电，B 缸活塞杆伸出，夹紧工件。当夹紧缸 B 活塞运行至磁性开关 CK3 位置时，使电磁铁 IDT 失电，阀 4 复位，送料缸退回。

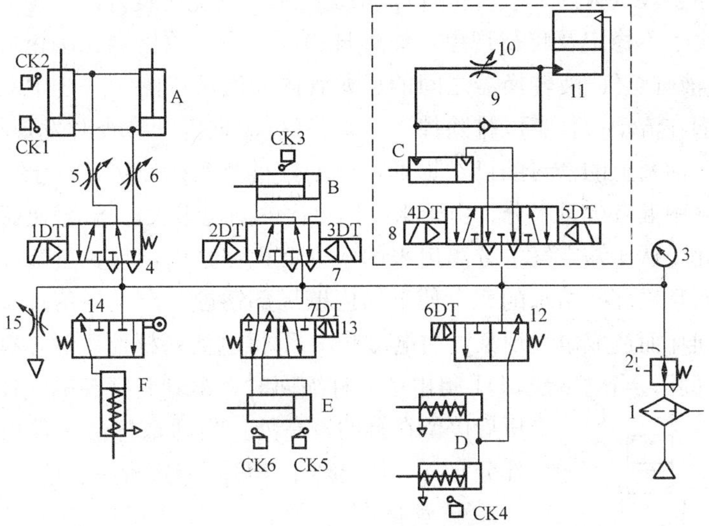

图 17－3 自动旋木机气动回路

1—过滤器；2—减压阀；3—压力表；4、7、8、12、13—电磁换向阀；

5、6、10、15—节流阀；9—单向阀；11—气液转换器；14—行程阀；

A—送料缸；B—夹紧缸；C—纵向进给缸；D—横向铣刀缸；E—横向砂光缸；F—砂带张紧缸

(2) 纵向进给。磁性开关 CK3 使电磁铁 1DT 失电时，电磁铁 4DT 得电，换向阀 8 处于左位，压缩空气进入气-液缸的无杆腔，有杆腔的油液经节流阀 10 回到气-液转换器的下端，上端压缩空气经阀 8 的排气孔排出。此时气-液缸活塞杆慢速伸出，其运动速度由节流阀 10 调整，由于液体的可压缩性极小，故纵向进给运动的速度相当平稳。

(3) 横向仿形铣加工及砂光。随着气-液缸 C 的纵向进给运动，横向仿形铣及砂光的仿形触头依次进入工作状态。当仿形铣刀触头与样件靠模接触时，使电磁铁 6DT 得电，换向阀 12 处于左位，仿形缸 D 活塞杆伸出；当砂光触头接触仿形靠模时，使电磁铁 7DT 得电，换向阀 13 处于右位，F 缸活塞杆伸出，使砂带张紧，并及时带走砂带上的木屑。当 D 缸活塞运行至磁性开关 CK4 位置时，使电磁铁 6DT 失电，阀 12 处于右位，D 缸活塞杆退回，此时铣刀退回。当 E 缸活塞运行至磁性开关 CK6 位置时，使电磁铁 7DT 失电，阀 13 换向处于左位，E 缸活塞杆退回，砂带退至原位。

(4) 纵向退回。当 E 缸活塞运行至磁性开关 CK5 位置时，使电磁铁 4DT 失电、5DT 得电，阀 8 换向处于右位，气-液转换器上端加压，下端油液受压后经单向阀进入 C 缸的有杆腔，此时活塞缸快速返回，C 缸无杆腔余气经阀 8 排气孔排出，实现纵向快退运动。C 缸返回过程中，砂光触头脱离靠模时，行程阀 14 复位，F 缸活塞杆在弹簧力作用下缩回。此时，砂光带处于放松状态。

(5) 松开工件。纵向缸 C 退至原位时，发出终端信号，电磁铁 1DT 失电，使阀 4 复位，A 缸活塞杆缩回，松开工件并自动落入料筐内。至此完成了一个工作循环过程。图中节流阀 15 用来吹掉木屑、灰尘等杂物。

2. 故障分析

从控制系统的工作原理上分析，其设计合理，根本不存在问题，但在实际运行过程中却发现在初始阶段（大约 1 个月左右），系统的工作性能是良好的，但时间稍长，活塞的运行速度产生了不稳定及爬行现象，而且日趋严重，导致机器无法正常工作。仔细观察发现，在气-液缸至气-液转换器之间的尼龙管内的油液（图 17－3 中双点画线处）受压后有许多气泡在流动，且难以排除掉。后来将气-液缸拆开检查时发现气-液缸的筒壁局部已经锈蚀，活塞上的密封圈已经损坏，根据分析及实践证实，由于气源处理得不够好，在压缩空气中混有少量水分。由于水的比重比油的比重大，气-液缸又安装在床身的最低位置，因此，从压缩空气中分离出来的水分沉积在缸内，与少量杂质混合在一起产生局部研磨，而且局部凝结水的积存使缸筒内壁局部锈蚀，产生剥落现象，也使活塞上的密封圈过早损坏而造成窜气现象。当电磁铁 4DT 得电活塞杆伸出时，有少量的气体从无杆腔窜至有杆腔；当电磁铁 5DT 得电活塞杆缩回时，窜到有杆腔的气体并未排出，且受压后停留在缸的较高处。当活塞杆再次伸出时，因油中存在部分空气，便会产生速度不稳定现象。

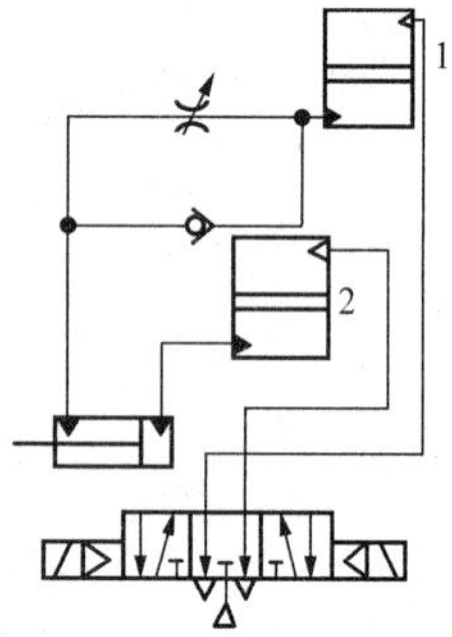

图 17－4　改进后的气-液缸转换回路

3. 改进措施

针对上述发现的问题和分析的原因，由于工厂未配有密封圈备件，无法更换，修复已没有可能，更换新缸周期又太长。为了解决生产急需，作了如下改进：将图 17－3 所示双点画线处的气动回路改成图 17－4 所示。从图 17－4 中可以看出，改进回路时在气-液缸连接管道上增加了 1 个气-液转换器，将原来的气-液缸改为液压缸。由于油液黏性较大，内泄漏较少，经改进后即使活塞上存有少量渗油，因油中不易混入空气，所以不会产生低速爬行现象。这一改进已在实践中证明是切实可行的，并取得了良好的使用效果。

17.3.3　气-液转换器的设计

1. 结构设计

气-液转换器的结构如图 17－5 所示。其缸体采用壁厚为 5mm 的无缝钢管，并与上下法兰焊接成一体，在上端盖处开有加油孔和快换接头安装孔，并用 6 只螺栓与缸体紧固。在下端盖处开有放油孔和快换接头安装孔，其固定方式与上端盖相同。缓冲盘是为了防止油液流动速度过高引发喷射而设置的。

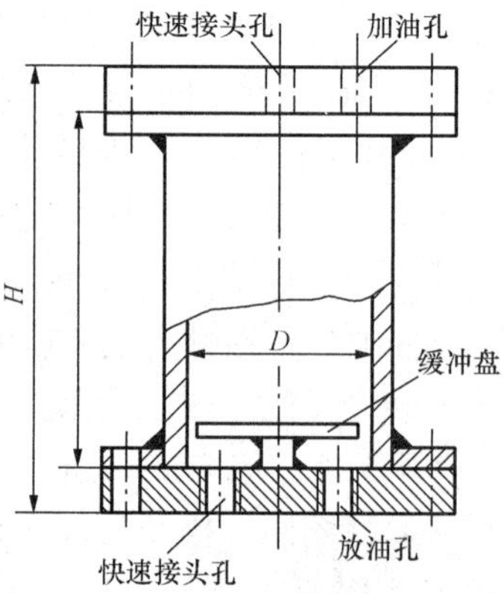

图 17－5　气-液转换器的结构图

2. 容量计算

由图 17－4 可知，气-液转换器 2 是给气-液缸无杆腔充填油液的，因此其尺寸应按照无杆腔的体积估算，即

$$V_0 = \frac{\pi}{4}D^2L$$

式中　D——活塞直径，$D=100\text{mm}$；

L——气液缸有效行程，$L=178\text{cm}$；

V_0——气液缸无杆腔体积。

若考虑到此体积值应该留有适当余量，将气—液转换器的容量增加 30%，则其体积为

$$V_1 = 1.3V_0 = \frac{1.3\pi}{4}D^2L = 18.2L$$

若设计气—液转换器内径 $D_1=25\text{cm}$，高 $h=37\text{cm}$，则其体积为

$$V_2 = \frac{\pi}{4}D_1^2h = 18.2L$$

可见，气—液转换器的体积 V_2 与缸的估算值基本上吻合，故能够满足工作要求。

17.3.4　经济效益

该设备是从国外引进的，若不能充分发挥其应有的作用，将会造成很大浪费。将设备改进后可从以下几个方面估算一下所取得的经济效益。

（1）节省了机械油。本设备未改进前，每次起动时，必须将有杆腔内的气液混合物全部排放出来，然后再重新注入 4kg 以上的机械油，才能转入正常工作，加上每次换向时从换向阀向外喷油，每班至少 1kg（每天 3 班），共计 15kg；设备改进后，每年至少挽回经济损失 2 万元人民币。

（2）节省了工时，提高了效益。每次排放气液混合物时所占用的时间大约在 1.5h 以上，一年等于节省工时 2000h，因该设备效率很高，每小时所创造的直接经济效益在 300 元以上，再考虑其在生产线中的作用，每小时创造的经济效益可达 540 元，仅此项每年可多创造经济效益达 80 万元以上。

（3）节省了设备维修费用。该设备未改造前由于缸筒内壁极易腐蚀，密封件磨损很快，而气-液缸的行程较长，它的价值在 5 千元人民币左右。改进后，每年至少节省出 2 条气缸的维修费用，价值 1 万元。

综上所述，该设备改进后每年至少可为企业节省几十万元。

17.3.5　后述

通过对引进自动旋木机控制系统的改造，深知国外设备并非尽善尽美的。若要充分发挥引进设备的作用，配套设备（如此处的气源净化装置）必须跟上。该设备改进后，工作性能虽得到了改善，但缸内积水问题仍未彻底解决，为此又对除水问题进行了彻底解决。

经改进后的自动旋木机，较好地解决了低速爬行现象，这样不仅解决了生产急需，而且还为企业节约了一笔可观的资金，因此具有一定的使用价值。

17.4　袋笼生产线压缩空气系统的改进

袋笼是布袋收尘器的核心部件，由袋笼生产线产出。袋笼生产线由空压机、盘丝机、矫直机、对焊机、龙骨焊接设备、点焊机、打圈机组成。该生产线在运行中经常出现气

动部件灵敏度降低，压力气缸腐蚀、堵塞的问题，导致经常停机维修，严重影响正常生产，产品合格率大幅下降。

17.4.1 问题分析

经过现场调查及分析认为，主要问题集中在压缩空气系统，其原因有三点：一是空压机功率有限，在生产线各用气设备同时工作时供气量不足，造成气压不稳定。二是压缩空气中包含有油微粒、水分和粉尘等杂质，由其共同混合产生的油泥及油泥的水溶液，易使气动部件灵敏度降低和压力气缸腐蚀。三是压缩空气系统中连接管路为镀锌钢管，其内部锈蚀后产生的铁锈等杂质，也易使气动部件灵敏度降低。原压缩空气系统只设计安装了一个简易过滤器，对灰尘等杂质的过滤不够完全，且不能去除压缩空气袋笼生产线压缩空气系统改进中的水分和油雾。因此，有必要对压缩空气系统中的过滤设施和管路进行改进。

17.4.2 改进措施

（1）如图 17-6 所示，在空压机后面增加一个 $2m^3$ 储气罐，以保证气压的稳定性。

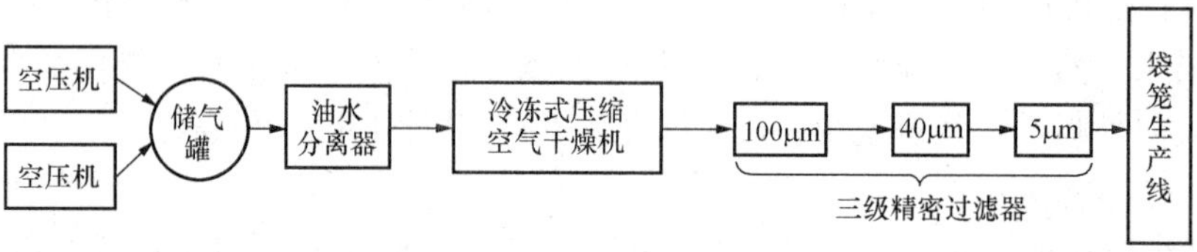

图 17-6　增加储气罐

（2）在储气罐后依次加装油水分离器、冷冻式压缩空气干燥机、三级精密过滤器（过滤级别 5～100μm）。压缩空气首先进入油水分离器，将其中的油雾、水分、粉尘进行初步过滤、分离，去除率达 80%。再进入冷冻式压缩空气干燥机（原理是将压缩空气强制通过蒸发器进行热交换而降温，使空压机中气态的水和油经过等压冷却，凝结成液态的水和油，并同时过滤固态粒子，通过自动排水器将液态的水、油及固态粒子排出机外），可去除 99%的水分，使油雾剩余含量 3ppm，从而获得干燥的压缩空气。压缩空气最后进入三级精密过滤器，再一次将剩余杂质进行过滤，最终可去除 99.99%的油雾（油雾剩余含量 0.01ppm），完全过滤 0.01μm 固态粒子。从而得到的纯净的压缩空气通向袋笼生产线。

（3）对压缩空气管路进行改造，用 PPR 管材代替原管路中的镀锌钢管，其优点是耐腐蚀，不生锈，从而解决了铁锈堵塞气动部件的现象。

17.4.3 效果

改进后，该袋笼生产线运行过程中未再出现气动部件灵敏度降低，压力气缸腐蚀、堵塞的现象，各项运行指标均正常。这次改进既使得产品的合格率大幅提高，又保证了生产的连续性；减少了停机次数，降低了维修费用。本次改进共投入成本 1.6 万元，减少不合格品损失 15.3 万元，减少停产损失及降低维修费用 3.8 万元，投入产出比为 1∶11.9，改造效果明显。

17.5 船舶气动控制系统的故障分析与维护

17.5.1 引言

气动自动控制在船上应用十分普遍，如主机燃油黏度、冷却水温度、辅锅炉水位自控系统等。然而，因为维护保养不善，操作管理不当，控制系统损坏严重，导致动力设备运行工况参数长期偏离额定值，甚至酿成大的机损事故。为此，根据在船工作实践及同行们的建议，总结经验如下。

17.5.2 气动控制系统中的常见故障分析

气动控制系统中的常见故障、产生原因及解决方法见表17－1。

表17－1 气动控制系统中的常见故障、产生原因及解决方法

故 障	原 因	解决方法
调节器有输入压力，输出压力不增加	① 调节器气源压力不正常。 ② 放大器内节流小孔堵塞。 ③ 调节器连接杆件卡阻。 ④ 测量波纹管（波登管）裂损。 ⑤ 气动调节阀膜片裂损。 ⑥ 调节器内部气管漏泄或破裂。 ⑦ 输出气管漏泄	① 调整滤器减压阀，使气源压力正常。 ② 按小孔清洁按钮清洁，必要时拆洗。 ③ 小心修复。 ④ 更换。 ⑤ 换膜片。 ⑥ 堵漏或换管子。 ⑦ 堵漏或换管子
调节器有输入压力，输出压力不减小	① 喷嘴挡板堵塞。 ② 放大器的恒节流组件松动。 ③ 调节器连接杆件卡住。 ④ 放大器节流小孔导阀脏堵。 ⑤ 调节器测量波纹管（波登管）裂损（反作用调节器）	① 用直径小于0.5mm的细钢丝清洁，必要时拆洗。 ② 小心拧紧。 ③ 小心修复。 ④ 拆下清洁。 ⑤ 更换
调节器给定值调整旋钮不起作用	① 对于NS调节器来说，给定值位置销钉卡阻。 ② 对于USG调节器来说，外活动板件卡阻。 ③ 对于四针阀调节来说，给定值弹簧损坏。 ④ 放大器小孔导阀卡阻。 ⑤ 放大器排气孔堵塞。 ⑥ 内部管子漏泄。 ⑦ 旋钮丝脱扣	① 小心修复。 ② 修复。 ③ 换弹簧。 ④ 拆修装复。 ⑤ 清洁。 ⑥ 换管子。 ⑦ 换新
调节阀不动作	① 阀的导向机构或阀杆卡阻。 ② 阀门定位器导阀卡阻。 ③ 阀薄膜裂损	① 拆修装复。 ② 拆修装复。 ③ 换薄膜

续表

故　障	原　因	解决方法
调节阀的开度（位移量）下调节器输出值不匹配	① 阀薄膜片老化。 ② 阀头脏腐。 ③ 阀密封填料过紧	① 更换。 ② 清洁阀头。 ③ 拆修装复
传感器无信号	损坏或老化	换新

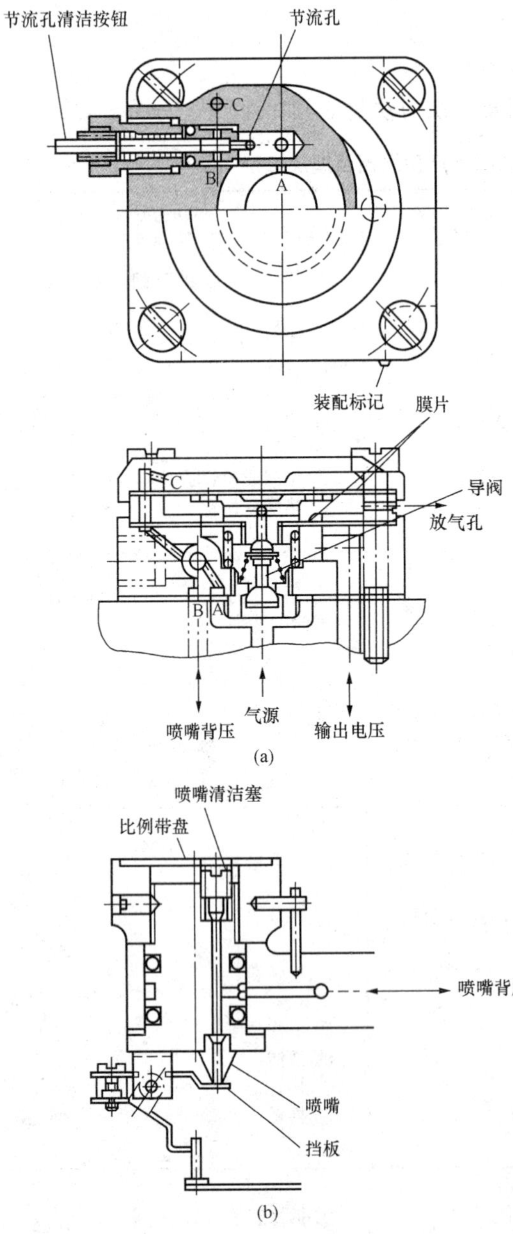

图 17-7　喷嘴挡板结构

(a) 节流主件；(b) 喷嘴挡板结构

17.5.3　气动控制系统在使用中的维护

(1) 确保气源压力的恒定，即由气源减压站来的气源，其压力要恒定，各单元仪表气源压力要恒定，否则要及时调整或检修。

(2) 确保气源空气清洁干燥，在除湿器、滤器减压阀处要定期放残。

(3) 保证仪表清洁，小心油水脏污。

(4) 当放大器内节流小孔堵塞时，可按清洁按钮进行清洁，如果清洁不干净，可将节流小孔整体取出清洁，如图 17-7所示。步骤如下。

1) 切断气源空气。

2) 用扳手小心地拆下放大器中的整个小孔部分。

3) 取出小孔后，小心解体，可用无腐蚀清洁剂浸泡片刻，用柔软少绒的细布清洁表面，最后用空气吹干，重新装复。

(5) 当喷嘴挡板堵塞时，可按下列步骤拆洗。

1) 切断气源空气。

2) 用工具小心拆下喷嘴部分，在无腐清洁剂中浸泡片刻。

3) 用小于 0.5mm 的细钢丝通洗喷嘴孔，用柔软少绒的细布清洁表面，最后用空气吹干装复。

(6) 定期检查并保证传感器处于良好工作状态，特别是报警值的极限位置，以防误报警或不报警。

(7) 定期检验 A/H 开关，确保手动系统好用。

(8) 根据运行工况，适时调整控制系统中的结构参数，如气动变送器的量程、调节器的比例带、被控对象的放大系数等，以保证设计工况下的控制品质指标。

17.6 木工机械气动元件故障分析及处理

17.6.1 木工气动元件简介

木工机械气动元件包括油雾器、捕水器、调压器、气缸、电磁阀、单向阀、快速排气阀、阻尼器、消声器等，广泛应用于数控镂铣机、双端开料机、排钻、封边机等木工设备，气动元件的工作特性直接影响到整个设备的运行，一个小故障可能使整套连续动作中断。如多排钻，当定位块气缸出现故障，定位块不下降时，气缸的磁开关便得不到应有的READAY信号，后续动作就无法实现。

17.6.2 常见的气动元件故障及处理方法

1. 润滑不充分，易造成气缸和电磁阀动作迟缓或停顿

一台型号为NC—2513TC的数控机床其换刀系统刀盘的动作全靠气动来实现，有一次刀盘在横向运动时卡住，开始以为是电器故障，通过手动电磁阀的复位按钮解除了该故障，但第二天又出现了该现象，查看油雾器时发现缺油，气缸因得不到润滑而产生停顿。把油雾器加满油后再无此故障发生。所以，应对油雾器每天进行检查。

2. 气缸的密封圈磨损严重，因窜气而影响气缸动作的实现

此种故障容易判断：一般的双方向气缸有A、B两个进气口，当A方向进气时，拔掉B口的气管，如从B口漏气就表明密封圈已坏。如备有新密封圈应予以更换，没有而且密封圈损坏不很严重时，可从活塞杆上取下密封圈在其下衬填充物，如胶带等。

3. 压缩空气内水分太多，气缸内壁腐蚀严重，出现小麻子坑

该情况同样会造成窜气，气缸动作迟缓。例如：单排钻在一次钻眼的过程中曾出现气缸动作迟缓的现象，经检查发现该气缸内壁腐蚀严重，造成该故障的原因是设备老化及捕水器没有起作用，所以捕水器要经常检查并且放水清理。

4. 消声器堵塞

木工机械粉尘较大，消声器的微小排气孔往往易堵。

例如：意大利产多排钻的水平钻气缸动作缓慢，开始认为气封窜气，于是换掉密封圈，但故障还在；索性换掉气缸，可现象依旧，最后拆掉控制气缸电磁阀上的消声器再试，动作立刻正常。分析：以两位五通阀控制双向气缸来说明，如图17－8所示。

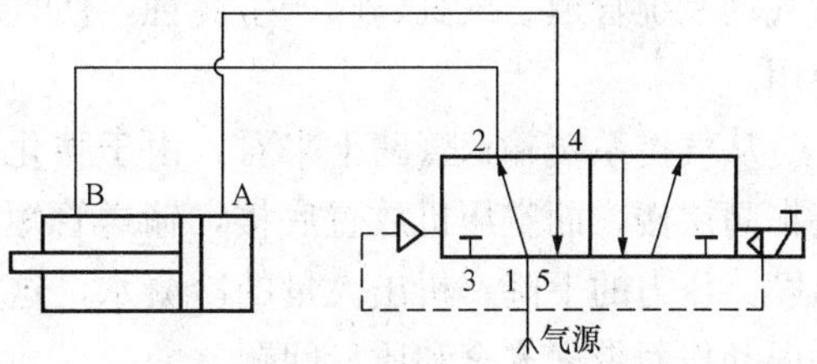

图17－8 电磁阀控制双向气缸工作示意图

消声器分别装在3、5两个口上，当压缩空气从1流向2给气缸B口充气时，A口方向气缸内及气管内残留的上次动作的气体要通过4流向5，再通过5口上的消声器排出，如果5口上的消声器堵塞，势必会造成气缸B口和A口方向均有气压，气缸运动迟缓。该情况下清洗或更换消声器均可。

5. 电磁阀故障

最常见的是动阀芯上的密封圈破损，表现为阀体本身窜气，一般只能更换密封圈或换新阀。其次是阀体腔内的针状通气小孔和过滤网由于压缩空气通道很小且极易被锯末堵塞，故应在定期检修时将其用煤油清洗。判断阀体本身是否有故障的方法很简单，按动或转动手动换向按钮看一看换气是否正常即可。如手动换气正常，但通电时阀体不动作，用万用表量该阀线圈，有可能线圈已被烧坏。

6. 快速排气阀故障

在大通气量气缸或管道过长的系统中往往要装快速排气阀，其目的是要快速放掉上次动作时残留在本次给气时缸内及管道内的气体，该阀发生故障往往由于阀体内的单向胶碗密封不严或破损。

17.6.3 结论

其他故障不常见但现象较明显，如单向阀堵塞、阻尼失效、气源中断等，总之，判断排除故障应以实践加经验、理论加实验为准，一旦能保证气动元件内流动的压缩空气干燥无水、润滑充分，那样故障及维修率必定会大大降低。

17.7 硝氨膨化中气动系统故障分析与改进

膨化硝氨炸药是一种环保新型炸药，近年来气动技术在硝酸氨膨化过程中的应用，改善了作业环境，减轻了劳动强度。但在实际生产过程中，出现了产品质量不稳定的现象。究其原因，除了气动元件本身外，主要还是气源不够纯净和不够干燥，引起一些气动元件失灵而影响膨化效果。

17.7.1 空压机进气不合标准

膨化工序使用两台 Z0.8/9 型空压机，基本能满足气动装置工作时压力和流量的要求。机房内还安放了 4 台 W5—1 型真空泵，由于真空泵排出的气体中含有悬浮物，其排气管就在机房内，因此真空泵排出的空气很容易被空压机吸入。

空压机房与出料系统只有一墙之隔，膨化后的硝氨极易扩散到机房内，当硝氨微粒被空压机吸入后，易与空压机内空气中的油、水混在一起，形成腐蚀性很强的有机酸，对气动系统管道、气缸、阀产生腐蚀，使气缸橡胶密封件失去弹性，影响气动装置正常使用。

从气控系统输送管路上来看，由于膨化硝氨采用立式干燥罐生产，因此，气控阀要装在高层楼，而空压机放置底楼，输送管短的约 30m，长的约 80m。在输送过程中由于温度、压力的下降，析出大量的冷凝水，这些冷凝水进入阀芯、气缸，容易造成气动元件误动作而带来安全和质量问题。

17.7.2 改进途径和措施

(1) 将所有气缸轴改用不锈钢材料；密封件材料由普通橡胶改用硅橡胶材料；一些靠近热源的气缸密封件采用聚四氟乙烯材料替代。

(2) 对气动元件定期进行清洗、检查，及时更换失去弹性和磨损的密封件；每日班前，坚持将储气罐、过滤器内冷凝水放掉再送气。

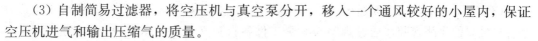

（3）自制简易过滤器，将空压机与真空泵分开，移入一个通风较好的小屋内，保证空压机进气和输出压缩气的质量。

采取上述措施后，膨化工序气动元件获得干燥纯净的压缩空气，基本消除了因气源质量问题引起的气动元件故障。

17.8　压力表密封性检测设备气动系统的改进

17.8.1　引言

通常使用的各类压力表大多为在压力变化的情况下，压力表内置弹簧管变形，通过齿轮传动机构带动指针转动，从而显示不同的压力值。压力表的结构原理决定了压力表机芯部分（弹簧管）要求有很好的密封性，不允许有泄漏，否则，若有微量泄漏，随着长时间使用，压力表内将充满各类介质而影响压力表的使用。

为保证压力表的产品质量，对产品工艺过程需进行密封性检测。

17.8.2　原检测系统的工作原理

原检测设备是通过对工件提供一定压力的压缩空气，在系统中形成一个密闭系统，观察其是否漏气来检查其密封性。其气动原理如图 17-9 所示。

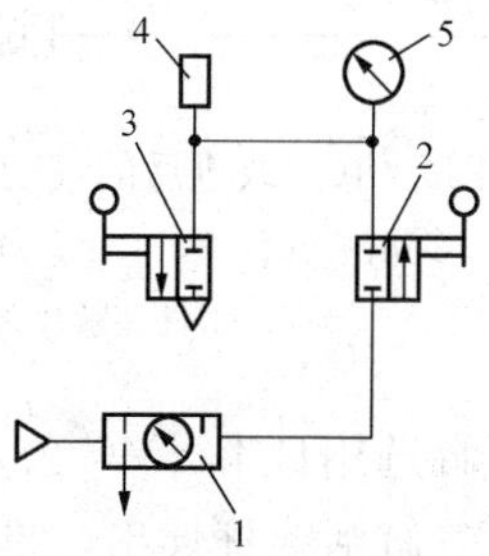

图 17-9　原气动系统原理图

1—气源调节装置；2、3—二位二通手动换向阀；4—工件夹紧装置；5—压力表

工作过程为：通过手动二位二通阀 2，给整个密闭系统提供所需的压缩空气。关闭阀 2，整个系统形成一个密闭容腔，使密闭容腔保压 32s，观察压力表指示值，若压力不下降，则可判定工件密封性符合要求，否则为不合格。然后通过手动二位二通阀 3 排除密封容腔内的高压气体。

17.8.3　原气动系统存在的问题

（1）工作过程为单件生产，工作效率很低，无法满足大规模生产。如采用电控阀实现多件生产，由于元件多，制造成本高，同时维护复杂、频繁。

（2）系统对元件的密封性要求很高，通常元件使用寿命很短，设备故障频繁，维护费用高。

（3）操作过程为手动控制，存在人为因素，为产品质量的无法保证留下了隐患。

17.8.4　改进气动系统的设计

1. 工作原理

为提高生产效率，在新的气动系统中采用全自动电控系统同时对 6 个工件进行检测，其气动原理如图 17-10 所示，其工作过程如下。

（1）1DT，2DT 失电，多路供气阀 1、4 处于关断状况整个系统压力为零。

（2）1DT 得电，二位四通电磁换向阀 2 换向，多路供气阀 1 开启，通过阀 1 给系统供气。

（3）1DT 失电，二位四通电磁换向阀 2 复位，多路供气阀 1 关闭，在系统中形成 6 个各自独立的密闭容腔，通过观察与 6 个工件各自独立对应的压力表指示值是否下降，实现对 6 个不同工件进行密封性检测。

（4）2DT 得电，二位四通电磁换向阀 3 换向，多路供气阀 4 开启，通过阀 4 使系统排气，从而实现整个工作过程。

2. 多路供气阀的设计

由于系统中使用的多路供气阀在目前市场上无现货供应，因而设计制作了专用的多路供气阀，其结构如图 17－11 所示。

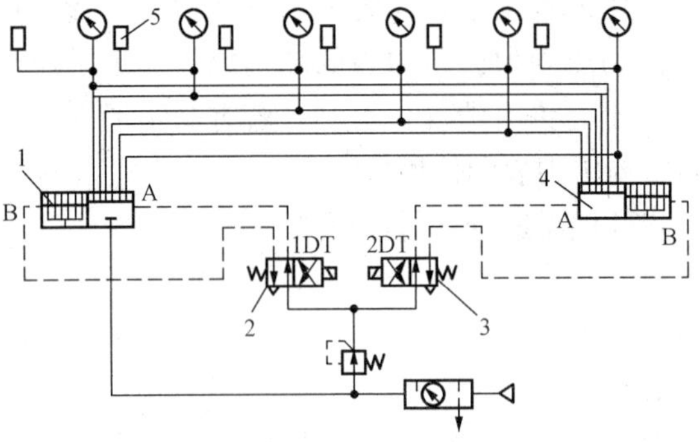

图 17－10　改进后的气动系统原理图

1、4—多路供气阀；2、3—二位四通电磁换向阀；5—工件夹紧装置

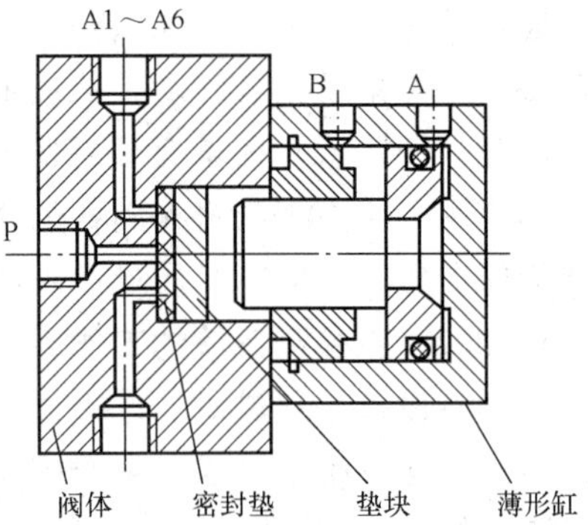

图 17－11　多路供气阀结构图

薄型气缸选用日本 SMC 公司生产的 CQ2B32—10D 型气缸。其工作原理为：气缸的 A 口进气，气缸活塞杆伸出，推动垫块压紧密封垫，多路供气阀 P、A1、A2、A3、A4、A5、A6 各口断开。当薄型气缸 B 口进气，A 口排气时，气缸活塞杆退回，密封垫、垫块在 P 口压力（作排气阀时为 A1～A6 口压力）作用下，阀口开启，进、排气口各腔连通。通过控制薄型气缸活塞杆的伸缩，实现了控制多路供气阀的关断、开启功能。

17.8.5　改进设计后系统所具有的优点

（1）同时检测 6 个工件，大大提高了生产效率。

（2）实现全过程自动控制，消除了人为影响因素，确保了产品质量。

（3）多路供气阀采用平面密封方式，保证了检测系统的密封性。对电磁换向阀，薄型气缸的密封性要求不高，从而降低了设备的故障率，降低了维修费用。

（4）整个气动系统选用的元件少，制造成本不高，故障率少，维护方便。

通过对原检测设备气动系统存在的不足之处进行分析，针对存在的问题进行合理的改进设计，在实际应用中取得了良好的效果。

17.9　医用气动物流传输系统的改进

17.9.1　问题的提出

某医院引进 T—160 型“医用气动物流传输系统”首先应用在门诊大楼、主楼、南

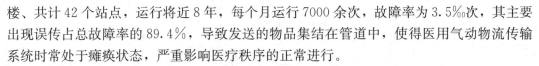

楼、共计42个站点，运行将近8年，每个月运行7000余次，故障率为3.5‰次，其主要出现误传占总故障率的89.4%，导致发送的物品集结在管道中，使得医用气动物流传输系统时常处于瘫痪状态，严重影响医疗秩序的正常进行。

17.9.2　原有结构与性能概述

现阶段我国大部分医院物流发展的现状仍然是“专职物品递送队伍”，人流与物流混在一起，患者和职工在电梯中、通道中的拥挤，造成多处排队等候现象，同时增加了交叉感染或疾病传播的危险性和增大医护人员的工作量。而“医用气动物流传输系统”在医院可以解决传输物品递送的弊病。

随着医用气动物流传输系统应用的不断普及，医疗单位对该系统使用的可靠性、及时性、安全性、准确性提出了越来越高的要求，因为作为医院主要的医疗物资传送工具、传输化验的样品、药品、血样、血浆、X光片、化验单据、医疗耗材用品等，保证医疗、手术正常进行，要求物流传输系统要能做到全天24小时无故障运行。

某医院气动物流传输系统的控制理论采用的是树状结构，一个主控器带5个子系统。子系统内可自传，子系统间的互传必须回到主控室才能完成相互之间的转换。子系统间互传是通过转换器来完成。

转换器工作的准确可靠直接影响传送稳定性，三向转换器的作用是根据指令将输入与输出作相应转换，即通过电动机驱动物流管旋转达到对接管，它由步进电动机、换向盘、皮带、电位器构成。

17.9.3　工作原理

通过面板控制器给站机CPU输入操作指令，站机内的CPU立即指令三向转换器的电机开始工作，从而拖动转换盘转动，转换盘转动又通过皮带拖动电位器转动，电位器转动把电压信号反馈CPU，直至给定电压与反馈电压叠加后为零，此时电动机停转，传输管道按指令正确对接。因三向转换器有三个位置这就需要三个给定电压，不同的给定电压对应不同位置（见图17-12）。

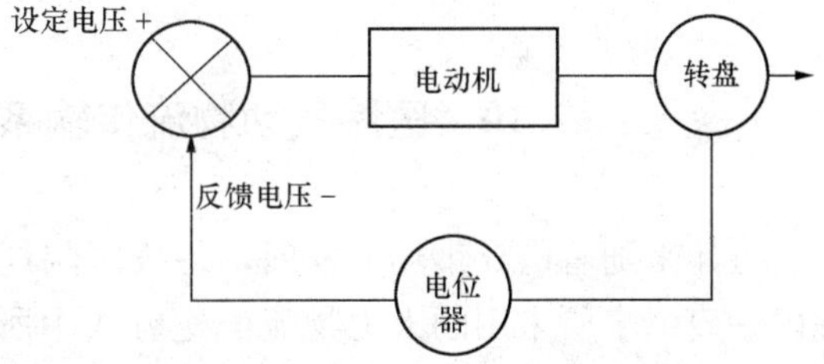

图17-12　电机驱动工作原理

17.9.4　故障的原因

用于三向转换器中的电位器属于多圈线阻电位器，型号为HP—1710，系统在工作时需要转动电位器来反馈位置信号给CPU，以驱动马达来进行管路的精确转换，变换管路对接位置，因此当电位器使用过于频繁时，它就会有磨损，当到达一定程度时会出现反馈电压精度降低，产生定位不准的现象，导致系统不能正常工作（传送超时），最终还将导致控制电路板烧坏等故障发生。

17.9.5　改进方案

去掉皮带、电位器，将定位改为位置传感器（霍尔元件）定位，三向转换安装三个位置传感器以确定转换器的三个位置（见图17-13、图17-14）。

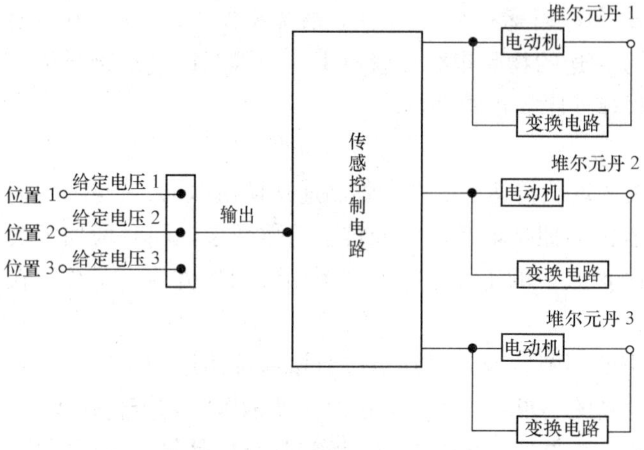

图 17-13　改进后传感控制电路

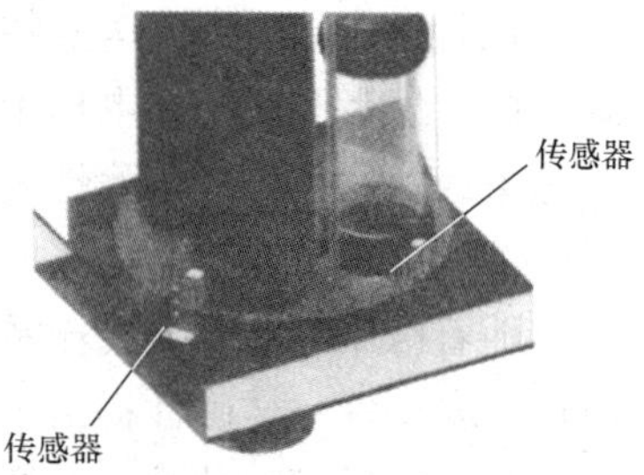

图 17-14　改进后传感器位置

控制电路原理如下。

当接收到 CPU 某一位置指令后，转换盘转动相应弧度与对应位置传感器（非接触）连通后霍尔元件等值变换原电压值，此时，系统开始正常运行。

17.9.6　小结

改进前运行时电位器磨损严重，皮带老化所以故障的几率比较高，此电位器价位高，并且每次更换电位器就需要重新调整转换器的位置，维护工作量大。

改进后通过一年的运行与同期对比误传故障率比原来下降了 43.2%，由于改进后运行时没有接触磨损，免去电位器磨损的麻烦。通过对系统改进使系统的可靠性、安全性大大提高，从而保证了医院物流系统正常工作。

17.10　医院气动物流传输系统的日常保养和故障排除

近年来随着医疗市场的发展，各级医院规模的扩大和诊疗大楼的陆续建成，针对医院内一直以来所采用的人力物流配送方式中所存在的传送时间长、人力资源浪费、通道形成拥堵、容易产生交叉感染等弊端，一种新兴的气动管道物流传输系统已经越来越多地被众多医院所采用。医院气动管道物流传输系统是一种以空气压缩机抽取或压缩管道中的空气，再通过多个换向器变更其行走路线，从而控制气送子携带传输物品完成传输的一种输送装置。

某医院新建 17 层医疗综合大楼面积 4.36 万平方米，与原 9 层病房楼以连廊沟通后医疗区面积近 8 万平方米，分布着 28 个病区及检验科、病理科、手术室、ICU、病区药房、输液中心、放射科、B 超室、心电图室等特检科室，日常有大量的药品、标本、文字报告、胶片、器械等的配送与交换，经考察研究，采用了管道气动物流传输系统，利用大直径气送子以快速、准确、安全并有据可查地完成该配送运作。

现安装的是德国 Swisslog 的 N—160 系列传输系统，共投资 190 多万元人民币，设置了 44 个站点，配备了 90 多个气送子；并且每个气送子两端都嵌有一块 IC 智能卡对其编号，可在传输过程中进行实时监控。整套系统由一台电脑通过加装 Swisslog 的配套软件后，借助计算机控制技术、现代通信技术、空气动力学技术以及机光电一体化技术，把各个护士站、手术室、药房、实验室、中心供应室、心电图室、检验科等数十个工作点，通过一条或几条传输管道连为一体，对物品进行正确、快速、高效的传输，从而保证了医院病人抢救和日常医疗工作的顺利进行。

自从2003年引进了Swisslog的N—160型传输系统后一直使用至今，系统框架图如图17-15～图17-17所示。经过在医院内多年24h运行，对这一系统的维修和保养有一定体会，现将其常见的维修及保养方法介绍如下。

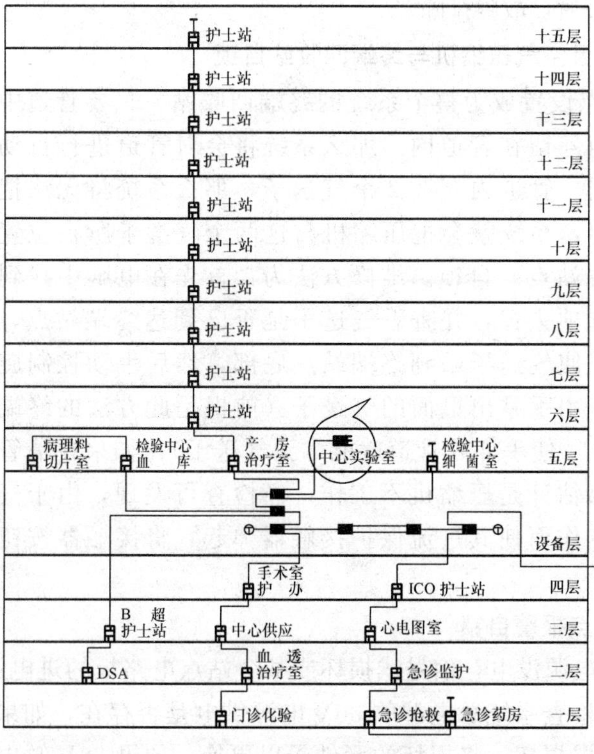

图17-15　综合楼系统流程图

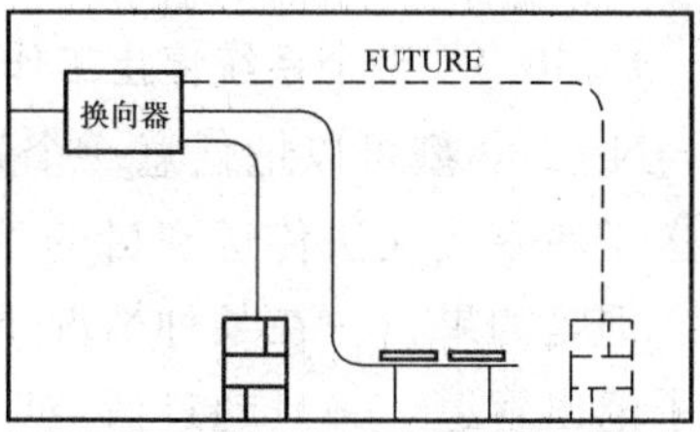

图17-16　中心实验室放大图

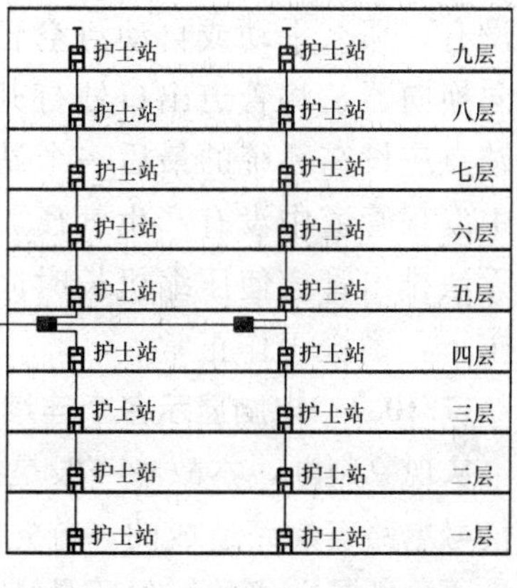

图17-17　病房楼系统流程图

—换向器；—站点；—气轮机

17.10.1　气送子到达目的地，电脑显示有发送没接受

因为本套系统的每个气送子都嵌有一个对应代码的IC卡，而每个站点的进桶处都装有一个IC卡识别器，可以计下气送子的编号，所以电脑显示有发送没接受，首先应根据电脑记录下的气送子编号确定该气送子是否已经到达目的站点还是被系统重新清空回到了发送站点；如果气送子已经到达了目的站点而电脑没有显示，说明此站点的光电传感器已不能工作，这个传感器安装在进出气送子的管道口的后下方，如果管道内有气送子经过传感器就会发光并且记录；传感器的维修方法为：将其连接的信号线拔下然后再次连上，如果无故障传感器应该会出现一次闪烁，如果不亮说明已损坏需更换；如发亮，再把站点内的三向换向器打到右边露出进气送子的管道，再用抹布伸入管道内擦去感应器表面的灰尘，感应器

正常，故障排除。

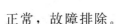

17.10.2 气送子没有到达目的地，电脑显示有发送没接受

如果气送子已返回到发送站点，那么首先就要查看目的站内的三向换向器进桶、直通和出桶三个位置是否正确，如果不正确，请调整其下面三个位置传感器的位置，使其与标注位置对齐；如果故障仍未排除或者是气送子在接受站和发送站都没被找到，估计是传输管道某处有脱落现象，造成气送子被卡住或者因为大量气流外泄而使动力不足无法输送到位。维修方法为：再次发送一个气送子，在电脑上实时监控其走势确定在哪部分脱落，并将其脱落处重新添胶装好后，故障排除。

17.10.3 整个系统停止工作，且空气压缩机与终端回收站自锁

N—160 型可以把任意一个站点设置成为整个系统的终端回收站，只要管道中有气送子堵塞或无法传送到目的站而停留在管道内。那么系统将会对管道进行自动清空。但是如果万一在某种情况下同一管道内存在 2 个气送子，那么系统将无法把气送子清出管道，一旦超过清空时间，系统就会把压缩机与这两个气送子所在位置的站点（通常会因为清空而回到终端站点）自锁。维修方法为：首先在电脑中找到这两个站点的控制界面，将其自锁选项去掉，并查看气送子是否已到达终端站点，如果没有，那么手动或自动清空管道使气送子回到终端站点底部，然后手动控制旋转三向换向器，将管道出口处打开，用手拿出里面的气送子（前提是此方法的终端回收站点应设在系统的最后一个站点，使手伸入管道就能拿到气送子）；如果在清管过程中发现管道中没有产生气压，那估计是压缩机不工作，经检查可发现，由于气送子无法排出管道使压缩机长时间工作而使其过流保护接触器弹起，将接触器按钮再次按下，系统工作正常。

17.10.4 电脑显示多个连续站点报警自锁

从现象判断，本故障一般是由电源没电，信号线损坏或某个站点电路板的进电源、进信号电路有短路造成的。首先应检查系统总电源的 36V 电源供电是否存在，如果没有，再判断是前级的熔丝还是变压器损坏，将损坏的元件予以更换。如果 36V 总电源存在，则对报警站点进行逐个检查，判断每个站点的电源线和信号线是否有断点，并将之连好；之后如果故障仍未排除，就应对这些电路板进行逐个旁路跳开，如果跳开某块电路板后系统恢复正常，就说明此块电路板有损坏，并将其电路板上产生短路的元件换掉（通常是稳压三极管 LM317 或集成块 MAX3082E 有短路），再次检查系统恢复正常。

17.10.5 某个站点每当有气送子经过时都会产生啸叫

引起此现象有两种可能：一种是三端换向器的三个位置传感器偏离定标位置，使管道口形成一个缝隙，每当有气送子经过，携带的高压空气就会从缝隙中漏出形成啸叫；维修方法为：将传感器的位置进行校准，故障排除。还有一种可能为三向换向器与工作站接触的底部面板间的密封圈老化或损坏，从而形成啸叫；维修方法为：将三向换向器从站点中拆下，检查其上下两个密封圈，更换损坏的密封圈再装回原处，故障排除。

最后，物流系统作为一个24h不间断工作的设备，对它平时的保养和维护工作也是至关重要的。我们应该定期对每个站点的活动部件进行除尘、清洁、上油，对重要传感器进行及时的检查和校准，从而保证整套系统在工作中的高效与稳定。

17.11　COM FLEX—1卷烟储存输送系统的技术升级

COM FLEX—1卷烟储存输送系统是一种连接卷接机组与包装机之间的柔性连接设备，由HCF80（装盘机）、MAGOMAT80（卸盘机）和RTS（输送装置）组成（见图17-18），具有可靠性高、富余性强、柔性大及布置灵活等特点。但随着新技术、新材料、新工艺的不断涌现以及上下游设备的升级，原设备的性能越来越不能满足生产的需求，为此，从以下几方面对其进行了技术升级改造。

17.11.1　提升额定工作能力

COMF LEX—1的额定工作能力为10 000支/min，但随着高速卷接机组和高速包装机组的应用，其工作能力已无法满足要求。通过增加HCF80缓冲区的容量（见图17-19）和加大RTS（见图17-18）输送通道宽度，其额定工作能力由10 000支/min提高到了14 000支/min，增加了工作能力的富余量，且物流线速度仅为7.9m/s，使烟支输送过程更加轻柔和可靠。

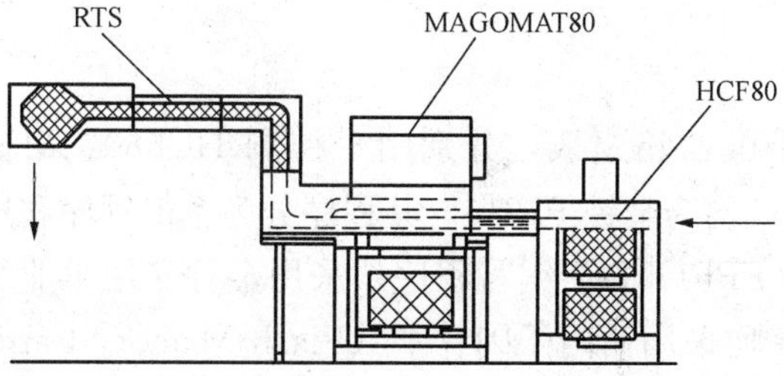

图17-18　COM FLEX—1卷烟系统结构图

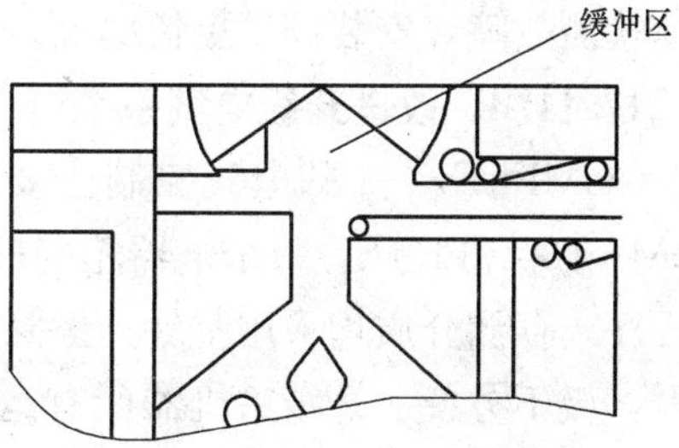

图17-19　增加HCF80缓冲区容量的示意图

17.11.2　改善烟支质量

来自MAGOMAT80和RTS的烟支在传动箱部分汇流后，经过连续3次30b提升（见图17-20），将烟支由水平输送方向改变为垂直输送方向，使其物流横截面经过3次由小到大再由大到小的变化，该输送段的烟支容易受到挤压而变形；另外，垂直提升部分采用带传动，皮带采用张紧轮结构，其结构较复杂，皮带1和皮带2张紧力采用手动调整，在大多数情况下它们的张紧力不相同，造成贴近皮带1和皮带2的烟支相对速度不一致，导致垂直提升部分的烟支出现抖动和回流，影响烟支质量。此外，皮带的导向采用筋条与开槽鼓轮配合实现，筋条容易损伤，造成皮带跑偏和损坏，增加了维修成本。将变化的物流横截面改进为圆弧等截面提升（见图17-21），极大地改善了原有变截面提升对烟支质量的影响；将垂直带传动改为带圆弧凸起的链板式输送，有效地防止了烟支抖动和回流，使烟支输送更加稳定，减少了输送过程中烟支损伤；链传动的结构简单，每节链条各为独立单元，拆卸方便，降低了维护成本。

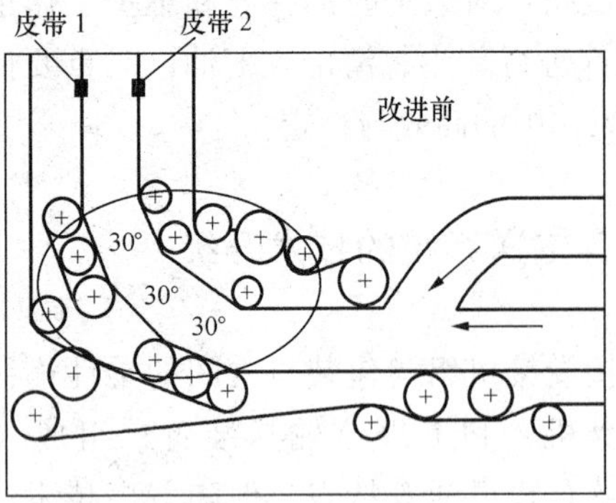

图 17-20　改进前传动箱示意图

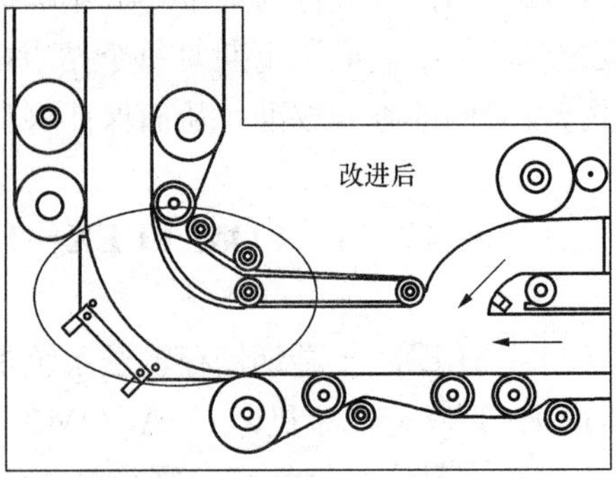

图 17-21　改进后传动示意图

17.11.3　改进气动系统

COMFLEX—1 气动系统结构较复杂，采用了大量的电磁阀、传感器、执行元件，容易出现管路的堵塞和泄漏，不利于检修和维护。改进后气动系统采用了阀岛技术，阀岛是一种集气动电磁阀、控制器、电输入输出部件的整套系统控制单元，只需用气管将电磁阀的输出口连接到对应的气动执行机构，通过计算机对其进行程序编辑，即可完成所需的自动化任务。由于阀岛集供气、排气、先导控制于一体，因此体积较小，每个阀片可拆卸组合，维修方便；电磁阀可预留空位，便于扩展；阀岛上带有 LED 显示，可以快速检测故障，安装调试更快捷。

17.11.4　改进升级电气系统

COMFLEX—1 的电气控制主要由 3 个电器箱组成，分别用于控制 HCF80、MAGOMAT80 和 RTS，每个电器箱的核心 PLC 均为金钟 PS316，其程序分为系统程序和用户程序，存储介质均采用紫外光擦除模块（EPROM），编写程序须采用金钟专用工业编程器，极不方便。升级后机器所有运行程序均采用西门子闪存卡（Flash Memory Card）存储，程序的保存更安全，编程软件平台在 Windows 系统下运行，所有程序均可使用一台普通电脑直接编写和修改，操作方便。

通过改进设计，将 MAGOMAT80 和 RTS 的 2 个电控系统合并为一个电控系统（见图 17-22），采用西门子 CPU315—2DP 作为中央控制器，通过 PRO-FIBUS 总线控制所有的外围设备和电机、阀岛、开关及触编码器等装置之间的数据传输，PLC 与机器电气系统之间的数据交换也通过 PROFIBUS 进行；采用分布式 I/O 采集传感器信号，并使

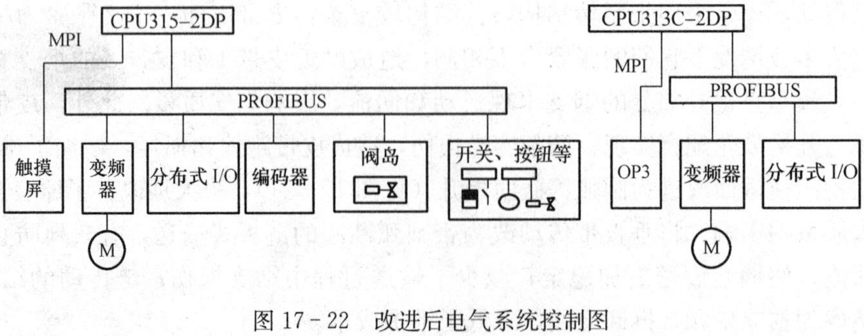

图 17-22　改进后电气系统控制图

用快速插接件连接方式，安装和更换方便快捷，且体积小，防护等级高；采用西门子触摸屏作为状态监测、参数修改、故障诊断和系统维护等操作的人机界面，通过 MPI 口与 PLC 连接，触摸屏支持中文，操作和维修方便，提升了机器的智能化水平。

MAGOMAT80 的提升机构电动机采用专用的变极双速交流电动机，价格昂贵，而且采用继电器进行正/反转以及高/低速的切换控制，线路复杂，动作频率高，故障率高。改为变频控制后，采用普通交流电动机，降低了维修成本，简化了控制线路，提高了机器的可靠性；机翻转头电动机原采用接触器控制，电动机运行到终点位置后，电源断开，由刹车紧急制动，因此对机器的冲击很大。改进后机翻转头电动机改为变频控制，电动机的旋转采用多段速度控制，到终点前提前降速，这样可大幅减少对机器的冲击，提高了零件的使用寿命；另外，通过调速提高了机器每分钟换盘的能力，为系统提速打下了基础。

升级改造后的 COMFLEX—1 可与高速卷接机组和高速包装机组组成生产线，扩大了设备的使用范围，提高了系统的生产能力及自动化水平，系统运行更加稳定、可靠，维护保养简单方便。

17.12 烟草设备气动装置的维护与保养

17.12.1 造成气动元件故障的原因

新设备运行初期气动元件很少发生故障。随着设备运行时间的延长，压缩空气的杂质逐渐积累，气动元件磨损，密封件老化及使用维护不当等原因，气动系统的故障逐渐增多。目前我国烟草行业普遍使用的高速卷接包设备都已运行 5 年以上，气动控制元件已进入或接近故障多发阶段，气动产品的失效率随时间延长明显升高。气动元件的故障极易造成控制程序紊乱或某些自动化功能丧失。

17.12.2 气动装置的维护和保养

气动装置维护和保养工作的中心任务是保证供给气动系统清洁干燥的压缩空气；保证气动系统的气密封、润滑性，以确保气动系统执行机构工作正常。

1. 日常维护

日常维护是指每天必须进行的维护工作，主要是排放冷凝水、检查润滑油和空压机系统的管理维护。

冷凝水的排放涉及整个气动系统。冷凝水引起的控制阀动作失灵是气动装置最常见的故障，因此，要防止水滴进入控制元件。每当在设备运转前和当大作业结束后应将各处的冷凝水排出。另外，还要注意观察自动排水器工作是否正常，水杯内不应存水过量。

气动装置运转时，应检查油雾器的滴油量是否符合要求，如图 17－23 所示，油色是否正常，注意油中不要混入灰尘和水分等。

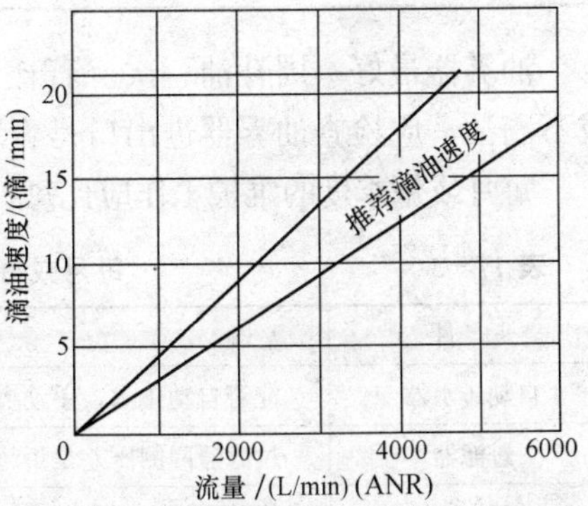

图 17－23 推荐滴油速度与输出流量关系

空压机系统的日常管理工作包括是否向后冷却器供给了冷却水（指水冷式）；空压机有否异常声音和异常发热，润滑油位是否正常。

2. 定期维护

定期维护是指每周、每月或每季度进行的维护工作。维护工作应有记录，以利于今后的故障诊断和处理。每周维护的主要内容是漏气检查和油雾器管理。

漏气检查应在白天车间休息时或下班后进行。这时，气动装置已停止工作，车间内噪声小，但管道内还有一定的空气压力，根据漏气的声音便可知何处泄漏，还可在检查点涂肥皂液，其显示漏气效果比听声音更直接、准确。泄漏的部位、原因及处理措施见表 17-2。

表 17-2　　泄漏的部位、原因及处理措施

泄漏部位		泄漏原因	处理措施
软管		软管破裂或拉脱	更换软管，重接
管接头及管子连接部位		接头松动或连接部位松动	紧固管接头，旋紧螺钉
空气过滤器	排水阀	灰尘进入	更换，用热水或煤油清洗
	水杯	龟裂	更换或改用金属杯
减压阀	阀体	紧固螺钉松动，密封件损伤	均匀紧固，更换密封件
	溢流孔	进出口方向接反，膜片破裂	改正，更换膜片
油雾器	器体	密封垫密封不良	更换
	油杯	油杯龟裂或观察窗破裂	更换
	调节针阀	阀座损伤，针阀未紧固	更换，紧固针阀
换向阀	阀体	密封不良，压铸件不合格，螺钉松动	更换，紧固
	排气口	密封件损伤，阀芯阀套磨损，异物卡入滑动部位，换向不到位	更换，清洗
安全阀出口侧		压力调整不符合要求，弹簧折断，密封圈损坏，灰尘进入	更换，清洗
快排阀漏气		密封圈损坏，灰尘进入	更换，清洗
气缸本体		密封圈损坏，活塞杆损伤，螺钉松动	更换，紧固

油雾器最好一周补油一次。若耗油量太少，应重新调整滴油量。调整后滴油量仍少或不滴油，应检查油雾器进出口是否装反，油道是否堵塞，所选油雾器的规格是否合适。

每月或每季度的维护工作应比每日和每周的维护工作更仔细。主要内容详见表 17-3。

表 17-3　　每月或每季度的维护工作主要内容

元　件	维护内容
自动排水器	能否自动排水，手动操作装置能否正常动作
过滤器	过滤器两侧压差是否超过允许压降
减压阀	旋转手柄，压力可否调节。当系统压力为零时，观察压力表指针能否回零

续表

元 件	维 护 内 容
压力表	观察各处压力表指针是否在规定范围内
安全阀	使压力高于设定压力，观察安全阀能否溢流
压力开关	在设定的最高和最低压力下，观察压力开关能否正常接通和断开
换向阀排气	查油雾喷出量，有无冷凝水排出，是否漏气
电磁阀	查电磁阀的温升，阀的切换动作是否正常
速度控制阀	调节节流阀开度，能否对气缸进行速度控制或对其他元件进行流量控制
气缸	查气缸运动是否平稳，速度及循环周期有无明显变化，气缸安装支架有否松动和异常变形，活塞杆连接部位有无松动和漏气，活塞杆表面有无锈蚀、划伤和偏磨
空压机	检查入口过滤器网眼有否堵塞

检查换向阀排气质量要注意以下三个方面。

(1) 排气中是否含有冷凝水。

(2) 不排气的排气口是否有漏气。

(3) 排气中所含润滑油量是否适度。方法是将一张清洁的白纸放在换向阀的排气口附近，阀在工作三四个循环后，若白纸上只有很轻的斑点，表明润滑良好；若有冷凝水排出，应考虑过滤器的位置是否合适，各类除水元件设计和选用、冷凝水管理是否合理。少量漏气预示着元件的早期损伤（间隙密封阀存在微漏是正常的），若润滑不良，应考虑油雾器的安装位置、选用规格、滴油量调节是否符合要求。泄漏的主要原因是阀或缸的密封不良，复位弹簧生锈或折断，气压不足等所致。间隙密封阀的泄漏较大时，可能是阀芯、阀套磨损所致。

让电磁阀反复切换，从切换声音可判断工作是否正常。交流电磁阀若有蜂鸣声，应考虑动铁心与静铁心没有完全吸合，或吸合而有灰尘，分磁环脱落损坏等。

气缸活塞杆常暴露在外面，应经常检查是否有划伤、腐蚀和偏磨。根据有无漏气，可判断活塞与端盖内的导向套、密封圈的接触情况，压缩空气的处理质量，气缸是否存在横向载荷等。

安全阀、紧急开关阀等平时很少使用，定期检查时，必须确认其动作可靠。

17.13 WZ1134D型真空回潮机主传动系统的改进

真空回潮机是利用抽真空装置抽吸回潮筒空气，使筒内达到预定的真空度，烟包在真空回潮箱体内处于高真空条件下，由加汽加水系统将蒸汽和水通过箱体内设置的多路喷嘴喷入，对烟包进行回潮，增加烟叶的含水率，是制丝工艺过程的关键设备之一。

WZ1134D型真空回潮机，属行业内先进设备，具有性能稳定、工作可靠等特点；具备监控系统、网络监控、高速显示、自动、手动、应答等多种控制功能。但在生产使用中，真空回潮机暴露出传动系统故障多、传动轴易偏斜、锥形石墨套更换频繁、密封组件使用寿命短等缺点，对连续化生产造成较大影响，故障维修任务重，维修费用高；箱体密封性差，导致真空度不够，烟叶回潮效果差，对生产工艺质量造成较大影响。

17.13.1 真空回潮机主传动系统的原理及故障分析

通过查阅设备运行记录发现，主传动系统故障停机时间占真空回潮机故障停机时间的 62.86%，严重影响了设备的正常运行和回潮质量。

1. 真空回潮机主传动系统原理

真空回潮机主传动系统是负责传递动力，使得真空回潮机完成进箱、出箱工作，从而达到真空回潮机的运转性能的驱动系统。

真空回潮机主传动系统主要由主传动轴、副主轴、减速机、积放链条、链条导轨、箱体动密封组件、锥形套等组成。

减速机提供动力，通过联轴器带动主传动系统运转。主传动轴通过法兰与副主轴连接，锥形套安装在副主轴上，通过底座固定，对主传动轴进行定位。

密封组件安装在主传动轴与箱体的结合处，采用锥形套对主传动轴进行定位，并保持主传动轴与箱体的动密封。

2. 故障分析

(1) 锥形套定位能力差。锥形套为石墨成型，具自润滑性，在高温高湿的环境中摩擦阻力小，但材质偏软，由于主传动系统的负载大，锥形套在磨损较轻的情况下已先出现碎裂、变形等现象，导致锥形套失效，失去定位作用。主传动轴发生窜动、偏斜，联轴器因咬合缝隙变大出现损坏，密封组件因轴的偏斜失去密封作用，箱体真空度降低。

(2) 积放链条及导轨均选用不锈钢材质，箱体内积放链条磨损严重；导轨及链条有明显磨损痕迹；链条下方槽内积存大量的金属屑。查阅机械设计手册，不锈钢材质的摩擦系数达 $\mu=0.47$；且同等材料之间摩擦系数较高。半年即需要更换一次链条，维修费用高；摩擦阻力大也是造成石墨锥形套频繁损坏的因素。

17.13.2 改进方案与措施

改进时首先考虑锥形套的选材，在提高其韧性及硬度的同时，保持有较好的耐磨性及较低的摩擦系数；在副主轴端安装推力轴承进行轴向定位，限制传动轴的轴向窜动。并对导轨进行设计，降低摩擦阻力。

1. 锥形套的设计

锥形套的选材，在提高其韧性及硬度的同时，保持有较好的耐磨性及较低的摩擦系数。

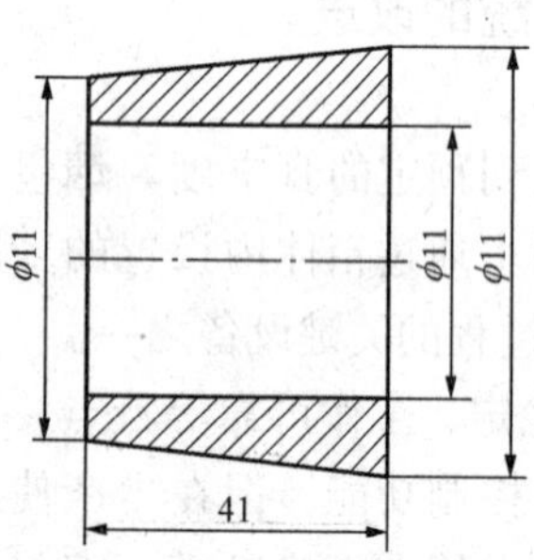

图 17-24 锥形套测绘图

(1) 材料的选择。通过对以上几种材料性能的论证及对比，从耐承载性能、减摩性、机械强度、耐磨性、高温高湿环境等方面进行综合考虑，黄铜及聚四氟乙烯材质性能良好，故选择其为零件加工材料。

(2) 锥形套的测绘。测绘图如图 17-24～图 17-26 所示。

(3) 零件加工及对比试验。零件加工后，将聚四氟乙烯及黄铜材质零件分别安装到 A、B 箱体的主传动系统中，进行设备运行比对。在试验期间，采用黄铜材质的锥形套维修工时为0.3h/月，采用聚四氟乙烯材质的锥形套维修工时为1h/月。拆开主传动系统进行检查，更换零件后对主轴及底座无磨损、无损伤，显示黄铜材质及聚四氟乙烯均可用，但从零件寿命来看，黄铜材质明显优于聚四氟乙烯材质，故选用黄铜材质为最佳用材。

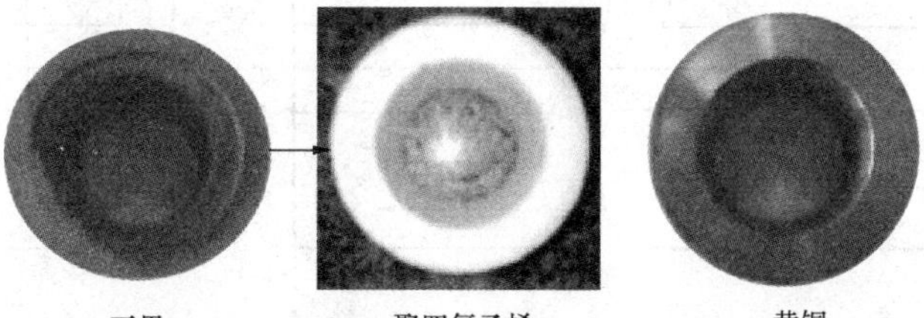

图17-25 锥形套改进前后的材质示意图

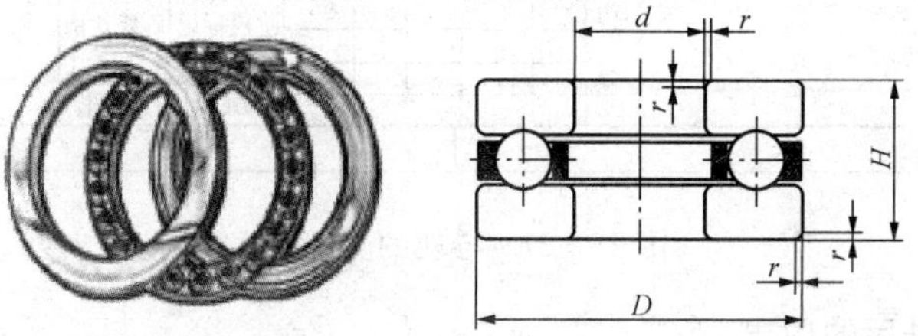

图17-26 平面推力轴承结构示意图

2. 增加推力轴承进行轴向定位

(1) 轴承选型。

针对改进方向，需要安装使用平面推力轴承。为此进行平面推力轴承的选型工作。此轴承是由一个平面圆柱滚子和保持架组件、一个轴承座定位圈和一个轴定位组成的。通过查阅机械设计手册，进行各型平面轴承的选型。结合主传动轴尺寸及轴承受力情况，选用F8—19M。

(2) 平面轴承的安装。

测量副主轴端面距箱体壁的间距，制作底座固定在箱体壁上，推力轴承安装在底座里，使推力轴承与副主轴保持1～3mm的间距。使推力轴承起到限位作用，当传动轴发生轴向窜动时，限定主传动轴的位置。

3. 导轨的设计改进

(1) 对导轨进行测绘，依照测绘尺寸进行制图。如图17-27所示。

(2) 进行链条导轨的选材。要求导轨在保持机械强度的同时（即有足够的耐负载），并有效降低摩擦阻力。通过查阅机械设计手册，可知道各材料性能。通过对选定的几种耐磨材料的论证及数据对比，从耐磨性、减摩性、机械强度等方面进行综合考虑，选用尼龙材质的耐磨条。

(3) 依据测绘数据，外加工尼龙耐磨条，并安装试验。

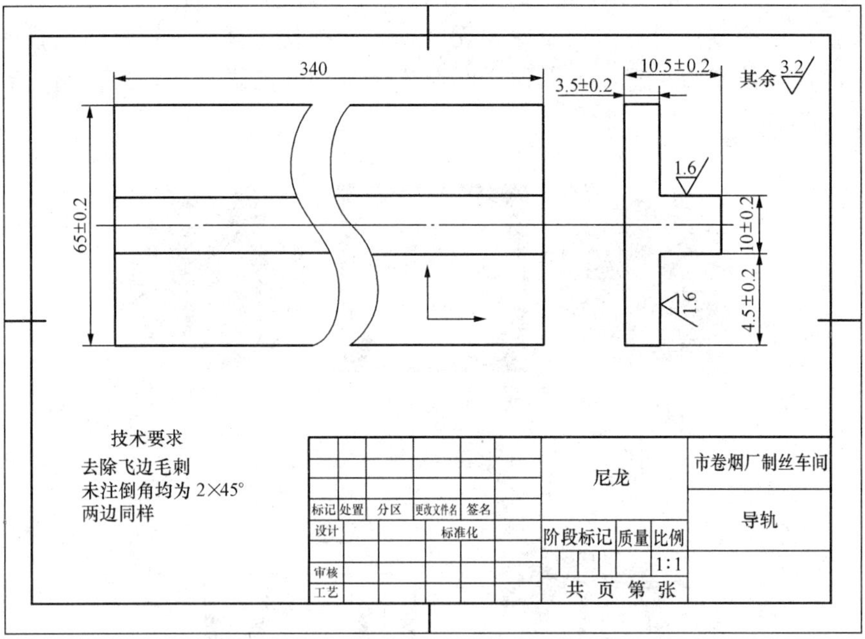

图 17-27 导轨的测绘尺寸

17.13.3 改进后的效果

改造后，2012 年 3 月至 9 月对真空回潮机故障停机时间及主要原因进行统计，并与改造前（2011 年 6 月～12 月）的数据进行对比。改造后，通过 6 个月的运行，真空回潮机主传动系统故障率由改造前占设备故障率的 62.86%降低到了 16.70%，故障停机时间也由原来的 35h 降低到 9h 以下，主传动系统故障停机时间较长的问题得到了有效的解决且制作成本低。2012 年 10 月，现场拆验，制作的黄铜材质锥形套磨损程度低，耐用性好，对主传动轴的定位良好；尼龙导轨基本无磨损，对链条无摩擦伤害，运行轻便，无噪声。

参 考 文 献

[1] 李新德．液压与气动技术［M］．北京：中国商业出版社，2006.

[2] 李新德．液压与气动技术［M］．北京：北京航空航天出版社，2013.

[3] 孙兵．气液动控制技术［M］．北京：科学出版社，2008.

[4] 李新德．液压与气动技术［M］．北京：清华大学出版社，2009.

[5] 徐国强，李新德．液压与气动技术［M］．郑州：河南科学技术出版社，2010.

[6] 曹建东，龚肖新．液压传动与气动技术［M］．北京：北京大学出版社，2006.

[7] 林茂．活塞式气动马达曲轴断裂分析［J］．山东机械，2002（5）.

[8] 张文建．阀岛技术在轴承自动化清洗线的应用［J］．液压与气动，2011（2）.

[9] 吕世霞．总线型阀岛在自动化生产线实训台中的应用［J］．机床与液压，2009（10）.

[10] 施柏平．汽车起重机变幅液压缸爬行振动与维修［J］．起重运输机械，2010（2）.

[11] 蔡永泽，赵辉，吴建成．浅谈对大型液压缸的现场修复［J］．液压与气动，2009（2）.

[12] 刘伟．浅析 ZDY500/22S 全液压钻机液压缸活塞杆失效原因及防止措施［J］．煤矿安全，2008（10）.

[13] 段立霞，邵立新．浅析液压缸的修复．农机使用与维修［J］．2006（6）.

[14] 赵虹辉．浅析液压缸活塞杆密封泄漏的原因及改进方法［J］．液压气动与密封，2006（4）.

[15] 胡礼广，沈建国．液压捣固机夹实液压缸漏油的原因分析及改进［J］．工程机械，2010（2）.

[16] 彭太江，杨志刚，阚君武．电气比例/伺服技术现状及其发展［J］．农业机械学报，2005（6）.

[17] 于今，谢朝夕．气动伺服定位系统在机间输送机上的研制［J］．液压与气动，2005（3）.

[18] 丁晓东．气动技术在电子设备上的应用［J］．流体传动与控制，2007（5）.

[19] 李家书．气动技术的应用［J］．液压气动与密封，2006（4）.

[20] 慕悦．气动技术在叠层薄膜电容生产设备中的应用［J］．电子工业专用设备，2009（10）.

[21] 胡建华．气动技术在端子压接模具中的应用［J］．汽车电器，2010（9）.

[22] 孙玉秋．气动技术在印刷机械中的应用研究［J］．液压与气动，2008（4）.

[23] 陈振生．气动系统在清洗设备中的的应用［J］．洗净技术，2003（8）.

[24] 孟丹红，许永辉．气动技术在大规格成条链条装配机的应用［J］．液压与气动，2008（8）.

[25] 史建华，史淑君．气动技术在全自动灌装机中的应用［J］．包装与食品机械，2004（2）.

[26] 韦尧兵，姜明星，刘军，剡昌锋．气动搬运机械手虚拟设计［J］．液压与气动，2009（5）.

[27] 蔡卫国．关节型搬运机械手设计［J］．潍坊学院学报，2008（6）.

[28] 张群生．机械手的 PLC 控制系统［J］．装备制造技术，2007（6）.

[29] 刘雪云，李哲．机械手演示模型三维运动系统的 PLC 控制［J］．机械工程师，2006（9）.

[30] 周鸿杰，骆敏舟，李涛．基于 PLC 的工业取料机械手系统设计［J］．工业仪表与自动化装置，2010（3）.

[31] 黄伟玲．基于 PLC 的气动搬运机械手设计［J］．煤矿机械，2009（10）.

[32] 唐立平，马俊峰．基于 PLC 的四自由度机械手控制系统设计［J］．液压气动与密封，2007（4）.

[33] 谢亚青．基于 PLC 的五自由度模块化气动搬运机械手研制［J］．机械设计与制造，2009（1）.

[34] 黄广伟．基于 PLC 控制的臂式气动机械手的研制［J］．机电工程技术，2011（2）.

[35] 张宪青，李修仁．基于气动和 PLC 的“五袋入”方便面包装机［J］．流体传动与控制，2005（3）.

[36] 杜玉红，李修仁. 生产线组装单元气动搬运机械手的设计 [J]. 液压与气动，2006 (5).
[37] 杨后川，冯春晓，陈勇. 实验用气动机械手的 PLC 控制设计 [J]. 机电产品开发与创新，2009 (1).
[38] 蒋晓刚，高岭，陈永备. 四自由度气动机械手的程序设计 [J]. 精密制造与自动化，2009 (1).
[39] 祁玉宁. 气动系统在防爆胶轮车上的应用研究 [J]. 液压与气动，2012 (12).
[40] 郝振英. 气动技术在落板机上的应用 [J]. 砖瓦，2006 (9).
[41] 陶明元，曹彪，吴澄. 气动技术在汽车车身焊装生产线上的应用 [J]. 液压与气动，2002 (12).
[42] 何春艳. 气动加压系统在轴承超精技术上的应用 [J]. 哈尔滨轴承，2006 (1).
[43] 张长征. 气动控制技术在雷管装药机上的应用 [J]. 煤矿爆破，2006 (4).
[44] 王勇，李轶. 403 型气动比例积分调节器故障分析 [J]. 烟草科技，2005 (7).
[45] 杨春霞. COMFLEX－1 卷烟贮存输送系统的技术升级 [J]. 烟草科技，2007 (8).
[46] 唐英. DDS 开铁口机气动系统的改进 [J]. 液压气动与密封，2007 (1).
[47] 刘红普，彭二宝，刘保军. 数控机床气动回路的调试与故障排除 [J]. 液压与气动，2011 (11).
[48] 王宏颖，张国同，刘保军. 数控机床气动系统常见故障分析及排除 [J]. 液压与气动，2011 (6).
[49] 石金艳，范芳洪，罗友兰. 数控机床中气动系统的故障诊断与维修 [J]. 液压气动与密封，2010 (11).
[50] 张海军，唐小鹤. 气动技术故障诊断与处理 [J]. 现代零部件，2006 (7).
[51] 范淇元. 气动夹紧与气动送料在数控车床的改装和应用 [J]. 中国高新技术企业，2008 (9).
[52] 王宗来. 接料小车气动系统故障分析与改进 [J]. 液压气动与密封，2000 (6).
[53] 何森，边鑫. 基于更换法的气动操作手的故障诊断 [J]. 轻工科技，2013 (6).
[54] 李永强，王娟. 气动摩擦式飞剪常见故障处理 [J]. 设备管理与维修，2011 (7).
[55] 唐英. DDS 开铁口机小车进退回路的改进 [J]. 中国重型装备，2008 (2).
[56] 李树强，王晓红，董新宇. 板坯二次火焰切割机气动系统的改进 [J]. 液压与气动，2008 (9).
[57] 梅明友，罗廷鉴. 板坯自动火焰切割机气动系统的改进 [J]. 液压与气动，2001 (11).
[58] 李正勇，张禹群. 板坯去毛刺机的故障分析与处理 [J]. 宽厚板，2008 (10).
[59] 张敬高. 烟草设备气动装置的维护与保养 [J]. 中国设备管理，2001 (2).
[60] 魏新峰，鲁中甫，吴亚东. WZ1134D 型真空回潮机主传动系统的改进 [J]. 产业与科技论坛，2013 (8).
[61] 刘进. 智能气动打标记 BJ—GXKL 系统维修实例 [J]. 装备维修技术，2004 (4).
[62] 舒服华. 真空挤出机气动离合器故障与改造 [J]. 砖瓦世界，2008 (1).
[63] 刘武斌，王新林. 混凝土拌和站气动系统五故障的排除 [J]. 工程机械与维修，2009 (3).
[64] 相鑫海，王玉科，杨峰，相方圆. 搅拌站气路系统日常维护保养要点 [J]. 机械，2011 (5).
[65] 刘延俊，骆艳洁. 对引进自动旋木机气控系统的研究与改进 [J]. 液压与气动，2000 (5).
[66] 王滨，孔明. 袋笼生产线压缩空气系统改进 [J]. 中国设备工程，2011 (8).
[67] 杜玉恒，韩学胜. 船舶气动控制系统的故障分析与维护 [J]. 世界海运，2002 (1).
[68] 文利兴. 木工机械气动元件故障分析及处理 [J]. 木材加工机械，2003 (4).
[69] 陈能军，陈榕光. 硝氨膨化中气动系统故障分析与改进 [J]. 设备管理与维修，2004 (2).
[70] 邬国秀. 压力表密封性检测设备气动系统的改进 [J]. 液压与气动，2001 (5).
[71] 张西亚. 医用气动物流传输系统的改进 [J]. 中国医疗设备，2008 (5).
[72] 季宏. 医院气动物流传输系统的日常保养和故障排除 [J]. 中国医学装备，2008 (12).
[73] 王峰. JKG—1A 型空气干燥器故障分析及对策 [J]. 铁道机车车辆工人，2006 (3).

[74] 邱效果，尹星. DF10D 型机车空气干燥器排风不止的原因与检修方法 [J]. 内燃机车，2008 (3).
[75] 马原兵. SS4 改型机车空气干燥器干燥剂粉尘化原因分析及防治措施 [J]. 电力机车与城轨车辆，2008 (1).
[76] 钟健，李振义，黄绪海. DJKG－A 型机车空气干燥器典型故障的原因分析 [J]. 铁道机车车辆，2003 (6).
[77] 蒋映东，袁煖. 气马达间隙泄漏及其控制 [J]. 山西机械，2001 (12).
[78] 温惠清. 气动马达缸体失效分析与热处理工艺改进 [J]. 胜利油田职工大学学报，2001 (4).